CBT
최신판

CRAFTSMAN ORGANIC AGRICULTURE

유기농업기능사
필기

최상민

이 책의 구성

제1편 | 필기
제2편 | 필기 기출유사문제
부 록 | 참고자료

27년의 노하우로 축적된
최고의 적중률!

다년간의 개정을 통한
엄선된 기출문제 수록!

철저한 분석을 통한
최신 출제경향 반영!

스마트폰
수강가능
주경야독 동영상강의
yadoc.co.kr

질의응답(농업사랑)

Daum 카페
cafe.daum.net/csmfarm

예문사

최근 환경오염이 심각해지면서 유기농업의 중요성과 수요는 더욱 높아지고 더불어 고부가가치가 가능한 농작물로의 전환에 대한 필요성도 점점 부각되고 있다.

유기농업이란 화학비료, 유기합성농약(농약, 생장조절제, 제초제 등), 가축사료첨가제 등 일체의 합성화학물질을 사용하지 않고 유기물과 자연광석, 미생물 등 자연적인 자재만을 사용하는 농법이다. 유기농업은 단순히 자연보호나 농가소득의 증대라는 차원에서 벗어나 WTO에 대응하여 자국의 농업을 보호하는 수단이며, 아울러 국민보건복지의 증진이라는 측면에서도 매우 중요하다고 할 수 있다.

이처럼 나날이 그 중요성이 부각되고 있는 유기농업 관련 전문인력을 배출하기 위한 유기농업기능사 시험을 위한 교재로서 기획되었다.

> ▶ **이 책의 특징**
> 시험의 특징과 최근 출제경향을 최대한 반영하여 필기시험에서 중요하게 다루어지는 핵심이론들을 먼저 살펴보고, 기출유사문제 풀이를 통해 최근의 출제 경향을 분석하면서 실전에 대비할 수 있도록 하였다.

출간되기까지 애써주신 도서출신 예문사와 여러 모로 도움을 준 지인들, 워드작업을 함께 해준 평생의 반려자인 아내, 그리고 소중한 분신 아람이와 보람이에게 이 자리를 빌어 고마움을 전하며, 이 책을 길잡이 삼아 공부할 모든 독자에게 합격의 기쁨이 있기를 기원한다.

무등산 자락 운림골에서 **최 상 민**

한국산업인력공단(www.q-net.or.kr)에서는 실제 컴퓨터 필기시험 환경과 동일하게 구성된 자격검정 CBT 웹 체험을 제공하고 있습니다. 또한, 주경야독(http://www.yadoc.co.kr)에서는 회원가입 후 CBT 형태의 모의고사를 풀어볼 수 있으니 참고하여 활용하시기 바랍니다.

수험자 정보 확인

시험장 감독위원이 컴퓨터에 나온 수험자 정보와 신분증이 일치하는지를 확인하는 단계입니다.
수험번호, 성명, 주민등록번호, 응시종목, 좌석번호를 확인합니다.

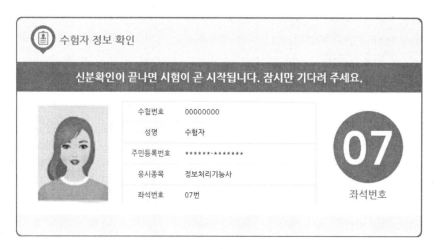

안내사항

시험에 관련된 안내사항이므로 꼼꼼히 읽어보시기 바랍니다.

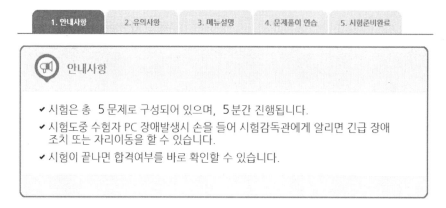

유의사항

부정행위는 절대 안 된다는 점, 잊지 마세요!

 유의사항 - [1/3]

- 다음과 같은 부정행위가 발각될 경우 감독관의 지시에 따라 퇴실 조치되고, 시험은 무효로 처리되며, 3년간 국가기술자격검정에 응시할 자격이 정지됩니다.

  ✔ 시험 중 다른 수험자와 시험에 관련한 대화를 하는 행위
  ✔ 시험 중에 다른 수험자의 문제 및 답안을 엿보고 답안지를 작성하는 행위
  ✔ 다른 수험자를 위하여 답안을 알려주거나, 엿보게 하는 행위
  ✔ 시험 중 시험문제 내용과 관련된 물건을 휴대하여 사용하거나 이를 주고받는 행위

다음 유의사항 보기 ▶

문제풀이 메뉴 설명

문제풀이 메뉴에 대한 주요 설명입니다. CBT에 익숙하지 않다면 꼼꼼한 확인이 필요합니다.
(글자크기/화면배치, 전체/안 푼 문제 수 조회, 남은 시간 표시, 답안 표기 영역, 계산기 도구,
페이지 이동, 안 푼 문제 번호 보기/답안 제출)

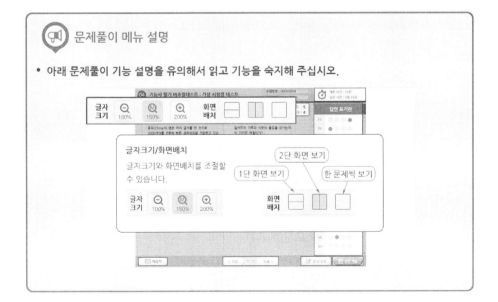 문제풀이 메뉴 설명

- 아래 문제풀이 기능 설명을 유의해서 읽고 기능을 숙지해 주십시오.

🖥 시험준비 완료!

이제 시험에 응시할 준비를 완료합니다.

| 1. 안내사항 | 2. 유의사항 | 3. 메뉴설명 | 4. 문제풀이 연습 | **5. 시험준비완료** |

📢 시험 준비 완료

✔ 아래의 시험 준비 완료 버튼을 클릭해주세요.
✔ 잠시 후 시험감독관의 지시에 따라 시험이 자동으로 시작됩니다.

(시험 준비 완료)

🖥 시험화면

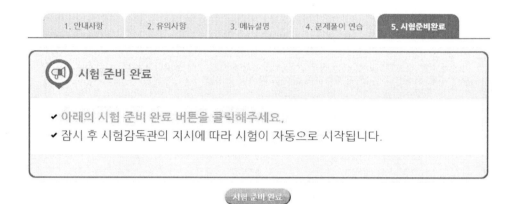

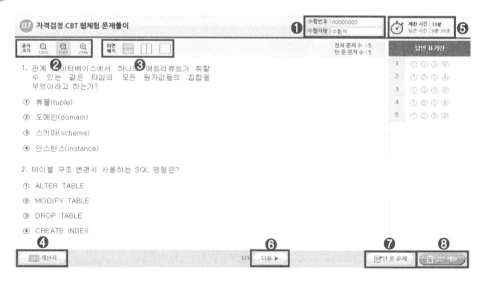

❶ 수험번호, 수험자명 : 본인이 맞는지 확인합니다.
❷ 글자크기 : 100%, 150%, 200%로 조정 가능합니다.
❸ 화면배치 : 2단 구성, 1단 구성으로 변경합니다.
❹ 계산기 : 계산이 필요할 경우 사용합니다.
❺ 제한 시간, 남은 시간 : 시험시간을 표시합니다.
❻ 다음 : 다음 페이지로 넘어갑니다.
❼ 안 푼 문제 : 답안 표기가 되지 않은 문제를 확인합니다.
❽ 답안 제출 : 최종답안을 제출합니다.

📺 답안 제출

문제를 다 푼 후 답안 제출을 클릭하면 위와 같은 메시지가 출력됩니다.
여기서 '예'를 누르면 답안 제출이 완료되며 시험을 마칩니다.

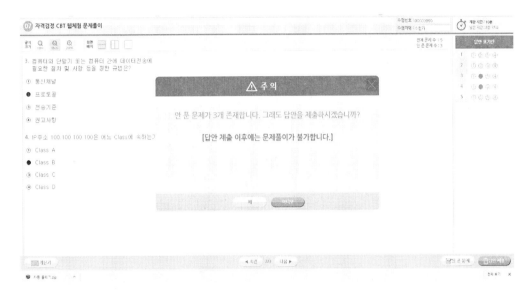

📺 알고 가면 쉬운 CBT 4가지 팁

1. 시험에 집중하자.
기존 시험과 달리 CBT 시험에서는 같은 고사장이라도 각기 다른 시험에 응시할 수 있습니다. 옆 사람은 다른 시험을 응시하고 있으니, 자신의 시험에 집중하면 됩니다.

2. 필요하면 연습지를 요청하자.
응시자의 요청에 한해 시험장에서는 연습지를 제공하고 있습니다. 연습지는 시험이 종료되면 회수되므로 필요에 따라 요청하시기 바랍니다.

3. 이상이 있으면 주저하지 말고 손을 들자.
갑작스럽게 프로그램 문제가 발생할 수 있습니다. 이때는 주저하며 시간을 허비하지 말고, 즉시 손을 들어 감독관에게 문제점을 알려주시기 바랍니다.

4. 제출 전에 한 번 더 확인하자.
시험 종료 이전에는 언제든지 제출할 수 있지만, 한 번 제출하고 나면 수정할 수 없습니다. 맞게 표기하였는지 다시 확인해보시기 바랍니다.

[필기]

직무 분야	농림어업	중직무 분야	농업	자격 종목	유기농업기능사	적용 기간	2021. 1. 1~ 2023. 12. 31
직무내용	\multicolumn{7}{c}{유기농업분야에 대한 윤작체계, 자재선정, 토양특성 병해충관리, 사료 확보 등 생산관련업무, 유기식품 등과 유기농업자재 등의 가공, 포장. 제조. 취급 및 인증 등의 직무 수행}
필기검정방법	\multicolumn{2}{c}{객관식}	문제수	\multicolumn{2}{c}{60}	시험시간	1시간

필기과목명	문제수	주요항목	세부항목	세세항목
작물재배, 토양관리, 유기농업 일반	60	1. 재배의 기원과 현황	1. 재배작물의 기원과 발달	1. 작물의 기원, 식물의 지리적 분류법 2. 작물의 분화 과정 3. 작물의 다양성과 유연관계
			2. 작물의 분류	1. 작물의 종류와 특성 2. 작물의 식물학적 · 농업적 분류
			3. 재배의 현황	1. 우리나라와 세계의 농지재배 환경 및 특징 2. 우리나라 농지 및 토지 이용 현황, 경작 규모
		2. 재배환경	1. 수분	1. 표시방법 2. 수분의 흡수 3. 공기 중의 수분 4. 가뭄해 5. 관수 6. 배수 7. 기타 수분과 재배환경과의 관계
			2. 공기	1. 대기조성 2. 이산화탄소 3. 대기오염 4. 바람 5. 기타 공기와 재배환경과의 관계
			3. 온도	1. 유효온도와 온도변화 2. 열해 3. 냉해 4. 동상해 5. 기타 온도와 재배환경과의 관계
			4. 광	1. 광과 작물생리작용 2. 수광량 3. 광합성 4. 광피해 5. 기타 광과 재배환경과의 관계
			5. 상적발육과 환경	1. 상적발육 2. 춘화처리(vernalization) 3. 일장효과
		3. 유기재배기술	1. 작부체계	1. 연작과 기지 2. 윤작 3. 그 밖의 작부체계
			2. 종자와 육묘	1. 종자의 구조, 수명, 품질, 발아, 휴면 및 육묘
			3. 정지 · 파종 및 이식	1. 정지, 파종 및 이식의 정의, 방법

필기과목명	문제수	주요항목	세부항목	세세항목
			4. 생력재배	1. 생력재배의 의의와 효과 2. 기계화 재배
			5. 재배관리	1. 비료의 분류, 시비량, 엽면시비, 중경의 효과, 멀칭의 효과, 제초
			6. 병해충 관리	1. 병해충의 종류 2. 병해충의 발생요인 3. 병해충 방제방법
		4. 각종재해	1. 저온해와 냉해	1. 냉(한)해의 기구, 냉(한)해의 양상, 냉(한)해 대책
			2. 습해, 수해 및 가뭄해	1. 습해의 기구, 내습성, 습해대책 2. 수해발생조건, 수해 대책 3. 가뭄해의 생리, 발생 기구, 내건성, 가뭄해 대책
			3. 동해와 서리해	1. 동해　　　　　　2. 서리해
			4. 도복과 풍해	1. 도복양상, 도복의 피해, 도복에 관여하는 조건 2. 풍해의 대책, 직접적, 기계적인 장해, 생리적 장해 3. 기타 재해
		5. 토양생성	1. 토양의 생성과 발달	1. 암석과 풍화작용 2. 토양 생성 3. 토양 단면
		6. 토양의 성질	1. 토양의 물리적 성질	1. 토성　　　　　2. 토양의 구조 3. 토양공극　　　　4. 토양온도 5. 토양색
			2. 토양의 화학적 성질	1. 토양의 비료성분흡수 2. 점토광물 3. 토양교질과 염기치환 4. 염기포화도와 음이온 치환 5. 토양반응
		7. 토양생물 및 토양오염	1. 토양생물	1. 토양생물의 활동 2. 토양생물의 수 및 작물 생육과의 관계
			2. 토양미생물	1. 토양미생물의 종류 2. 토양미생물의 작용
			3. 토양침식	1. 수식의 원인, 종류, 영향을 미치는 요인 2. 풍식의 원인, 영향을 미치는 요인 3. 토양침식의 대책
			4. 토양오염	1. 오염경로 2. 무기물, 화학농약, 방사성 물질에 의한 오염
		8. 토양관리	1. 논·밭 토양	1. 논·밭 토양의 일반적인 특성 2. 논·밭 토양의 차이 3. 논토양의 지력 증진 방안 및 토층분화와 탈질현상
			2. 저위생산지 개량	1. 누수답, 습답, 노후화답, 염해지 토양의 개량
			3. 경지이용과 특수지 토양관리	1. 재배시설의 토양 2. 개간지, 간척지 토양과 작물생육관리 3. 토양 중 양분의 형태 변화

필기과목명	문제수	주요항목	세부항목	세세항목
		9. 유기농업의 의의	1. 유기농업의 배경 및 의의	1. 유기농업의 배경 2. 유기농업의 의의 3. 유기농업의 발전과정
			2. 유기농업의 현황	1. 국내 유기농업의 현황 2. 국외 유기농업의 현황
			3. 친환경 농업	1. 친환경농업의 개념, 구분, 현황 2. 친환경농업의 목적
		10. 품종과 육종	1. 품종	1. 품종의 개념 2. 품종의 유지
			2. 육종	1. 육종의 개요 2. 작물육종의 목표 3. 종자의 증식과 보급
		11. 유기원예	1. 원예산업	1. 우리나라 원예산업 현황
			2. 원예토양관리	1. 원예작물 토양관리 방법 2. 비옥도 향상 방법 3. 연장장해 대책
			3. 유기원예의 환경조건	1. 유기원예의 생육과 환경 2. 온도, 빛, 수분, 토양 등의 환경과 관리방법
			4. 시설원예 시설설치	1. 시설자재의 종류 및 특성 2. 시설원예용 기자재 3. 시설의 구비조건 종류, 구조 및 자재
			5. 과수원예	1. 품종의 특성 2. 재배토양관리 및 재배기술 3. 과수원예의 환경조건
		12. 유기식량작물	1. 유기 수도작 · 전작의 재배기술	1. 종자준비와 종자처리 2. 육묘와 정지 3. 이식과 재배관리 4. 수확
			2. 병 · 해충 및 잡초방제 방법	1. 병 · 해충 방제방법 2. 잡초방제방법
			3. 유기 수도작 · 전작의 환경조건	1. 수도작 · 전작과 기상환경 2. 수도작 · 전작과 토양환경 3. 논 · 밭의 종류와 토양
		13. 유기축산	1. 유기축산 일반	1. 우리나라의 유기축산 현황 2. 사육과 사육환경 3. 유기축산 경영
			2. 유기축산의 사료 생산 및 급여	1. 유기축산사료의 조성, 종류, 및 특징 2. 유기축산사료의 배합, 조리, 가공방법 3. 유기축산사료의 급여
			3. 유기축산의 질병 예방 및 관리	1. 가축위생 2. 가축전염병 등 질병 예방 및 관리
			4. 유기축산의 사육시설	1. 사육시설, 부속설비, 기구 등의 관리

[실기]

직무 분야	농림어업	중직무 분야	농업	자격 종목	유기농업기능사	적용 기간	2021. 1. 1~ 2023. 12. 30
직무내용			유기농업분야에 대한 윤작체계, 자재선정, 토양특성, 병해충관리, 사료확보 등 생산관련업무, 유기식품 등과 유기농업자재 등의 가공, 포장, 제조. 취급 및 인증 등의 직무 수행				
수행준거			1. 인증기준에 따른 유기식품 등의 생산방법을 이해하고 이에 따라 실행할 수 있다. 2. 일반토양과 유기농업의 토양을 구분하여 토양비옥도를 평가하고 개선할 수 있다. 3. 퇴비의 종류를 파악하고 퇴비를 제조 · 사용할 수 있다. 4. 유기농업에 적용 가능한 병해충 및 잡초관리 작업을 수행할 수 있다. 5. 유기식품 등의 인증기준을 이해하고, 유기식품 등의 재배 · 제조 · 가공 · 취급과 관련한 생산관리 및 품질을 유지하고 선별 · 포장할 수 있다.				
실기검정방법			필답형		시험시간		2시간

실기과목명	주요항목	세부항목	세세항목
유기농업 생산	1. 토양	1. 토양 구분하기	1. 토양을 구분할 수 있다.
		2. 유기재배지 토양 분석하기	1. 토양 분석을 위한 분석용 토양시료를 채취할 수 있다. 2. 토양유기물의 함량을 추정할 수 있다.
		3. 토양유기물 유지하기	1. 토양유기물의 기능을 이해하고 유기물 유지방법을 제시할 수 있다.
		4. 유기물 사용하기	1. 유기물의 탄질비율(C/N)을 이해하고 토양 성분에 따른 유기물 사용량을 산출할 수 있다.
		5. 유기재배지 토양 관리하기	1. 논, 밭 토양을 진단하고 개량방법을 제시할 수 있다.
	2. 퇴비	1. 퇴비의 종류 및 특성 이해하기	1. 퇴비의 종류와 특성을 파악하고 토양에 따른 사용 가능한 퇴비 를 제시할 수 있다.
		2. 퇴비 제조 · 분석 및 사용하기	1. 퇴비 제조 · 분석 및 사용방법을 이해하고 퇴비의 수분, 완숙 정도 등의 품질관리를 할 수 있다.
	3. 유기적 재배 관리방법	1. 유기농업자재의 공시 활용하기	1. 유기농업자재의 공시기준과 종류를 파악하고 용도별로 적정 량을 사용할 수 있다.
		2. 제초작업하기	1. 멀칭, 예취, 화염, 우렁이 농법 등 유기농업 제초방법을 실행할 수 있다.
		3. 병해충 방제하기	1. 미생물제제, 천적 등 유기농업의 병해충 방제방법을 실행할 수 있다.
	4. 유기 작물의 재배	1. 재배하기	1. 유기농산물 인증기준을 이해하고 작물별 재배방법을 실행할 수 있다.
		2. 품질 유지하기	1. 유기농산물의 특성을 이해하고 작물별 품질을 유지할 수 있다.
		3. 선별, 포장하기	1. 유기농산물의 특성을 이해하고 작물별 포장조건 및 포장방법 을 실행할 수 있다.
	5. 유기농업 생산	1. 유기경종 이해하기	1. 유기농업 재배원리를 이해하고 작물별 재배기술을 적용할 수 있다.
		2. 유기축산 이해하기	1. 유기축산 기준을 이해하고 유기사료 선택 및 급여 방법을 제시 할 수 있다.
		3. 유기가공식품 이해하기	1. 유기가공식품의 인증기준을 이해하고 이를 적용할 수 있다.
		4. 유기작부체계를 계획하기	1. 윤작, 답전윤환 등의 효과 및 방식을 이해하고 유기 작부체계를 계획할 수 있다.

목차
CONTENTS

PART 01 필기

목차
CONTENTS

PART 02 필기 기출유사문제

부록 참고자료

PART
01

필기

작물재배

01 재배의 기원과 현황

1. 재배작물의 기원과 발달

(1) 재배의 특질

1) 생산면

① 토지를 생산수단으로 한다.

② 자연환경의 영향을 크게 받고, 생산조절이 자유롭지 못하며 분업적으로 생산하기 어렵다.

③ 자본의 회전이 느리고, 노동의 수요가 연중 균일하지 못하다.

④ 토지가 불량한 경우 전면 개량하기 어렵고, 설사 개량한다고 하더라도 막대한 비용이 소요된다.

⑤ 수확체감의 법칙이 적용된다.

2) 유통면

① 농산물은 변질되기 쉽고, 가격변동이 심하며, 가격에 비하여 중량이나 용적이 큰 것이 많아 수송비도 많이 든다.

② 생산이 소규모이고 분산적이며 중간상인의 역할이 크다.

3) 소비면

수요의 탄력성이 작고, 공급의 탄력성도 작다.

(2) 작물의 특질

① 작물은 이용성과 경제성이 높아야 한다.

　㉠ 이용성 : 이용 부위가 재배의 목적이 된다.

　㉡ 경제성 : 작물들의 경제성을 높이려면 이용 부위의 비율이 높아야 하므로 자연히 특정 부분만이 매우 발달하여 대부분 기형식물이 된다.

② 기형식물인 작물은 야생식물보다 생존경쟁에서 약하므로 인위적인 보호조처가 재배의 수단이 된다.

③ 사람은 작물에 생존을 의존하고 작물은 사람에게 의존하는 공생관계를 이룬다.

기출문제

작물의 특징에 대한 설명으로 틀린 것은?

① 이용성과 경제성이 높다.
② 일종의 기형식물을 이용하는 것이다.
③ 야생식물보다 생존력이 강하고 수량성이 높다.
④ 인간과 작물은 생존에 있어 공생관계를 이룬다.

정답 ③

(3) 수량의 삼각형 : 유전성, 환경, 재배기술

재배의 중심이 되는 것은 ① 작물의 유전성과 ② 재배환경 그리고 ③ 재배기술 세 가지이다. 이들은 수량과 상호 관계적이다.

[작물수량의 삼각형 원리]

기출문제

작물 재배 시 일정한 면적에서 최대수량을 얻으려면 수량 삼각형의 3변이 균형있게 발달하여야 한다. 다음 중 수량 삼각형의 요인으로 볼 수 없는 것은?

① 유전성   ② 환경조건
③ 재배기술   ④ 비료

정답 ④

(4) 재배의 발달

1) 식물 영양

① Aristoteles : 유기질설(부식설) − 식물의 양분은 토양 내 유기물에서 얻는다.

② Liebig : 무기영양설, 최소율의 법칙 → 인조비료의 제조, 수경재배의 창시에 기여

　✱ 수경재배의 창시 : Sachs, Knops

　✱ 최소율의 법칙 : 작물의 생육에 필요한 인자 중에서 최소로 존재하는 인자에 의해 생육이 지배된다.

③ Hellriegel : 근류균과 콩과작물의 관계를 설명

2) 작부방식 : 지력유지를 목적

① 이동경작 : 약탈농업, 대전법, 화전

② 정착농업

　㉠ 삼포식 농법 : 1/3은 휴한, 경작지 전체를 3년에 한 번씩 휴한

　㉡ 윤경 : 화전지대, 몇 해 묵혔다가 다시 불을 놓고 경작

　㉢ 개량삼포식 농법 : 휴한지에 콩과작물을 재배

　㉣ 자유법(수의작) : 비료, 농약 등의 발달로 자유로이 재배

3) 재배형식

① 소경 : 토지가 척박해지면 이동

② 식경 : 식민지(기업적) 농업, 넓은 토지에 한 가지 작물만을 경작, 가격변동에 예민

③ 곡경 : 곡류 위주의 농경, 기계화로 대규모의 상품곡물을 생산하는 상품곡물 생산농업

④ 포경 : 식량과 사료를 서로 균형 있게 생산

⑤ 원경 : 원예 작물, 가장 집약적, 원예지대나 도시 근교에 발달된 농업

📖 기출문제

유축(有畜)농업 또는 혼동(混同)농업과 비슷한 뜻으로 식량과 사료를 서로 균형있게 생산하는 농업을 가르키는 것은?

① 포경　　　　　　　　　　　　② 식경

③ 원경　　　　　　　　　　　　④ 소경　　　　　　**정답 ❶**

기출문제

다음 중 가장 집약적으로 곡류 이외에 채소, 과수 등의 재배에 이용되는 형식은?

① 원경(園耕)　　　　　　　　　② 포경(圃耕)

③ 곡경(穀耕)　　　　　　　　　④ 소경(疏耕)　　　　정답 ❶

2. 작물의 분화 및 발달

(1) 작물의 분화과정

1) 유전적 변이

① 자연교잡과 돌연변이에 의해 새로운 유전형이 생긴다.

② 한번 생긴 유전적 변이는 후대 분리에 의해 여러 가지 유전형으로 만들어진다.

2) 도태와 적응

① 새로 생긴 유전형 중에서 환경이나 생존경쟁에 견디지 못하고 소멸하는 것을 도태라고 한다.

② 새로 생긴 유전형 중에서 환경이나 생존경쟁에 견디어 내는 것을 적응이라고 한다.

③ 어떤 생육조건에 오래 생육하게 되면 더 잘 적응하는 순화의 단계에 들어가게 된다.

3) 고립(격리)

분화의 마지막 과정으로 성립된 적응형들이 유전적인 안정상태를 유지하려면 유전형들 사이에 유전적인 교섭이 생기지 않아야 하는데 이것을 고립 또는 격리라고 한다.

기출문제

농작물의 분화과정에서 자연적으로 새로운 유전자형이 생기게 되는 가장 큰 원인은?

① 영농방식의 변화　　　　　　② 재배환경의 변화

③ 재배기술의 변화　　　　　　④ 자연교잡과 돌연변이　　정답 ❹

작물이 분화하는 데 가장 먼저 일어나는 것은?

① 적응　　　　　　　　　　　　② 격리

③ 유전적 변이　　　　　　　　④ 순화　　　　　　　　정답 ❸

PART 1 / PART 2 / 부록

기출문제

작물의 발달과 관련된 용어의 설명으로 틀린 것은?

① 작물이 원래의 것과 다른 여러 갈래로 갈라지는 현상을 작물의 분화라고 한다.
② 작물이 환경이나 생존경쟁에서 견디지 못해 죽게 되는 것을 순화라고 한다.
③ 작물이 점차 높은 단계로 발달해 가는 현상을 작물의 진화라고 한다.
④ 작물이 환경에 잘 견디어 내는 것을 적응이라 한다.

정답 ②

(2) 작물의 다양성과 유연관계

1) 형태적 · 생리적 · 생태적 특성에 의한 방법

작물의 유연관계를 탐구하려면 먼저 1차적으로 형태적 · 생리적 · 생태적 모든 특성을 서로 비교하여 유연의 원근을 판단할 필요가 있다.

2) 교잡에 의한 방법

서로 다른 식물 사이에 교잡을 할 경우 유연이 먼 경우일수록 잡종 종자가 생기기 힘들고, 또한 생겨도 잡종의 임성이 낮다는 사실에 입각한 연구방법이다.

3) 염색체에 의한 방법

식물종은 일정한 수와 모양의 염색체를 갖고 있어서 염색체의 수효가 같더라도 그 모양의 차이에 따라서 유연관계의 원근이 판단될 수 있다.

4) 면역학적 방법

식물 종들의 종자가 함유하고 있는 단백질의 동이질성을 검정하여 유연관계를 판단하는 데 쓰이는 방법이다. 면역시킨 단백질과 비교적 가까운 성질의 것이면 침강반응이 생기고 비교적 먼 성질인 것일 때에는 침강반응이 생기지 않는다.

3. 용도에 따른 작물의 분류

(1) 용도에 따른 분류

1) 식용작물(보통작물)

① 화곡류 : 볏과에 속하며 알곡을 이용하는 작물이다.
  ㉠ 미곡 : 논벼 · 밭벼
  ㉡ 맥류 : 보리 · 밀 · 호밀 · 귀리 · 라이밀
  ㉢ 잡곡 : 옥수수 · 수수 · 조 · 기장 · 메밀 · 피

② **두류** : 콩과에 속하는 작물로 단백질 함량이 높다(예 : 콩 · 팥 · 녹두 · 완두 · 강낭콩 · 동부 · 땅콩).

③ **서류** : 지하부 저장기관을 이용하는 구황작물이다(예 : 감자 · 고구마).

Ⅲ 기출문제

식용작물의 분류상 연결이 틀린 것은?

① 맥류 – 벼, 수수, 기장
② 잡곡 – 옥수수, 조, 메밀
③ 두류 – 콩, 팥, 녹두
④ 서류 – 감자, 고구마, 토란   **정답 ❶**

분류상 구황작물이 아닌 것은?

① 조
② 고구마
③ 벼
④ 기장   **정답 ❸**

(2) 공예작물(특용작물)

① **유료작물** : 참깨 · 들깨 · 아주까리 · 평지(유채) 등이 있다.
② **섬유작물** : 목화 · 삼 · 모시풀 · 아마 등이 있다.
③ **전분작물** : 옥수수 · 감자 · 고구마 등이 있다.
④ **당료작물** : 사탕무 · 단수수 등이 있다.

(3) 약료작물

제충국 · 인삼 · 박하 · 홉 등이 있다.

(4) 기호작물

차 · 담배 등이 있다.

(5) 사료작물

① **화본과(禾草類)** : 옥수수 · 귀리 · 티머디 · 오처드그라스 · 라이그라스 등
② **콩과(荳科)** : 알팔파 · 화이트클로버 · 레드클로버 등
③ **기타** : 순무 · 비트 · 해바라기 · 뚱딴지(돼지감자) 등

기출문제

다음 사료작물 중 콩과 사료작물에 해당되는 작물은?

① 라이그라스   ② 호밀

③ 옥수수   ④ 알팔파   **정답** ④

(6) 녹비작물(비료작물)

① 화본과 : 귀리 · 호밀 등

② 콩과(荳科) : 자운영 · 베치 · 콩 등

(7) 원예작물

1) 과수

① 인과류 : 배 · 사과 · 비파 등 → 꽃받침이 발달하였다.

② 핵과류 : 복숭아 · 자두 · 살구 · 앵두 등 → 중과피가 발달하였다.

③ 장과류 : 포도 · 딸기 · 무화과 등 → 외과피가 발달하였다.

④ 각과류 : 밤 · 호두 등 → 씨의 자엽이 발달하였다.

⑤ 준인과류 : 감 · 귤 등 → 씨방이 발달하였다.

기출문제

다음 중 과수 분류상 인과류에 속하는 것으로만 나열된 것은?

① 무화과, 복숭아   ② 포도, 비파

③ 사과, 배   ④ 밤, 포도   **정답** ③

2) 채소

① 과채류(열매채소) : 고추 · 오이 · 호박 · 참외 · 수박 · 토마토 등이 있다.

② 협채류(꼬투리채소) : 완두 · 강낭콩 · 동부 등이 있다.

③ 근채류(뿌리채소) : 무 · 당근 · 우엉 · 토란 · 연근 등이 있다.

④ 경엽채류(잎 · 줄기채소) : 배추 · 양배추 · 셀러리 · 시금치 · 미나리 · 파 등이 있다.

⑤ 조미채소 : 고추, 마늘, 양파, 생강 등이 있다.

Ⅲ 기출문제

우리나라에서 가장 많이 재배되고 있는 시설채소는?

① 근채류   ② 엽채류

③ 과채류   ④ 양채류   **정답 ③**

다음 작물의 일반분류 중 원예작물의 근채류에 해당하는 것은?

① 상추   ② 아스파라거스

③ 우엉   ④ 땅콩   **정답 ③**

3) 화분 및 관상식물

① 초본류 : 국화, 코스모스, 난초 등이 있다.

② 목본류 : 동백, 개나리, 진달래, 철쭉, 목련화, 고무나무 등이 있다.

Ⅲ 기출문제

화곡류를 미곡, 맥류, 잡곡으로 구분할 때 다음 중 맥류에 속하는 것은?

① 조   ② 귀리

③ 기장   ④ 메밀   **정답 ②**

(8) 작물의 원산지 연구

1) De Candolle

작물의 발상지 · 재배연대 · 내력 등을 최초로 밝힘

2) Vavilov

분화식물 지리학적 방법, 유전자 중심설(중심지에 재배식물의 변이가 가장 풍부)

‖ 주요 작물의 원산지 ‖

작물	원산지	작물	원산지
벼	인도	옥수수	남미 안데스 산록
6조 보리	양쯔강 상류, 티베트	콩	중국 북부
2조 보리	소아시아	고구마	중앙아메리카 · 남아메리카 북부

※ 우리나라가 원산지 : 왕골, 콩, 인삼

3) 기원지별 주요 작물

① 중국 : 6조 보리, 조, 피, 메밀, 콩, 팥

② 인도 · 동남아시아 : 벼

③ 중앙아시아 : 귀리, 기장, 완두

④ 코카서스 · 중동 : 2조 보리, 보통밀, 호밀

⑤ 지중해연안 : 완두

⑥ 중앙아프리카 : 진주조, 수수

⑦ 멕시코 · 중앙아메리카 : 옥수수, 강낭콩, 고구마

⑧ 남아메리카 : 감자, 땅콩

기출문제

작물이 최초에 발생하였던 지역을 그 작물의 기원지라 한다. 다음 중 기원지가 우리나라인 것은?

① 벼　　　　　　　　　　　② 참깨
③ 수박　　　　　　　　　　④ 인삼　　　　　　**정답 ④**

---

(9) 생존연한에 따른 작물의 분류

① 일년생 작물 : 봄에 종자를 뿌려 그 해에 개화 · 결실해서 일생을 마치는 작물로 벼 · 콩 · 옥수수 · 수수 · 조 등이 있다.

② 월년생 작물 : 가을에 종자를 뿌려 월동해서 이듬해에 개화 · 결실하는 작물로 가을밀 · 가을보리 · 유채 등이 있다.

③ 2년생 작물 : 종자를 뿌려 1년 이상을 경과해서 개화 · 결실하는 작물로 무 · 사탕무 등이 있다.

④ 영년생(다년생) 작물 : 여러 해에 걸쳐 생존을 계속하는 작물로 아스파라거스 · 목초류 · 홉 등이 있다(뿌리나 줄기로 번식한다).

기출문제

작물의 생존연한에 따른 분류에서 2년생 작물에 대한 설명으로 옳은 것은?

① 가을에 파종하여 그 다음해에 성숙 · 고사하는 작물을 말한다.
② 가을보리, 가을밀 등이 포함된다.
③ 봄에 씨앗을 파종하여 그 다음해에 성숙 · 고사하는 작물이다.
④ 생존연한이 길고 경제적 이용연한이 여러 해인 작물이다.　　**정답 ③**

4. 재배의 현황

(1) 우리나라와 세계의 농지재배 환경 및 특징

1) 3대 작물

단일작물의 생산량은 밀·벼·옥수수 순이다.

① 밀 : 유럽, 소련, 아시아 등 세계적

② 벼 : 주로 동남아시아

③ 옥수수 : 중북미

2) 기타 주요 작물

① 보리 : 유럽, 소련, 아시아 순, 세계적

② 감자·귀리·호밀 : 유럽, 러시아의 서늘한 지방

③ 고구마 : 아시아, 아프리카의 따뜻한 지방

④ 콩 : 미국, 중국

⑤ 목화 : 미국, 소련

(2) 우리나라 농지 및 토지이용현황, 경작규모

1) 토지이용 상황

① 농경지 면적

우리나라(남한)의 농경지 면적은 약 1,737천 ha로서 국토 총면적의 약 17.4%에 해당하고 약 64.3%가 임야이며, 기타 면적은 17.2% 정도이다. 농경지의 약 61%(약 1,127천 ha)가 논이고 약 39%(약 719천 ha)가 밭이다.

② 농경 이용도

농경지 중에는 1년에 두 종류 이상의 작물을 재배하는 것도 있어서 총 경작면적은 농경지 면적보다 많은 208만 9천 ha 정도가 되어 110.6%의 경지이용도를 나타낸다.

㉠ 농지이용률이 낮은 이유 : 노동력 부족

㉡ 농지이용률을 높이는 대책 : 생력 기계화 재배

2) 작물별 재배면적과 생산량

① 벼 : 112만 ha로 100% 자급자족을 하고 있다.

② 맥류 : 보리 55%, 밀 0.1%의 자급률에 불과하다.

③ 콩류 : 11.6만 톤 생산으로 자급률은 9.5%이다.

④ 옥수수 : 자급률은 1.2%이다.

⑤ **채소** : 배추, 무 6.8만 ha를 비롯해서 양배추, 마늘, 고추 등 재배 종류가 다양하다.

⑥ **과수** : 약 17만 ha로 열대과일을 제외하고는 거의 자급자족하고 있다.

02 재배환경

1. 토양

(1) 지력

1) 토성

① 양토(사양토 내지 식양토)는 토양의 수분·공기·비료성분의 종합적 조건에 알맞아 작물생육이 양호하다.

② 사토는 토양수분과 비료성분이 부족하고, 식토는 토양공기가 부족하여 작물생육이 불량하다.

2) 토양구조

토양의 입단구조가 발달될수록 수분과 공기상태가 좋아진다.

3) 토층

토양의 작토가 깊고 양분의 함량이 많으며 심토도 투수·통기가 알맞은 것이 좋다. 이를 위해서는 객토·심경 또는 토양개량제의 시용 등의 조처가 필요하다.

4) 토양반응

토양반응은 작물생육에 중성 내지 약산성이 알맞으며, 강산성이나 알칼리성이면 생육이 저해된다.

5) 유기물 함량

토양 내 유기물 함량이 증가할수록 지력은 높아지나 논(습답) 등에 있어서는 유기물이 많아 도리어 해가 된다.

6) 무기성분

토양에서 무기성분이 풍부하고 균형 있게 함유되어 있어야 지력이 높다. 특히 질소·인산·칼리 일부 성분의 결핍이나 과다는 작물생육을 저해한다.

7) 토양수분

토양수분이 적당해야 작물생육이 좋은데 일반적으로 밭작물은 포장최대용수량의 80% 내외가 알맞다.

8) 토양공기

토양 중에 공기가 적거나 또는 산소가 부족하고 이산화탄소 등 유해가스가 많아지면 작물 뿌리의 기능을 저해하여 생장이 불량해진다.

9) 토양미생물

작물생육을 돕는 유용 미생물이 번식하기 좋은 상태가 유리하며, 병충해를 유발하는 미생물이 적어야 한다.

10) 유해물질

무기 또는 유기의 유해물질들에 의해서 토양이 오염되면 작물의 생육을 저해하게 된다.

(2) 토성

1) 토양의 3상 4성분

토양은 무기성분, 유기성분, 수분 및 공기 등의 혼합물이라고 할 수 있는데 이들을 토양의 4성분이라고 한다.

① 무기성분 : 바위의 풍화생성물로 작물의 양분흡수와 밀접한 관련을 가지고 있다.

② 유기성분 : 동식물의 분해중간산물인데, 토양의 물리적 · 화학적 성질에 커다란 영향을 끼치며, **작물생육에 필요한 양분의 공급원이 되기도 한다.**

③ 토양수분 : 여러 가지 물질이 녹아 있는 용액상태로 존재하는데 토양 중 물질의 화학적 변화의 매개체가 되기도 한다.

④ 토양공기 : 대기보다 수증기 함량이 많고 CO_2 농도가 0.25%로 대기 중 CO_2 농도의 약 8배가 된다.

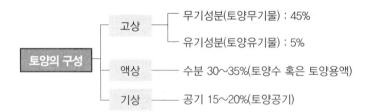

토양의 구성
- 고상 ── 무기성분(토양무기물) : 45%
         └ 유기성분(토양유기물) : 5%
- 액상 ── 수분 30~35%(토양수 혹은 토양용액)
- 기상 ── 공기 15~20%(토양공기)

Ⅲ 기출문제

일반적으로 작물생육에 가장 알맞은 이상적인 토양 3상의 분포로 적당한 것은?

① 고상 25%, 액상 25%, 기상 50%　　② 고상 25%, 액상 50%, 기상 25%
③ 고상 50%, 액상 30%, 기상 20%　　④ 고상 30%, 액상 30%, 기상 40%　　**정답 ③**

2) 토양의 입경 구분

토양은 크고 작은 여러 입자로 구성되어 있는데, 토양입자를 입경에 따라 분류하면 다음 표와 같다.

┃ 입경에 따른 토양입자의 분류법 ┃

구분	국제토양학회법(mm)	일본농학회법(mm)
자갈(礫 ; gravel)	> 2.0	> 2.0
조사(coarse sand)	2.0~0.2	2.0~0.25
세사(fine sand)	0.2~0.02	0.25~0.05
미사(silt)	0.02~0.002	0.05~0.01
점토(clay)	< 0.002	< 0.01

① **자갈(礫)** : 화학적 · 교질적 작용이 없고 비료분 · 수분의 보유력도 빈약하다. 그러나 투기성 · 투수성은 좋게 한다.

② **모래(砂)** : 굵은 모래는 식물의 양분 흡착과는 관계없지만 토양 중 활동적 입자인 점토의 주변에 있으면서 골격역할을 하며, 잔모래는 다소의 물이 양분을 흡착하고 투수 · 투기를 좋게 한다.

③ **점토** : 입경이 0.002mm 이하인 소립자로 이루어지므로 그 활성 표면적이 매우 커서 식물 무기양분의 흡착 · 방출 · 산도 · 고정, 토양반응 · 통기 · 통수성 등 물리 · 화학적 성질을 지배하므로 식물생육에 매우 중요하다.

Ⅲ 기출문제

다음 토양 입자의 크기 중 점토에 해당되는 것은?

① 입자 지름이 2mm 이상

② 입자 지름이 0.02~2mm

③ 입자 지름이 0.02~0.002mm

④ 입자 지름이 0.002mm 이하   **정답 ④**

3) 토양교질과 양이온치환용량(C.E.C)

① **토양교질(Colloid)**

㉠ 토양입자 중에서 입경이 0.1 μm 이하인 미세한 입자로서 점토광물인 무기교질물과 부식인 유기교질물로 구분된다.

㉡ 교질입자는 보통 음전하를 띠고 있어 양이온을 흡착하는데, 토양 중에 교질입자가 많으면 치환성 양이온을 흡착하는 힘이 강해진다.

② 양이온치환용량(C.E.C)

　㉠ 토양 100g이 보유하는 치환성 양이온의 총량을 mg당 양(milli equivalent ; me)으로 표시한 것을 양이온치환용량 또는 염기치환용량(B.E.C)이라고 한다.

　㉡ 토양 중에 고운 점토와 부식이 증가하면 C.E.C도 증대하며 토양의 C.E.C가 증대하면 비료성분을 흡착·보유하는 힘이 커져서 비료를 많이 주어도 일시적 과잉 흡수가 억제되고, 또 비료성분의 용탈이 적어서 비효가 늦게까지 지속된다.

　㉢ C.E.C가 커지면 토양반응의 변동에 저항하는 힘, 즉 **토양의 완충능도 커지게** 된다.

4) 토성

① 토양의 무기질 입자의 입경조성에 의한 토양의 분류를 토성이라고 한다.

② 입경 2mm 이하의 입자로 된 토양을 세토(fine sand)라고 하며, 세토 중의 점토함량에 따라서 토성을 분류한 것이 아래 표이다.

| 토성의 분류와 판정 방법 |

토성	점토함량(%)	점토와 모래비율의 느낌	섬토로 토성 판정
사토	12.5 이하	까칠까칠하고 거의 모래라는 느낌	반죽이 되지 않고 흐트러짐
사양토	12.5~25.0	70~80%가 모래이고 약간의 점토가 있는 느낌	반죽은 되지만 막대는 안 됨
양토	25.0~37.5	모래와 점토가 반반인 느낌	굵은 막대가 됨
식양토	37.5~50.0	대부분이 점토이고 일부가 모래인 느낌	가는 막대가 됨
식토	50.0	모래가 거의 없이 부드러운 점토의 느낌	종이로 가늘게 꼰 끈 모양의 막대가 됨

||||| 기출문제

토성(土性)에 관한 설명으로 틀린 것은?

① 토양입자의 성질(texture)에 따라 구분한 토양의 종류를 토성이라 한다.
② 식토는 토양 중 가장 미세한 입자로 물과 양분을 흡착하는 힘이 작다.
③ 식토는 투기와 투수가 불량하고 유기질 분해 속도가 늦다.
④ 부식토는 세토(세사)가 부족하고, 강한 산성을 나타내기 쉬우므로 점토를 객토해 주는 것이 좋다.

정답 ❷

식물이 이용할 수 있는 유효수분을 간직하는 힘이 가장 강한 토양은?

① 사양토　　　　　　　　　　② 양토
③ 식양토　　　　　　　　　　④ 식토

정답 ❹

(3) 토양구조 및 토층

1) 단립구조(홑알구조)
① 비교적 거친 모래알이 산산이 흩어져 있는 것처럼 집합된 구조이다.
② 큰 공극은 많고 작은 공극은 적어 공기의 유통이 좋으나, 관수시설이 없는 한 작물 생육에 부적합하다.

2) 이상구조
① 이상구조는 각 입자가 서로 결합하여 부정형의 흙덩이를 형성하는 것이 단립구조와 다르다.
② 이상구조는 부식함량이 적고, 과습한 식질 토양에서 많이 보인다.
③ 소공극은 많으나 대공극은 적어서 토양 통기가 불량하다.

3) 입단구조(떼알구조)
① 단립입자가 모여 2차 입자가 되고 그것이 다시 3차 또는 4차의 집합체가 되어 있는 구조이다.
② 손에 쥐고 가볍게 누르면 몇 개의 작은 입단으로 부스러지고, 이것을 다시 누르면 더 작은 입단으로 부서진다.
③ 유기물과 석회가 많은 표층토에서 주로 볼 수 있는 토양구조이다.
④ 크고 작은 공극이 모두 많아 통기와 투수 및 양분의 보유능력도 좋으며 빗물의 흡수도 빨라 토양 침식에 대한 저항력도 크다.
⑤ 토양유용 미생물의 번식활동도 왕성하여 유기물의 분해를 촉진한다.

▥ 기출문제

다음 중 떼알구조를 이루고 있는 토양이라고 보기 어려운 것은?

① 지렁이가 배설한 토양
② 유기물이 풍부한 토양
③ 곰팡이 균사의 물리적 결합이 이루어진 토양
④ 물빠짐이 좋지 않은 토양　　　　　　　　　　　 정답 ④

---

4) 입단의 형성
① 유기물 시용
　㉠ 유기물이 증가하면 입단구조가 형성된다. 미생물에 의해서 유기물이 분해될 때 분비되는 점액에 의해서 토양입자가 결합되는 것으로 알려져 있다.
　㉡ 완숙유기물보다는 미숙유기물이 효과적이다.

② 콩과작물의 재배 : 작물의 뿌리는 물리작용과 유기물의 공급 등으로 입단형성에 효과적인데, 클로버·알팔파 등의 두과작물은 잔뿌리가 많고, 석회분이 풍부하고, 또 토양을 잘 피복하여 입단을 형성하는 효과가 크다.

③ 토양의 멀칭 : 유기물을 공급하고 미생물의 활동을 왕성하게 하며 표토의 건조와 비·바람의 타격, 그리고 토양유실을 막아서 입단을 형성·유지하는 효과가 있다.

④ Ca 시용 : 석회는 유기물의 분해속도를 촉진하고, 또 칼슘(Ca^{2+}) 등은 토양입자를 결합시키는 작용이 있다.

⑤ 토양개량제의 시용 : 크릴륨(Krillium) 같은 토양개량제를 시용하면 토양입자를 결합시켜 입단을 형성하는 효과가 있다.

5) 입단의 파괴

① 경운 : 경운을 하여 토양통기가 조장되면 토양입자를 결합시키고 있는 부식의 분해가 촉진되어 입단이 파괴된다.

② 입단의 팽창과 수축의 반복 : 습윤과 건조, 동결과 융해, 고온과 저온 등에 의해서 입단이 팽창·수축하는 과정을 반복하면 파괴된다.

③ 비와 바람 : 비가 와서 입단이 급히 팽창하여 입단 사이의 공기가 압축되어서 폭발적으로 배제될 때 입단이 파괴된다. 토양입자의 결합이 약할 때에는 빗물이나 바람에 날린 모래의 타격작용에 의해서도 입단이 파괴된다.

④ 나트륨이온(Na^+)의 작용 : 점토의 결합이 분산되기 쉬우므로 입단이 파괴되기 쉽다.

III 기출문제

토양의 떼알구조(입단)화를 위한 조치로서 틀린 것은?

① 완숙 유기물의 시용

② Na^+의 시용

③ 토양의 피복

④ 콩과작물의 재배

정답

---

6) 토층(土層)

① 작토

㉠ 작토는 경토라고도 부르는 계속 경운되는 층위로, 작물의 뿌리는 주로 이곳에 발달한다.

㉡ 부식이 많고, 흙이 검으며, 입단의 형성이 좋다.

㉢ 경지의 작토와 같은 부식이 풍부한 층위가 미경지의 표면에만 얕게 형성되어 있는 것을 흔히 표토라고 부른다.

㉣ 작토는 작물생육에 가장 관계가 깊으므로 심경을 하고 유기물 및 석회를 충분히 시용하여 좋은 작토층이 깊게 형성되도록 하여야 한다.

㉤ 우리나라 논토양에서 작토층의 깊이는 보통 12cm 정도이다.

② 서상

　서상은 작토 바로 밑의 층이며, 작토보다 부식이 적다.

③ 심토

㉠ 서상층 밑의 하층이며, 일반적으로 부식이 극히 적고 구조가 치밀하다.

㉡ 심토의 성질도 작물 생육에 관계가 깊은데 심토가 너무 치밀하면 투수 · 투기가 불량하며 과수 등의 뿌리가 깊게 뻗지 못하여 생육이 불량해진다.

Ⅲ 기출문제

일반적으로 작물생육에 가장 알맞은 토양 조건은?

① 토성은 수분 · 공기 · 양분을 많이 함유한 식토나 사토가 가장 알맞다.
② 작토가 깊고 양호하며 심토는 투수성과 투기성이 알맞아야 한다.
③ 토양구조는 홑알구조로 조성되어야 한다.
④ 질소, 인산, 칼리의 비료 3요소는 많을수록 좋다.

정답 ②

(4) 토양 중의 무기성분

1) 필수원소

① 작물 생육에 필수적인 요소, 즉 필수원소 16개이다[탄소(C), 수소(H), 산소(O), 질소(N), 인(P), 칼륨(K, 칼리), 칼슘(Ca), 마그네슘(Mg), 황(S), 철(Fe), 망간(Mn), 구리(Cu), 아연(Zn), 붕소(B), 몰리브덴(Mo), 염소(Cl)].

② 필수무기원소 : 16 필수원소 중에서 탄소, 산소, 수소를 제외한 13원소

③ 다량원소 : 질소, 인, 칼륨, 칼슘, 마그네슘, 황(6원소)

④ 비료의 3요소 : 질소, 인, 칼륨

⑤ 비료의 4요소 : 질소, 인, 칼륨, 칼슘

Ⅲ 기출문제

비료의 3요소가 아닌 것은?

① 질소　　　　　　　　　　　② 인산
③ 칼륨　　　　　　　　　　　④ 칼슘

정답 ④

기출문제

비료의 4요소는?

① 질소, 인산, 칼륨, 부식

② 탄소, 수소, 산소, 질소

③ 수분, 공기, 인산, 질소

④ 칼슘, 칼륨, 인산, 질소

정답 ❹

2) 필수원소의 생리작용

① **질소** : 영양생장에 가장 중요

ㄱ 질소반응에 긍정적인 작물 : 옥수수 · 수수 · 기장 · 담배 · 루핀 · 아주까리

ㄴ 유효태질소에 영향을 받지 않은 작물 : 메밀 · 대마 · 두류

② **인산** : 생물체 막의 필수 구성요소, 결핍 시 벼의 잎이 암청색

③ **칼륨** : 생리적 · 화학적 기능에 가장 중요한 양이온, 결핍 시 생장점이 고사 · 조기낙엽

④ **칼슘** : 유기산을 중화, 알루미늄의 과잉흡수를 억제, 결핍 시 분열조직의 생장이 감퇴, 과다 시 망간 · 붕소 · 아연 · 마그네슘 · 철 등의 흡수를 저해

⑤ **유황** : 효소의 생성, 결핍 시 황백화

⑥ **마그네슘** : 결핍 시 황백화, 석회의 과잉시용은 마그네슘 결핍을 초래

⑦ **철** : 엽록소의 합성과 관련, 결핍 시 항상 어린잎에서 황백화현상

⑧ **망간** : 광합성 물질의 합성 및 분해, 호흡작용에 관여, 결핍 시 엽맥 사이가 황색, 과잉 시 뿌리가 갈변 · 잎의 황백화 · 만곡현상(사과의 적진병)

⑨ **붕소** : 촉매 · 반응조절물질, 석회 결핍의 영향을 경감, 결핍 시 분열조직의 괴사현상

＊ 결핍증 : 순무 갈색속썩음병, 셀러리 줄기쪼김병, 담배 끝마름병, 알팔파 황색병

⑩ **아연** : 아연 흡수의 저해작용 원소는 구리 · 철 · 망간 · 칼슘, 과잉시 잎의 황백화, 콩과작물은 잎 · 줄기가 자주색으로 변색

⑪ **구리** : DNA, RNA 합성을 증진, 결핍 시 단백질 합성을 저해

⑫ **몰리브덴** : 질산을 아질산으로 환원시키는 데 촉매역할

⑬ **염소** : 광합성작용, 물의 광분해, 촉매역할

(5) 토양유기물

1) 토양유기물의 뜻

① 토양 중의 유기물, 즉 동물과 식물의 잔재는 미생물 작용이나 화학작용을 받아서 분해된다. 분해작용을 받아서 유기물의 원형을 잃은 암갈색~흑색 부분을 부식(humus)이라고 한다.

② 유기물은 토양생물의 에너지 및 영양원으로 이용되면서 여러 단계를 걸쳐 최종생성물인 CO_2, H_2O, 무기물 등으로 분해된다.

2) 토양유기물의 효과

① 암석의 분해 촉진 : 유기물이 분해할 때 여러 가지 산을 생성하여 분해를 촉진한다.

② 토양의 입단화 형성 : 유기물의 무기화 작용과 부식화 작용에서 생성되는 각종 분해 중간 생성물과 미생물이 분비하는 폴리우로니드는 토립을 접착시켜서 입단화를 도모하고 토양 공극량을 증대시킨다.

③ 보수·보비력의 증대 : 부식 콜로이드는 양분을 흡착하는 힘이 강하다. 따라서 토양의 통기·보수력·보비력을 증대시킨다.

④ 양분의 공급 : 분해하여 질소·인·칼륨 등의 다량원소와 망간·구리 등의 미량원소를 공급한다.

⑤ 대기 중의 CO_2 공급 : 유기물 분해 시 방출되는 CO_2는 작물 주변 대기 중의 CO_2 농도를 높여 광합성을 조장한다.

⑥ 완충능의 증대 : 부식 콜로이드는 토양반응을 급히 변동시키지 않는 토양의 완충능을 증대시키고 알루미늄의 독성을 중화시키는 작용을 한다.

⑦ 생장촉진 물질의 생성 : 유기물이 분해할 때에 호르몬·비타민·핵산물질 등을 생성한다.

⑧ 미생물의 번식 조장 : 미생물의 영양원이 되어 유용 미생물의 번식을 조장한다.

⑨ 토양색의 변화와 지온의 상승 : 부식을 이루고 있는 부식탄이나 부식산은 흑색을 띠며, 부식 생성과정에서 얻어지는 멜라닌 등에 의해 토양의 빛깔이 변화되며, 지온이 상승한다.

⑩ 토양 보호 : 유기물을 피복하면 토양 침식이 방지되고 유기물 시용으로 토양 입단이 형성되면 빗물의 지하 침투를 좋게 하여 토양 침식이 경감된다.

기출문제

토양 중의 유기물은 지력 유지에 매우 중요한데 그 기능이 아닌 것은?

① 여러 가지 산을 생성하여 암석의 분해를 촉진한다.
② 질소, 인 등 양분을 공급한다.
③ 이산화탄소를 흡수하므로 대기 중의 이산화탄소 농도를 낮춘다.
④ 토양미생물의 번식을 돕는다.

정답 ③

(6) 토양공기

① 토양공기는 수증기에 의해 항상 포화되어 있어 관계습도가 100%에 가깝다.

② 토양공기는 유기물의 분해에서 생기는 메탄이나 황화수소(H_2S)와 같은 기체의 농도가 높다.

③ 토양 중의 CO_2 평균함량은 0.25%로 대기 중 농도의 약 8배가 되는데, 그 요인은 다음과 같다.

　㉠ 대기 중의 CO_2는 O_2, N_2보다 비중이 크기 때문에 소량이나마 토양 중에 삼투하고, 물에 용해되므로 빗물 속에 녹아 삼투한다.

　㉡ 하층토는 상층토보다 공기갱신이 불량하여 CO_2 함량이 많고 전공극량과 공극의 평균크기도 작은 것이 보통이다.

　㉢ 석회물질의 시용으로 탄산염 및 중탄산염의 염기가 흡수됨에 따라 CO_2가 유리된다.

　㉣ 토양의 혐기적 · 호기적 미생물의 호흡작용에 의해 CO_2가 방출된다.

　㉤ 작물의 생육에 따른 작물근의 호흡작용으로 CO_2가 방출된다.

　㉥ 시용된 유기물은 토양미생물이 분해할 때 CO_2가 발생한다.

　㉦ 토양공기의 조성은 계절적인 변화가 뚜렷하여 일반적으로 CO_2 함량은 여름에 높고 겨울에 낮으나 O_2는 반대이다.

④ 수분함량과 온도의 변화에 예민하여 수분이 평균보다 많거나 온도가 높으면 CO_2의 함량은 비교적 높고 O_2의 함량은 낮아진다.

참고정리

✔ 산성토양에 대한 작물의 적응성
　① 극히 강한 것 : 벼 · 밭벼 · 귀리 · 토란 · 아마 · 기장 · 땅콩 · 감자 · 봄무 · 호밀 · 수박 등
　② 강한 것 : 메밀 · 당근 · 옥수수 · 목화 · 오이 · 포도 · 호박 · 딸기 · 토마토 · 밀 · 조 · 고구마 · 베치 · 담배 등
　③ 약간 강한 것 : 평지(유채) · 피 · 무 등
　④ 약한 것 : 보리 · 클로버 · 양배추 · 근대 · 가지 · 삼 · 겨자 · 고추 · 완두 · 상추 등
　⑤ 가장 약한 것 : 알팔파 · 자운영 · 콩 · 팥 · 시금치 · 사탕무 · 셀러리 · 부추 · 양파 등

기출문제

다음 중 내염성이 약한 작물은?

① 양란　　　　　　　　　　② 케일
③ 양배추　　　　　　　　　④ 시금치　　　　　　　정답 ❶

(7) 논토양

1) 토층분화

① **산화층** : 작토 표면 수 mm에서 1~2cm 정도의 두께를 가지며 산화제2철이 첨가되어 적갈색을 띤다.

② **환원층** : 산화층의 아래층에는 혐기적 미생물의 호흡작용이 우세하여 토양 중 화합태의 산화물 중의 산소까지 소비하면서 각종 산화물이 환원되어 환원물질이 생성되는데, 유기물은 혐기적으로 분해되어 각종 유기산과 환원물질 등이 생성·집적된다.

■■■ 기출문제

논토양에서 '토층의 분화'란?

① 산화층과 환원층의 생성　　　　② 산성과 알칼리성의 형성
③ 떼알구조와 홑알구조의 배열　　④ 유기물과 무기물의 작용　　**정답 ①**

2) 질화작용과 탈질작용

① 질산태질소(NO_3^-)는 토양에 흡착되는 힘이 약하여 유실되기 쉽고, 암모늄태질소(NH_4^+)는 토양에 잘 흡착된다.

② 암모늄태질소라도 산화층에 시용하면 산화되어 질산태질소($NH_4^+ \rightarrow NO_2^- \rightarrow NO_3^-$)가 되는데, 이와 같은 현상을 질화작용이라고 한다.

③ 질산태질소가 논토양의 환원층에 들어가면 점차 환원되어 산화질소(NO), 이산화질소(N_2O), 질소가스(N_2)를 생성하는데, 이들이 작물에 이용되지 못하고 공중으로 날아가는 현상을 탈질작용이라고 한다.

④ 대책 : 환원층시비, 전층시비, 심층시비이다.

■■■ 기출문제

질소화합물이 토양 중에서 $NO_3 \rightarrow NO_2 \rightarrow N_2O$, N_2와 같은 순서로 질소의 형태가 바뀌는 작용을 무엇이라 하는가?

① 암모니아 산화작용　　　　　② 탈질작용
③ 질산화작용　　　　　　　　④ 질소고정작용　　**정답 ②**

일반 벼 재배 논토양에서 탈질현상을 방지하기 위한 질소질 비료의 시비법은?

① 암모니아태 질소를 산화층에 준다.　　② 질산태 질소를 산화층에 준다.
③ 암모니아태 질소를 환원층에 준다.　　④ 질산태 질소를 환원층에 준다.　　**정답 ③**

3) 논토양의 노후화

① 노후화현상(老朽化現象)

논토양에서 작토층의 Fe, Mn, K, Ca, Mg, Si, P 등이 하층으로 용탈되어 결핍된 토양을 노후화답이라고 하며, 특수성분 결핍토나 퇴화염토 등은 노후화답에 속하는 것으로 볼 수 있다.

② 추락현상(秋落現象)

㉠ 담수하의 작토 환원층에서는 황산염이 환원되어 황화수소(H_2S)가 생성되는데, 철분이 많으면 벼 뿌리가 적갈색 산화철의 두꺼운 피막을 입고 있어 황화수소가 철과 반응하여 황화철(FeS)이 되어 침전하므로 해를 끼치지 않는다.

㉡ 철분이 결핍되고 벼 뿌리가 회백색을 보이면 H_2S와 결합될 충분한 철이 없으므로 H_2S에 의해 뿌리활력저해를 유발하여 생육 전반기인 영양생장기에는 보통보다 더 잘 생육하다가 생육 후반기인 벼의 생육후기(생식생장기)에 아래 잎이 말리고, 깨씨무늬병(호마엽고병)이 발생하고, 때로는 도열병이 만연하여 수량이 급격히 감소하는 현상이다.

㉢ 추락현상은 노후답뿐만 아니라 누수가 심해서 양분의 보유력이 적은 사질답이나 역질답에서도 나타난다. 또한, 습답에서 유기물이 과다하게 집적될 때에도 나타난다.

③ 노후화답의 개량

㉠ 객토

  ⓐ 노후화는 사력질의 누수답에서 심하므로 산의 붉은 흙, 못의 밑바닥 흙, 바닷가의 질흙 등을 객토한다.

  ⓑ 객토재료는 양질의 점토와 철·규산·마그네슘·망간 등의 보급효과가 크다. 10a당 10~20톤을 객토한다.

㉡ 심경 : 노후화 정도가 낮은 토양의 경우 하층토에 용탈집적된 철분 등 무기성분을 20cm 정도 심경하여 작토층으로 갈아 올린다.

㉢ 함철자재의 시용

  ⓐ 함철자재로서 갈철광의 분말, 비철토, 퇴비철 등을 시용한다.

  ⓑ 갈철광분은 50~100kg/10a를 시용한다.

㉣ 규산질비료의 시용 : 규산석회·규회석 등은 규산과 석회뿐만 아니라, 철, 망간, 마그네슘도 함유하고 있으며, 10a당 100~200kg을 시용한다.

④ 노후화답의 재배대책

㉠ 저항성 품종의 선택 : 황화수소(H_2S)에 강한 품종을 선택한다.

㉡ 조기재배 : 수확이 빠르도록 재배하면 추락을 경감한다.

ⓒ 무황산근 비료의 시용 : 황화수소의 발생원이 되는 황산근을 가진 비료의 시용을 회피한다(황산근 비료 : 황산암모늄(＝유안), 황산칼륨).

ⓡ 추비 중점의 시비 : 후기의 영양을 확보하기 위하여 추비 강화, 완효성 비료의 시용, 입상 및 고형 비료의 시용 등이 시도되고 있다.

ⓜ 엽면시비 : 추락 초기에 요소, 망간 및 미량요소를 추가하여 엽면시비 하는 것도 경우에 따라서는 큰 효과가 있다.

📖 **기출문제**

다음 중 추락현상이 나타나는 논이 아닌 것은?

① 노후화답 　　　　　　　　② 누수답
③ 유기물이 많은 저습답 　　　④ 건답　　　　　　　정답 ④

노후답(老朽畓)의 개량방법으로 가장 거리가 먼 것은?

① 좋은 점토로 객토를 한다. 　　② 심토층까지 심경을 한다.
③ 규산질 비료를 사용한다. 　　　④ 함철자재의 시용은 억제한다. 　정답 ④

(8) 토양미생물

1) 세균(Bacteria)

① 토양미생물 중 가장 많이 분포한다.
② 독립(自給)영양세균 : 암모니아·유황·아질산·철과 같은 무기성분을 산화해서 에너지를 얻고, 이산화탄소를 환원해서 탄소를 얻는다.

‖ 세균의 최적 pH ‖

세균류	질산균	아질산균	질산환원균	황세균	단서질소고정균	근류근
최적 pH	6.8~7.3	6.7~7.9	7.0~8.2	2.0~4.0	7.0~8.0	6.5~7.5

2) 사상균(곰팡이)

① 사상균은 버섯균·효모·곰팡이 등으로 분류되는데 이 중 곰팡이가 가장 중요한 역할을 한다.
② 곰팡이는 호기성으로 산성·중성·알칼리성의 어떤 토양반응에서도 생육이 양호한데, 특히 산성에 대한 저항력이 강한 것은 세균이나 방사상균과 대조를 이룬다.
③ 산성삼림 토양에서 유기물 분해는 사상균에 의해 이루어지며, 세균과 사상균이 부족한 상태에서는 사상균이 분해작용을 보완하므로 물질의 변화 및 토양비옥도에 큰 영향을 미친다.

3) 방사상균

① 방사상균은 사상을 이루고 가지가 뻗어 있으므로 곰팡이와 비슷하고, 그 크기와 포자로 분리되는 점은 세균과 비슷하다. 이와 같이 세균과 곰팡이의 중간에 위치하므로 사상세균이라고 한다.

② 방사상균은 습도가 높고 공기유통이 잘된 토양에서 생장이 좋으나, 산성에서는 매우 약해서 pH 5.0 이하에서는 생장이 저해된다. pH 6.0~7.5에서 양호한 발육을 보여준다.

③ 감자의 반점병과 같은 작물의 병에 방사상균이 관여하는데 토양을 산성으로 하면 피해를 줄일 수 있다.

④ 액티노마이세스 오더리퍼(Actinomyces odorifer)는 토양에 특유한 냄새를 갖게 하는 균이다.

4) 조류

① 조류는 대부분 엽록소를 지니고 단세포이며, 이들은 고등식물과 같이 지표면에서 생활하면서 탄소동화작용을 한다.

② 조류는 남조류, 녹조류, 규조류의 세 가지 군으로 분류하는데, 규조류는 오래된 정원에서 나기 쉽고, 남조류는 풀밭이나 논에서 나기 쉽다.

③ 조류는 유기물 증가에 효과가 있으며 특히 남조류는 논토양에서 공중 질소를 고정하고 산소공급원으로서 중요한 역할을 한다.

Ⅲ 기출문제

질소를 고정할 뿐만 아니라 광합성도 할 수 있는 것은?

① 효모   ② 사상균

③ 남조류   ④ 방사상균   정답 ❸

---

5) 토양미생물이 작물생육에 미치는 유리한 작용

① 암모니아화성작용 : 유기물을 분해하여 암모니아를 생성한다.

② 유리질소고정

　㉠ 근류균은 콩과식물에 공생하면서 유리질소를 고정한다.

　㉡ Azotobacter · Azomonas 등은 호기성 상태에서 단독으로 질소를 고정한다.

　㉢ Clostridium 등은 혐기 상태에서 단독으로 유리질소를 고정한다.

③ 질산화작용 : 암모니아를 질산으로 변하게 하는 작용으로 밭작물에 이롭다.

④ 무기성분의 변화 : 무기성분을 변화시킨다. 인산의 용해도를 높이는 것이 한 예이다.

⑤ 가용성 무기성분의 동화 : 가용성 무기성분을 동화하여 유실을 적게 한다.

⑥ 미생물 간의 길항작용 : 유해작용을 경감한다.

⑦ 입단의 생성 : 균사 등의 점질물질에 의해서 토양의 입단을 형성한다.

⑧ 생장촉진물질 : 호르몬성의 생장촉진물질을 분비한다.

6) 토양미생물의 유해한 작용

① 식물에 병을 일으키는 미생물이 많다.

② 선충의 피해도 크다.

③ 탈질작용을 일으킨다.

④ 황산염을 환원하여 황화수소(H_2S) 등의 유해한 환원물질을 생성한다.

⑤ 고등식물과 미생물의 양분쟁탈이 일어난다.

⑥ 미숙유기물을 주었을 때 질소기아가 나타나는 경우처럼 작물과 미생물 간에 양분의 쟁탈이 일어난다.

(9) 토양침식의 대책

1) 토양보호작물의 재배

목초로 전면을 초지화하면 토양침식을 방지할 수 있다.

2) 초생재배

과수원 등에서 목초·녹비 등을 재배하는 방법으로 토양침식을 방지함은 물론 제초 노력의 절약과 지력 증진을 꾀할 수 있다.

3) 토양피복

① 빗방울에 의한 토양침식을 방지하기 위해서는 항상 지표면을 피복하는 것이 중요하다.

② 부초법은 피복재료로 C/N율이 높은 볏짚·작물유채·건초·거적 등을 이용한다.

③ 인공피복물로서 비닐·폴리에틸렌 등 합성수지를 사용한다.

4) 경사지 재배법

① 등고선경작 : 등고선을 따라 경사지에 이랑을 만드는 방법으로 강우 시에는 이랑 사이의 골에 물이 고여서 유거수가 생기지 않는다.

② 등고선대상경작 : 등고선을 따라 3~10m로 일정한 간격을 두고 경사면에 초생대를 만들어 물과 토양의 유리 및 유실을 감소시키고 초생대 사이에서 경작하는 방법이다.

③ 단구식 경작 : 단구를 구축하고 법면(法面)을 콘크리트나 돌로 쌓거나 잔디 등으로 초생화하는 방법이다.

5) 합리적인 작부체계

피복식물은 침식을 방지하고, 중경식물이나 나지는 침식을 조장한다. 우기에 휴간이나 부분피복을 피하고 1년 중 전면 피복작물을 재배할 수 있는 윤작체계의 수립과 간작 등은 토양침식의 방지책이 된다.

기출문제

강우에 의한 토양침식 방지 대책으로 적합하지 않은 것은?

① 토양피복
② 청경재배
③ 초생재배
④ 등고선 경작

 정답 ②

---

2. 수분

(1) 토양수분함량의 표시법

① 토양의 절대수분함량은 작물의 흡수량과 직결된 표시가 되지 못하며, 직결된 표시가 될 수 있는 척도로서 토양수분장력을 사용한다.

② 토양수분장력은 토양에서 수분을 제거하는 데 소요되는 단위 면적당 힘이며, 단위는 수주의 높이 또는 기압으로 표시된다.

③ 표시하면 매우 큰 수치가 되므로, 이를 간략화하기 위하여 **수주높이(cm)에 상용대수(log)를 취하여 pF(potential force)**라 하고, 토양수분함량을 표시하는 데 이용하고 있다.

④ 1기압의 힘은 물기둥의 높이로 환산하면 약 10^3cm이고 여기에 상용대수를 취하면 3이므로 pF=3이다. [1기압=10.332mH$_2$O, 10m=1,000cm=10^3cm, pF=log수주의 높이(cm)]

$$\log 10^3 = 3, \quad pF = 3$$

pF로 표시된 토양의 수분장력은 0(수분포화)에서 7(건토) 사이이다.

‖ pH와 수주의 높이 및 기압과의 관계 ‖

pF ($\log H$)	수주 높이 H (cm)	기압 (bar)	MPa	토양수분항수
7.0	10,000,000	10,000	1,000	건토상태
4.5	31,000	31	3.1	흡습계수
4.2	15,000	15	1.5	영구위조점
4.0	10,000	10	1.0	초기위조점
3.0	1,000	1	0.1	대기압 상태
2.5	310	0.31	0.031	최소용수량 (포장용수량, 수분당량)
0	1	0.001		최대용수량 (포화용수량)

Ⅲ 기출문제

다음 중 토양수분의 표시방법이 아닌 것은?

① 부피
② 중량
③ 백분율(%)
④ 장력(pF)

정답 ①

(2) 수분의 흡수

1) 물리적 분류

① 결정수(結合水, 化合水)

㉠ 토양의 고체 성분이 화학적으로 결합된 물이며, 100~110℃로 가열해도 분리되지 않는다.

㉡ pF 7.0(10,000 기압) 이상으로 작물에 이용되지 못한다.

② 흡습수(吸着水)

㉠ 건조 토양을 관계습도가 높은 공기 중에 방치하면, 분자 간 인력에 의하여 토양입자 표면에 흡착하는 물이다.

㉡ 분자 간 인력에 의해서 토양입자에 흡착되거나 토양의 콜로이드 입자의 팽윤에 의해서 흡수되어 있다.

㉢ pF 4.5 이상의 힘에 흡착되어 있으므로 작물에 거의 이용되지 못한다.

㉣ 풍건 토양을 100~110℃로 8~10시간 가열하면 흡습수는 대부분 제거된다.

③ 모관수(毛管水)

㉠ 토양 입자의 주위나 소공극 및 대공극의 토양용액에 존재하며 내부 모세관수와 외부 모세관수로 구분한다.

ⓛ 모관현상에 의해서 지하수가 모관공극을 상승하여 공급된다.

ⓒ pF 2.7~4.5로서 작물이 주로 이용하는 수분이다.

ⓔ 토양의 모관수량은 온도, 염료함량, 토성, 구조 등에 따라 다르다.

④ 중력수 및 지하수

ⓙ 포장용수량 이상의 압력으로 토양의 비모관공극을 통해 내려가는 수분이다.

ⓛ pF 0~2.7(0.001~1/3bar)로 약하게 보존되어 있는 수분으로 작물에 용이하게 흡수된다.

ⓒ 밭작물에 대하여는 대부분 불필요하게 과잉수분으로 존재한다.

ⓔ 지하수는 중력수가 지하에 스며들어 정체상태로 된 수분이다.

ⓜ 토양이 건조하면 모관인력에 의해서 토양의 모관공극에서 상승하여 모관수가 된다.

ⓗ 지하수위가 높으면 토양이 과습상태가 되기 쉽고 지하수위가 너무 낮으면 모관 상승 속도가 느리므로 토양이 건조하기 쉽다.

2) 토양 수분항수의 종류

① 최대용수량

ⓙ 강우나 관개에 의하여 토양이 물로 포화된 상태에서 중력에 저항하여 모세관에 최대로 포화되어 있는 수분이다.

ⓛ pF 값은 0에 해당한다.

ⓒ 많은 강우가 내린 직후의 토양상태가 이에 해당한다.

ⓔ 수분함량은 토양의 성질에 따라 차이가 있다.

기출문제

토양 수분항수의 pF(potential force)로 틀린 것은?

① 최대용수량 : pF = 7   ② 초기위조점 : pF = 3.9

③ 포장용수량 : pF = 2.5~2.7   ④ 흡습계수 : pF = 4.5   **정답 ①**

---

② 포장용수량

ⓙ 수분으로 포화된 토양으로부터 증발을 방지하면서 중력수를 완전히 배제하고 남은 수분상태이며, 이를 최소용수량이라고도 한다.

ⓛ 지하수위가 낮고 포장에서 강우 또는 관개의 2~3일 뒤의 수분 상태가 이에 해당된다.

ⓒ pF 값은 2.5~2.7(1/3~1/2 기압)이다.

ⓔ 포장용수량은 수분당량과 일치하며, 포장용수량 이상은 토양 통기 저해로 작물 생육에 해롭다.

ⓜ 포장용수량은 토양에 따라 다른데 구조가 잘 발달된 식질계 토양에서 많고, 구조의 발달이 불량한 사질계 토양에서는 적다.

ⓗ 유효수분은 포장용수량에서 위조계수를 뺀 나머지 부분이다.

기출문제

수분으로 포화된 토양으로부터 증발을 방지하면서 중력수를 완전히 배제하고 남은 수분상태는?

① 최대용수량   ② 포장용수량
③ 초기위조점   ④ 영구위조점   정답 ❷

③ 위조계수(萎凋係數)

㉠ 초기위조점

ⓐ 생육이 정지하고 하엽이 위조하기 시작하는 토양의 수분상태이다.

ⓑ pF 값은 3.9 정도이다.

ⓒ 식물을 다습한 대기 중에 두면 다시 생육이 회복된다.

㉡ 영구위조점

ⓐ 위조한 식물을 포화습도의 대기 중에서 24시간 놓아두어도 회복되지 못하는 위조를 영구위조라고 하는데, 영구위조를 최초로 유발하는 토양의 수분상태를 영구위조점이라고 한다.

ⓑ pF 값은 4.2(15기압) 정도이다.

ⓒ 영구위조일 경우에 토양에 따라 수분함량이 다르다.

④ 흡습계수(吸濕係數)

흡습수만 남은 수분상태로서 상대습도 98%(25℃)의 공기 중에서 건조토양이 흡수하는 수분상태이다.

⑤ 풍건상태와 건토상태

㉠ 풍건상태의 토양에서 pF 값은 약 6이다.

㉡ 건토상태의 토양은 105~110℃에서 건조시킨 토양으로 pF 값이 약 7인 상태의 토양을 말한다.

기출문제

풍건상태일 때 토양의 pF 값은?

① 약 4 　　　　　　　　　　② 약 5

③ 약 6 　　　　　　　　　　④ 약 7 　　　　　　　정답 ③

작물이 주로 이용하는 토양수분의 형태는?

① 흡습수 　　　　　　　　　② 모관수

③ 중력수 　　　　　　　　　④ 결합수 　　　　　　정답 ②

수분이 포화된 상태의 토양에서 증발을 방지하면서 중력수를 완전히 배제하고 남은 수분 상태를 말하며, 작물이 생육하는 데 가장 알맞은 수분 조건은?

① 포화 용수량 　　　　　　　② 흡습 용수량

③ 최대 용수량 　　　　　　　④ 포장 용수량 　　　정답 ④

(3) 작물의 요수량

1) 요수량의 뜻

요수량은 건물 1g을 생산하는 데 소비된 수분량(g)을 표시하며 증산계수는 건물 1g을 생산하는 데 소비된 증산량(g)을 개념화한 수치이다.

2) 요수량의 지배요인

① 작물의 종류

ㄱ 요수량은 수수 · 기장 · 옥수수 등이 작고, 알팔파 · 클로버 등이 크다. 명아주의 요수량은 극히 크며, 이 잡초는 토양수분을 많이 수탈한다.

ㄴ 일반적으로 요수량이 작은 작물일수록 내건성(가뭄)이 강하고 요수량이 큰 작물일수록 내한성이 약하다.

조사자 작물	Briggs · Shantz	Shantz · Piemeisel	조사자 작물	Briggs · Shantz	Shantz · Piemeisel
호 박	834	–	보 리	534	523
알팔파	831	835			491
클로버	799	759	밀	513	550
완 두	788	745			455
아 마	–	752	사탕무	–	377
강낭콩	–	656	옥수수	368	361
잠 두	–	646			380
목 화	646	–	수 수	322	287
감 자	636	499			285
호 밀	–	634	기 장	310	274
귀 리	597	604	오 이	713	–
메 밀	–	540	흰명아주	948	–

‖ 작물의 요수량 ‖

② 생육단계 : 건물 생산의 속도가 낮은 생육 초기에 요수량이 크다.

③ 환경 : 광 부족, 많은 바람, 공기습도의 저하, 저온과 고온, 토양수분의 과다 및 과소 척박한 토양 등의 불량 환경은 수분소비에 비한 건물축적을 더욱 작게 하여 요수량을 크게 한다.

Ⅲ 기출문제

작물의 요수량에 대한 설명 중 옳은 것은?

① 작물의 건물 1g을 생산하는 데 소비되는 수분의 양
② 작물의 건물 100g을 생산하는 데 소비되는 수분의 양
③ 건물 1kg을 생산하는 데 소비되는 증산량
④ 건물 100kg을 생산하는 데 소비되는 증산량

정답 ❶

(4) 공기 중의 수분

① 공기가 다습하면 증산작용이 감퇴하고 뿌리의 수분 흡수력이 감퇴하여 무기양분의 흡수도 저해된다.

② 표피가 연약해지고 작물체가 도장하며 병충해 저항성이 약해지고, 낙과 및 도복의 원인이 되기도 하며 개화와 수정 장해 등이 초래된다.

③ 공기가 건조하면 증산작용이 흡수작용을 능가하여 위조(한해유발)되는 수가 있다.

공기가 과습한 상태일 때 작물에 나타나는 증상이 아닌 것은?

① 증산이 적어진다.　　　　　　　　② 병균의 발생빈도가 낮아진다.
③ 식물체의 조직이 약해진다.　　　　④ 도복이 많아진다.　　　　정답 ②

3. 공기

(1) 대기조성

① 지상의 공기를 대기라고 하는데, 대기의 조성은 **질소가스 약 79%, 산소가스 약 21%, 이**
산화탄소 약 0.03%(300ppm), 기타 수증기 · 연기 · 먼지 · 아황산가스, 미생물, 화분,
각종 가스 등이다.
② 작물의 탄소동화작용은 대기 중의 탄산가스(CO_2)를 재료로 한다.
③ 작물의 호흡작용은 대기 중에 산소(O_2)가 있어야 정상적으로 이루어진다.
④ 대기 중의 질소는 질소고정균의 유리질소고정의 재료가 된다.
⑤ 대기 중의 아황산가스(SO_2) 등의 유해성분은 작물체에 직접 유해작용을 미친다.
⑥ 토양산소의 부족은 토양 중의 환원성 유해물질 생성의 원인이 된다.
⑦ 토양산소의 변화는 비료성분의 변화에 관계하여 작물의 생육에 영향을 미친다.
⑧ 바람은 작물의 생육에 여러 면에서 영향을 미친다.

대기의 공기 중 가장 많이 함유되어 있는 가스는?

① 산소가스　　　　　　　　　　　　② 질소가스
③ 이산화탄소　　　　　　　　　　　④ 아황산가스　　　　　　정답 ②

(2) 대기와 작물의 생육

1) 공기와 작물의 생리작용

① 공기 중의 이산화탄소(CO_2)는 식물의 광합성의 재료가 되며 산소(O_2)는 호기 호흡
작용에 반드시 필요하고, 질소(N_2)는 질소고정균의 동화 재료가 된다.
② 아황산가스, 그 밖의 유해가스는 작물체에 직접 유해작용을 한다.

2) 산소 및 이산화탄소 농도와 호흡작용

① 호흡작용은 대기 중의 산소 농도가 5~10% 이하이면 크게 감소하나, 21%에서는 정
상적이고, 90% 이상이면 다시 크게 감소한다.

② 대기 중의 이산화탄소 농도가 1~5% 이상이 되면 호흡에 해롭다.

③ 대기 중의 산소와 이산화탄소의 자연농도, 즉 산소 21%와 이산화탄소 0.03%는 호흡작용에 이상적인 농도이다.

기출문제

대기조성과 작물에 대한 설명으로 틀린 것은?

① 대기 중 질소(N_2)가 가장 많은 함량을 차지한다.
② 대기 중 질소는 콩과식물의 근류균에 의해 고정되기도 한다.
③ 대기 중의 이산화탄소 농도는 작물이 광합성을 수행하기에 충분한 과포화 상태이다.
④ 산소농도가 극히 낮아지거나 90% 이상이 되면 작물의 호흡에 지장이 생긴다. **정답 ③**

(3) 탄산시비

대기 중의 CO_2 농도는 작물이 충분한 광합성을 하는 데 부족한 상태이므로 인위적으로 작물이 생육하고 있는 주위에 CO_2를 공급하여 작물생육을 촉진하고 수량과 품질을 향상시키는 재배기술을 탄산시비 또는 이산화탄소시비라고 한다.

1) CO_2 보상점

탄산가스 농도가 저하됨에 따라서 광합성 농도는 저하되며 어느 농도 이하에서는 호흡에 의한 유기물의 소모를 보상할 수 없는 상태에 도달하게 되는데 이와 같은 한계점의 탄소가스 농도를 CO_2 보상점이라 한다. 대체로 작물의 CO_2 보상점은 대기 중 농도(0.03%)의 1/10~1/3 정도이다.

2) CO_2 포화점

CO_2 농도가 증대할수록 광합성 속도도 증대하나 어느 농도에 도달하면 CO_2 농도가 그 이상 증대하더라도 광합성 속도는 그 이상 증대하지 않는 상태에 도달하게 되는데 이 한계점의 CO_2 농도를 CO_2 포화점이라 하며, 작물의 탄산가스 포화점은 대기 중 농도의 7~10배(0.21~0.3%)나 된다.

3) 탄산시비 방법

탄산시비는 CO_2의 농도를 용이하게 조절할 수 있는 하우스재배 등에서 이용성이 크며 이산화탄소의 공급과 함께 광·온도·수분 등이 제한인자가 되지 않도록 적절히 조절되어야 한다.

4) 탄산가스 시용시기

① 하루 중 탄산가스 시용시각은 일출 30분 후부터 환기할 때까지 2~3시간이지만, 환기를 하지 않을 때에도 3~4시간 이내로 제한한다.

② 오후에는 광합성능력이 저하하므로 CO_2를 시용할 필요가 없고 전류를 촉진하도록 유도한다.

③ 일출과 함께 시설 내 기온이 높아지고 광의 강도가 강해지면서 식물의 광합성 활동이 증가하면 CO_2 함량이 급격히 감소하는데 이때 이산화탄소시비가 필요하다.

5) CO_2의 급원

완전연소하고, CO_2 발생량도 많으며, 유해 gas를 발생치 않는 propane gas, 정유, 천연 gas 등이 알맞다.

Ⅲ 기출문제

작물의 이산화탄소(CO_2) 포화점이란?

① 광합성에 의한 유기물의 생성속도가 더 이상 증가하지 않을 때의 CO_2 농도
② 광합성에 의한 유기물의 생성속도가 최대한 빠르게 진행될 때의 CO_2 농도
③ 광합성에 의한 유기물의 생성속도와 호흡에 의한 유기물의 소모속도가 같을 때의 CO_2 농도
④ 광합성에 의한 유기물의 생성속도가 호흡에 의한 유기물의 소모속도보다 클 때의 CO_2 농도

정답 ❶

---

(4) 바람과 작물의 생육

1) 연풍의 이점

① 작물 주위의 습기를 배제하여 증산작용을 돕는다.

② 그늘의 잎을 움직여 일광을 잘 받게 함으로써 광합성을 증대시킨다.

③ 한낮에는 작물주위의 낮아졌던 이산화탄소 농도를 높임으로써 광합성을 증대시킨다.

④ 꽃가루의 매개를 도움으로써 풍매화의 결실을 좋게 한다.

⑤ 한여름에는 기온·지온을 낮추고, 봄·가을에는 서리를 막으며 수확물의 건조를 촉진시킨다.

2) 풍해(風害)의 재해

풍속이 4~6km/hr 이상의 강풍일 때 풍해가 일어나며, 대체로 풍해는 풍속이 크고 공기습도가 낮을 때 심하다.

① 기계적 장해(機械的 障害)
　㉠ 바람이 강할 때에는 절상·열상·낙과·도복·탈립 등을 초래하며, 2차적으로 병해·부패 등이 유발된다.
　㉡ 화곡류에서는 도복하여 수발아와 부패립이 발생되고, 상처에 의해서 이삭목도 열병·자조(疵租 : 흠집) 등이 발생한다. 수분, 수정이 장해되어 불임립 등도 발생한다.
　㉢ 과수에서는 절상·열상·낙과 등을 유발한다.

② 생리적 장해(生理的 障害)
　㉠ 바람에 의하여 상처가 나면 그 때문에 호흡이 증대하여 체내 양분의 소모가 증대한다.
　㉡ 바람이 세게 불 때, 즉 풍속 2~4m/초 이상이 되는 때에는 숨구멍이 닫혀 이산화탄소의 흡수가 감소되므로 광합성이 감퇴한다.
　㉢ 바람은 증산작용을 왕성하게 하고 작물체를 손상시킴으로써 한해를 더욱 조장한다.
　㉣ 특히 냉풍은 작물 체온을 저하시켜 해롭게 한다.

Ⅲ 기출문제

풍해의 생리적 장해로 거리가 먼 것은?

① 호흡 감소　　　　　　　　　　② 광합성 감퇴
③ 작물의 체온 저하　　　　　　　④ 식물체 건조　　　　정답 ①

대기 중의 약한 바람이 작물생육에 피해를 주는 사항과 가장 거리가 먼 것은?

① 광합성을 억제한다.　　　　　　② 잡초 씨나 병균을 전파시킨다.
③ 건조할 때 더욱 건조를 조장한다.　④ 냉풍은 냉해를 유발할 수 있다.　정답 ①

자동차 등에서 배출된 대기 중의 이산화질소가 자외선에 의해 분해되어 산소와 결합하여 발생되는 유해 가스는?

① 오존　　　　　　　　　　　　　② PAN
③ 아황산가스　　　　　　　　　　④ 일산화질소　　　　정답 ①

4. 온도

(1) 유효온도와 온도변화

1) 유효온도(有效溫度)

작물의 생육이 가능한 범위의 온도이다.

2) 주요 온도(主要溫度)

최저 · 최적 · 최고의 3온도를 말하며 주요 온도는 작물에 따라 다르다.

① 최저온도(最低溫度) : 작물의 생육이 가능한 가장 낮은 온도이다.

② 최고온도(最高溫度) : 작물의 생육이 가능한 가장 높은 온도이다.

③ 최적온도(最適溫度) : 작물의 생육이 가장 왕성한 온도이다.

3) 적산온도

일정한 날부터 매일의 평균기온을 더한 정해진 어느 날까지의 합계온도를 말하는데 이때 기준온도(0℃, 5℃, 10℃ 또는 15℃) 이하의 온도는 합계에서 제외하며, 이를 유효적산온도라 한다. 그러나 편의상 기준온도를 0℃로 하였을 때를 보통적산온도라 한다.

4) 작물의 생육시기와 생육기간에 따른 적산온도

① 여름작물

　　㉠ 생육기간이 긴 것 – 벼 : 3,500~4,500℃, 담배 : 3,200~3,600℃

　　㉡ 생육기간이 짧은 것 – 메밀 : 1,000~1,200℃, 조 : 1,800~3,000℃

② 겨울작물 – 추파작물 : 1,700~2,300℃

③ 봄작물 – 아마 : 1,600~1,850℃, 봄보리 : 1,600~1,900℃

Ⅲ 기출문제

다음 중 적산온도 요구량이 가장 높은 작물은?

① 감자　　　　　　　　　　　② 메밀

③ 벼　　　　　　　　　　　　④ 담배　　　　　　**정답 ③**

---

5) 기온과 작물생육의 관계

① 발아 : 변온은 종자의 휴면성을 타파하거나 종피의 이화학적인 작용을 촉진하기 때문에 정온보다 작물의 종자 발아를 촉진하는 경우가 있다.

② 동화물질의 축적

　　㉠ 낮의 기온이 높으면 광합성과 합성물질의 전류가 촉진되고 밤의 기온은 비교적

낮은 것이 호흡 소모가 적으므로 변온이 어느 정도 클 때 동화물질의 축적이 증대한다.

      ⓛ 동화물질의 전류축적이 가장 많은 온도는 25℃ 정도이다. 그러나 밤의 기온이 너무 내려가도 장해가 생긴다.

③ 생장 : 밤의 기온이 높아서 변온이 작으면 무기성분의 흡수와 동화양분의 소모가 왕성해지므로 생장이 빨라진다.

④ **괴경과 괴근의 발달**

      ㉠ 변온에 의해 동화물질의 축적이 증대하므로 괴경과 괴근이 발달한다.

      ⓛ 감자는 밤의 기온이 10~14℃로 저하되는 변온에서, 고구마는 29℃의 항온보다도 20~29℃의 변온에서 영양기관의 발달이 증대된다.

⑤ **개화**

      ㉠ 일반적으로 변온의 정도가 커서 밤의 기온이 비교적 낮은 것이 동화물질의 축적을 조장하여 개화를 촉진하고 화기도 길게 한다.

      ⓛ 맥류에서는 밤의 기온이 높아서 변온이 작은 것이 출수 및 개화를 촉진한다.

⑥ **결실**

      ㉠ 대부분의 작물은 변온에 의해서 결실이 조장되며, 가을에 결실하는 작물은 대체로 변온의 정도가 큰 조건에서 결실이 조장된다.

      ⓛ 벼는 등숙기의 밤 온도가 초기 20℃ 정도에서 후기 16℃ 정도로 점차 낮아지는 조건에서 등숙이 좋다.

      ⓒ 벼는 평야지보다 산간지에서 등숙이 좋은데, 즉 산간지는 변온이 커서 동화물질의 축적에 이롭고, 전분을 합성하는 포스포릴라아제의 활력이 고온인 경우보다 늦게까지 지속되어 전분축적의 기간이 길어지므로 등숙이 양호해져서 입중이 증대한다.

      ⓡ 벼는 등숙기간인 40일 동안의 평균기온이 21~25℃의 범위이다. 평균기온은 적산온도와는 별로 관계가 없고 적산일조시수 및 적산기온일교차와는 밀접한 관계가 있다.

      ⓜ 토마토는 밤 기온이 20℃일 때에 과중이 최대이며, 콩도 밤 기온이 20℃일 때에 결협률이 최대이다.

▥ 기출문제

일반적인 온도와 작물 생육과의 관계를 설명한 내용 중 잘못된 것은?

① 종자의 발아 시나 뿌리의 생장에는 지온의 영향이 크고, 잎과 줄기가 커 가는 데에는 기온의 영향이 크다.
② 상추는 10~18℃ 정도로 비교적 낮은 온도를 좋아하며 고온에서는 생육이 나쁘다.
③ 생육기간이 짧은 작물일수록 더 많은 적산온도를 필요로 한다.
④ 가을보리, 가을밀은 싹을 틔워 대체로 0~5℃의 저온에서 40~60일 정도 저온처리를 하면 춘화처리가 된다.

정답 ❸

기온의 일변화(日變化)가 작물 생육에 미치는 영향으로 거리가 먼 것은?

① 낮의 기온이 높으면 광합성이 촉진된다.
② 밤의 기온이 낮을 때 작물의 호흡 소모가 적다.
③ 변온이 어느 정도 클 때 동화물질의 축적이 많아진다.
④ 밤의 기온이 높아서 변온이 작을 때 대체로 생장이 느려진다.

정답 ❹

변온에 대한 작물의 생육반응에 대한 설명으로 틀린 것은?

① 맥류 등 화곡류는 밤 온도가 낮아 변온이 클 때 개화를 촉진한다.
② 밤 온도가 어느 정도 높아 밤낮의 온도차가 적으면 동화 양분의 소모가 왕성하여 빨리 자란다.
③ 감자, 고구마에 있어 주야간 변온은 괴경, 괴근의 비대를 촉진한다.
④ 종자의 발아에는 정온에 비해 이화학성을 촉진하여 효율적이다.

정답 ❶

5. 빛

(1) 광과 작물생리작용

① 녹색식물이 광에너지의 존재하에서 대기 중의 탄산가스와 뿌리로부터 흡수한 물을 이용하여 탄수화물을 합성하는 물질대사를 광합성 또는 탄소동화작용이라고 한다.
② 광합성은 빛과 작물생육의 관계에서 가장 중요한 분야이다. 녹색식물은 빛을 받아서 엽록소를 형성하고 광합성을 수행하여 유기물을 생성한다.
③ 광합성에는 6,750Å을 중심으로 6,500~7,000Å의 적색 부분과, 4,500Å을 중심으로 4,000~5,000Å의 청색 부분이 가장 효과적이다.

기출문제

작물의 광합성에 가장 유효한 광선은?

① 적색과 청색
② 황색과 자외선
③ 녹색과 적외선
④ 자색과 녹색

정답 ①

광합성 작용에 영향을 미치는 요인이 아닌 것은?

① 광의 강도
② 온도
③ 이산화탄소의 농도
④ 질소의 농도

정답 ④

식물이 이용하는 광에 대한 설명으로 옳은 것은?

① 식물이 광에 반응하는 굴광현상은 청색광이 가장 유효하다.
② 광합성은 675nm를 중심으로 한 620~770nm의 황색광이 가장 효과적이다.
③ 광으로 인해 광합성이 활발해지면 동화물질이 축적되어 증산작용을 감소시킨다.
④ 자외선과 같은 단파장은 식물을 도장시킨다.

정답 ①

빛과 작물의 생리작용에 대한 설명으로 틀린 것은?

① 광이 조사(照射)되면 온도가 상승하여 증산이 조장된다.
② 광합성에 의하여 호흡기질이 생성된다.
③ 식물의 한쪽에 광을 조사하면 반대쪽의 옥신 농도가 낮아진다.
④ 녹색식물은 광을 받으면 엽록소 생성이 촉진된다.

정답 ③

(2) 수광량

1) 조도와 광합성 속도

① **진정광합성(총광합성)** : 작물은 광합성에 의해서 이산화탄소를 흡수하고 유기물을 합성하는 동시에 호흡에 의해서 이산화탄소를 방출하고 유기물을 소모하는데 호흡을 무시하고 본 절대적인 광합성량을 진정광합성이라고 한다.

② **외견상광합성(순광합성)** : 호흡에 의한 유기물소모량(이산화탄소 방출)을 빼고 외견상으로 나타난 광합성량을 외견상광합성이라고 한다.

③ **광보상점(光補償點)** : 암흑 상태에서는 광합성이 이루어지지 못하고 호흡에 의한 CO_2의 방출속도와 흡수속도가 같게 되어 외견상 광합성 속도가 0이 되는 상태에 도달하는데, 이때의 광도를 광보상점이라고 한다.

④ **광포화점(光飽和點)** : 광도가 보상점을 지나 증가함에 따라 광합성 속도도 증가하며 어느 한계에 이르면 광도가 증가하여도 광합성 속도는 증가하지 않는 상태(광포화)

에 도달하게 되는데, 이때의 광도를 광포화점이라 한다.

[보상점과 광포화점]

2) 보상점과 내음성

① 식물은 보상점 이상의 빛을 받아야 지속적인 생육이 가능하다. 따라서 보상점이 낮은 식물은 그늘에 견딜 수 있어 내음성이 강하다.

② 내음성이 높으면 초류는 수림하에 적응할 수 있고, 수목은 음지에 적응하고 수림 내에서의 생존경쟁에 이로우며, 작물은 초생재배나 간혼작에 적응한다.

③ 최저수광률

　㉠ 수목이나 식물에서 가장 그늘진 곳의 잎이 받고 있는 광도를 그 식물의 생존가능 한계의 광도라 볼 수 있다.

　㉡ 간편하게 표시하기 위하여 이 광도를 그 장소의 전광, 즉 여름철 맑은 날 정오경의 직사광의 광도에 대한 비율로 산출하여 최저수광률(RLM)이라 하며, 최저수광률이 작을수록 내음성이 크다고 볼 수 있다.

　㉢ 내음성이 약한 소나무는 29~30%, 측백나무는 18.6%로 최저 수광률이 높다.

　㉣ 내음성이 강한 사탕단풍나무는 3.4%, 너도밤나무는 7.5%로서 낮은 최저수광률을 보인다.

3) 광포화점(光飽和點)

① 고립상태의 광포화점은 양생식물의 경우라도 전광의 조도보다는 훨씬 낮으며, 각 식물의 광포화점을 전광(100~120klux)에 대한 비율로 표시한다.

② 일반 작물의 광포화점은 30~60%의 범위 내에 있다.

식물명	광포화점	식물명	광포화점
음생식물	10% 정도	벼·목화	40~50% 정도
구약나물	25% 정도	밀·알팔파	50% 정도
콩	20~23% 정도	사탕무·무·사과나무·고구마	40~60% 정도
감자·담배·강낭콩·해바라기	30% 정도	옥수수	80~100%

 기출문제

고립 상태에서 온도와 CO_2 농도가 제한 조건이 아닐 때 광포화점이 가장 높은 작물은?

① 옥수수　　　　　　　　　　② 콩
③ 벼　　　　　　　　　　　　④ 감자　　　　　정답 ①

4) 포장군락

① 포장군락의 단위 면적당 동화능력을 포장동화능력이라고 하며 수량을 직접 지배한다.
② 단위 면적당 포장군락의 실제의 광합성은 포장동화능력에 일사의 정도가 관여하는 것으로 볼 수 있다.

$$P = A \cdot f \cdot P_0$$

여기서, P : 포장동화능력　　　　　f : 수광능률
　　　　A : 총엽면적　　　　　　P_0 : 평균동화능력

③ 포장동화능력은 총엽면적·수광능률·평균동화능력의 곱으로 표시된다.

 기출문제

포장군락의 단위 면적당 동화능력(광합성능력)을 포장동화능력이라 한다. 일정한 조사 광량에서 포장동화능력을 구하고자 할 때 관계하는 요인으로 거리가 먼 것은?

① 수광능률　　　　　　　　　② 최적엽면적
③ 총엽면적　　　　　　　　　④ 평균동화능력　　정답 ②

5) 최적엽면적(最適葉面積)

① 작물의 건물생산량
　㉠ 식물의 건물생산은 외견상광합성량(진정광합성량과 호흡량의 차이)에 의해서 결정된다.
　㉡ 군락의 진정광합성량은 엽면적 증대에 비례하여 증가되지 않는데, 호흡량은 엽면적 증가에 비례해서 증가한다.

ⓒ 건물 생산량은 어느 한계까지는 군락의 엽면적이 커짐에 따라서 증대하지만, 그 이상 엽면적이 증대하면 엽면적이 커짐에 따라 도리어 감소하게 된다.

② **최적엽면적** : 건물생산이 최대로 되는 단위 면적당 군락엽면적을 뜻하는데 일사량과 군락의 수광태세에 따라서 크게 변동한다.

(3) 기타 광과 재배환경의 관계

1) 군락의 수광태세의 의미

① 군락의 최적엽면적지수는 군락의 수광태세가 좋을 때 커진다.

② 동일 엽면적이라도 군락의 수광능률은 수광태세가 좋을 때 높아진다.

③ 수광태세의 개선은 광에너지의 이용도를 높이는 데 기본적으로 중요하다. 군락의 광투과율이 높다는 것은 수광태세가 좋다는 것을 의미한다.

④ 군락의 수광태세를 개선하려면 좋은 초형의 품종을 육성하고 재배법도 개선하여 군락의 엽군 구성을 좋게 하여야 한다.

2) 벼의 초형

벼는 다음과 같은 초형인 것이 군락의 수광태세가 좋아진다.

① 잎이 두껍지 않고, 약간 가늘며, 상위엽이 직립한다.

② 키가 너무 크거나 작지 않다.

③ 분얼이 개산형으로 된다.

④ 각 잎이 공간적으로 되도록 균일하게 분포한다.

3) 재배법에 의한 수광태세의 개선

① 벼에서 규산·가리를 넉넉히 주면 잎이 직립화한다.

② 무효분얼기에 질소를 적게 주면 상위엽이 직립한다.

③ 질소를 과하게 주면 과번무하고 잎도 늘어진다.

④ 벼나 콩에서 밀식을 할 때에는 줄 사이를 넓히고, 포기 사이를 좁히는 것이 피상군락을 형성케 하여 군락 하부로의 광투사를 좋게 한다.

⑤ 맥류에서는 광파재배보다 드릴파 재배를 이용하는 것이 좋다. 드릴파 재배를 할 경우 잎이 조기에 포장 전면을 덮어서 수광태세가 좋아지고 포장의 지면 증발량도 적어진다.

⑥ 재식밀도와 시비관리를 적절히 해야 한다.

기출문제

다음 중에서 군락의 수광태세가 양호하여 광합성에 가장 유리한 벼의 초형은?

① 줄기가 직립으로 모여 있고 잎이 넓으며 키가 큰 품종
② 잎이 특정한 방향으로 모여 있으면서 노화가 빠른 품종
③ 줄기가 어느 정도 열려 있고 상위엽이 직립인 품종
④ 잎이 말려 있고 아래로 처지거나 수평을 이루고 있는 품종

정답 ③

6. 상적발육과 환경

(1) 상적발육

1) 발육상과 상적발육

① 발육 : 체내에 질적인 재조정 작용
② 발육상 : 발육에 있어서의 여러 가지 단계적 양상
③ 상적발육 : 작물이 순차적인 여러 발육상을 거쳐서 발육이 완성되는 것
④ 화성 : 영양생장에서 생식생장으로 이행하는 것

    ＊ 상적발육설 : Lysenko가 가을밀을 재료로 해서 얻은 이론
      ㉠ 생장은 여러 기관의 양적 증가, 발육은 체내의 순차적인 질적 재조정 작용
      ㉡ 1년생 종자의 발육상은 상(개개의 단계)에 의해서 결정
      ㉢ 개개의 발육은 서로 접속해서 성립
      ㉣ 발육에 따라 서로 다른 환경조건이 필요

2) 작물의 발육상

① 감온상 : 상적발육에서 초기의 특정 온도가 필요한 단계
② 감광성 : 감온상 뒤에 특정한 일장이 필요한 단계

3) 화성의 유도

① 내적 요인 : 영양상태(특히 C/N율), 식물호르몬(특히 옥신과 지베렐린)
② 외적 요인 : 광조건(특히 일장효과), 온도조건(특히 버널리제이션과 감온성)

4) 추파맥류의 최소엽수

화아분화와 개화에 가장 알맞은 조건에 놓였을 때 주경간에 화아분화가 생길 때까지 형
성된 엽수

기출문제

화성 유도에 관여하는 요인으로 부적절한 것은?

① C/N 율 　　　　　　　　② 광
③ 온도 　　　　　　　　　④ 수분 　　　　정답 ④

(2) 춘화처리(버널리제이션)

1) 정의

작물의 출수·개화를 유도하기 위해서 생육의 일정한 시기에 일정한 온도처리를 하는 것, Lysenko가 추파맥류를 이용하여 이론화

2) 버널리제이션의 구분

① 처리온도에 따라

　㉠ 저온처리 : 월동하는 작물에 0~10℃의 저온 처리

　㉡ 고온처리 : 단일식물에 10~30℃ 처리

② 처리시기에 따라

　㉠ 종자 버널리제이션 : 최아종자의 시기에 처리, 추파맥류·완두·잠두·봄무

　㉡ 녹체 버널리제이션 : 식물이 일정한 크기에 달한 녹체기에 처리, 양배추·양파

기출문제

가을 보리의 춘화처리 시에 적합한 생육시기와 처리온도는?

① 최아종자를 0~3℃에 처리한다.
② 최아종자를 5~10℃에 처리한다.
③ 본엽이 4~5매 전개되었을 때 0~3℃에 처리한다.
④ 본엽이 4~5매 전개되었을 때 5~10℃에 처리한다. 　　정답 ①

춘화처리할 때 가장 중요한 환경조건은?

① 산소 　　　　　　　　　② 습도
③ 온도 　　　　　　　　　④ 일장 　　　　정답 ③

📖 기출문제

춘화현상(버널리제이션)에 대한 설명으로 틀린 것은?

① 춘화현상의 반응을 기초로 맥류는 추파형 품종과 춘파형 품종으로 구분된다.
② 딸기와 같이 화아분화에 저온이 필요한 작물을 겨울에 출하하기 위해서 촉성재배를 하려면 여름에 냉장하여 화아분화를 유도하는 저온처리를 한다.
③ 춘화현상에서 저온에 감응하는 부위는 종자의 배유이다.
④ 맥류나 십자화과 작물의 육종과정에서 세대촉진을 위하여 여름철 수확 후에 저온춘화처리를 하여 일 년에 2세대를 재배함으로써 육종연한을 단축시킬 수 있다. 정답 ❸

녹체버널리제이션(green plant vernalization) 처리 효과가 가장 큰 식물은?

① 추파맥류　　　　　　　　　　② 완두
③ 양배추　　　　　　　　　　　④ 봄올무　　　　　　정답 ❸

3) 저온처리의 감응부위는 생장점, 감응의 전달은 원형질변화설과 호르몬설

4) 이춘화와 재춘화

　① 이춘화 : 저온처리 과정에서 고온·건조·통기불량·X선 처리 등의 환경조건으로 저온효과가 감퇴하거나 소실되는 것. 불완전 춘화처리 때 잘 발생
　　　→ 버널리제이션의 정착 : 완전히 춘화되어 이춘화 현상이 생기지 않는 것
　② 재춘화 : 이춘화된 것이라도 다시 저온처리하면 그 효과가 다시 발생하는 것
　　　→ 춘화처리는 가역적

5) 화학적 춘화

지베렐린, 옥신 등의 화학물질로 저온처리와 동일한 춘화효과. 아마는 저온처리 후 NAA·IBA를 처리하면 저온효과가 감소한다.

6) 버널리제이션의 재배적 이용

　① 추파맥류의 춘파성화가 가능
　② 증수효과
　③ 육종연한을 단축
　④ 화아분화를 촉진시켜 촉성재배
　⑤ 채종재배에 이용
　⑥ 추파맥류가 동사했을 때 버널리제이션을 해서 봄에 파종

(3) 일장효과

1) 장일식물(長日植物)

① 장일상태(보통 16~18시간 조명)에서 개화가 유도·촉진되며, 단일상태에서는 개화가 저해되는 식물이다.

② 최적일장과 유도일장의 주체가 장일 측에 있고, 한계일장은 단일 측에 있다.

③ 추파맥류·완두·박하·아주까리·시금치·양딸기·양파·상추·감자·해바라기 등

2) 단일식물(短日植物)

① 단일상태(보통 8~10시간 조명)에서 화성이 유도·촉진되는 식물이며 장일상태는 이를 저해한다.

② 최적일장과 유도일장의 주체가 단일 측에 있고, 한계일장은 보통 장일 측에 있다.

③ 늦벼·조·기장·피·콩·고구마·아마·담배·호박·오이·국화·코스모스·목화 등이 있다.

3) 중성식물(중일성 식물)

① 일정한 한계일장이 없고 넓은 범위의 일장에서 화성이 유도되며, 화성이 일장에 영향을 받지 않는다.

참고정리

✔ 용어 뜻

① 일장(日長 : day-length, photoperiod) : 1일 24시간 중 명기의 길이를 말한다.

② 장일(長日 : long-day) : 일장이 12~14시간 이상(보통 14시간 이상)인 것을 말한다.

③ 단일(短日 : short-day) : 12~14시간 이하(보통 12시간 이하)인 것을 말한다.

④ 일장효과(日長效果 : 광주율, 주광규율, 광기성, 광주반응) : 일장이 식물의 화성 및 그 밖의 여러 면에 영향을 끼치는 현상을 말한다.

⑤ 유도일장(誘導日長 : inductive day-length) : 식물의 화성(개화)을 유도할 수 있는 일장을 뜻한다.

⑥ 비유도일장(非誘導日長 : noninductive day-length) : 화성을 유도할 수 없는 일장을 말한다.

⑦ 한계일장(限界日長, 臨界日長) : 유도일장과 비유도일장의 경계가 되는 일장, 즉 화성유도의 한계가 되는 일장을 말한다.

⑧ 최적일장(最適日長) : 화성을 가장 일찍 유도하는 일장을 말한다.

⑨ 온도유도(溫度誘導) 또는 일장유도(日長誘導) : 온도처리나 일장처리의 후작용으로서 화성이 유도되는 현상을 뜻한다.

⑩ 유도기간(誘導期間) : 화성유도에 필요한 온도나 일장의 처리기간을 말한다.

⑪ 일장온도유도(日長溫度誘導) : 일장과 온도가 결합되어 화성을 유도하는 것을 말한다.

⑫ 일장적응(日長適應) : 일정한 일장이나 위도에 대한 식물의 적응성을 말한다.

② 강낭콩 · 고추 · 가지 · 토마토 · 당근 · 셀러리 등

4) 중간식물(中間植物, 정일식물)

① 좁은 범위의 일장에서만 화성이 유도 · 촉진되며 2개의 한계일장이 있다.

② 사탕수수의 F1060이란 품종은 12시간 45분과 12시간의 좁은 일장범위에서만 개화를 한다.

5) 장단일식물(長短日植物)

처음은 장일이고, 뒤에 단일이 되면 화성이 유도되나, 항상 일정한 일장에만 두면 화성이 유도되지 않는다.

6) 단장일식물(短長日植物)

처음은 단일이고, 뒤에 장일이 되면 화성이 유도 · 촉진되나 항상 일정한 일장에 두면 개화하지 못한다.

기출문제

단장일식물에 해당하는 것은?

① 시금치 ② 고추
③ 프리뮬러 ④ 코스모스 **정답 ③**

7) 영양생장 및 형태적 변화

① 콩 등의 단일식물이 장일하에 놓이면 영양생장이 계속되어 줄기가 길어져서 거대형이 된다.

② 배추 · 양배추 등과 같은 장일식물이 단일하에 놓이면 추대현상이 이루어지지 않아 줄기가 신장하지 못하고 지표면에 잎만 출엽하는 로제트형이 된다.

8) 저장기관의 발육

① 고구마의 덩이뿌리 · 봄무나 마의 비대근 · 감자나 돼지감자의 덩이줄기 · 달리아의 알뿌리 등은 단일조건에서 발육이 조장된다.

② 양파나 마늘의 인경은 16시간 이상의 장일에서 발육이 조장된다.

9) 개화기의 조절

일장처리에 의해서 개화기를 조절할 수 있다. 국화에 있어서 단일처리에 의하여 촉성 또는 반촉성 재배를 하고 장일처리에 의해서 억제재배를 하여 연중 어느 때나 개화시킬 수 있는데 이를 주년재배라고 한다.

기출문제

장일식물에 대한 설명으로 옳은 것은?

① 장일상태에서 화성이 저해된다.
② 장일상태에서 화성이 유도 · 촉진된다.
③ 8~10시간의 조명에서 화성이 유도 · 촉진된다.
④ 한계일장은 장일 측에 최적일장과 유도일장의 주체는 단일 측에 있다.

정답 ❷

남부지방의 경우 가을에서 겨울 동안 들깨 재배시설에 야간 조명을 설치하여 사용한다. 그 이유는?

① 꽃을 피워 종자를 생산하기 위하여
② 관광객에게 볼거리를 제공하기 위하여
③ 개화를 억제하여 잎을 계속 따기 위하여
④ 광합성 시간을 늘려 종자 수량을 높이기 위하여

정답 ❸

작물에 미치는 일장의 영향에 대한 설명으로 틀린 것은?

① 장일식물은 장일상태에서 화성이 유도되는 작물로 맥류, 양파가 이에 해당된다.
② 단일식물은 연속암기가 지속되지 못하고 분단되면 화성이 유도되지 않는다.
③ 근적외광의 조사는 적색광에 의해 억제된 장일식물의 화성을 촉진한다.
④ 일장효과에는 적색광이 가장 효과적이며 약광이라도 일장효과는 나타난다.

정답 ❸

03 유기 재배기술

1. 작부체계

(1) 연작과 기지

1) 기지의 원인

① 토양비료 성분의 소모

    ㉠ 알팔파 · 토란은 석회를 많이 흡수하여 결핍이 쉬움

    ㉡ 옥수수는 다비성작물, 연작을 하면 유기물과 질소의 결핍이 심함

    ㉢ 심근성작물을 연작하면 심층의 비료분만 없어지기 쉬움

② 염류의 집적 : 용탈이 적은 하우스 내의 다비연작 시

③ 토양의 물리성 악화

ㄱ 화곡류(벼 · 보리) 같은 천근성 작물을 연작하면 작토의 하층이 굳어짐

ㄴ 석회 등이 집중 수탈되면 토양반응이 악화

④ 유독물질의 축적, 토양선충의 피해

⑤ **토양전염성 병** : 아마 잘록병, 토마토 · 가지 풋마름병, 사탕무 근부병 · 갈반병, 인삼 뿌리썩음병, 강낭콩 탄저병, 수박 덩굴쪼김병, 완두 · 목화 잘록병

⑥ 작물의 종류와 기지

ㄱ 일반작물

ⓐ 연작의 해가 적은 것 : 벼 · 맥류 · 옥수수 · 고구마 · 담배 · 무 · 양파 · 양배추 · 딸기 등

ⓑ 1년 휴작 : 쪽파, 시금치, 콩, 파, 생강

ⓒ 2년 휴작 : 마, 감자, 잠두, 오이, 땅콩

ⓓ 3년 휴작 : 쑥갓, 토란, 참외, 강낭콩

ⓔ 5~7년 휴작 : 수박, 가지, 완두, 고추, 토마토, 레드클로버, 우엉

ⓕ 10년 이상 : 아마, 인삼

ㄴ 과수

ⓐ 기지가 문제시되는 것 : 복숭아, 무화과, 앵두, 감귤

ⓑ 기지가 문제되지 않는 것 : 사과, 포도, 살구, 자두

Ⅲ 기출문제

다음 중 연작의 피해가 심하여 휴작을 요하는 기간이 가장 긴 것은?

① 벼

③ 인삼

② 양파

④ 감자

정답 ③

2) 기지대책

① 윤작, 답전윤환

② 유독물질의 축적은 관개나 약제를 사용

③ 새 흙으로 객토

④ 기지현상에 저항성인 품종과 대목에 접목

⑤ 심경, 퇴비사용, 결핍성분과 미량요소의 사용

Ⅲ 기출문제

기지현상의 재배대책으로 가장 적합하지 않은 것은?

① 윤작

② 토양소독

③ 연작

④ 객토

정답 ③

(2) 윤작

1) 윤작의 방식

① **삼포식** : 포장을 3등분, 1/3은 휴한

② **개량 삼포식** : 3포식 농법＋콩과작물

③ **노포크식** : 4년 단위로 순무－보리－클로버－밀, 사료와 식량(밀)의 생산, 지력수탈 (보리·밀)과 지력증진의 균형

④ **우리나라**

   ㉠ 남부지방의 밭 : 1년 2작(벼－보리·밀·채소·자운영)

   ㉡ 중부지방의 밭 : 1년 2작(보리·밀－콩·팥·고구마·녹두·목화)

   ㉢ 중북부 산간지방의 밭 : 1년 2작(감자－콩)

   ㉣ 서북부지방의 밭 : 2년 3작(콩－밀－조)

Ⅲ 기출문제

다음 중 경작지 전체를 3등분 하여 매년 1/3씩 경작지를 휴한(休閑)하는 작부방식은?

① 3포식 농법

② 이동 경작 농법

③ 자유 경작 농법

④ 4포식 농법

 정답 ①

2) 윤작의 효과

① 지력의 유지 및 증진

② 기지현상의 회피

③ 병충해 및 잡초의 경감

④ 토지의 이용도 향상

⑤ 노력분배의 합리화

⑥ 수량 증대

⑦ 농업 경영의 안정성 증대

기출문제

윤작의 기능과 효과가 아닌 것은?

① 수량이 증수하고 품질이 향상된다.
② 환원 가능 유기물이 확보된다.
③ 토양의 통기성이 개선된다.
④ 토양의 단립화(單粒化)를 만든다.　**정답** ④

(3) 그 밖의 작부체계

1) 답전윤환

윤답, 환답, 변경답(답리작·답전작과는 뜻이 다름), 최소 연수는 2~3년이 알맞다.

기출문제

논 상태와 밭 상태로 몇 해씩 돌아가며 재배하는 방법은?

① 윤작 재배
② 교호작 재배
③ 이모작 재배
④ 답전윤환 재배　**정답** ④

답전윤환의 효과와 가장 거리가 먼 것은?

① 기지의 회피
② 잡초발생의 감소
③ 지력의 감퇴
④ 연작장해의 경감　**정답** ③

2) 혼파

두 가지 이상의 작물 종자를 혼합해서 파종, 화본과목초와 콩과목초는 3 : 1로 혼합·파종

＊ 레드클로버와 클로버, 티모시와 클로버, 베치와 이탈리안 라이그라스

① 혼파의 장점

ㄱ 가축의 영양상 유리, 클로버의 단작으로 생기는 고창증을 방지
ㄴ 지상부와 지하부를 입체적으로 이용(상번초와 하번초, 심근성과 천근성)
ㄷ 재해나 병충해의 위험성을 분산
ㄹ 비료성분의 합리적 이용
ㅁ 잡초의 발생이 경감
ㅂ 건초를 만들기가 용이
ㅅ 혼파목초지의 산초량이 시기적으로 비슷함

② 혼파의 단점

    ㉠ 작물 종류의 제한

    ㉡ 병충해 방제의 어려움

    ㉢ 수확기의 불일치로 수확 제한

    ㉣ 채종작업이 곤란

기출문제

목야지를 조성할 때 실시하는 혼파의 장점이 아닌 것은?

① 목초별 생장에 따른 시비, 병해충 방제, 수확작업을 용이하게 할 수 있다.
② 상번초와 하번초가 섞이면 공간을 효율적으로 잘 이용할 수 있다.
③ 콩과 목초가 고정한 질소를 화본과 목초도 이용하게 되므로 질소비료가 절약된다.
④ 화본과 목초와 콩과 목초가 혼파되면 잡초발생이 경감된다. 정답 ❶

작부 체계별 특성에 대한 설명으로 틀린 것은?

① 단작은 많은 수량을 낼 수 있다.
② 윤작은 경지의 이용 효율을 높일 수 있다.
③ 혼작은 병해충 방제와 기계화 작업에 효과적이다.
④ 단작은 재배나 관리작업이 간단하고 기계화 작업이 가능하다. 정답 ❸

3) 간작

이랑 사이나 포기 사이에 한정된 기간 동안 다른 작물을 재배하는 것, 이미 생육하고 있는 작물을 주작물 또는 상작이라 함, 후에 심는 작물을 간작물 또는 하작이라 함

① 장점

    ㉠ 재해와 병충해의 위험성 분산

    ㉡ 노력의 분배 조절이 용이

    ㉢ 비료를 경제적으로 이용, 녹비로 인한 지력 증진

    ㉣ 잡초의 발생이 경감

② 간작의 방식 : 단간, 조숙, 도복 저항성, 이랑은 넓게

4) 혼작

생육기간이 거의 같은 두 종류 이상의 작물을 동시에 같은 포자에 섞어서 재배

5) 교호작

두 종류 이상의 작물을 일정한 이랑씩 교호로 배열해서 재배, 생육기간이 비슷한 작물,

주작물과 간작물의 구별이 뚜렷하지 않다.(예 : 옥수수와 콩)

2. 종자와 육묘

(1) 형태에 의한 분류

보통 종자라고 불리는 것은 그 형태에 따라 다음과 같이 분류된다.

1) 식물학상의 종자

두류 · 평지(유채) · 담배 · 아마 · 목화 · 참깨 등이다.

2) 식물학상의 과실

① 과실이 나출된 것 : 밀 · 쌀보리 · 옥수수 · 메밀 · 홉(hop) · 삼(大麻) · 차조기(蘇葉 = 소엽) · 박하 · 제충국 등이다.

② 과실의 외측이 내영 · 외영(껍질)에 싸여 있는 것 : 벼 · 겉보리 · 귀리 등이다.

③ 과실의 내과피와 그 내용물을 이용하는 것 : 복숭아 · 자두 · 앵두 등이다.

3) 종자와 과실

농업에서 종자라고 하는 것 중에는 식물학상의 종자와 과실이 있는데, 배주(밑씨)가 수정하여 자란 것을 '종자'라 하고, 수정 후 자방(씨방)과 그 관련 기관이 비대한 것을 '과실'이라 한다.

(2) 배유 종자(주로 화본과 식물)

배와 배유의 두 부분으로 형성되며 배와 배유 사이에 흡수층이 있다.

1) 배

배낭 내의 난핵이 수정하여 이루어진 것인데 2잎의 자엽(화본과 식물은 초엽) · 유아 · 배유 및 유근이 주요 부분으로 구성되어 있다.

2) 배유

외배유와 내배유로 구분되며 양분이 저장되어 있다.

(3) 무배유 종자(주로 콩과 식물)

① 저장양분이 자엽에 저장되어 있고, 배는 유아 · 배유 · 유근의 세 부분으로 형성되어 있다.

② 콩의 배는 잎 생장점, 줄기, 뿌리의 어린 조직이 구비되어 있다.

③ 덩이줄기와 덩이뿌리는 정부(頭部)와 기부(尾部)의 위치가 상반되어 있으며, 눈(芽)은 정부에 많고 세력도 정부의 눈이 강한데 이것을 정아우세라고 한다.

(4) 종묘로 이용되는 영양기관의 분류

① 눈(芽) : 마 · 포도나무 · 꽃의 아삽 등

② 잎(葉) : 베고니아 등

③ 줄기(莖)

  ㉠ 지상경 또는 지조 : 사탕수수 · 포도나무 · 사과나무 · 귤나무 · 모시풀 등

  ㉡ 비늘줄기(鱗莖) : 나리(백합) · 마늘 등

  ㉢ 땅속줄기(地下莖) : 생강 · 연 · 박하 · 홉 등

  ㉣ 덩이줄기(塊莖) : 감자 · 토란 · 뚱딴지 등

  ㉤ 알줄기(球莖) : 글라디올러스 등

  ㉥ 흡지 : 박하 · 모시풀 등

④ 뿌리(根)

  ㉠ 지근 : 닥나무 · 고사리 · 부추 등

  ㉡ 덩이뿌리(塊根) : 달리아 · 고구마 · 마 등

기출문제

종묘로 이용되는 영양기관이 덩이뿌리(괴근)인 것은?

① 생강   ② 연

③ 홉   ④ 마

---

(5) 발아 외적 조건

1) 수분(水分)

① 흡수량 : 모든 종자는 일정량의 수분을 흡수해야만 발아한다.

② 수분이 종자의 발아에 미치는 역할

  ㉠ 종피가 수분을 흡수하여 팽윤하고 배, 배유, 자엽 등이 수분을 흡수하여 팽창하므로 종피가 파열되기 쉽다.

  ㉡ 수분을 흡수한 종피는 가스 교환이 용이해지고 산소가 내부 세포에 공급되며, 호흡작용이 활발해지고 그 결과 생성된 이산화탄소를 배출하게 된다.

참고정리

✔ 발아에 필요한 종자의 수분흡수량

종자무게에 대하여 벼는 23%, 밀은 30%, 쌀보리는 50%, 옥수수는 70%, 콩은 100% 정도이다.

ⓒ 수분을 흡수한 내부 세포는 원형질의 농도가 낮아지고 각종 효소의 활성이 증대
되어 저장물질의 전하 · 전류와 호흡작용 등이 활발해진다.

2) 온도(溫度)

① 발아온도 : 종자의 발아에 필요한 생리작용은 온도에 크게 지배된다. 발아의 최저온
도는 0~10℃, 최적온도는 20~30℃, 최고온도 35~50℃인데, 작물의 종류에 따라
차이가 있으며, 저온작물은 고온작물에 비하여 발아온도가 낮다.

② 발아와 변온

ⓐ 작물의 종류에 따라서는 변온이 작물의 발아를 촉진하는 경우가 있는데, 변온을
주면 종피가 고온에서 팽창하고 저온에서 수축하여 흡수와 가스교환이 용이해진
다. 또 효소의 작용이 활발해져서 물질대사의 기능이 좋아지기 때문에 발아가 촉
진된다.

ⓑ 당근 · 파슬리 · 티머시 등의 종자는 변온에 의해서 발아가 촉진되지 않는다.

ⓒ 셀러리 · 오처드그라스 · 켄터키 블루그라스 · 버뮤다그라스 · 존슨그라스 · 레드톱 ·
피튜니아 · 담배 · 아주까리 · 박하 등의 작물은 변온에 의해서 발아가 촉진된다.

기출문제

변온에 의하여 종자의 발아가 촉진되지 않는 것은?

① 당근   ② 담배
③ 아주까리   ④ 셀러리   정답 ❶

3) 산소(酸素)

수중에서 발아의 난이에 의해 종자를 분류

① 수중에서 발아를 잘하는 종자 : 벼 · 상추 · 당근 · 셀러리 · 티머시 · 페튜니아 등이다.

② 수중에서 발아가 감퇴되는 종자 : 담배 · 토마토 · 화이트클로버 · 카네이션 · 미모사
등이다.

③ 수중에서 발아를 하지 못하는 종자 : 콩 · 밀 · 귀리 · 메밀 · 무 · 양배추 · 가지 · 고
추 · 파 · 알팔파 · 옥수수 · 수수 · 호박 · 율무 등이다.

기출문제

물속에서 발아하지 못하는 종자는?

① 상추   ② 가지
③ 당근   ④ 셀러리   정답 ❷

4) 광선(光線)

① 호광성종자

 ㉠ 광선에 의해 발아가 조장되며 암흑에서는 전혀 발아하지 않거나 발아가 몹시 불량한 종자이다.

 ㉡ 담배 · 상추 · 우엉 · 차조기 · 금어초 · 베고니아 · 뽕나무 · 페튜니아 · 버뮤다그라스

 ㉢ 복토를 얕게 한다. 땅속에 깊이 파종하면 산소와 광선이 부족하여 휴면을 계속하고 발아가 늦어지게 된다.

② 혐광성종자

 ㉠ 광선이 있으면 발아가 저해되고 암중에서 잘 발아하는 종자이다.

 ㉡ 토마토 · 가지 · 오이 · 파 속의 몇 종류 · 나릿과 식물의 대부분 · 호박 등이다.

 ㉢ 광이 충분히 차단되도록, 복토를 깊게 한다.

③ 광 무관계종자

 ㉠ 광선이 발아에 관계하지 않고 광선의 유무에 관계없이 잘 발아하는 종자이다.

 ㉡ 벼 · 보리 · 옥수수 · 대부분의 콩과작물이 속한다.

(6) 발아시험(發芽試驗)

① 종자의 발아상은 발아시험에 의해서 조사하는 것이 가장 정확하다.

② 발아시험에는 샬레(petri dishes) · 수반 및 각종 발아시험기가 사용된다.

③ 발아시험기에서 조사되는 주요 항목은 다음과 같다.

 ㉠ 발아율(發芽率, Percentage of germination)

$$발아율 = 발아\ 개체수 / 공시\ 개체수 \times 100$$

 ㉡ 발아세(發芽勢, 발아속도 ; germination) : 파종한 다음 일정한 일수(화곡류는 3일, 귀리 · 강낭콩 · 시금치는 4일, 삼은 6일 등의 규약이 있음) 내의 발아를 말하며, 발아가 왕성한가 또는 왕성하지 못한가를 검정한다.

 ㉢ 발아시(發芽始) : 최초의 1개체가 발아한 날

 ㉣ 발아기(發芽期) : 전체 종자의 50%가 발아한 날

 ㉤ 발아전(發芽揃) : 대부분(80% 이상)이 발아한 날

기출문제

종자의 활력을 검사하려고 할 때 테트라졸륨 용액에 종자를 담그면 씨눈 부분에만 색깔이 나타나는 작물이 아닌 것은?

① 벼
② 옥수수
③ 보리
④ 콩

정답 ④

(7) 공정육묘(plug transplant technology)

1) 뜻

공정육묘는 자동화 육묘시설을 이용하는 육묘방법으로 재래의 육묘방식을 대폭 개선하여 상토준비 및 혼입, 파종, 재배관리(관수 및 시비)작업 등이 자동적으로 이루어진다. 이렇게 기른 모를 공정묘·성형묘·플러그묘·셀묘 등으로 부른다.

2) 공정육묘의 장점

① 단위면적에서 모의 대량생산이 가능하다.(재래식에 비하여 4~10배)
② 모든 과정을 기계화하므로 관리인건비 및 모의 생산비를 절감한다.
③ 정식묘의 크기가 작아지므로 기계정식이 용이하고 인건비를 줄인다.
④ 모 소질의 개선이 비교적 용이하다.
⑤ 운반 및 취급이 간편하여 화물화가 용이하다.
⑥ 대규모화가 가능하여 조합영농, 기업화 또는 상업농화가 가능하다.
⑦ 육묘기간 단축이 가능하고 주문생산이 용이하여 연중 생산횟수를 늘릴 수 있다.

기출문제

엽삽이 잘 되는 식물로만 이루어진 것은?

① 베고니아, 산세베리아
② 국화, 땅두릅
③ 자두나무, 앵두나무
④ 카네이션, 펠라고늄

정답 ①

수박을 신토좌에 접붙여 재배하는 주목적으로 옳은 것은?

① 흰가루병을 방제하기 위하여
② 덩굴쪼김병을 방제하기 위하여
③ 크고 당도가 높은 과실을 생산하기 위하여
④ 과실이 터지는 현상인 열과를 방지하기 위하여

정답 ②

(8) 종자의 휴면

1) 휴면의 뜻

① 휴면 : 성숙한 종자에 수분 · 산소 · 온도 등 적당한 환경조건을 주어도 일정 기간 동안 발아하지 않는 것을 휴면이라고 한다.

② 휴면기간 : 휴면기간은 작물의 종류와 품종에 따라 다른데, 벼는 1주일에서 6개월, 맥류종자는 휴면기간이 거의 없는 것으로부터 3개월, 감자는 수일 내지 5개월, 경실은 수개월 내지 수년에 이른다.

2) 휴면의 형태

① 자발적 휴면 : 발아 능력을 가진 종자가 외적 조건이 생육에 부적당하지 않을 때에도 내적 원인에 의해서 휴면하는 것으로 본질적인 휴면이라 하며 종자, 겨울눈, 비늘줄기, 덩이줄기, 덩이뿌리, 구근경 등이다.

② 강제적 휴면 : 종자의 외적 조건이 부적당하여 유발되는 휴면으로 잡초 종자가 여기에 속한다.

Ⅲ 기출문제

종자 휴면의 원인이 아닌 것은?

① 종피의 기계적 저항
② 종피의 산소 흡수 저해
③ 배의 미숙
④ 후숙   **정답 ④**

유기종자 생산을 위한 종자의 소독방법으로 적합하지 않은 것은?

① 냉수온탕침법
② 온탕침법
③ 건열처리
④ 분의소독   **정답 ④**

＊ ④는 화학적 소독방법이다.

종자의 발아에 관여하는 외적 조건 중 가장 영향이 적은 것은?

① 수분
② 온도
③ 산소
④ 양분   **정답 ④**

발아기간을 발아시, 발아기, 발아전으로 구분할 때 발아전에 대한 설명으로 옳은 것은?

① 파종된 종자 중 최초의 1개체가 발아한 날
② 전체 종자수의 50%가 발아한 날
③ 파종된 종자 중 최초의 1개체가 발아하기 전날
④ 전체 종자수의 80% 이상이 발아한 날   **정답 ④**

기출문제

다음 중 발아에 필요한 종자의 수분 흡수량이 가장 많은 작물은?

① 벼   ② 콩
③ 옥수수   ④ 밀   정답 ②

3. 정지 · 파종 및 이식

파종 · 이식에 앞서서 알맞은 토양 상태를 조성하기 위하여 토양에 가해지는 처리를 정지(整地)라고 하는데, 경기 · 작휴 · 쇄토 · 진압 등의 작업이 이에 포함된다.

(1) 경기(경운)

토양을 갈아 일으켜 흙덩이를 반전시키고, 대강 부스러뜨리는 작업을 경기라고 한다.

1) 경기의 효과

① 토양 물리성의 개선 : 토양을 부드럽게 하므로 투수성, 통기성이 좋아져서 파종 · 관리 작업이 용이하므로 종자의 발아 · 어린뿌리의 신장 및 뿌리의 발달이 촉진된다.
② 토양 화학성의 개선 : 토양 통기로 호기성 토양미생물의 활동이 촉진되어 유기물의 분해가 왕성하여 토양 중의 유효능 비료성이 증가한다.
③ 잡초의 경감 : 잡초종자나 유기물을 땅속에 묻히게 하여 그 발아 · 생육을 억제한다.
④ 해충의 경감 : 땅속에 숨은 해충의 유충이나 번데기를 표층으로 노출시켜 동풍에 얼어 죽게 한다.

2) 경기의 시기

① 작부체계상 보통은 파종 · 이식에 앞서서 경기하는 경우가 많다. 그러나 동계휴한 하는 일모작답 · 춘파맥류 등에서는 미리 추경을 해두느냐 춘경만을 하느냐 하는 문제가 생긴다.
② 흙이 사질이고, 겨울에 강수가 많을 때에는 추경을 하면 월동 중에 토양 비료성분의 용탈 · 유실을 조장하여 도리어 불리할 경우도 있다.
③ 흙이 습하고 차지며 유기물의 함량이 많을 때에는 추경을 해 두는 것이 유기물의 분해를 촉진하는 효과가 있다. 또한 토양통기를 조장하고, 충해를 박멸시키는 효과도 있다.

땅갈기(경운)의 특징에 대한 설명으로 틀린 것은?

① 토양 미생물의 활동이 증대되어 작물 뿌리 발달이 왕성하다.
② 종자를 파종하거나 싹을 키워 모종을 심을 때 작업이 쉽다.
③ 잡초와 해충의 발생을 억제한다.
④ 땅을 깊이 갈면 땅속 깊숙이 물이 들어가 수분 손실이 크다.　　　정답 ❹

경운(땅갈기)의 필요성을 설명한 것 중 거리가 먼 것은?

① 잡초 발생 억제　　　　　　　② 해충 발생 증가
③ 토양의 물리성 개선　　　　　④ 비료, 농약의 시용효과 증대　　정답 ❷

(2) 쇄토

1) 쇄토의 뜻

토양의 알맞은 입단의 크기는 1~5mm라고 하는데, 경기한 토양의 큰 덩어리를 알맞게 분쇄하는 것을 쇄토(harrowing)라고 한다.

2) 쇄토의 방법

쇄토해야 파종 · 이식의 작업이 편해지고 생육도 좋아진다. 논에서도 경기한 다음 물을 대서 토양을 연하게 한 다음 비료를 주고 써레로 흙덩이를 곱게 부수는데, 이것을 써레질이라고 한다.

3) 쇄토의 효과

흙덩이가 부서지고, 논바닥이 평평해지며 비료가 토양 중에 균일하게 혼합되어 파종 또는 이식작업이 용이하고 발아 및 착근이 촉진되는 효과가 있다.

(3) 작휴

1) 작휴의 뜻

작물이 심긴 부분과 심기지 않는 부분이 규칙적으로 반복될 때 이 반복되는 1단위를 이랑이라고 한다. 이때 이랑이 평평하지 않고 기복이 있을 때는 융기부를 이랑이라 하고 함몰부를 고랑이라 한다. 이 이랑이나 고랑을 만드는 것을 작휴라 한다.

2) 작휴의 방법

① 평휴법(平畦法) : 이랑을 평평하게 하여 이랑과 고랑의 높이가 같게 하는 방식이다. 건조해와 습해가 동시에 완화되며, 채소 · 밭벼 등에서 실시되고 있다.

② **휴립법(畦立法)** : 이랑을 세워서 고랑이 낮게 하는 방식이다.

　㉠ 휴립구파법 : 이랑을 세우고 낮은 골에 파종하는 방식이다(맥류).

　㉡ 휴립휴파법 : 이랑을 세우고 이랑에 파종하는 방식이다(콩·조).

　㉢ 벼의 이랑재배 : 습답이나 간척지에서는 벼도 이랑을 세우고 이랑 위에 이앙하는 방법이 있다.

3) 성휴법(盛畦法)

① **성휴법의 방법** : 이랑을 보통보다 넓고 크게 만드는 방법이다. 중부지방의 맥후작 콩은 이랑을 1.2m 정도의 너비로 평평히 만들고, 이랑 위에 4줄로 점파하는 일이 많다. 네가웃지기 이랑이라고 불리며, 이랑과 이랑 사이에는 너비 30cm 정도의 깊은 고랑(통로와 배수로의 구실을 한다)을 설치한다.

② **성휴법의 목적** : 파종이 편리하고 생육 초기의 건조해와 장마철의 습해를 막을 수 있다. 맥류의 답리작재배에 있어서도 같은 모양의 이랑을 만들고, 이랑 위에 산파하는 경우가 있는데, 이는 파종노력을 절감하려는 것이 주목적이다.

📖 **기출문제**

작물재배에서 이랑 만들기의 주된 목적으로 가장 적당한 것은?

① 작물의 습해를 방지　　　　　② 토양건조 예방

③ 잡초발생 억제　　　　　　　④ 지온 조절　　　　 ①

---

(4) 파종

1) 파종기

지온이 발아최저온도 이상, 토양수분도 한도 이상

① **작물의 종류** : 내한성이 강한 호밀은 만파에 적응, 쌀보리는 만파에 적응하지 못함, 춘파맥류는 초봄에 파종, 옥수수는 늦봄에 파종

② **작물의 품종** : 추파맥류에서 추파성 정도가 높은 품종은 조파

③ **재배지역** : 맥주맥·골든 멜론은 제주도에서는 추파·중부지방에서는 춘파, 감자는 평지에서는 이른 봄에 파종·고랭지에서는 늦봄에 파종

④ **작부체계** : 콩·고구마를 단작할 때는 5월, 맥후작할 때는 6월 하순

⑤ **재해회피** : 풍해·냉해를 피하기 위해 벼를 조파조식, 조는 조명나방을 피하기 위해 만파

⑥ **노력 사정** : 적기에 파종하기 위해서는 기계화 생력재배가 필요

2) 파종양식

① **산파** : 포장 전면에 파종, 노력이 적게 듦

② **조파** : 종자를 줄지어 뿌림, 맥류

③ **점파** : 종자를 1~수립씩 띄엄띄엄 파종, 두류 · 감자

④ **적파** : 점파를 할 때 한곳에 여러 개의 종자를 파종, 목초 · 맥류

기출문제

점파에 대한 설명으로 옳은 것은?

① 포장 전면에 종자를 흩어 뿌리는 방식이다.

② 골타기를 하고 종자를 줄지어 뿌리는 방식이다.

③ 일정한 간격을 두고 종자를 1~수립씩 띄엄띄엄 파종하는 방식이다.

④ 노력이 적게 들고, 건실하고 균일한 생육을 하게 된다.

정답 ❸

3) 파종량

① 작물의 종류

② 종자의 크기

③ 파종기

④ 재배지역 : 맥류는 중부에서, 감자는 평야지에서 파종량을 늘림

⑤ 재배법 : 콩 · 조는 맥후작일 때 늘림

⑥ 토양 및 시비

⑦ 종자의 조건

4) 파종절차

① **작조** : 종자를 뿌리는 골을 만드는 것, 산파 · 부정지파에서는 작조를 하지 않음

② **시비** : 작조한 곳이나 포장 전면에 비료를 뿌리는 것

③ **간토** : 비료 위에 약간 흙을 넣어서 종자가 비료에 직접 닿지 않게 하는 것

④ **파종** : 직접 종자를 토양에 뿌리는 것

⑤ **복토** : 뿌린 종자 위에 흙을 덮는 것

＊ 종자가 보이지 않을 정도로 복토 : 화본과와 콩과목초의 소립종자 · 파 · 양파 · 당근 · 상추 · 유채

5) 진압

복토 전이나 후에 종자 위를 가압, 수분상승을 꾀하여 발아를 촉진, 흙덩이를 부수어 평평하게 하고, 토양입자의 비산을 방지한다.

(5) 이식

다른 장소에 작물을 옮겨 심는 것

① **가식 및 정식** : 끝까지 둘 장소로 옮겨 심는 것을 정식이라 하고, 정식할 때까지 잠정적인 이식을 가식이라 함

② **가식의 필요성** : 묘상의 절약, 활착의 증진, 재해의 방지

③ **이식의 시기** : 과수 · 수목 등의 다년생 목본식물은 싹이 움트기 이전 이른 봄에 춘식하거나, 가을에 낙엽이 진 뒤에 추식

④ **이식의 양식**

   ㉠ 조식 : 골에 줄지어, 파 · 맥류

   ㉡ 점식 : 포기를 띄워서 점점이 이식, 콩 · 수수

   ㉢ 혈식 : 포기를 많이 띄워서 구덩이를 파고 이식, 양배추 · 오이 등의 채소와 과수 · 수목 · 화목

   ㉣ 난식 : 질서 없이 점점이 이식, 콩밭에 들깨 이식

기출문제

수박을 이랑 사이 200cm, 이랑 내 포기 사이 50cm로 재배하고자 한다. 종자의 발아율이 90%이고, 육묘율(발아하는 종자를 정식묘로 키우는 비율)이 약 85%라면 10a당 준비해야 할 종자는 몇 립이 되겠는가?

① 703립

② 1,020립

③ 1,307립

④ 1,506립   ❸

$200\text{cm} \times 50\text{cm} = 10,000\text{cm}^2 = 1\text{m}^2$

1m^2당 1개의 수박 묘가 필요함

$10\text{a} = 1,000\text{m}^2 \Rightarrow 1,000$개의 묘가 필요

발아율

$1,000 \times \dfrac{100}{90} = 1,111$립

육묘율

$1,111 \times \dfrac{100}{85} = 1,307$립

4. 생력재배

(1) 생력재배의 뜻

① 부족한 농업 노동력하에서도 안전한 작물을 재배하면서 충분한 수익성도 보장하려면 농업 노동력을 크게 절감할 수 있는 재배법을 추구할 수밖에 없는데, 이것을 생력재배라고 부르고 있다.

② 최근 급속한 이농 현상으로 농업 노동력이 부족함에도 수익성을 보장하기 위해 기계화, 제초제의 이용 등에 의해 농업노동력을 절감하는 것을 생력재배라 한다.

(2) 생력재배의 효과

1) 농업 노력비의 절감

영세 규모의 인력재배에 비하여 대규모의 기계화재배에서는 농업노동력과 노임이 크게 절감된다.

2) 단위수량의 증대

생력기계화재배는 관행인력재배에 비하여 단위수량의 증대를 이룩할 수 있다.

① 지력의 증진

㉠ 관행적인 경운은 9~12cm의 천경이 되나, 대형기계로 경운하면 24cm 이상의 심경을 할 수 있다.

㉡ 기계력을 이용하면 경운·쇄토 등의 작업을 더욱 충분하게 할 수 있다.

㉢ 기계경운을 하고 유기물도 증시하면 작토가 깊어져 근본적인 지력이 향상됨으로써 단위수량의 증대를 이룩할 수 있다.

② 적기적 작업 : 능률적이고 기동성 있는 기계력을 이용하면 적기에 필요한 작업을 수행할 수 있으며, 이것이 단위수량의 증대를 이룩할 수 있는 한 가지 조건이 된다.

③ 재배방식의 개선 : 제초제나 기계력을 이용한 재배를 하면 쟁기와 인력관리를 전제로 한 관행의 재배방식을 지양하고, 더욱 증수할 수 있는 새로운 재배방식을 선택할 수 있다.

3) 작부체계의 개선과 재배면적의 증대

전작물의 수확·처리와 후작물의 정지 파종이 단시일 내에 이루어질 수 있도록 작부체계는 개선될 수 있고 이러한 기계화 작업을 통해 이모작이 안전하게 이루어진다.

4) 농업 경영의 개선

기계화생력재배를 알맞게 도입하여 농업노력과 생산비가 절감되고, 수량이 증대하면 농업 경영은 크게 개선될 수 있다.

기출문제

생력재배의 효과와 가장 거리가 먼 것은?

① 농업노력비의 절감   ② 품질의 향상

③ 재배면적의 증대   ④ 단위수량의 증대   **정답 ②**

작물재배에서 생력기계화재배의 효과로 보기 어려운 것은?

① 농업노동 투하 시간의 절감   ② 작부체계의 개선

③ 제초제 이용에 따른 유기재배면적의 확대   ④ 단위수량의 증대   **정답 ③**

(3) 생력기계화재배의 전제조건

1) 경지정리(耕地整理)

① 대형의 농업기계가 능률적으로 작업을 하려면 농경지의 필지면적이 크고, 구획이 반듯하며, 농로가 정비되어 있어야 한다.

② 관배수 시설이 갖추어져야 적기적 작업이 가능하므로 경지정리가 선행되어야 한다.

2) 집단재배(集團栽培)

기계화재배에서는 농작업이 획일적으로 되기 때문에, 집단적으로 동일작물의 동일품종을 동일한 재배방식으로 재배하는 집단재배를 전제로 해야 유리하다.

3) 공동재배(共同栽培)

기계화의 작업이 효과적으로 이루어지기 위해서는 큰 경영단위의 획일적 집단재배가 필요하고, 일시에 많은 자본이 소요되며, 큰 작업능률을 가진 농업기계를 운영해야 한다. 기계화재배를 이룩하려면 어떤 형태로든지 여러 농가가 공동으로 집단화하여 농작업을 할 수 있는 공동재배의 조직이 이룩되어야 할 것이다.

4) 잉여 노동력의 수익화

기계화재배는 필연적으로 큰 지출이 수반되며 다양한 잉여노력이 생기게 되는데, 잉여노력을 알맞게 수익화하지 못하면 도리어 수입과 지출의 균형을 악화시킬 수 있다.

5) 제초제의 사용

제초제의 이용을 전제로 하여야만 기계화재배가 성립될 수 있는 맥류의 드릴파처럼 제초제를 이용하면 그 자체만으로도 큰 생력이 된다.

5. 재배관리

(1) 반응에 따른 분류

1) 화학적 반응

수용액의 직접적인 반응

① 산성비료 : 과인산석회 · 중과인산석회 등

② 중성비료 : 질산암모니아 · 황산칼리 · 염화칼리 · 콩깻묵 · 어박 등

③ 염기성비료 : 재 · 석회질소 · 용성인비 등

2) 생리적 반응

시비한 다음 토양 중에서 식물뿌리의 흡수작용이나 미생물의 작용을 받은 뒤에 나타나는 토양의 반응

① 산성비료 : 황산암모니아 · 황산칼리 · 염화칼리 등

② 중성비료 : 질산암모니아 · 요소 · 과인산석회 · 중과인산석회 등

③ 염기성비료 : 석회질소 · 용성인비 · 재 · 칠레초석 · 어박 등

(2) 질소의 형태와 성질

1) 질산태질소(NO_3)

① 질산암모니아(NH_4NO_3) · 칠레초석($NaNO_3$) 등이 이에 속하며, 질산태질소는 물에 잘 녹고, 속효성이며, 밭작물에 대한 추비에 가장 알맞다.

② 질산은 음이온이므로 토양에 흡착되지 않고 유실되기 쉽다.

③ 논에서는 용탈과 탈질현상이 심하므로 질산태질소형 비료의 시용은 일반적으로 불리하다.

2) 암모니아태질소(NH_4^+)

① 암모니아태질소는 특히 알칼리성 비료와 섞으면 암모니아가스로 휘발된다.

② 암모늄염, 암모니아수, 탄산암모늄, 질산암모늄 등

③ NH_4^+-N는 대개 수용성이며 작물에 잘 흡수된다.

④ 토양입자에도 잘 흡착되므로 물에 씻겨 내려갈 염려가 적다.

⑤ 암모니아태질소를 논의 환원층에 주면 비효가 오래 지속된다.

3) 요소태질소((NH$_4$)$_2$CO : 아미드태질소)

① 물에 잘 녹고, 이온이 아니기 때문에 토양에 잘 흡착되지 않으므로 시용 직후에 유실될 우려가 있다.

② 토양미생물의 작용을 받으면 속히 탄산암모니아[(NH$_4$)$_2$CO$_3$]를 거쳐 암모니아태로 되어 토양에 잘 흡착되므로 요소의 질소효과는 암모니아태질소와 비슷하다.

③ 논에서는 주로 요소태질소를 시용한다.

기출문제

중성 토양교질입자에 잘 흡착될 수 있는 질소의 형태는?

① 질산태
② 암모늄태
③ 요소태
④ 유기태   **정답 ②**

물에 잘 녹고 작물에 흡수가 잘 되어 밭작물의 추비로 적당하지만, 음이온 형태로 토양에 잘 흡착되지 않아 논에서는 유실과 탈질현상이 심한 질소질 비료의 형태는?

① 질산태질소
② 암모니아태질소
③ 시안아미드태질소
④ 단백태질소   **정답 ①**

(3) 엽면시비(葉面施肥)

1) 엽면시비의 개념

① 엽면시비 또는 엽면살포(foliar application) : 작물은 뿌리에서뿐만 아니라 잎 표면에서도 비료성분을 흡수할 수 있다. 따라서 필요할 때에는 비료를 용액상태로 잎에 뿌려주는 것을 말한다.

② 엽면에 살포된 양분의 흡수 정도 : 요소의 경우, 질소가 매우 결핍된 상태일 때에는 살포된 요소량의 1/2~3/4L 정도가 흡수되고, 나머지 1/2~1/4은 토양에 떨어져 뿌리로부터 흡수된다.

③ 엽면에서 흡수되는 속도 : 살포 후 24시간 내에 약 50%가 흡수되며, 경우에 따라서는 살포 후 2~5시간 내에 30~50%가 흡수되는 일도 있다. 대체로 살포 후 3~5일 동안에는 엽록소가 증가하여 잎이 진한 녹색으로 된다.

2) 엽면시비의 효과적 이용면

① 뿌리의 흡수력이 약해졌을 경우 : 노후답의 벼나 습해를 받은 맥류는 뿌리가 상하고, 흡수력이 약해져서 영양상태가 불량해지는 경우가 많은데, 이러한 때에는 토양시비보다 요소·망간 등의 엽면시비가 효과적이다.

② **미량요소의 공급** : 노후답에서 벼의 생육기간 중에 망간·철분 등을 보급할 때나, 사과의 마그네슘 결핍증이나, 감귤류·옥수수에 아연결핍증이 나타날 때 토양시비보다 엽면시비가 효과가 빠르다.

③ **작물의 급속한 영양회복** : 동상해·풍수해·병충해 등을 입어서 급속한 영양회복이 요구될 때에도 엽면시비가 효과적이다. 자르기 전의 고구마 싹이나 출수기경의 벼·맥류 등의 영양상태가 나쁠 경우에도 급속히 영양을 회복시키려면 엽면시비를 한다.

④ **품질향상** : 출수 전의 꽃에 엽면시비를 하면 잎이 싱싱해지고, 화훼, 과수, 차나무 잎, 뽕잎 등의 품질이 향상된다. 수확 전의 밀이나 뽕잎, 목초에 엽면시비를 하면 단백질 함량이 높아진다.

⑤ **토양시비가 곤란한 경우** : 과수원에 초생재배 등을 하여 토양시비가 곤란할 경우 엽면시비가 효과적이다.

⑥ **비료성분의 유실방지** : 포트에 꽃을 재배할 때 토양시비를 하면 비료분의 유실이 많아지는데, 엽면시비를 하면 유실이 방지된다.

⑦ **시비노력절감** : 엽면시비는 비료를 농약에 혼합해서 살포할 수도 있으므로 농약을 살포할 때 비료를 섞어서 함께 뿌리면 시비의 노력이 절감된다.

3) 비료의 엽면흡수에 영향을 미치는 요인

① 잎의 표면보다는 표피가 얇은 뒷면에서 잘 흡수된다.

② 잎의 호흡작용이 왕성할 때에 잘 흡수되므로 가지나 줄기의 정부에 가까운 잎에서 흡수율이 높고, 노엽보다 성엽에서, 그리고 밤보다 낮에 잘 흡수된다.

③ 살포액의 pH는 미산성에서 잘 흡수된다.

④ 0.01~0.02% 정도의 전착제를 가용하는 것이 흡수가 잘 된다.

⑤ 피해가 나타나지 않는 범위 내에서는 살포액의 농도가 높을 때 흡수가 빠르다.

⑥ 석회를 시용하면 흡수가 억제되어 고농도살포의 해를 경감한다.

⑦ 기상조건이 좋을 때에는 작물의 생리작용이 왕성하므로 흡수가 빠르다.

질소 6kg/10a를 퇴비로 주려 할 때 시비해야 할 퇴비의 양은?(단, 퇴비 내 질소 함량은 4%이다.)

① 100kg/10a
② 150kg/10a
③ 240kg/10a
④ 300kg/10a
정답 ②

요소를 0.1% 용액을 만들어 엽면시비 하려고 한다. 물 20L에 들어갈 요소의 양은?(단, 비중은 1로 한다)

① 10g
② 20g
③ 100g
④ 200g
정답 ②

(4) 식물호르몬

식물체 내에는 어떤 조직이나 기관에서 형성되어 체내를 이행하면서 다른 조직이나 기관에 대하여 미량으로도 형태적·생리적인 특수한 변화를 일으키는 화학물질이 있는데, 이것을 식물호르몬이라고 한다.

또한 식물의 생장, 발육에 적은 분량으로도 큰 영향을 끼치는 합성된 호르몬성인 화학물질을 총칭하여 식물생장조절제(plant growth regulators)라고 한다.

1) 대표 식물호르몬의 종류

① 생장호르몬(growth hormone)에는 옥신(auxins)류가 있다.
② 도장 호르몬에는 지베렐린(gibberellin)류가 있다.
③ 세포분열 호르몬에는 사이토카이닌(cytokinin)류가 있다.
④ 개화 호르몬에는 플로리겐(florigen) 등이 있다.

2) 식물생장조절제의 종류

구분		종류	구분		종류
옥신류	천연	IAA, IAN, PAA	에틸렌	천연	C_2H_4
	합성	NAA, IBA, 2,4-D, 2,4,5-T, PCPA, MCPA, BNOA		합성	에세폰(ethephon)
지베렐린류	천연	GA_2, GA_3, GA_{4+7}, GA_{55}	생장억제제	천연	ABA, 페놀(phenol)
시토키닌류	천연	제아틴(zeatin), IPA		합성	CCC, B-9, phosphon-D, AMO-1618, MH-30
	합성	키네틴(kinetin), BA			

(5) 중경(中耕)

1) 중경의 장점

① 발아조장 : 파종 후 비가 와서 토양표층에 굳은 피막이 생겼을 때 가볍게 중경하여 피막을 부셔주면 발아가 조장된다.

② 토양통기의 조장

    ㉠ 중경을 해서 표토가 부드러워지면, 토양통기가 조장되어 토양 중에 산소 공급이 많아지므로 뿌리의 생장과 활동이 왕성해지고 유기물의 분해도 촉진된다.

    ㉡ 토양통기가 조장되면 토양 중의 유해한 환원성 물질의 생성도 적어진다. 또한, 토양 중의 유해가스 발산도 빨라진다.

③ 토양수분의 증발 경감 : 중경을 해서 표토가 부서지면, 토양의 모세관(毛細管)도 절단되므로 토양수분의 증발이 경감되어 한발해(旱害)를 덜 수 있다.

④ 비효증진 : 논에 요소·황산암모니아 등을 추비하고 중경하면 비료가 환원층으로 섞여 들어서 비효가 증진된다.

⑤ 잡초방제 : 중경을 하면 잡초도 제거된다. 김매기의 가장 큰 효과는 잡초의 제거에 있다.

2) 중경의 단점

① 단근(斷根)에 의한 피해 : 중경을 하면 필연적으로 뿌리의 일부도 끊기게 된다. 화곡류에서는 유수형성기 이후에는 보통 중경을 하지 않는다.

② 풍식의 조장 : 중경을 하면 표층의 토양이 속히 건조하여 바람이 심한 고지대에서 풍식이 조장된다.

③ **동상해의 조장** : 중경을 하면 토양 중의 온열이 지표까지 상승하는 것이 경감되고 발아 도상에 있는 어린 식물이 서리나 냉온을 만났을 때 그 피해가 조장된다.

(6) 멀칭

1) 멀칭의 방법

① **토양멀칭** : 포장의 표토를 곱게 중경하여 고운 흙을 피복한 것과 같은 상태로 만들 때에 중경된 토양층을 소일멀칭(soil mulching)이라고 한다.

② **폴리멀칭(poly mulching)** : 근래에는 폴리에틸렌, 비닐 등의 플라스틱 필름을 피복하는 일이 많아졌는데, 이것을 흔히 폴리멀칭(poly mulching)이라고 한다(때로는 비닐멀치란 말을 쓰기도 한다).

③ **스터블멀칭 농법(stuble mulch farming)** : 미국의 건조 또는 반건조 지방의 밀재배에 있어서도 토양을 갈아엎지 않고 경운하여 앞작물의 그루터기를 그대로 남겨서 풍식과 수식을 경감시키는 농법을 실시하는 경우가 있는데, 이것을 스터블멀칭 농법(stuble mulch farming)이라고 한다.

④ **부초법** : 포장토양의 표면에 건초, 퇴구비 등을 피복하며 주로 토양유효수분의 증발억제를 꾀하기 위해 실시되는 멀칭방법을 말한다.

2) 멀칭의 이용성

① **생육 촉진** : 멀치를 하면 보온의 효과가 커서 조식재배가 가능하며, 생육이 촉진되어 촉성재배가 가능하다.

② **한해의 경감** : 멀치를 하면 토양수분증발이 억제되어 한해가 경감된다.

③ **동해의 경감** : 퇴비 등으로 피복하면 월동작물의 동해가 경감된다.

④ **잡초의 억제** : 잡초의 종자는 대부분 호광성이라 멀치하면 잡초가 경감된다.

⑤ **토양보호** : 멀치하면 풍식, 수식 등의 토양침식이 경감된다.

⑥ **과실의 품질향상** : 딸기·수박 등 과채류의 포장에 짚을 깔아주면 과실이 정결해진다.

3) 필름의 종류와 멀칭의 효과

① **투명필름** : 멀칭용 플라스틱 필름에 있어서 모든 광을 잘 투과시키는 투명필름은 지온상승 효과가 크다. 잡초의 발생이 많아진다.

② **흑색필름** : 모든 광을 잘 흡수하는 흑색필름은 잡초의 발생을 거의 완전히 억제하나 지온상승 효과는 적다.

③ **녹색필름** : 녹색광과 적외선을 잘 투과시키고, 청색광과 적색광을 강하게 흡수하는 녹색필름은 잡초를 거의 억제하며, 지온상승의 효과도 크다.

(7) 잡초방제

1) 기계적 방제

수취, 베기, 경운, 태우기, 침수, 훈연 등의 방법들이 있으며 잡초가 외세의 침해에 가장 약한 시기를 통하여 작물과의 경합력을 억제하고 번식을 막아줄 목적으로 실시된다.

2) 생태적 방제

흔히 재배적 방제법 또는 경종적 방제법이라고도 하며, 잡초와 작물의 생리·생태적 특성 차이에 근거를 두고 잡초에는 경합력이 저하되도록 유도하는 대신 작물에는 경합력이 높아지도록 재배관리를 해주는 방법이다.

처리내용으로는 파종기를 조절하거나 파종량·비료의 종류·시비량과 시기를 조절하고, 관수를 달리하며 지면피복 또는 윤작체계 확립으로 잡초 생육을 억제하는 것 등을 들 수 있다.

3) 생물학적 방제

① 곤충이나 미생물 또는 병균의 천적관계를 이용하여 잡초의 세력을 경감시키는 방법으로서 그 목적은 잡초의 박멸이나 근절에 있지 않고 경제적으로 무시해도 좋을 만큼의 밀도로 생존하도록 감소 또는 조절하는 데 있다.

② 이용되는 천적으로는 특별한 종류의 잡초만을 가해하는 병원균이나 곤충·소동물·어패류 및 독성물질을 분비하는 식물을 들 수 있으며, 이 방법은 적용 대상 잡초의 폭이 좁다는 단점이 있다.

③ 생물학적 방제에 이용될 수 있는 천적은 다음과 같은 몇 가지 전제조건을 만족시켜야 한다.

　㉠ 가급적 철저하게 먹이를 섭식하는 성질을 지니고 있어서 평형상태에 도달할 경우에도 문제 잡초의 발생량이 경제적 허용범위 이내로 제한될 수 있어야 한다.

　㉡ 먹이(잡초)가 없어져서 천적의 자연감소가 불가피하게 된 경우라 하더라도 결코 문제 잡초 이외의 유용식물을 가해하지 않아야 한다.

　㉢ 널리 불규칙적으로 산재해 있는 문제 잡초를 선별적으로 찾아다니며 가해할 수 있는 이동성을 지니고 있어야 한다.

　㉣ 천적의 천적이 없어야 하고, 새로운 지역에서의 환경과 다른 생물에 대한 적응성·공존성 및 저항성이 있어야 한다.

　㉤ 문제 잡초보다 신축성이 있게 빠른 번식특성을 지니고 있어서 상호집합체의 불균형에 대한 대응능력을 나타낼 수 있어야 한다.

4) 화학적 방제

제초제를 시용해서 잡초를 고사케 하는 방법이다.

① 장점

    ㉠ 제초제의 사용 폭이 넓고 효과가 커서 비교적 완전한 제초가 가능하다.

    ㉡ 제초효과가 상당 기간 지속적으로 나타난다.

    ㉢ 경비가 가장 절약된다.

    ㉣ 사용이 간편하며 무한히 발전시킬 수 있는 여지가 있다.

② 단점

    ㉠ 약제를 부주의하게 사용하였을 경우에 인축과 작물에 약해를 일으킬 가능성이 많다.

    ㉡ 약제를 적용할 수 있을 때까지의 부단한 지식과 훈련 및 교육이 요구된다.

5) 종합적 방제

① 종합적 방제란 잡초를 방제하기 위하여 앞에서 언급한 방제법을 2종 이상 혼합하여 사용하는 것을 말한다. 이의 목적은 불리한 환경으로 인한 경제적 손실이 최소가 되도록 유해생물의 군락을 유지시키는 데 있다.

② 잡초의 개체군 또는 군락을 효과적으로 방제키 위해서는 한 가지 방법으로 소기의 방제목적을 달성할 수 없다. 따라서 제초제에만 의존하지 말고 예방적 · 경종적 · 물리적 · 기계적 및 생물학적 방제법 중의 하나 또는 둘 이상을 제초제와 혼합하여 전 생육기간 동안 종합적으로 관리할 때 효과적인 방제를 기대할 수 있다.

▥ 기출문제

잡초의 생태적 방제법에 대한 설명으로 거리가 먼 것은?

① 육묘이식재배를 하면 유묘가 잡초보다 빨리 선점하여 잡초와의 경합에서 유리하다.
② 과수원의 경우 피복작물을 재배하면 잡초발생을 억제시킨다.
③ 논의 경우 일시적으로 낙수를 하면 수생잡초 방제 효과를 볼 수 있다.
④ 잡목림지나 잔디밭에는 열처리를 하여 잡초를 방제하는 것이 효과적이다.   **정답 ④**

물에 잘 녹고 작물에 흡수가 잘 되어 밭작물의 추비로 적당하지만, 음이온 탈질현상이 심한 질소질 비료의 형태는?

① 질산태질소   ② 암모니아태질소
③ 시안마이드태질소   ④ 단백태질소   **정답 ①**

기출문제

다음 설명 중 심층시비를 가장 바르게 실시한 것은?

① 암모늄태질소를 산화층에 시비하는 것
② 암모늄태질소를 환원층에 시비하는 것
③ 질산태질소를 산화층에 시비하는 것
④ 질산태질소를 표층에 시비하는 것　　　　　　　**정답 ②**

비료의 엽면흡수에 영향을 끼치는 요인에 대한 설명으로 틀린 것은?

① 잎의 표면보다 표피가 얇은 이면이 더 잘 흡수된다.
② 잎의 호흡작용이 왕성할 때 흡수가 잘 되며 노엽보다 성엽에서 흡수가 잘 된다.
③ 살포액의 pH는 알칼리성인 것이 흡수가 잘 된다.
④ 전착제를 가용하는 것이 흡수가 잘 된다.　　　　　　　**정답 ③**

동상해, 풍수해, 병충해 등으로 작물의 급속한 영양회복이 필요할 경우 사용하는 시비법으로 가장 옳은 것은?

① 표층시비　　　　　　　② 심층시비
③ 엽면시비　　　　　　　④ 전층시비　　　　　　　**정답 ③**

멀칭의 효과에 대한 설명 중 틀린 것은?

① 지온 조절　　　　　　　② 토양, 비료 양분 등의 유실
③ 토양건조 예방　　　　　　④ 잡초발생 억제　　　　　　**정답 ②**

벼를 재배할 경우 발생되는 주요 잡초가 아닌 것은?

① 방동사니, 강피　　　　　　② 망초, 쇠비름
③ 가래, 물피　　　　　　　④ 물달개비, 개구리밥　　　　**정답 ②**

농기구나 맨손으로 잡초나 해충을 직접 죽이거나 열, 물, 광선 등을 이용하여 잡초, 병해충을 방제하는 방법은?

① 화학적 방제　　　　　　　② 생물학적 방제
③ 재배적 방제　　　　　　　④ 물리적 방제　　　　　　**정답 ④**

잡초의 방제는 예방과 제거로 구분할 수 있는데, 예방의 방법으로 가장 거리가 먼 것은?

① 답전윤환을 실시　　　　　　② 제초제의 사용
③ 방목을 실시　　　　　　　④ 플라스틱필름으로 포장을 피복　**정답 ②**

6. 병해충 관리

(1) 작물의 병해

1) 병원체의 전염경로

① 공기전염 · 풍매전염 : 맥류의 녹병, 벼의 도열병 · 깨씨무늬병 등

② 화기전염 : 보리의 깜부기병, 벼의 키다리병 등

③ 종묘전염 : 벼의 도열병, 고구마의 덩굴쪼김병, 아마의 탄저병 등

④ 충매전염

      ⊙ 벼 : 애멸구에 의한 줄무늬잎마름병 · 매미충류에 의한 오갈병

      ⓒ 맥류 : 애멸구에 의한 북지모자이크병

      ⓒ 감자 : 진딧물에 의한 감자의 모자이크병 등

⑤ 기타 동물의 매개에 의한 전염 : 선충에 의한 선충병, 사람의 발에 묻어 토양을 통해서 전파되는 담배의 모자이크병, 조류에 의한 수목의 줄기마름병 등

⑥ 토양전염 : 보리의 오갈병, 감자의 잘록병 등

⑦ 수매전염 : 벼의 잎집무늬마름병 · 조균핵병, 담배의 잘록병 등

⑧ 접촉전염 : 모시풀의 흰날개무늬병, 담배의 모자이크병 등

⑨ 비료 및 농기계의 매개에 의한 전염 : 감자 더뎅이병, 밀 누른무늬병

Ⅲ 기출문제

식물병의 주인(主因)으로 거리가 먼 것은?

① 침수   ② 선충

③ 곰팡이   ④ 세균   **정답 ①**

콩의 잎에 생기는 병해가 아닌 것은?

① 모자이크병   ② 갈색무늬병

③ 노균병   ④ 자줏빛무늬병   **정답 ④**

다음 중 주로 벼에 발생하는 해충인 것은?

① 끝동매미충   ② 박각시나방

③ 거세미나방   ④ 조명나방   **정답 ①**

기출문제

보리에서 발생하는 대표적인 병이 아닌 것은?

① 흰가루병   ② 흰잎마름병
③ 붉은곰팡이병   ④ 깜부기병

정답 ❷

2) 병해의 종류

병이 유발되는 원인에 따라 생리적인 병과 기생물에 의한 병으로 나눌 수 있고, 병해의
발현양상에 따라 색깔이 변하는 병, 시들어 버리는 병, 구멍이 생기는 병, 오그라드는
병, 비대해지는 병, 굳어지는 병, 썩어버리는 병 등으로 나눌 수 있다.

3) 작물병의 발생요인

① 병원체를 받아들일 수 있는 작물체의 성질 · 조건
② 병해를 일으킬 수 있는 병원체의 존재 및 접촉
③ 온도 · 습도 · 공기 · 광선 및 토양과 같은 제반 환경조건과 작물체의 기타 입지조건
   등이 작물체와 병원체의 친화성을 조장시킬 수 있어야 한다.

(2) 작물의 해충

① 해충은 작물체의 조직을 외부로부터 또는 내부로부터 가해함으로써 저작 흔적을 남기
   고 조직을 파괴한다.
② 식물체의 즙액을 빨아먹는 해충들은 저작 흔적을 남기지는 않지만 즙액을 빨아먹고 난
   후에 작물체에 2차 증세를 유발시켜서 녹색이던 부위가 갈색, 황색 또는 백색으로 변
   하게 함으로써 생육에 이상 증세를 만들게 된다.
③ 해충의 산란에 의한 피해를 들 수 있으며 잎벌레는 엽면에 산란하여 그 부위를 갈변시
   키고, 말매미는 그 해의 새로 자란 가지에 산란해서 그 위쪽 부분을 말라죽게 한다.
④ 벼줄기굴파리와 같은 것은 작물체에 기생하여 중독물질을 분비함으로써 2차적인 피해
   를 입힌다.
⑤ 어떤 해충은 작물체 조직을 이상 생장하도록 촉진시키는 것들이 있다.
⑥ 진딧물이나 멸구류 · 매미충류의 곤충들은 각종 작물의 병원체를 옮겨서 간접적인 피해
   를 유발시킨다.

(3) 병충의 방제

1) 경종적 방제법(耕種的 防除法)

① 토지의 선정

    ㉠ 고랭지는 감자의 virus 병 발생이 적어서 파종지로 알맞다.

    ㉡ 통풍이 나쁘고 오수가 침입하는 못자리(묘대)에서는 충해가 많다.

② 저항성 품종의 선택

    ㉠ 남부지방에서 조식재배를 할 때에는 벼에 줄무늬 잎마름병의 피해가 심한데 통일 품종은 저항성이 극히 강하다.

    ㉡ 밤의 혹벌은 저항성 품종의 선택으로, 포도의 필록셀라는 저항성 수목의 접목으로 방지된다.

③ 중간기주식물의 제거

    ㉠ 병원균의 생활환을 완성하는 데 중간기주가 필요하므로 중간기주가 되는 잡초나 작물을 제거하거나 격리할 수 있는 조치가 필요하다.

    ㉡ 배의 적성병은 주변에 중간기주식물인 향나무가 있으면 발생이 심하므로 이를 제거하여야 한다.

④ 작물의 생육기 조절

    ㉠ 병충해의 발생은 온도나 강우 등 기상조건의 영향을 받기 때문에 파종기의 조만이 발병의 다소에 큰 영향을 준다.

    ㉡ 감자를 일찍 파종하여 일찍 수확하면 역병, 무당벌레의 피해가 적다.

    ㉢ 밀의 수확기가 빠르면 수병의 피해가 적어진다. 벼에서 조식을 하면 도열병이 경감되고 만식을 하면 이화명나방이 경감된다.

⑤ 작물의 시비법 개선 : 질소질 비료를 과용하고 가리 · 규산 등이 결핍하면 모든 작물에서 각종 병충해의 발생이 많아지므로 주의해야 한다.

⑥ 포장의 정결한 관리

    ㉠ 포장을 청결하게 관리하여 잡초, 낙엽 등을 제거하면 병충의 전염원이 없어진다.

    ㉡ 통풍, 통광도 작물이 건실하게 자라게 되므로 병충해가 경감된다.

⑦ 수확물의 건조

    ㉠ 수확물을 잘 건조하면 병충해의 발생이 방지된다.

    ㉡ 보리를 잘 건조하면 보리나방의 피해가 방지된다.

    ㉢ 밀을 수분함량 12% 정도로 건조하면 바구미의 피해가 방지된다.

⑧ 종자의 선택

    ㉠ 감자 · 콩 · 토마토 등의 바이러스병은 무병종자의 선택으로 방제된다.

    ㉡ 벼의 선충심고병이나 밀의 곡실선충병은 종자에 있는 선충을 구제하면 방제된다.

⑨ 윤작 및 혼작

ⓐ 기지의 원인이 되는 병충해는 윤작에 의해 경감된다.

ⓑ 팥(小豆)의 심식충은 논두렁에 콩과 혼작하면 피해가 적어진다.

ⓒ 밭벼 사이에 혼작한 무에는 충해가 적다.

⑩ 재배양식의 변경

ⓐ 벼에 보온육묘를 하면 묘부패병이 방제된다.

ⓑ 직파재배 하면 줄무늬잎마름병의 발생이 경감된다.

2) 생물학적 방제법(生物學的 防除法)

① 해충에는 이를 포식하거나 이에 기생하는 자연계의 천적이 있는데, 이와 같은 천적을 이용하는 방제법을 생물학적 방제법이라고 한다.

② 최근에 시설재배가 증가함에 따라 천적 곤충들이 상품화되어 이용되고 있다.

③ 이러한 천적 이용은 전통적인 생물적 방제법이다.

④ 천적의 종류

ⓐ 기생성 곤충 : 침파리, 고추벌, 맵시벌, 꼬마벌 등은 나비목의 해충에 기생한다.

ⓑ 포식성 곤충 : 풀잠자리, 꽃등애, 무당벌레 등은 진딧물을 잡아먹고, 딱정벌레는 각종 해충을 잡아먹는 포식성 해충이다.

ⓒ 병원미생물

ⓐ 송충이 등에 대해서는 졸도병균·강화병균 등이 침범하며 옥수수의 심식충 등에는 바이러스가 침범한다.

ⓑ 천적인 벌·무당벌레 또는 병원 미생물을 인공적으로 대량 증식해서 살포함으로써 해충의 경감을 꾀하는 일도 실시되고 있다.

ⓒ 유충이 가축에 기생하는 쉬파리에 대해서는 방사선을 처리하여 생식력을 상실한 수컷을 살포하여 정상적인 암컷과 교미하게 함으로써 번식을 경감시키는 방법도 실시되고 있다.

3) 물리적(物理的, 機械的) 방제법

① 포살 및 채란에 의한 방제

ⓐ 포충망으로 나방을 잡거나, 손으로 유충을 잡거나, 흙을 뒤지고 파서 유충을 잡거나, 잎에 산란한 것을 채취하거나 하는 등이다.

ⓑ 포장에서 적용하기에는 비경제적이어서 실제 적용에는 어려움이 많은 방제방법이다.

② 차단에 의한 방제 : 어린 식물을 폴리에틸렌 등으로 피복하거나, 과실에 복대(봉지 씌우기)를 하거나, 도랑을 파서 멸강충 등의 이동을 막는 방제방법이다.

③ 유살에 의한 방제 : 유살 등을 이용하여 이화명나방이나 그 밖의 나방을 방제한다. 해충이 좋아하는 먹이로 해충을 유인하여 죽이거나, 포장에 짚단을 깔아서 해충을 유인하여 소살하거나, 나무 밑동에 가마니나 짚을 둘러서 이에 잠복하는 해충을 구제하거나 하는 등이다.

④ 담수에 의한 방제 : 밭 토양을 장기간 담수해 두면 토양 전염의 병원충을 구제할 수 있다.

⑤ 소각에 의한 방제 : 낙엽 등에는 병원균이 많고 또 해충도 숨어 있는 수가 많으므로 이를 소각하면 병충해가 방지된다.

⑥ 소토에 의한 방제 : 상토 등을 소토하여 토양 전염의 병충해를 구제하는 경우가 있다.

⑦ 온도처리에 의한 방제 : 맥류의 깜부기병, 고구마의 검은무늬병, 벼의 선충심고병 등은 종자의 온탕처리로 방제된다. 보리나방의 알은 60℃에 5분, 유충과 번데기는 60℃에 1~1.5시간의 건열처리로 구제된다.

4) 화학적 방제법(化學的 防除法)

① 뜻 : 화학적 방제법은 농약을 살포해서 병충해를 방제하는 방법이다.

② 화학적 방제의 종류

　㉠ 살균제 : 작물에 피해를 가져오는 각종 병해를 방제하는 데 쓰이는 농약을 살균제라 한다. 살균제는 국내에서 제조되는 농약 중 품종수가 가장 많다.

　　ⓐ 보호용 살균제 : 예방적 효과를 지닌 살균제이다(석회보르도액 등).

　　ⓑ 직접 살균제 : 작물체 내로 병균이 침입, 병반이 발생한 경우에 약제살포로 치료효과가 있어 치료제라 한다(석회황합제, 포르말린 등).

　㉡ 살충제 : 농작물에 피해를 주는 여러 종류의 해충을 방제하는 데 사용하는 농약을 살충제라 한다. 살충제는 국내에서 가장 많이 사용하는 농약이다.

　　ⓐ 접촉제 : 살포한 살충제가 곤충의 표피를 통해 해충 체내로 침입한 후 체내의 작용점으로 이동 살해하는 농약이다.

　　ⓑ 훈증제 : 유효 성분이 휘발성 또는 기체상태인 살충제로 증기상태의 유효성분이 해충의 호흡기관을 침입, 해충을 치사시키는 살충제이다.

　　ⓒ 침투제 : 살충제가 직접 해충에 작용하지 않고 작물에 일단 흡수 이행되어 작물체에 균일하게 분배되는 특징이 있다.

　　ⓓ 살충제 : 화학적 조성을 근거로 유기염소계 살충제, 유기인제 살충제, 카바메이트계 살충제로 분류한다.

　　ⓔ 살비제 : 절지동물의 응애목에 속하는 해충의 방제에 사용하는 농약을 살비제라 한다. 유기인계 살충제인 파라치온, EPN이 응애의 방제에 효과가 있다.

ⓒ 유인제

ⓐ pheromone : 같은 종 내의 다른 개체 간에 통신수단으로 체외로 분비하는 휘발성화합물로 암·수의 만남과 교미 등의 생식행동, 또는 사회생활을 하는 집단에서의 개체들의 생리현상에 영향을 끼친다.

ⓑ 성페로몬, 집합페로몬, 경보페로몬, 길잡이페로몬, 계급조절페로몬 등이 있다.

ⓔ 기피제 : 농작물 또는 저장물에 해충이 모여 드는 것을 막기 위하여 쓰는 약제로 모기, 벼룩, 이, 진드기 등에 대한 기피제가 있다.

ⓜ 화학불임제 : 해충의 생식기관의 발육저해, 알 또는 정충의 생식능력을 없게 하는 호르몬제이다.

ⓗ 보조제 : 용제, 계면활성제, 증량제 등

Ⅲ 기출문제

석회보르도액의 제조에 대한 설명으로 틀린 것은?

① 고순도의 황산구리와 생석회를 사용하는 것이 좋다.
② 황산구리액과 석회유를 각각 비금속 용기에서 만든다.
③ 황산구리액에 석회유를 가한다.
④ 가급적 사용할 때마다 만들며, 만든 후 빨리 사용한다. **정답 ❸**

5) 종합적 방제법

경제적 손실이 위험 수준이 되지 않는 범위에서 유해물질의 밀도를 유지하면서 작물의 전 생육기간 동안 체계적으로 방제하는 것으로, 약제의 사용을 줄이고, 노동 생산성을 높이는 한편 천적과 유익생물을 보존하며, 환경보호의 목적도 달성하기 위한 개념이다.

Ⅲ 기출문제

다음 중 생물학적 방제법에 속하는 것은?

① 윤작   ② 병원미생물의 사용
③ 온도 처리   ④ 소토 및 유살 처리   **정답 ❷**

생태계를 교란시킬 위험성이 있고 환경을 오염시켜 농산물의 안전성을 위협할 수 있는 병해충 방제방법은?

① 경종적 방제   ② 물리적 방제
③ 화학적 방제   ④ 생물학적 방제   **정답 ❸**

기출문제

병해충 종합관리(Intergrated Pest Management)에 대한 설명으로 옳은 것은?

① 효과범위가 넓은 약제를 살포하여 여러 가지 병해충을 동시에 방제할 수 있다.
② 농약을 사용하지 않고 천적만을 이용하여 병해충을 방제할 수 있다.
③ 병해충에 강하도록 작물의 유전자를 변형하여 병해충을 방제할 수 있다.
④ 생물학적, 경종적 방법 등을 이용하고 농약살포를 최소화할 수 있다. **정답 ④**

십자화과 작물의 채종적기는?

① 백숙기 　　　　　　　　　② 갈숙기
③ 녹숙기 　　　　　　　　　④ 황숙기 **정답 ②**

04 각종 재해

1. 저온해와 냉해

(1) 냉해

1) 냉해의 뜻

작물의 생육기간 중에 저온으로 말미암아 작물의 생육이 현저히 나쁘게 되는 것을 말하는데, 특히 여름작물에서 고온이 필요한 여름철에 냉한 온도를 만나서 냉온 장해를 일으키는 것을 냉해라고 한다.

2) 냉해의 종류

작물이 받는 냉해는 양상에 따라 보통 지연형 냉해 · 장해형 냉해 · 병해형 냉해의 세 종류로 구분하여 설명한다.

① 지연형 냉해
　㉠ 생육 초기부터 출수기에 이르기까지 여러 시기와 단계에 걸쳐 냉온 조건에 부딪히게 되어서 출수를 비롯한 등숙 등의 단계가 지연되고 결국 수량에까지 영향을 미치는 형의 냉해이다.
　㉡ 벼에서는 특히, 출수 30일 전부터 25일 전까지의 약 5일간, 즉 벼가 생식 생장기에 돌입하여 유수를 형성할 때에 냉온에 부딪히면 출수의 지연이 가장 심하다.
　㉢ 작물이 냉온을 만나면 다음과 같은 생리현상을 초래한다.
　　ⓐ 질소 · 인산 · 칼리 · 마그네슘 · 규산 등의 양분 흡수가 저해된다.

ⓑ 동화물질의 체내 전류가 저해된다.

ⓒ 질소동화가 저해되며 암모니아의 생성 및 체내 축적이 증가한다.

ⓓ 호흡이 감퇴하여 원형질 유동이 감퇴 내지는 정지하면서 모든 대사 기능이 마비된다.

② 장해형 냉해 : 유수형성기부터 개화기까지의 사이에서, 특히 **생식세포의 감수분열기**에 냉온의 영향을 받아 생식기관 형성을 정상적으로 해내지 못하거나 또는 꽃가루의 **방출이나 정받이에 장해를 일으켜 결국 불임현상이 초래되는** 유형의 냉해이다.

③ 병해형 냉해 : 냉온 조건하에서 생육이 저조하기 때문에 규산의 흡수도 적어지고, 조직의 규질화가 덜 되면 그만큼 도열병 등의 병균 침입에 대한 저항성이 적어지며, 또한 광합성 속도가 떨어져서 체내의 암모니아 축적이 늘어감으로써 병해의 발생이 더욱 조장되는 냉해이다.

④ 혼합형 냉해 : 장기간에 걸친 저온에 의하여 지연형 냉해와 장해형 냉해 그리고 병해형 냉해 등이 혼합된 형태로 나타나는 현상으로 수량 감소에 가장 치명적이다.

기출문제

냉해(冷害)에 대한 설명으로 틀린 것은?

① 식물체의 조직 내 결빙이 생기지 않을 범위의 저온에 의하여 식물이나 식물의 기관이 피해받는 현상을 냉온장해라 한다.
② 냉해에는 지연형 냉해와 장해형 냉해가 있다.
③ 영양생장기의 냉온이나 일조부족의 피해로 나타나는 냉해는 장해형 냉해이다.
④ 냉온에 의하여 작물의 생육에 장해가 생기는 생리적 원인은 증산과잉, 호흡과다, 이상호흡, 단백질의 과잉분해 등이 있다.

정답 ③

3) 냉해대책

① 내냉성 품종을 선택 : 냉해저항성이 큰 품종(찰벼·유망종·수중종) 또는 냉해회피성이 큰 품종(조생종)을 선택한다.

② 입지 조건을 개선

㉠ 방풍림을 설치하여 냉풍을 막는다.

㉡ 객토 등을 실시하여 누수답을 개량한다.

㉢ 암거배수 등을 하여 습답을 개량한다.

㉣ 지력을 배양하여 건실한 생육을 꾀한다.

③ 육묘법의 개선 : 보온 육묘하여 못자리 때의 냉해를 방지하고 생육기간을 앞당겨서 등숙기의 냉해를 회피한다(보온절충못자리).

④ 재배관리의 개선

    ㉠ 조기 · 조식재배를 하여 출수 · 성숙을 앞당긴다.

    ㉡ 인산 · 칼리 · 규산 · 마그네슘 등을 충분히 시용한다.

    ㉢ 소주밀식하여 생육을 건실하고 왕성하게 한다.

⑤ 냉온기의 담수 : 위험한 냉온기에 수온이 19~20℃ 이상인 물을 15~20cm 깊이로 깊게 담수하면 냉해가 경감 · 방지된다(심수관개).

⑥ 수온상승책의 강구

    ㉠ 용수로의 수온이 20℃ 이하일 때에는 물이 넓고 얕게 고이는 온수 저류지를 설치한다.

    ㉡ 수로를 넓게 하여 물이 얕고 넓게 흐르게 하며 낙차공이 많은 온조수로를 설치한다.

    ㉢ 물이 파이프 등을 통과하도록 하여 관개수온을 높인다.

    ㉣ OED(증발억제제 · 수온상승제)를 5g/10a씩 3일 간격으로 논에 살포하여 수면 증발을 억제하면 수온이 1~2℃ 상승한다.

▨ 기출문제

수도의 냉해 발생과 품종의 내냉성에 관한 설명으로 틀린 것은?

① 남풍벼, 장성벼는 냉해에 약한 편이다.

② 오대벼, 운봉벼는 냉해에 강한 편이다.

③ 벼의 감수분열기에는 8~10℃ 이하에서부터 냉해를 받기 시작한다.

④ 생육시기에 의하여 위험기에 저온을 회피할 수 있는 것은 냉해회피성이라 한다. **정답 ③**

다음 중 냉해에 대한 작물의 피해 현상과 가장 거리가 먼 것은?

① 등숙 지연   ② 병해 발생

③ 불임 발생   ④ 세포 내 결빙 **정답 ④**

다음 중에서 작물의 장해형 냉해에 관한 설명으로 가장 옳은 것은?

① 냉온으로 인하여 생육이 지연되어 후기 등숙이 불량해지는 경우

② 생육 초기부터 출수기에 걸쳐 냉온으로 인하여 생육이 부진하고 지연되는 경우

③ 냉온하에서 작물의 증산작용이나 광합성이 부진하여 특정 병해의 발생이 조장되는 경우

④ 유수형성기부터 개화기까지, 특히 생식세포의 감수분열기의 냉온으로 인하여 정상적인 생식기관이 형성되지 못하는 경우 **정답 ④**

2. 습해, 수해 및 가뭄해

(1) 습해

1) 습해의 발생기구

과습하여 토양산소가 부족하면 직접피해로서 뿌리의 호흡장해가 생긴다. 혐기성 토양미생물에 의해서 환원성유해물질(CH_4, N_2, CO_2, H_2S)이 생성되고, 환원성인 철(Fe^{2+}) · 망간(Mn^{2+}) 등도 생성되어 작물의 생육을 저해한다.

> **Ⅲ 기출문제**
>
> **뿌리의 흡수량 또는 흡수력을 감소시키는 요인은?**
>
> ① 토양 중 산소의 감소　　　　② 건조한 공중 습도
> ③ 광합성량의 증가　　　　　　④ 비료의 시용량 감소　　　**정답 ①**

2) 작물의 내습성

작물의 다습조건에 대한 저항성을 내습성이라 한다.

① 천근성이거나, 부정근의 발생력이 큰 것은 내습성이 강하다.

② 내습성이 강한 것은 이산화철 · 황화수소 · 환원성유해물질에 대한 저항성이 크다.

③ 뿌리의 조직이 목화한 것은 내습성이 강하다.

④ 뿌리의 피층세포가 직렬로 배열되어 있는 것이 사열로 배열되어 있는 것보다 세포 간극이 커서 내습성이 강하다.

⑤ 논작물은 지상부의 줄기, 잎으로부터 뿌리에 산소를 공급하기 위한 통기조직이 밭 작물보다도 발달되어 있으므로 논에서 습해를 받지 않고 잘 자란다.

ㄱ 작물의 내습성 : 골풀 · 미나리 · 택사 · 연 · 벼>밭벼 · 옥수수 · 율무>토란>평지(유채) · 고구마>보리 · 밀>감자 · 고추>토마토 · 메밀>파 · 양파 · 당근 · 자운영

ㄴ 채소의 내습성 : 양상추 · 양배추 · 토마토 · 가지 · 오이>시금치 · 우엉 · 무>당근 · 꽃양배추 · 멜론 · 피망

3) 습해 대책

① 배수는 습해를 방지하는 데 가장 효과적이고, 적극적인 방지책의 하나이다.

ㄱ 객토법(客土法) : 객토하여 지반을 높임으로써 배수를 꾀하는 방법이다.

ㄴ 기계배수법 : 자연배수가 곤란할 때에 인력 · 축력 · 기계력을 이용하여 배수하는 방법이다.

ㄷ 자연배수법 : 토지의 자연 경사를 이용한 배수로를 만들어서 배수하는 방법이다.

ⓐ 명거배수(明渠排水) : 지상수를 배제하는 방법이다.

ⓑ 암거배수(暗渠排水) : 지하수를 배제하는 방법이다.

② 과산화석회(CaO_2)의 시용 : 과산화석회를 작물종자에 분의해서 파종하거나 토양에 시용하면(4~8kg/10a) 과습지에서도 상당한 기간 산소가 방출되므로 생육이 조장된다.

③ 내습성 작물 및 내습성 품종을 선택한다.

④ 고휴재배(高畦栽培)・횡와재배(橫臥栽培)를 실시한다.

⑤ 시비

ㄱ 유기물은 충분히 부숙시켜서 사용한다(미숙유기물은 피한다).

ㄴ 표층시비(산화층시비)를 하여 뿌리를 지표 가까이 유도한다.

ㄷ 엽면시비를 실시한다.

⑥ 토양통기를 조장하기 위하여 중경을 실시하고, 부숙유기물・석회・토양개량제 등을 시용한다.

Ⅲ 기출문제

습해의 방지 대책으로 가장 거리가 먼 것은?

① 배수

② 객토

③ 미숙유기물의 시용

④ 과산화석회의 시용

정답 ❸

(2) 수해발생조건, 수해대책

1) 수해의 발생

2~3일간의 연속 강우량이 많을 때에 발생하는 경우가 많은데, 그 강우량과 지대적 수해의 발생 정도는 다음과 같다.

① 100~150mm의 강우 : 저습지의 국부적 수해

② 200~250mm의 강우 : 하천・호소 부근에 상당한 지역의 수해

③ 300~350mm의 강우 : 넓은 면적의 수해

식물체가 물속에 잠기면 산소 부족으로 무기호흡을 하게 되고 호흡기질이 속히 소모되므로 식물체는 기아상태에 빠지게 되어서 피해를 받는다.

2) 수해에 관여하는 요인

① 작물의 종류와 품종 : 화본과 목초・피・수수・기장・옥수수 등이 침수에 강하다. 벼 품종에서는 삼강벼・가야벼・태백벼 등이 침수에 강하고 낙동벼・동진벼・추청벼 등은 극히 약하다.

② **생육시기** : 벼의 분얼 초기에는 침수에 강하고 수잉기·출수개화기에는 침수에 극히
약하다.

③ **수온** : 수온이 높을수록 호흡기질의 소모가 더욱 많아서 침수의 해가 커진다.

　㉠ 청고 : 벼가 수온이 높은 정체탁수 중에서 급속히 죽게 될 때 단백질이 소모되지
　도 못하고 푸른 채로 죽는 현상이다.

　㉡ 적고 : 벼가 수온이 낮은 유동청수 중에서 단백질도 소모되고 갈색으로 변하여
　죽는 현상이다.

④ **수질** : 탁수는 청수보다, 정체수는 유수보다 산소가 적고 수온도 높기 때문에 침수
해가 심하다.

⑤ **침수기간** : 4~5일 이상의 침수는 격심한 피해를 입는다.

⑥ **질소질비료** : 질소질비료를 많이 주면 웃자란 식물체는 관수된 경우 피해를 많이 받
는다.

3) 수해 대책

① **사전대책**

　㉠ **치산치수를 잘 하는 것이 수해의 기본 대책이다.**

　㉡ 경사지와 경작지의 토양보호를 잘 한다.

　㉢ 경지정리를 잘 해서 배수가 잘 되게 한다.

　㉣ 수해 상습지에서는 작물의 종류나 품종의 선택에 유의한다.

　㉤ 파종기·이식기를 조절해서 수해를 회피·경감시키며, 질소 다용을 피한다.

② **침수 시의 대책**

　㉠ 배수에 노력하여 관수기간을 짧게 한다.

　㉡ 물이 빠질 때 잎의 흙 앙금을 씻어 준다.

　㉢ 키가 큰 작물은 서로 결속하여 유수에 의한 도복을 방지한다.

③ **사후대책**

　㉠ 산소가 많은 물을 갈아 새 뿌리의 발생을 촉진하도록 한다.

　㉡ 김을 매어 토양 표면의 흙 앙금을 헤쳐 줌으로써 지중통기를 좋게 한다.

　㉢ 표토가 많이 씻겨 내렸을 때에는 새 뿌리의 발생 후에 추비를 주도록 한다.

　㉣ 침수 후에는 **병충해의 발생이 많아지므로**, 그 방제에 노력한다.

　㉤ 피해가 격심할 때에는 추파·보식·개식·대작 등을 고려한다.

　㉥ 못자리 때에 관수된 것은 뿌리가 상해 있으므로, 퇴수 후 5~7일이 지나 새 뿌리
가 발생한 다음에 이앙한다.

기출문제

벼 침관수 피해에 대한 설명으로 틀린 것은?

① 분얼 초기에서보다는 수잉기나 출수기에 크게 나타난다.
② 같은 침수기간이라도 맑은 물에서보다는 탁수에서 피해가 크다.
③ 침수 시에 높은 수온에서 피해가 큰 것은 호흡기질의 소모가 빨라지기 때문이다.
④ 침수 시에 흐르는 물에서보다는 흐르지 않는 정체수에서 피해가 상대적으로 적다.

정답 ④

벼의 침수피해에 대한 설명 중 틀린 것은?

① 탁수(濁水)는 청수(淸水)보다 물속의 산소가 적어서 피해가 크다.
② 벼가 수온이 높은 정체탁수(停滯濁水) 중에서 급히 고사할 때는 단백질이 소모되지 못하고 푸른 상태로 죽는다.
③ 수온이 낮은 유동청수(流動淸水) 속에서는 단백질과 탄수화물이 소모되지 못하고 죽는다.
④ 수온이 높으면 호흡기질의 소모가 빨라서 피해가 크다.

정답 ③

수해(水害)의 요인과 작용에 관한 설명으로 틀린 것은?

① 벼에 있어 수잉기~출수 개화기에 특히 피해가 크다.
② 수온이 높을수록 호흡기질의 소모가 많아 피해가 크다.
③ 흙탕물과 고인 물이 흐르는 물보다 산소가 적고 온도가 높아 피해가 크다.
④ 벼, 수수, 기장, 옥수수 등 화본과 작물이 침수에 가장 약하다.

정답 ④

(3) 가뭄해의 생리, 발생기구

1) 한해의 생리작용

① 작물 세포의 수분이 감소되면 광합성이 감퇴하고 양분흡수, 물질작용 등의 생리작용이 저해된다.
② 효소의 작용이 교란되어 단백질, 당분이 소모되어 피해를 받는다.
③ 건조에 의해 세포가 탈수될 때 원형질은 세포막에서 이탈되지 못한 채 수축하여 기계적 인력을 받아 파괴된다.
④ 탈수된 세포가 갑자기 흡수할 때도 세포막이 원형질과 이탈되지 못한 채 팽창되어 기계적 인력을 받아 파괴된다.
⑤ 세포로부터의 심한 탈수는 원형질이 회복될 수 없는 응집을 초래한다.

2) 작물의 내건성

① 형태적 특성

ㄱ 표면적·체적의 비가 작다. 그리고 지상부가 왜생화되었다.

ㄴ 지상부에 비하여 뿌리의 발달이 좋고 길다(심근성).

ㄷ 저수능력이 크고, 다육화의 경향이 있다.

ㄹ 기동세포가 발달하여 탈수되면 잎이 말려서 표면적이 축소된다.

ㅁ 잎조직이 치밀하고 잎맥과 울타리조직이 발달하고, 표피에 각피가 잘 발달하고, 기공이 작고 수가 적다.

② 세포적 특성

ㄱ 세포가 작아서 함수량이 감소되어도 원형질의 변형이 적다.

ㄴ 세포 중에 원형질이나 저장양분이 차지하는 비율이 높아서 수분 보유력이 강하다.

ㄷ 원형질의 점성이 높고, 세포액이 삼투압이 높아서 수분 보유력이 강하다.

ㄹ 탈수될 때 원형질의 응집이 덜하다.

ㅁ 원형질막의 수분·요소·글리세린 등에 대한 투과성이 크다.

③ 물질대사적 특성

ㄱ 건조할 때에 호흡이 낮아지는 정도가 크고, 광합성이 감퇴하는 정도가 낮다.

ㄴ 건조할 때에 증산이 억제되고, 급수할 때에 수분을 흡수하는 기능이 크다.

ㄷ 건조할 때에 단백질·당분의 소실이 늦다.

(4) 생육단계, 재배조건과 내건성

1) 재배조건과 한해

① 질소비료를 과용하면 경엽이 무성하여서 엽면증산량이 과다해지고 체내 질소 함량이 증대된다. 이로 인해 투수성이 증대되어 탈수가 용이해져서 한해에 약하다.

② 칼리의 결핍은 세포의 삼투압 저하, 당분농도 저하, 근발달 저하의 원인이 되어 한해에 약하게 한다.

③ 작물의 밀식은 수분경합을 초래하여 한해가 발생하며, 건조한 환경에서 생육한 작물은 경화(hardening)되어 한해에 강하다.

2) 생육시기와 한해

생식생장기는 영양생장기보다 한해에 약하며, 벼, 맥류의 경우 생식세포의 감수분열기에 가장 약하고 출수개화기, 유숙기의 순서로 약하며 분얼기에는 강한 편이다.

(5) 한해대책

1) 관개

관개시설을 확보하는 것이 가장 근본적이고 효과적인 한해대책이다.

2) 내건성 작물 및 품종의 선택

① 화곡류는 일반적으로 내건성이 강한데 그중에서도 특히 수수는 가장 강한 작물로 알려져 있으며 조·피·기장 등도 강하지만 옥수수는 비교적 강하지 못하다.

② 맥류 중에서는 호밀과 밀이 한발에 가장 강하며 보리는 비교적 약한 편이고 귀리는 보리보다 약하다.

3) 토양수분의 증발 억제

① 토양입단의 조성

② 드라이 파밍(Dry farming : 내건성농법) : 작물을 재배하지 않을 때 비가 오기 전에 땅을 갈아서 빗물이 땅속 깊이 스며들게 하고, 작기에는 토양을 잘 진압하여 지하수의 모관상승을 촉진함으로써 한발적응성을 높이는 방법이다.

③ 피복 : 퇴비·짚·풀 및 비닐 등으로 지면에 피복하면 토양수분의 증발을 억제할 뿐만 아니라 빗물의 유실을 적게 하고 토양 중의 침투량을 증가시켜 한발에 잘 견디게 한다.

④ 중경제초 : 표토를 천경하여 모세관을 절단한 다음 잡초를 제거하면 증발산이 억제된다.

⑤ 증발억제제의 살포 : OED 유액을 지면 또는 수면에 뿌리거나 엽면에 뿌리면 증발·증산이 억제된다.

📖 기출문제

내건성 작물의 특징이 아닌 것은?

① 수분의 흡수능이 크다.
② 체내수분의 상실이 적다.
③ 체내의 수분 보유력이 작다.
④ 수분함량이 낮은 상태에서도 생리기능이 높다.

 정답 ③

3. 동상해(동해 · 서리해)

(1) 기구, 대책, 작물의 내동성

1) 동사의 기구

작물체나 조직이 동사하는 것은 저온의 직접적인 영향이 아니라 조직 내에 결빙이 생김으로써 유발된다.

① 세포 외 결빙

㉠ 원형질 단백질의 응고 : 식물체나 조직이 동사할 때에는 원형질 단백의 응고를 수반한다.

㉡ 급한 동결융해 시 원형질의 기계적 파괴

② 세포 내 결빙

㉠ 세포 내 결빙이 생길 때에는 반드시 세포 외 결빙을 수반하는데, 수분의 투과성이 낮은 세포에서는 세포 외 결빙이 신장하여 끝이 뾰족하게 되고 원형질 내부에 침입하여 세포원형질 내부에 결빙을 유발한다.

㉡ 세포 내 결빙이 생기면 원형질 구성에 필요한 수분이 동결하여 원형질 단백의 응고 및 변화가 생겨서 원형질 구조가 파괴되므로 세포는 동사하게 된다.

2) 작물의 동상해 대책

① 동상해 일반대책

㉠ 내동성 작물과 품종을 선택

ⓐ 추파맥류, 목초류처럼 월동이 안전한 작물이나 품종을 선택한다.

ⓑ 과수류, 뽕나무처럼 봄철 늦서리에 의해 화아의 동상해를 피할 수 있는 회피성 품종을 선택한다.

㉡ 재배적 대책

ⓐ 화훼류 · 채소류 등은 보온 재료를 이용하여 보온 재배를 한다.

ⓑ 고휴구파의 이랑을 세워 뿌림골을 깊게 한다.

ⓒ 맥류는 적기 파종하도록 하고 한랭지역에서는 파종량을 늘려 월동 중 동사에 의한 결주를 보완한다.

ⓓ 월동작물인 맥류 재배 시 인산 · 칼리질 비료를 증시하여 작물체 내 당 함량을 증대시킴으로써 내동성을 크게 하고, 파종 후 퇴비구를 종자 위에 시용하여 생장점을 낮춘다.

② 동상해 응급대책

㉠ 살수 결빙법

ⓐ 물이 얼 때에 1g당 약 80cal의 잠열이 발생한다.

ⓑ 잠열을 이용하여 스프링클러 등의 시설로 작물체의 표면에 물을 뿌려 주는 방법으로 −8∼−7℃ 정도의 동상해를 막을 수 있다.

ⓒ 동상해의 응급대책으로 가장 효과적이다.

ⓛ 피복법 : 이엉·거적·비닐·폴리에틸렌 등으로 작물체를 직접 피복하면 물체로부터의 방열을 방지하고 기온과 식물체온의 교차를 없앤다.

ⓒ 관개법 : 저녁에 관개하면 물이 가진 열이 토양에 보급되고 낮에 더워진 지중 열을 빨아올리며 수증기가 지열의 발산을 막아서 동상해를 방지할 수 있다.

ⓓ 송풍법

ⓐ 동상해가 발생하는 밤의 지면 부근의 온도분포는 온도 역전 현상으로 지면에 가까울수록 온도가 낮다.

ⓑ 상공의 따뜻한 공기를 지면으로 보내 주면 작물 부근의 온도를 높여서 상해를 방지할 수가 있다.

ⓜ 발연법 : 불을 피우고 연기를 발산하여 방열을 방지함으로써 서리의 피해를 방지하는 방법으로 약 2℃ 정도 온도가 상승한다.

ⓗ 연소법 : 낡은 타이어, 뽕나무 생가지, 종유 등을 태워서 그 열을 작물에 보내는 적극적인 방법으로 −4∼−3℃ 정도의 동상해를 막을 수 있다.

3) 작물의 내동성

내동성을 증대시키는 체내의 요인

① 세포 내의 자유수 함량이 낮다.

② 식물체 내의 당분 함량이 많고 전분 함량이 적다.

③ 식물체 내의 단백질 및 지유 함량이 많다.

④ 세포액의 친수성 콜로이드 함량이 많고 점성이 낮다.

⑤ 세포액의 pH 및 삼투압이 높다.

⑥ 세포원형질의 투과성이 크다.

⑦ 세포의 탈수저항성이 크다.

⑧ 발아종자의 아밀라아제 활력이 크다.

⑨ 식물체의 건물중이 크다.

Ⅲ 기출문제

맥류의 동상해 방지대책으로 거리가 먼 것은?

① 퇴비 등을 사용하여 토질을 개선함   ② 내동성이 강한 품종을 재배함

③ 이랑을 세워 뿌림골을 깊게 함   ④ 적기파종과 인산비료를 증시함   **정답 ④**

기출문제

과수, 채소, 차나무 등의 동상해 응급대책으로 볼 수 없는 것은?

① 관개법   ② 송풍법
③ 발연법   ④ 하드닝법   **정답 ④**

작물의 동상해 대책으로서 칼륨 비료를 증시하는 이유로 가장 적합한 것은?

① 뿌리와 줄기 등 조직을 강화시키기 위해
② 작물체 내에 당 함량을 낮추기 위해
③ 세포액의 농도를 증가시키기 위해
④ 저온에서는 칼륨의 흡수율이 낮으므로 보완하기 위해   **정답 ③**

작물의 내동성에 대한 설명으로 틀린 것은?

① 세포의 수분 함량이 많으면 내동성이 저하한다.
② 전분 함량이 많으면 내동성이 증가한다.
③ 세포액의 삼투압이 높아지면 내동성이 증가한다.
④ 당분 함량이 높으면 내동성이 증가한다.   **정답 ②**

4. 도복과 풍해

(1) 도복의 발생조건

① **품종의 요인** : 키가 크고 줄기가 약한 품종일수록 도복이 심하며 이삭이 크고 무거우며, 뿌리 발달이 불량할수록 도복이 심하다.

② **재배적 요인** : 줄기를 약하게 하는 재배 조건은 도복을 조장한다. 밀식·질소다용·칼리부족·규소부족 등은 도복을 유발한다.

③ **병충해의 요인** : 벼에 잎집무늬마름병(문고병)의 발생이 심하거나, 가을 멸구의 발생이 많으면 대가 약해져서 도복이 심해진다.

④ **환경적 요인**

    ㉠ 도복의 위험기에 비가 와서 식물체가 무거워지고, 토양이 젖어서 뿌리를 고정하는 힘이 약해졌을 때 강한 바람이 불면 도복이 유발된다.

    ㉡ 맥류의 등숙기에 한발이 들면 뿌리가 고사하여 그 뒤의 풍우(風雨)에 의한 도복을 조장한다.

(2) 도복의 피해

1) 감수

① 도복되면 잎이 헝클어져서 광합성이 감퇴하고 대와 잎이 꺾이어 동화양분의 전류가 저해된다.

② 대와 잎에 상처가 있어 양분의 호흡 소모가 많아지므로 등숙이 나빠져서 수량이 감소된다.

③ 작물에 부패립이 생기면 수량이 더욱 감소한다.

④ 도복의 시기가 빠를수록 도복의 피해는 커진다.

2) 품질의 손상

① 도복이 일어나면 결실이 불량해져서 품질이 저하된다.

② 종실(씨앗)이 젖은 토양이나 물에 접하게 되어 변질·부패·수발아 등이 유발되어 품질이 손상된다.

3) 수확작업의 불편

기계수확 시 도복이 일어나면 수확작업이 불편해진다.

4) 간작물에 대한 피해

맥류에 콩이나 목화를 사이짓기했을 때에 맥류가 도복되면 어린 간작물을 덮어서 생육을 저해한다.

(3) 도복 대책

1) 품종의 선택

① 키가 작고 대가 실한 품종을 선택하면 도복 방지에 가장 효과적이다.

② 기계화 작업에 있어서는 키가 너무 작으면 기계수확이 불편하므로 키가 과히 작지 않고 대가 실한 품종을 선택하고 있다.

2) 합리적인 시비

질소는 다수확의 기본이므로 적게 줄 수 없으나 질소 편중의 시비를 피하고, 가리·인산·규산·석회 등도 충분히 사용해야 한다.

3) 파종 이식 및 재식밀도

① 재식밀도가 과도하게 높으면 대가 약해져서 도복이 유발될 우려가 크기 때문에 재식밀도를 적절하게 조절해야 한다.

② 맥류에서는 복토를 깊게 하여 중경을 신장시켜 간기부를 강하게 하여 바람에 의한 도복을 방지한다.

4) 재배관리

① 벼에서 마지막 논김을 맬 때에 배토를 하면 도복이 경감된다.
② 콩에서 생육전기에 몇 차례 배토를 하면 줄기의 기부를 고정하고, 새 뿌리의 발생이 조장되어 도복이 경감된다.
③ 맥류에서 답압·배토·토입을 하면 도복이 경감된다.
④ 옥수수·수수·벼 등에서 몇 포기씩 미리 결속을 해 두면 도복이 방지된다.

5) 병충해 방제

병충해, 특히 대를 약하게 하는 병충해를 잘 방제해야 한다.

6) 생장조절제의 이용

벼에서 유효분얼종지기에 $2.4-D$, PCD 등의 생장조절제를 이용한다.

7) 도복 후의 대책

도복이 된 것은 지주를 세우거나 결속을 하거나 하여 지면·수면에 접촉하지 않게 하면 변질·부패가 경감된다.

Ⅲ 기출문제

작물의 도복을 방지하기 위한 방법이 아닌 것은?

① 칼리질 비료의 절감
② 내도복성 품종의 선택
③ 배토 및 답압
④ 밀식재배 지양   **정답 ①**

도복 방지대책과 가장 거리가 먼 것은?

① 키가 작고 대가 튼튼한 품종을 재배한다.
② 서로 지지가 되게 밀식한다.
③ 칼리질 비료를 사용한다.
④ 규산질 비료를 사용한다.   **정답 ②**

작물의 일반적인 도복 방지 대책으로 거리가 먼 것은?

① 단간품종의 선택
② 밀식
③ 답압·배토·토입
④ 규산과 석회의 사용   **정답 ②**

작물이 도복되었을 때 나타나는 피해가 아닌 것은?

① 광합성이 감퇴한다.
② 저장양분의 소모가 적어진다.
③ 동화물질의 전류가 저해된다.
④ 등숙이 나빠져서 수량이 감소된다.   **정답 ②**

PART 1 / PART 2 / 부록

📖 **기출문제**

벼 등 화곡류가 등숙기에 비, 바람에 쓰러지는 것을 도복이라고 한다. 도복에 대한 설명으로 틀린 것은?

① 키가 작은 품목일수록 도복이 심하다.
② 밀식, 질소다용, 규산부족 등은 도복을 조장한다.
③ 벼 재배 시 벼멸구, 문고병이 많이 발생되면 도복이 심하다.
④ 벼는 마지막 논김을 맬 때 배토를 하면 도복이 경감된다.

정답 ①

(4) 풍해대책(風害對策)

1) 방풍림 조성

풍해를 상습적으로 받는 지역에서는 방풍림을 조성하는 것이 풍해방지의 기본대책이 된다.

① **설치방법** : 바람의 방향과 직각으로 교목을 몇 줄 심고, 교목의 하부로 바람이 새지 않도록 그 안쪽에 관목을 몇 줄 심는다.

② **효과** : 방풍림의 방풍효과는 그 높이의 10~15배 정도이므로 포장면적을 고려하여 교목의 수종 선택을 잘 하여야 한다.

2) 방풍울타리의 설치

방풍울타리는 무궁화 · 주목 · 족제비싸리 · 닥나무 등과 같은 관목을 심거나, 옥수수, 수수 등을 둘레에 심거나, 수수깡 · 거적 등을 이어 울타리를 만든다.

3) 풍식대책

① 피복작물의 재배
② **토지개량** : 점토를 객토하고 유기물을 보급하여 점토와 부식을 증가시키도록 노력해야 한다.
③ 전지관개
④ **풍향과 직각으로 작휴** : 바람과 직각으로 작휴했을 때에는 바람과 평행으로 작휴한 때보다 휴간풍속이 약 20%로, 토사의 이동량이 1% 이하로 경감된다고 한다.
⑤ **토양진압** : 겨울철과 건조기의 토양진압은 토사의 비산을 경감한다.
⑥ **동기의 경운 · 작휴** : 토양이 건조하고 바람이 센 지방에서는 겨울철에 경운 · 작휴함으로써 풍식을 경감할 수 있다.

4) 재배적 대책(栽培的 對策)

① **내풍성 작물과 내도복성 품종의 선택** : 풍해가 심한 지역에서는 목초, 고구마 같은 내풍성 작물이나, 단간(短稈), 강간성(强稈性)인 내도복성을 선택한다.

② 작기 이동 : 벼의 경우 출수 2~3일 후의 태풍이 가장 피해가 큰데, 작기를 이동하여 위험기의 출수를 피할 수 있다. 우리나라의 위험 태풍기인 8월 하순~9월 상순을 회피하기 위해서는 조생종을 선택하여 조기 재배해야 한다.

③ 배토 · 지주 및 결속 : 맥류 및 밭벼에 대한 배토, 가지 · 토마토 · 과수에 대한 지주, 수수 · 왕골 · 옥수수 등에 대한 결속 등은 강풍에 의한 도복을 방지 또는 경감시킨다.

④ 생육의 건실화 : 칼리 증시, 질소과용 회피, 밀식 회피로 생육을 건실하게 하면 도복이 경감되고, 기계적 피해나 병해도 경감시킨다.

⑤ 담수 : 위험 태풍기에 심수 관개하여 담수조치 하면 도복해와 건조해를 경감할 수 있다.

⑥ 낙과방지제의 살포 : 과수류에서 태풍 전에 2 · 4-D의 4~5ppm 액, 2 · 4 · 5-Tp의 10~20ppm 액 등의 낙과방지제를 살포하여 낙과를 경감시킨다.

5) 사후 대책

① 태풍 후에는 병충해 발생이 심하므로 약제 살포를 한다.

② 쓰러진 것은 곧 일으켜 세우거나 수확을 한다.

③ 낙엽에는 병든 것이 많으므로 제거한다.

기출문제

작물을 재배할 때 발생하는 풍해에 대한 재배적 대책이 아닌 것은?

① 내풍성 품종의 선택
② 내도복성 품종의 선택
③ 요소의 엽면시비
④ 배토 · 지주 및 결속

 정답 ❸

예상문제

01 삼한시대에 재배된 오곡에 포함되지 않는 작물은?

① 수수   ② 보리   ③ 기장   ④ 피

02 지표관개 방법이 아닌 것은?

① 일류관개   ② 보더관개   ③ 수반법   ④ 스프링클러관개

  📌 **살수관개(지상관개)** ··
    ㉠ 다공관관개 : 다공관관개는 파이프에 직접 작은 구멍을 내어 살수하는 방법이다.
    ㉡ 스프링클러관개 : 스프링클러에 의해서 살수하는 방법이다.

03 생리적 중성비료인 것은?

① 황산칼륨   ② 염화칼륨   ③ 요소   ④ 용성인비

  📌 **생리적 반응** ··
    시비한 다음 토양 중에서 식물뿌리의 흡수작용이나 미생물의 작용을 받은 뒤에 나타나는 토양의
    반응
    ㉠ 산성비료 : 황산암모니아 · 황산칼리 · 염화칼리 등
    ㉡ 중성비료 : 질산암모니아 · 요소 · 과인산석회 · 중과인산석회 등
    ㉢ 염기성비료 : 석회질소 · 용성인비 · 재 · 칠레초석 · 어박 등

04 장일식물에 대한 설명으로 옳은 것은?

① 장일상태에서 화성이 저해된다.
② 장일상태에서 화성이 유도 · 촉진된다.
③ 8~10시간의 조명에서 화성이 유도 · 촉진된다.
④ 한계일장은 장일 측에 최적일장과 유도일장의 주체는 단일 측에 있다.

  📌 **장일식물(長日植物)** ··
    ㉠ 장일상태(보통 16~18시간 조명)에서 개화가 유도 · 촉진되며, 단일상태에서는 개화가 저해되
      는 식물이다.
    ㉡ 최적일장과 유도일장의 주체가 장일 측에 있고, 한계일장은 단일 측에 있다.
    ㉢ 추파맥류 · 완두 · 박하 · 아주까리 · 시금치 · 양딸기 · 양파 · 상추 · 감자 · 해바라기 등

정답   **01** ①   **02** ④   **03** ③   **04** ②

05 작부 체계별 특성에 대한 설명으로 틀린 것은?

① 단작은 많은 수량을 낼 수 있다.
② 윤작은 경지의 이용 효율을 높일 수 있다.
③ 혼작은 병해충 방제와 기계화 작업에 효과적이다.
④ 단작은 재배나 관리작업이 간단하고 기계화 작업이 가능하다.

혼작은 병해충 방제와 기계화 작업에 불리하다.

06 작물체에 발생되는 병의 방제방법에 대한 설명으로 가장 적합한 것은?

① 병원체의 종류에 따라 방제방법이 다르다.
② 곰팡이에 의한 병은 화학적 방제가 곤란하다.
③ 바이러스에 의한 화학적 방제가 비교적 쉽다.
④ 식물병은 생물학적 방법으로는 방제가 곤란하다.

07 냉해(冷害)에 대한 설명으로 틀린 것은?

① 식물체의 조직 내 결빙이 생기지 않을 범위의 저온에 의하여 식물이나 식물의 기관이 피해 받는 현상을 냉온장해라 한다.
② 냉해에는 지연형 냉해와 장해형 냉해가 있다.
③ 영양생장기의 냉온이나 일조부족의 피해로 나타나는 냉해는 장해형 냉해이다.
④ 냉온에 의하여 작물의 생육에 장해가 생기는 생리적 원인은 증산과잉, 호흡과다, 이상호흡, 단백질의 과잉분해 등이 있다.

영양생장기의 냉온이나 일조부족의 피해로 나타나는 냉해는 **지연형 냉해**이다.

08 광합성 작용에 영향을 미치는 요인이 아닌 것은?

① 광의 강도   ② 온도
③ 이산화탄소의 농도   ④ 질소의 농도

광합성 작용에 영향을 미치는 요인
  ㉠ 광의 강도
  ㉡ 온도
  ㉢ 이산화탄소의 농도

09 작물의 내동성에 관여하는 요인에 대한 설명으로 틀린 것은?

① 세포의 수분함량이 많으면 내동성이 저하한다.

② 전분함량이 많으면 내동성이 증가한다.

③ 세포액의 삼투압이 높아지면 내동성이 증가한다.

④ 당분함량이 높으면 내동성이 증가한다.

✔ 작물의 내동성 ·····

ⓐ **원형질의 수분투과성** : 수분투과성이 큰 것이 세포 내 결빙을 적게 하여 내동성을 증대시킨다.

ⓑ **세포의 수분함량** : 세포 내의 자유수 함량이 많으면 세포 내 결빙이 생기기 쉬우므로 내동성이 저하한다.

ⓒ **세포액의 삼투압** : 세포액의 삼투압이 높아지면 빙점이 낮아지고, 세포 내 결빙이 적어지며 세포 외 결빙에 의한 탈수 저항성이 커지므로 원형질이 기계적 변형을 덜 받게 되어 내동성이 증대한다.

ⓓ **전분함량** : 전분함량이 많으면 당분함량이 저하되며, 전분립은 원형질의 기계적 견인력에 의한 파괴를 크게 한다. 따라서 전분함량이 많으면 내동성은 저하한다.

ⓔ **당분함량** : 가용성 당분함량이 높으면 세포의 삼투압이 커지고, 원형질단백의 변성을 막으므로 내동성도 증대된다.

ⓕ **원형질의 친수성 Colloid** : 원형질의 친수성 Colloid가 많으면 세포 내의 결합수가 많아지고 반대로 자유수가 적어져서 원형질의 탈수저항성이 커지며 세포의 결빙이 경감되므로 내동성이 커진다.

ⓖ **원형질의 점도와 연도**

ⓗ **지유함량** : 지유와 수분이 공존할 때에는 빙점강하도가 커지므로 내동성을 증대시킨다.

ⓘ **세포 내의 무기성분** : 칼슘이온(Ca^{2+})은 세포 내 결빙을 억제하는 작용이 크고 마그네슘이온(Mg^{2+})도 억제작용이 있다.

10 수해에 관여하는 요인으로 옳지 않은 것은?

① 생육단계에 따라 분얼 초기에는 침수에 약하고 수잉기~출수기에 강하다.

② 수온이 높으면 물속의 산소가 적어져 피해가 크다.

③ 질소비료를 많이 주면 호흡작용이 왕성하여 관수해가 커진다.

④ 4~5일의 관수는 피해를 크게 한다.

✔ 수해에 관여하는 요인 ·····

생육시기 : 벼의 분얼 초기에는 침수에 강하고 수잉기 · 출수개화기에는 침수에 극히 약하다.

11 수중에서 발아하지 못하는 종자로만 짝지어진 것은?

① 벼, 토마토, 카네이션　　　　② 상추, 당근, 셀러리

③ 귀리, 밀, 무　　　　　　　　④ 셀러리, 티머시, 상추

🌱 ┈┈┈

     ㉠ 수중에서 발아를 잘 하는 종자 : 벼 · 상추 · 당근 · 셀러리 · 티머시 · 페튜니아 등이다.

     ㉡ 수중에서 발아가 감퇴되는 종자 : 담배 · 토마토 · 화이트클로버 · 카네이션 · 미모사 등이다.

     ㉢ 수중에서 발아를 하지 못하는 종자 : 콩 · 밀 · 귀리 · 메밀 · 무 · 양배추 · 가지 · 고추 · 파 · 알팔파 · 옥수수 · 수수 · 호박 · 율무 등이다.

12 과도한 고온으로 인한 작물의 피해를 최소화하는 대책으로 적절치 않은 것은?

① 내열성이 강한 작물을 선택한다.   ② 관수로 땅의 온도를 낮춘다.

③ 질소비료를 많이 사용한다.   ④ 작물을 많이 심지 않는다.

🌱 **작물의 열해대책(熱害對策)** ┈┈┈┈┈┈┈┈┈┈┈┈┈┈┈┈┈┈┈┈┈┈┈┈┈┈┈

     ㉠ 내열성이 강한 작물을 선택한다.

     ㉡ **작기 조절** : 재배시기를 조절하여 혹서기의 위험을 회피한다.

     ㉢ 그늘(해가림)을 만들어 준다.

     ㉣ **관개** : 관개를 해서 지온을 낮춘다.

     ㉤ **환경** : 비닐터널이나 하우스재배에서는 환기를 조절하여 지나친 고온을 회피한다.

     ㉥ **재배상의 주의** : 밀식 · 질소과용 등을 피한다.

13 일반적인 육묘재배의 목적으로 거리가 먼 것은?

① 조기수확   ② 집약관리   ③ 추대촉진   ④ 종자절약

🌱 **육묘의 필요성** ┈┈┈┈┈┈┈┈┈┈┈┈┈┈┈┈┈┈┈┈┈┈┈┈┈┈┈┈┈┈┈┈

     ㉠ 직파가 심히 불리한 경우

     ㉡ **조기수확** : 조기에 육묘해서 이식하면 수확기가 매우 빨라진다.

     ㉢ 증수

     ㉣ **재해 방지** : 육묘이식을 하며 직파재배를 하는 것보다 집약관리가 가능하여 병충해, 한해 및 냉해 등을 방지하기 쉽다.

     ㉤ 용수 절약

     ㉥ 토지이용도 증대

     ㉦ 노력 절감

     ㉧ **추대 방지** : 봄결구배추를 보온육묘해서 이식하면 직파할 때 포장에서 냉온의 시기에 저온 감응하여 추대하고 결구하지 못하는 현상이 방지된다.

     ㉨ **종자 절약** : 직파하는 것보다 종자량이 적게 든다.

정답 **12** ③ **13** ③

14 작물의 내습성 증진과 관련이 없는 것은?

① 통기계(aerenchyma)의 발달

② 뿌리의 조직이 목화한 것은 내습성이 강하다.

③ 뿌리의 피층세포가 사열로 배열되어 있는 것이 직렬로 배열되어 있는 것보다 세포간극이 커서 내습성이 강하다.

④ 황화수소, 아산화철 등의 환원성 유해물질에 대한 저항성 증진

✔ **작물의 내습성** ···

　　㉠ 천근성이거나, 부정근의 발생력이 큰 것은 내습성이 강하다.

　　㉡ 내습성이 강한 것은 이산화철·황화수소·환원성유해물질에 대한 저항성이 크다.

　　㉢ 뿌리의 조직이 목화한 것은 내습성이 강하다.

　　㉣ 뿌리의 피층세포가 직렬로 배열되어 있는 것이 사열로 배열되어 있는 것보다 세포간극이 커서 내습성이 강하다.

　　㉤ 논작물은 지상부의 줄기, 잎으로부터 뿌리에 산소를 공급하기 위한 통기조직이 밭작물보다도 발달되어 있으므로 논에서 습해를 받지 않고 잘 자란다.

15 식물의 일장형에 대하여 잘못 설명하고 있는 것은?

① 장일식물의 최적일장과 유도일장의 주체가 장일 측에 있고, 한계일장은 단일 측에 있다.

② 단일식물의 최적일장과 유도일장의 주체가 단일 측에 있고, 한계일장은 장일 측에 있다.

③ 중간식물은 어떤 좁은 범위의 특정한 일장에서만 화성이 유도되며 한계일장이 없다.

④ 중성식물(중일성식물)은 대단히 넓은 범위의 일장에서 화성이 유도되며, 화성이 일장의 영향을 받지 않는다.

✔ **중간식물(中間植物, 정일식물)** ···

　　㉠ 좁은 범위의 일장에서만 화성이 유도·촉진되며 2개의 한계일장이 있다.

　　㉡ 사탕수수의 F106이란 품종은 12시간 45분과 12시간의 좁은 일장범위에서만 개화를 한다.

16 다음 중 잡초의 유용성에 해당하지 않는 것은?

① 잡초는 같은 종속의 작물에 대한 유전자 제공처가 될 수 없다.

② 토양에 유기물을 제공하여 좋은 녹비가 될 수 있다.

③ 작물이 경작되지 않은 토양에서는 토양 침식을 방지한다.

④ 잡초는 야생동물이나 조류 및 미생물의 먹이와 서식처로 이용되므로 자연보존에 기여한다.

✔ **잡초의 유용성** ···

　　㉠ 지면을 덮어서 수식이나 풍식에 의한 토양 침식을 막아준다.

　　㉡ 토양에 유기물을 제공하여 좋은 녹비가 될 수 있다.

　　㉢ 구황작물로 이용될 수 있는 것들이 많다.

✔ 정답　**14** ③　**15** ③　**16** ①

㉣ 잡초는 야생동물이나 조류 및 미생물의 먹이와 서식처로 이용되므로 자연보존에 기여한다.
㉤ 잡초는 같은 종속의 작물에 대한 유전자 제공처가 될 수 있다.
㉥ 과수원 등에서 초생재배식물로 이용될 수 있다.
㉦ 약용물질이나 기타 유용한 천연물질의 추출원이 될 수 있다.
㉧ 가축의 사료로서의 가치가 높다.
㉨ 환경오염지역에서 오염물질을 생물 제거시키는 데 이용되기도 한다.
㉩ 경우에 따라서는 자연경관을 아름답게 하는 조경재료가 된다.

17 다음 중 토양공기의 형성과 작물 생육에 관한 설명 중 잘못된 것은?

① 일반적으로 사질인 토양이 비모관공극이 많고 토양의 용기량이 증대한다.
② 식질 토양에서 입단의 형성이 조장되면 비모관공극이 증대하여 용기량이 증대한다.
③ 토양의 함수량이 증대하면 용기량이 적어지고 이산화탄소의 농도가 낮아진다.
④ 토양의 산소가 많아지고 이산화탄소가 적어지는 것이 작물 생육에는 이롭다.

토양공기를 지배하는 요인

㉠ 토성 : 일반적으로 사질인 토양에는 비모관공극이 많고, 토양의 용기량이 증대한다. 토양의 용기량이 증대하면 산소의 농도도 증대한다.
㉡ 토양구조 : 식질토양에서 입단 형성이 조장되면 비모관공극이 증대하여 용기량이 증대한다.
㉢ 경운 : 심경을 하면 토양의 깊은 곳까지 용기량이 증대한다.
㉣ 토양수분 : 토양의 함수량이 증대하면 용기량이 적어지고, 산소의 농도가 낮아지며, 이산화탄소의 농도가 높아진다.
㉤ 유기물 : 미숙유기물을 사용하면 산소의 농도가 훨씬 낮아지고, 이산화탄소의 농도가 현저히 증대한다. 부숙유기물을 시용하면 토양의 가스교환이 좋아지므로 이산화탄소의 농도가 크게 증대되지 않는다.
㉥ 식생 : 일식물이 생육하고 있는 토양은 뿌리의 호흡에 의해서 이산화탄소의 농도가 초지보다 현저히 높아진다.

18 작물재배에서 이랑 만들기의 주된 목적으로 가장 적당한 것은?

① 작물의 습해를 방지
② 토양건조 예방
③ 잡초발생 억제
④ 지온 조절

휴립법(畦立法)

이랑을 세워서 고랑을 낮게 하는 방식으로 작물의 습해를 방지한다.

정답 | 17 ③ 18 ①

19 기지 현상의 방지 및 경감 대책과 가장 거리가 먼 것은?

① 담수   ② 토양소독   ③ 객토   ④ 시설재배

기지대책 ·········
- ㉠ 윤작, 답전윤환
- ㉡ 유독물질의 축적은 관개나 약제를 사용
- ㉢ 새 흙으로 객토
- ㉣ 기지현상에 저항성인 품종과 대목에 접목
- ㉤ 심경, 퇴비사용, 결핍성분과 미량요소의 사용

20 휴한지에 재배하면 지력의 유지 · 증진에 가장 효과가 있는 작물은?

① 클로버   ② 밀   ③ 보리   ④ 고구마

휴한지에 두(콩)과 작물을 재배하면 지력이 유지 · 증진된다.

21 다음 중에서 군락의 수광태세가 양호하여 광합성에 가장 유리한 벼의 초형은?

① 줄기가 직립으로 모여 있고 잎이 넓으며 키가 큰 품종
② 잎이 특정한 방향으로 모여 있으면서 노화가 빠른 품종
③ 줄기가 어느 정도 열려 있고 상위엽이 직립인 품종
④ 잎이 말려 있고 아래로 처지거나 수평을 이루고 있는 품종

벼의 초형 ·········
- ㉠ 잎이 과히 두껍지 않고, 약간 가늘며, 상위엽이 직립한다.
- ㉡ 키가 너무 크거나 작지 않다.
- ㉢ 분얼이 개산형으로 된다.
- ㉣ 각 잎이 공간적으로 되도록 균일하게 분포한다.

22 작물의 요수량에 대한 설명 중 옳은 것은?

① 작물의 건물 1g을 생산하는 데 소비되는 수분의 양
② 작물의 건물 100g을 생산하는 데 소비되는 수분의 양
③ 건물 1kg을 생산하는 데 소비되는 증산량
④ 건물 100kg을 생산하는 데 소비되는 증산량

요수량의 뜻 ·········
요수량은 건물 1g을 생산하는 데 소비된 수분량(g)을 표시하며 증산계수는 건물 1g을 생산하는 데 소비된 증산량(g)을 개념화한 수치이다.

정답   **19** ④   **20** ①   **21** ③   **22** ①

23 형질이 다른 두 품종을 양친으로 교배하여 자손 중에서 양친의 좋은 형질이 조합된 개체를 선발하고 우량 품종을 육성하거나 양친이 가지고 있는 형질보다도 더 개선된 형질을 가진 품종으로 육성하는 육종법은?

① 선발육종법
② 교잡육종법
③ 도입육정법
④ 조직배양육종법

🌿 **교잡육종법**

재래종 집단에서 우량한 유전자형을 선발할 수 없을 때, 인공교배로 새로운 유전변이를 만들어 신품종을 육성하는 육종방법이다. 현재 재배되고 있는 대부분의 작물품종은 교잡육종에 의하여 육성된 것들이다.

24 다음 토양 입자의 크기 중 점토에 해당되는 것은?

① 입자 지름이 2mm 이상
② 입자 지름이 0.02~2mm
③ 입자 지름이 0.02~0.002mm
④ 입자 지름이 0.002mm 이하

🌿 **토양의 입경구분**

| 입경에 따른 토양입자의 분류법 |

구분	국제토양학회법(mm)	일본농학회법(mm)
자갈(礫 ; gravel)	> 2.0	> 2.0
조사(coarse sand)	2.0~0.2	2.0~0.25
세사(fine sand)	0.2~0.02	0.25~0.05
미사(silt)	0.02~0.002	0.05~0.01
점토(clay)	< 0.002	< 0.01

25 도복 방지대책과 가장 거리가 먼 것은?

① 키가 작고 대가 튼튼한 품종을 재배한다.
② 서로 지지가 되게 밀식한다.
③ 칼리질 비료를 시용한다.
④ 규산질 비료를 시용한다

🌿 **재식밀도**

재식밀도가 과도하게 높으면 대가 약해져서 도복이 유발될 우려가 크기 때문에 재식밀도를 적절하게 조절해야 한다.

26 노후답(老朽畓)의 개량방법으로 가장 거리가 먼 것은?

① 좋은 점토로 객토를 한다.
② 심토층까지 심경을 한다.
③ 규산질비료를 시용한다.
④ 함철자재의 시용은 억제한다.

정답 23 ② 24 ④ 25 ② 26 ④

✔ 노후화답의 개량 ···
　ⓐ 객토　　　　　　　　　　　ⓑ 심경
　ⓒ 함철자재의 시용　　　　　　ⓓ 규산질비료의 시용

27 작물의 발달과 관련된 용어의 설명 중 틀린 것은?

① 작물이 원래의 것과 다른 여러 갈래로 갈라지는 현상을 작물의 분화라고 한다.
② 작물이 환경이나 생존경쟁에서 견디지 못해 죽게 되는 것을 순화라고 한다.
③ 작물이 점차 높은 단계로 발달해 가는 현상을 작물의 진화라고 한다.
④ 작물이 환경에 잘 견디어 내는 것을 적응이라 한다.

✔ 도태와 적응 ···
　ⓐ 새로 생긴 유전형 중에서 환경이나 생존경쟁에 견디지 못하고 소멸하는 것을 도태라고 한다.
　ⓑ 새로 생긴 유전형 중에서 환경이나 생존 경쟁에 견디어 내는 것을 적응이라고 한다.
　ⓒ 어떤 생육조건에 오래 생육하게 되면 더 잘 적응하는 순화의 단계에 들어가게 된다.

28 일반적으로 작물생육에 가장 알맞은 토양 조건은?

① 토성은 수분ㆍ공기ㆍ양분을 많이 함유한 식토나 사토가 가장 알맞다.
② 토층은 작토가 깊고 양호하며, 심토는 투수성과 투기성이 알맞아야 한다.
③ 토양구조는 홑알구조로 조성되어야 한다.
④ 질소, 인산, 칼리 등 비료 3요소는 과잉될수록 좋다.

✔ 작물생육에 가장 알맞은 토양 조건 ···
토층은 작토가 깊고 양호하며, 심토는 투수성과 투기성이 알맞아야 한다.

29 벼를 재배할 경우 발생되는 주요 잡초가 아닌 것은?

① 방동사니, 강피　　　　　　　② 망초, 쇠비름
③ 가래, 물피　　　　　　　　　④ 물달개비, 개구리밥

✔ ···
망초, 쇠비름은 밭 잡초이다.

30 멀칭의 효과에 대한 설명 중 틀린 것은?

① 지온 조절　　　　　　　　　② 토양, 비료 양분 등의 유실
③ 토양건조 예방　　　　　　　④ 잡초발생 억제

정답　27 ②　28 ②　29 ②　30 ②

멀칭의 이용성 ··

㉠ 생육 촉진 : 멀치를 하면 보온의 효과가 커서 조식재배가 가능하며, 생육이 촉진되어 촉성재
배가 가능하다.

㉡ 한해의 경감 : 멀치를 하면 토양수분증발이 억제되어 한해가 경감된다.

㉢ 동해의 경감 : 퇴비 등으로 피복하면 월동작물의 동해가 경감된다.

㉣ 잡초의 억제 : 잡초의 종자는 대부분 호광성이라 멀치하면 잡초가 경감된다.

㉤ 토양보호 : 멀치하면 풍식, 수식 등의 토양침식이 경감된다.

㉥ 과실의 품질향상 : 딸기ㆍ수박 등의 과채류의 포장에 짚을 깔아주면 과실이 정결해진다.

31 수분이 포화된 상태의 토양에서 증발을 방지하면서 중력수를 완전히 배제하고 남은 수분
상태를 말하며, 작물이 생육하는 데 가장 알맞은 수분 조건은?

① 포화용수량   ② 흡습용수량

③ 최대용수량   ④ 포장용수량

포장용수량 ··

㉠ 수분으로 포화된 토양으로부터 증발을 방지하면서 중력수를 완전히 배제하고 남은 수분상태
이며, 이를 최소용수량이라고도 한다.

㉡ 지하수위가 낮고 투수성이 중용인 포장에서 강우 또는 관개의 2~3일 뒤의 수분 상태가 이에
해당된다.

32 다음 중 냉해에 대한 작물의 피해 현상과 가장 거리가 먼 것은?

① 등숙 지연   ② 병해 발생

③ 불임 발생   ④ 세포 내 결빙

··

세포 내 결빙은 동해 피해 현상이다.

33 생력재배의 효과와 가장 거리가 먼 것은?

① 농업노력비의 절감   ② 품질의 향상

③ 재배면적의 증대   ④ 단위수량의 증대

··

품질의 향상은 재배 기술이다.

정답   **31** ④   **32** ④   **33** ②

34 물에 잘 녹고 작물에 흡수가 잘 되어 밭작물의 추비로 적당하지만, 음이온 탈질현상이 심한 질소질 비료의 형태는?

① 질산태질소
② 암모니아태질소
③ 시안마이드태질소
④ 단백태질소

💚 **질산태질소(NO₃)** ···
ㄱ 질산암모니아(NH_4NO_3) · 칠레초석($NaNO_3$) 등이 이에 속하며, 질산태질소는 물에 잘 녹고, 속효성이며, 밭작물에 대한 추비에 가장 알맞다.
ㄴ 질산은 음이온이므로 토양에 흡착되지 않고 유실되기 쉽다.
ㄷ 논에서는 용탈과 탈질현상이 심하므로 질산태질소형 비료의 시용은 일반적으로 불리하다.

35 다음 중 생물학적 방제법에 속하는 것은?

① 윤작
② 병원미생물의 사용
③ 온도 처리
④ 소토 및 유살 처리

💚 **생물학적 방제법(生物學的 防除法)** ···
ㄱ 해충에는 이를 포식하거나 이에 기생하는 자연계의 천적이 있는데, 이와 같은 천적을 이용하는 방제법을 생물학적 방제법이라고 한다.
ㄴ 최근에 시설재배가 증가함에 따라 천적곤충들이 상품화되어 이용되고 있다.

36 건토효과에 대한 다음 설명 중 옳은 것은?

① 토양을 충분히 건조시키면 유기물이 과잉분해되어 작물에 대한 비료분의 공급이 적어진다.
② 논보다 밭에서 그 효과가 크다.
③ 겨울이나 이른 봄에 강우가 적으면 추경에 의한 건토효과가 현저히 나타난다.
④ 건토효과가 클수록 지력의 보존효과도 크다.

💚 **건토효과** ···
흙을 한번 충분히 건조시키면 유기물이 분해되어 작물에 대한 비료분의 공급이 많아지는데 이와 같은 현상을 건토효과라 한다.
ㄱ 건토효과는 밭에서보다 논에서 크다.
ㄴ 겨울이나 봄철에 강우가 적으면 추경에 의한 건토효과는 현저히 나타나며 봄철에 강우가 많을 경우에는 겨울 동안의 건토효과에 의해 생긴 암모니아태, 질산태 질소가 빗물에 의해 유실되므로 이러한 경우에는 추경보다 춘경하는 것이 유리하다.
ㄷ 건토효과가 클수록 지력의 소모가 심하고 논에서는 도열병의 발생이 촉진된다.
ㄹ 추경에 의한 건토효과를 꾀하려면 유기물의 시용을 증대해야 한다.

정답 **34** ① **35** ② **36** ③

37 일년생 작물의 발육에 관한 설명으로 옳은 것은?

① 체내에 탄수화물의 생성량이 많고 수분과 질소가 풍부하면 화성이 양호하다.

② 각 발육단계는 서로 분리되어 성립된다.

③ 식물체의 전체 부위가 필요한 일장과 온도 조건을 감응하여 화성이 유도된다.

④ 수분과 질소의 공급이 약간 쇠퇴하고 탄수화물의 생성이 조장되어 탄수화물이 풍부해지면, 화성 및 결실이 양호하게 되지만 생육은 약간 감퇴한다.

❧ C/N율의 내용

㉠ 수분과 질소를 포함한 광물질 양분이 풍부해도 탄수화물의 생성이 불충분하면 생장이 미약하고, 화성 및 결실도 불량하다.

㉡ 탄수화물의 생성이 풍부하고 수분과 광물질 양분, 특히 질소도 풍부하면 생육은 왕성하지만, 화성 및 결실은 불량하다.

㉢ 수분과 질소의 공급이 약간 쇠퇴하고 탄수화물의 생성이 조장되어 탄수화물이 풍부해지면, 화성 및 결실이 양호하게 되지만 생육은 약간 감퇴한다(개화결실이 가장 양호함).

㉣ 탄수화물의 증대를 저해하지 않고 수분과 질소의 공급이 더욱 감소되면, 생육이 더욱 감퇴하고 화아는 형성되나 결실하지 못하며, 더욱 심해지면 화아도 형성되지 않는다.

38 다음 중 혼파에 대한 설명 중 틀린 것은?

① 두 종류 이상의 작물종자를 함께 섞어서 뿌리는 방법이다.

② 볏과목초와 콩과목초의 종자를 1 : 1 정도로 섞는 것이 보통이다.

③ 콩과목초가 혼파 목야지의 50% 정도까지 번성하면 가축을 방목할 때 고창증이 발생할 우려가 있다.

④ 콩과목초는 초기에 드물게 발생해도 생장력이 강하므로 점차 그 비율이 증가한다.

❧ 혼파의 방법

사료작물, 즉 목초재배에서는 화본과 목초와 콩과 목초의 종자를 8~9 : 1~2(3 : 1) 정도로 혼합하여 파종하고 질소비료를 적게 시용한다.

39 과도한 고온으로 인해 작물의 생육이 저해되는 주요 원인이 아닌 것은?

① 고온에서는 광합성보다 호흡작용이 우세해지며, 고온이 오래 지속되면 유기물의 소모가 적어진다.

② 고온에서는 단백질의 합성이 저해되고, 암모니아의 축적이 많아진다.

③ 수분의 흡수보다 과도한 증산에 의해 식물체가 건조해진다.

④ 고온에 의해서 철분이 침전되면 황백화현상이 일어난다.

✔ **열해의 주요 원인** ··

  ㉠ 유기물의 과잉 소모
   • 고온에서는 광합성보다 호흡작용이 우세해지며, 고온이 오래 지속되면 유기물의 소모가 많아진다.
   • 고온이 지속되면 흔히 당분이 감소한다.
  ㉡ 질소대사의 이상 : 고온에서는 단백질의 합성이 저해되고, 암모니아의 축적이 많아진다. 암모니아가 많이 축적되면 유해물질로 작용한다.
  ㉢ 철분의 침전 : 고온에 의해서 철분이 침전되면 황백화현상이 일어난다.
  ㉣ 증산과다 : 고온에서는 수분흡수보다도 증산이 과다해지므로 위조가 유발된다.

40 습해에 관한 설명 중 옳지 않은 것은?

① 생육성기에 심한 습해를 받기 쉽다. ② 대책으로 과산화석회를 사용한다.
③ 완숙유기물보다 미숙유기물을 사용한다. ④ 산화층시비를 한다.

✔ **시비** ···

  ㉠ 유기물은 충분히 부숙시켜서 사용한다(미숙유기물은 피한다).
  ㉡ 표층시비(산화층시비)를 하여 뿌리를 지표 가까이 유도한다.
  ㉢ 엽면시비를 실시한다.

41 경운(땅갈기)의 필요성을 설명한 것 중 거리가 먼 것은?

① 잡초 발생 억제 ② 해충 발생 증가
③ 토양의 물리성 개선 ④ 비료, 농약의 시용효과 증대

✔ **경기의 효과** ··

  ㉠ 토양 물리성의 개선 : 토양을 부드럽게 하므로 투수성, 통기성이 좋아져서 파종·관리 작업이 용이하므로 종자의 발아, 어린 뿌리의 신장 및 뿌리의 발달이 조장된다.
  ㉡ 토양 화학성의 개선 : 토양 통기로 호기성 토양미생물의 활동이 조장되어 유기물의 분해가 왕성하여 토양 중의 유효능 비료성이 증가한다.
  ㉢ 잡초의 경감 : 잡초종자나 유기물을 땅속에 묻히게 하여 그 발아·생육을 억제한다.
  ㉣ 해충의 경감 : 땅속에 숨은 해충의 유충이나 번데기를 표층으로 노출시켜 동풍에 얼어 죽게 한다.

42 기지현상의 재배대책으로 가장 적합하지 않은 것은?

① 윤작 ② 토양소독
③ 연작 ④ 객토

정답 **40** ③ **41** ② **42** ③

✔ **기지대책** ··

㉠ 윤작, 답전윤환
㉡ 유독물질의 축적은 관개나 약제를 사용
㉢ 새 흙으로 객토
㉣ 기지현상에 저항성인 품종과 대목에 접목
㉤ 심경, 퇴비사용, 결핍성분과 미량요소의 사용

43 다음 중 토양의 공극량(%)을 계산하기 위한 식이 바르게 된 것은?

① {1−(부피밀도/알갱이밀도)}×100
② {1−(알갱이밀도/부피밀도)}×100
③ {(알갱이밀도/부피밀도)−1}×100
④ {(부피밀도/알갱이밀도)−1}×100

✔ ··

토양의 공극률은 입자비중(부피밀도)과 용적비중(알갱이밀도)으로 계산
{1−(부피밀도/알갱이밀도)}×100

44 습해의 방지 대책으로 가장 거리가 먼 것은?

① 배수
② 객토
③ 미숙유기물의 사용
④ 과산화석회의 사용

✔ **습해 대책** ··

㉠ 배수는 습해를 방지하는 데 가장 효과적이고, 적극적인 방지책의 하나이다.
㉡ **과산화석회(CaO_2)의 사용** : 과산화석회를 작물종자에 분의해서 파종하거나 토양에 시용하면 (4~8kg/10a) 과습지에서도 상당한 기간 산소가 방출되므로 생육이 조장된다.
㉢ 내습성작물 및 내습성품종을 선택한다.
㉣ 고휴재배(高畦栽培) · 횡와재배(橫臥栽培)를 실시한다.
㉤ 시비
• 유기물은 충분히 부숙시켜서 시용한다(미숙유기물은 피한다).
• 표층시비(산화층시비)를 하여 뿌리를 지표 가까이 유도한다.
• 엽면시비를 실시한다.
㉥ 토양통기를 조장하기 위하여 중경을 실시하고, 부숙유기물 · 석회 · 토양개량제 등을 시용한다.

45 종자의 발아에 관여하는 외적 조건 중 가장 영향이 적은 것은?

① 수분
② 온도
③ 산소
④ 양분

✔ ··

종자의 발아에 관여하는 외적 조건은 수분, 온도, 산소이다.
종자의 발아에 관여하는 내적 조건은 양분이다.

정답 **43** ① **44** ③ **45** ④

46 다음 중 발아에 필요한 종자의 수분흡수량이 가장 많은 작물은?

① 벼　　　　　② 콩　　　　　③ 옥수수　　　　　④ 밀

　🌱 **발아에 필요한 종자의 수분흡수량** ··

　　종자무게에 대하여 벼는 23%, 밀은 30%, 쌀보리는 50%, 옥수수는 70%, 콩은 100% 정도이다.

47 다음 중 비료의 3요소가 아닌 것은?

① 질소　　　　　② 인　　　　　③ 칼륨　　　　　④ 칼슘

　🌱 ···

　　㉠ 비료의 3요소 : 질소, 인, 칼륨
　　㉡ 비료의 4요소 : 질소, 인, 칼륨, 칼슘

48 일반적으로 작물생육에 가장 알맞은 이상적인 토양 3상의 분포로 적당한 것은?

① 고상 25%, 액상 25%, 기상 50%　　　　② 고상 25%, 액상 50%, 기상 25%
③ 고상 50%, 액상 30%, 기상 20%　　　　④ 고상 30%, 액상 30%, 기상 40%

　🌱 ···

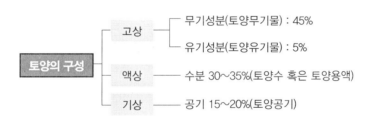

49 다음 작물의 일반분류 중 원예작물의 근채류에 해당하는 것은?

① 상추　　　　　② 아스파라거스　　　　　③ 우엉　　　　　④ 땅콩

　🌱 **근채류(뿌리채소)** ···

　　무 · 당근 · 우엉 · 토란 · 연근 등이 있다.

50 다음 작물 중 일장형의 분류상 장일식물에 속하는 것은?

① 시금치　　　　　② 벼　　　　　③ 콩　　　　　④ 담배

　🌱 **장일식물(長日植物)** ···

　　㉠ 장일상태(보통 16~18시간 조명)에서 개화가 유도 · 촉진되며, 단일상태에서는 개화가 저해되는 식물이다.

ⓛ 최적일장과 유도일장의 주체가 장일 측에 있고, 한계일장은 단일 측에 있다.

ⓒ 추파맥류 · 완두 · 박하 · 아주까리 · 시금치 · 양딸기 · 양파 · 상추 · 감자 · 해바라기 등

51 일반적인 온도와 작물 생육과의 관계를 설명한 내용 중 잘못된 것은?

① 종자의 발아 시나 뿌리의 생장에는 지온의 영향이 크고, 잎과 줄기가 커 가는 데에는 기온의 영향이 크다.

② 상추는 10~18℃ 정도로 비교적 낮은 온도를 좋아하며 고온에서는 생육이 나쁘다.

③ 생육기간이 짧은 작물일수록 더 많은 적산온도를 필요로 한다.

④ 가을보리, 가을밀은 싹을 틔워 대체로 0~5℃의 저온에서 40~60일 정도 저온처리를 하면 춘화처리가 된다.

☞ 적산온도와 작물의 생육시기 · 생육기간

ⓐ 여름작물
- 생육기간이 긴 것 – 벼 : 3,500~4,500℃, 담배 : 3,200~3,600℃
- 생육기간이 짧은 것 – 메밀 : 1,000~1,200℃, 조 : 1,800~3,000℃

ⓑ 겨울작물 – 추파작물 : 1,700~2,300℃

ⓒ 봄작물 – 아마 : 1,600~1,850℃, 봄보리 : 1,600~1,900℃

52 답전윤환의 효과와 가장 거리가 먼 것은?

① 기지의 회피
② 잡초발생의 감소
③ 지력의 감퇴
④ 연작장해의 경감

☞ 답전윤환의 효과

ⓐ 기지의 회피
ⓑ 잡초발생의 감소
ⓒ 지력의 증진
ⓓ 연작장해의 경감

53 다음 중에서 작물의 장해형 냉해에 관한 설명으로 가장 옳은 것은?

① 냉온으로 인하여 생육이 지연되어 후기등숙이 불량해지는 경우

② 생육 초기부터 출수기에 걸쳐 냉온으로 인하여 생육이 부진하고 지연되는 경우

③ 냉온하에서 작물의 증산작용이나 광합성이 부진하여 특정 병해의 발생이 조장되는 경우

④ 유수형성기부터 개화기까지, 특히 생식세포의 감수분열기에 냉온으로 인하여 정상적인 생식기관이 형성되지 못하는 경우

☞ 장해형 냉해

유수형성기부터 개화기까지의 사이에서, 특히 생식세포의 감수분열기에 냉온의 영향을 받아 생식기관 형성을 정상적으로 해내지 못하거나 또는 꽃가루의 방출이나 정받이에 장해를 일으켜 결국 불임현상이 초래되는 냉해이다.

정답 51 ③ 52 ③ 53 ④

54 동상해, 풍수해, 병충해 등으로 작물의 급속한 영양회복이 필요할 경우 사용하는 시비법으로로 가장 옳은 것은?

① 표층시비 ② 심층시비 ③ 엽면시비 ④ 전층시비

✔ **엽면시비의 효과적 이용면** ··

- ㉠ 뿌리의 흡수력이 약해졌을 경우
- ㉡ 미량요소의 공급
- ㉢ 작물의 급속한 영양회복 : 동상해·풍수해·병충해 등을 입어서 급속한 영양회복이 요구될 때에도 엽면시비가 효과적이다. 자르기 전의 고구마 싹이나 출수기경의 벼·맥류 등의 영양상태가 나쁠 경우에도 급속히 영양을 회복시키려면 엽면시비를 한다.
- ㉣ 품질향상
- ㉤ 토양시비가 곤란한 경우
- ㉥ 비료성분의 유실방지
- ㉦ 시비노력절감

55 과수, 채소, 차나무 등의 동상해 응급대책으로 볼 수 없는 것은?

① 관개법 ② 송풍법 ③ 발연법 ④ 하드닝법

✔ **동상해 응급대책** ··

- ㉠ 살수 결빙법 ㉡ 피복법 ㉢ 관개법
- ㉣ 송풍법 ㉤ 발연법 ㉥ 연소법

56 작물의 지하부 생장량에 대한 지상부 생장량의 비율(T/R율)에 대한 설명으로 옳지 않은 것은?

① 토양함수량이 감소하면 T/R율이 커진다.
② 일사가 적어지면 T/R율이 커진다.
③ 질소를 다량 시용하면 T/R율이 커진다.
④ 토양통기가 불량하여 뿌리의 호기호흡이 저해되면 T/R율이 커진다.

✔ **재배조건과 T/R율** ··

- ㉠ 파종기 및 이식기 : 지하저장기관을 재배목적으로 하는 고구마나 감자의 경우 괴근중 또는 괴경중에 대한 경엽중의 비율은 파종기나 이식기가 늦어질수록 지하부의 중량감소가 지상부의 중량감소보다 크기 때문에 T/R율이 커지므로 적기파종과 적기이식이 필요하다.
- ㉡ 일사 : 일사가 적어지면 체내 탄수화물의 축적이 감소되는데 이는 지상부의 생장보다 뿌리의 생장을 더욱 저하시키므로 T/R율이 커져 불리하다.
- ㉢ 비료 : 질소를 다량 시용하면 지상부의 질소집적이 많아지고 단백질 합성이 왕성해지며 탄수화물의 잉여가 적어져서 지하부로의 전류가 상대적으로 감소하므로 지하부의 생장이 상대적으로 억제되어 T/R율이 커진다.

정답 54 ③ 55 ④ 56 ①

ⓔ 토양수분 : 토양함수량이 감소하면 지하부의 생장보다 지상부의 생장이 더욱 저해되므로 T/R율은 감소한다.

ⓜ 토양통기 : 토양통기가 불량하여 뿌리의 호기호흡이 저해되면 지상부보다도 지하부의 생장이 더욱 감퇴되므로 T/R율은 증대된다.

57 배토의 목적이나 효과에 대한 설명으로 옳지 않은 것은?

① 콩, 담배 등에 배토를 해주면 새 뿌리의 발생이 조장되어 생육이 증진되고 도복도 촉진된다.
② 벼는 유효분얼종지기에 배토를 해주면 무효분얼이 억제된다.
③ 감자의 덩이줄기는 배토를 해주면 발육이 촉진된다.
④ 장마철 이전에 배토를 하면 과습기에 배수가 좋게 되고 잡초도 방제된다.

배토의 효과 ....

ⓐ 도복의 경감 : 옥수수·수수·맥류 등에서는 배토에 의해서 줄기의 밑동이 잘 고정되고, 또 콩·담배 등에서는 밑동이 고정됨과 아울러 새 뿌리의 발생이 조장되므로 도복이 경감된다.

ⓑ 신근 발생의 조장 : 콩·담배 등에서 줄기의 밑동이 경화하기 전에 몇 차례 배토를 해주면 새 뿌리의 발생이 조장되어 생육이 증진되고, 도복이 경감된다.

ⓒ 무효분얼의 억제 : 벼, 밭벼 등에서 마지막 김매기를 하는 유효분얼종지기에 포기 밑에 두툼히 배토를 해 주면 분얼절이 흙 속에 깊이 묻히게 되어 분얼이 중지되므로 무효분얼이 억제된다.

ⓓ 덩이줄기의 발육 조장 : 감자의 덩이줄기는 지하경 10cm 정도의 깊이에서 발육이 좋은데, 생육 중 배토를 해서 발육하는 덩이줄기의 깊이를 조절해 주면 발육이 조장된다.

ⓔ 배수 및 잡초 방제 : 콩 등을 평이랑에 재배하였다가 장마철 이전에 깊은 배토를 해주면 자연히 배수로가 마련되어 과습기에 배수가 좋게 된다. 배토를 하면 따라서 잡초도 방제된다.

ⓕ 품질향상 : 파·셀러리 등은 연백효과, 감자 덩이줄기의 노출 방지에 의한 솔라닌 색소 감소 등으로 품질이 향상된다.

58 토층에 대한 설명으로 옳지 않은 것은?

① 작토는 경토라고도 부르며, 작물의 뿌리는 주로 이곳에 발달한다.
② 작토는 부식이 많고, 흙이 검으며, 입단의 형성도 좋다.
③ 서상은 작토 바로 밑의 층이며, 작토보다 부식이 적다.
④ 심토는 작물의 생육과 밀접한 관계가 없다.

....

심토도 작토와 같이 작물의 생육과 밀접한 관계가 있다. 심토가 너무 치밀하여 투수와 통기가 불량하면 과수 등의 뿌리가 깊게 뻗지 못하여 생육이 불량해진다. 논에서도 심토가 과도하게 치밀하여 투수가 몹시 불량하면 토양공기가 부족하여 유기물 분해가 억제되고 유해가스가 발생하여, 경우에 따라서는 지온이 낮아져 벼의 생육이 나빠진다. 따라서 지하배수를 적당히 꾀하여야 한다.

59 강산성에서 가급도가 감소되어 작물생육에 불리한 영향을 주는 양분은?

① B, Fe, Mn

② Na₂Co₃

③ Al ,Cu, Zn, Mn

④ P, Ca, Mg

💚 **강산성**

P, Ca, Mg, B, Mo : 가급도가 감소되어 작물생육에 불리하다.

Al, Cu, Zn, Mn, Fe : 용해도가 증대하여 그 독성 때문에 작물생육이 저해된다.

60 낙과방지를 위한 방법으로 옳지 않은 것은?

① 인공수분을 위하여 곤충을 방사한다.

② 관개, 멀칭 등으로 토양의 건조를 방지하고 과습하지 않게 배수에도 주의한다.

③ 질소를 비롯하여 각종 성분의 비료를 부족하지 않게 고루 시비한다.

④ 옥신 등의 생장조절제를 살포하면, 이층의 형성을 촉진하여 후기낙과를 방지하는 효과가 크다.

💚

옥신 등의 생장조절제를 살포하면, 이층의 형성을 억제하여 후기낙과를 방지하는 효과가 크다.

61 다음 중 경종적 방법에 의한 병해충 방제에 해당되지 않는 것은?

① 감자를 고랭지에서 재배하여 무병종서를 생산한다.

② 연작에 의해 발생되는 토양 전염성 병해충 방제를 위해 윤작을 실시한다.

③ 밭토양에 장기간 담수하여 병해충의 발생을 줄인다.

④ 파종시기를 조절하여 병해충의 피해를 경감한다.

💚 **물리적(物理的, 機械的) 방제법**

㉠ 포살 및 채란에 의한 방제　　㉡ 차단에 의한 방제

㉢ 유살에 의한 방제

㉣ 담수에 의한 방제 : 밭 토양을 장기간 담수해 두면 토양전염의 병원충을 구제할 수 있다.

㉤ 소각에 의한 방제　　㉥ 소토에 의한 방제

㉦ 온도처리에 의한 방제

62 작물생육과 변온의 관계를 잘못 설명한 것은?

① 고구마는 20~29℃의 변온에서 덩이뿌리 발달이 촉진된다.

② 곡류의 결실은 20~30℃에서는 변온이 큰 것이 동화물질의 축적이 많아진다.

③ 모든 작물 종자가 변온조건에서 발아가 촉진되는 것이 아니다.

④ 일반적으로 작물은 생육이 적합한 온도 범위 내에서는 변온이 큰 것이 영양 생장이 대체로 빠르다.

✔ 생장

밤의 기온이 높아서 변온이 작으면 무기성분의 흡수와 동화양분의 소모가 왕성해지므로 생장이 빨라진다.

63 답전윤환의 효과에 대한 설명 중 틀린 것은?

① 윤환전기(田期)에는 환원성 유해물질의 생성이 억제된다.

② 윤환답기(畓期)에는 토양산화환원전위(Eh)가 연작답에 비하여 낮아진다.

③ 전기(田期)에는 답기(畓期)에 비하여 토양의 입단화 및 건토효과가 진전된다.

④ 답기(畓期)에는 근권환경이 양호하게 보존되므로 양분흡수가 많아진다.

✔ 윤환전기(田期)

㉠ 밭기간 동안은 논기간에 비하여 토양의 입단화 및 건토효과가 진전된다.

㉡ 미량원소 등의 용탈이 적다.

㉢ 환원성 유해물질의 생성이 억제된다.

㉣ 채소나 콩과목초는 토양을 비옥하게 하여 지력이 증강된다.

✔ 윤환답기(畓期)

㉠ 투수성이 좋아진다.

㉡ 토양 산화환원전위가 연작답에 비하여 높아진다.

㉢ 근권환경이 양호하게 보존되므로 양분흡수가 많아진다.

㉣ 논의 노후화와 추락이 경감된다.

64 군락의 광포화점에 대한 설명으로 옳지 않은 것은?

① 군락의 형성도가 높을수록 광포화점은 높아진다.

② 포장에서 작물이 밀생하고 크게 자라서 잎이 서로 엉기고 포개져서 많은 수효의 직사광을 받지 못하고 그늘에 있는 상태를 고립상태라고 한다.

③ 군락이 무성한 시기일수록 더욱 강한 일사가 필요하다.

④ 포장 군락에서는 전광에서도 포화상태에 도달하지 않는다.

✔ 군락의 광포화점의 뜻

㉠ 포장에서 작물이 밀생하고 크게 자라서 잎이 서로 엉기고 포개져서 많은 수효의 직사광을 받지 못하고 그늘에 있는 상태를 군락상태라고 한다.

㉡ 포장의 작물은 군락상태를 형성하며, 면적당 수량은 광합성량에 지배되므로, 군락의 광합성량이 수량을 지배한다.

㉢ 군락의 광포화점은 군락의 형성도가 높을수록 높아지게 된다.

65 종자발아력 검정에 대한 내용으로 옳지 않은 것은?

① 전기전도가 높으면 종자활력이 낮다.
② 배젖의 단면에 테트라졸륨 처리 후 적색으로 착색되면 활력이 있다.
③ 종자발아력 검정에 x-선 검사법이 이용된다.
④ 전기전도도검사법은 완두와 콩 등에서 많이 이용된다.

✔ **테트라졸륨법** ··

　ⓐ 수침했던 종자를 배를 포함하여 종단하고, 시험관을 흑색지로 싸서 광선을 막은 다음, 이에 절단한 종자를 넣고 TTC(2,3,5-triphenyltetrazolium chloride)용액을 추가하여 40℃에 2시간 보관하여 반응시킨다.

　ⓑ TTC용액의 농도는 화본과 0.5%, 콩과 1%가 알맞다. 배·유아의 단면적이 전면 적색으로 염색되는 것이 발아력이 강하다.

66 '클로버 – 보리 – 감자 – 밀' 순으로 윤작할 경우, 다비작물로서 잔비효과가 있는 것은?

① 클로버　　　　　② 보리　　　　　③ 감자　　　　　④ 밀

✔ **지력의 유지 및 증진** ···

　ⓐ 질소고정 : 두과작물(클로버)은 질소고정효과가 크다.
　ⓑ 잔비량 증가는 다비성작물 순무, 감자 등을 재배하면 비료분이 남게 된다.
　ⓒ 윤작에 사료작물을 삽입하면 구비의 생산이 많아져서 지력 증진에 효과적이다.
　ⓓ 심근성작물인 근채류·알팔파 등은 뿌리가 깊게 발달하여 토양의 입단형성을 조장하여 그 구조를 좋게 한다.
　ⓔ 피복작물을 재배하면 토양을 보호한다.

67 다음 중 내건성이 강한 작물의 특성이 아닌 것은?

① 원형질막의 수분, 요소, 글리세린 등에 대한 투과성이 크다.
② 잎조직이 치밀하여 엽맥과 울타리조직이 발달하고 표피에는 각피가 잘 발달되어 있다.
③ 기동세포가 발달하여 탈수되면 잎이 말려서 표면적이 축소된다.
④ 원형질의 점성이 낮고, 세포액의 삼투압이 낮아서 수분 보유력이 강하다.

✔ **작물의 내건성** ···

　ⓐ 형태적 특성
　　• 표면적·체적의 비가 작다. 그리고 지상부가 왜생화되었다.
　　• 지상부에 비하여 뿌리의 발달이 좋고 길다(심근성).
　　• 저수능력이 크고, 다육화의 경향이 있다.
　　• 기동세포가 발달하여 탈수되면 잎이 말려서 표면적이 축소된다.
　　• 잎조직이 치밀하고 잎맥과 울타리조직이 발달하였으며, 표피에 각피가 잘 발달하고, 기공이 작고 수가 적다.

정답　**65** ②　**66** ③　**67** ④

ⓛ 세포적 특성
- 세포가 작아서 함수량이 감소되어도 원형질의 변형이 적다.
- 세포 중에 원형질이나 저장양분이 차지하는 비율이 높아서 수분 보유력이 강하다.
- 원형질의 점성이 높고, 세포액이 삼투압이 높아서 수분 보유력이 강하다.
- 탈수될 때 원형질의 응집이 덜하다.
- 원형질막의 수분 · 요소 · 글리세린 등에 대한 투과성이 크다.

68 수광태세에 대한 설명이다. 아닌 것은?

① 최적엽면적지수는 군락의 수광태세가 좋은 때 커진다.
② 군락의 광투과율이 낮다는 것은 수광태세가 좋다는 것을 의미한다.
③ 동일 엽면적이라도 군락의 수광능률은 수광태세가 좋을 때에 높아진다.
④ 벼는 잎이 가늘고, 상위엽이 직립일 때 수광태세가 좋다.

군락의 수광태세의 의미 ···

ⓐ 군락의 최적엽면적지수는 군락의 수광태세가 좋을 때에 커진다.
ⓑ 동일 엽면적이라도 군락의 수광능률은 수광태세가 좋을 때에 높아진다.
ⓒ 수광태세의 개선은 광에너지의 이용도를 높이는 데 기본적으로 중요하다. 군락의 광투과율이 높다는 것은 수광태세가 좋다는 것을 의미한다.
ⓓ 군락의 수광태세를 개선하려면 좋은 초형의 품종을 육성하고 재배법도 개선하여 군락의 엽군 구성을 좋게 하여야 한다.

69 일장효과에 영향을 끼치는 조건에 대한 설명 중 옳지 않은 것은?

① 명기는 약광에서 일장효과가 없다.
② 본엽이 나온 뒤 어느 정도 발육한 후에 감응한다.
③ 광의 파장은 적색광이 가장 영향이 크고 다음이 자색광이며 청색광은 가장 효과가 적다.
④ 장일식물은 24시간 주기가 아니더라도 명암의 주기에서 상대적으로 명기가 암기보다 길면 장일효과가 나타난다.

온도 및 광선 ···

일장효과는 특히 암기온도의 영향이 큰데, 암기온도가 적온보다 훨씬 낮으면, 장일식물에서는 암기의 개화 억제 효과가 감쇄되고, 단일 식물에서는 암기의 개화 촉진 효과가 감쇄된다고 한다. 일반적으로 약광도 일장효과에 작용한다.

70 다음 설명 중 틀린 것은?

① 단성화는 한 식물체가 암꽃 또는 수꽃만을 가지고 있는 식물이다.
② 양성화는 암술과 수술을 한 꽃에 모두 가지고 있는 식물이다.

정답 68 ② 69 ① 70 ③

③ 자웅동주는 시금치, 삼, 홉, 아스파라거스, 파파야, 은행 등이다.

④ 양성화 또는 자가불화합성은 호밀, 화본과 및 두과의 다년생 목초류, 양배추, 배추, 무, 뽕나무, 차, 메밀, 고구마, 사과, 일본배, 서양배 등이다.

- **단성화** : 한 식물체가 암꽃 또는 수꽃만을 가지고 있는 식물이다.
  - ㉠ 자웅이주 : 시금치, 삼, 홉, 아스파라거스, 파파야, 은행
  - ㉡ 자웅동주이화 & 웅성선숙 : 옥수수, 감, 딸기, 밤, 호두, 포도(일부), 오이, 수박
- **양성화** : 암술과 수술을 한 꽃에 모두 가지고 있는 식물이다.
  - ㉢ 양성화 & 웅성선숙 : 양파, 마늘, 셀러리, 치자
  - ㉣ 양성화 & 자가불화합성 : 호밀, 화본과 및 두과의 다년생 목초류, 양배추, 배추, 무, 뽕나무, 차, 메밀, 고구마, 사과, 일본배, 서양배

---

71 다음 중 시비방법으로 맞는 것은?

① 생육기간이 길고 시비량이 많은 작물일수록 기비를 많이 주고 추비를 줄인다.

② 지효성 비료나 완효성 비료인 인, 칼리, 석회 등의 비료는 기비로 일시에 준다.

③ 논에서 암모니아태질소를 시용하는 경우에 유용한 방법으로 표층시비를 한다.

④ 엽채류처럼 잎을 수확하는 것은 질소추비를 늦게까지 해서는 안 된다.

비료를 주는 시기와 횟수 ....

㉠ 요소·황산암모늄 등의 속효성 질소 비료는 생육기간이 극히 짧은 작물(감자 등)을 제외하고 분시한다.

㉡ 퇴비나 깻묵 등의 지효성 또는 완효성 비료나, 인산·가리·석회 등의 비료는 주로 기비로 준다.

㉢ 생육기간이 길고 시비량이 많은 경우일수록 질소의 기비를 줄이고 추비를 많게 하며 그 횟수를 늘린다.

㉣ 엽채류와 같이 잎을 수확하는 작물은 질소비료를 늦게까지 추비로 준다.

㉤ 사질토·누수답·온난지 등에서는 비료가 유실되기 쉬우므로 추비량과 추비횟수를 늘인다.

㉥ 속효성 비료일지라도 평지의 감자처럼 생육기간이 짧은 경우는 주로 기비로 주고, 맥류나 벼처럼 생육기간이 긴 경우는 분시한다. 조식재배를 하여 생육기간이 길어질 경우, 다비재배의 경우에는 기비의 비율을 줄이고 추비의 비율을 높이고 분시횟수도 늘린다.

---

72 작물생육에 미치는 변온의 영향으로 틀린 것은?

① 밤기온이 어느 정도 높아서 변온이 작을 때 대체로 생장이 빠르다.

② 변온은 작물의 발아를 촉진한다.

③ 동화물질의 전류축적이 가장 많은 온도는 25℃ 정도이다.

④ 맥류는 밤기온이 높아서 변온이 작은 것이 출수개화를 억제한다.

정답 **71** ② **72** ④

개화 ··

㉠ 일반적으로 변온의 정도가 커서 밤의 기온이 비교적 낮은 것이 동화물질의 축적을 조장하여 개화를 촉진하고 화기도 길어진다.

㉡ 맥류에서는 밤의 기온이 높아서 변온이 작은 것이 출수 및 개화를 촉진한다고 한다.

73 질소비료의 형태와 특성에 관한 설명 중 옳지 않은 것은?

① 질산태질소는 물에 잘 녹고 속효성이며 질산은 음이온이므로 토양에 흡착되지 않고 유실되기 쉽다.

② 논에서 질산태질소의 비효가 적은 이유는 탈질균에 의하여 아질산염으로 되어 유해작용을 나타내기 때문이다.

③ 암모니아는 음이온이므로 토양에 잘 흡착되어 유실되지 않은 이점이 있으며 밭 토양에서는 속히 질산태로 변하여 작물에 흡수된다.

④ 요소는 토양 중에서 미생물의 작용을 받아 속히 탄산암모늄을 거쳐 암모니아태로 되어 토양에 잘 흡착하므로 요소의 질소효과는 암모니아태질소와 비슷하다.

암모니아태질소(NH_4^+) ···

㉠ 암모니아태질소는 특히 알칼리성 비료와 섞으면 암모니아가스로 휘발된다.

㉡ 암모늄염, 암모니아수, 탄산암모늄, 질산암모늄 등

㉢ NH_4^+-N는 대개 수용성이며 작물에 잘 흡수된다.

㉣ 토양입자에도 잘 흡착되므로 물에 씻겨 내려갈 염려가 적다.

74 작물이 생육최고온도에 장기간 재배되면 생육이 쇠퇴하여 열해가 발생한다. 이에 대한 설명으로 옳지 않은 것은?

① 광합성보다 호흡작용이 우세하여 유기물 소모가 많아 작물이 피해를 입는다.

② 단백질의 합성이 촉진되고, 암모니아의 축적이 많아 작물이 피해를 입는다.

③ 수분 흡수보다 증산이 과다하여 위조를 유발한다.

④ 고온에 의해 칼슘이 침전되면 황백화현상이 일어난다.

열해의 주요 원인 ··

작물의 생육적온을 넘어서 최고온도에 가까운 온도가 오래 지속되면 작물생육이 쇠퇴하여 고온의 장해가 발생하는데, 그 주요 원인은 다음과 같다.

㉠ 유기물의 과잉 소모

㉡ 질소대사의 이상

㉢ 철분의 침전

㉣ 증산과다

75 작물의 수광태세를 개선하는 방법으로 옳지 않은 것은?

① 벼는 각 잎이 공간적으로 균일하게 분포한 초형의 벼를 재배한다.

② 벼는 무효분얼기에 질소비료를 적게 시용하여 상위엽이 꼿꼿이 서도록 한다.

③ 벼나 콩을 밀식할 때는 줄 사이를 좁히고, 포기 사이를 넓히는 파상군락을 형성케 한다.

④ 맥류는 광파재배보다 드릴파재배를 한다.

✔ **재배법에 의한 수광태세의 개선** ···

　㉠ 벼에서 규산·가리를 넉넉히 주면 잎이 직립화한다.

　㉡ 무효분얼기에 질소를 적게 주면 상위엽이 직립한다.

　㉢ 질소를 과하게 주면 과번무하고 잎도 늘어진다.

　㉣ 벼나 콩에서 밀식을 할 때에는 줄 사이를 넓히고, 포기 사이를 좁히는 것이 피상군락을 형성케 하여 군락 하부로의 광투사를 좋게 한다.

　㉤ 맥류에서는 광파재배보다 드릴파재배를 하는 것이 잎이 조기에 포장 전면을 덮어서 수광태세가 좋아지고 포장의 지면 증발량도 적어진다.

　㉥ 재식밀도와 시비관리를 적절히 해야 한다.

76 광 조건과 작물의 생육에 대한 설명으로 옳지 않은 것은?

① 벼 감수분열기의 광 부족은 단위면적당 이삭수를 감소시킨다.

② 규산과 칼리를 충분히 시용한 벼에서는 수광태세가 양호하여 증수된다.

③ 광포화점은 고립상태의 작물보다 군락상태의 작물에서 높다.

④ 남북이랑방향은 동서이랑방향보다 수광량이 많아 작물생육에 유리하다.

✔ **벼의 생육단계와 차광의 영향** ···

　㉠ 유수분화기의 차광 : 유효경 비율이 감소하여 이삭수를 감소시킨다.

　㉡ 생식세포의 감수분열기 차광 : 생식세포의 감수분열기 차광은 영화의 퇴화를 초래하여 1수 영화수를 감소시키고, 영(穎)의 크기를 작게 하여 천립중을 감소시킨다.

　㉢ 유숙기의 차광

　　• 동화양분의 부족으로 인하여 등숙률을 감소시키고, 천립중도 감소시킨다.

　　• 유숙기의 차광이 수량을 가장 많이 감소시키고, 다음이 생식세포감수분열기이다.

77 건토 효과에 대한 다음 설명 중 옳지 않은 것은?

① 토양을 충분히 건조시키면 유기물이 과잉 분해되어 작물에 대한 비료분의 공급이 많아진다.

② 유기물이 많을수록 커지고, 건조될 기회가 적은 습답은 건답보다 건토효과가 크다.

③ 겨울이나 이른 봄에 강우가 적으면 추경에 의한 건토 효과가 현저히 나타난다.

④ 건토 효과가 클수록 지력의 보존 효과도 크다.

건토 효과

㉠ 논토양을 건조시키면 토양 유기물의 성질이 변화하여 미생물에 의하여 쉽게 분해될 수 있는 상태로 되어 물에 잠기면 미생물의 활동이 증진되어 암모니아화 작용의 촉진에 의하여 암모니아의 생성이 늘게 되는 것이다. 이러한 건토처리의 효과는 토양을 동결시켰을 경우에도 비슷하게 나타난다.

㉡ 유기물이 많을수록 건토 효과가 커지고 건조될 기회가 적은 습답은 건답보다, 1모작답은 2모작답보다, 그리고 작토층은 하층토보다, 또 퇴구비를 시용한 논은 보다 높은 건토 효과를 나타낸다. 건토 효과가 클수록 지력의 보존 효과도 작다.

78 광합성에 대한 설명이다. 바르지 않은 것은?

① 광합성에는 620~700nm의 적색광이 효과가 크다.
② 녹색, 황색, 주황색은 투과 반사되어 효과가 적다.
③ 식물은 광을 받아 엽록소를 형성하여 유기물을 생성한다.
④ 광합성 과정에서 CO_2 분해 결과 O_2가 방출된다.

광합성 과정에서 물의 분해 결과 산소가 방출된다.

79 잡종강세 육종법의 이용과 관계가 먼 것은?

① 주로 타가수정작물에 이용되나 일부 자가수정작물에도 이용된다.
② 단위 면적당 사용되는 종자의 양이 많이 드는 작물에 유용하다.
③ 옥수수, 오이, 배추, 호박 등의 작물이 이용된다.
④ 모계 웅성불임성을 이용할 경우 교배 시 모계의 제웅의 노력이 필요치 않아 유용하다.

잡종강세육종법 – 1대 잡종의 이용 조건

㉠ 교잡을 하기가 쉬워야 한다.
㉡ 1회의 교잡으로 많은 종자가 생산되어야 한다.
㉢ 단위 면적당 소요종자량이 적어야 좋다.
㉣ 이익이 경비보다 커야 한다.

80 작물의 호흡억제와 노화방지 등에 효과가 있는 물질은?

① 옥신   ② ABA   ③ 지베렐린   ④ 사이토카이닌

사이토카이닌(Cytokinin) 작용

㉠ 발아를 촉진한다.
㉡ 잎의 생장을 촉진한다(무).
㉢ 저장 중의 신선도를 증진하는 효과가 있다(아스파라거스).

정답   **78** ④   **79** ②   **80** ④

② 호흡을 억제하여 엽록소와 단백질의 분해를 억제하고 잎의 노화를 방지한다(해바라기).
⑩ 식물의 내동성 증대효과가 있다.
⑪ 두과식물의 근류형성에도 관여한다.

81 최소율의 법칙에 대한 다음의 설명 중 옳은 것은?

① 리비히(Liebig)는 식물의 필수 영양이 부식보다도 유기물이라는 견지에서 유기 영양성을 제창하였다.
② 작물의 생육은 필요한 인자 중 최대 비율로 존재하는 인자에 의하여 재배된다는 설이다.
③ 최소율은 처음 유기비료 성분에 대하여 적용되었으나 현재에는 작물의 생육에 영향을 미치는 모든 인자에 대하여 확대 적용하게 되었다.
④ 최소율은 시비량을 결정하는 원리가 될 수 있다.

📌 **최소율(最小律 ; Law of minimum)**
작물의 생육은 필요한 인자 중에서 최소로 존재하는 인자에 의하여 재배된다는 학설로서 처음에는 무기비료성분에 대하여 적용되었으나 현재에는 작물 생육에 영향을 미치는 모든 인자에 대하여 확대 적용하게 되었다.

82 작물의 광합성에 관한 설명으로 옳은 것은?

① 벼 재배 시 광합성에 대한 광포화는 생육 기간에 관계없이 전광하의 조도에서 항상 일어난다.
② 전광의 70%를 차광했을 경우 광포화점이 낮은 작물보다 높은 작물의 피해가 적다.
③ 광이 보상점 이하일 경우라도 생육 적온까지는 온도가 높아지면 진정광합성은 감소한다.
④ 광보상점이 높은 식물보다 낮은 초본류 식물이 과수원의 초생재배에 적합하다.

📌 벼의 생육단계에서 고립상태에 가까운 생육 초기에는 낮은 조도에서 광포화가 이루어지지만, 군락이 무성한 출수기 전후에는 전광에 가까운 높은 조도에서도 광포화가 보이지 않는다.

83 작물의 내동성에 대한 설명 중 옳지 않은 것은?

① 원형질의 친수성 콜로이드가 많으면 세포 내의 결합수가 많아지므로 내동성이 커진다.
② 세포 내의 자유수 함량이 많으면 세포 내 결빙이 생기기 쉬우므로 내동성이 저하한다.
③ 세포액의 삼투압이 높아지면 빙점이 낮아지고, 세포 내 결빙이 적어지며 세포 외 결빙에 의한 탈수 저항성이 커지므로 원형질이 기계적 변형을 덜 받게 되어 내동성이 증대한다.
④ 가용성 당분 함량이 낮으면 세포의 삼투압이 커지고, 원형질단백의 변성을 막으므로 내동성도 증대된다.

✔ 작물의 내동성의 생리적 요인(生理的 要因) ································

㉠ 원형질의 수분투과성 : 수분투과성이 큰 것이 세포 내 결빙을 적게 하여 내동성을 증대시킨다.

㉡ 세포의 수분함량 : 세포 내의 자유수 함량이 많으면 세포 내 결빙이 생기기 쉬우므로 내동성이 저하한다.

㉢ 세포액의 삼투압 : 세포액의 삼투압이 높아지면 빙점이 낮아지고, 세포 내 결빙이 적어지며 세포 외 결빙에 의한 탈수 저항성이 커지므로 원형질이 기계적 변형을 덜 받게 되어 내동성이 증대한다.

㉣ 전분함량 : 전분함량이 많으면 당분함량이 저하되며, 전분립은 원형질의 기계적 견인력에 의한 파괴를 크게 한다. 따라서 전분함량이 많으면 내동성은 저하한다.

㉤ 당분함량 : 가용성 당분함량이 높으면 세포의 삼투압이 커지고, 원형질단백의 변성을 막으므로 내동성도 증대된다.

㉥ 원형질의 친수성 Colloid : 원형질의 친수성 Colloid가 많으면 세포 내의 결합수가 많아지고 반대로 자유수가 적어져서 원형질의 탈수저항성이 커지며 세포의 결빙이 경감되므로 내동성이 커진다.

㉦ 원형질의 점도와 연도 : 점도가 낮고 연도가 크면, 세포 외 결빙에 의해서 세포가 탈수될 때나 융해 시 세포가 물을 다시 흡수할 때 원형질의 변형이 적으므로 내동성이 크다.

㉧ 지유함량 : 지유와 수분이 공존할 때에는 빙점강하도가 커지므로 내동성을 증대시킨다.

㉨ 조직의 굴절률 : 친수성 콜로이드가 많고 세포액의 농도가 높으면 조직즙의 광에 대한 굴절률을 높여주므로 내동성이 증가한다.

㉩ 세포 내의 무기성분 : 칼슘이온(Ca^{2+})은 세포 내 결빙을 억제하는 작용이 크고 마그네슘이온(Mg^{2+})도 억제작용이 있다.

㉪ 원형질 단백질의 성질 : 원형질단백질에 −SH기가 많은 것은 −SS기가 많은 것보다 기계적 견인력을 받을 때에 분리되기 쉬우므로 원형질의 파괴가 적고 내동성이 증대한다.

84 재배의 특징을 설명한 것 중 옳지 않은 것은?

① 재배는 자연환경의 영향을 크게 받고, 생산조절이 자유롭지 못하다.

② 공산물에 비하여 수요의 탄력성이 적고, 또 다양하지 못하다.

③ 재배의 결과 얻어진 농산물은 변질되기 쉽고, 가격변동이 심하다.

④ 자본의 회전이 느리고 노동의 수요가 연중 균일하다.

✔ 재배의 특질 ···

• 생산 면

㉠ 토지는 중요한 생산수단이다.

㉡ 지력은 영속적이며, 수확체감의 법칙, 토지의 분산 상태, 토지의 소유제도 등이 농업생산에 영향을 크게 미친다.

㉢ 농업은 유기적 생물체를 대상으로 하기 때문에 자연환경의 제약으로 인하여 자본 회전이 늦다.

㉣ 생산조절이 곤란하다.

㉤ 노동 수요가 연중 불균형하다.

정답 84 ④

ⓑ 농업은 분업화가 곤란하다.
- 유통 면
  ㉠ 농산물은 가격변동이 심하다.
  ㉡ 농산물은 변질되기 쉬운 것이 많고, 생산이 소규모이고, 분산적이기 때문에 그 거래에 있어 중간상인의 역할이 크다.
  ㉢ 농산물은 가격에 비하여 중량이나 용적이 커서 수송비가 많이 든다.
- 소비 면
  ㉠ 수요의 탄력성이 적다.
  ㉡ 생산품이 다양하지 못하다.
  ㉢ 수요자의 기호에 맞는 품질 개발이 늦다.
  ㉣ 국민의 소득증대에 따른 수요증대가 공산품에 비해 적다.

85 작물의 내습성에 대한 설명으로 옳지 않은 것은?

① 뿌리가 황화수소, 아산화철 등에 대하여 저항성이 큰 것은 내습성을 강하게 한다.
② 뿌리조직 목화는 내습성을 강하게 한다.
③ 습해를 받았을 때 부정근의 발생력이 큰 것은 내습성을 강하게 한다.
④ 뿌리의 피층세포가 사열로 배열되어 있는 것이 직렬로 배열되어 있는 것보다 세포간극이 커서 내습성이 강하다.

✔ **작물의 내습성** ···
  ㉠ 천근성이거나, 부정근의 발생력이 큰 것은 내습성이 강하다.
  ㉡ 내습성이 강한 것은 이산화철 · 황화수소 · 환원성유해물질에 대한 저항성이 크다.
  ㉢ 뿌리의 조직이 목화한 것은 내습성이 강하다.
  ㉣ 뿌리의 피층세포가 직렬로 배열되어 있는 것이 사열로 배열되어 있는 것보다 세포간극이 커서 내습성이 강하다.

86 대기 중의 이산화탄소와 작물의 생리작용에 대한 설명으로 옳지 않은 것은?

① 작물이 생장을 계속하기 위해서는 이산화탄소보상점 이상의 이산화탄소 농도가 필요하다.
② 작물의 이산화탄소포화점은 대기 중 이산화탄소 농도의 7~10배가 된다.
③ 광이 약할 때는 이산화탄소보상점과 이산화탄소포화점이 낮아진다.
④ C_4 식물은 C_3 식물보다 이산화탄소보상점이 낮고, 이산화탄소포화점은 높다.

✔ **빛의 강도와 광합성** ···
  ㉠ 광이 약할 때에는 CO_2 보상점이 높아지고 CO_2 포화점은 낮아진다.
  ㉡ 광이 강할 때에는 CO_2 보상점이 낮아지고 CO_2 포화점은 높아진다.
  ㉢ 광합성은 어느 한계까지는 온도 · 광도 · CO_2 농도의 증대에 따라 증대한다.

정답   85 ④   86 ③

87 인공교배를 위한 개화기의 조절방법이 아닌 것은?

① 파종기에 의한 조절
② 비배에 의한 조절
③ 춘화처리에 의한 조절
④ 삽목에 의한 조절

삽목은 인공영양번식 방법이다.

88 온도에 대한 설명으로 옳지 않은 것은?

① 온도가 10℃ 상승할 때마다 작물의 생장과 발육이 변화하는 정도를 적산온도라 한다.
② 추파성이 큰 품종일수록 내동성이 강하다.
③ 맥류에서는 밤의 기온이 높아서 변온이 작은 것이 출수 및 개화를 촉진한다.
④ 일반적으로 휴면아의 내동성이 건조종자보다 낮다.

온도계수

㉠ 작물의 모든 생리작용은 각종 이화학적 반응의 종합적 표현인데, 이러한 작물의 생리작용은 어떤 한계까지는 온도가 높아질수록 그 속도가 증대한다.
㉡ 온도가 10℃ 상승함에 따라 증대되는 반응의 속도를 표시하는 수치, 즉 10℃ 상승에 따르는 반응속도의 증가배수를 온도계수 또는 Q10이라 한다.

89 토양미생물이 작물에 미치는 작용이다. 틀린 설명은?

① 암모니아를 질산으로 변하게 하는 작용으로 밭작물에 이롭다.
② 가용성 무기성분을 동화하여 유실을 적게 한다.
③ Azotobacter · Azomonas 등은 혐기성 상태에서 단독으로 질소를 고정한다.
④ 균사 등의 점질물질에 의해서 토양의 입단을 형성한다.

유리질소고정

㉠ 근류균은 콩과식물에 공생하면서 유리질소를 고정한다.
㉡ Azotobacter · Azomonas 등은 호기성 상태에서 단독으로 질소를 고정한다.
㉢ Clostridium 등은 혐기상태에서 단독으로 유리질소를 고정한다.

90 이산화탄소와 광합성에 대한 설명 중 맞지 않는 것은?

① C_4 식물은 C_3 식물보다 이산화탄소보상점이 높다.
② 광이 약할 때에는 이산화탄소보상점이 높아진다.
③ 작물생장을 위해서는 이산화탄소보상점 이상의 농도가 필요하다.
④ 작물의 이산화탄소보상점은 대기 중 농도의 1/10~1/3 정도이다.

정답 **87** ④ **88** ① **89** ③ **90** ①

C_4 식물은 광호흡을 하지 않거나 극히 적게 하며, 광보상점과 광포화점이 높고, 엽록유관속초를 갖고 있으며, CO_2 보상점이 낮고 CO_2 포화점이 높아서 광합성효율이 매우 높은 특징을 나타낸다.

91 다음은 교잡육종법의 종류에 관한 설명이다. 틀린 것은?

① 순계분리육종법은 잡종강세현상을 가장 잘 이용할 수 있는 방법이다.
② 여교잡육종법은 기존의 품종이 갖고 있는 한두 가지 결점을 개량하는 데 가장 효과적인 방법이다.
③ 집단육종법은 교잡 후 초기세대에서는 선발을 하지 않고 혼합재배하다가 후기세대에서 선발하는 방법이다.
④ 계통육종법은 교잡 후 초기세대부터 계속 개체선발과 계통재배를 반복하면서 우량한 동형접합체 개체를 선발하는 방법이다.

순계분리육종법은 자가수분하는 작물에서 이용할 수 있는 방법이다.

92 토양미생물과 작물과의 관계에 대한 설명으로 틀린 것은?

① 암모니아를 질산으로 변하게 하는 작용으로 밭작물에 이롭다.
② 균사 등의 점질물질에 의해서 토양의 입단을 형성한다.
③ 뿌리혹을 형성하여 식물이 이용할 무기양분을 고갈시킨다.
④ 토양미생물은 지베렐린, 시토키닌 등의 식물생장촉진물질을 분비한다.

토양미생물이 작물생육에 미치는 유리한 작용

㉠ 암모니아화성작용 : 유기물을 분해하여 암모니아를 생성한다.
㉡ 유리질소고정
  • 근류균은 콩과식물에 공생하면서 유리질소를 고정한다.
  • Azotobacter · Azomonas 등은 호기성 상태에서 단독으로 질소를 고정한다.
  • Clostridium 등은 혐기상태에서 단독으로 유리질소를 고정한다.
㉢ 질산화작용 : 암모니아를 질산으로 변하게 하는 작용으로 밭작물에 이롭다.
㉣ 무기성분의 변화 : 무기성분을 변화시킨다. 인산의 용해도를 높이는 것이 한 예이다.
㉤ 가용성무기성분의 동화 : 가용성무기성분을 동화하여 유실을 적게 한다.
㉥ 미생물 간의 길항작물 : 유해 작용을 경감한다.
㉦ 입단의 생성 : 균사 등의 점질물질에 의해서 토양의 입단을 형성한다.
㉧ 생장촉진물질 : 호르몬성의 생장촉진물질을 분비한다.

정답   91 ①   92 ③

93 작물의 생육적온을 넘어서 최고온도에 가까운 온도가 오래 지속되면 작물생육이 쇠퇴하여 고온의 장해(열해, 熱害)가 발생하는데, 그 주요 원인을 잘못 설명한 것은?

① 고온에서 광합성보다 호흡작용이 우세하여 유기물 소모가 많아 작물이 피해를 입는다.

② 고온에서 단백질의 합성이 저해되고, 암모니아의 축적이 적어 작물이 고사한다.

③ 고온에 의해서 철분이 침전되면 황백화현상(黃白化現象)이 일어난다.

④ 수분 흡수보다 증산이 증대되어 위조(萎凋)를 유발한다.

🗸 **열해의 주요원인** ···

ㄱ 유기물의 과잉 소모
- 고온에서는 광합성보다 호흡작용이 우세해지며, 고온이 오래 지속되면 유기물의 소모가 많아진다.
- 고온이 지속되면 흔히 당분이 감소한다.

ㄴ 질소대사의 이상 : 고온에서는 단백질의 합성이 저해되고, 암모니아의 축적이 많아진다. 암모니아가 많이 축적되면 유해물질로 작용한다.

ㄷ 철분의 침전 : 고온에 의해서 철분이 침전되면 황백화현상이 일어난다.

ㄹ 증산과다 : 고온에서는 수분흡수보다도 증산이 과다해지므로 위조가 유발된다.

94 토양 산성화의 원인이 아닌 것은?

① 토양치환성 염기가 용탈되어 미포화 교질이 늘어난 경우이다.

② 비가 적은 건조 지대에서는 규산염 광물이 가수분해되어 방출된 염기가 산성토양을 만든다.

③ 황산암모늄, 염화칼륨, 황산칼륨, 인분뇨, 녹비 등의 산성비료를 연용한다.

④ 토양 중의 탄산, 유기산은 그 자체가 산성의 원인이다.

🗸 **알칼리토양의 생성** ···

ㄱ 해안지대의 신간척지나 바닷물 침입지대는 알칼리성토양이 된다.

ㄴ 우량(雨量)이 적은 건조지대에서는 규산염 광물의 가수분해에 의해서 방출되는 강염기(Na_2CO_3, K_2CO_3, $CaCO_3$, $MgCO_3$ 등)에 의해서 토양이 알칼리성이 된다.

95 종자의 자발휴면에 해당하는 것은?

① 종피가 딱딱하여 배의 팽대가 기계적으로 억제되는 경우

② 종피에 발아억제물질을 가지고 있어 발아가 억제되는 경우

③ 종자의 흡수 부위에 큐티클 층이 잘 발달하여 수분투과를 억제하는 경우

④ 종피의 불투기성으로 인하여 산소 흡수가 저해되고, 이산화탄소가 축적되는 경우

🗸 **휴면의 형태** ···

자발적 휴면 : 발아 능력을 가진 종자가 외적 조건이 생육에 부적당하지 않을 때에도 내적 원인에 의해서 휴면하는 것으로 본질적인 휴면이라 하며 종자, 겨울눈, 비늘줄기, 덩이줄기, 덩이뿌리, 구근경 등이다.

정답 **93** ② **94** ② **95** ②

96 다음 중 호광성(광발아) 종자로만 짝지어진 것은?

> ㄱ. 벼　　　　　ㄴ. 담배　　　　　ㄷ. 뽕나무　　　　ㄹ. 수박
> ㅁ. 상추　　　　ㅂ. 가지　　　　　ㅅ. 셀러리　　　　ㅇ. 양파

① ㄱ, ㄷ, ㅁ, ㅇ　　② ㄴ, ㄷ, ㅁ, ㅅ　　③ ㄷ, ㄹ, ㅂ, ㅅ　　④ ㅁ, ㅂ, ㅅ, ㅇ

❤ **호광성 종자** ··

ⓐ 광선에 의해 발아가 조장되며 암흑에서는 전혀 발아하지 않거나 발아가 몹시 불량한 종자이다.
ⓑ 담배 · 상추 · 우엉 · 차조기 · 금어초 · 베고니아 · 뽕나무 · 페튜니아 · 버뮤다그라스, 셀러리 등
이다.
ⓒ 복토를 얇게 한다. 땅속에 깊이 파종하면 산소와 광선이 부족하여 휴면을 계속하고 발아가 늦
어지게 된다.

97 복합비료 한 포가 20kg일 때 $N : P : K$ (15 : 15 : 15) 인산의 함량은?

① 2kg　　　　② 3kg　　　　③ 10kg　　　　④ 15kg

❤ ··

비료무게 × 성분함량/100
= 20 × 15/100
= 300/100
= 3

98 작물의 광포화점에 대한 설명으로 옳지 않은 것은?

① 광합성이 C_3형인 작물이 C_4형 작물보다 광포화점이 낮다.
② CO_2 포화점까지는 CO_2 농도가 높아짐에 따라 광포화점은 높아진다.
③ 작물군락의 형성도가 높아지면 광포화점은 높아진다.
④ 고립상태에서 콩의 광포화점은 고구마보다 높다.

❤ ··

ⓐ 고립상태의 광포화점은 양생식물의 경우라도 전광의 조도보다는 훨씬 낮으며, 각 식물의 광
포화점을 전광(100~120klux)에 대한 비율로 표시한다.
ⓑ 일반 작물의 광포화점은 30~60%의 범위 내에 있다.

식물명	광포화점	식물명	광포화점
음생식물	10% 정도	벼 · 목화	40~50% 정도
구약나물	25% 정도	밀 · 알팔파	50% 정도
콩	20~23% 정도	사탕무 · 무 · 사과나무 · 고구마	40~60% 정도
감자 · 담배 · 강낭콩 · 해바라기	30% 정도	옥수수	80~100%

✎ 정답　**96** ②　**97** ②　**98** ④

99 밭에서 주로 발생하는 일년생 광엽 잡초로만 묶은 것은?

① 개비름, 명아주, 쇠비름
② 여뀌, 물달개비, 민들레
③ 둑새풀, 바랭이, 자귀풀
④ 쑥, 씀바귀, 토끼풀

▌우리나라의 주요 잡초▐

구분		1년생	다년생
밭잡초	화본과	둑새풀 · 바랭이 · 강아지풀 · 돌피 · 개기장 등	
	방동사니과	참방동사니 · 방동사니 등	향부자 등
	광엽잡초	개비름 · 냉이 · 명아주 · 망초 · 여뀌 · 쇠비름 · 마디풀 · 속속이풀(2년생) · 별꽃(2년생) 등	쑥 · 씀바귀 · 메꽃 · 쇠뜨기 등

100 다음은 병충해의 경종적 방제에 대한 설명이다. 틀린 것은?

① 고랭지는 감자의 바이러스병 발생이 적어서 채종지로 알맞다.
② 벼를 조식재배하면 도열병이 경감되고, 만식재배하면 이화명나방이 경감된다.
③ 배나무의 붉은별무늬병(적성병)은 주변에 중간기주식물인 향나무를 제거함으로써 방제된다.
④ 낙엽 등에는 병원균이 많고 또 해충도 숨어 있는 수가 많으므로 이를 소각하면 병충해가 방지된다.

✔ 물리적(物理的, 機械的) 방제법
- ㉠ 포살 및 채란에 의한 방제
  - 포충망으로 나방을 잡거나, 손으로 유충을 잡거나, 흙을 뒤지고 파서 유충을 잡거나, 잎에 산란한 것을 채취하거나 하는 등이다.
  - 포장에서 적용하기에는 비경제적이어서 실제 적용에는 어려움이 많은 방제 방법이다.
- ㉡ 차단에 의한 방제 : 어린 식물을 폴리에틸렌 등으로 피복하거나, 과실에 복대(봉지 씌우기)를 하거나, 도랑을 파서 멸강충 등의 이동을 막거나 하는 등이다.
- ㉢ 유살에 의한 방제 : 유살 등을 이용하여 이화명나방이나 그 밖의 나방을 방제한다. 해충이 좋아하는 먹이로 해충을 유인하여 죽이거나 포장에 짚단을 깔아서 해충을 유인하여 소살하거나, 나무 밑동에 가마니나 짚을 둘러서 이에 잠복하는 해충을 구제하거나 하는 등이다.
- ㉣ 담수에 의한 방제 : 밭 토양을 장기간 담수해 두면 토양 전염의 병원충을 구제할 수 있다.
- ㉤ 소각에 의한 방제 : 낙엽 등에는 병원균이 많고 또 해충도 숨어 있는 수가 많으므로 이를 소각하면 병충해가 방지된다.
- ㉥ 소토에 의한 방제 : 상토 등을 소토하여 토양 전염의 병충해를 구제하는 경우가 있다.
- ㉦ 온도처리에 의한 방제 : 맥류의 깜부기병, 고구마의 검은무늬병, 벼의 선충심고병 등은 종자의 온탕처리로 방제된다. 보리나방의 알은 60℃에 5분, 유충과 번데기는 60℃에 1~1.5시간의 건열처리로 구제된다.

정답 99 ① **100** ④

101 단위결과를 인위적으로 유발시킬 수 있는 방법이 아닌 것은?

① 자가불화합성 이용
② 다른 화분의 자극 이용
③ 지베렐린, 옥신과 같은 식물호르몬 처리
④ 배수성 이용

❤ **단위결과** ··

수정에 의해서 종자가 생성되어야 과실이 형성되는 것이 보통이지만 바나나 · 감귤 · 포도 · 감 등, 어떤 것에서는 종자가 생기지 않고 과실이 형성되는 현상이다. 이는 꽃가루의 자극이나 생장조절물질의 처리로 유발된다.

102 비료의 엽면흡수에 영향을 미치는 요인 중 옳지 않은 것은?

① 석회를 시용하면 흡수가 억제되어 고농도살포의 해를 경감한다.
② 기상조건이 좋을 때에는 작물의 생리작용이 왕성하므로 흡수가 빠르다.
③ 0.01~0.02% 정도의 전착제를 가용하는 것이 흡수가 잘 된다.
④ 피해가 나타나지 않는 범위 내에서는 살포액의 농도가 낮을 때 흡수가 빠르다.

❤ **비료의 엽면흡수에 영향을 미치는 요인** ··

㉠ 잎의 표면보다는 표피가 얇은 뒷면에서 잘 흡수된다.
㉡ 잎의 호흡작용이 왕성할 때에 잘 흡수되므로 가지나 줄기의 정부에 가까운 잎에서 흡수율이 높고, 노엽보다 성엽에서, 그리고 밤보다 낮에 잘 흡수된다.
㉢ 살포액의 pH는 미산성에서 잘 흡수된다.
㉣ 0.01~0.02% 정도의 전착제를 가용하는 것이 흡수가 잘 된다.
㉤ 피해가 나타나지 않는 범위 내에서는 살포액의 농도가 높을 때 흡수가 빠르다.
㉥ 석회를 시용하면 흡수가 억제되어 고농도살포의 해를 경감한다.
㉦ 기상조건이 좋을 때에는 작물의 생리작용이 왕성하므로 흡수가 빠르다.

103 다음 중 풍해의 생리적 장해가 아닌 것은?

① 불임립이 증가한다.
② 바람은 증산작용을 왕성하게 하고 작물체를 손상시킴으로써 한해의 경우에는 그것을 더욱 조장한다.
③ 호흡 증가로 체내양분 소모가 심하다.
④ 이산화탄소의 흡수가 감소되므로 광합성이 감퇴한다.

❤ **풍해의 기계적 장해(機械的 障害)** ···

㉠ 바람이 강할 때에는 절상 · 열상 · 낙과 · 도복 · 탈립 등을 초래하며, 2차적으로 병해 · 부패 등이 유발된다.
㉡ 화곡류에서는 도복하여 수발아와 부패립이 발생되고, 상처에 의해서 이삭목도열병 · 자조(疵租) 등이 발생한다. 수분, 수정이 장해되어 불임립 등도 발생한다.

정답 **101** ① **102** ④ **103** ①

104 다음 중 중경에 대한 설명으로 옳지 않은 것은?

① 파종 후 비가 와서 토양 표층에 굳은 피막이 생겼을 때 가볍게 중경을 하여 피막을 부숴주면 발아가 조장된다.

② 중경을 해서 표토가 부서지면 토양의 모세관이 절단되므로 토양수분의 증발이 경감되어 한해를 줄일 수 있다.

③ 중경을 하면 토양 중의 온열이 지표까지 상승하는 것이 경감되어 발아 직후의 어린 식물이 서리나 냉온을 만났을 때 그 피해가 조장된다.

④ 건조할 때의 중경은 되도록 얕고 곱게 하고 초기의 중경은 단근의 우려가 작으므로 대체로 깊게 하고, 후기의 중경은 단근의 우려가 크기 때문에 대체로 깊게 한다.

건조할 때의 중경은 되도록 얕고 곱게 하고 초기의 중경은 단근의 우려가 작으므로 대체로 깊게 하고, 후기의 중경은 단근의 우려가 크기 때문에 대체로 하지 않는다.

105 C/N율과 관련된 설명 중 틀린 것은?

① 환상박피를 하면 C/N율이 높아진다.　② 일조가 부족하면 C/N율이 높아진다.

③ 질소를 많이 사용하면 C/N율이 낮아진다.　④ C/N율이 높으면 꽃눈 형성이 촉진된다.

일조가 부족하면 웃자람이 나타나므로 C/N율이 낮아진다.

106 T/R률과 작물재배와의 관계를 잘못 설명한 것은?

① 양생식물은 일사가 강할수록 T/R률이 작아서 유리하다.

② 토양통기가 불량하면 T/R률이 작아져 불리하다.

③ 토양함수량이 최적함수량 이하면 T/R률은 작아져 불리하다.

④ 감자, 고구마의 파종기 · 이식기가 늦어질수록 T/R률이 커서 불리하다.

토양통기

토양통기가 불량하여 뿌리의 호기호흡이 저해되면 지상부보다도 지하부의 생장이 더욱 감퇴되므로 T/R률은 증대된다.

107 작물의 요수량에 관한 설명이다. 틀린 것은?

① 요수량은 수수 · 기장 · 옥수수 등이 작고, 알팔파 · 클로버 등이 크다.

② 건물생산의 속도가 높은 생육 후기에 요수량이 크다.

③ 일반적으로 요수량이 작은 작물일수록 내한성이 크다.

④ 광부족, 토양수분의 과다 및 과소, 저온과 고온 등의 환경에서는 요수량이 증가한다.

정답　**104** ④　**105** ②　**106** ②　**107** ②

작물의 종류

㉠ 요수량은 수수·기장·옥수수 등이 작고, 알팔파·클로버 등이 크다. 명아주의 요수량은 극히 크며, 이 잡초는 토양수분을 많이 수탈한다.

㉡ 일반적으로 요수량이 작은 작물일수록 내한성(가뭄)이 강하고 요수량이 큰 작물일수록 내한성이 약하다.

㉢ 생육단계 : 건물 생산의 속도가 높은 생육 후기에 요수량이 작다.

㉣ 환경 : 광 부족, 많은 바람, 공기습도의 저하, 저온과 고온, 토양수분의 과다 및 과소, 척박한 토양 등의 불량환경은 수분소비에 비한 건물축적을 더욱 적게 하여 요수량을 크게 한다.

108 다음 중 토양에 유기물이 첨가되었을 때 나타나는 현상으로 옳지 않은 것은?

① 보수력·보비력 증대한다.
② 완충능이 증대하고 산소를 공급한다.
③ 부식의 함량이 높아지고 무기양분의 흡수량이 많아진다.
④ 토양보호 및 지온상승

토양 유기물의 기능

양분의 공급, 이산화탄소의 공급, 생장 촉진 물질의 생성, 암석의 분해 촉진, 입단의 형성, 보수력·보비력 증대, 완충능의 증대, 미생물의 활성 조장, 토양보호, 지온상승 등이다.

109 산성토양에 대한 적응성이 약한 작물로만 짝지어진 것은?

① 고구마, 호밀
② 딸기, 시금치
③ 부추, 양파
④ 감자, 콩

산성토양에 대한 작물의 적응성

㉠ 극히 강한 것 : 벼·밭벼·귀리·토란·아마·기장·땅콩·감자·봄무·호밀·수박 등
㉡ 강한 것 : 메밀·당근·옥수수·목화·오이·포도·호박·딸기·토마토·밀·조·고구마·베치·담배 등
㉢ 약간 강한 것 : 평지(유채)·피·무 등
㉣ 약한 것 : 보리·클로버·양배추·근대·가지·삼·겨자·고추·완두·상추 등
㉤ 가장 약한 것 : 알팔파·자운영·콩·팥·시금치·사탕무·셀러리·부추·양파 등

110 다음 중 벼 군락 광합성 속도가 출수 후 크게 감소하는 가장 큰 원인은 무엇인가?

① 수광능률의 저하
② 잎몸의 질소함량 및 잎면적지수 저하
③ 잎몸 이외의 호흡량 증대
④ 잎면적 증대에 따른 호흡량의 증대

벼의 광합성 속도가 출수 후 크게 감소하는 가장 큰 원인은 잎몸의 질소함량 및 잎면적지수의 저하에 있다.

111 질소가 부족하면 일반적으로 작물의 하부 잎이 황화하고 위축한다. 그 이유는 무엇인가?

① 질소성분이 식물체 내에서 전류 이동이 잘 되지 않기 때문이다.
② 노엽의 단백질이 가수분해되어 질소분이 왕성한 생장을 하는 부분으로 이동하기 때문이다.
③ 질소성분은 엽록소의 구성분이고 생물의 생육을 지배하는 까닭이다.
④ 질소성분은 주로 작물의 하엽으로 집중하는 까닭이다.

112 채종포의 선정에 있어 옳지 않은 것은?

① 콩은 평야지대에 비하여 중산간지대의 비옥한 곳에서 생산된 종자가 생리적으로 더 충실하다.
② 개화기에서 등숙기까지의 강우는 종자의 수량과 품질에 크게 영향을 끼치는데, 이 시기에 강우량이 많은 곳이 알맞다.
③ 감자는 평야지대에서 재배하는 것보다 바이러스를 매개하는 진딧물 발생이 적은 고랭지에서 씨감자를 생산하는 것이 좋다.
④ 종자생산포장은 한 지역에서 단일품종을 집중적으로 재배하는 것이 좋다.

📎 **수확 및 조제**
ㄱ 약간 이르다 할 시기에 수확하면, 발아력은 충분하고 수확기 지연에 따르는 피해가 배제된다.
ㄴ 대체로 화곡류는 황숙기가, 십자화과 채소는 갈숙기가 채종의 적기가 되며, 이형립이나 협잡물이 섞이지 않도록 탈곡·조제한다.
ㄷ 종자의 기계적인 손상이 없도록 탈곡해야 하며, 벼의 경우에는 회전탈곡기의 회전수를 1분간에 300회 정도로 하는 것이 안전하다.
ㄹ 개화기에서 등숙기까지의 강우는 종자의 수량과 품질에 크게 영향을 끼치는데, 이 시기에 강우량이 적은 곳이 알맞다.

113 작물에서 발생하는 습해와 관련된 내용 중 옳은 것은?

① 겨울철의 습해는 산소 부족에 의한 직접적 호흡장애가 주된 원인이다.
② 습해의 우려가 클 경우 질소 공급을 위해 유안을 심층시비한다.
③ 뿌리의 피층세포 배열이 직렬인 경우 사열인 경우보다 내습성이 약하다.
④ 뿌리조직의 목화가 일어나지 않고 근계가 깊게 발달하면 내습성이 강하다.

🌱
습해의 우려가 클 경우 질소 공급을 위해 유안을 표층시비한다.
뿌리의 피층세포 배열이 직렬인 경우 사열인 경우보다 내습성이 강하다.
뿌리조직의 목화가 일어나지 않고 근계가 깊게 발달하면 내습성이 약하다.

정답 111 ② 112 ② 113 ①

114 이식에 관한 설명이 틀린 내용인 것은?

① 감자는 얕게 심고 생장함에 따라 배토를 해준다.
② 벼 모는 얕게(쓰러지지 않을 정도) 심어야 활착과 분얼이 빠르다.
③ 토양이 습하면 좀 더 얕게 심는다.
④ 심토를 속에 넣고 표토를 겉으로 덮는다.

❥ **이식** ···

묘상에서 흙에 묻었던 깊이로 이식하는 것을 원칙으로 하나, 토양이 건조하면 좀 더 깊게 심는다. 표토를 속에 넣고 심토를 겉으로 덮는다. 벼 모는 얕게(쓰러지지 않을 정도) 심어야 활착과 분얼이 빠르다.

115 다음은 파종량에 대한 설명이다. 옳지 않은 것은?

① 파종량이 적으면 수량이 감소하며 잡초가 많이 발생하고 비료분의 이용도가 낮아지며 성숙이 늦어지고 품질이 저하되는 경우도 있다.
② 한지보다는 난지에서 대체로 발아율이 낮고, 개체의 발육도가 낮아지므로 파종량을 늘리는 것이 유리하다.
③ 감자에서는 산간지보다는 평야지에서 개체의 발육도가 낮으므로 파종량을 늘린다.
④ 맥류에서는 남부보다 중부에서 개체의 발육도가 낮으므로 파종량을 늘린다.

❥ **재배지역** ···

㉠ 난지보다는 한지에서 대체로 발아율이 낮고, 개체의 발육도가 낮아지므로 파종량을 늘리는 것이 유리하다.
㉡ 맥류에서는 남부보다 중부에서 개체의 발육도가 낮으므로 파종량을 늘린다.
㉢ 감자에서는 산간지보다는 평야지에서 개체의 발육도가 낮으므로 파종량을 늘린다.

116 다음 중에서 일장효과의 농업적 이용과 관계가 먼 것은?

① 수량의 증대 및 재배법 개선
② 개화기의 조절로 촉성 또는 억제 재배가 가능
③ 추파맥류의 춘파성화가 가능하다.
④ 특정작물에서의 성전환 가능

❥ **버널리제이션의 농업적 이용** ···
추파맥류의 춘파성화가 가능하다.

117 버널리제이션의 환경조건에 대한 설명 중 옳지 않은 것은?

① 배나 생장점에 탄수화물이 공급되지 않으면 효과가 나타나기 힘들다.

② 건조하면 버널리제이션 효과가 감쇄된다.

③ 저온처리의 경우에는 광의 유무가 관계하지 않으나, 고온처리의 경우에는 암조건이 필요하다.

④ 산소의 공급은 버널리제이션 효과에 영향을 주지 않는다.

산소(酸素)
저온에서 처리 중에 산소가 부족하여 호흡이 불량하면 버널리제이션의 효과가 지연된다. 고온에서는 버널리제이션이 발생하지 못한다.

118 재배형식을 설명한 것 중 옳지 않은 것은?

① 비배관리를 하지 않고 토지가 척박해지면 다른 곳으로 이동하는 형식이 소경이다.

② 넓은 토지에 한 가지 작물만 경작하여 상품을 생산하는 형태이므로 가격변동에 매우 민감한 형식이 식경이다.

③ 원예적 농경형태로 가장 조방적인 재배형식이 원경이다.

④ 식량과 사료를 균형 있게 생산하는 재배형식이 포경이다.

원경
㉠ 원예, 원예적 농경 형태도 가장 집약적인 재배형식이다.

㉡ 소농구와 축력을 사용하여 집약 관리한다.

㉢ 관개 · 보온육묘 · 보온재배 등이 발달하고 비료를 많이 사용하는 형태이다.

㉣ 원예지대나 도시 근교에서 발달하는 형태이다.

119 질소비료의 형태와 특성에 관한 설명 중 옳지 않은 것은?

① 질산태질소는 물에 잘 녹고 속효성이며 질산은 음이온이므로 토양에 흡착되지 않고 유실되기 쉽다.

② 논에서 질산태질소의 비효가 적은 이유는 탈질균에 의하여 아질산염으로 되어 유해작용을 나타내기 때문이다.

③ 암모니아는 음이온이므로 토양에 잘 흡착되어 유실되지 않는 이점이 있으며 밭 토양에서는 속히 질산태로 변하여 작물에 흡수된다.

④ 요소는 토양 중에서 미생물의 작용을 받아 속히 탄산암모늄을 거쳐 암모니아태로 되어 토양에 잘 흡착하므로 요소의 질소효과는 암모니아태질소와 비슷하다.

암모니아태질소(NH_4^+)
㉠ 암모니아태질소는 특히 알칼리성 비료와 섞으면 암모니아가스로 휘발된다.

㉡ 암모늄염, 암모니아수, 탄산암모늄, 질산암모늄 등

㉢ NH_4^+-N는 대개 수용성이며 작물에 잘 흡수된다.

㉣ 토양입자에도 잘 흡착되므로 물에 씻겨 내려갈 염려가 적다.

정답 117 ④ 118 ③ 119 ③

120 모를 심을 때 쓰러지지 않을 정도로 얕게 심어야 하는 가장 큰 이유는?

① 이앙능률을 높이기 위함이다.

② 분얼을 조기에 많이 확보하기 위함이다.

③ 초기 잡초와의 경합에서 이기게 하기 위함이다.

④ 품종에 시용한 질소의 흡수를 촉진하기 위함이다.

✔ **모를 얕게 심는 이유** ··
손으로 이앙하는 경우는 모를 심는 깊이를 2~3cm로 얕게 해야 뿌리 자람도 빠르고 곁줄기도 많이 나와 수량이 증대된다.

121 적산온도가 가장 낮은 작물은?

① 조　　　　　　② 봄보리　　　　　③ 가을보리　　　　④ 담배

✔ **작물의 생육시기와 생육기간에 따른 적산온도** ·····································
㉠ 여름작물
• 생육기간이 긴 것 – 벼 : 3,500~4,500℃ , 담배 : 3,200~3,600℃
• 생육기간이 짧은 것 – 메밀 : 1,000~1,200℃, 조 : 1,800~3,000℃
㉡ 겨울작물 – 추파작물 : 1,700~2,300℃
㉢ 봄작물 – 아마 : 1,600~1,850℃, 봄보리 : 1,600~1,900℃

122 토양에 시용 후 나타나는 반응을 기준으로 분류할 때 생리적 산성비료로만 묶은 것은?

| ㄱ. 염화암모늄 | ㄴ. 염화칼륨 | ㄷ. 질산암모늄 |
| ㄹ. 용성인비 | ㅁ. 황산암모늄 | ㅂ. 중과인산석회 |

① ㄱ, ㄴ, ㅁ　　　　　　　　　② ㄱ, ㄹ, ㅂ
③ ㄴ, ㄷ, ㅁ　　　　　　　　　④ ㄷ, ㄹ, ㅂ

✔ **생리적 반응** ···
시비한 다음 토양 중에서 식물뿌리의 흡수작용이나 미생물의 작용을 받은 뒤에 나타나는 토양의 반응
㉠ 산성비료 : 황산암모니아 · 황산칼리 · 염화칼리 등
㉡ 중성비료 : 질산암모니아 · 요소 · 과인산석회 · 중과인산석회 등
㉢ 염기성비료 : 석회질소 · 용성인비 · 재 · 칠레초석 · 어박 등

정답　**120** ②　**121** ②　**122** ①

123 종자에 대한 설명 중 옳지 않은 것은?

① 순환종자는 종자의 순도와 발아율에 의해 결정된다.
② 종자보증을 받으려면 작물의 적정 생육기에 1회 이상 포장검사를 받아야 한다.
③ 자연교잡에 의한 유전적 퇴화 가능성은 보리가 밀보다 높다.
④ 종자의 수명은 콩이 수박보다 짧다.

‖ 주요 작물의 자연교잡률 ‖

작물	자연교잡률(%)
벼	0.2~1.0
보리	0~0.15
밀	0.3~0.6
조	0.2~0.6
귀리	0.05~1.4
콩	0.05~1.4
아마	0.6~1.0
가지	0.2~1.2

※ 자연교잡에 의한 유전적 퇴화 가능성은 보리가 밀보다 낮다.

124 비료의 엽면흡수에 대한 설명으로 옳지 않은 것은?

① 잎의 표면보다 이면에서 흡수가 더 잘 일어난다.
② 줄기의 정부에 가까운 잎일수록 흡수율이 높다.
③ 호흡이 왕성한 낮보다 밤에 잘 흡수된다.
④ 석회를 사용하면 고농도 살포에 따른 해를 줄일 수 있다.

비료의 엽면흡수에 영향을 미치는 요인

㉠ 잎의 표면보다는 표피가 얇은 뒷면에서 잘 흡수된다.
㉡ 잎의 호흡작용이 왕성할 때에 잘 흡수되므로 가지나 줄기의 정부에 가까운 잎에서 흡수율이 높고, 노엽보다 성엽에서, 그리고 밤보다 낮에 잘 흡수된다.
㉢ 살포액의 pH는 미산성에서 잘 흡수된다.
㉣ 0.01~0.02% 정도의 전착제를 가용하는 것이 흡수가 잘 된다.
㉤ 피해가 나타나지 않는 범위 내에서는 살포액의 농도가 높을 때 흡수가 빠르다.
㉥ 석회를 사용하면 흡수가 억제되어 고농도살포의 해를 경감한다.
㉦ 기상조건이 좋을 때에는 작물의 생리작용이 왕성하므로 흡수가 빠르다.

125 작물과 토양 최적용기량이 바르게 짝지어진 것은?

① 보리, 밀 - 10%

② 귀리, 수수 - 15%

③ 양파, 강낭콩 - 20%

④ 벼, 이탈리안라이그래스 - 25%

✎ **작물의 최적용기량** ··

ㄱ 작물의 최적용기량은 대체로 10~25%이며, 작물의 종류에 따라 다르다.

벼·양파=10%, 귀리·수수=15%, 보리·밀·순무·오이·커먼베치=20%, 양배추·강낭콩=24%

ㄴ 일반적으로 두과작물이 화본과작물보다 최적용기량이 크다.

126 작물의 화성유도에 관한 내용으로 옳은 것은?

① 내생 호르몬에 의해서 반응하나 외부에서 처리한 호르몬은 효과가 없다.

② 버널리제이션은 10℃ 이상의 온도에서는 효과가 나타나지 않는다.

③ 일장과 버널리제이션에 대한 감응은 모두 생장점에서 일어난다.

④ 종자버널리제이션은 백체가 출현할 때까지 최아하여 실시한다.

✎ ··

① 내생 호르몬에 의해서 반응하고 외부에서 처리한 호르몬에 효과가 있다.

② 버널리제이션은 0℃~30℃ 온도에서는 효과가 나타난다.

③ 일장은 성숙한 잎에서, 버널리제이션은 생장점에서 감응이 일어난다.

127 다음 보기 중 바이러스가 병을 옮기는 것은?

| ㄱ. 흰빛잎마름병 | ㄴ. 줄무늬잎마름병 | ㄷ. 오갈병 | ㄹ. 키다리병 |

① ㄱ, ㄷ   ② ㄴ, ㄹ   ③ ㄴ, ㄷ   ④ ㄱ, ㄹ

✎ **바이러스** ··

• 벼에 발병하는 바이러스 : 줄무늬잎마름병·오갈병

• 맥류에 발병하는 바이러스 : 오갈병·누른 모자이크병·북지모자이크병

• 감자에 발병하는 바이러스 : PVY, PLRV

• 기타 작물에 발병하는 바이러스 : 오갈병 등

01 토양생성

1 암석의 풍화작용

1. 토양생성에 중요한 암석

① 암석은 화성암, 퇴적암, 변성암으로 나뉜다.
② 분포비율 : 화성암과 변성암이 95%, 퇴적암이 5% 비율이다.

(1) 화성암

① 암장(magma)이 냉각 고결된 암석으로 조직은 냉각속도에 크게 좌우된다.
② 생성위치에 따라 심성암, 반심성암, 화산암으로 나눈다.
③ SiO_2 함량 : 산성암(66% 이상), 중성암(66~52%), 염기성암(52% 이하)

> 참고정리
>
> ✔ 화성암
> ① 정의 : 지각을 이루고 있는 대표적인 암석으로 용암이 식어서 굳은 것
> ② 굳어진 위치에 따른 분류 : 심성암, 반심성암, 화산암
> ③ 규산의 함량에 따른 분류 : 산성암, 중성암, 염기성암
>
> ✔ 대표적인 화성암의 종류
>
> | 생성위치＼SiO_2(%) | 산성암(65~75%) | 중성암(55~65%) | 염기성암(40~55%) |
> |---|---|---|---|
> | 심성암 | 화강암(granite) | 섬록암(diorite) | 반려암(gabbro) |
> | 반심성암 | 석영반암 | 섬록반암 | 휘록암(diabase) |
> | 화산암(volcanic) | 유문암(rhyolite) | 안산암(andesite) | 현무암(basalt) |

염기성암에 속하는 것은?

① 화강암   ② 현무암

③ 유문암   ④ 섬록암   **정답** ❷

화성암을 산성, 중성 및 염기성암으로 분류할 때 기준이 되는 성분은?

① CaO ② Fe_2O_3

③ SiO_2 ④ CO_2 **정답** ❸

1) 화강암

① 우리나라 면적의 2/3를 차지하며 양질~사질 토양이다.

② 장석, 운모는 **점토분**을 만들며 석영은 **모래토양**이다.

③ 이화학성은 좋지만 양분이 적어서, 온대지방에서는 Ca이 적어서 산성이 된다.

2) 섬록암

사장석, 각섬석으로 구성되어 있으며 식질토양이 많다.

3) 반려암

사장석, 휘석으로 구성되어 산화철을 많이 함유하는 식토가 된다.

4) 휘록암

사장석, 휘석으로 구성되어 석회, 인산이 풍부한 식질토가 된다.

5) 안산암

사장석으로 구성되어 있으며 갈색인 식질토양으로 보수력이 크다.

6) 현무암

사장석, 휘석으로 구성되어 있으며 산화철이 풍부한 황적색의 중점식토가 많다.

다음에서 설명하는 모암은?

- 우리나라 제주도 토양을 구성하는 모암이다.
- 어두운 색을 띠며 치밀한 세립질의 염기성암으로 산화철이 많이 포함되어 있다.
- 풍화되어 토양으로 전환되면 황적색의 중점식토로 되고 장석은 석회질로 전환된다.

① 화강암   ② 석회암

③ 현무암   ④ 석영조면암   ❸

(2) 퇴적암

① 성층암 또는 침전암이라고 한다.

② **분포비율** : 무게로는 5%이지만 지구 표면의 3/4을 차지한다.

③ **구분**

　　㉠ 쇄설성 퇴적암 : 암석의 풍화물이 퇴적하여 응결제(규산, 철, 점토, 석회질)에 굳어
　　　진 것

　　㉡ 화학성 퇴적암 : 탄산염이 물속에서 침전된 것

　　㉢ 유기성 퇴적암 : 동식물 유체로부터 생성

④ **주요 함유광물** : 석영, 장석, 운모, 석회석, 점토광물 등 대부분의 광물 함유

　　㉠ 사암 : 모래가 응결제에 의해 굳어진 것으로 사질, 양질 토양을 이룬다.

　　㉡ 혈암 : 모래가 점토에 의하여 고결된 것으로 식질 토양이 된다.

　　㉢ 석회암 : 석회석, 백운석 함유, 탄산수에 쉽게 용해된다.

(3) 변성암

1) 변성작용

① 화성암이나 퇴적암이 고온, 고압, 수증기 등에 의한 변성작용을 받아 새로 생성, 화
　학적 조성은 거의 변하지 않고 조직구조는 크게 변화한다.

② 고압 : 공극 감소로 비중이 큰 암석이 된다.

　고온 : 탈수 또는 환원되기 쉬우며, 편상 또는 주상의 광물은 평면으로 된다.

2) 변형 암석

① 혈암 → 점판암 → 천매암, 편암

② 화강암 → 편마암

③ 사암 → 규암

④ 석회암 → 대리석

▥ 기출문제

점판암은 무슨 암석이 변성작용을 받아서 된 것인가?

① 사암　　　　　　　　　　　② 규암

③ 혈암　　　　　　　　　　　④ 편암　　　　　　　　　**정답 ③**

3) 주요한 변성암

① 편마암 : 화강암의 변성암이며, 석영이 풍부하고, 화강암보다 풍화되기 어렵다. 풍화토는 사양토에 가깝고 칼리분이 많다.

② 점판암 : 미세한 조직의 퇴적암인 혈암이나 사암 등이 변질된 것으로서 판상으로 박리되는 성질이 있는 암석이며, 대부분은 암회색을 띠고 있다.

③ 천매암 : 점판암이 변질된 것으로서 석영 · 운모 · 녹니석 등을 함유하고 있으며, 역질 토양을 이룬다.

기출문제

화강암과 같은 광물조성을 가지는 변성암으로 석영을 주요 조암광물로 하고 있으며, 우리나라 토양생성에 있어서 주요 모재가 되는 암석은?

① 편마암   ② 섬록암

③ 안산암   ④ 석회암   정답 ❶

참고정리

✔ 1차 광물

1) 광물의 구별

① 1차 광물 : 암장이 냉각되어 생성된 광물이다.

② 2차 광물 : 1차 광물이 변성작용 또는 풍화작용에 의해 변질되거나 새로이 생성된 광물이다.

2) 6대 조암광물 : 석영, 장석, 운모, 각섬석, 휘석, 감람석(지각 95%가 화성암)

① 규산염 광물 : 지각을 구성하는 광물은 규소와 산소가 주성분이다.

② 무색광물 : 석영이나 장석류는 무색이나 백색의 비중이 작은 광물이다.

③ 유색광물 : 운모, 각섬석, 휘석, 감람석 등은 철, 마그네슘 함유로 흑색~갈색을 띠고, 비중이 크다.

3) 주요 1차 광물의 종류

① 석영(石英)

㉠ 화강암 · 석영섬록암 · 석영조면암 등과 같은 산성화성암, 결정편암 · 편마암과 같은 변성암, 그리고 퇴적암의 주성분이다.

㉡ 화학적 풍화에 대한 저항성이 강하므로 토양 중의 모래의 주요 부분을 차지한다.

㉢ 식물 생육에 영양분을 주지는 못하지만, 토양의 주요한 조암 광물로서 이학적 성질에 크게 관여하여 식물 양분의 공급량을 좌우하기도 한다.

② 장석류(長石類)

㉠ 조암 광물 중에서 분량은 가장 많고 그 분포 면적도 가장 넓으므로 토양 생성의 주요 모재가 되며, 식물에 대한 칼륨 · 나트륨 · 칼슘 등의 양분 공급원이 된다.

㉡ 장석류는 함유하고 있는 염기의 종류에 따라서 K 장석을 정장석, Na 장석을 조장석, Ca 장석을 회장석, Na · Ca 장석을 사장석이라고 한다.

③ 운모류(雲母類) : 화성암과 변성암의 주요 성분으로 그 분포가 매우 넓으나, 그 함량은 3.8% 정도에 불과하다. 운모류는 칼륨의 함량이 8~9%이므로 정장석과 함께 주요한 칼륨의 공급원이 된다.

　　㉠ 백운모 : 화강암과 편마암의 특유한 성분이다. 칼륨의 함량은 9%나 되지만 풍화 작용에 대한 저항성이 대단히 강하고, 토양 광물로서도 널리 분포되어 있다.

　　㉡ 흑운모 : 흑색 또는 갈색을 띠며, 백운모의 조성성분 외에 마그네슘과 철을 함유하나, 이 밖에도 칼슘이나 나트륨을 함유하기도 한다. 칼륨의 함량은 8%로서 풍화되기 쉽다.

④ 각섬석 및 휘석 : 각섬석은 심성암인 화강암과 섬록암이나 편마암의 조암 광물이고, 휘석은 화산암인 현무암과 안산암이나, 휘록암 등의 조암광물이다. 이들은 화학적으로 불완전하여 풍화되기가 쉽고, 석회 · 마그네슘 · 철 등의 주요 공급원이 된다.

⑤ 감람석 : 규산 함량이 적은 염기성 화성암에 들어 있으며 감람암 · 현무암 · 휘록암 · 반려암 등의 주성분으로 아산화철을 함유하고 있어서 풍화가 용이하며, 마그네슘의 공급원으로 중요하다.

⑥ 인회석 : 화성암의 부성분으로 들어 있으며 인산의 주요 공급원이다.

Ⅲ 기출문제

다음 중 물리 · 화학적 풍화에 대한 안정성이 가장 큰 것은?

① 석영　　　　　　　　　　　　② 방해석
③ 석고　　　　　　　　　　　　④ 각섬석　　　　　　　　　　　정답 ❶

G 참고정리

✔ **2차 광물(점토 광물)**

1) 정의

1차 광물이 풍화되어 이것이 토양 생성 과정에서 합성된 점토 광물이다.

조점토(입경 2.0~0.2 μm)는 석영 · 장석 등과 같은 1차 광물을 함유하고 있으나, 세점토(입경 0.2 μm 이하)는 대부분이 규산염 점토 광물로 되어 있다.

2) 주요한 점토 광물

① 1 : 1형 광물 : Kaolinite, halloysite, hydrated halloysite 등

② 2 : 1형 광물

　㉠ 비팽창형 : illite

　㉡ 팽창형 : vermiculite, montmorillonite, beidellite, nontronite, saponite

③ 혼층형 광물

　㉠ 규칙 혼층형(2 : 2형) : chlorite　　　㉡ 불규칙 혼층형

④ 산화 광물

　㉠ 산화알루미늄 : gibbsite

　㉡ 산화철 : hematite, limonite, goethite

　㉢ 산화망간 : pyrolusite

⑤ 무정형 광물 : allophane

PART 1 / PART 2 / 부록

기출문제

다음 중 2 : 2 규칙형 광물은?

① kaolinite
② allophane
③ vermiculite
④ chlorite

정답 ④

2. 물리적 · 화학적 · 생물적 풍화작용

(1) 기계적 풍화작용 : 물리적 풍화작용으로 붕괴되어 형태가 변화

1) 온열의 작용

① 온도변화로 팽창 수축되어 균열이 붕괴된다.

　ㄱ 밤낮의 온도차가 심한 열대지방, 고산지방

　ㄴ 겨울, 여름 온도차가 심한 대륙지방

　ㄷ 암석이 흑색이며, 표면이 거칠다.

② 빙결 풍화작용 : 물의 동결로 부피가 팽창하여 압력이 생긴다.

2) 대기의 작용

① 바람은 침식, 운반, 퇴적작용(風蝕)

② 도태(淘汰)분급 작용 : 퇴적된 풍화물은 입자의 크기와 비중에 의해 규칙성 있게 수평적이며 원형의 형태를 띠고 있다.

③ 풍식 정도는 풍속과 관계가 크다.

3) 물의 작용

① 물(빗물, 하류, 물결, 빙하)은 침식, 운반, 퇴적작용

② 빗방울 : 건조지방의 점판암 성층면에 떨어지면 자국이 생기는 것을 우흔(雨痕)이라 한다.

③ 빙하 : 빙하이동의 압력으로 삭마, 분쇄되는 것이다.

기출문제

암석의 물리적 풍화작용 요인으로 볼 수 없는 것은?

① 공기
② 물
③ 온도
④ 용해

정답 ④

(2) 화학적 풍화작용

1) 산화작용

① 암석광물은 환원(還元)조건에서 생성되었기 때문에 공기와 접촉하면 산화(酸化)되어 풍화된다.

$4FeO$(아산화철) $+ O_2 \rightarrow 2Fe_2O_3$(산화철)

② 철은 산화되면 용적이 증가하여 물리적 풍화 촉진 : 아산화철은 풍화되기 쉽다.

③ 황화물이 산화되면 용적이 증가되고 황산을 생성하여 풍화분해를 더욱 촉진시켜 석회, 인산의 유효화

④ 환원작용 : 산소공급 부족한 곳, 물속, 유기물 많은 곳에서는 환원작용

　㉠ 산화철 → 아산화철

　㉡ 황화물 → 산과 만나면 작물에 해로운 황화수소가 된다.(논하층의 청회색)

⑤ 산화환원 작용 : 토층에 특징적인 빛깔 → 풍화 정도나 성질을 짐작

2) 가수분해

① 가장 보편적으로 일어나는 화학적 풍화작용으로 물은 유력한 가수분해제이다.

② 규산염 광물인 정장석은 가수분해되어 kaoline의 점토광물이 되고 K^+를 방출한다.

$2KAlSi_3O_8$(정장석) $+ 2H_2O \rightarrow 2HAlSi_3O_8 + 2KOH$

$2HAlSi_3O_8 + H_2O \rightarrow H_2Al_2Si_2O_8 \cdot H_2O + 4SiO_2$(규산)

$H_2Al_2Si_2O_8 \cdot H_2O + H_2O \rightarrow 2SiO_2$(교질규산) $+ 2Al(OH)_3$(교질알루미나)

③ 가수분해는 기후조건에 따라 다르다.

　㉠ 건조지방 : 생성물 유실이 안 된다.

　　• 강염기 → 탄산염, 황산염, 염화물로 된다.

　　• 유리규산 → Al, Fe와 결합하여 교질복합체, 나머지는 침전된다.

　㉡ 습윤지방 : 분리된 강염기나 규산이 쉽게 유실된다.

④ 규산염 광물의 분해는 산성가수분해이며 주요 생성물은 점토이다.

3) 탄산화작용

① 대기나 토양 중의 CO_2가 물에 용해되어 탄산이 되어 암석을 용해한다.

② 탄산은 1차 광물을 2차 광물로 만들며 탄산염을 유리하고 중탄산염으로 되어 가용화

$$2KAlSi_3O_8(정장석(1차\ 광물)) + 2H_2O + CO_2 \rightarrow H_4Al_2Si_2O_9(kaolinite) + 4SiO_2 + 2CO_3(탄산염)$$

$$CaCO_3 + H_2O + CO_2 \rightarrow Ca(HCO_3)_2$$

③ 그러나 탄산이 수산화물과 반응하면 불용성의 탄산염이 된다.

$$Ca(OH_2) + H_2O + CO_2 \rightarrow CaCO_3 + 2H_2O$$

④ 응핵(concretion) : 유기물 함량 많은 수렁논, 철의 중탄산염+산소→ 수산화제2철로 침전된다.

기출문제

석회암지대의 천연동굴은 사람이 많아 드나들면 호흡에서 나오는 탄산가스 때문에 훼손이 심화될 수 있다. 천연동굴의 훼손과 가장 관계가 깊은 풍화작용은?

① 가수분해(hydrolysis) ② 산화작용(oxidation)
③ 탄산화작용(carbonation) ④ 수화작용(hydration) **정답 ③**

---

4) 수화작용

① 무수물이 함수물로 되는 작용이며 수화되면 팽창이 일어나서 물리적 풍화 촉진

$$2Fe_2O_3 + 3H_2O(적철광,\ 적색) \rightarrow 2Fe_2O_3 \cdot 3H_2O(갈철광,\ 황색)$$

② 고온건조한 상태에서는 탈수작용으로 다시 적철광이 된다.

③ 기온의 변화로 수화와 탈수가 되풀이되면 풍화는 더욱 진행된다.

기출문제

암석의 화학적인 풍화작용을 유발하는 현상이 아닌 것은?

① 산화작용 ② 가수분해작용
③ 수축팽창작용 ④ 탄산화작용 **정답 ③**

---

(3) 생물적 풍화작용

① 생물에 의한 풍화작용은 동물, 식물, 미생물 등이 관여하는데, 동물에 의한 풍화작용은 주로 물리적인 작용이며, 화학적 작용에는 식물 뿌리와 미생물이 중요한 영향을 준다.

② 토양 생물은 호흡 작용을 통해 CO_2를 생성하여 OH^-을 중화시키거나 탄산염이나 중탄산염을 생성하여 암석 광물의 분해를 촉진한다.

③ 토양 미생물의 작용

　㉠ 질산화성 작용을 한다.

　㉡ 황화물을 산화하여 황산을 생성한다.

　㉢ 유기물 분해산물로 생성되는 유기산에 의해 암석 광물의 분해를 조장한다.

　㉣ 유기물의 분해 중간 생성 물질과 미생물체 내 성분에는 각종 킬레이트제(chelator)가 있다.

④ 킬레이트제

　㉠ 환상구조의 유기화합물이다.

　㉡ 구조 안에 강한 힘으로 이온을 감싸서 그 이온의 합성을 약화시킨다.

　㉢ 킬레이트 화합물을 만드는 이온 : Mg, Fe, Cu 등의 금속이온, 아미노산, 시트르산, 말산, 부식, 퇴구비 등이 있다.

　㉣ 킬레이트 작용

　　ⓐ 침전과 같이 이온을 반응계 외로 두어 반응 촉진한다.

　　ⓑ 가용성으로 물에 이동되어 암석풍화에 기여한다.

3. 풍화산물의 집적

(1) 정적토(定積土)

1) 잔적토(殘積土, 殘積層)

① 암석의 풍화산물 중 가용성 성분이 용탈되고 나머지 광물질이 풍화된 자리에 퇴적한 것을 잔적토라 한다.

② 공기와 접촉하는 지표면이 얇고 풍화가 진전되었으며, 하층으로 갈수록 불완전한 미풍화 물질인 암석 조각이 많으며 가장 밑부분에는 모암이 있다.

③ 지표면 토양은 유기물을 함유하여 암흑색을 띠며, 계속하여 토양 생성 작용을 받아서 특징적인 토양 단면(토층의 분화)을 갖는 자연 토양이 된다.

④ 잔적토는 우리나라 구릉이나 대지에서 볼 수 있다.

📖 기출문제

우리나라 산지토양(山地土壤)은 어느 것에 속하는가?

① 잔적토   ② 충적토

③ 이산화탄소   ④ 일산화탄소   ❶

2) 이탄토

습지나 저지대에 유기물이 퇴적되어 암석의 풍화물과 섞여서 생성된 토양으로 퇴적토라고도 한다. 혐기적인 환원 상태하에서 유기물이 오랫동안 퇴적되어 이탄이 형성되는 곳을 이탄지(moor)라고 한다.

📖 기출문제

다음 중 유기물이 가장 많이 퇴적되어 생성된 토양은?

① 이탄토   ② 붕적토

③ 산성퇴토   ④ 하성충적토   정답 ❶

정적토는 모재가 풍화된 제자리에 퇴적된 것이다. 이와 같은 풍화산물에 의해 형성된 토양은?

① 삼각주, 하안단구   ② 붕적토, 선상퇴토

③ 해성토, 로에스(loess)   ④ 산지토양, 이탄토   정답 ❹

(2) 운적토(運積土)

1) 붕적토(崩積土)

① 경사지에서 암석의 풍화산물인 돌 부스러기와 흙이 중력에 의하여 미끄러져 쌓인 토양을 붕적토라 한다.

② 풍화산물이 미끄러져 내리는 정도는 경사, 토양 입자의 크기 및 형태, 수분 함량, 토양 입자 사이의 응집마찰력 등에 의하여 차이가 있다.

③ 토양 단면이 불규칙적이며, 암석 조각이 많고 척박한 토양을 만든다.

2) 선상퇴토(扇狀堆土)

① 중력과 수력에 의하여 산의 경사지 계곡에서 아랫부분으로 운반 퇴적된 토양이다.

② 붕적토가 생성되는 곳보다는 경사가 완만하여 대부분 계곡을 따라 하부평지로 밀려 내려와 부채꼴 모양의 완경사지를 형성한다.

③ 붕적토와 비슷한 내부구조를 가지며 때로는 경작지 토양으로 이용할 수 있을 정도의 면적을 갖는다.

3) 하성토(河成土)

유수에 의하여 운반 퇴적된 것으로, 수량, 경사도, 유속과 그 밖에 입자의 크기, 비중, 형태 등에 의해 그 정도를 달리한다.

① 홍함지(洪涵地) : 홍수로 인해 하천이 거듭 범람되었을 때 퇴적되어 수직 단면의 층리를 형성하며 생성된 토양이다. 이와 같이 여러 겹의 층리로 만들어진 토층을 충적층 또는 제4기 신층이라고 한다. 홍함지는 하천 하류지역의 양안에서 발달되어 비옥한 평야지대를 이루고 있다. 우리나라의 논토양이 대부분 여기에 속한다.

② 하안단구(河岸段丘) : 본래 홍함지였으나 물에 의해 깎이어 계단상으로 되어 높은 위치에 있다. 토양 입자는 홍함지보다 크고 거친 것으로 이루어졌다. 토양비옥도는 삼각주나 홍함지보다 약간 낮지만 유기물과 무기양분이 풍부하므로 경작지 토양으로 유리하다.

③ 삼각주(三角洲) : 하구가 조용한 내해나 호수에 접했을 때 이루어지는 것으로 급류가 호수나 바다에 들어가면 급속히 유속이 감소되고 토사는 그곳에 침강 퇴적되며 미세한 점토는 바닷물의 전해질과 작용하여 침전된다. 이런 과정으로 형성된 삼각주(delta)는 매우 비옥한 농경지가 된다.

기출문제

우리나라 평야지대의 비옥한 농경지를 이루는 운적토는?

① 붕적토   ② 하성충적토
③ 선상퇴토   ④ 풍적토   **정답 ❷**

다음이 설명하는 것은?

하천의 홍수에 의하여 거듭 범람했을 때 퇴적·생성된 토양이며, 1회의 범람으로 수직단면(垂直斷面)의 층리(層理)를 형성한다. 이것은 하천 하류의 양안(兩岸)에서 잘 발달되며 비옥한 농경지로 이용된다. 우리나라 논토양의 대부분은 이에 속한다.

① 삼각주   ② 붕적토
③ 선상퇴토   ④ 홍함지   **정답 ❹**

4) 호성토(湖成土)

① 호수 주위의 암석을 분쇄하여 자갈과 모래, 찰흙을 만들며, 굵은 자갈은 호안에 퇴적하고 미사나 점토는 파도에 실려 호수의 중앙 부분으로 운반·퇴적된다. 이런 작용이 반복되어 호수가 점차 메워져서 호성토를 만든다.

② 호수의 중앙부분은 세립으로 되고 주변은 조립으로 되는데, 이와 같은 형태의 호성토는 큰 호수에서만 볼 수 있다.

5) 해성토(海成土)

바닷물에 의해 토사와 자갈이 해안에 운반, 퇴적된 것이며 해안에 가까운 곳에는 조사와 자갈이 퇴적되고, 먼 곳에는 미립의 토사가 운반·퇴적된다.

6) 빙하토(氷河土)

빙하에 의하여 풍화된 모재가 운반·퇴적된 것으로 모암의 종류를 달리하는 여러 형태의 붕괴 분해 물질이 불균일하게 섞여 있다.

7) 풍적토(風積土)

미세한 토사가 바람에 날려 운반·퇴적된 토양으로 사구, loess, 화산회토 등이 이에 속한다.

① 사구(砂丘) : 미세한 토양 입자가 바람이 일정한 방향으로 불 때 만들어진다. 모래 언덕은 내륙 지대로 점차 이동하여 이동사구를 형성하고 때때로 농경지를 휩쓸 경우도 있으므로 방풍림이 필요하게 되며, 경작지 토양으로는 가치가 없다.

② adobe : 미사질 토양 입자와 석회질 점토 등이 바람에 날려 집적된 토양으로 미국

남부 지방, 뉴멕시코 지역에 분포되어 있다.

③ loess : 미세한 토양 입자가 바람에 의해 운반·퇴적된 토양으로 세계적으로 널리 분포되어 주요한 농경지 토양이 된다. 북미의 미시시피강과 미주리강 유역, 중국의 황화유역의 황토, 러시아 남부 지방의 비옥한 토양이 이에 속한다.

8) 화산회토(火山灰土)

화산 폭발로 인하여 폭발물이 퇴적된 것으로 분상이고 규산질이 많이 함유되어 있다. 이에는 화산사와 화산회토 등이 있으며 우리나라에서는 제주도에서 볼 수 있다.

‖ 풍화 생성물의 성인별 분류 ‖

위치	구분	이동 인자	기원	퇴적물
표토	정적	풍화된 장소	잔적	잔적토
	운적	중력	붕적	붕적토
		물 또는 수적	빗물 하성	선상퇴토 홍함지*, 하안단구*, 삼각주*
			해성 호성	해성토 호성토
		얼음 또는 빙하	빙하	야퇴석, 종퇴석, 유세원
		바람	풍성	loess*, 사구, adobe*, 화산회토

* 농경지토양으로 비옥도가 큼

② 토양의 생성·발달

1. 토양의 생성인자

① 토양 : 모재가 주위 환경의 영향으로 일정한 토양 단면 형태를 갖춘 것으로 토양이 생성될 때는 여러 인자가 작용한다.

② 주요 인자 : 모재, 기후, 식생, 지형, 시간, 풍력, 수력 등 → 적극적 인자의 영향을 받는다.

③ 기후 : 토양생성인자 중 가장 큰 영향
- 성대성 토양 : 기후, 식생의 영향을 받아 이루어진 토양
- 간대성 토양 : 지형, 모재, 시간

④ 생성인자의 상대적 세기에 따라 토양 생성

기출문제

성대성 토양의 토양 생성에 가장 큰 영향을 미치는 토양생성인자는?

① 모재   ② 기후
③ 지형   ④ 지하구조   **정답 ❷**

---

(1) 기후의 영향

① 기온과 강우량 : 물질의 용탈집적에 의한 층위분화에 가장 큰 영향
② 기후적 토양대 : 같은 기후조건에서는 모재가 달라도 동일형의 토양 형성
　　㉠ 냉한습윤 침엽수림에서 생성되는 포드졸이다.
　　㉡ 고온다습 활엽수림에서 생성되는 라테라이트 등을 들 수 있다.

(2) 식물의 영향

① 식물 자체가 토양모재가 되고 생육은 풍화 및 토층분화와 관계
　　㉠ 나지 : 지온상승으로 건조상태이다.
　　㉡ 수목 : 지온이 낮아지며 습도가 높아지고 증발이 적어져 습윤상태이다.
② 유기물 퇴적
　　㉠ 한랭습윤지대 : 유기물 분해가 늦어지고 염류용탈로 산성부식이 된다.
　　㉡ 건조지방 : Ca가 풍부한 염기 포화 부식(체르노젬)이 생성된다.
③ 지표에 퇴적하는 유기물의 성분과 토양생성
　　㉠ 침엽수 : 염기 부족으로 podzol 토양
　　㉡ 활엽수 : 다량의 양분 함유

참고정리

✔ 우리나라의 식생과 토양생성
　① 우리나라는 긴 겨울로 인하여 소나무, 낙엽송, 전나무 등의 침엽수로 한대림을 이룬다.
　② 여름철은 고온다습으로 밤나무, 참나무 등의 활엽수로 온대림을 형성한다.
　③ 남부 지방에서는 갈색~적갈색의 latosol 토양이 생성된다.
　④ 북부 지방의 한랭침엽수림에서는 potasol 토양이 생성된다.

---

(3) 모재, 지형 및 지하구조의 영향

1) 모재의 영향

lithoseguence(모암연쇄)라고 하며 토양단면의 특성을 결정하는 기본적인 요인

① 암석적 토양형(내동적 토양형) : 모암, 즉 내적 인자의 특징에 의해 생성된 토양

② 테라로사(석회암), rendzina(석회암이 냉온대 습윤지방에서)

2) 지형의 영향

toposeguence(지형계열)라고 하며 → 동일한 기후와 식생이 비슷한 지역에서 단지 지형 차이로 성질이 달라지는 것이다.

① 경사 급한 곳 : 빗물에 의한 침식으로 토양 깊이가 얕으며 완전한 토양 형태의 발달이 어렵다.

② 평탄한 곳 : 주위로부터의 미세입자 운반 침적으로 식질이 견고한 토양 → planosol

3) 지하수 토양형

지하수의 영향에 의하여 형성되는 토양

① 배수불량 저지대 : glei층 발달, 염류집적과 수분증발 → 염류토양, 알칼리토양 생성

② 불투수층(우리나라의 습답)과 반층이 있을 때는 물의 이동이 달라 물질이동에 큰 영향

(4) 인위적 영향

인공적으로 식생을 변화시키면 토양형도 달라진다.

1) 삼림

① 낙엽 긁음 : 건조해지고, 자갈만 남아 침식이 심한 암쇄토이다.

② 낙엽 쌓임 : 유기물이 많이 쌓여 암흑색의 부식토가 된다.

2) 경작지

① 인위적 작업으로 토양구조 변형

② 논은 담수로 환원상태가 되어 독특한 토양 상태 형성

③ 시설원예지(어린 시기-entisol, 성숙 시기-mollisol, 노령기-alfisol)

(5) 시간의 영향

① 토양이 환경과 평형을 이루어 충분히 발달하면 독특한 단면형태로 나타난다.

② 시간의 강도가 클수록 토양 발달

   ㉠ 성숙토양 : 독특한 단면형태 → 토양생성 과정의 최종단계

   ㉡ 간척지 토양 : 제염, 배수 등 인위적 수단 가해져 짧은 시간에 토양 발달 가능

   ㉢ 경작지 객토, 유기물 시용하여 작물재배토양

2. 토양생성작용(土壤生成作用)

(1) podzol화 작용

① 토양무기성분이 산성부식질의 영향으로 분해되어 Fe, Al까지도 하층으로 이동하는 것이다.

② 조건 : 염기 공급 안 되고 물의 작용이 필요(강산성, 모재산성암, 배수가 잘 될수록 촉진)

③ 지역 : 한랭습윤지대의 침엽수림 지대

④ 단면특징 : 용탈층과 집적층이 확연(A2층에 석영, 규산 영향으로 백색의 표백층)

    ㉠ 용탈층 : A2층에 석영, 규산 남아서 백색의 표백층

    ㉡ 집적층

        ⓐ B1층 : 부식포드졸

        ⓑ B2층 : R_2O_3집적 → 철포드졸로 불투수층의 반층형성(ortstein)

        ⓒ B층 : 미세점토집적 → 유사포드졸화 작용(점토이동 작용(lessive))

⑤ 논의 포드졸화 작용 : 담수하의 논토양에서 용탈과 집적 현상 → 노후화답

⑥ 토양생성 : 적황색 포드졸성 토양

> **기출문제**
>
> **토양단면상에서 확연한 용탈층(E층)을 나타나게 하는 토양생성작용은?**
>
> ① 회색화작용(gleization)　　　　② 라토솔화작용(laterization)
>
> ③ 석회화작용(calcification)　　　④ 포드졸화작용(podzolization)　　**정답 ④**

(2) latosol화 작용

① 뜻 : 고온다습의 영향으로 유기물이 분해되어 염기용출이 많아서 pH가 중성이 되기 때문에 규산이 용탈됨으로써 철, 알루미늄의 산화물이 상대적으로 많아지는 것

    → 철, 알루미늄의 부화작용, 규산용탈작용

② 조건 : 염기공급으로 pH 중성~약알칼리성 조건

    → 열대, 아열대의 고온다습한 활엽수림

③ 토양단면 : 지표면으로부터 Ⅰ(철각층), Ⅱ(Fe, Al 풍부한 토층), Ⅲ(분해층), Ⅳ(기층)

④ Fe, Al 집적물 : plinthite $\xrightarrow{\text{햇빛에 경화}}$ latelite(Fe, Al의 부화작용)

⑤ 농업에 장애 : 철광석, 알루미늄 광석은 건축자재로 경제적 가치

⑥ allit화 작용(=라테라이트화 작용) : 점토 중에서 규산용탈되고 Fe, Al 화합물이 많아지는 것

다우 · 다습한 열대지역에서 화강암과 석회암에서 유래된 토양이 유년기를 거쳐 노년기에 이르게 되었을 때의 토양 반응은?

① 화강암에서 유래된 토양은 산성이고 석회암에서 유래된 토양은 알칼리성이다.
② 화강암에서 유래된 토양도 석회암에서 유래된 토양도 모두 산성을 나타낼 수 있다.
③ 화강암에서 유래된 토양도 석회암에서 유래된 토양도 모두 알칼리성을 나타낼 수 있다.
④ 화강암에서 유래된 토양은 알칼리성이고 석회암에서 유래된 토양은 산성이다. **정답 ②**

(3) glei화 작용

① 뜻 : 머물고 있는 물 때문에 산소부족으로 환원상태가 되어 $Fe^{3+} \rightarrow Fe^{2+}$이 되고 토층은 청회색을 띰(G층)
② G층의 특징 : 치밀하고 다소 점질성이며 Eh가 매우 낮다.
③ 조건 : 지하수위가 높은 저습지나 배수가 불량한 곳이다.
④ 논포드졸화 작용 : 작토의 철이 용탈되어 표백된 모양의 회백색층을 형성하는 것이다.

지하수위가 높은 저습지 또는 배수가 불량한 곳은 물로 말미암아 $Fe^{3+} \rightarrow Fe^{2+}$로 되고 토층은 담청색 ~ 녹청색 또는 청회색을 띤다. 이와 같은 토층의 분화를 일으키는 작용을 무엇이라 하는가?

① Podzol화 작용   ② Latosol화 작용
③ Glei화 작용   ④ Siallit화 작용 **정답 ③**

(4) 석회화 작용

① 우량이 적은 건조, 반건조하에서 $CaCO_3$ 집적대가 진행되는 토양생성 작용
② 우기에 염화물, 황화물은 용탈되고 Ca, Mg는 탄산염으로 토양 전체에 집적되며 토양은 칼슘으로 포화되고 전해질이 존재하면 응고한다.
③ 석회화작용으로 이루어진 대표적 토양 : 체르노젬
   (석회로 포화된 중성부식, 무기질 풍부 → 비옥)
④ 토양단면 : B층은 없고, A, C층만 있다.

(5) 부식 및 이탄 집적 작용

① 중요성 : 층위분화를 더욱 활발하게 하여 토양 발달
② 조건 : 식물유체 공급이 많고, 모재 중에 이용성 Ca 많고, 유기물의 무기화 억제
③ 집적지대 : 저지대, 물속(유기물 분해가 늦기 때문에 부식집적된다.)
　　　　　　 물속에서는 악취가 나는 수저유기물이 집적된다.

참고정리

✔ 신체계에 의한 토양 분류(12목)

① 엔티솔(Entisols) : 분명한 생성층위가 없는 미숙토양으로 모든 기후에서 생성되며 비성대성 토양의 대부분이고, tundra가 있다.

② 버티솔(Vertisols) : 팽윤성 점토가 많은 토양으로 건조기에 깊고 폭이 넓은 틈이 생기며 건습이 반복되는 아열대, 열대기후에서 생성된다. grumusol이 여기에 속한다.

③ 인셉티솔(Inceptisols) : 물질의 변성 또는 농축에 의하여 생성층위를 갖는 토양으로 탄산염, 규산염 이외의 물질이 집적되어 있으며 산성갈색토와 화산회토가 여기에 해당한다.

④ 아리디솔(Aridisols) : 건조지대의 토양으로 용탈이 적어 석회 혹은 가용성 염류가 층위에 있다. 사막토, 갈색토, solonetz 등이 있다.

⑤ 몰리솔(Mollisols) : 반건 · 반습한 지대의 토양으로 유기물이 많아 부드러운 표층을 가지며 염기성분이 높은 토양이다. 율색토, chermozem, 흑색 초원토가 여기에 해당한다.

⑥ 스포도솔(Spodosols) : 한랭 습윤지의 A2층이 표백된 토양으로 하층토에 비정질의 물질이 집적된 토양이다. podzol 토양이 여기에 해당한다.

⑦ 울티솔(Ultisols) : 주로 온난 습윤한 열대 또는 아열대 지역에서 생성된 점토가 집적하고 염기성분이 낮은 하층토를 가지며 산성을 띤다. 적갈색 laterite 토양이 여기에 해당한다.

⑧ 알피솔(Alfisols) : B층에 점토가 집적층을 이루고 염기성분이 있는 토양으로 회갈색 podzol 토양이 여기에 해당한다.

⑨ 옥시솔(Oxisols) : 가수산화물 및 석영의 혼합물로 되어 풍화되기 쉬운 광물 함량이 낮은 생성층위를 갖는 토양으로 laterite가 해당한다.

⑩ 히스토솔(Histosols) : 유기질 토양으로 이탄토, 흑니토 등이 해당한다.

⑪ 안디솔(Andisols) : 임시로 정한 토양목으로 화산 활동에 의해 형성되어 60% 이상이 화산 분출물로 구성되어 있다. 대부분이 알로판과 알루미늄 유기산 복합체로 구성되어 있으며 양이온 교환용량과 흡착력이 높다.

⑫ 젤리솔(Gelisol) : 표토 100cm 이내 영구 동결층 또는 200cm 이내의 동결 변형 토질의 영구 동결층이 있다.

기출문제

토양의 토양목 중 토양발달의 최종단계에 속하여 가장 풍화가 많이 진행된 토양으로 Fe, Al 산화물이 많은 것은?

① Mollisols　　　　　　　　　　② Oxisols

③ Ultisols　　　　　　　　　　④ Entisols　　　　　정답 ❷

3. 토양단면(土壤斷面)

A, B, C 및 R로 표시 → 생성학적인 뜻을 지녀야 한다.

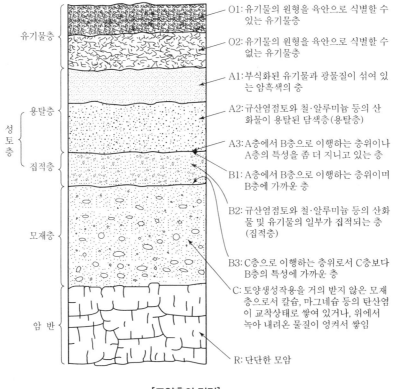

O1: 유기물의 원형을 육안으로 식별할 수 있는 유기물층

O2: 유기물의 원형을 육안으로 식별할 수 없는 유기물층

A1: 부식화된 유기물과 광물질이 섞여 있는 암흑색의 층

A2: 규산염점토와 철·알루미늄 등의 산화물이 용탈된 담색층(용탈층)

A3: A층에서 B층으로 이행하는 층위이나 A층의 특성을 좀 더 지니고 있는 층

B1: A층에서 B층으로 이행하는 층위이며 B층에 가까운 층

B2: 규산염점토와 철·알루미늄 등의 산화물 및 유기물의 일부가 집적되는 층(집적층)

B3: C층으로 이행하는 층위로서 C층보다 B층의 특성에 가까운 층

C: 토양생성작용을 거의 받지 않은 모재층으로서 칼슘, 마그네슘 등의 탄산염이 교착상태로 쌓여 있거나, 위에서 녹아 내려온 물질이 엉켜서 쌓임

R: 단단한 모암

유기물층 / 용탈층 / 집적층 / 모재층 / 암반

성토층

[토양층의 명명]

4. 토양층위별 특성

(1) O층(유기물층)

① 유기물 층위로서 A1 층위에 위치 → 삼림토양, 밀집한 식생하에서 볼 수 있다.

② 유기물 분해정도

　㉠ O1층 : 유기물의 원조직 육안 구별 → L층(낙엽퇴)

　㉡ O2층 : 유기물 원조직 육안식별 안 됨 → F층, H층으로 구분

> **기출문제**
>
> 토양단면에서 유기물의 분해가 활발하게 진행되고 있는 층위(F층)와 부식화가 진행된 층위(H층)가 존재하는 토양의 층은?
>
> ① 유기물층(O층) 　　　② 용탈층(A층)
> ③ 집적층(B층) 　　　④ 모재층(C층)
>
> 정답 ①

(2) A층(무기물표층)

① A층(무기물표층)은 부식화된 유기물과 섞여 있기 때문에 아래 층위보다는 암색을 띠고 물리성이 좋다.

② 대부분 입단구조가 발달되어 있으며 식물의 잔뿌리가 많이 뻗어 있다.

③ O층이 없거나 경사지 · 개간지 또는 토심이 얕아 투수량이 적은 암쇄토로 구성된 곳의 A층은 침식을 받기 쉽다.

(3) E층(최대 용탈층)

① E층(최대 용탈층)은 용탈작용의 첫 글자인 'E'자를 따서 이름을 붙였다.

② 규반염점토와 Fe · Al의 산화물 등이 용탈되어 위 · 아래층보다 조립질이거나 내풍화성 입자의 함량이 많고 담색을 띤다.

(4) B층(집적층)

집적층으로 A층에서 용탈된 물질이 침전집적 또는 재결합, 물질이 집적되고 구조 발달(점토, 철, 알루미늄 부식), 빛깔이 진하다.

① B1 : A층에서 B층으로 이행하는 층위

② B2 : B층의 특성 최대로 가진 층위, 물질 집적, 구조 발달, 집적물질에 따라 B2t(점토집적), B2h(부식집적), B2ir(철집적)

③ B3 : B층에서 C층으로 이행하는 층위

(5) C층(모재층)

토양생성을 받지 않는 모재의 층

(6) R층(모암층)

모암 → D층이라고도 한다.

Ⅲ 기출문제

다음 중 토양 단면 중 '집적층'을 나타내는 것은?

① A층　　　　　　　　　　　② E층
③ B층　　　　　　　　　　　④ C층　　　　　　　정답 ③

토양통기성이 양호한 밭토양에서 미생물의 분포가 가장 많은 토층은?

① A층　　　　　　　　　　　② B층
③ C층　　　　　　　　　　　④ R층　　　　　　　정답 ①

토양 단면에서 비토양 부위에 해당되는 층으로 토양생성작용을 거의 받지 않는 층은?

① 성토층　　　　　　　　　　② 집적층
③ 용탈층　　　　　　　　　　④ 모재층　　　　　정답 ④

02 토양의 성질

1 토양의 물리적 성질

1. 토성

광질 토양은 크기가 서로 다른 입자의 집합체로 되어 있다. 토양을 풍건한 후 2mm의 체로 쳐서 2mm 이상의 것을 자갈이라 하고, 그 이하의 것을 세토라 하며, 세토를 다시 모래·가루모래·찰흙 등으로 분류할 수 있다.

‖ 토양의 입경 구분과 성질의 비교 ‖

입경 구분		지름(mm)		1g당 입자 수	비표면적 (cm²/g)
		미국 농무성 기준	국제토양학회 기준		
극조사	very coarse sand	2.00~1.00		90	11
조사	coarse sand	1.00~0.50	2.00~0.20	720	23
중간사	medium sand	0.50~0.25		5,700	45
세사	fine sand	0.25~0.10	0.20~0.02	46,000	91
극세사	very fine sand	0.10~0.05		722,000	227
미사	silt	0.05~0.002	0.02~0.005	5,776,000	454
점토	clay	<0.002	<0.002	90,260,853,000	8,000,000

(1) 토양 입자 구분과 성질

1) 자갈(礫)

① 입경 2mm 이상으로 암석의 기계적인 파편이다.

② 자갈은 수분과 식물 무기 양분의 흡착과는 무관하기 때문에 역질 토양과 같이 이것의 함량이 높은 토양은 건조하기 쉽다.

③ 자갈이 점토함량이 많은 식질 토양 중에 적당히 함유되어 있으면 통기성 및 투수성이 양호하여 작물생육을 조장하고 토양 침식을 경감한다.

2) 모래(조사 + 세사)

① 석영, 장석 등 비교적 풍화가 어려운 조암 광물로 이루어진 것이다.

② 식물 무기 양분의 흡수와는 직접 관계가 없으나, 토양 중 점토의 주위에서 골격 역할을 한다.

③ 식토 중에 적당량 함유되면 비모세관 공극량(대공극량)이 증대되어 통기성 및 투수성이 양호하며, 경운도 용이하여 작물 생육을 조장한다.

3) 가루모래(미사)

① 미사는 불규칙한 조각으로 그 표면에 점토 입자가 부착한다.

② 다소의 수분이나 비료 성분의 흡착력을 가지며 끈기가 있어 응집성을 가지며 가역성도 갖는다.

4) 찰흙(점토)

① 점토는 2차 광물로서 교질의 성질을 가지므로 교질성에 해당한다.

② 수분과 양분의 흡수, 흡수에 의한 용적의 변화, 가소성, 응집성이 강하다.

┃ 토양 입자의 구분과 그 물리성 ┃

구분	조사 (입경 2.00 ~0.20mm)	세사 (입경 0.20 ~0.02mm)	미사 (입경 0.02 ~0.002mm)	점토 (입경 0.002mm 이하)
용수량	매우 적음	중 정도	많음	매우 많음
모관력	매우 약함	좋음	강함	매우 강함
가스·수분 및 양분의 흡수능	매우 약함	약함	좋음	매우 강함
가소성 및 응집력	없음	약함	강함	매우 강함
통기성	매우 좋음	좋음	불량함	매우 불량함

Ⅲ 기출문제

보수력이 가장 큰 토양의 토성은?

① 사양토
② 식토
③ 양토
④ 조사양토

정답 ❷

(2) 토성의 정의

토양의 무기질 입자의 양적 비율, 즉 물리적 조성에 의한 토양의 분류이다.

⑥ 참고정리

✔ 토양의 물리적 성질에 관한 용어
① 응집성(cohesion) : 흙알맹이가 서로 엉키는 성질
② 점착성(adhesion) : 흙알맹이가 농기구나 다른 물체에 늘어붙는 성질
③ 가역성(plasticity) : 흙에 물을 부어 반죽한 다음 어떤 모양으로 만들 수 있는 성질
④ 팽윤성(swelling) : 흙알맹이가 물을 흡수하여 부푸는 성질

1) 토성의 결정법

① 3각 도표법 : 정삼각형의 각 정점을 모래·미사 및 점토의 100%로 취하고, 각 변 위에 그 토양의 모래·미사 및 점토 함량을 취하여 대변과 평행하게 그은 직선의 교점으로부터 토성을 결정한다. 예를 들면 점토 15%, 미사 20%, 모래 65%인 토양은 삼각도상으로 사양토임을 알 수 있다.

기출문제

토성을 결정하는 데 사용되지 않는 인자는?

① 모래
② 미사
③ 점토
④ 유기물

정답 ④

② 간역법(簡易法) : 야외에서 토성을 판단할 때에는 토양의 건습에 따라 손가락으로 느끼는 감각이 각각 다르기 때문에 손가락의 촉감으로 토성 등급을 결정하려면 흙을 물로 잘 적신 후 손가락 사이에서 잘 비벼 보아야 한다.

㉠ 모래의 입자는 까슬까슬한 느낌이 있다.

㉡ 미사는 건조했을 때 밀가루나 활석가루를 비비는 느낌이 있으며, 젖었을 때에는 어느 정도 소성이 있다.

㉢ 점토는 건조하면 매끈거리는 감이 있고, 젖었을 때에는 가소성과 점착력이 크다.

‖ **점토 함량과 토성** ‖

점토 함량	토성
< 12.5%	사토(sand)
12.5~25%	사양토(sandy loam)
25~37.5%	양토(loam)
37.5~50%	식양토(clay loam)
> 50%	식토(clay)

‖ **자갈 및 부식의 함량에 관한 용어** ‖

자갈		부식	
함량(%)	용어	함량(%)	용어
5~10	함유(with some)	2~5	함유(with some)
10~30	풍부(rich in)	5~10	풍부(rich in)
30~50	심히 풍부(very rich in)	10~20	심히 풍부(very rich in)
> 50	역토 및 각력토(graverand debris)	> 20	부식토(humus)

 기출문제

다음 중 점토함량이 가장 많은 토성은?

① 사토
② 양토
③ 식토
④ 식양토

정답 ③

참고정리

✔ **토양의 비중**

① 비중의 정의 : 토양이 갖는 무게를 그가 차지하는 용적으로 나눈 것이다.

② 입자 밀도(진비중) : 토양 입자가 차지하는 부피로서 건조한 토양의 무게를 나누어 구하는 밀도를 말한다.

㉠ 토양 광물이 중금속을 많이 함유하면 입자비중은 크지만 광물질 중에서 자연 토양을 이루는 1 · 2차 광물은 석영, 장석, 운모, 규산염 점토로서 대개 2.60 내지 2.75 범위에 있다.

㉡ 토양의 고상 중에서 유기물은 비중이 상당히 낮기 때문에 이 성분이 혼합되어 있는 표토는 심토보다 입자비중이 낮다.

㉢ 경작지 토양의 표토는 대부분 유기물의 함량이 낮아서 그 입자비중은 2.65이다.

㉣ 입자밀도의 계산은 다음과 같은 식으로 계산한다.

$$입자밀도(g/mL) = \frac{건조 \; 토양의 \; 무게}{토양에 \; 의하여 \; 대체된 \; 물의 \; 무게}$$

‖ **토양 구성의 진비중** ‖

광물	진비중
석영	2.65~2.70
정장석	2.54~2.57
사장석	2.60~2.76
흑운모	2.17~3.10
백운모	2.80~3.00
각섬석	2.90~3.40
방해석	2.50~2.80
활석	2.50~2.80
부식	1.10~1.30
토양 유기물 전체	1.20~ 1.70

기출문제

다음 중 비중이 가장 낮은 것은?

① 석영　　　　　　　　　　　② 정장석
③ 부식　　　　　　　　　　　④ 카올리나이트(kaolinite)　　　　**정답 ③**

2. 용적비중(가밀도)

입자가 차지하는 부피뿐만 아니라 입자 사이의 공극까지 합친 부피로서 토양의 무게를 나누어 구하는 밀도이다.

① 용적비중은 자연 상태에 있는 토양의 비중이므로 무기·유기질 입자 외에 토양공기·수분의 무게를 합친 것으로 진비중보다 그 값은 일반적으로 작다.

② 용적비중은 일정량의 건토 무게를 그 용적으로 나눈 값으로 다음 식에 의하여 계산된다.

$$용적비중(g/mL) = \frac{건토의\ 무게(g)}{토양을\ 채운\ 부피(cc)}$$

③ 용적비중은 실제에 있어 토양 구조를 반영하고 통기성, 보수력 및 투수성을 암시하며 작물의 생육상을 알 수 있는 기준이 된다.

④ 용적비중과 토양 구조 및 토성
　㉠ 사토에서는 크고, 유기물 함량이 많거나, 입단화가 잘 된 토양에서는 작다.
　㉡ 표토보다는 심토가, 기경지보다는 미경지가 각각 크다.
　㉢ 우리나라의 경작지 토양의 용적비중은 논토양과 밭토양에 따라 차이가 있으나 대체로 1.0~1.2의 범위에 있다.

⑤ 토양의 중량 계산 : 토양의 가비중 또는 용적비중은 일정 면적 또는 일정 용기 내의 토양을 중량으로 표시하는 데 쓰이는 항수가 된다.

기출문제

경작지토양 1ha에서 용적밀도가 1.2g/cm³일 때 10cm 깊이까지의 작토층 질량은?(단, 토양 수분 질량은 무시한다)

① 120,000kg
② 240,000kg
③ 1,2000,000kg
④ 2,400,000kg

정답 ③

＊1ha = 100m×100m = 10,000m², 10,000m²×0.1m = 1,000m³
　1,000×1.2×1,000 = 1,200,000kg = 1,200톤

토양의 용적밀도를 측정하는 가장 큰 이유는?

① 토양의 산성 정도를 알기 위해
② 토양의 구조발달 정도를 알기 위해
③ 토양의 양이온 교환용량 정도를 알기 위해
④ 토양의 산화환원 정도를 알기 위해

정답 ②

3. 토양의 구조

(1) 토양 구조의 정의

토양은 크고 작은 일차 입자가 합쳐져서 일정한 입체적인 배열 형태를 갖는 이차 입자를 형성하여 물의 보유 및 이동과 공기의 유통에 필요한 공극을 이룬다. 즉, 단립과 토괴로부터 발달하여 입단이 되는데 이와 같이 토양 입자의 집단화 또는 배열을 표시하는 것을 토양의 구조라 한다.

(2) 토양 구조의 분류

1) 입상 구조

① 외관이 거의 구상이고, 입단이 둥글다.

② 건조조건하에서 생성되고, 유기물이 많은 곳에서 발달한다.

③ 1cm 이하의 빵조각구조로서 작토 또는 표토에 많으며 작물생육에 유리하다.

2) 괴상 구조

① 다면체를 이루며, 밭토양과 삼림의 하층토에 많다.

② 여러 토양의 B층에서 흔히 볼 수 있으며, 입단 상호 간의 간격이 좁다.

3) 주상 구조

① 반건조~건조지방의 심토에서 발달하며, 우리나라 해성토의 심토에서 볼 수 있다.

② 점토질 논토양과 알칼리성 토양에서 발달한다.

4) 판상 구조

① 습윤지대의 A층에서 발달하며 논의 작토 밑에서 볼 수 있다.

② 토양 수분의 수직배수가 불량하다.

Ⅲ 기출문제

유기재배 토양에 많이 존재하는 떼알구조에 대한 설명으로 틀린 것은?

① 떼알구조를 이루면 작은 공극과 큰 공극이 생긴다.
② 떼알구조가 발달하면 공기가 잘 통하고 물을 알맞게 간직할 수 있다.
③ 떼알구조가 되면 풍식과 물에 의한 침식을 줄일 수 있다.
④ 떼알구조는 경운을 자주 하면 공극량이 늘어난다. **정답 ④**

토양의 입단화(입단화)에 좋지 않은 영향을 미치는 것은?

① 유기물 사용 ② 석회 사용
③ 칠레초석 사용 ④ krilium 사용 **정답 ③**

기출문제

토양 입자의 입단화 촉진에 가장 우수한 양이온은?

① Na$^+$

② Ca^{2+}

③ NH$_4^+$

④ K$^+$

정답 ②

4. 토양의 공극

(1) 공극의 정의

고형물 사이에 물이나 공기로 채워질 수 있는 틈을 공극이라 하며, 이 공극은 공기의 통로나 물의 저장 공간 또는 물의 통로가 되며, 공극의 분량이나 모습, 크기는 작물의 생육과 밀접한 관계가 있다.

(2) 광물질 토양의 공극량

1) 토양의 공극률은 입자비중과 용적비중으로부터 다음과 같이 계산된다.

$$공극률 = 100 \times \left[1 - \frac{용적비중}{입자비중} \right]$$

예를 들어 어떤 토양의 입자밀도를 2.6, 용적밀도를 1.2라고 하면 공극률은 다음과 같다.

$$공극률 = 100 \times \left[1 - \frac{1.2}{2.6} \right] = 54(\%)$$

기출문제

토양의 입자밀도가 2.65g/cm^3, 용적밀도가 1.45g/cm^{3}인 토양의 공극률은?

① 약 30%

② 약 45%

③ 약 60%

④ 약 75%

정답 ②

토양의 전용적밀도가 1.5g/cm^{3}일 때 토양의 공극률은?(단 입자밀도는 2.6g/cm^{3}이다.)

① 58%

② 42%

③ 32%

④ 27%

정답 ②

＊ 공극률 = (1 − 1.5/2.6) × 100 = 42%

> **참고정리**
>
> ✔ **전용적밀도(容積密度, 全容積密度)**
> ① 일정 용적을 차지하는 분말의 물에 대한 중량의 비율
> ② 토양의 주어진 부피에 대한 고상의 건조중량 비인 토양의 단위부피당 건조중량

2) 토성에 따른 공극량

부식질 토양은 공극량이 많다. 또 관리가 잘 되어서 토양 입자가 입단화되어 있는 토양에도 공극량이 많다. 일반적으로 사질토보다는 식질토에서, 심토보다는 표토에서 공극량이 많다. 표로 나타내면 다음과 같다.

토성	가밀도	공극량(%)	점토 함량(%)
사토	1.6	40	12.5 이하
사양토	1.5	43	12.5~25
양토	1.4	47	25~37.5
식양토	1.2	55	37.5~50
식토	1.1	58	50

3) 공극이 너무 작으면 공기 유통이 불량하여 식물뿌리가 질식될 우려가 있으며(식토), 반대일 경우에는 물을 저장하지 못하여 한발의 피해를 입게 된다(사토).

4) 토양 구조에 따른 공극량

토양 입자의 배열에 따라서 공극량에 차이가 있다. 즉, 토양 구조는 정렬의 단립 구조와 입단 구조, 사열의 단립 구조와 입단 구조로 구분하는데 그의 공극량은 다음의 표와 같다.

구분	단립 구조		입단 구조				
배열법	정렬	사열	입단 내의 입자배열	정렬	사열	정렬	사열
			입단배열	정렬	사열	사열	정렬
공극량(%)	47.64	25.95		72.58	45.17	61.28	61.23

(3) 공극의 분류

1) 일반적 분류

① 모세관 공극(소공극) : 모관 작용에 의하여 토양 수분이 이동할 수 있는 공극으로 보수 역할을 한다.

② 비모세관 공극(대공극) : 모세관 작용이 이루어지지 않는 큰 공극으로서 배수와 통기가 이루어진다. 물로 포화된 토양을 자연 배수시켜 24시간 후에 토양 중에서 기체가 차지하는 공극, 또는 포화 수분의 토양을 pF 1.5~1.7에 상당하는 압력으로 흡인시킨 후의 기체가 차지하는 공극이라고 정의한다.

2) 특수 분류

① **토성 공극** : 입자 간의 공극 또는 입단 내의 공극
② **구조 공극** : 입단 사이의 공극 및 균열 공극
③ **특수 공극** : 근계, 소동물, gas 발생 등에 의한 공극

3) 기타 분류

① **액상 공극** : 수분이 차지하는 부피
② **기상 공극** : 기체가 차지하는 부피

Ⅲ 기출문제

유효수분이 보유되어 있는 공극은?

① 대공극
② 기상공극
③ 모관공극
④ 배수공극　　　　**정답 ③**

유기재배 시 작물생육에 크게 영향을 미치는 토양공기 조성에 관한 설명 중 알맞은 것은?

① 토양공기의 갱신은 바람의 이동 영향이 가장 크다.
② 토양공기는 대기와 교환되므로 이산화탄소 농도가 늘어난다.
③ 토양공기 중 이산화탄소는 식물뿌리 호흡에 의해 발생된다.
④ 토양공기 중 산소는 혐기성 미생물에 의해 소비된다.　　　　**정답 ③**

---

5. 토양온도

작물이나 미생물의 생육과 토양생성작용의 주요 요소 중 하나는 토양온도이다. 일반적으로 토양온도가 낮아지면 유기물의 분해가 서서히 이루어지고 다량의 부식이 쌓이게 되지만, 온도가 높아지면 유기물의 분해가 빨라져서 무기화작용이 매우 촉진된다. 따라서, 냉대와 냉온대지방에서는 부식의 축적이 이루어지고, 온대나 열대지방에서는 유기물의 분해가 신속히 일어나므로 부식이 쌓이지 않는다.

(1) 토양 표면의 온도 결정

수열량과 방열량의 차이에 의해 결정된다.

① 수열 : 비열, 열전도도, 토양색, 피복물, 경사도, 방향 등
② 방열 : 물의 증발량, 열복사

(2) 토양의 비열

비열이란 어떤 물질 1g을 1℃ 올리는 데 필요한 열량으로서 비열이 높을수록 온도 변화가 적다.

① 비열 크기 : 공기(0) < 무기성분(0.2) < 유기성분(0.4) < 수분(1)
② 토양 4성분 중에서 물의 비열이 가장 크므로 토양 온도 변화는 토양 수분함량에 의하여 결정된다.
③ 사양토는 이른 봄에 지온 상승이 빠르므로 작물의 생장 및 성숙이 빠르게 되어 화훼나 시장 작물의 재배에 알맞다.
④ 밀은 식토에서, 보리는 사토에서 자란 것이 품질이 좋다.

(3) 토양의 열전도율

① 무기성분 > 유기성분 > 액상 > 기상
② 대립 > 소립
③ 부식의 열전도율은 낮으므로 토양 내 부식함량이 많을수록 열전도가 늦다.
④ 밀집구조 > 엉성한 구조
⑤ 사토 > 양토 > 식토 > 이탄토

(4) 토양색에 따른 토양온도

토양색이 진할수록 토양온도가 높다.
유기물 > 남 > 적 > 갈 > 녹 > 황 > 백색의 순이다.

(5) 토지의 수열량

광선을 받는 면적은 수열량과 반비례한다.
평지에 비해 경사지의 수열량이 많아 온도가 높다.

(6) 토양 피복과 지온

피복식물이 있으면 지온의 변동이 적다.
잎이 밀생하고 초장이 높을수록 지면 부근의 일교차는 적다.

III 기출문제

토양의 비열이란?

① 토양 100g을 1℃ 올리는 데 필요한 열량
② 토양 1g을 1℃ 올리는 데 필요한 열량
③ 토양 10g 을 1℃ 올리는 데 필요한 열량
④ 토양 1g의 열량으로 수온을 1℃ 올리는 데 필요한 열량   **정답 ❷**

6. 토양색

토양의 색은 토양의 성질 또는 생성과정을 아는 데 중요한 사항의 하나이며, 그 토양의 풍화과정이나 이화학적 성질의 유래를 판정하는 데 도움이 된다. 또한 토양의 비옥도를 판정하는 자료로 삼을 수도 있다.

(1) 토양색의 지배 인자

토양의 색은 주로 유기물과 철에 의해 결정된다.

① 유기물은 부식화가 진행될수록 흑색을 띤다.
② 철은 토양상태에 따라 존재형태를 달리하여 색이 변화한다.

토양상태	존재형태	토양색
산화상태	Fe_2O_3	적갈색
↕	$Fe_2O_3 \cdot 3H_2O$	황색
환원상태	FeO	청회색

③ 망간은 흑백색이나 갈색을 띤다.
④ 함수량은 습윤한 상태에서는 색이 짙고, 건조하면 담색을 보인다.
⑤ 통기성은 통기 상태가 좋은 표토나 배수가 좋은 습윤지방의 심토는 황색~적색 계통의 색을 보이며, 배수가 불량한 곳이나 저습지 등에서는 회록색 또는 회청색을 보인다.
⑥ 조암광물
  ㉠ 석영, 장석, 백운모, 탄산염 등은 흰색을 보인다.
  ㉡ 철이 들어 있는 광물은 황색 내지 적색을 보인다.
⑦ 풍화 정도는 표토가 황색인 것은 적색인 것보다 풍화가 더 진행되었다.
⑧ 논토양의 독특한 회색은 $Fe^{2+} \cdot FeS \cdot$ 부식물 등이 섞여 있기 때문이며, glei 층의 청회색은 FeO 때문이다.

산화철이 존재하는 토양에서 물이 많고 공기의 유통이 좋지 못한 곳의 색상은?

① 붉은색   ② 회색
③ 황색   ④ 흑색   **정답 ②**

일반적으로 유기물이 많이 함유되어 있는 토양은 대부분 어떤 빛깔을 띠는가?

① 흑색   ② 흰색
③ 적색   ④ 녹색   **정답 ①**

(2) 토양색의 표시

가장 많이 이용되고 있는 표시법은 Munsell 기호에 의한 것이며, 이 표시법은 토양색을 색상 · 명도 · 채도로 나타낸다.

① **색상** : 40 색상으로 구분한다.

② **명도** : 흑을 0, 백을 10으로 하여 모두 11단계로 구분한다.

③ **채도** : 무채색의 축을 0으로 하여 각 색상과 명도를 10단계로 구분한다.

④ 예를 들어 토양색이 '5YR 5/6'으로 표시되었을 경우, 5YR은 색상, 5는 명도, 6은 채도를 나타낸다.

2 토양의 화학적 성질

1. 1차 광물

① 암석이 기계적 · 화학적 · 생물학적 작용으로 붕괴 또는 분해되었을 때 큰 변화가 없는 광물로, 주요한 화학성분으로 SiO_2, Al_2O_3, Fe_2O_3, CaO, MgO, K_2O, Na_2O 등이 함유되어 있다.

② 토양 광물은 주로 Si, Al, Fe 등을 함유하고 있으므로 이를 규반염 광물이라고도 한다.

자연상태 토양에 존재하는 화학성분 중 토양에 많이 존재하는 순서대로 배열된 것은?

① 규산 > 반토(Al_2O_3) > 산화칼슘 > 산화철
② 규산 > 반토(Al_2O_3) > 산화철 > 산화칼슘
③ 반토(Al_2O_3) > 규산 > 산화칼슘 > 산화철
④ 반토(Al_2O_3) > 규산 > 산화철 > 산화칼슘   **정답 ②**

2. 점토광물(2차 광물 · (무기)교질물 · 콜로이드)

(1) 점토광물의 일반적 구조

점토광물은 일반적으로 판상격자 모양을 하고 있는 결정형 구조로서, 규산 4면체판과 알루미나 8면체판이 결합되어 결정단위를 이루고 있다.

1) 규산 4면체판

① 4개의 산소이온이 1개의 규소원자를 둘러싸는 4면체가 구성단위가 되어 판상으로 배열된 판이다.

② 판모양 형성 후 판상 내부에 정육각형의 공간이 생기고 이 공간에 NH_4^+과 K^+이 고정된다.

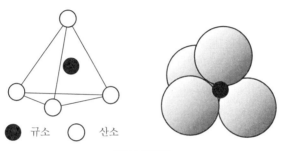

● 규소 ○ 산소

[규산 4면체]

2) 알루미나 8면체판

① 6개의 산소나 수산기이온(OH^-)이 Al^{3+}나 Mg^{2+}를 둘러싸는 8면체가 구성단위가 되어 판상으로 배열된 판이다.

② 1 : 1 점토광물에서는 외부로 노출되어 OH^-들이 PO_4^{3-} 및 그 밖의 음이온을 고정한다.

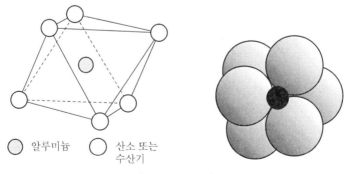

○ 알루미늄 ○ 산소 또는 수산기

[알루미나 8면체]

(2) 점토광물의 분류

1) 판상배열에 따른 분류

① 1 : 1 격자형

규산판
알루미나판
규산판
알루미나판
규산판
알루미나판

② 2 : 1 격자형

규산판
알루미나판
규산판
규산판
알루미나판
규산판

③ 혼층형(chlorite)

규산판
알루미나판
규산판
마그네슘 8면체판
규산판
알루미나판
규산판

2) 팽창 유무에 따른 분류

① 팽창형 점토광물

　㉠ 수분이 결정단위 사이로 자유로이 침투하여 층간의 간격이 팽창 · 수축한다.

　㉡ 토양의 팽창과 수축이 심하면 응집성과 점착성 등이 커서 토양구조가 불안정하므로 물리적 성질이 좋지 않다.

　㉢ K^+나 NH_4^+가 규산판의 내부에 고정되기도 한다.

　㉣ 보수력이나 보비력이 비팽창형에 비해 우수하다.

　㉤ montmorillonite, vermiculite 등

② 비팽창형 점토광물

　㉠ 결정단위 사이에 강한 결합력이 작용하여 단위 사이 간격이 일정하게 유지된다.

　㉡ 팽창과 수축이 심하지 않으며 응집성과 점착성 등이 작으므로 토양구조를 안정적으로 유지해준다.

　㉢ 팽창형에 비해 양이온치환용량이 낮다.

　㉣ illite, kaolinite 등

(3) 주요 점토광물의 구조와 성질

1) Kaoline계

① 1 : 1 형 광물이며 표면에 OH^-가 노출되어 인산고정이 이루어진다.

② 비팽창형 점토광물로서 단위 사이에 $O-H$ 결합에 의해 간격이 일정하다.

③ 입자가 크므로 점착성 · 응집성 · 수축성이 적어 토양구조가 안정적으로 유지된다.

④ 고령토라고도 하며, 우리나라 점토광물의 대부분을 차지한다.

⑤ podzol 토양의 주요 점토광물로서 온난 · 습윤한 기후에서 염기물질이 신속히 용탈될 때 생성된다.

⑥ kaolinite, halloysite, metahalloysite 등이 있다.

⑦ 양이온치환용량(cation exchange capacity ; C.E.C)은 3~15me/100g이다.

Ⅲ 기출문제

우리나라 토양에 많이 분포한다고 알려진 점토광물은?

① 카올리나이트
② 일라이트
③ 버미큘라이트
④ 몬모릴로나이트

 정답 ①

2) Montmorillonite계

① 2 : 1형이며 팽창형 점토광물이다.

② 입자가 미세하며, 점착성 · 응집성 · 수축성 등이 크다.

③ 산성백토라고도 한다.

④ 염기가 서서히 용탈되는 조건에서 고토가 많을 때 생성된다.

⑤ 규산 4면체의 규소는 Al^{3+}로 치환되는 정도가 15% 이하로 한정된다.

⑥ 양이온치환용량은 80~150me/100g이다.

3) Illite계

① 가수운모라고도 하는데, 2 : 1형 광물이며, 비팽창형 광물이다.

② 생성과정에서 규산 4면체의 일부 규소가 Al^{3+}으로 치환되면서 부족한 이온을 충족하기 위해 K^+이 층간에 침입하여 단위 사이에 K^+ 이온의 결합으로 간격이 일정하다.

③ 점토광물 중 가장 많은 SiO_2 함량과 $K_2O(K^+)$ 함량을 보인다.

④ glauconite · pyrophyllite · muscovite · biotite · talc 등이 이에 속한다.

⑤ 양이온치환용량은 10~40me/100g 정도이다.

4) Chlorite

① 2 : 1 격자형 광물(운모층)과 1 : 1 격자형 광물(brucite 층)이 합쳐진 구조이다.

② 생성이 가장 빠르다.

③ 양이온치환용량은 10~40me/100g이다.

5) Vermiculite

① 2 : 1형이며, 팽창형 점토광물이다.

② 2개 분자의 수분층과 운모층이 엇갈려 조합된 결정단위를 가진 광물이다.

③ 칼륨고정 능력이 가장 크다.

④ 양이온치환 용량은 100~150me/100g이다.

6) 산화철과 산화알루미늄

① 철과 알루미늄 분자에 결합된 수산기(OH^-)에서 H^+의 일부가 해리되어 주위의 양
   이온을 흡착할 수 있는 점 등이 규산염 점토광물과 비슷한 성질을 갖는다.

② 규산염 점토광물보다 점착성, 가소성, 응집성이 낮으므로 물리성이 비교적 좋다.

③ 산화철의 수화물에는 침철광 · 갈철광이 있고 산화알루미늄의 수화물에는 gibbsite
   가 있다.

7) Allophane

① 일정한 형태가 없는 부정형 점토광물이다.

② 화산회토에서 볼 수 있으며, 우리나라에서는 제주도에 많이 있다.

③ 부식을 흡착하는 힘이 강하며, 강한 인산 고정력을 나타낸다.

④ 음전하 발생은 주로 pH 의존전하이다.

⑤ 양이온치환용량은 30~200me/100g이다.

3. 토양 교질과 염기치환

(1) 토양 교질

① 토양 입자 중에서 입경이 $0.1\mu m$ 이하인 미세한 입자로서 무기교질물과 유기교질물로
   구분한다.

   ㉠ 무기교질물 : 암석광물이 풍화되어 토양 생성 과정에서 재합성된 미세한 점토광물
   이다.

   ㉡ 유기교질물 : 유기물의 분해 잔해인 부식이다.

② 토양 교질물은 미세한 입자이므로 활성표면적이 크고, 무기 양분과 수분을 흡착하며,
   토양의 물리 · 화학적 성질에 큰 영향을 미친다.

③ 토양 교질물을 많이 함유한 토양은 수분의 증발과 유실이 적어 보수력이 크다.

(2) 양이온치환용량

① 토양 교질에 치환 침입하는 양이온은 교질이 흡착하는 양이온의 수와 같으므로 교질의 흡
   착능력을 양이온 혹은 염기 치환용량(base exchange capacity ; B.E.C)이라고 한다.
   즉 토양이나 교질물 100g이 갖고 있는 치환성 양이온 총량을 mg당량(milliequivalent ;
   me)으로 나타낸다.

② 용액의 pH에 따라 양이온치환용량은 다른데, 이것은 교질물의 종류에 따라 정도의
   차이가 있다. 즉, 용액의 pH가 낮아지면 kaolinite나 부식은 치환용량이 낮아지고
   montmorillonite는 pH 6 이하에서는 pH가 낮아져도 양이온치환용량은 변동이 없다.

③ 양이온치환용량은 교질물에 따라 다른데 그것은 다음 표와 같다.

(단위 : me/100g)

토양 교질물	양이온교환용량	
	평균값	범위
부식물	200	100~300
Vermiculite	150	100~200
Allophane	100	50~200
Montmorillonite	80	60~100
Hydrous mica · Chlorite	30	20~40
Kaolinite	8	3~15
Hydrous oxides	4	0~10

④ 자연토양은 일반적으로 부식과 점토 함량이 많을수록, 유기물은 부식이 잘된 것일수록 점토 광물은 전기음성도가 큰 것일수록 양이온치환용량이 크다.

📖 기출문제

양이온교환용량이 높은 토양의 특징으로 옳은 것은?

① 비료의 유실량이 적다.　　　　　② 수분 보유량이 적다.
③ 작물의 생산량이 적다.　　　　　④ 잡초의 발생량이 적다.　　정답 ❶

토양의 CEC란 무엇을 뜻하는가?

① 토양 유기물 용량　　　　　　　② 토양 산도
③ 양이온교환용량　　　　　　　　④ 토양수분　　　　　　　　　정답 ❸

다음 중 단위 무게당 가장 많은 양의 음전하를 함유한 광물은?

① kaolinite　　　　　　　　　　② montmorillonite
③ illite　　　　　　　　　　　　④ chlorite　　　　　　　　　정답 ❷

5) 작물생육과 양이온치환용량의 관계

① 토양의 양이온치환용량이 클수록 작물생육에 필요한 유효 영양분인 K^+, NH_4^+, Ca^+, Mg^{2+} 등을 많이 흡착 보유하므로 양이온치환용량이 크면 비옥한 토양이라 할 수 있다.

② 토양의 양이온치환용량이 크면 비료로 사용하는 황산암모늄, 염화칼리, 황산칼리 등의 성분 중 NH_4^+, K^+ 등의 양분을 보유할 수 있는 능력이 크므로 작물의 일시적

인 과잉흡수와 양분 결핍, 유효성분의 유실과 용탈을 방지한다. 즉 양이온치환용량이 클수록 비료로 시용하는 양분의 이용률은 증가한다.

③ 양이온치환능력이 큰 토양은 토양 반응(pH)의 변동에 저항하는 힘, 즉 완충력이 증대되어 비교적 안전한 작물 생육을 도모한다.

▥ 기출문제

양이온치환용량(CEC)이 10cmol(+)/kg인 어떤 토양의 치환성염기의 합계가 6.5cmol(+)/kg라고 할 때 이 토양의 염기포화도는?

① 13%

② 26%

③ 65%

④ 85%

정답 ❸

(3) 양이온의 교환능력

① 토양 교질은 전기적으로 음성이므로 이를 중화하기 위하여 수소 이온이나 다른 금속 이온을 흡착한다. 흡착양이온은 주위 여건에 따라 차이가 있는데, 즉 습윤 지역에서는 Ca^{2+}, Al^{3+}, H^+가 많고, 건조 지역에서는 Ca^{2+}, 알칼리토 금속 양이온이 많이 흡착된다.

② 양이온의 이액 순위 : 토양 용액 중의 유리양이온인 Ca^{2+}, Mg^{2+}, K^+, NH_4^+, Na^+, Li^+, H^+ 등의 농도가 일정할 때 확산이중층 내부로 치환 침입하는 순위를 규정한 것이다.

③ 이액 순위에 관여하는 요인

㉠ 유리양이온의 농도가 높으면 확산압의 진행 방향으로 그 양이온이 이동하고 확산이 중층 내부로 침입하며 교질 표면의 이온 농도가 낮을 때는 쉽게 치환한다.

㉡ 원자가가 높은 양이온은 원자가가 낮은 양이온보다 치환 침입력이 크다.

㉢ 이온의 크기에 따라서도 다른데, 작은 것일수록 치환 침입력이 크다.

㉣ 이온의 가수도가 작은 이온이 큰 이온보다 치환 침입력이 크다.

㉤ 양이온치환용량(C.E.C)이 큰 교질물은 원자가가 큰 이온의 흡착력이 크고, 양이온 치환용량이 작은 교질물은 원자가가 작은 이온의 흡착력이 크다.

④ 주요 양이온의 이액 순위는 대체로 $H^+ > Ca^{2+} > Mg^{2+} > K^+ \geq NH_4^+ > Na^+ > Li^+$ 이다.

⑤ 양이온 치환 용량이 큰 토양에서는 Ca^{2+}의 흡착력이 H^+의 흡착력보다 강하고 양이온 치환용량이 작은 토양에서는 H^+의 흡착력이 Ca^{2+}의 흡착력보다 강하므로 치환 침입력이 달라진다.

⑥ 치환 침입력과 치환성 양이온이 치환·침출될 때의 침출 순위는 정반대가 된다. 즉, 침출 순위는 $H^+ \leq Ca^{2+} < Mg^{2+} < NH_4^+ \leq K^+ < Na^+$가 된다.

📖 기출문제

토양염기에 포함되는 치환성 양이온이 아닌 것은?

① Na^+

② S^{++}

③ K^+

④ Ca^{++}

정답 ②

다음 중 토양반응(pH)과 가장 밀접한 관계가 있는 것은?

① 토성

② 토색

③ 염기포화도

④ 양이온치환용량

정답 ③

토양의 염기포화도 계산에 포함되지 않는 이온은?

① 칼슘이온

② 나트륨이온

③ 마그네슘이온

④ 알루미늄이온

정답 ④

4. 음이온의 교환 능력

① 토양에서 Fe과 Al 화합물은 음이온 흡착의 주된 물질로, 규반비(SiO_2/R_2O_3)가 적을수록 음이온의 교환이 많아진다. 철과 알루미늄 등의 가수산화물이나 산화물과 점토 광물은 등전점이 높아서 교질용액이 pH 7 이하일 때는 양으로 하전되어 음이온을 흡착한다.

② 토양 교질물에 하전된 양이온에 의하여 음이온 흡착이 이루어지므로 교질 용액의 pH가 낮아지면 흡착량은 증가한다.

③ 작물의 무기양분으로서 주요한 음이온은 NO_3, PO_4, SO_4, Cl 등이 있는데 PO_4은 대부분이 불용성, 불가급태로 고정된다. 즉, PO_4은 산성토양에서 철과 알루미늄에 의하여 고정되며 약알칼리성에서는 칼슘에 의해 고정된다.

④ 음이온의 이액 순위는 대체로 $SiO_4^{4-} > PO_4^{3-} > SO_4^{2-} > NO_3^- \sim Cl^-$이며 침출 순위는 그 역이다.

📖 기출문제

다음 음이온 중 치환순서가 가장 빠른 이온은?

① PO_4^{3-}

② SO_4^{2-}

③ Cl^-

④ NO_3^-

정답 ①

5. 토양반응

(1) 토양반응의 뜻

토양반응의 정도, 즉 산성 및 알칼리성의 세기는 일정한 기준에서 산출되는 값으로 비교하게 된다. 이를 위해서 용액에 존재하는 수소이온농도[H^+]로 계산되는 pH 값이 흔히 쓰인다.

(2) 토양반응의 표시법

보통 pH(potential of hydrogenion)는 [H^+]의 역수에 대수식을 취한 것(pH=log1/[H^+])이고 1~14의 수치로 표시되며 7이 중성이고, 7 이하가 산성이며, 7 이상이 알칼리성이다.

∥ 토양반응 표시법 ∥

pH	반응의 표시	pH	반응의 표시
4.0~4.5	극히 강한 산성	7.0	중성
4.5~5.0	심히 강한 산성	7.0~8.0	미알칼리성
5.0~5.5	강산성	8.0~8.5	약알칼리성
5.5~6.0	약산성	8.5~9.0	강알칼리성
6.0~6.5	미산성	9.0~	심히 강한 알칼리성
6.5~7.0	경미한 미산성		

(3) 토양반응과 작물생육

1) 뜻

① 토양의 pH는 무기성분의 용해도를 크게 지배하기 때문에 양분의 유효도, 유해물질의 용해도, 식물뿌리나 토양미생물의 생리활성에 크게 영향을 준다.

② 작물의 생육 또는 토양 미생물의 활동에 pH 6~7(미산성에서 중성) 범위가 알맞다.

2) 양분의 유효도

① 토양 중의 작물양분의 가급도는 pH에 따라서 크게 다르며, 중성~미산성에서 가장 높다.

＊ 가급도 : 작물이 흡수, 이용할 수 있는 유효도를 말한다.

② **강산성 토양** : P · Ca · Mg · B · Mo 등의 가급도가 감소되어 작물생육에 불리하며, Al · Cu · Zn · Mn 등의 용해도가 증가하여 그 독성 때문에 작물생육이 저해된다.

③ **강알칼리성 토양** : B · Fe · Mn 등의 용해도가 감소해서 작물생육에 불리하며, 또한 Na_2CO_3와 같은 강염기가 다량 존재하게 되어 작물생육을 저해한다.

3) 산성토양에 대한 작물의 적응성

① 극히 강한 것 : 벼 · 밭벼 · 귀리 · 토란 · 아마 · 기장 · 땅콩 · 감자 · 봄무 · 호밀 · 수박 등

② 강한 것 : 메밀 · 당근 · 옥수수 · 목화 · 오이 · 포도 · 호박 · 딸기 · 토마토 · 밀 · 조 · 고구마 · 베치 · 담배 등

③ 약간 강한 것 : 평지(유채) · 피 · 무 등

④ 약한 것 : 보리 · 클로버 · **양배추** · 근대 · 가지 · 삼 · 겨자 · 고추 · 완두 · 상추 등

⑤ 가장 약한 것 : 알팔파 · 자운영 · 콩 · 팥 · **시금치** · 사탕무 · 셀러리 · 부추 · 양파 등

기출문제

다음 중 내염성이 약한 작물은?

① 양란　　　　　　　　　　　　② 케일

③ 양배추　　　　　　　　　　　④ 시금치

 정답 ①

---

(4) 알칼리성토양의 생성과 토양의 산성화

1) 알칼리토양의 생성

① 해안지대의 신간척지나 바닷물 침입지대는 알칼리성토양이 된다.

② 우량(雨量)이 적은 건조지대에서는 규산염 광물의 가수분해에 의해서 방출되는 강염기(Na_2CO_3, K_2CO_3, $CaCO_3$, $MgCO_3$ 등)에 의해서 토양이 알칼리성이 된다.

2) 토양 산성화

① 황산암모늄과 같은 생리적 산성비료를 연용하면 그 속에 함유되어 있는 황산근이 토양 중에 누적되어서 산성화가 된다.

② 빗물에 의하여 토양치환성염기가 서서히 세탈되면 토양에 미포화교질이 다량으로 생성되어 토양 산성화의 주요 요인이 된다.

ㄱ 포화교질 : 토양교질이 Ca^{2+} · Mg^{2+} · K^+ · Na 등으로 포화되면 작물 생육이 양호하다.

ㄴ 미포화교질 : 토양교질에 H^+도 함께 흡착되면 다량생성으로 토양 산성화의 원인이 된다.

③ 광독에 의하거나 또는 아황산가스와 같은 것이 물에 녹아서 땅속으로 들어가도 토양은 산성화된다.

3) 산성토양의 해

① 수소이온(H^+)의 직접 해
② 알루미늄이온(Al^{3+})과 망간이온(Mn^{2+})의 해작용
③ 인산의 결핍
④ 석회의 결핍
⑤ 특수성분의 결핍
⑥ 토양구조의 악화
⑦ 유용미생물의 활동 저해

4) 산성토양의 개량

① 토양의 반응을 측정해 가면서 탄산석회 · 소석회 · 석회석분말 등을 소량씩 분시하여 개량하도록 한다. 식질이고 부식함량이 높은 토양일수록 산성을 중화하는 데 많은 석회가 요구된다.
② 석회와 아울러 퇴비 · 구비 및 녹비 등의 유기질비료를 병용하면 극히 효과적이다.
③ 인산 · 칼리 · 마그네슘 등의 성분도 결핍하기 쉬우므로 충분히 보급하여야 한다.
④ 유안 · 황산칼리 · 염화칼리 등과 같은 생리적 산성비료의 시용을 피한다.

Ⅲ 기출문제

다음 중 토양 산성화로 인해 발생할 수 있는 내용으로 가장 거리가 먼 것은?

① 토양 중 알루미늄 용해도 증가 ② 토양 중 인산의 고정
③ 토양 중 황 성분의 증가 ④ 염기의 유실 및 용탈의 증가 **정답 ③**

토양이 산성화됨으로써 나타나는 불리한 현상이 아닌 것은?

① 미생물 활성 감소 ② 인산의 불용화
③ 알루미늄 등 유해 금속 이온농도 증가 ④ 탈질반응에 따른 질소 손실 증가 **정답 ④**

산성토양을 개량하기 위한 석회물질과 가장 거리가 먼 것은?

① 탄산(H_2CO_3) ② 탄산마그네슘($MgCO_3$)
③ 산화칼슘(CaO) ④ 산화마그네슘(MgO) **정답 ①**

기출문제

다음 중 토양반응(pH)과 가장 밀접한 관계가 있는 것은?

① 토성
② 토색
③ 염기포화도
④ 양이온치환용량

정답 ③

6. 산화환원전위

① 산화는 전자를 잃는 것이고, 환원은 전자를 얻는 것이다. 산화 상태 또는 환원 상태로 된 토양 중에 백금전극을 넣으면 환원 물질은 전자를 전극에 주게 되고, 산화 물질은 전자를 전극으로부터 빼앗게 되므로 전자의 이동이 일어나 전극과 토양 용액 사이에 일정한 전위 차가 일어나는데, 이를 Eh로 표시하며 산화환원전위라고 한다.

② 토양의 산화환원전위

  ㉠ 산화·환원의 정도는 Eh값 0을 기준으로 하여 "+"이면 산화 상태이고, "−"이면 환원 상태이다.

  ㉡ 토양의 산화환원전위는 대략 −0.35V에서 +0.8V 사이에 있다.

  ㉢ 보통 밭토양이 충분히 산화 상태에 있으면 +0.6~0.7V 정도이고 논이 청회색을 띠는 상 태이면 +0.1~+0.3V, 담수 상태에서 유기물의 분해가 왕성한 때는 −0.2~−0.3V까 지 내려간다.

③ 산화환원전위의 영향 : Eh값은 논토양의 질소수준, 유효 인산과 규산의 수준 Fe^{2+}, Mn^{2+}, SO_4^{2-} 등의 농도에 직접적인 영향을 주며 Ca^{2+}, Mg^{2+}, Cu^{2+}, Zn^{2+}, MoO_4^{2-} 등에는 간 접적인 영향을 주고, 유기산류와 H_2S의 생성에도 영향을 준다.

‖ 논토양의 환원 과정 ‖

담수 후 기간	산화환원전위 Eh (V)	토양 성분의 변화	세균의 에너지 대사 형식	주요 미생물
초기	+0.5~+0.6	산소의 소실	산소호흡 질산 환원 망간의 환원 Fe^{3+}의 환원 황산의 환원 메탄의 발효	호기성 세균 통기혐기성균 혐기성 세균 (황산 환원균, 메탄 생성균)
↓	↓	$NO_3^- \rightarrow NO_2 \rightarrow N_2$		
		Mn^{2+}의 생성		
		Fe^{2+}의 생성		
		황화물의 생성		
후기	−0.2~ −0.3	메탄의 생성		

03 토양 생물 및 토양오염

1 토양 생물

1. 토양 동물

몸의 길이에 따라 소형 · 중형 · 대형으로 구분한다.

(1) 원생 동물

하등 동물로서 단세포로 구성되며, 토양 중의 세균과 유기물을 영양원으로 하여 생활한다.

(2) 중형 동물

길이가 0.2~2mm(또는 0.2~10mm)인 동물로서, 진드기 · 선충 등이 이에 속한다.

- 선충
  ① 부생성 선충 : 농식물의 유체를 먹고 산다.
  ② 포식성 선충 : 다른 선충이나 작은 지렁이 등을 먹고 산다.
  ③ 기생성 선충 : 고등식물의 뿌리에 기생하여 뿌리조직을 공격하며 생활하는 선충으로서 작물 수량 감소의 큰 원인이 된다.

(3) 대형동물

길이가 2mm 이상(또는 10mm 이상)인 동물로서 지렁이 · 개미 · 지네 · 거미 등이 속한다.

- 지렁이 : 유기물이 많고 석회와 물기가 많은 점질토에서 생육하면서 토양을 반전시켜 구조를 좋게 하고 토양을 비옥하게 한다.

॥॥ 기출문제

다음의 토양 동물 중 가장 많이 존재하면서 작물의 뿌리에 크게 피해를 입히는 것은?

① 지렁이　　　　　　　　　② 선충
③ 개미　　　　　　　　　　④ 톡토기　　　　**정답** ②

2 토양 미생물

1. 토양 미생물

토양 미생물에는 사상균·방사상균·세균·조류 등이 있으며, 이들은 토양 유기물의 분해자로서 무기성분의 산화·환원에도 관여한다. 특히 앞의 3가지를 3대 미생물이라고 한다.

(1) 세균(Bacteria)

토양생물 중 가장 많은 개체와 종류를 가진다. 크기는 $0.5 \sim 2.0 \mu m \times 0.5 \sim 3.0 \mu m$ (가장 작은 미생물)에 불과하며 단세포생물로서 무성번식을 하는 분열균이다.

1) 분류

① 에너지원에 따른 분류
　㉠ 자급영양균 : 무기물을 먹이로 하여 생활한다.
　　예) 질산균·황세균·철세균 등
　㉡ 타급영양균 : 유기물을 먹이로 하여 생활한다.
　　예) 암모니아화균·질소고정균 등

② 산소요구도에 따른 분류
　㉠ 호기성균 : 통기성이 있는 곳에서 정상 생육한다.
　　예) 물질을 산화시키는 균으로서, 질산균 등이 있다.
　㉡ 혐기성균 : 통기성이 불량한 곳에서 정상 생육한다.
　　예) 물질을 환원시키는 균으로서, 탈질균 등이 있다.
　㉢ 통성호기성균 : 통기성에 관계없이 생육한다.

기출문제

두과작물과 공생관계를 유지하면서 농업적으로 중요한 질소고정을 하는 세균의 속은?

① Azotobacter
② Rhizobium
③ Clostridium
④ Beijerinckia
정답 ②

호기적 조건에서 단독으로 질소고정작용을 하는 토양 미생물 속(屬)은?

① 아조토박터(Azotobacter)
② 클로스트리디움(Clostridium)
③ 리조비움(Rhizobium)
④ 프랭키아(Frankia)
정답 ①

호기성 토양 미생물의 활동이 활발할수록 토양 공기 중에서 농도가 가장 증가되는 성분은?

① 산소
② 질소
③ 이산화탄소
④ 일산화탄소
정답 ③

2) 생육환경

① 온도 28~30℃, pH 중성 부근, 치환성 Ca가 풍부할 때 활동이 왕성하다.
② 황세균 : 세균 중에서 유일하게 강산성(pH 2.0~4.0)에서 생활한다.
③ thermophiles : 부숙 중인 퇴비더미(60℃)에서 볼 수 있다.

(2) 사상균

① 버섯균 · 효모 · 곰팡이 등으로 분류되며, 이 중 곰팡이가 가장 중요한 역할을 한다.
② 산성에 대한 저항력이 미생물 중 가장 강해서 산성삼림토양의 유기물 분해 담당자이다.
③ 에너지를 유기물 중에서 얻으며(타급영양체), 호기성이다.
④ 부식생성이나 입단형성 면에서 미생물 중 가장 우수하다.

기출문제

토양 입단생성에 가장 효과적인 토양 미생물은?

① 세균
② 나트륨세균
③ 사상균
④ 조류
정답 ③

기출문제

다음에서 설명하는 균류는?

산성에 대한 저항력이 강하기 때문에 산성토양에서 일어나는 화학변화는 이 균류의 작용이 대부분이다.

① 근류균   ② 세균
③ 사상균   ④ 방사상균   **정답** ❸

(3) 방사상균(Actinomyces)

① 세균과 곰팡이의 중간적 성질을 가지는 것으로, 사상세균 또는 방선균이라고도 한다.
② 습도가 높고, 공기유통이 좋은 곳에서 생육이 활발하다.
③ 생육 적정 pH가 6.0~7.5로서 산성에 매우 약하다.
④ 리그닌, 케라틴과 같은 저항성 유기물을 분해하여 암모니아태질소로 변화시킨다.
⑤ 감자의 반점병의 원인이 되는 것으로 토양을 산성으로 하여 피해를 경감할 수 있다.
⑥ 악티노마이세스(Actinomyces)·오더리퍼(oderifer) 등은 토양의 특수한 냄새를 갖게 하는 균이다.

(4) 조류(Algae)

① 대부분 엽록소를 지닌 단세포생물로서, 광합성작용을 하는 독립영양체와 광합성을 하지 않는 타급영양체가 공존한다.
② 동물과 식물의 중간적 성질을 지닌다.
③ 작용 : 유기물의 생성·질소 고정·양분 동화·산소 공급·질소균과의 공생 등
④ 세균에 유기물을 공급하는 역할을 하면서 세균과 공생 관계에 있다.
⑤ 토양이 습하고 햇빛 에너지가 있으며, 탄산석회·탄산칼륨을 시용하면 활동이 활발하다.
⑥ 종류
    ㉠ 규조류 : 오래된 정원에 나기 쉽다.
    ㉡ 남조류·녹조류 : 풀밭이나 논에 나기 쉽다.

기출문제

질소를 고정할 뿐만 아니라 광합성도 할 수 있는 것은?

① 효모   ② 사상균
③ 남조류   ④ 방사상균   **정답** ❸

토양 미생물에 대한 설명으로 옳은 것은?

① 토양 미생물은 세균, 사상균, 방선균, 조류 등이 있다.
② 세균은 토양 미생물 중에서 수(서식수/m²)가 가장 적다.
③ 방선균은 다세포로 되어 있고 균사를 갖고 있다.
④ 사상균은 산성에 약하여 산도가 5 이하가 되면 활동이 중지된다. **정답 ❶**

2. 토양 미생물작용

(1) 유익작용

① 비질소 유기물의 분해변화
② 암모니아화성작용, 질산화작용, 유리질소의 고정
③ 가용성 무기성분의 동화
④ 미생물에 의한 무기성분의 변화
⑤ 미생물 간의 길항작용
⑥ 입단의 조성
⑦ 생장촉진 물질

(2) 유해작용

① 병원성 미생물 : 잘록병, 뿌리썩음병, 풋마름병, 무름병, 더뎅이병, 선충피해
② 질산염의 환원과 탈질작용
③ 황산염의 환원
④ 고등식물과 양분쟁탈

기출문제

토양 미생물의 작용 중 작물 생육에 불리한 것은?

① 탈질 작용 　　　② 유리질소 고정
③ 암모니아화성작용 　　　④ 불용인산의 가용화 **정답 ❶**

다음 영농활동 중 토양 미생물의 밀도와 활력에 가장 긍정적인 효과를 가져다줄 수 있는 것은?

① 유기물 시용 　　　② 상하경재배
③ 농약 살포 　　　④ 무비료재배 **정답 ❶**

기출문제

작물에 대한 미생물의 유익작용이 되지 못하는 것은?

① 길항작용
② 탈질작용
③ 입단화작용
④ 질소고정작용 **정답** ❷

(3) 균근

고등식물 뿌리에 사상균 특히 버섯균이 착생하여 공생함으로써 균근(mycorrhizae)이라는 특수한 형태를 형성한다. 식물뿌리와 균의 결속은 기주와 균 간에 서로를 이롭게 한다. 즉, 균은 기주식물로부터 필요한 양분을 얻으며 숙주는 다음과 같은 도움을 받게 된다.

① 뿌리의 유효 표면을 증대하여 물과 양분(특히 인산)의 흡수를 조장한다.
② 세근이 식물 뿌리의 연장과 같은 역할을 한다.
③ 내열성, 내건성이 증대한다.
④ 토양 양분을 유효하게 한다.
⑤ 외생균근은 병원균의 감염을 방지한다.

기출문제

근권에서 식물과 공생하는 Mycorrhizae(균근)는 식물체에 특히 무슨 성분의 흡수를 증가시키는가?

① 산소
② 질소
③ 인산
④ 칼슘 **정답** ❸

균근이 숙주식물에 공생함으로써 식물이 얻는 유익한 점과 가장 거리가 먼 것은?

① 내건성을 증대시킨다.
② 병원균 감염을 막아준다.
③ 잡초발생을 억제한다.
④ 뿌리의 유효면적을 증가시킨다. **정답** ❸

3 토양침식

1. 수식

(1) 침식의 종류

토양침식은 크게 물에 의한 수식과 바람에 의한 풍식으로 나눌 수 있는데, 일반적으로 풍식에 비하여 수식이 더욱 광범위하고 그 정도도 매우 크다.

1) 수식의 종류

수식에 의하여 산은 점점 고도가 낮아져서 평지로 되어가고 이들의 수식물들이 낮은 지대에 쌓여 평야지, 고원, 삼각주 등을 형성하게 된다.

① 우식 : 빗물에 의한 토양침식으로서, 경사지의 표층토양은 빗물에 의해 씻겨 비교적 엉성한 모래와 자갈만이 남게 되는데, 이와 같은 빗물에 의한 침식을 우식이라고 한다.

② 유수침식 : 물이 흐르면서 자갈이나 바위조각을 운반하며 암석을 깎아내고 부스러뜨리는 작용으로 흐르는 물에 의한 삭마작용을 유수침식이라 한다.

③ 빙식작용 : 빙하이동의 압력으로 인하여 삭마 · 분쇄되는 작용으로 빙하에 의한 삭마작용을 빙식작용이라 한다.

📖 기출문제

토양침식에 관한 설명으로 틀린 것은?
① 강우강도가 높은 건조지역이 강우량이 많은 열대지역보다 토양침식이 강하다.
② 대상재배나 등고선재배는 유거량과 유속을 감소시켜 토양침식이 심하지 않다.
③ 눈이나 서릿발 등은 토양침식 인자가 아니므로 토양유실과는 아무 관계가 없다.
④ 상하경 재배는 유거량과 유속을 증가시켜 토양침식이 심하다. **정답 ③**

2) 수식의 기구

토양침식이 일어나는 데는 두 가지 조건, 즉 ① 토양분산, ② 지표유수의 양 및 속도가 중요하다. 토양분산이 없으면 지표에 흐르는 물에 의해 토양이 침식되지 않고, 또한 토양이 분산되었다 하더라도 흐르는 물이 없을 경우에는 침식이 일어나지 않는다.

① 입단파괴침식(puddle erosion)

ㄱ 우(雨)세가 강할 경우 토양은 빗방울의 타격에 의해 입단이 파괴되어 일차입자로까지 분해되며, 분산된 토립은 유수에 의하여 흘러내리게 되는데, 이것을 입단파괴침식이라고 하며, 유적침식이라고도 한다.

ㄴ 분산된 토립은 토양 중의 공극을 메우기도 하고 삼투수와 함께 하층으로 삼투될 때 토양공극을 메우게 되므로 빗물의 삼투를 방해하고, 유수의 양을 더욱 증가시켜 침식을 촉진한다.

② 비옥도침식(fertility erosion) : 분산된 토립은 식물에 필요한 양분을 간직하고 있어 유수에 의해 침식될 때에는 이러한 양분도 없어지게 되며, 가용성 염류나 토양유기물도 같이 씻겨 내려가므로 이와 같은 침식을 비옥도침식이라고 하며, 표면침식이라고도 한다.

③ 우곡침식(rill erosion)

ㄱ 지표면에 내린 빗물은 지형에 따라 깊은 곳으로 모여 흐르게 되므로 작은 도랑을

만들게 된다.

      ⓛ 이와 같이 빗물이 모여 작은 골짜기를 만들면서 토양을 침식하는 것을 우곡침식 이라고 하며, 세류상침식이라고도 한다.

      ⓒ 우곡은 비가 올 때에만 물이 흐르는 골짜기가 된다.

   ④ 계곡침식(gully erosion) : 상부지역으로부터 물의 양이 늘어 흐를 때에는 큰 도랑이 될 만큼 침식이 대단히 심하고 때로는 지형을 변화시키는 경우가 있는데, 이를 계곡침식 이라고 하며, 구상침식이라고도 한다. 수식 중에서 **침식 정도가 가장 큰 상태**이다.

   ⑤ 평면침식(sheet erosion) : 빗물이 지표면에서 어느 한곳으로 몰리지 않고 전면으로 고르게 씻어 흐르면서 발생하는 침식작용을 평면침식이라고 하며, 면상침식이라고 도 한다.

기출문제

강우에 의한 토양침식 현상을 바르게 설명한 것은?

① 중점토양(重粘土壤)에서 거친 입자로 이루어져 있는 토양에 비해 유거수의 이동이 적다.
② 강우에 의한 침식은 강우강도에 비해 우량에 의해 크게 작용받는다.
③ 강우의 세기가 30분간 2~3mm로 비가 내리면 초지에서 토양침식이 일어난다.
④ 유기물이 함유된 토양은 무기질 토양에 비해 강우에 의한 토양침식이 일어난다. **정답 ④**

2. 풍식

(1) 풍식의 발생

   ① 바람에 의한 침식은 세계적으로 건조 지대에서 대규모로 일어나며, 다른 지역에서도 토양이 건조하였을 때 강한 바람에 의해 일어난다.

   ② 화산회토나 사구 토양 등이 풍속에 따라 침식되는 입자의 크기는 다르나 광질 토양에 비하여 풍식이 잘 일어난다.

(2) 풍식의 유형

   ① 부유 : 극세사 이하의 작은 입자는 토양표면에 당겨져 있으므로 고운 토성의 토양은 오 히려 바람에 의한 침식에 대하여 저항성이 강한 편이다. 이러한 입자는 주로 입자에 의 한 충격에 의하여 공기 중으로 날아오르고 공기 중에서는 풍력에 의하여 부유 상태로 이동된다.

∥ 풍속과 운반되는 토립의 크기 ∥

풍속(m/sec)	바람의 세기	토립의 크기(mm)
4.5~6.7	약풍	0.25
6.7~8.4	미풍	0.50
9.8~11.4	강풍	1.00
11.4~13.0	폭풍	1.50

② **약동** : 세사 내지 중세 굵기인 0.1~0.5mm인 입자는 풍압에 의하여 직접 토양표면을 굴러 갑자기 짧은 거리로부터 거의 수직으로 30cm 또는 그 이상 위로 날며, 입자가 이동하는 수평거리는 날아올라 간 높이의 4~5배 정도이고, 입자는 토양 표면과 충돌할 때에 다시 공중으로 되날리거나 다른 입자를 공중으로 내쫓아 자신은 멈추게 된다.

③ **표면 크립(creep)** : 비교적 큰 입자(0.5~1.0mm)는 풍력에 의하여 들어올려지기에는 너무 무거우나 입자의 충격력에 의하여 튀어 오르고 토양표면을 따라 구르거나 밀리는 현상이다.

(3) 풍식에 관여하는 인자

① **풍속** : 풍식의 정도에 직접적으로 영향을 주는 인자는 풍속이며 갑자기 불어오는 강풍이나 돌풍은 토립의 비산을 증가시켜 토양 침식을 증대시킨다.

② **수분 함량** : 토양이 건조한 상태에 있으면 토괴가 쉽게 부서지므로 풍식을 받는 정도가 크다.

Ⅲ 기출문제

토양풍식에 대한 설명으로 옳은 것은?

① 바람의 세기가 같으면 온대습윤지방에서의 풍식은 건조 또는 반건조 지방보다 심하다.
② 우리나라에서는 풍식작용이 거의 일어나지 않는다.
③ 피해가 가장 심한 풍식은 토양입자가 지표면에서 도약·운반되는 것이다.
④ 매년 5월 초순에 만주와 몽고에서 우리나라로 날아오는 모래먼지는 풍식의 모형이 아니다.

 정답 ③

3. 토양침식의 대책

(1) 지표면의 피복

① 부초법을 실시하여 토양피복식물을 심어 지표면이 노출되지 않게 한다.
② 토양이 건조되기 전에 경기(耕起)하거나 중경(中耕)한다.

③ 적당한 작물끼리 간작한다.

④ 적절한 작부체계를 세운다.

⑤ 유기물 시용 시 탄질률이 높은 것이 유리하다.

⑥ 침식방지 작물로는 목초, 호밀 등이 유리하다.

⑦ 유기물을 적게 남기는 작물은 침식을 막는 힘이 약하다.

즉, 콩 · 옥수수 · 감자 · 담배 · 과수 · 목화 · 사탕무 · 채소 등은 침식방지력이 약하다.

참고정리

✔ **식물체별 토양침식 방식률**

① 영년생 목초 : 90~100%

② 콩 · 고구마 · 양배추 · 감자 · 밭벼 등 : 80~90%

③ 귀리 · 레드클로버 · 풋베기옥수수 · 메밀 등 : 70~80%

④ 무 · 옥수수 등 : 50~70%

기출문제

토양침식을 방지하는 대책으로 가장 적절치 않은 것은?

① 경사지에서는 유거수의 조절을 위하여 등고선재배법을 도입한다.

② 부초(敷草)법 및 간작을 통하여 경작지의 나지기간을 최대한 단축시킨다.

③ 토양부식을 증가시켜 토양입단구조 형성이 잘 되게 한다.

④ 나트륨이 많이 포함된 비료를 사용하여 입단화를 증가시킨다.

(2) 토양개량

① 비모세관공극을 늘려 투수력을 크게 하고 내수성입단을 조성해야 토양침식을 방지할 수 있다.

② 토양 유기물 함량을 늘린다. 유기물 시용할 때는 완숙퇴비보다 미숙퇴비가 유리하며, 탄질률이 높은 유기물이 침식방지에 유리하다.

③ 크릴리움(krillium)이나 acryl soil 같은 토양개량제 등을 사용하여 내수성입단을 조성한다.

(3) 경사지 경작법

경사지 토양의 침식방지에는 목초재배가 가장 효과적이며, 침식방지 목적이 아니라 경작을 위해서는 경사도에 따라 다음과 같은 방법을 이용한다.

① **등고선재배법** : 경사도 5° 이하에서 실시하며, 경사방향과 직각으로 이랑을 만들어 재배한다.

② **등고선대상경작법** : 경사도 5~15°에서 실시하며, 초생대와 재배식물을 일정한 간격으로 배치하여 재배한다.

③ **승수구설치 재배법** : 경사도 5~15°에서 실시하며, 유거수가 흐를 수 있는 도랑과 재배식물을 일정한 간격으로 재배한다.
토양보전 효과가 크고 재배면적이 넓으므로 등고선대상재배에 비해 침식방지에 유리하다.

④ **계단식 경작법** : 15° 이상의 경사도에서 실시하여, 토양유실은 거의 없지만 노력과 비용이 많이 들어 특별한 경우에만 실시한다.

▥ 기출문제

토양의 침식을 방지할 수 있는 방법으로 적절하지 않은 것은?

① 등고선 재배　　　　　　　② 토양 피복
③ 초생대 설치　　　　　　　④ 심토 파쇄　　　　　**정답 ④**

경사지 토양의 침식 방지책으로 가장 적합하지 않은 것은?

① 나대지는 자주 갈아 준다.　　② 등고선 재배를 한다.
③ 승수구를 설치한다.　　　　④ 초생대를 설치한다.　**정답 ①**

---

(4) 풍해 대책

① **방풍림 조성** : 방풍림은 수고의 10배까지의 거리에서 풍속이 반감되나 방풍림이 너무 밀생하면 역풍이 생기므로 70~80%의 차폐율이 알맞은 것으로 되어 있으며, 방풍림 조성 시 방풍 효과는 방풍림의 높이, 밀도, 교목과 관목의 배열, 수종에 따라 다르다.

② **토양 개량** : 유기물과 점토의 함량을 증대하여 입단화를 도모하고 응집력과 보수력을 증대하며, 탄질률이 높은 신선유기물은 입단 형성에 효과적이므로 다량 시용하여야 한다.

③ **토양 관개** : 토양에 관개하면 응집력을 증대시키므로 토입의 분산이 방지된다.

④ **토양 표면의 피복** : 지표면이 피복되어 있으면 풍식으로부터 어느 정도 보호를 받는다. 토양표면의 피복은 목초가 가장 효과적이며, 작물 수확의 잔재나 그루터기도 효과가 있다. 또한 토양 표면이 너무 평평한 것보다 기복이 있거나 두둑이 있는 것이 토양 입자의 비산을 줄인다.

4 토양오염

1. 중금속에 의한 오염

(1) 중금속 오염의 정의

중금속 원소류에 따라 다소간의 차이는 있으나 본래 지각 및 토양 중에 존재하거나 인위적 또는 자연적인 작용에 의하여 그 함량이 평균치보다 높아질 경우 오염 상태가 되는 것이다.

(2) 중금속 오염원

토양 오염원으로 문제가 되고 있는 중금속은 일반적으로 원자량이 크고 비중이 큰 것으로 원자번호 23인 바나듐(V)과 82인 납(Pb) 사이에 있는 비소(As), 카드뮴(Cd), 크롬(Cr), 구리(Cu), 수은(Hg), 니켈(Ni), 아연(Zn), 안티몬(Sb), 셀레늄(Se), 스트론튬(Sr) 등이 있다.

(3) 중금속 오염의 원인

토양이 중금속에 의하여 오염되는 것은 대기와 수질이 오염된 데 기인하거나 공장의 폐기물, 드물게는 중금속 함유 비료나 농약 등이 원인이 된다.

(4) 중금속 오염의 특징

중금속에 의한 오염은 중금속 자체가 분해되지 않거나 어떤 변화에도 중금속 본래의 성질이나 유해작용이 없어지지 않으므로 일단 토양이 오염되면 완전한 제거는 힘들어진다.

(5) 작물 생육에 유해한 주요 중금속

① 다른 영양소의 결핍 유발 : Cu · As · Mn
② 식물 세포에 직접적인 해 : Ni · Cr · Mo · Zn · Se · Pb · V · Sr · As
③ 유해한 식물이나 사료를 생산 : Mo · Cd · As · Hg · V

2. 주요 중금속 오염원

(1) 카드뮴(Cd)

1) 오염원

제련소 · 아연광산 · 도료공장 · 농약(살균제) 등의 폐기물에 의하여 토양이 오염되며 그 외에도 과인산석회와 같은 인산질 비료의 시용에 의해 오염된다.

2) 특징

① 일본에서 Itai − itai병을 일으켜(1961) 인명에 피해를 끼친 원인 물질로서, 카드뮴을 과잉흡수하면 고혈압을 일으킨다.

② Cd은 토양 조건 특히 산화환원 상태에 따라 용해도를 달리하므로 작물에 의한 흡수가 다르며, 일반적으로 산화 상태에서는 치환성이온(Cd^{2+})으로 존재하나 환원 상태에서는 난용성 CdS으로 침전되므로 흡수가 줄어든다.

③ Cd의 오염은 토양 중의 함량보다도 흡수량이 중요하므로 작물체 내 함량을 규정하고 있다.(현미 중 1ppm 이하)

3) 오염 대책

① 오염 상태가 심할 때에는 배토나 객토를 한다.

② 염류용액으로 씻어낸다.

③ 석회 물질이나 인산질 비료를 시용하여 불용성염으로 만든다.

기출문제

일본에서 이타이이타이(Itai − itai)병이 발생하여 인명 피해를 주었는데 그 원인이 된 중금속은?

① 니켈　　　　　　　　　② 수은
③ 카드뮴　　　　　　　　④ 비소　　　　　　　　**정답 ③**

---

(2) 비소(As)

1) 오염원

비소계 및 유황계 광산의 배수 중에 다량 들어 있어 이를 관개수로 이용하였을 때 토양이 오염되며, 살충제 · 살균제 · 제초제 등의 농약에도 들어 있어 이를 사용하면 토양이 오염된다.

2) 특징

비소는 산화형(As^{5+})보다 환원형(As^{3+})이 독성이 강하므로 밭토양보다 논토양에서 장해를 준다. 토양 중 As 함량이 20ppm(1N − HCl 추출)이 넘으면 작물 생육에 유해하며, 식품 허용량은 채소의 경우 1ppm 이하, 과실은 3.5ppm 이하로 규정하고 있다.

3) 오염 대책

pH를 중성 부근으로 하고 인산을 시용하여 As의 이동성을 증대시키며, 환원 상태가 되지 않게 한다.

📖 기출문제

토양을 담수하면 환원되어 독성이 높아지는 중금속은?

① As

② Cd

③ Pb

④ Ni

정답 ❶

(3) 구리(Cu)

1) 오염원

농약과 가축사료 첨가제로 이용되어 오염된다.

2) 특징

① 논토양에서 0.1N − HCl으로 추출할 때 125ppm 이상 과다하게 함유되어 있으면 오염된 상태로 정하고 있다.

② Cu는 Fe, Zn과 길항 작용을 하며, Cu는 Mo의 흡수를 저해하고 Mo의 함유량이 많으면 Cu는 결핍하게 된다.

③ 토양 중의 Cu는 산화환원 상태에 따라 그 형태가 다르며, 산화상태에서는 $CuSO_4$로 이용성이 되고, 환원 상태에서는 CuS로서 난용성이 된다.

3) 오염 대책

Cu의 용해도는 pH 5~7에서 가장 낮으므로 석회를 사용하여 pH를 조절하거나 유기물을 사용하여 환원 상태로 유도함으로써 분해생성중간 물질에 의한 킬레이트를 형성하면 Cu를 고정하여 그 피해를 줄일 수 있다.

(4) 크롬(Cr)

1) 오염원

Cr은 피혁 · 도료 · 화학약품 공장에서 배출되는 6가 크롬에 의하여 오염된다.

2) 특징

① Cr은 독성이 없는 3가 크롬이나 난용성염으로 되어 있어 작물에 거의 피해를 주지 않는데, 벼에서는 6가 크롬은 5ppm, 3가 크롬은 60ppm 이상에서 피해를 준다.

② 토양에 함유된 Cr은 보통 100~200ppm 정도로 그 대부분은 불용성이므로 작물에 피해를 주지 않는다.

(5) 수은(Hg)

1) 오염원

공장폐수, 수은 제제 농약 살포 등에 의해 오염된다.

2) 특징

① 일본에서 발생한 미나마타병의 원인물질이나 작물에 직접적으로 해를 끼치는 일은 드물며 식물연쇄에 의해 축적된다.

② 수은의 독성은 화합물의 종류에 따라 차이가 있는데, 방향족 수은과 alcoxyalkyl−Hg은 독성이 낮고, 무기염의 Hg과 금속 Hg은 약간 높으며, alkyl−Hg은 매우 높다.

(6) 니켈(Ni)

1) 오염원

사문암계의 풍화토에 많이 들어 있다.

2) 특징

① Ni은 대부분 불용성이나 작물에 독성이 매우 강하다.

② 니켈의 농도가 높은 토양에 인산을 시용하면 인산니켈을 형성하여 난용성이 되므로 독성이 감소되며, 알칼리 반응에서는 불용화되므로 흡수가 억제된다.

(7) 아연(Zn)

1) 오염원

제련 공장, 공업 단지로부터의 폐기물에 의해 오염된다.

2) 특징

① Zn은 식물의 필수미량원소이며, 벼 재배에서는 그 부족으로 생육이 불량하게 된다.

② Zn 농도가 150~400ppm 이상이 되면 작물에 독성이 나타난다.

③ Zn은 산성 토양에서 활성을 보이므로 석회를 시용하여 침전시키거나 환원에 의하여 황화물로 침전시키며, 인산 시용에 의해 불용화한다.

(8) 납(Pb)

1) 오염원

광산, 제련공장, 자동차의 배기가스 중에 섞여 배출되어 빗물에 의해 토양 중에 들어감으로써 오염시킨다.

2) 특징

① 납은 식물체 내에서 거의 이동하지 않으며, 토양 중에서 $PbCO_3$나 $Pb_3(PO_4)_2$의 불용성의 화합물 형태로 집적되는데, 이들은 토양이 산성화하면 가용성으로 되어 작물에 해를 끼친다.

② 벼에 대한 오염은 150ppm 정도에서 나타나며, 교통량이 빈번한 도로변에 많은 양이 집적된다.

③ 우리나라 환경보전법에 의하면 현미 중 Pb 함량을 1ppm 이하로 정하고 있으며, 성인이 일일 0.1mg 이상을 섭취하면 중독 증상을 일으킨다.

기출문제

작물에 유해한 성분이 아닌 것은?

① 수은　　　　　　　　　　　② 납
③ 황　　　　　　　　　　　　④ 카드뮴　　　　　　**정답 ③**

---

3. 토양 조건과 중금속

(1) 토양 pH

① 산성에서 용해도가 감소하여 장해가 줄어드는 것 : Mo

② 알칼리성에서 용해도가 감소하여 장해가 줄어드는 것 : Cu · Zn · Mn · Fe · Cd

(2) 토양의 산화환원전위(Eh)

① 환원 상태에서 황화물을 형성하여 불용성으로 되므로 장해가 줄어드는 것

: Cd · Zn · Pb · Ni · Cu

② 산화 상태에서 독성이 줄어드는 것 : As

4. 농업 생산 활동과 토양 오염

(1) 합성 농약에 의한 오염

1) 합성 농약의 분해

농업 생산에 사용되었던 농약과 비료는 독성이 강하여 완전 분해되지 않으므로 생태계의 구성에도 영향을 미치며 토양에 잔류하는 기간도 길다.

2) 합성 농약의 집적

유기염소계의 농약류, 합성수지류, 합성세제류, 기계류 등은 독성이 강하여 이를 분해 이용하는 생물군이 드물거나 한정되어 있으므로 이들은 토양 중에 집적된다.

3) 잔류독성

유기인계의 살충제, carbamate계 및 지방족계 제초제, 항생제계 살충제 등은 원형이 토양에 잔류하는 기간이 짧으므로(3개월) 잔류 독성은 문제시되지 않는다.

(2) 농약제의 자연 소실 연수

약제	95% 소실 연수	반감연수	약제	95% 소실 연수	반감연수
Aldrin	1~6	3	Heptachlor	16	7~12
Chlordane	21	2~4	Lindane	3~10	6.5
DDT	24	3~10	Toxaphene	16	10
Dieldrin	21	1~7	DDVP	–	17일

(3) 토양 오염의 예방대책

① 농약 및 비료의 사용을 가급적 줄인다.
② 생산품 제조공정상의 청정기술을 도입한다.
③ 폐수 및 폐기물의 관리를 철저히 한다.
④ 토양 오염의 위해성을 전 국민이 인식해야 한다.
⑤ 토양 오염 측정망을 설치하여 운영한다.

(4) 토양 오염의 사후대책

① 토양 조건에 맞는 재배작물을 선택하여 재배한다.
② 답전윤환을 실시한다.
③ 유해중금속에 오염된 토양은 토양개량제 등을 사용하여 불가급태로 변환하게 한다.
④ 객토를 하여 중금속 함량을 최소화하는 노력이 필요하다.

🅖 참고정리

✔ **불가급태**

토양에 공급되는 각종 비료성분이 모두 작물에 흡수, 이용되는 것은 아니다. 직접 흡수하는 것은 시용한 것의 일부분이며, 나머지는 물리적·화학적 또는 토양 미생물에 의한 성분의 화학적 형태가 변화하여 토양에 고정, 흡착하거나 식물이 흡수할 수 없는 상태가 되거나 뿌리가 접촉할 수 없는 위치에 있게 되는 등 다양하게 변동한다. 이러한 비료성분의 손실을 무효화, 불가급태라 한다.

기출문제

질소와 인산에 의한 토양의 오염원으로 가장 거리가 먼 것은?

① 광산폐수
② 공장폐수
③ 축산폐수
④ 가정하수

정답 ①

04 유기 토양관리

1 논·밭 토양

1. 논·밭 토양의 일반적인 특성

(1) 논토양의 일반적 성질

1) 담수에 의한 토양상태의 변화(토층 분화)

토양에 담수하면 곧 토양과 대기 간의 정상적인 기체교환과정이 깨진다. 즉, 담수 후 시간이 경과하면 논토양은 산화층과 환원층으로 구분되는데 이를 토층 분화라 한다.

2) 산화층과 환원층

① 산화층

ㄱ 작토 표면의 수 mm에서 1~2cm 정도의 두께를 가지며 산화제2철이 첨가되어 적갈색을 띤다.

ㄴ 대기 중의 산소가 확산 용해되고 관개용수에 녹아 있는 산소, 토양 중의 조류와 수중난초의 동화산물인 산소 등의 공급으로 미생물의 소비량 이상의 산소가 존재하므로 산소 결핍 상태가 되지 않는 호기적 상태가 유지된다.

ㄷ 호기적 미생물의 번식이 좋고 산화환원전위(Eh)는 pH 6.0에서 0.3volt 이상이며 무기 양분은 산화 상태의 Fe^{3+}, SO_4^{2-}, NO_3^{2-}, Mn^{3+}으로 안정된다.

② 환원층

ㄱ 산화층 아래층에는 혐기적 미생물의 호흡 작용이 우세하여 토양 중 화합태 산화물 중의 산소까지 소비하게 되어 각종 산화물이 환원되며 환원물질이 생성되는데, 유기물은 혐기적 분해를 받아 각종 유기산(lactic acid, acetic acid, formic acid, butylic acid)과 환원 물질(H_2, CH_4, NH_4, $R - NH_2$, H_2S 등) 등이 생성·집적되게 된다.

ⓛ 산화환원전위는 보통 pH 6.0에서 0.3volt 이하이고, 무기 영양 성분은 환원 상
태의 Fe^{2+}, SO_2^{2-}, NH_4^+, Mn^{2+}로 안정되며, Fe^{2+}의 침지로 토층은 청회색을
띠고 H_2S가 발생된다.

║ 산화 형태와 환원 상태에서의 원소 형태 ║

구분	산화 상태	환원 상태
C	CO_2	CH_4, 유기물
N	NO_3^-	N_2, NH_4^+
Mn	Mn^{4+}, Mn^{3+}	Mn^{2+}
Fe	Fe^{3+}	Fe^{2+}
S	SO_4^{2-}	H_2S, S
인산	$FePO_4$, $AlPO_4$	$Fe(H_2PO_4)_2 \cdot Ca(H_2PO_4)_2$
Eh	높음	낮음

║ 기출문제

밭토양에서 원소(N, S, C, Fe)의 산화 형태가 아닌 것은?

① NH_4^+
② SO_4^{2-}
③ CO_2
④ Fe^{3+}

정답 ❶

산화 상태에서 주로 나타나는 토양성분은?

① Fe^{3+}, Mn^{4+}
② NH_3, H_2S
③ CH_4, S
④ N_2, 알데히드

정답 ❶

3) 탈질작용과 질화작용

① 질산태질소가 논토양의 환원층에 들어가면 점차 환원되어 산화질소(NO)·이산화질
소(N_2O)·질소가스(N_2)를 생성하며, 이들이 작물에 이용되지 못하고 공중으로 날아
가는 현상을 탈질작용이라고 한다.

② 질산태질소(NO_3^-)는 토양에 흡착되는 힘이 약하여 유실되기 쉽고, 암모늄태질소
(NH_4^+)는 토양에 잘 흡착된다.

③ 암모늄태질소라도 산화층에 시용하면 산화되어 질산태질소($NH_4^+ \rightarrow NO_2^- \rightarrow NO_3^-$)
로 되는데, 이와 같은 현상을 질화작용이라고 한다.

기출문제

질산화 작용에 대한 설명으로 옳은 것은?

① 논토양에서는 일어나지 않는다.
② 암모늄태질소가 산화되는 작용이다.
③ 결과적으로 질소의 이용률이 증가한다.
④ 사상균과 방사상균들에 의해 일어난다.　　　　　　　　　정답 ②

질소화합물이 토양 중에서 $NO_3 \rightarrow NO_2 \rightarrow N_2O$, N_2와 같은 순서로 질소의 형태가 바뀌는 작용을 무엇이라 하는가?

① 암모니아 산화작용　　　　　　　② 탈질작용
③ 질산화작용　　　　　　　　　　　④ 질소고정작용　　　　　　　정답 ②

논토양에서 탈질작용이 가장 빠르게 일어날 수 있는 질소의 형태는?

① 질산태질소　　　　　　　　　　　② 암모늄태질소
③ 요소태질소　　　　　　　　　　　④ 유기태질소　　　　　　　　정답 ①

토양 중의 암모니아태질소가 산소에 의해 산화되면 무엇이 되는가?

① 단백질　　　　　　　　　　　　　② 질산
③ 질소가스　　　　　　　　　　　　④ 암모니아가스　　　　　　　정답 ②

4) 담수에 의한 미생물의 변화

① 담수 후 수 시간 내에 토양에 있던 산소는 호기성 미생물에 의해 완전히 소모되어 환원상태가 발달하면 혐기성 미생물들의 활동이 왕성해진다.

② 이와 같은 혐기성 미생물들에 의하여 토양 내 물질은 환원분해를 받게 되는데, 이 과정에서 유기물 분해속도가 감소하게 되고 환원성 물질이 발생하게 된다. 이때 발생한 물질들은 토층 내에 집적되어 그 농도가 높아지면 벼의 생육에 해롭다.

5) 산화환원전위(Eh)

① 토양 내의 산소가 없어지면 혐기성 미생물들이 전자의 수용체를 필요로 하므로 토층 내 산화 상태의 화합물들이 환원이 된다. 따라서 토양은 환원 상태로 발달하게 되며 Eh는 감소하게 된다.

② 환원되는 순서 : 유리산소 > 질산 > 망간 > 철 > 황산염

③ 일반적으로 밭토양의 Eh는 $0.5 \sim 0.7$volt이며, 논토양은 0.3volt 이하가 된다. 한편 청회색을 띠는 Glei층은 $0.1 \sim 0.3$volt가 된다.

④ 산화환원전위는 담수토양의 비옥도에 미치는 영향 면에서 가장 중요하며, 식물영양분의 방출과 소실·식물의 양분흡수를 방해하는 독성물질의 생성·Eh·pH 및 각종 식물영양분들의 이온평형·흡착·방출 등에 영향을 끼친다.

▥ 기출문제

다음 토양 중 투수가 잘 되어 토양의 환원 상태가 오랫동안 유지되지 못하는 토양은?

① 저습지토양   ② 유기물이 많은 토양

③ 점질토양   ④ 사질토양   **정답 ④**

6) 건토효과

① 습한 토양을 건조시키면 토양유기물이 미생물에 의하여 쉽게 분해될 수 있는 상태로 된다. 건조된 토양을 담수하면 미생물의 활동은 촉진되어 암모니아의 생성량이 많아지는데 이 효과를 건토효과라고 한다.

② 건토효과는 유기물 함량이 많은 토양에서, 건답보다는 습답에서, 2모작보다는 1모작 논에서, 하층토보다는 표층토에서, 또한 퇴구비의 시용이 많은 논에서 효과가 크다.

7) 지온상승효과

논토양의 지온을 높이면 미생물의 활동이 활발하게 되어 유기태질소의 무기화가 촉진되어 암모니아 생성이 증가한다.

8) 담수에 의한 인산의 변화

담수 상태하에서 토양이 환원되면 인산제2철이 약산에 쉽게 용해되는 인산제1철로 변화하고 인산이온을 토양용액 중으로 방출한다. 또한 H_2S가 인산철의 철을 FeS로 침전시킴으로써 인산을 용출시키고, 환원 상태하에서 생성되는 유기산에 의해 인산이 용출된다.

▥ 기출문제

논토양보다 배수가 양호한 밭토양에 많이 존재하는 무기물의 형태는?

① Fe^{3+} ② CH_4

③ Mn^{2+} ④ H_2S **정답 ①**

논토양의 일반적인 특성이 아닌 것은?

① 토층의 분화가 발생한다.   ② 조류에 의한 질소공급이 있다.

③ 연작장해가 있다.   ④ 양분의 천연공급이 있다.   **정답 ③**

기출문제

미사와 점토가 많은 논토양에 대한 설명으로 옳은 것은?

① 가능한 한 산화상태 유지를 위해 논 상태로 월동시켜 생산량을 증대시킨다.
② 유기물을 많이 사용하면 양분집적으로 인해 생산량이 떨어진다.
③ 월동기간에 논 상태인 습답을 춘경하면 양분손실이 생기므로 추경해야 양분손실이 적다.
④ 완숙유기물 등을 처리한 후 심경하여 통기 및 투수성을 증대시킨다.　　**정답** ④

논토양이 가지는 특성으로 적합하지 않은 것은?

① 담수 후 대부분의 논토양은 중성으로 변한다.
② 담수하면 토양은 환원 상태로 전환된다.
③ 호기성 미생물의 활동이 증가된다.
④ 토양용액의 비전도도는 증가하다 안정화된다.　　**정답** ③

(2) 밭토양의 특성

1) 경사도

밭의 분포를 경사지별로 보면 경사도 2~3%의 것이 전체 밭의 약 80%나 되므로 논토양과는 다르게 고려할 문제로는 침식에 의한 훼손, 관개수의 이용 곤란, 작업의 불편, 조립질 토성, 염기의 유실, 양분의 형태와 유효성 등의 차이가 있다.

▎밭토양의 경사별 분포 ▎

경사도(%)	0~2	2~7	7~15	15~30	30~60	60<
비율(%)	9.2	30.3	39.5	19.6	1.2	0.2

2) 토성

① 토성의 분포는 식질로부터 사력질에 이르기까지 광범위하나 세립질과 조립질이 약 50 : 20 정도이다.
② 세립질은 투수성이 나쁘며 한발기에는 토양이 굳어져 뿌리의 신장이 어렵고 습할 때에는 점착성이 커 작업이 불편하다.
③ 조립질은 보수력이 낮아 가뭄의 해를 입기 쉽고 석력 때문에 작업이 어려우며 대체로 비옥도가 낮은 편이다.

‖ 밭토양의 토성별 분포 ‖

토성	분포비율(%)	토성	분포비율(%)
식질	10.3	사양질	27.1
미사식양질	6.5	사질	2.5
식양질	31.4	역질	19.8
미사사양질	0.6	사역질	1.8

3) 생산성

① 다수확 밭토양을 포함한 보통 밭토양과 저수확 밭토양과의 비율을 보면 40 : 60으로 저수확 밭토양이 상당히 많은 면적을 차지하고 있으며, 그중 40%는 사질 및 미숙밭토양에 해당한다.

② 제주도 토양에 분포한 화산회토는 유기질인 allophane이 주 구성물질이나 무기물과 긴밀히 결합된 상태로서 유기물의 함량이 3~20%이며, 염기 포화도가 낮아서 산성을 띤다.

‖ 밭토양의 유형별 분포 ‖

유형	비율(%)	유형	비율(%)
보통밭	41.8	이모작밭	0.8
사력밭	21.4	고원밭	0.3
중점밭	14.3	화산회밭	2.4
미숙밭	19.0		

4) 모재

우리나라 토양은 모암이 화강암이나 화강편마암과 같은 산성암에서 유래되어 우기(雨期)가 심할 때 염기의 용탈이 심해지며, 찰흙이 적고 거친 모래가 많아 물리적 성질은 비교적 양호하다.

5) 부식

밭토양은 무기 성분의 천연공급량이 적고 통기 상태가 양호하여 산화 상태이며, 토양 미생물의 활동과 번식이 활발하므로 유기물 분해가 빠르게 진행되어 부식 함량이 적고 비옥도가 낮다.

6) 밭토양의 화학적 성질

밭토양의 유형에 따라 그 화학적 성질에 다소 차이가 있으며, 특히 석회암지대의 밭, 화산회토, 시설원예재배토양, 미숙밭 등에서는 큰 차이가 있다.

① 양분 유실이 쉬워 지력 유지가 어렵다.

   ✱ 강산성이고 유기물이 적으며 인산 비옥도가 낮다.

② 화학성 : 일부 시설원예지, 경제작물 재배지는 축적양분이 많다.

③ 화학성 불량 이유

    ㉠ 양분의 천연공급량이 적다.

    ㉡ 산화 상태로 유기물 분해가 커서 OM(유기물) 함량이 적다.

    ㉢ 양분유효화가 적다.

    ㉣ 모재가 산성암이며, 염기용탈이 심하여 산성토양이 많다.

④ 작물의 생산성을 높이기 위해 시비의존도가 커서 문제토양을 유발한다.

‖ 밭토양의 화학적 성질 ‖

구분	pH	유기물 (%)	유효 인산 (ppm)	교환성 양이온 (me/100g)			C.E.C (me /100g)
				K^+	Ca^{++}	Mg^{++}	
현황	5.7	2.0	114	0.3	4.2	1.2	10
개량목표	6.5	3.0	200	0.5	6.0	2.0	20

▥ 기출문제

우리나라 밭토양의 특징과 거리가 먼 것은?

① 밭토양은 경사지에 분포하고 있어 논토양보다 침식이 많다.

② 밭토양은 인산의 불용화가 논토양보다 심하지 않아 인산유효도가 높다.

③ 밭토양은 양분 유실이 많아 논토양보다 비료 의존도가 높다.

④ 밭토양은 논토양에 비하여 양분의 천연공급량이 낮다.

2. 논 · 밭 토양의 차이

┃ 논토양과 밭토양의 특성 비교 ┃

구분		논	밭
재배조건 수자원 산소		담수 관개시설 잘됨 적음	건조 자연강우 의존 많음
토양의 이화학성 변화	pH Eh 유해물질 생성	상승(중성) 환원상태 H_2S, Fe^{2+}, 유기산	산성화 산화상태 Al
양분조건	유기물 분해 지력질소 인산 염기 미량원소	느림 건토효과로 큼 환원으로 유효화 관개수 공급 관개수 공급	빠름 적음 고정으로 유효도 감소 용탈감소 용탈감소
작물생산		지력의존 크다.	비료의존 크다.

📖 기출문제

밭토양에 비하여 논 토양은 철(Fe)과 망간(Mn) 성분이 유실되어 부족하기 쉬운데 그 이유로 가장 적합한 것은?

① 철(Fe)과 망간(Mn) 성분이 논 토양에 더 적게 함유되어 있기 때문이다.
② 논 토양은 벼 재배기간 중 담수상태로 유지되기 때문이다.
③ 철과 망간 성분은 벼에 의해 흡수 이용되기 때문이다.
④ 철과 망간 성분은 미량요소이기 때문이다.　　　　　　　　　　**정답 ②**

밭토양 조건보다 논토양 조건에서 양분의 유효화가 커지는 대표적 성분은?

① 질소　　　　　　　　　　　② 인산
③ 칼리　　　　　　　　　　　④ 석회　　　　　　　**정답 ②**

다음 중 논토양의 특징이 아닌 것은?

① 광범위한 환원층이 발달한다.　　② 연작장해가 나타나지 않는다.
③ 철이 쉽게 용탈된다.　　　　　　④ 산성 피해가 잘 나타난다.　　**정답 ④**

3. 밭토양의 개량방법

① 밭토양은 관개수에 의한 양분의 천연공급량이 거의 없고 산화조건에 있어 양분이 소모적으로 분해되어 비료에 대한 작물의 반응은 매우 높다.

② 곡류 및 채소류 등 보통작물의 수량은 과거 다수확 개념에서 적정생산 개념의 비료 절감과 노동 절약적인 토양관리로 전환되고 있다.

③ 밭토양 관리의 개량목표를 보면 토양의 pH는 6.5 유기물은 3.0%, 유효인산은 300ppm, 치환성 칼리는 0.6me/100g, 질소이용률은 50%이므로 이러한 개량목표에 접근하도록 토양관리가 이루어져야 한다.

④ 밭이나 과수원지 등에서는 양분 보유 등 화학적 성질과 배수나 보수력 등의 물리적 성질의 두 가지 문제가 함께 있는 토양이 많다.

⑤ 토양의 개선은 심경이나 섬유질 또는 목질 자재 퇴비의 시용이 기본이며, 수분보유능력의 개선은 벤토나이트, 펄라이트 등의 토양 개량 자재의 시용이 기본으로 되어 있다.

📖 기출문제

경사지 밭토양의 유거수의 속도 조절을 위한 경작법으로 적합하지 않은 것은?

① 등고선 재배법   ② 간작 재배법
③ 초생대대상 재배법   ④ 승수구설치 재배법   정답 ②

논토양의 지력증진방향으로 옳지 않은 것은?

① 미사와 점토가 많은 논토양에서는 지하수위를 낮추기 위한 암거배수나 명거배수가 요구된다.
② 절토지에서는 성토지의 경우보다 배나 많은 질소비료를 시용해도 성토지의 벼 수량에 미치지 못한다.
③ 황산산성토양에서는 다량의 석회질 비료를 시용하지 않으면 수량이 적다.
④ 논의 가리흙은 유기물 함량이 2.5% 이상이 되게 유지하는 토양관리가 필요하다.   정답 ④

② 저위생산지 개량

1. 저위생산답의 개념

(1) 구분

논은 벼의 평균수량을 기준으로 하여 고위수확답과 저위수확답으로 구분하는데, 저위수확답은 평균수량보다 20% 이상 적은 논으로 10a당 300kg 이하의 생산성밖에 없는 논이다.

(2) 유형

토양 조사 결과에 의하면 우리나라 총 논면적의 18.5%가 저위생산답에 속하며, 이에 속하는 논은 노후화답 · 중점토 · 특이산성토 · 사력질토 · 퇴화염토 · 습답 및 광독지 등 8가지 유형이 있다.

▌저위생산답의 유형별 분포 ▌

유형	분포비율(%)	
	저위생산논 전 면적에 대한 비율	농경지 전 면적에 대한 비율
특수 성분 결핍토	41.3	7.7
사역토 및 미사토	30.3	5.6
염류토	7.6	1.4
중점토	9.2	1.7
퇴화염토	3.5	0.6
습답	6.8	1.3
특이 산성토	1.2	0.2
광독지	0.1	0.01
계	100	18.5

2. 저위생산답의 종류와 그 개량방법

(1) 특수 성분 결핍토(노후화답)

1) 노후답의 생성

① 뜻 : 작토층의 무기성분이 용탈되어 결핍된 논토양이다.

② 생성조건 : 토양모재가 Fe, Mg가 적고 규산이 많은 산성암의 토양이다.

2) 용탈집적과 추락현상

① 논토양의 토층분화 : 담수로 환원되면 $Fe^{3+} \rightarrow Fe^{2+}$, $Mn^{4+} \rightarrow Mn^{2+}$로 용해도가 증가하여 물을 따라 하층으로 이동한다.

② 무기성분의 용탈과 집적 : K, Ca, Mg, Si, P 점토도 용탈되어 심토의 환원층에 집적된다.

③ 노후화 현상

㉠ 배수 양호한 논 : 작토층은 환원되지만 심토층은 산화 상태이다.

㉡ 환원으로 가용화된 Fe^{2+}, Mn^{2+}이 물의 하강이동에 의해 산화 상태인 하층에 운반 · 침전되어 적갈색의 집적층이 생긴다.

3) 노후답 벼의 추락현상

① 추락현상

  ㉠ 뜻 : 벼의 영양생장기에는 왕성하게 생장하던 것이 생식생장기에 접어들면서 하엽부터 마르고 깨씨무늬병이 만연하여 추해지고 수량이 적어지는 현상이다.

  ㉡ 원인 : 고온기 유기물 분해로 H_2S가 발생하여 벼 뿌리가 썩어 양분흡수가 저해된다. 그러나 철이 많으면 뿌리의 산화철 피막, FeS로 침전되어 해가 없다.

  ㉢ 발생토양 : 누수가 심하여 양분보유력이 적은 사력질답, 유기물이 과다한 습답 등이 있다.

4) 노후답 토양의 관리

① 개량대책

  ㉠ 객토 : 점토와 Fe, Si, Mg, Mn 등이 공급되므로 산적토가 효과적이다.

  ㉡ 심경 : 침전된 철분재 사용, 그러나 누수가 심한 논은 추락현상이 더 조장된다.

  ㉢ 함철자재 사용 : 퇴비철, 비철토

  ㉣ 규산질비료 사용 : 규산석회, 규회석은 규산뿐 아니라 Fe, Mn, Mg도 함유

② 재배대책

  ㉠ 저항성 품종재배 : H_2S 저항성 품종, 조생종이 유리하다.

  ㉡ 조기재배 : 수확 빠르면 추락이 감소된다.

  ㉢ 시비법 개선 : 무황산근 비료 시용, 추비 중점 시비, 엽면시비

  ㉣ 재배법 개선 : 직파재배, 휴립재배, 답전윤환 등이 있다.

📖 기출문제

노후화답의 특징이 아닌 것은?

① 작토층의 철은 미생물에 의해 환원되어 Fe^{2+}로 되어 용탈한다.
② 작토층 아래층의 철과 망간은 산화되어 용해도가 감소되어 Fe^{3+}와 Mn^{4+} 형태로 침전한다.
③ 황화수소(H_2S)가 발생한다.
④ 규산 함량이 증가된다.
  정답 ④

다음 중 논토양에서 재배되는 벼가 가장 많이 필요로 하는 성분은?

① 인　　　　　　　　　　　② 질소
③ 규소　　　　　　　　　　④ 망간
  정답 ③

(2) 습답

1) 특징

① 습답은 지하수위가 전체적으로 높거나 어느 곳에서 물이 솟아오르거나 또는 배수가 불량하여 항시 물이 고여 있는 토양이다.

② 토양이 통기가 나쁘고 유기물의 분해도 느리며 환원 상태가 되어 유해 물질이 생성되므로 벼의 생육에 장해를 일으키기 쉽다.

③ 유해 성분으로는 CO_2의 과다, 2가철의 과잉, 각종 유기산, 기타 유기물의 분해 중간물 등이며 이들은 벼 뿌리의 호흡과 양분의 흡수를 방해하며 깨씨무늬병(호마엽고병)을 일으킨다.

2) 개량 방법

① 암거배수나 명거배수시설을 하여 투수를 좋게 하고 물관리를 잘 하여 유해 물질을 배제하는 것이 바람직하며 철분 등을 공급하기 위하여 객토를 하는 것이 좋다.

② 석회 물질을 시용하여 산성의 중화와 부족성분의 보급을 꾀하고 이랑 재배를 하며 질소의 시용량을 줄여야 한다.

③ 질소질 비료의 시용상 주의점

유기물의 집적량이 많은 저습답을 개량하였을 경우에는 유기물이 빠르게 분해되므로 질소의 공급량이 급증하여 질소과다로 인한 병충해, 도복 등으로 생산량이 감소될 수 있으므로 질소질 비료 시용에 유의하여야 한다.

Ⅲ 기출문제

습답의 개량방법으로 적합하지 않은 것은?

① 석회로 토양을 입단화한다.　　② 유기물을 다량 시용한다.
③ 암거배수를 한다.　　　　　　　④ 심경을 한다.　　　**정답 ❷**

벼를 재배하고 있는 논토양의 색깔이 청회색을 나타내면 어떠한 조치를 하는 것이 가장 바람직한가?

① 유기물을 투여한다.　　　　　　② 배수를 한다.
③ 유안비료를 시비한다.　　　　　④ 물을 깊이 대어 준다.　　**정답 ❷**

---

(3) 사력질토

1) 특징

① 사력질토는 모래, 자갈 또는 미사의 함량이 높은 토양으로 대개 하천의 상류나 계곡에 많이 분포되어 있으며 대개 투수성이 크고 비료 성분의 흡착력이 매우 약하며 결

핍되기 쉽다.

② 사력질토는 양분의 함량이 적을 뿐만 아니라 완충능이 작으므로 비료를 주면 벼에 반응이 빠르게 일어나서 왕성한 생육을 하지만 비료분을 오래 간직하지 못하므로 후기에는 양분 부족이 생겨 추락 현상이 일어난다.

2) 개량 방법

점토질 재료를 객토하여 시비·수확력을 높이고 비료분을 분시하며 각종 특수성분을 공급하여 양이온 치환 용량(C.E.C)을 높여야 한다.

(4) 중점토

1) 특징

① 중점토는 전토층 단면을 통한 점토의 함량이 40% 이상이며, 작토층의 점토가 하층으로 이동 집적되어 불투층을 형성하여 경운이 곤란하다.

② 불투층으로 인하여 수직배수가 불량해서 **벼의 뿌리가 썩고 깨씨무늬병**(호마엽고병)이 자주 발생하여 수량이 감소되며 유효 인산이 부족한 곳이 많다.

2) 개량 방법

① 석회질 물질 등을 충분히 시용하고 될수록 심경하여 토층에 쌓여 있기 쉬운 분해중간물 등을 중화 또는 산화시킨다.

② 배수를 촉진하고, 지하수위를 낮추기 위하여 암거배수나 명거배수 시설을 해야 한다.

③ 석회·인산·유기물을 다량 시용하여 토양 입자의 입단화를 조장함으로써 통기·통수성을 증대한다.

(5) 특이생산답

1) 특징

① 황 또는 황화철이 다량 집적되었다가 건조 상태에서는 산화되어 강산성이 되며, 담수되어도 pH 5.5 정도밖에 올라가지 못하는 토양이다.

② 특이 산성 토양은 산성이 강하므로 활성 Al의 용출이 많고 유효 인산이나 칼리가 부족하며, 환원이 심하여 각종 양분의 흡수를 저해하는 물질이 생성되므로 벼의 양분 흡수량이 줄어든다.

③ 황산산성 토양의 치환성칼리 함량은 보통 논의 평균치보다 배나 되는데, 유해 물질이 작토층에 쌓여서 칼리의 흡수가 억제되기 때문에 칼리 부족으로 벼 뿌리가 약해져 무기 양분이 풍부하여도 흡수가 안 된다.

2) 개량 방법

석회나 규산질비료 등의 칼리성 물질을 많이 사용하고 황을 불용염으로 하여 산성화를 억제시키는 방법이 요구된다.

(6) 염류토

1) 특징

① 해안지대의 간척된 지 오래되지 않은 해성토로서 염류농도가 높은(5% 이상) 토양이다.

② 염류 또는 보통 논에 비하여 유기물 함량은 $\frac{1}{10}$, 치환성 Ca은 $\frac{1}{3}$, Fe의 함량은 $\frac{1}{4}$ 정도이나 Mg과 K의 함량은 5배 이상 많고 Na 함량은 20배 이상 많으며, 25℃에서의 비전도도(Ec)는 30~40mmho/cm로서 벼 재배의 적정한계인 2mmho/cm보다 15~20배가량 높다.

③ 교질 분산 및 염류 이동

㉠ 염류토에 물을 자주 갈아 넣어주면 표층토의 염분은 쉽게 물에 녹아 물의 이동에 따라 제거되지만 유리염분의 농도가 줄어들면 줄어들수록 토양 교질 표면의 전위는 커지게 되어 교질은 분산하게 된다.

㉡ 분산된 상태의 교질입자는 물의 삼투에 따라 하층으로 이동하여 투수로를 막으므로 하층토의 염분은 남아 있게 된다.

㉢ 표층토의 염분만 제거된 상태에서 물을 빼어 표층이 다르게 되면 하층토의 염류가 모세관 현상에 의해 하층에서 상층으로 이동하여 표층토에 쌓이게 된다.

2) 개량 방법

① 암거 배수 시설

토성에 따라 적당한 길이와 간격으로 지하에 관을 묻어 수직 배수를 도모하여 염분·황산을 제거하고 이상적 환원 상태의 발달을 방지한다.

② 석회 물질의 시용

㉠ 석회 물질을 시용하면 Na－교질이 Ca－교질로 변화되어 점토나 부식의 제타전위를 하강시켜 교질입자의 응집 및 내수성 입단화가 도모되며, 내부배수가 잘되어 방염효과를 높인다.

㉡ 석고($CaSO_4 \cdot 2H_2O$)를 시용하여 석회공급과 pH의 하강을 도모하려고 할 때 지하수위가 높아 내부배수가 곤란한 간척지에는 부성분인 황산근이 토층 내에 집적되어 특이 산성토화하므로 황산근이 없는 규회석·소석회 등의 농용석회를 시용하여야 한다.

③ 유기물의 시용

　㉠ 담수법에 의해 제염작업을 할 때 신선한 유기물을 넣어주면 유기물의 분해과정에서 미생물이 분비하는 polyuronide나 사상균의 균사가 교질물과 접착 작용을 하여 교질의 응집 입단화를 조장하고 토양구조를 발달시켜 통기·통수성을 증대, 제염효과를 증진시킨다.

　㉡ 유기물의 무기화과정에서 생성되는 각종 유기산과 CO_2는 방염효과를 증진한다.

④ 인산질 비료 시용

　㉠ 염류도는 유기인산 함량이 매우 낮으므로 개량목표 200ppm 정도로 끌어올려 인산의 비옥도를 증진시켜야 한다.

　㉡ 제염효과를 증진시키기 위해 석회 물질을 다량 시용하게 됨에 따라 $Ca-P_2O_5$의 형태로 인산의 고정이 일어나 유효태인산은 더욱 부족하게 된다.

⑤ 객토

　염류토는 염기치환용량이 낮으므로 산흙과 같은 활성철 함량이 많은 양질점토를 객토하여 지력을 증진시켜야 한다.

▦ 기출문제

간척지 토양의 일반적인 특성으로 볼 수 없는 것은?

① Na^+ 함량이 높다.
② 제염(除鹽) 과정에서 각종 무기염류의 용탈이 크다.
③ 토양교질이 분산되어 물 빠짐(배수)이 양호하다.
④ 유기물 함량이 낮다.

 정답 ③

(7) 특이 산성토

① 유황과 황화물의 집적이 많아서 건조 상태에서는 pH 4 이하로 내려가고 환원되면 약산성 또는 중성이 되어 벼를 재배할 수 있다.

② 산성이 강하여 유리 Al 등 유독성분의 용출이 많고 인산이나 칼리가 부족하므로 석회 물질을 다량 시용하고 황을 불용염으로 하여 산성화를 억제해야 한다.

(8) 광독지

① 광산지대에서 채광 또는 선광에 쓰였던 약물과 폐수가 흘러들어가 토양의 물리·화학적 성질을 약화시킨 것이다.

② 광독지의 피해를 방지하는 방법은 유해가스·폐수 및 오물이 흘러들어 오는 것을 예방하는 것이다.

‖ 저위 생산답의 유형별 개량방법 ‖

유형별＼개량방법	규산질 비료 사용	퇴비·철 사용	객토	심경	질소 및 칼리 분시	배수	유기질 사용	석회 사용	이랑 재배
특수 성분 결핍토	○	○	○	○	○	–	–	–	–
사력질토	–	○	○	–	○	–	○	–	–
중점토	○	○	–	○	–	○	–	–	–
습답	○	–	○	–	–	○	–	–	○
퇴화염토	○	○	–	○	–	–	–	–	–
특이 산성토	○	–	–	–	–	○	–	○	–
염류토	–	–	–	–	–	○	–	○	–

※ ○표는 효과가 큰 것임

Ⅲ 기출문제

작물의 생산량이 낮은 토양의 특징이 아닌 것은?

① 자갈이 많은 토양

② 배수가 불량한 토양

③ 지렁이가 많은 토양

④ 유황 성분이 많은 토양

 정답 ❸

3. 고위수량답의 조성방안

논토양에서 고위수량을 올리기 위해서는 아래 표와 같은 목표치에 접근시키는 토양 관리가 필요하다.

구분	목표
작토의 깊이	18cm 이상
C/N율	11~12
지하수위	70cm
투수량	20~30mm/1일
건토 효과	7~8mg
인산 흡수 계수	1,000~1,500
염기 포화도	50~70%

Ⅲ 기출문제

논에 녹비작물을 재배한 후 풋거름으로 넣으면 기포가 발생하는 원인은 무엇인가?

① 메탄가스 용해도가 매우 낮기 때문에 발생된다.
② 메탄가스 용해도가 매우 높기 때문에 발생된다.
③ 이산화탄소 발생량이 매우 작기 때문에 발생된다.
④ 이산화탄소 용해도가 매우 높기 때문에 발생된다.

정답 ❶

❸ 경지이용과 토양관리

1. 재배시설의 토양

(1) 재배시설 토양의 현황

① 재배시설 도입으로 신선 채소류에 연중 공급된다.
② 집약적 다비농업으로 염류장해는 자연계의 재순환을 방해한다.
③ 적당한 토양관리 : 토양 및 수질오염을 방지한다.

(2) 재배시설 토양 특성

① 입지적 특성
  ㉠ 노지 토양과 시설재배지 토양의 차이는 염류가 노지에서는 용탈되고 시설에서는 집적된다는 것이다.
  ㉡ 시설토양은 온도가 높고 증발량이 많아 완전피복되어 강우가 차단되며 염류가 표층 집적된다.
② 물리 · 화학적 특성
  ㉠ 토양 중 물이동 양상은 완전피복된 상태이기 때문에 노지 토양과 반대이다.
  ㉡ 온도가 높고 증발량이 많아서 모세관 현상으로 염류집적 토양의 이화학성이 악화된다.
③ 미생물학적 특성
  ㉠ 토양미생물상 변화
  ㉡ 토양 전염성 병균 및 선충 피해, 유해물질 축적

우리나라 시설재배지 토양에서 흔히 발생되는 문제점이 아닌 것은?

① 연작으로 인한 특정 병해의 발생이 많다.
② EC가 높고 염류집적 현상이 많이 발생한다.
③ 토양의 환원이 심하여 황화수소의 피해가 많다.
④ 특정 양분의 집적 또는 부족으로 영양생리장해가 많이 발생한다.   정답 ❸

(3) 염류집적의 원인

① 집적되는 염류는 물에 녹는 수용성염으로 토양용액에 존재한다.
② 집적 원인
　　㉠ 필요 이상의 과다한 시비량
　　㉡ 수분 증발량이 많음
　　㉢ 특히 다량의 가축분 퇴비 사용
③ 재배횟수가 많고 시비량이 많을 때 집적량이 많고 집적 속도가 빠르다.

하우스 등 시설재배지에서 일어날 수 있는 염류집적에 관련된 설명으로 가장 옳은 것은?

① 수분 침투량보다 증발량이 많아 염류가 집적된다.
② 강우로 인하여 염류는 작토층에 남고 나머지는 유실된다.
③ 토양염류가 집적되면 칼슘이 많이 존재하며 수분의 흡수율이 높아진다.
④ Na 농도가 증가되어 토양입단 형성이 증가된다.   정답 ❶

(4) 작물의 염류농도 장해(염류농도와 작물의 생육장해)

① 장해발생 원인
　　㉠ 염류집적 : 염류집적으로 토양용액의 염농도가 뿌리보다 높기 때문에 수분을 흡수하
　　　지 못하고 도리어 탈수상태가 된다.
　　㉡ 염기불균형 : 이온 간의 길항 및 상호작용으로 염기흡수 저해
② 장해증상
　　㉠ 아래 잎부터 말라 죽고 잎이 타거나 잎끝이 말라서 죽음(tip burn, necrosis)
　　㉡ 십자화과 채소는 내염성 강한 편이나 딸기, 상추, 과채류는 약함

(5) 염류집적 대책

① 시비의 적정화

    ㉠ 토양에 남아 있는 양을 고려하여 시비량을 결정하여 시비한다.

    ㉡ 비종 선택 시 염기가 적은 완효성 비료를 시용한다.

    ㉢ 가축 분뇨 사용 시 감비한다.

② 내염성작물 재배

    ㉠ 염류농도에 대한 저항성은 작물종류에 따라 다르다.

    ㉡ 딸기는 극히 약하므로 논 뒷그루로 재배한다.

③ 염류농도를 낮추는 법

    ㉠ 담수에 의한 제염효과가 크다.

    ㉡ 흡비력 강한 옥수수, 수수 재배로 잉여양분을 흡수시킨다.

    ㉢ 객토, 심경, 환토에 의한 농도를 감소시킨다.

Ⅲ 기출문제

시설재배지의 토양관리를 위해 토양의 비전도도(EC)를 측정한다. 다음 중 가장 큰 이유가 되는 것은?

① 토양 염류집적 정도의 평가   ② 토양 완충능 정도의 평가

③ 토양 염기포화도의 평가   ④ 토양 산화환원 정도의 평가   **정답 ①**

다음 중 표토에 염류집적 피해가 일어날 가능성이 큰 토양은?

① 벼논   ② 사과 과수원

③ 인삼밭   ④ 보리밭   **정답 ③**

토양 염류 집적 방지 대책 중 염류를 제거하는 데 가장 적합한 방법은?

① 작물 수확 후 토지를 그대로 방치한다.

② 담수한 후 경운하고 얼마 후에 물을 뺀다.

③ 비닐하우스에 경제적인 이득을 위하여 한 품목만 재배한다.

④ 최소 깊이의 경운을 실시하여 토양을 반전시킨 후 계속해서 경작한다.   **정답 ②**

Ⅲ 기출문제

염해 시 토양의 개량방법으로 가장 적절치 않은 것은?

① 암거배수나 명거배수를 한다.
② 석회질 물질을 시용한다.
③ 전층 기계 경운을 수시로 실시하여 토양의 물리성을 개선시킨다.
④ 건조시기에 물을 대줄 수 없는 곳에서는 생짚이나 청초를 부초로 하여 표층에 깔아주어 수분 증발을 막아준다.

정답 ③

2. 개간지·간척지 토양과 작물생육관리

(1) 신개간지 토양의 종합개량

1) 개간지 토양의 특성

① 입지적 조건과 문제점
  ㉠ 경사지에 위치하여 토양유실이 심하다.
  ㉡ 잔적토로서 강산성이며 척박하다.

② 물리적 특성
  ㉠ 토양침식으로 토심 얕고 구조 미발달 및 보수력 약하여 가뭄 피해가 크다.
  ㉡ 토양보전 방법 필요

③ 화학적 특성
  ㉠ 화학성이 극히 미약하다.
  ㉡ 강산성이어서 양이온치환용량, 유기물, 유효인산, 염기함량이 아주 낮다.

2) 개간지 토양관리

① 지력증진
  ㉠ 토심증대 : 심경을 하여 뿌리 신장할 수 있는 근권을 확대시킨다.
  ㉡ pH 조절 : 석회를 시용하여 pH 6.5로 하여 양분유효도를 증대시킨다.
  ㉢ 유기물 증시 : 양분공급, 구조발달, 보수보비력을 향상시킨다.
  ㉣ 인산 증시 : 인산 함량이 적고 산성토양으로 인해 고정력이 크므로 인산을 증시한다.

② 토양보전 대책
  ㉠ 토심증대 : 심경 실시로 근권 확보 및 한발 경감
  ㉡ 피복 및 멀칭 : 부초법으로 양분유실 방지 및 증발 억제
  ㉢ 재배법 개선 : 초생대 및 승수구 설치로 침식 및 한발 방지

(2) 염해지 토양

1) 간척지 토양의 특성

① 모재가 육지에서 운반된 퇴적물이기 때문에 비옥하지만 염류가 많다.

② 다량의 염분 함유 : 벼 생육 저해($NaCl$ 0.3% 이상은 생육이 불가능하다.)

③ 황화물 산화로 황산이 발생하여 강산성 토양이 된다.

④ 지하수위가 높아서 환원 상태에서 H_2S가 발생한다.

⑤ 점토가 과다하여 투수성, 통기성이 불량하다.

기출문제

일반토양에 비하여 염해지 토양에 많이 존재하는 물질은?

① 유기물   ② 철

③ 석회   ④ 나트륨   정답 ④

다음의 성분 중 토양에 집적되어 Sodic 토양의 염류집적을 나타내는 것은?

① Ca   ② Mg

③ K   ④ Na   정답 ④

2) 개량 방법

① 암거 배수 시설

토성에 따라 적당한 길이와 간격으로 지하에 관을 묻어 수직 배수를 도모하여 염분·황산을 제거하고 이상적 환원 상태의 발달을 방지한다.

② 석회 물질의 시용

㉠ 석회 물질을 시용하면 Na–교질이 Ca–교질로 변화되어 점토나 부식의 제타전위를 하강시켜 교질입자의 응집 및 내수성 입단화가 도모되며, 내부배수가 잘되어 방염효과를 높인다.

㉡ 석고($CaSO_4 \cdot 2H_2O$)를 시용하여 석회공급과 pH의 하강을 도모하려고 할 때 지하수위가 높아 내부배수가 곤란한 간척지에는 부성분인 황산근이 토층 내에 집적되이 특이 산성토화하므로 황산근이 없는 규회석·소석회 등의 농용식회를 시용하여야 한다.

③ 유기물의 시용

㉠ 담수법에 의해 제염작업을 할 때 신선한 유기물을 넣어주면 유기물의 분해과정에서 미생물이 분비하는 polyuronide나 사상균의 균사가 교질물과 접착 작용을

하여 교질의 응집 입단화를 조장하고 토양구조를 발달시켜 통기·통수성을 증대, 제염효과를 증진시킨다.

ⓛ 유기물의 무기화과정에서 생성되는 각종 유기산과 CO_2는 방염효과를 증진한다.

④ 인산질 비료 사용

　　ⓞ 염류도는 유기인산 함량이 매우 낮으므로 개량목표 200ppm 정도로 끌어올려 인산의 비옥도를 증진시켜야 한다.

　　ⓛ 제염효과를 증진시키기 위해 석회 물질을 다량 사용하게 됨에 따라 $Ca-P_2O_5$의 형태로 인산의 고정이 일어나 유효태인산은 더욱 부족해진다.

⑤ 객토

　　염류토는 염기치환용량이 낮으므로 산흙과 같은 활성철 함량이 많은 양질점토를 객토하여 지력을 증진시켜야 한다.

3. 토양 중 양분의 형태 변화

질소기아(窒素飢峨)

토양미생물도 양분으로서 질소를 필요로 하는데 특정 조건에서 탄수화물의 공급이 활발하면 토양미생물이 급격히 번식하여 토양 중 유효태 무기질소를 대량 흡수하게 된다. 그러면 작물이 이용할 수 있는 질소가 크게 부족하여 질소기아 상태에 빠지게 된다.

기출문제

농경지 토양에서 질소기아현상이 일어나는 데 가장 크게 관여하는 것은?

① 탄질비　　　　　　　　　　② 수분
③ pH　　　　　　　　　　　　④ Eh

정답 ❶

예상문제

01 토양은 물리적 상태에 따라 3상으로 구분되는데, 다음 조성 중 작물이 자라는 데 가장 적합한 액상의 비율은 무엇인가?

① 50~60%　　　　② 20~30%　　　　③ 5~10%　　　　④ 60~70%

> **토양의 구성** ....
> ㉠ 고상 : 무기 성분(토양 무기물, 45%)
> 　　　　 유기 성분(토양 유기물, 5%)
> ㉡ 액상 : 토양 용액(20~30%)
> ㉢ 기상 : 토양 공기(20~30%)

02 작물 생육에 알맞은 토양의 3상 비율은 어느 것인가?

① 고상 50%, 액상 25%, 기상 25%　　　　② 고상 70%, 액상 15%, 기상 15%
③ 고상 40%, 액상 30%, 기상 30%　　　　④ 고상 25%, 액상 25%, 기상 50%

03 토양의 역할로 볼 수 없는 것은?

① 작물에 필요한 수분과 양분을 공급한다.
② 식물을 기계적으로 지탱시켜 준다.
③ 이산화탄소를 공급하여 광합성 작용을 돕는다.
④ 물과 양분을 지니고 있다.

> **토양의 역할** ....
> 토양은 식물을 기계적으로 지탱하며, 물과 무기양분을 공급한다.

04 홍수나 하천의 범람으로 토사가 퇴적되어 층리를 만들어 충적층으로 이루어지는 토양은?

① 홍함지　　　　② 붕적토　　　　③ 호성토　　　　④ 삼각주

> ....
> 홍함지, 삼각주, 하안단구는 하수에 의한 하성충적토로서 홍함지는 하천의 홍수에 의하여 거듭 범람되었을 때 생성된 토양이며, 1회의 범람으로 수직단면의 층리(bed)를 형성한다. 이와 같은 층리의 집합체로 된 토층을 충적층(alluvial horizon or alluvium) 또는 제4기신층이라고 한다. 이것은 하천하류의 양안에 잘 발달되며, 비옥한 농경지로 이용된다. 우리나라 논토양의 대부분은 이에 속한다.

정답　**01** ②　**02** ①　**03** ③　**04** ①

05 화학적 풍화 작용이 아닌 것은?

① 산화 작용

② 가수 분해 작용

③ 대기의 작용

④ 탄산화 작용

🌱

　ⓐ 암석이나 토양 중의 광물은 여러 가지 영향을 받아 그 화학적 조성이 다른 새로운 물질로 변화한다.

　ⓑ ③번은 물리적 풍화 작용이다.

06 우리나라에 가장 많이 분포되어 있는 지질은?

① 현무암

② 유문암

③ 현무암

④ 화강편마암

🌿 **화강암**

　ⓐ 주요 광물 성분은 석영·장석·운모·각섬석·휘석 등이며, 장석·운모·휘석·각섬석·석영 순으로 풍화되고, 장석과 운모가 풍화되어 점토분을 만들며 석영은 풍화되기 어렵다.

　ⓑ 화강암의 풍화토는 양질~사질 토양이 되며, 일반적으로 이화학성은 좋지만, 양분은 비교적 적고, 온대에서는 칼슘이 적어 산성의 모재를 이룬다.

　ⓒ 심성암 중에서 가장 분포가 넓으며, 우리나라 육지 면적의 2/3를 차지한다.

07 퇴적토 중 우리나라 농경지에 가장 많은 것은?

① 충적토

② 풍적토

③ 붕적토

④ 빙적토

🌱

　충적토는 하천에 의해 이루어진 것으로 홍함평지, 선상충적토, 삼각주 등으로 널리 분포되어 있다.

08 지각을 구성하고 있는 모암은 주로 어느 것으로 구성되어 있는가?

① 변성암과 퇴적암이 95% 정도

② 변성암과 수성암이 95% 정도

③ 화성암과 변성암이 95% 정도

④ 화성암과 수성암이 95% 정도

🌱

　지각을 구성하는 암석은 화성암과 변성암이 95%를 차지하고, 나머지 5%는 퇴적암으로 되어 있다. 이 5%는 혈암 4%, 사암 0.75%, 석회암 0.25%로 되어 있다.

09 화강암이 이룬 토양의 설명으로 옳지 않은 것은?

① 산성 토양으로 되기 쉽다.

② 염류는 많으나 규산분이 적다.

③ 배수와 공기의 유통이 잘된다.

④ 양분과 수분을 지니는 힘이 약하다.

🌿 정답　05 ③　06 ④　07 ①　08 ③　09 ②

10 홍수나 하천의 범람으로 토사가 퇴적되어 층리를 만들어 충적층으로 이루어지는 토양은?

① 홍함지   ② 호성토   ③ 삼각주   ④ 하단구

💚 **홍함지** ···

하천의 홍수에 의하여 거듭 범람되었을 때 생성된 토양이며, 제4기 신층이라고도 하는데 이것은 하천의 양안에 잘 발달하며 비옥한 농경지로 이용되고 있다.

11 다음 중 성질이 다른 것은?

① 홍함지   ② 뢰스   ③ 충적토   ④ 삼각주

💚

‖ 풍화 생성물의 성인별 분류 ‖

위치	구분	이동 인자	기원	퇴적물
표토	정적	풍화된 장소	잔적	잔적토
	운적	중력	붕적	붕적토
		물 또는 수적	빗물	선상 퇴토
			하성	홍함지*, 하안단구*, 삼각주*
			해성	해성토
			호성	호성토
		얼음 또는 빙하	빙하	야퇴석, 종퇴석, 유세원
		바람	풍성	loess*, 사구, adobe*, 화산회토

* : 비옥도가 큼

12 지하수위가 높은 저습지에서 일어나는 토양 생성 작용은?

① Salinization   ② Podzolization

③ Laterization   ④ Gleization

💚 **glei화 작용** ···

지하수위가 높은 저습지 또는 배수가 불량한 곳에서 머물고 있는 물로 말미암아 산소의 공급이 부족하여 토양이 환원 상태로 되고 Fe^{3+}가 Fe^{2+}로 되어 토양이 담청색~녹청색 또는 청회색이 되는 작용을 glei화 작용이라 한다.

13 포드졸(podzol)화 작용이란?

① 표층에서 철이 sol 상태로 용탈되는 현상

② 진흙땅이 되는 것

③ 석회가 집적하고 하층이 단단해지는 것

④ 모래흙이 되는 것

포드졸(podzol)화 작용

토양의 무기 성분이 산성 부식질의 영향으로 심히 분해되어 이동성이 작은 Fe, Al까지 sol 상태로 하층으로 이동하는 현상이다.

14 토양 생성의 주요 인자는?

① 물 · 바람 · 빙하 · 중력 · 기온
② pH · CEC · pE · Eh · BOD
③ 모재 · 기후 · 식생 · 지형 · 시간
④ 기후 · 모재 · 유기물 · 시간

토양 생성의 주요 인자

㉠ 모재료의 종류와 성질
㉡ 기후(기온과 강수량)
㉢ 생물의 작용(자연적 식생)
㉣ 그 지역의 지형
㉤ 시간(모재료가 토양 생성을 받는 시간)

15 포드졸화 작용이 일어나기 알맞은 조건은?

① 한랭 · 습윤 · 침엽수 지대
② 고온 · 습윤 · 활엽수 지대
③ 온난 · 습윤 · 침엽수 지대
④ 한랭 · 반습윤 · 초본 지대

포드졸화 작용의 조건

모재나 첨가물로부터 염기의 공급이 없고 분해산물이 표층으로부터 아래층으로 이행하는 데 물이 필요하다. 이러한 조건은 일반적으로 한랭 · 습윤 · 침엽수림 지대에서 갖추고 있다.

16 다음 중 글라이층의 특징으로 옳지 않은 것은?

① Mn^{2+}
② Fe^{2+}
③ 다소 점질성이다.
④ 산화 환원 전위가 매우 높다.

glei 층의 특징

담수 상태에서 논토양은 환원되어 $Fe^{3+} \rightarrow Fe^{2+}$로 되고 토양색은 점차 청회색을 띠며 치밀하고 다소 점질성이며 산화 환원 전위가 낮다.

17 토층에서 SiO_2가 가용성으로 되어 용탈되고, Fe, Al이 남아 집적되는 토양 생성 작용은?

① Solinization
② laterization
③ Calcification
④ Podzolization

정답 | 14 ③ 15 ① 16 ④ 17 ②

☑ **laterite화 작용** ···

열대나 아열대의 고온 다우 기후에서 일어나는 토양 생성 작용을 laterite화 작용(규산 용탈 작용 또는 철, 알루미늄 집적 작용)이라고도 하며 토양은 고온다습의 영향을 받아 가수분해가 심하게 일어나므로 토양 중의 알칼리 금속과 알칼리토류 금속은 용액 중에 끊임없이 공급되어 토양은 중성 또는 염기성 반응하에서 분해된다. 따라서 규산은 가용성으로 되어 용탈되고 철·알루미늄 등의 수산화물 또는 산화물은 토양 중에 남아 집적된다.

18 논토양 생성의 지배적인 작용은?

① 염류화 작용　　　　　　　　　　② 글라이화 작용
③ 석회화 작용　　　　　　　　　　④ 라토졸화 작용

☑ **글라이화 작용** ···

배수가 좋지 못한 토양 중에 산소가 부족하거나, 유기물은 많이 있으나 호기성 미생물의 활동이 불충분한 경우 논토양은 환원 상태로 되어 2가철이 생성되어 청회색, 청색 또는 녹색의 특유한 색깔을 띠는 토층이 생긴다. 이것을 글라이화 작용이라 한다.

19 유기물이 가장 많이 들어 있는 토양 층위는?

① O1　　　　　② B　　　　　③ A1　　　　　④ C

☑ ···

O층은 광물질토양의 맨 위쪽에 있는 유기물 층으로 O1에는 아직 분해되지 않은 유기물이, O2에는 약간 분해된 유기물이 쌓여 있다.

20 토양 생성 인자가 아닌 것은?

① 식생　　　　　② 지질　　　　　③ 기후　　　　　④ 모재

21 pF 2.5~4.2 사이의 수분함량을 무엇이라고 하는가?

① 유효수분　　　　　　　　　　　② 잉여수분
③ 무효수분　　　　　　　　　　　④ 모관수

☑ **유효수분(有效水分)** ···

위조계수와 포장용수량 사이의 수분으로(pF 2.5~4.2) 작물의 적당한 생장을 위해 유효수분이 50~85%가 소요되었을 때 수분을 공급하여 주어야 한다. 그 이유는 수분 함량이 위조점에 가까워지면 식물이 물을 흡수하는 속도가 느려지기 때문이다.

정답　**18** ②　**19** ①　**20** ②　**21** ①

22 영구위조점이란?

① 식물이 시들기 시작할 때의 수분함량
② 작물이 시들어서 영구히 회복할 수 없는 상태
③ 포화상태로 흡착된 수분량
④ 작물이 생육하기에 알맞은 수분함량

🌿 **영구위조점** ···

위조한 식물을 포화습도의 공기 중에 24시간 방치해도 회복되지 못하는 위조를 영구위조(permanent wilting)라고 하는데, 영구위조를 최초로 유발하는 토양의 수분 상태를 영구위조점(PWP ; permanent wilting point)이라고 한다. pF는 4.2(15기압) 정도이다.

23 토양 속에 있는 수분 중 식물이 흡수할 수 있는 유효수분은?

① 40~50%
② 50~60%
③ 50~70%
④ 60~80%

24 포화토양에서 토양입자와 결합한 수분을 무엇이라 하는가?

① 흡습계수
② 유효수분
③ 포장용수량
④ 위조계수

🌿 **흡습계수(hygroscopic coefficient)** ···

㉠ 토양 시료를 수증기로 포화된 대기 중에 놓아두면 일정량의 물분자를 흡수하는데, 이 수분은 얇은 피막이 되어 토양 입자 표면과 연결되어 흡착된다.
㉡ 토양 입자 표면에 흡착된 수분은 매우 강력하게 보유되어 있으며 완전한 액상을 이루지 못한다.
㉢ 흡습계수는 포화 상태로 흡착된 수분량을 건토의 중력백분율로 환산한 값이다.
㉣ 교질물의 함량이 많은 토양은 점토와 부식이 적은 토양보다 더 많은 수분을 보유하며 표면적이 작은 거친 모래분이 많을수록 수분이 적어진다.
㉤ 흡착력은 포화습도하에서는 31기압이고, 50% 이상의 관계습도에서는 1,000기압에 해당한다.

25 실질적인 유효수분은?

① 포장용수량－영구위조점
② 포장용수량－초기위조점
③ 최대용수량－영구위조점
④ 최대용수량－초기위조점

26 토양 공기 중 CO_2의 함량이 가장 높을 때는?

① 봄
② 여름
③ 가을
④ 겨울

> 토양 공기의 조성은 계절적인 변화가 뚜렷하여 일반적으로 CO_2 함량은 여름에 높고 겨울에 낮으나 O_2는 반대이다.

27 동일한 수분함량에서 가장 건조하게 느껴지는 토양은 어느 것인가?

① 사양토　　　　② 식양토　　　　③ 양사토　　　　④ 미사질양토

> 같은 조건의 수분함량에서 건조하게 느껴지는 토양은 사토보다는 식토 쪽이며, 물을 흡착하는 힘이 식토 쪽에서 크기 때문이다.

28 보수력이 큰 토양의 토성은?

① 사양토　　　　② 양토　　　　③ 식토　　　　④ 미사질 양토

> 식토는 점토분이 많아 보수 및 보비력은 크나 통기성이 불량하다.

29 다음 중 인공적 토양 개량제는?

① 크릴리움　　　　② 소태　　　　③ 라쏘　　　　④ M.H

> **크릴리움**
> 토양의 입단화 · 통기성 · 통수성 등에 효과가 있다.

30 심경의 효과로 볼 수 없는 것은?

① 밑에 있는 양분을 이용한다.　　　　② 뿌리가 튼튼하게 뻗는다.
③ 공기 유통이 좋아진다.　　　　④ 투수성이 줄어든다.

> **심경의 효과**
> 하층토가 부드러워지며 수분과 공기의 유통이 잘 되어 뿌리 뻗음이 좋고 한발에 견디게 된다.

31 토양 입자가 입단화를 촉진시키는 양이온은?

① H　　　　② Ca　　　　③ NH_4　　　　④ Na

> Ca은 수화도가 작으므로 흡착되면 엉키는 현상이 일어나서 입단화를 촉진시킨다.

정답　27 ②　28 ③　29 ①　30 ④　31 ②

32 토양의 알갱이를 분류할 때 알갱이 지름이 0.002mm 이하인 것은 무엇에 속하는가?

① 미사   ② 세사   ③ 점토   ④ 모래

거친 모래(조사)는 2.0~0.2mm, 고운 모래(세사)는 0.2~0.02mm, 미사는 0.02~0.002mm, 점토는 0.002mm 이하의 입경을 갖는다.

33 토양의 색깔은 주로 무엇에 의하여 달라지나?

① 토양 온도   ② 점토 함량
③ 토양 수분 함량   ④ 토양 부식물 · 철 · 망간의 산화물

토양의 착색 재료로서 주요한 것은 철(무기색)과 부식(유기색)이다. 그 외에 석회 · 규산 · 망간 등도 유력한 재료가 된다.

34 입단 구조를 형성하는 데 중요한 역할을 하는 것은?

① 점토, 인분뇨   ② 점토, 유기물, 석회
③ 석회질소, 인분뇨   ④ 석회, 인분뇨, 철

입단 구조의 형성
점토, 유기물, 석회 등이 중요한 역할을 하며 그 외에 식물 뿌리의 작용, 토양 개량제의 작용 등이 있다.

35 토양 공극이 가장 많은 토양은?

① 양토   ② 양질사토
③ 사양토   ④ 식토

토양 입자의 입자 사이의 틈새기를 공극(pore space)이라 하며 점토의 함량이 많을수록 공극량이 증가한다.

┃ 토성별 공극량 ┃

사토	40%	사양토	43%	양토	47%
미사질양토	50%	식양토	55%	식토	58%

36 토양의 빛깔이 붉은 것은 주로 무엇 때문인가?

① 규산   ② 석회   ③ 철   ④ 유기물

정답   **32** ③   **33** ④   **34** ②   **35** ④   **36** ③

> 토양의 색은 Fe^{3+}이 토양 속에 들어가 Fe^{2+}로 산화되어 이산화철이 되어 붉은색을 띠게 된다.

37 입단 구조를 잘 만들 수 있는 처리는?

① 초안 석회를 계속 쓴다.
② 유안을 계속 쓴다.
③ 자주 간다.(경기)
④ 질산나트륨을 계속 시용한다.

> 초안 석회(질산암모늄석회)는 질산암모늄에 탄산석회를 혼합한 것으로, 탄산석회($CaCO_3$)의 Ca^{+2}은 토양의 입자를 결합시키는 작용이 있어 토양을 입단화시킨다.

38 토색을 나타내는 주요 착색 재료는 어느 것인가?

① $-Mn$
② 부식과 철분
③ $-Ca$
④ 규산

> 토양의 착색 재료로 중요한 것은 철(무기색)과 부식(유기색)이며, 이외에도 석회, 규산, 망간, 석고 등이 있다.

39 토양 온도의 상승과 관계없는 것은?

① 경사도
② 수분 함량
③ 토양색
④ 토양의 산화 환원 전위

40 토양 공기 이동에 가장 큰 영향을 주는 인자는?

① 온도
② 기압
③ 확산 작용
④ 바람

> 대기와 토양 온도·기압의 차, 바람, 대기·습도 등에 의해 이루어지나 가장 중요한 인자는 공기 자체의 확산이다.

41 토양의 온도를 높이기 위한 적절한 조치는?

① 유기물이 많아야 한다.
② 논토양에서는 물을 많이 대어 준다.
③ 토양 속에 수분이 많아야 한다.
④ 토양을 짚으로 피복해 준다.

정답   37 ①   38 ②   39 ④   40 ③   41 ①

토양 중에 유기물이 많으면 토양색이 짙어져 태양열을 많이 흡수한다.

42 열전도율이 가장 큰 토양은?

① 식토
② 사토
③ 이탄토
④ 양토

사토 > 양토 > 식토 > 이탄토 순으로 감소한다.

43 토양의 공극량은?

① $\left(1 - \dfrac{\text{총 밀도}}{\text{입자 밀도}}\right) \times 100$

② $\left(1 - \dfrac{\text{입자 밀도}}{\text{총 밀도}}\right) \times 100$

③ $\left(\dfrac{\text{총 밀도}}{\text{입자 밀도}} - 1\right) \times 100$

④ $\left(\dfrac{\text{총 밀도}}{\text{입자 밀도}}\right) \times 100$

44 우리나라 경작지 토양의 입자 밀도는?

① 2.6
② 5.6
③ 1
④ 4.6

진비중(= 입자 밀도)

토양 입자가 차지하는 부피로서 건조한 토양의 무게를 나누어 구하는 밀도를 말한다.

㉠ 토양 광물이 중금속을 많이 함유하면 진비중은 크지만 광물질 중에서 자연 토양을 이루는 1 · 2차 광물은 석영, 장석, 운모, 규산염 점토로서 대개 2.60 내지 2.75 범위에 있다.

㉡ 토양의 고상 중에서 유기물은 비중이 상당히 낮기 때문에 이 성분이 혼합되어 있는 표토는 심토보다 진비중이 낮다.

㉢ 경작지 토양의 표토는 대부분 유기물의 함량이 낮아서 그 진비중은 2.65이다.

45 토성 분류방법 중 콜로이드의 입자 크기는?

① 0.2mm
② 0.002mm
③ 0.1mm
④ 0.001mm

정답 42 ② 43 ① 44 ① 45 ④

┃ 토양의 입경 구분과 성질 ┃

입경 구분		지름(mm)		1g당 입자 수	1g당 표면 수(cm²)
		미국 농무성 기준	국제 토양 학회 기준		
극조사	very coarse sand	2.00~1.00		90	11
조사	coarse sand	1.00~0.50	2.00~0.20	720	23
중간사	medium sand	0.50~0.25		5,700	45
세사	fine sand	0.25~0.10	0.20~0.02	46,000	91
극세사	very fine sand	0.10~0.05		722,000	227
미사	silt	0.05~0.002	0.02~0.005	5,776,000	454
점토	clay	< 0.002	< 0.002	90,260,853,000	8,000,000

※ 콜로이드 : 0.001mm 이하

46 토양 입단파괴에 영향이 가장 큰 것은?

① 경운
② Na^+ 첨가
③ 유기물 시용
④ Ca^+ 첨가

❤ **나트륨이온의 작용** ···

점토의 결합이 분산되기 쉬우므로 입단이 파괴되기 쉽다.

47 토양색을 나타내는 먼셀기호 7R 5/2가 나타내지 않는 것은?

① 색상
② 명도
③ 농도
④ 채도

❤ **토양색의 표시** ···

Munsell 기호에 의한 색의 3속성으로 표시한다.
색상(H)·명도(V)/채도(C)
㉠ 색상 : 주파장 또는 광의 색에 해당하는 것으로 숫자 5는 각 색상의 대표적인 것이다.
예) 5Y, 5R, 5YR 등
㉡ 명도 : 색의 밝기로서 그 값은 어두운색으로부터 밝은색으로 커진다.
따라서 순흑을 0, 순백을 10으로 하였으며, 이 값은 부식 함량과 관련이 깊어 부식 함량의 판정 기준이 된다.
㉢ 채도 : 주파장에 대한 순도(강도)로 그 값은 백색광의 비율이 줄어듦에 따라 커지게 되며(최고 20) 무채색은 0이 된다.

48 식물이 가장 잘 이용하는 토양수분은?

① 흡착수 　　　　② 결정수 　　　　③ 모관수 　　　　④ 지하수

🌿 모관수(毛管水) ···

ⓐ 토양 입자의 주변이나 모세관 공극 중에 들어 있는 물로서 표면장력에 의해 흡수 유지된다.
ⓑ pF 2.54(1/3기압) 내지 pF 4.5(31기압) 사이의 물로 식물에 이용되는 수분이다.
ⓒ 토양의 모세관 수량은 온도·염류함량·토성·구조 등에 따라서 다르다.
ⓓ 토양 입자의 주위나 소공극 및 대공극의 토양 용액 가까이에서 액상의 피막으로 존재하며, 이를 내부 모세관수와 외부 모세관수로 구분하기도 하나 그 경계는 분명하지 않다.
ⓔ 모세관 내의 모관수는 자신의 응집력보다도 모세관 벽의 물에 대한 부착력이 크기 때문에 관 벽을 타고 상승하며 관 내의 수면은 오목하게 된다.

49 지렁이 체내를 통과하는 토양의 양이 연간 10a당 50Mg(ton)이라고 가정한다면 표층 10cm 깊이의 토양(가밀도＝1.25g/cm³) 전부가 지렁이 내장을 통과하는 데는 몇 년이 걸리겠는가?

① 1년 　　　　② 1.5년 　　　　③ 2.5년 　　　　④ 3년

🌿 ···

$10a = 1,000m^2$
$1.25g/cm^3 = 1.25ton/m^3$
$1,000m^2 \times 0.1m \times 1.25ton/m^3 = 125ton$
$125/50 = 2.5$

50 토양의 견지성 중 경운을 하더라도 이겨지지 않고 제자리로 오게 하는 성질을 무엇이라고 하는가?

① 소성 　　　　② 가소성 　　　　③ 이쇄성 　　　　④ 응집성

🌿 역쇄성(이쇄성) ···

강성을 나타내는 수분 함량과 소성을 나타내는 수분 함량의 사이의 반고체로서 토양을 경운해도 이겨지거나 입단이 파괴되지 않는 연하고 부드러운 입자로 되어 있다.

51 어떤 토양의 입자밀도를 2.66(g/cm³), 용적밀도를 1.33(g/cm³)이라고 했을 때 이 토양의 공극률(%)은 얼마인가?

① 50 　　　　② 40 　　　　③ 30 　　　　④ 60

🌿 토양의 공극 ···

$$공극률 = 100 \times \left(1 - \frac{용적비중}{입자비중}\right) = 100 - \left(\frac{1.33}{2.66} \times 100\right) = 50(\%)$$

✎ 정답 　**48** ③ 　**49** ③ 　**50** ③ 　**51** ①

52 부식의 효과에 해당하지 않는 것은?

① 토양 반응의 완충 효과
② 양분의 공급 및 유실 방지 효과
③ 미생물의 활동 억제 효과
④ 토양의 물리적 성질 개선 효과

> 부식은 토양 미생물의 활동을 증진시켜 유용한 화학 반응을 촉진한다.

53 부숙한 퇴비에 질소가 0.5%, 탄소가 15%라면 이 퇴비의 C/N비는 얼마인가?

① 5%
② 7.5%
③ 30%
④ 50%

54 식물체 성분 중 토양에서 가장 분해가 잘 되지 않는 것은?

① cellulose
② hemicellulose
③ 단백질
④ lignin

> **유기물의 분해 난이**
> ㉠ 분해되기 쉬운 것 : 당류, 전분, 단백질
> ㉡ 중간인 것 : hemicellulose, cellulose
> ㉢ 분해되기 어려운 것 : lignin, 지질, 납질 등

55 토양 중 질소 기아 현상이 일어날 수 있는 것은?

① 콩과 유기물 시용
② 화본과 유기물이 부식화된 후 시용
③ 탄질비가 높은 유기물 시용
④ 탄질비가 낮은 유기물 시용

56 기온이 낮고 습한 지대에서의 토양 환경을 올바르게 설명한 것은?

① 유기물 축적이 적고 유기물의 부식화 작용도 왕성하다.
② 미생물 활동이 왕성하지 못하고 부식화 작용이 저조하다.
③ 미생물 활동이 왕성하고 부식화 작용이 왕성하다.
④ 유기물 축적이 많고 유기물의 부식화 작용도 왕성하다.

> 기온이 낮고 습한 냉대나 한대 지방에서는 미생물의 활동이 미비하므로 유기물의 축적은 많고 부식화 작용이 매우 늦어진다.

정답   **52** ③   **53** ③   **54** ④   **55** ③   **56** ②

57 C/N율이 가장 큰 것은 다음 중 어느 것인가?

① 사상균   ② 퇴비   ③ 세균   ④ 볏짚

  🌱 **C/N율** ···

세균(5 : 1), 사상균(10 : 1), 퇴비(11.6 : 1), 볏짚(67 : 1)

58 부식 성분 중 리그닌의 기본 단위는 어느 것인가?

① 페닐 · 프로피온 구조물   ② 디카아본산
③ 고분자 지방 알코올   ④ 옥시카아본산

  🌱 **리그닌의 기본 단위** ···

수산기와 메톡실기($-CH_3O$)를 가지는 페닐 · 프로피온 구조물로서, 중합하여 고리 모양의 분자를 형성한다.

59 토양에 유기물을 주었을 때의 효과가 아닌 것은?

① 중금속 이온의 활성을 감퇴시킨다.
② 분해되어 석회분을 공급한다.
③ 풍화 작용을 돕는다.
④ 미생물을 번식시켜 땅의 성질을 개량한다.

  🌱 **유기물의 분해** ···

토양 중에 유기물이 분해되면 최종적으로 질산이 생긴다.

60 다음 중 토양 중 부식의 기능에 관한 설명으로 옳지 않은 것은?

① 토양의 보수력을 증대시킨다.
② 토양의 지온을 상승시킨다.
③ 토양의 양이온 치환 용량을 증대시킨다.
④ 토양 중 유효 인산의 고정을 촉진시킨다.

  🌱 **부식의 기능** ···

ㄱ 염기 치환 용량이 크다.
ㄴ 보수 · 보비력이 크다.
ㄷ 완충능을 증대시킨다.
ㄹ 중금속 이온의 유해 작용을 감소시킨다.
ㅁ 입단 형성을 조장하여 토양의 물리성을 개량한다.
ㅂ 토양을 검게 하여 지온을 상승시킨다.
ㅅ 유용한 화학 반응을 촉진시킨다.

정답   **57** ④   **58** ①   **59** ②   **60** ④

ⓒ 양분을 공급한다.
ⓩ 유효 인산의 고정을 억제한다.
ⓩ 식물 양분의 가급태가 촉진된다.
ⓩ 생장 촉진 물질을 생성한다.
ⓔ 암석의 분해를 촉진한다.

61 다음 반응 중에서 근류균의 생육이 왕성한 것은?

① 산성   ② 강알칼리성   ③ 중성   ④ 강산성

근류균(뿌리혹박테리아)은 Rhizobium 속의 산소성 세균으로 다른 생물과 공생하는 공서 질소 고정균이며 0~50℃ 사이에서 생육하는데, 20~28℃에서 가장 잘 발육한다. 토양 속에서 오랫동안 생존하며 pH 5.4~6.8의 토양이 가장 적합하다.

62 강한 산성에서도 생육이 왕성한 세균은?

① 유황세균   ② 사상균   ③ 아질산균   ④ 질산균

세균은 일반적으로 중성 부근에서 잘 활동하고 번식하지만, 유황세균은 pH 2.4~4.0에서 잘 번식한다.

63 미생물 중 엽록소를 가지고 있어 광합성 작용을 하는 것은?

① 조류   ② 방사상균   ③ 세균류   ④ 원생동물

조류는 식물과 동물의 중간적 성질을 가지며 단세포로 되어 있고 엽록소가 있어서 광합성 작용을 한다.

64 건토효과에서 가장 기대되는 현상은?

① 인산이 불용성으로 바뀐다.   ② 칼륨이 가용성으로 바뀐다.
③ 제일철이 제이철로 변한다.   ④ 암모늄태질소가 많아진다.

토양 유기물이 변성되어 미생물에 의해 분해되기 쉽게 되고 물을 가하면 미생물 활동이 촉진되어 다량의 NH_4-N가 생긴다.

정답   **61** ③   **62** ①   **63** ①   **64** ④

65 근류균은 어떤 능력을 가지고 있기 때문에 유익한 균인가?

① 유기물을 분해
② 산을 중화
③ 인산 성분의 가용성
④ 공중질소의 고정

근류균은 콩과 식물과 공생하여 공중질소를 고정하여 콩과 식물에 질소를 공급하는데 콩과 식물은 그 생육에 필요한 질소의 1/3을 토양으로부터 흡수하며 2/3는 공중질소를 고정하는 미생물에 의해서 공급받는다.

66 토양 미생물의 영양과 에너지원이 되는 물질은?

① CO_2
② 유기물
③ 무기물
④ 수분

토양 유기물의 탄소는 토양 미생물의 에너지원이 되고 질소는 토양 미생물의 영양원으로 섭취되어 세포구성에 이용된다.

67 토양 미생물의 유익 작용이 되지 못하는 것은?

① 공중 질소 고정 작용(Nitrogen fixation)
② 탈질 작용(Denitrification)
③ 입단화 작용(Aggreagte)
④ 질산 화성 작용(Nitrification)

탈질 작용을 막기 위해서는 비료를 환원층에 주어 전층시비법을 택한다.

68 토양 지온 상승효과는?

① 탈질 작용 억제
② 부식물 집적 증가
③ 염기 포화도 증가
④ 암모니아화 작용 촉진

한여름 논토양의 지온이 높아지면 유기태질소의 무기화가 촉진되어 암모니아가 생성되는데, 이것을 지온상승효과라고 한다. 26℃에 비하여 40℃에서는 암모니아 생성량이 훨씬 많다.

69 아조토박터는?

① 암모니아를 산화한다.
② 두과작물과 공생한다.
③ 산성에 강하다.
④ pH 6 이상에서 생육한다.

정답 65 ④ 66 ② 67 ② 68 ④ 69 ④

> Azotobacter는 호기성의 유기영양세균이며 최적 pH는 6.6~7.5, 최적 온도는 20~30℃인 단서 질소 고정 세균이다.

70 공중 질소 고정에 관여하지 아니하는 것은 다음 중 어느 것인가?

① 남조류
② Azotobacter
③ 황세균
④ Clostridium

> 공중 유리 질소 고정균에는 토양 중에서 단독으로 질소를 고정하여 이를 이용하는 Azotobacter 와 Clostridium 등이 있고 두과 식물의 뿌리에서 공생관계를 유지하는 Rhizobium 등이 있다.

71 감자의 더뎅이병을 일으키는 미생물은?

① 원생동물
② 세균
③ 사상균
④ 방사상균

> ㉠ 세균에 의한 병해 : 오갈병, 풋마름병, 연부병
> ㉡ 사상균에 의한 병해 : 벼의 입고병
> ㉢ 방사상균에 의한 병해 : 고구마의 흑반병, 사탕무의 창가병, 감자의 더뎅이병

72 콩과 식물의 뿌리에 공생하는 미생물은?

① 클로스트리듐
② 유황세균
③ 아조토박터
④ 근류균

> 근류균은 콩과 식물에 공생하여 질소를 고정하는데, 콩과 식물은 그 생육에 필요한 질소를 토양 으로부터 1/3을 얻고 나머지는 공중질소고정에 의한다.

73 다음 중 토양 세균 번식에 필요한 조건에 해당되지 않는 것은?

① 공기의 유통이 좋을 것
② 반응이 산성일 것
③ 습도가 적당할 것
④ 온도가 적당할 것

> 세균은 pH 6~8 범위에서 활동과 번식이 조장된다.

정답 **70** ③ **71** ④ **72** ④ **73** ②

74 토양 미생물을 저해하는 것은?

① 토양을 중성으로 유지한다.　　　　② 석회를 알맞게 시용한다.

③ 유기물을 가한다.　　　　　　　　④ 토양을 산성으로 유지한다.

75 근류균이 번식하지 않는 토양에 근류균을 첨가하는 방법이 가장 적당한 것은?

① 근류균을 비료와 함께 섞어 뿌린다.

② 근류균을 토양 곳곳에 접종시킨다.

③ 근류균을 섞은 다음 종자와 함께 뿌리고 덮는다.

④ 콩밭의 흙을 파서 고루 뿌려준다.

76 다음 반응 중에서 근류균의 생육이 왕성한 것은?

① 약알칼리성　　　　② 중성　　　　③ 강산성　　　　④ 약산성

77 아조토박터가 생활하는 데 알맞은 조건은?

① pH 7.2~3.4, 최적 온도 20~30℃　　② pH 6.6~7.5, 최적 온도 20~30℃

③ pH 4.2~3.0, 최적 온도 20~30℃　　④ pH 8.4~9.0, 최적 온도 35~40℃

단서 질소 고정균인 Azotobacter는 호기성의 유기 영양 세균이며, 최적 pH는 6.6~7.5, 최저 pH는 5.9, 최적 온도는 20~30℃이다.

78 지렁이 체내를 통과하는 토양의 양이 연간 1ha당 500(ton)이라고 가정한다면 표층 20cm 깊이의 토양(가밀도=1.25g/cm³) 전부가 지렁이 내장을 통과하는 데는 몇 년이 걸리겠는가?

① 1년　　　　② 2년　　　　③ 3년　　　　④ 5년

$1ha=10,000m^2$

$1.25g/cm^3=1.25ton/m^3$

$10,000m^2 \times 0.2m \times 1.25ton/m^3 = 2,500ton$

$2,500/500=5$

79 다음 중 근류근의 질소고정과 관련된 미량원소는?

① Fe　　　　② Mo　　　　③ S　　　　④ Si

정답　**74** ④　**75** ③　**76** ②　**77** ②　**78** ④　**79** ②

80 산성토양에 가장 생육을 잘하는 토양 미생물은?

① 사상균   ② 세균   ③ 조류   ④ 유황세균

❚ 세균의 최적 pH ❚

세균류	질산균	아질산균	질산환원균	황세균	단서질소고정균	근류근
최적 pH	6.8~7.3	6.7~7.9	7.0~8.2	2.0~4.0	7.0~8.0	6.5~7.5

81 규산염 점토 광물의 크기를 순서대로 하면?

① 일라이트 > 몬모릴로나이트 > 카올리나이트
② 몬모릴로나이트 > 카올리나이트 > 일라이트
③ 카올리나이트 > 일라이트 > 몬모릴로나이트
④ 일라이트 > 카올리나이트 > 몬모릴로나이트

✔ **점토 광물의 크기** ···

kaolinite(0.1~5.0μm), illite(0.1~2.0μm), montmorillonite(0.04~1.0μm)

82 제주도와 같은 화산회토의 주 점토 광물은?

① Halloysite   ② Illite   ③ Allophane   ④ Montmorillonite

화산회토의 주 점토 광물은 Allophane이며 Allophane 점토 광물은 대부분 비결정질이고 SiO_2 와 Al_2O_3가 소량의 Fe_2O_2의 가수물과 약하게 결합한 것으로 C.E.C가 30~200me/100g인 점토 광물이다.

83 염기 치환 용량이 가장 큰 점토 광물은?

① halloysite   ② montmorillonite   ③ allophane   ④ illite

❚ 주요 토양 교질물의 양이온 치환 용량(단위 : me/100g) ❚

토양 교질물	C.E.C	토양 교질물	C.E.C
kaolinite	3~15	vermiculite	100~150
halloysite(2H$_2$O)	5~10	chlorite	10~40
halloysite(4H$_2$O)	40~50	allophane	30~200
montmorillonite	80~150	부식	> 200
illite	10~40		

정답   **80** ④   **81** ③   **82** ③   **83** ③

84 우리나라에서 가장 많이 분포되어 있는 점토 광물은?

① allophane
② montmorillonite
③ kaolinite
④ illite

……

우리나라 토양 중에 대부분이 kaolinite임이 밝혀졌고 일명 고령토라고 한다.

85 점토 광물 중 그의 결정 구조가 2 : 1형(3층형)에 속하는 것은?

① allophane
② kaolinite
③ montmorillonite
④ halloysite

……

2 : 1 점토 광물에는 illite, montmorillonite, vermiculite, nontronite, saponite, beidellite 등이 있다.

86 혼층형 점토 광물은 어느 것인가?

① halloysite
② illite
③ montmorillonite
④ chlorite

……

Mg을 결정단위의 주요 성분으로 함유하는 vermiculite, chlorite는 결정 안에 있는 각 결정단위 가 한 유형 이상이므로 혼층형 광물이라 한다.

87 팽창성이 가장 강한 점토 광물은?

① saponite
② illite
③ montmorillonite
④ vermiculite

……

montmorillonite는 결정격자가 쉽게 팽윤하여 양이온과 물분자는 결정단위 사이에 쉽게 스며들 어 간다.

88 점토 광물의 주요한 구성 성분은 어느 것인가?

① 규산의 Al염
② 인산의 Ca염
③ 규산의 Ca염
④ 인산의 Fe과 Al염

……

점토 광물의 화학적 조성을 보면 주로 규산의 Al염으로 되어 있고 일부 Fe, 또는 Mg염이 있다.

정답 84 ③ 85 ③ 86 ④ 87 ③ 88 ①

89 우리나라 논토양의 평균 양이온 치환 용량은?

① 15me/100g

② 11me/100g

③ 20me/100g

④ 5me/100g

90 어떤 토양 100g의 양이온 교환 용량이 20me/100g이다. 이 토양에 수소가 10me, 칼슘이 6me, 마그네슘 2me, 칼륨 1.5me, 나트륨 0.5me가 각각 들어 있다면 이 토양의 염기 포화도는 얼마인가?

① 90%

② 70%

③ 50%

④ 30%

> 염기 포화율$(\%) = \dfrac{\text{교환성 염기 총량(me/100g)}}{\text{양이온 교환 총량(me/100g)}} \times 100$
>
> 따라서, $\dfrac{6+2+1.5+0.5}{20} \times 100 = 50\%$이다.

91 토양 교질의 성질 중 올바른 설명이 아닌 것은?

① 작물생육에 필요한 각종 영양분을 간직하는 힘이 크다.

② 대체로 입경이 $0.1\mu m$ 이하이다.

③ 토양 교질물에는 무기교질과 유기교질이 있다.

④ 교질물이 많은 토양일수록 수분의 증발, 유실이 크므로 보수력이 작다.

> 토양은 교질물이 많은 토양일수록 수분의 증발, 유실이 적으므로 보수력이 커 작물생육에 도움이 된다.

92 토양의 완충능이란 무엇인가?

① 풍화 작용에 의해 토양이 생성되려는 성질

② pH의 변화에 대항하려는 성질

③ 토양 수분을 유지하려는 성질

④ 양분의 효과를 오래 나타내려는 성질

> 토양 중의 산 또는 알칼리의 첨가에 의한 pH의 변화를 억제하려는 작용을 완충 작용이라 하고 토양의 이와 같은 성질을 완충능이라고 한다.

정답 **89** ② **90** ③ **91** ④ **92** ②

93 양이온 치환 용량이 30me/100g인 토양에 염기가 6me/100g, 수소 이온이 24me/100g 함유되어 있을 때 이 토양의 염기 포화도(%)는?

① 20   ② 40   ③ 30   ④ 60

염기 포화도$(\%) = \dfrac{\text{치환성 염기 용량}}{\text{양이온 치환 용량}} \times 100$이므로 $\dfrac{6}{30} \times 100 = 20\%$이다.

94 양이온 교환 용량이 30me/100g이고 H^+ 포화율이 30%이면 염기 포화율은?

① 30me   ② 9me   ③ 21me   ④ 3me

염기 포화율이 70%이므로 $30\text{me} \times \dfrac{70}{100} = 21\text{me}$

95 양이온 교환 용량이 20me/100g인 토양에서 염기 포화율이 70%라면 H^+이 차지하는 값은?

① 18me/100g   ② 10me/100g
③ 14me/100g   ④ 6me/100g

$20 \times \dfrac{30}{100} = 6\text{me}/100\text{g}$

96 카올라이트의 양이온 치환능력은?

① 5~10me/100g   ② 3~15me/100g
③ 40~50me/100g   ④ 80~150me/100g

㉠ 5~10me/100g : 할로이사이트($2H_2O$)
㉡ 40~50me/100g : 할로이사이트($4H_2O$)
㉢ 80~150me/100g : 몬모릴로나이트

97 pH는?

① H 이온의 농도의 대수의 역수이다.   ② H 이온의 농도의 역수이다.
③ H 이온의 농도로 표시하는 숫자이다.   ④ 물의 해리항수를 표시한다.

정답   **93** ①   **94** ③   **95** ④   **96** ②   **97** ①

pH는 물의 전리상수를 기초로 하여 용액의 수소 ion 농도를 간편하게 표시한 것으로 $[H^+]$의 역수에 상용대수(log)를 취하여 표시한다.

98 토양 산성을 중화하기 위하여 소석회 시용을 언제 하는가?

① 작물의 파종 직전에
② 작물의 파종 후에
③ 작물의 파종과 동시에
④ 작물의 파종 2주일 전에

소석회 시용은 시용효과가 토양 단면의 접촉면에 따라 다르므로 2주일 정도 전에 시용하여 시비효과를 높인다.

99 유효성 인산 중 약산성 토양에 존재하는 형태는 어느 것인가?

① HPO_4^-
② HPO_2^{2-}
③ $H_2PO_4^-$
④ HPO_4^{2-}, $H_2PO_4^-$

토양이 현저히 알칼리성이면 HPO_4^{2-} 형태가 가장 많으나 pH가 내려가 토양이 중성~미산성이 되면 HPO_4^{2-}과 $H_2PO_4^-$ 두 이온의 양이 비슷하고, 산성이 강할 때는 $H_2PO_4^-$ 이온이 더 많아진다.

100 환원 작용이 일어나기 쉬운 곳은?

① 산소가 부족하고 지하수위가 높은 곳
② 산소와 수분이 많은 곳
③ 지하수위가 높은 곳
④ 지하수위가 낮은 곳

환원 작용은 산소의 공급이 부족한 저습지나 물에 잠겨 있는 곳 또는 유기물을 함유하고 있는 곳에서 일어난다.

101 등전점(Isoelectric point)의 설명으로 올바른 것은?

① 토양의 산도가 강해 식물이 생장할 수 없게 되는 점
② 토양의 공극에 수분과 공기의 양이 같아지는 점
③ 토양에 양분이 포화되는 점
④ 토양의 음전기와 양전기가 같아지는 산도

정답 **98** ④ **99** ④ **100** ① **101** ④

102 토양 pH가 산성에서 중성으로 될수록 용해도가 크게 감소하는 양분은?

① 유황(S)
② 몰리브덴(Mo)
③ 아연(Zn)
④ 철(Fe)

103 다음 원소 중 우리나라 토양에서 용출량이 너무 많기 때문에 각종 작물에 생리적 장해를 주는 성분은?

① N
② P
③ K
④ Mn

> 망간은 토양이 강산성이 되거나, 다량의 관수, 유기물의 시용 등에 의한 환원 상태로 변화되면 Mn^{4+}가 Mn^{2+}로 환원되어 용출량이 많아지고 각종 작물에 해를 주게 된다.

104 토양 산성화의 원인이 될 수 없는 것은?

① 부식에서의 활성수소 이온의 해리
② 점토에서의 유리수소 이온의 침출
③ 석회 물질의 시용
④ 알루미늄 가수산화물의 가수 분해

> 산성 토양은 Ca, Mg 등의 염기성 물질이 용탈되어 수소 이온 농도가 높은 토양으로 알칼리성 물질을 첨가하여 개량한다.

105 토양이 산성일 때 작물에 몹시 해를 주는 성분은?

① Mo
② Fe
③ Al
④ Ca

> 산성 토양에서는 활성 Al^+ 이온의 농도가 증가하여 광독 작용을 하며 인산을 고정한다.

106 산성 토양을 개량하는 데 대한 설명으로 알맞지 않는 것은?

① 마그네슘 · 칼륨도 아울러 보충해 주어야 한다.
② 인산질 비료를 보충해 주는 것도 중요하다.
③ 칼슘을 보충해 준다.
④ 유안이나 인분을 보충해 준다.

정답　102 ④　103 ④　104 ③　105 ③　106 ④

107 교질물에 흡착된 H^+, Al^{3+}에 의해 나타내는 산성은?

① 가수산성   ② 강산성   ③ 활산성   ④ 잠산성

✔ **잠산성** ···

수소 이온이 흡착되어 있는 염기불포화 토양에 중성염 용액을 넣었을 때 나타나는 산성으로 치환산성이라고도 한다.

108 토양 산성에 가장 강한 미생물은?

① 근류균   ② 방사상균   ③ 세균   ④ 사상균

✔ **사상균** ···

어떠한 토양 반응에서도 잘 생육하지만 특히 산성에 저항성이 강하여 산성 토양 중에서 일어나는 화학변화는 대부분이 균에 의한 작용이다.

109 작물 중에서 산성 토양에 가장 강한 작물은?

① 가지, 고추   ② 벼, 귀리   ③ 양파, 시금치   ④ 토마토, 당근

✔ ···

㉠ 산성 토양에 가장 강한 작물 : 벼, 밭벼, 귀리, 소나무 등
㉡ 산성 토양에 가장 약한 작물 : 보리, 시금치, 콩, 양파, 삼나무, 자운영 등

110 우리나라 토양 중 산성 토양이 많이 분포한 가장 큰 이유는?

① 많은 강우와 산성암 분포가 많아서   ② 침엽수가 많이 분포함
③ 산성비료 시용   ④ 질소비료 과다 시용

✔ ···

우리나라는 강우량이 지표면 증발량보다 많으므로 수용성 염기 물질이 용탈되어 토양이 산성화되기 쉬우며, 토양이 산성암인 화강암과 화강편마암을 모암으로 하고 있어 산성 토양이 많이 분포한다.

111 석회질 비료의 과용으로 용해성이 감소됨으로써 결핍증이 야기되기 쉬운 필수 미량 원소는?

① Ca   ② Mo   ③ B   ④ S

✔ ···

산성 토양을 개량할 목적으로 토양에 많은 양의 석회를 시용하면 B, Fe, Mn 등의 용해도가 감소된다.

정답   **107** ④   **108** ④   **109** ②   **110** ①   **111** ③

112 사질인 논토양에 객토를 할 경우 가장 알맞은 객토 재료는 어느 것인가?

① 점토 함량이 많은 토양
② 산화철 함량이 많은 토양
③ 부식 함량이 높은 토양
④ 규산 함량이 높은 토양

객토 재료로 이용되는 토양은 객토될 토양의 반대 토성이 효과적이다.

113 논토양이 밭토양보다 비옥하도록 논토양에 유기물과 산소를 공급해 주는 생물은?

① 아조터박터
② 남조류
③ 클로스트리듐
④ 근류균

원핵생물에 속하는 남조류는 엽록소 a, 남조소, 홍조소가 있어 광합성을 하며 논토양에 유기물과 물의 광분해에 의한 분자상의 산소를 공급하며 대기 중의 질소를 고정하여 질소를 공급한다.

114 저위생산답의 개량 방법 중 올바르지 않은 것은?

① 사력질토 : 점토질의 객토
② 특수성분 결핍토 : 염기류의 공급
③ 습답 : 배수
④ 중점토 : 천경

중점토는 깊이 가는 심경과 유기질, 모래 등으로 토성을 개량해야 한다.

115 우리나라 저위생산 논 가운데 추락 현상이 잘 나타나는 것은 어느 것인가?

① 특수성분 결핍토
② 염류토
③ 중점토
④ 특이산성토

철이 부족한 특수성분 결핍토는 황화수소의 피해로 후기생육이 나빠진다.

116 노후화답을 개량하는 방법 중 좋지 못한 것은?

① 미숙퇴비 사용
② 심경
③ 미량요소 사용
④ 산흙을 객토

정답 112 ① 113 ② 114 ④ 115 ① 116 ①

117 노후화 토양은?

① 유효 인산이 표층에 부족하다.
② 표층에 유효 철분이 부족하다.
③ 유안의 비효가 나타나지 않는다.
④ 초안의 비효가 나타나지 않는다.

논 작토층의 Fe · Mn · Ca · K · Mg · Si · P 등이 작토에서 용탈되어 결핍된 논토양을 노후답이라고 한다.

118 산화 환원 전위(Eh)의 값은?

① 중성 토양일수록 작고 산성 토양일수록 크다.
② 환원이 심할수록 작고 산화가 심할수록 크다.
③ 산화가 심할수록 작고 환원이 심할수록 크다.
④ 산성 토양일수록 작고 중성 토양일수록 크다.

전위차로 표시되며, mV로 나타낸다. Eh값이 클수록 산화 물질의 농도가 크므로 산화 상태이고, 낮을수록 환원 상태이다.

119 논토양에서 하루 물빠짐의 정도가 가장 이상적인 것은?

① 1cm ② 3cm ③ 5cm ④ 8cm

1일 20~30mm의 투수량일 때 다수확을 올릴 수 있다.

120 논토양에서 표층은 적갈색의 산화층이, 그 아래는 청회색의 환원층이 생기는 것은?

① 글라이화 작용 ② 토층 분화 ③ 건토 효과 ④ 탈질 작용

논의 토층은 용탈과 집적에 의해 토층의 분화가 일어나고 이로 인해 탈질 작용이 일어나 양분의 손실을 가져온다.

121 밭토양과 비교하여 논토양의 특징이 될 수 있는 것은?

① 미량 요소 결핍이 심하다.
② 양분의 천연 공급량이 많다.
③ 토양 침식성이 크다.
④ 연작의 장해가 크다.

논에서 벼를 재배하는 동안 10a당 평균 1,440t의 관개수가 공급되며, 이 관개수 중에 무기 양분을 함유하고 있어 논에는 천연적으로 양분이 공급되는 것이다.

정답 **117** ② **118** ② **119** ② **120** ② **121** ②

122 노후화 토양의 개량 방법으로 적당하지 않은 것은?

① 황산질 비료를 주지 않는다.

② 철분이 많은 흙으로 객토를 한다.

③ 얕이갈이를 자주 한다.

④ 석회, 마그네슘 등 부족되기 쉬운 염기를 공급한다.

노후화 토양은 Fe · Mn 등의 염기가 용탈되어 있으므로 심토층까지 심경하여 침전된 염기를 다시 작토층으로 되돌린다.

123 담수된 논토양의 환원층에서 진행되는 반응 중 옳은 것은?

① $Fe^{2+} \rightarrow Fe^{3+}$ 　② $NH_4^+ \rightarrow NO_3^-$

③ $S \rightarrow SO_4^{2-}$ 　④ $NO_3^- \rightarrow N_2$

①, ②, ③은 산화층에서 진행된다.

124 가뭄이 계속될 때 보리밭 토양의 수분을 보존하는 방법으로 옳지 못한 것은?

① 얕게 김매기를 해준다.

② 짚이나 모래로 덮어준다.

③ 퇴비를 충분히 시용한다.

④ 밀식하여 땅이 그늘지도록 한다.

작물을 밀식하면 개체 간에 수분쟁탈이 일어나므로 뿌림골을 좁히고 재식 밀도를 성기게 해야 한다.

125 탈질 작용은 논토양의 어느 부분에서 일어나는가?

① 지하 심층에서

② 산화층과 환원층의 계면에서

③ 표면산화층에서

④ 환원층에서

탈질 작용은 암모니아태질소가 산화층에서 산화되어 질산태질소로 되고 이것이 환원층으로 이행하여 환원되어 N_2 가스로 변하여 공기 중으로 날아가는 현상을 말한다.

정답　122 ③　123 ④　124 ④　125 ②

126 다음 중 저위생산답에 속하지 않는 것은 어느 것인가?

① 건답
② 염류토
③ 퇴화염토
④ 노후화토

127 토양 침식이 가장 심하게 일어날 수 있는 지형은?

① 경사도가 전혀 없다.
② 경사도가 크고 경사장이 짧다.
③ 경사도가 작고 경사장이 길다.
④ 경사도가 크고 경사장이 길다.

> 경사도가 큰 곳에서는 유거수의 속도가 증대되며 경사장이 길거나 넓은 곳에서는 유거수가 집중
> 되어 침식량은 커지게 된다.

128 부초법의 설명 중 틀린 것은?

① 경사면에 대해 직각으로 깔아준다.
② 토양건조가 진행되기 전에 한다.
③ 경지정리 하거나 중경을 할 때 병행한다.
④ 부초 재료는 C/N율이 낮은 것을 이용한다.

> 지표면을 피복하는 방법으로 빗방울의 파괴력을 약화시켜 토양의 표면유실량을 감소시키는 것이
> 다. 부초 재료는 C/N율이 높은 것이 좋다.

129 우리나라 경작지 토양에는 유기물이 보통 얼마나 함유되는가?

① 10% 이상
② 5~10%
③ 3~5%
④ 2~3%

130 침식이 일어나기 시작하는 비의 강도는 어느 정도인가?

① 1~2mm/10min
② 2~3mm/10min
③ 3~4mm/10min
④ 10~20mm/10min

> 비가 10분간 2~3mm 이상 내릴 때 나지에서 토양 침식이 일어난다.

정답 **126** ① **127** ④ **128** ④ **129** ④ **130** ②

131 빗물에 의한 토양 침식을 좌우하는 가장 큰 요인은?

① 비가 내린 표면적
② 비가 내리는 시간
③ 단위시간에 내린 빗물의 양
④ 단위시간에 내린 강우 강도와 양

> 물에 의한 토양 침식은 용량 인자인 우량보다 강도 인자인 우세에 지배를 받는다.

132 우리나라에서 토양 침식에 가장 큰 영향을 주는 것은?

① 물
② 기온
③ 압력
④ 기온

> 토양 침식에는 수식과 풍식이 있는데 대부분의 경우 물에 의한 침식이 차지하는 비중이 크다.

133 1961년도에 일본에서 Itai−itai병이 발생하여 인명피해를 주었는데 그 원인이 된 중금속은 어느 것인가?

① 비소
② 니켈
③ 카드뮴
④ 수은

134 환원 상태에서 황화물이 난용성으로 됨으로써 장해가 줄어드는 것이 아닌 것은?

① Ni
② Cd
③ Cu
④ As

135 최근에는 작물 생육상 광독이 많이 늘고 있는데 다음 중 유독 농도가 가장 높은 금속은?

① 망간
② 구리
③ 크롬
④ 아연

‖ 작물 생육에 유해한 중금속의 토양 중의 함유량 ‖

금속	농도(ppm)	금속	농도(ppm)
Cr	100(50~3,000)	Cu	20(2~100)
Zn	50(10~300)	Pb	10(2~20)
Ni	40(10~1,000)	As	0.06(0.01~7)

※ ( ) 안은 최소~최대치를 나타냄

정답 131 ④ 132 ① 133 ③ 134 ④ 135 ③

136 표토가 중금속으로 오염되었을 때 작물의 중금속 함량을 경감시키는 방법 중 옳지 않은 것은?

① 석회를 시용한다.   ② 유기물을 시용한다.

③ pH를 높인다.   ④ pH를 낮춘다.

산성 토양에서는 대부분의 중금속이 용해도가 증가하여 독작용을 한다.

137 중금속 원소에 의한 오염도가 큰 토양은?

① 사토   ② 미사질양토

③ 식토   ④ 사양토

중금속 원소는 토양 중에서 이동성이 적고 침투수에 의해 용탈되기가 어렵기 때문에 토양의 보비력, 보수력이 클수록 오염도가 커진다.

138 부영양화에 의한 조류의 대발생과 관련 있는 것은?

① Ca, Mg   ② N, P

③ C, H, O   ④ Fe, S

부영양화(富營養化)

자정능력을 넘는 대량의 유기물이나 염류가 강과 바다로 배출되면 자정작용이 완료되지 않고, 수역은 분해산물 또는 이차 생성물 등의 영양염류가 풍부해지며 특정 생물(적조 플랑크톤 등)의 이상 발생이 일어나는 현상. 영양, 특히 질소, 인, 유기물이 대량으로 배출되면 자정능력을 초과하게 되고 조류 등이 과다하게 번식하며 결국 수질을 약화시키는 상태

139 엽면시비에 대한 설명으로 옳지 않은 것은?

① 수확 전의 밀이나 목초에 엽면시비를 하면 단백질 함량이 낮아진다.

② 뿌리의 흡수력이 약해졌을 경우, 토양시비보다 요소나 망간 등의 엽면시비가 효과적이다.

③ 엽면에서 흡수되는 속도는 살포 후 24시간 내에 약 50%가 흡수된다.

④ 감귤류나 옥수수에 아연결핍증이 나타날 때 토양시비보다 엽면시비가 효과가 빠르다.

엽면시비의 개념

㉠ 엽면시비 또는 엽면살포(foliar application) : 작물은 뿌리에서뿐만 아니라 잎 표면에서도 비료성분을 흡수할 수 있다. 따라서 필요할 때에는 비료를 용액상태로 잎에 뿌려주는 것을 말한다.

정답   **136** ④   **137** ③   **138** ②   **139** ①

ⓒ 엽면에 살포된 양분의 흡수 정도 : 요소의 경우, 질소가 매우 결핍된 상태일 때에는 살포된 요소량의 1/2~3/4L정도가 흡수되고, 나머지 1/2~1/4은 토양에 떨어져 뿌리로부터 흡수된다.

ⓒ 엽면에서 흡수되는 속도 : 살포 후 24시간 내에 약 50%가 흡수되며, 경우에 따라서는 살포 후 2~5시간 내에 30~50%가 흡수되는 일도 있다. 대체로 살포 후 3~5일 동안에는 엽록소가 증가하여 잎이 진한 녹색으로 된다.

ⓔ 수확 전의 밀이나 뽕잎, 목초에 엽면시비를 하면 단백질 함량이 높아진다.

140 탄질률이 높은 유기물을 토양에 처리하면 질소기아현상이 발생한다. 그 원인에 대한 설명 중에서 맞는 것은?

① 유기물 분해 시 CO_2 발생량이 많아서 토양 pH가 낮아지므로
② 유기물에 질소가 다량으로 흡착되므로
③ 유기물 분해 시 산소 소모가 많아서 미생물의 활성이 저해되므로
④ 유기물 중에 탄소에 비하여 질소가 부족하므로

✔ **질소기아현상** ·······

탄질률이 10 이상일 때에는 토양 질소의 미생물 이용이 유기물의 무기화보다 훨씬 커서 질소기아현상을 일으킨다.

141 복합비료 한 포가 20kg일 때(N : P : K=15 : 15 : 15) 인산의 함량은?

① 2kg   ② 3kg   ③ 10kg   ④ 15kg

✔ ·······

$$비료무게 \times \frac{성분함량}{100} = 20 \times \frac{15}{100} = \frac{300}{100} = 3$$

142 비옥한 토양에 대한 설명이 틀린 것은?

① 양이온치환용량(CEC)이 높은 토양이 비옥한 토양이다.
② 부식은 점토와 결합하여 점토 부식 복합체가 되어 양분의 보유력이 크다.
③ 일반적으로 완충능력이 크면 비옥한 토양이다.
④ 토양에 양이온염기(H, Ca, Mg, K)가 차지하는 비율이 많을수록 비옥한 토양이다

✔ ·······

ⓐ **토양 산성화** : 양이온치환용량(CEC)이 낮고, 토양콜로이드의 확산이중층에 Ca, Mg 등 치환성염기가 용탈되면 미포화교질이 늘어나 산성화된다.

ⓑ **포화교질** : 토양교질이 $Ca^{2+} \cdot Mg^{2+} \cdot K^+ \cdot Na$ 등으로 포화되면 작물 생육이 양호하다.

ⓒ **미포화교질** : 토양교질에 H^+도 함께 흡착되면 다량 생성으로 토양 산성화의 원인이 된다.

✔ 정답   **140** ④   **141** ②   **142** ④

143 토양단면 중에서 E층에 대한 설명으로 옳은 것은?

① 부식화된 유기물이 섞여 있어서 암색을 띠고 물리성이 양호한 토층이다.
② 주로 식물의 유체 등 유기물이 많이 축적되어 있는 토층이다.
③ 용탈되어 상·하층보다 내풍화성 입자의 함량이 많은 토층이다.
④ 상부 토층에서 용탈된 철과 알루미늄의 산화물 및 점토 등이 집적된 토층이다.

✔ E층

E층(최대 용탈층)은 용탈작용의 첫 글자인 'E'자를 따서 이름을 붙였다. 규반염점토와 Fe·Al의 산화물 등이 용탈되어 위·아래층보다 조립질이거나 내풍화성 입자의 함량이 많고 담색을 띤다.

144 지하수위가 높은 저습지에서 일어나는 토양생성작용은?

① Salinization
② Podzolization
③ Laterization
④ Gleization

✔ glei화 작용

지하수위가 높은 저습지 또는 배수가 불량한 곳에서 머물고 있는 물로 말미암아 산소의 공급이 부족하여 토양이 환원상태로 되고 Fe^{3+}가 Fe^{2+}로 되어 토양이 담청색~녹청색 또는 청회색이 되는 작용을 glei화 작용이라 한다.

145 토양색을 나타내는 먼셀기호 7R 5/2가 나타내지 않는 것은?

① 색상
② 명도
③ 광도
④ 채도

✔ 토양색의 표시

Munsell 기호에 의한 색의 3속성으로 표시한다.
색상(H)·명도(V)/채도(C)
㉠ 색상 : 주파장 또는 광의 색에 해당하는 것으로 숫자 5는 각 색상의 대표적인 것이다.
　　예) 5Y, 5R, 5YR 등
㉡ 명도 : 색상의 밝기로서 그 값은 어두운색으로부터 밝은색으로 커진다.
　　따라서 순흑을 0, 순백을 10으로 하였으며, 이 값은 부식 함량과 관련이 깊어 부식 함량의 판정 기준이 된다.
㉢ 채도 : 색의 선명도를 나타낸다.

146 토양의 공극률을 결정할 경우 요구되는 중요한 인자는?

① 입자밀도와 용적밀도
② 점토와 모래 함량
③ 고상과 액상 분포비율
④ 토성과 토양종류

광물질 토양의 공극률 ··

토양의 공극률은 입자밀도와 용적비중으로 계산된다.

147 토양에 흙냄새를 유발하는 균은?

① Azotobacter
② Nitrobacter
③ Clostridium
④ Actinomyces Odorifer

방사상균 ···

- ㉠ 곰팡이(사상)＋세균(포자)의 중간으로 사상세균이다.
- ㉡ 산성을 좋아하지 않고 활동력은 석회 양에 따라 다르다.(pH 6.0~7.5)
- ㉢ 탄수화물과 단백질 분해 이용 → 분해되기 어려운 lignin, keratin 등의 부식성분을 분해한다.
- ㉣ 작물병해와 관련 : 감자더뎅이병(potato scab) → 토양반응조절로 억제한다.
- ㉤ 항생물질 생산(테라마이신, 네오마이신, 스트렙토마이신), 독특한 흙냄새(Actinomyces odorifer)를 유발한다.

148 부영양화에 의한 조류의 대발생과 관련 있는 것은?

① Ca, Mg
② N, P
③ C, H, O
④ Fe, S

부영양화(富營養化) ···

자정능력을 넘는 대량의 유기물이나 염류가 강과 바다로 배출되면 자정작용이 완료되지 않고, 수역은 분해산물 또는 이차 생성물 등의 영양염류가 풍부해지며 특정생물(적조플랑크톤 등)의 이상 발생이 일어나는 현상. 영양 특히 질소, 인, 유기물이 대량으로 배출되면 자정능력을 초과하게 되고 조류 등이 과다하게 번식하며 결국 수질을 약화시키는 상태

149 질소질 비료에서 질소 성분 함량이 높은 순으로 올바르게 나열한 것은?

① 요소 > 질산암모늄 > 황산암모늄 > 염화암모늄
② 요소 > 염화암모늄 > 황산암모늄 > 질산암모늄
③ 요소 > 황산암모늄 > 염화암모늄 > 질산암모늄
④ 요소 > 질산암모늄 > 염화암모늄 > 황산암모늄

주요 비료의 성분 ···

- ㉠ 요소 : 46%
- ㉡ 질산암모늄 : 33%
- ㉢ 염화암모늄 : 25%
- ㉣ 황산암모늄 : 21%

정답 147 ④ 148 ② 149 ④

150 논에서 암모니아태질소가 탈질되는 과정에 관한 설명으로 옳은 것은?

① 암모니아태질소는 환원층에서 질산으로 전환된다.
② 질산화균은 호기성인 무기영양세균이다.
③ 질산은 산화층에서 가스태질소로 전환된다.
④ 탈질균은 호기성인 유기영양세균이다.

✔ **탈질작용과 질화작용** ─────────────────────────

ㄱ 질산태질소가 논토양의 환원층에 들어가면 점차 환원되어 산화질소(NO)·이산화질소(N_2O)·질소가스(N_2)를 생성하며, 이들은 작물에 이용되지 못하고 공중으로 날아가는 현상으로 이것을 탈질작용이라고 한다.

ㄴ 질산태질소(NO_3^-)는 토양에 흡착되는 힘이 약하여 유실되기 쉽고, 암모늄태질소(NH_4^+)는 토양에 잘 흡착된다.

ㄷ 암모늄태질소라도 산화층에 사용하면 산화되어 질산태질소($NH_4^+ \rightarrow NO_2^- \rightarrow NO_3^-$)로 되는데, 이와 같은 현상을 질화작용이라고 한다.

151 유기물의 집적이 가장 잘 이루어질 수 있는 토양은?

① 지하수위가 낮은 토양　　　　② 배수가 양호한 토양
③ 호기성 미생물이 많은 토양　　④ 저온 다습한 토양

✔ **온도** ───────────────────────────────────

식물생육과 미생물활동에 영향 → 고온에서 분해속도가 빠르고 부식집적량이 적다.
ㄱ 기온이 낮고 습한 냉대 : 미생물활동이 불량하다.
ㄴ 기온이 높고 습한 열대 : 미생물활동이 양호하다.
ㄷ 유기물의 분해와 부식화는 온도가 가장 큰 영향을 준다.

152 유기물 첨가 시 토양 3상의 변화 중 틀린 것은?

① 입단화되면 보수력이 커진다.
② 모래가 많을수록 고상이 커진다.
③ 입단화되면 액상과 기상이 커진다.
④ 점토함량이 많을수록 고상이 커진다.

✔ **토양의 종류** ──────────────────────────────

ㄱ 부식 함량이 많은 유기질 토양이나, 토양 구조가 발달하여 입단화된 토양은 전공극량이 많아서 고상에 비하여 기상과 액상의 비율이 커진다.
ㄴ 점토 함량이 적고 모래 함량이 많은 사질계 토양에서는 고상의 비율이 커진다.

153 포드졸(podzol)화 작용이란?

① 표층에서 철이 sol 상태로 용탈되는 현상

② 진흙땅이 되는 것

③ 석회가 집적하고 하층이 단단해지는 것

④ 모래흙이 되는 것

토양의 무기성분이 산성 부식질의 영향으로 심히 분해되어 이동성이 작은 Fe, Al까지 sol상태로 하층으로 이동하는 현상

154 지하수위가 높은 저습지 또는 배수가 불량한 곳에서 산소 불충분으로 $Fe^{3+} \rightarrow Fe^{2+}$ 로 되어 토층이 청회색을 띠게 하는 토층의 분화작용은?

① 글라이화   ② 포드졸   ③ 라트졸   ④ 염류화

글라이(glei)화 작용

㉠ 지하수위가 높은 저습지나 배수가 좋지 못한 토양 중에 산소가 불량하거나 유기물이 많이 축적된 상태에서 호기성 미생물의 활동이 좋지 못할 경우에는 토양은 심한 환원상태로 되므로 $Fe^{3+} \rightarrow Fe^{2+}$, $Mn^{4+} \rightarrow Mn^{3+} \rightarrow Mn^{2+}$ 등으로 환원되어서 청회색, 청색 또는 녹색의 색깔을 띠며 이러한 토층의 분화를 일으키는 과정을 glei화 작용이라고 한다.

㉡ 우리나라 습답에서 볼 수 있으며, 이탄토와 흑니토도 글라이화 작용을 받은 일종이다.

155 지렁이 체내를 통과하는 토양의 양이 연간 10a당 50mg(ton)이라고 가정한다면 표층 10cm 깊이의 토양(가밀도=$1.25g/cm^3$) 전부가 지렁이 내장을 통과하는 데는 몇 년이 걸리겠는가?

① 1년   ② 1.5년   ③ 2.5년   ④ 3년

$10a = 1,000m^2$
$1.25g/cm^3 = 1.25ton/m^3$
$1,000m^2 \times 0.1m \times 1.25ton/m^3 = 125ton$
$125/50 = 2.5$

156 건토 효과에 대한 설명 중에서 옳은 것은?

① 석회공급을 알기 위한 지표이다.

② 잠재 질소 공급력을 알기 위한 지표이다.

③ 잠재 가리 공급력을 알기 위한 지표이다.

④ 인산 공급력을 알기 위한 지표이다.

정답   **153** ①   **154** ①   **155** ③   **156** ②

토양을 건조하면 토양 유기물이 번성하여 미생물에 분해되기 쉬우며, 이에 가수하면 미생물 활동이 촉진되어 다량의 암모니아가 생성되는데, 이것을 건토효과라고 한다. 토양이 얼 때에도 건조와 같은 탈수효과로 담수 후 암모니아가 생성된다. 건토효과는 유기물 함량이 많을수록 증가한다.

157 밭토양과 비교하여 논토양의 특징이 될 수 있는 것은?

① 미량 요소 결핍이 심하다.　　② 양분의 천연 공급량이 많다.
③ 토양 침식성이 크다.　　　　④ 연작의 장해가 크다.

논에서 벼를 재배하는 동안 10a당 평균 1,440t의 관개수가 공급되며, 이 관개수 중에는 무기양분을 함유하고 있어 논에는 천연적으로 양분이 공급되는 것이다.

158 토양수분의 함유상태에 대한 설명으로 옳지 않은 것은?

① 최대용수량은 토양하부에서 수분이 모관상승하여 모관수가 최대로 포함된 상태를 말한다.
② 포장용수량은 수분이 포화된 상태의 토양에서 증발을 방지하면서 중력수를 완전히 배제하고 남은 수분상태를 말한다.
③ 초기위조점은 생육이 정지하고 하위엽이 위조하기 시작하는 토양의 수분상태를 말한다.
④ 잉여수분은 최대용수량 이상의 과습한 상태의 토양수분을 말한다.

잉여수분(剩餘水分)
포장용수량(수분감량) 이상의 토양수분은 곧 지하에 침투해버릴 뿐만 아니라 토양의 과습상태를 유발하게 되므로 이것을 잉여수라고도 한다.

159 토성에 대한 설명으로 옳지 않은 것은?

① 토양 중에 교질입자가 많으면 치환성양이온을 흡착하는 힘이 강해진다.
② 토양 중에 고운 점토와 부식이 증가하면 CEC(양이온치환용량)가 증대된다.
③ 부식토는 세토가 부족하고 강한 알칼리성을 나타내기 쉬우므로 이를 교정하기 위해 점토를 객토하는 것이 좋다.
④ 식토는 투기, 투수가 불량하고 유기질의 분해가 더디며 습해나 유해물질에 의한 피해가 많다.

부식토는 유기물이 많아 세토가 부족하고, 강한 산성을 나타내기 쉬우므로 산성을 교정하고 점토를 객토하는 것이 좋다.

160 논토양과 밭토양에 대한 비교 설명으로 옳은 것은?

① 밭토양은 물 또는 바람에 의한 침식이 논토양보다 작다.
② 산화상태인 밭토양의 유기물 분해속도가 논토양보다 빠르다.
③ 논토양에 비해 밭토양의 지하수위가 대체로 높다.
④ 논토양의 비옥도는 일반적으로 밭토양보다 불량하다.

　
① 밭토양은 물 또는 바람에 의한 침식이 논토양보다 많다.
③ 논토양에 비해 밭토양의 지하수위가 대체로 낮다.
④ 논토양의 비옥도는 일반적으로 밭토양보다 높다.

161 동일한 수분함량에서 가장 건조하게 느껴지는 토양은 어느 것인가?

① 사양토
② 식양토
③ 양사토
④ 미사질양토

　
같은 조건의 수분함량에서 건조하게 느껴지는 토양은 사토보다는 식토 쪽이며, 물을 흡착하는 힘이 식토 쪽에서 크기 때문이다.

162 토양 중 질소기아 현상이 일어날 수 있는 것은?

① 콩과 유기물 시용
② 화본과 유기물을 부식화한 후 시용
③ 탄질비가 높은 유기물 시용
④ 탄질비가 낮은 유기물 시용

　
C/N이 높은 유기물을 토양에 시용하면 미생물의 에너지원으로 이용될 탄소는 충분하고, 영양원으로 섭취하여 체세포 구성에 이용할 질소는 부족하기 때문에 토양 중의 NH_4-N이나 NO_3-N까지 미생물이 이용하여 식물은 유효성 질소의 부족을 일으키는 이른바 질소기아 현상이 나타나게 된다.

163 탄질률이 높은 유기물을 토양에 처리하면 질소기아 현상이 발생한다. 그 원인에 대한 설명 중에서 맞는 것은?

① 유기물 분해 시 CO_2 발생량이 많아서 토양 pH가 낮아지므로
② 유기물에 질소가 다량으로 흡착되므로
③ 유기물 분해 시 산소소모가 많아서 미생물의 활성이 저해되므로
④ 유기물 중에 탄소에 비하여 질소가 부족하므로

정답　**160** ②　**161** ②　**162** ③　**163** ④

질소기아(窒素飢餓)

토양미생물도 양분으로서 질소를 필요로 하는데 특정 조건에서 탄수화물의 공급이 활발하면 토양미생물이 급격히 번식하여 토양 중 유효태 무기질소를 대량 흡수하게 된다. 그러면 작물이 이용할 수 있는 질소가 크게 부족하여 질소기아상태에 빠지게 된다.

164 토양 산성화의 원인이 될 수 없는 것은?

① 부식에서의 활성수소 이온의 해리
② 점토에서의 유리수소 이온의 침출
③ 석회 물질의 시용
④ 알루미늄 가수산화물의 가수분해

산성 토양은 Ca, Mg 등의 염기성 물질이 용탈되어 수소이온 농도가 높은 토양으로, 알칼리성 물질을 첨가하여 개량한다.

165 Actinomyces odorifer 등에 의해 토양 특유의 냄새를 나게 하며, 리그닌·케라틴을 분해하는 토양미생물은?

① 방사상균
② 사상균
③ 근류균
④ 세균

방사상균

㉠ 감자의 반점병과 같은 작물의 병에 방사상균이 관여하는데 토양을 산성으로 하면 피해를 줄일 수 있다.
㉡ Actinomyces odorifer는 토양에 특유한 냄새를 갖게 하는 균이다.

166 토양의 풍식(wind erosion)에 대한 설명으로 옳지 않은 것은?

① 포행(soil creep)은 토양입자가 토양표면을 구르거나 미끄러지며 이동하는 것을 말한다.
② 약동(saltation)은 지름이 0.1~0.5mm인 토양입자가 이동하는 것을 말한다.
③ 부유(suspension)에 의한 토양입자의 이동은 풍식에 의한 전체 이동량 중 가장 큰 비율을 차지한다.
④ 풍식을 줄이기 위하여 고랑과 이랑을 바람의 방향과 직각이 되도록 한다.

부유(suspension)

극세사 이하의 작은 입자는 토양표면에 당겨져 있으므로 고운 토성의 토양은 오히려 바람에 의한 침식에 대하여 저항성이 강한 편이며 이러한 입자는 주로 입자에 의한 충격에 의하여 공기 중으로 날아오르고 공기 중에서는 풍력에 의하여 부유상태로 이동된다.

167 지각을 구성하고 있는 모암은 주로 어느 것으로 구성되어 있는가?

① 변성암과 퇴적암이 95% 정도

② 변성암과 수성암이 95% 정도

③ 화성암과 변성암이 95% 정도

④ 화성암과 수성암이 95% 정도

🌱 ⋯⋯

지각을 구성하는 암석은 화성암과 변성암이 95%를 차지하고, 나머지 5%는 퇴적암으로 되어 있다. 이 5%는 혈암 4%, 사암 0.75%, 석회암 0.25%로 되어 있다.

168 토양 교질의 성질 중 올바른 설명이 아닌 것은?

① 작물생육에 필요한 각종 영양분을 간직하는 힘이 크다.

② 대체로 입경이 $0.1\mu m$ 이하이다.

③ 토양 교질물에는 무기교질과 유기교질이 있다.

④ 교질물이 많은 토양일수록 수분의 증발, 유실이 크므로 보수력이 작다.

🌱 ⋯⋯

토양은 교질물이 많은 토양일수록 수분의 증발, 유실이 적으므로 보수력이 커 작물생육에 도움이 된다.

169 식물 양분의 가급도와 토양 pH와의 관계에 대한 설명으로 옳지 않은 것은?

① 강산성이 되면 P과 Mg의 가급도가 감소한다.

② 중성보다 pH가 높아질수록 Fe의 가급도는 증가한다.

③ 중성보다 강산성 조건에서 N의 가급도는 감소한다.

④ 중성보다 강알칼리성 조건에서 Mn의 용해도가 감소한다.

🌱 **강산성 토양** ⋯⋯⋯⋯⋯⋯⋯⋯⋯⋯⋯⋯⋯⋯⋯⋯⋯⋯⋯⋯⋯⋯⋯⋯⋯⋯⋯⋯⋯⋯⋯⋯⋯⋯

㉠ P · Ca · Mg · B · Mo 등의 가급도가 감소되어 작물생육에 불리하다.

㉡ Al · Cu · Zn · Mn 등의 용해도가 증가하여 그 독성 때문에 작물생육에 저해된다.

㉢ Fe은 산성에서 가급도가 증가한다.

170 다음 토양 설명 중 틀린 것은?

① G층 : 토양이 산화상태며 배수가 좋다.

② A층 : 생물의 활동이 활발하며 유기물이 다른 층에 비해 많다.

③ B층 : 풍화가 비교적 진전, 표층토보다 점토의 함량이 많다.

④ C층 : 화학적으로 다소 풍화되어 있으나 물리적 풍화가 거의 안 되어 있다.

정답 **167** ③ **168** ④ **169** ② **170** ①

✔ 글라이(glei)층 ··

G층은 glei층이라 하며 논토양에 있어 하층토가 청회색을 나타내며, 배수가 좋지 않아 토양이 환원상태로 되어 있다.

171 토양 공극량에 대한 설명 중 틀린 것은?

① 토양의 용적밀도가 증가하면 공극률도 커진다.
② 입단의 크기가 클수록 전공극량은 많아진다.
③ 토양의 정렬구조가 사열구조에 비해 공극률이 높다.
④ 식토가 사토에 비해 공극량이 많다.

✔ 용적비중과 토양구조 및 토성 ··

㉠ 사토에서는 크고, 유기물 함량이 많거나, 입단화가 잘된 토양에서는 작다.
㉡ 표토보다는 심토가, 기경지보다는 미경지가 각각 크다.
㉢ 우리나라의 경작지 토양의 용적비중은 논토양과 밭토양에 따라 차이가 있으나 대체로 1.0~1.2의 범위에 있다.

172 기온이 낮고 습한 지대에서의 토양 환경을 올바르게 설명한 것은?

① 유기물 축적이 적고 유기물의 부식화 작용도 왕성하다.
② 미생물 활동이 왕성하고 부식화 작용이 왕성하다.
③ 미생물 활동이 왕성하지 못하고 부식화 작용이 저조하다.
④ 유기물 축적이 많고 유기물의 부식화 작용도 왕성하다.

✔ ··

기온이 낮고 습한 냉대나 한대 지방에서는 미생물의 활동이 왕성하지 못하므로 유기물의 축적은 많아지지만 부식화 작용은 매우 늦어진다.

173 논토양에서 NH_4^+ 형태의 질소에 비하여 NO_3^- 형태의 질소의 이용효율이 낮은 이유로 옳은 것은?

① NO_3^- 형태의 질소는 토양에 강하게 흡착되어 이용되기 어렵기 때문이다.
② NO_3^- 형태의 질소는 탈질작용을 통하여 손실되기 때문이다.
③ NO_3^- 형태의 질소는 금속성 음이온과 쉽게 결합하여 침전되기 때문이다.
④ 미생물은 NO_3^- 형태의 질소를 우선적으로 흡수하여 부동화시키기 때문이다.

✔ 탈질작용 ··

질산태 질소가 논토양의 환원층에 들어가면 점차 환원되어 산화질소(NO) · 이산화질소(NO_2) · 질소가스(N_2)를 생성하며, 이들은 작물에 이용되지 못하고 공중으로 날아가는 현상으로 이것을 탈질작용이라고 한다.

✔ 정답   **171** ①   **172** ③   **173** ②

174 토양 침식 보호방법이 잘못된 것은?

① 나지기간을 줄인다.　　　　　② 유기물을 시용한다.

③ C/N율이 낮은 작물로 지표를 덮어준다.　④ 등고선 재배법

♥ 지표면의 피복

ⓖ **부초법** : 지표면을 피복하는 방법으로 이것은 빗방울의 파괴력을 약화시켜 토양의 표면 유실량을 줄이는 것이다. 지표면을 피복하는 데 쓰이는 재료로는 대체로 C/N율이 높은 짚이나 작물유체·건초·거적·나뭇가지 등이 사용되며, 피복하는 목적이 빗방울의 파괴력을 줄이는 데 있으므로 그 양은 지표면을 완전히 덮어야 한다.

ⓛ **합리적인 작부체계** : 피복 식물은 침식을 방지하고 중경 식물이나 나지는 침식을 조장한다. 윤작체계에 피복 작물을 많이 삽입하거나, 밀 같은 작물 사이에 싸리풀 등을 간작하거나, 앞작물과 뒷작물 사이에 나지를 없게 하여야 한다.

ⓒ **초생재배법** : 과수원과 같은 곳에 영년생목초로 초생화하는 재배법이다.

ⓢ 작물은 종류에 따라 피복도가 다르고 수식 정도에 차이가 있으며, 7~8월의 위험 강우기에는 내식성 토양보존 작물을 재배해야 한다.

175 비료의 엽면흡수에 영향을 끼치는 요인에 대한 설명으로 옳지 않은 것은?

① 가지나 줄기의 정부로부터 먼 늙은 잎에서 흡수율이 높다.

② 밤보다 낮에 잘 흡수된다.

③ 살포액의 pH는 미산성인 것이 잘 흡수된다.

④ 잎의 호흡작용이 왕성할 때 잘 흡수된다.

♥ 비료의 엽면흡수에 영향을 미치는 요인

ⓖ 잎의 표면보다는 표피가 얇은 뒷면에서 잘 흡수된다.

ⓛ 잎의 호흡작용이 왕성할 때에 잘 흡수되므로 가지나 줄기의 정부에 가까운 잎에서 흡수율이 높고, 노엽보다 성엽에서, 그리고 밤보다 낮에 잘 흡수된다.

ⓒ 살포액의 pH는 미산성에서 잘 흡수된다.

ⓢ 0.01~0.02% 정도의 전착제를 가용하는 것이 흡수가 잘 된다.

ⓜ 피해가 나타나지 않는 범위 내에서는 살포액의 농도가 높을 때 흡수가 빠르다.

ⓗ 석회를 사용하면 흡수가 억제되어 고농도살포의 해를 경감한다.

ⓢ 기상조건이 좋을 때에는 작물의 생리작용이 왕성하므로 흡수가 빠르다.

176 다음 토양 설명 중 틀린 것은?

① G층 : 토양이 산화 상태며 배수가 좋다.

② A층 : 생물의 활동이 활발하고 유기물이 다른 층에 비해 많다.

③ B층 : 풍화가 비교적 진전, 표층토보다 점토의 함량이 많다.

④ C층 : 화학적으로 다소 풍화되어 있으나 물리적 풍화가 거의 안 되어있다.

정답　**174** ③　**175** ①　**176** ①

G층은 glei 층이라 하며 논토양에 있어 하층토가 청회색을 나타내며, 배수가 좋지 않아 토양이 환원 상태로 되어 있다.

177 다음 중 지하수위에 가장 큰 영향을 받는 것은?

① 흡습수   ② 화합수

③ 중력수   ④ 모관수

모관수(capillary water)
모관수는 표면 장력에 의하여 토양 공극 내에서 중력에 저항하여 유지되는 수분이며, 모관 현상에 의해서 지하수가 모관 공극을 상승하여 공급한다. pF 2.7~4.5로서 작물이 주로 이용하는 수분이다.

178 다음 중 토양 공기의 조성 중 맞는 것은?

① 산소 20%, 질소 40%, 이산화탄소 40%

② 산소 30%, 질소 50%, 이산화탄소 20~30%

③ 산소 40%, 질소 30%, 이산화탄소 30%

④ 산소 10~21%, 질소 75~80%, 이산화탄소 0.1~10%

토양 공기와 대기와의 차이점은 대기에 비해 토양 공기는 100%에 가까울 정도로 관계습도가 높으며, CO_2의 함량이 높다는 것이다. 그 조성은 다음과 같다.

┃ 대기와 토양 공기의 조성(용량 %) ┃

구분	산소	질소	이산화탄소
대기	20.93	79.81	0.03
토양 공기	10~21	75~80	0.1~10

179 pF란 무엇인가?

① 산화 환원 전위   ② 토양의 보수력

③ 토양 수분의 장력   ④ 흡습 계수

토양이 수분을 흡착하여 보유하는 힘은 그 힘을 가지고 있는 단위 수주의 높이로 표시하는데 수주 높이의 대수값을 pF로 표시한다. 예를 들면 pF 5의 수분이란 10^5cm, 즉 1,000m 수주의 압력으로 흡착된 물을 가리킨다.

180 작물이 시들었을 때 물을 주었더니 재생되었다. 이 현상과 관계가 있는 것은?

① 최소 용수량
② 초기 위조점
③ 영구 위조점
④ 수분 당량

초기 위조점은 수분을 재공급하였을 경우 재생하는 것이고, 영구 위조점은 수분을 재공급하였을 경우에도 재생하지 않는 것으로 15기압 정도이다.

181 토양 공기의 확산 방향은 주로 어떤 요인에 의해 결정되나?

① 분압의 차이
② 토양의 수분
③ 토양의 종류
④ 토양의 산도

토양에서 일어나는 기체의 교류는 대부분 확산 작용에 의하며 각 기체는 그 분압의 차이에 따라 결정되는 방향으로 움직이게 된다.

182 토양 수분 중에서 이동이 가장 심하게 일어나는 것은?

① 결합수
② 흡습수
③ 자유수
④ 모관수

자유수(중력)는 포장 용수량 이상으로 존재하는 수분으로 막의 장력과 중력으로 이동하며 수분과 함께 양분이 용탈된다.

183 밭작물이 자라기에 알맞은 수분 상태는?

① 위조점에 있을 때
② 포장 용수량에 이르렀을 때
③ 최대 용수량에 이르렀을 때
④ 중력수가 있을 때

포장 용수량은 최소 용수량(minimum water-holding capacity)이라고도 하며, 지하수위가 낮고 투수성이 중용인 포장에서 강우 또는 관개 하루 뒤의 수분 상태가 이에 해당한다. 포장 용수량 이상은 중력수로서 도리어 토양통기를 저해하여 작물 생육에 이롭지 못하다.

정답 **180** ② **181** ① **182** ③ **183** ②

184 영구 위조계수란 수분이 토양에 어떤 힘 이상으로 결합된 수분을 말하는가?

① 약 1/3기압
② 약 1/10기압
③ 약 10기압
④ 약 15기압

위조한 식물을 포화습도의 공기 중에 24시간 방치해도 회복되지 못하는 위조를 영구 위조(permanent wilting)라고 하는데, 영구 위조를 최초로 유발하는 토양의 수분 상태를 영구 위조점(PWP, permanent wilting point)이라고 한다. pF는 4.2(15기압) 정도이다.

185 토양 공기는 대기의 조성에 비하여 어떠한가?

① CO_2 농도나 O_2 농도 모두 낮다.
② CO_2 농도가 높고 O_2 농도가 높다.
③ CO_2 농도나 O_2 농도 모두 같다.
④ CO_2 농도가 높고 O_2 농도가 낮다.

토양 공기는 대기에 비하여 관계습도가 높으며 CO_2 함량이 높다.

186 위조계수란?

① 토양을 100기압으로 눌러도 나오지 않는 수분 함량이다.
② 식물이 시들기 시작할 때의 토양의 수분 함량이다.
③ 105℃로 말린 토양을 포화공기에 놔둘 때의 중량 증가이다.
④ 시든 식물이 다시 살아나지 못할 때의 토양의 수분 함량이다.

위조한 식물을 포화 습도의 공기 중에 24시간 방치해도 회복되지 못하는 위조를 영구 위조라고 하는데, 영구 위조를 최초로 유발하는 토양의 수분 상태를 영구 위조점(PWP, permanent wilting point)이라고 한다. pF는 4.2(15기압) 정도이다. 영구 위조점에서의 토양 함수율, 즉 토양 건조 중에 대한 수분의 중량비를 위조 계수라고 한다.

187 토양의 최적 함수량에 관한 설명 중 틀린 것은?

① pF 1.8~3.0 사이의 수분이다.
② 유효 수분보다 범위가 크다.
③ 최대 용수량의 60~80% 정도이다.
④ 포장용수량 상태의 수분 함량이다.

최적 함수량은 최대 용수량의 60~80% 정도의 포장용수량 상태의 수분함량으로 수분 보유력 pF 1.8~3.0 사이의 수분이다.

정답 184 ④ 185 ④ 186 ④ 187 ②

188 포장용수량 상태의 수분이 토양 입자에 보유되어 있는 장력은?

① 10,000기압
② 1/3기압
③ 1,000기압
④ 15기압

토양에 물이 찬 후 중력수가 배제되고, 그 후 표면 장력에 의한 모세관 작용으로 물의 이동이 계속되다가 이 작용에 의한 이동이 정지되었을 때의 수분량으로 pF 2.45(1/3기압)에 유지된 수분이다.

189 가뭄이 계속될 때 보리밭 토양의 수분을 보전하는 방법으로 옳지 못한 것은?

① 시비를 충분히 사용한다.
② 짚이나 모래로 덮어준다.
③ 밀식하여 땅이 그늘지도록 한다.
④ 얕게 김매기를 해준다.

재식 밀도
작물을 밀식하면 개체 간 수분 쟁탈이 일어나므로 뿌림골을 좁히고 재식 밀도를 성기게 해야 한다.

190 비가 온 후 하루 정도 지나서 물의 이동이 멈추었을 때, 토양 수분 상태는?

① 흡습 계수
② 최대 용수량
③ 위조점
④ 포장 용수량

포장 용수량
토양에 물이 찬 후 중력에 의해 배제되고 남은 토양 모관에 있는 수분이다.

191 대기와 토양 공기의 가장 큰 차이점은 무엇인가?

① 토양 공기가 습도가 낮고 질소함량이 높다.
② 토양 공기가 습도가 높고 질소함량이 낮다.
③ 토양 공기가 습도가 높고 이산화탄소가 높다.
④ 토양 공기가 습도가 낮고 이산화탄소가 낮다.

대기와 토양 공기의 조성
㉠ 토양 공기는 수증기에 의해 항상 포화되어 있어 관계습도가 100%에 가깝다.
㉡ 토양 공기는 유기물의 분해에서 생기는 메탄이나 황화수소(H_2S)와 같은 기체의 농도가 높다.
㉢ 토양 중의 CO_2 평균 함량은 0.25%로 대기 중 농도의 약 8배가 된다.
㉣ 대기 중의 CO_2는 O_2, N_2보다 비중이 크기 때문에 소량이나마 토양 중에 삼투하고, 물에 용해되므로 빗물 속에 녹아 삼투한다.

정답   **188** ②   **189** ③   **190** ④   **191** ③

유기농업일반

01 유기농업의 의의

1 유기농업의 배경 및 의의

1. 유기농업의 배경

유기농업에 대한 최근의 관심은 농업생산 측면 및 식품소비 측면, 농산물 수입개방에 따른 경제적 측면 등의 문제에서 기인하고 있다.

(1) 농업생산 측면

농업생산자의 농약 중독사건 빈발과 농약 및 화학비료에 의한 토양의 지력 감퇴 등의 현상이 발생하고 있다.

(2) 식품소비 측면

농산물 잔류농약에 의한 소비자 건강 위협, 건강식품의 선호, 식품에 대한 불신 등의 분위기가 조성되고 있다.

(3) 국민 경제적인 측면

농축산물의 수입개방 추세에 따른 대응 방안의 하나로서 품질 경쟁력을 갖춘 농산물 생산의 일환으로 유기농업이 제시되고 있다.

즉, 농산물 수출 국가의 농업생산여건 및 수출농업정책, 국제 농산물 시장의 가격조건 등과 수입농산물의 농약 오염 등으로 미루어 볼 때 우리나라 농업이 생존할 수 있는 하나의 방안으로써 맛과 영양, 안전성이 뛰어난 고품질의 유기농산물을 생산해야 한다는 것이다.

(4) 현행 농업경영 방식의 측면

농약 및 화학비료에 전적으로 의존하는 현행 농업경영 방식은 수질오염 및 토양오염 등 환경오염의 한 원인이 되고 있을 뿐 아니라, 생태계를 파괴함으로써 국민생활의 질을 저하시키며, 장기적인 국민경제의 발전에 있어서 과도한 사회적 비용을 요구한다는 관점이다.

(5) 철학적인 측면

생명순환 및 공생의 원리에 입각한 생산활동과 그 생산물을 매개로 생산자와 생산자, 생산자와 소비자 그리고 소비자와 소비자 사이의 유기적인 관계를 회복시킴으로써 인간이 공존 공생하는 협동사회를 만들어 간다는 점이다.

기출문제

유기농업의 이해 및 관심 증가에 대한 1차적 배경으로 가장 적합한 것은?

① 지역사회개발론
② 생명 환경의 위기론
③ 농가소득보장으로 부의 농촌경제론
④ 육종학적 발달과 미래지향적 설계론

정답 ②

IFOAM이란 어떤 기구인가?

① 국제유기농업운동연맹
② 무역의 기술적 장애에 관한 협정
③ 위생식품검역 적용에 관한 협정
④ 식품관련법

정답 ①

유기농업과 밀접한 관계가 없는 것은?

① 물질의 지역 내 순환
② 토양유기물 함량
③ 인증 농산물 생산
④ 유기농업 연작체계 마련

정답 ④

참고정리

✔ **세계유기농업운동연맹(IFOAM)**

세계유기농연맹은 전 세계 116개국의 850여 단체가 가입한 세계 최대 규모의 유기농업운동단체이다. 1972년 프랑스에 창립되었으며 독일 본에 본부를 두고 있다. 유기농업의 원리에 바탕을 둔 생태적·사회적·경제적 유기농업 실천을 지향하며 유기농업의 기준 설정, 정보 제공 및 기술 보급, 국제 인증 기준과 인증기관 지정 등의 역할을 하고 있다. 국제유기농운동 지원을 주로 하며, 3년에 한 번씩 개최한다.

2. 유기농업의 의의

① 유기농법이란 일체의 화학비료, 유기합성농약(농약. 생장조절제. 제초제). 가축사료 첨가제 등 일체의 합성 화학물질을 사용하지 않고 유기물과 자연광석. 미생물 등 자연적인 자재만을 사용하는 농법을 말한다.

② 토양 내에 생물학적 활력을 극대화시킴으로써 장기간의 토양비옥도를 유지하고 충진시키는 것이 필요하다. 이의 실천 방법은 피복작물, 윤작, 혼작, 녹비 그리고 가축퇴비, 경작방법 개선 그리고 적절한 농자재를 사용하는 것이다.

③ 농장 내는 물론 주변의 생물학적 다양성을 고양(高揚)시키는 것이다.

④ 농장 내에서 생산되는 자원이나 물질의 재활용을 극대화하는 일이다.

⑤ 가축 복지에 관심을 가지며 마지막으로는 유기농산물의 가공과 판매과정에서 유기농산물의 원래 기능이 나빠지지 않도록 하는 일이다.

⑥ 로컬푸드와 같은 개념도 유기농산물의 생산과 거래에 도입되었다. 이는 생산된 근방에서 소비함으로써 석유와 같은 비재생자원을 절약할 수 있고 따라서 이것은 환경보호의 초석이 된다는 것이다.

> **유기농업의 의의**
> • 웰빙농산물의 생산
> • 물질의 지역 내 순환
> • 환경 및 생태적 정의에 관한 관심을 가지게 됨

3. 로컬푸드(local food)

(1) 해당 지역에서 생산한 농산물을 그 지역에서 직접 소비하자는 목적으로 이뤄지는 일련의 활동이다.

(2) 로컬푸드의 3가지 조건

1) 생산의 조직화

로컬푸드로 판매할 먹거리를 어떻게 만들 것인가에 대한 내용과 생산과 관련한 품질과 안정성의 확보, 품목별 조직화와 계약재배, 가공산업의 육성이 포함된다.

2) 소비의 조직화

소비시장을 어떻게 개척하고 확대하느냐에 대한 내용과 기관, 학교, 식당, 도농교류 등 다양한 소비처를 발굴하고 관리하는가에 대한 내용이다.

3) 추진체계 정책연계

생산과 소비를 조직하고 연계할 추진 주체와 로컬푸드 지원센터를 설치하고, 공공형 사업 추진 모델을 개발하며 약속프로젝트와 같은 지역농업정책과의 연계성과 통합성을 강화하는 문제를 맡게 된다.

기출문제

유기농업의 기여에 대한 설명으로 거리가 먼 것은?

① 국민보건의 증진에 기여　　　　　　② 생산증진에 기여
③ 경쟁력 강화에 기여　　　　　　　　④ 환경보전에 기여　　　**정답** ❷

다음 중 유기농법의 정의로 가장 적합한 것은?

① 관행농업의 30% 정도만 화학합성농약과 화학비료를 사용하는 농법이다.
② 화학비료, 유기합성농약, 가축사료 첨가제 등의 합성화학물질을 사용하지 않고, 장기간의 적절한 윤작계획에 따라 작물을 재배하며, 가급적 외부 투입 자재의 사용에 의존하지 않는 농업 방식이다.
③ 자연은 위대하므로 일체 인위적인 투여를 하지 않고 경운도 하지 않으며 종자만 뿌리고 때에 따라 수확물만 거두는 농업 방식이다.
④ 화학합성농약과 화학비료를 사용하되 사용 권고량만을 사용하는 농업 방식이다.　**정답** ❷

4. 유기농업 관련 용어

(1) 대체농업

윤작, 작물재배와 축산의 혼합경영, 병충해의 종합방제, 농약 및 비료의 투입량 감소, 유기물의 폐기물 활용 등 투입비용의 감소, 생산 효율의 향상, 적정 생산성 유지를 가능하게 하는 농업생산체계이다.

(2) 저투입성 농업

생물학적인 영농법 도입으로 농업화학물질에 대한 의존성을 감소시키는 농업이다.

(3) 환경농업

농업과 환경을 조화시켜 농업의 생산을 지속 가능하게 하는 농업형태로서 농업생산의 경제성 확보, 환경보존 및 농산물의 안전성 등을 동시에 추구하는 농업이다.

(4) 환경보전형 농업

농업과 환경문제의 조화를 위해서 농지의 집약적 이용을 억제하여 농업생산에 의한 환경 부하를 경감시킴과 동시에 경관보존과 야생동물의 보호를 목적으로 하는 농업이다.

(5) 자연농업

토착미생물을 활용하여 토양 활력을 되살리고 작물을 강건하게 키워 농약·비료 사용을 최소화하고, 돈사 등에 톱밥과 축분을 발효시켜 사료화함으로써 사료절감 및 축분처리비용을 절감할 수 있는 농업이다.

(6) 지속성 농업

생물학적인 자원의 생산능력을 증대시키면서 농산물과 원료를 생산하는 농업이다.

기출문제

다음 중 자연농업에 대한 설명으로 옳지 않은 것은?

① 무경운, 무비료, 무제초, 무농약 등 4대 원칙을 지킨다.
② 자연생태계를 보전·발전시킨다.
③ 화학적 자재를 가능한 한 배제한다.
④ 안전한 먹을거리를 생산한다.

정답 ③

5. 유기농업의 기본목표

(1) 국민보건증진에 기여

① 경제개발에 의한 식생활의 변화로 곡류의 소비는 줄고, 라면, 햄버거와 같은 가공 및 인스턴트식품과 청량음료를 필요 이상으로 많이 섭취함으로써 농산물보다 가공식품의 섭취가 급격히 증가하게 되었다.
② 과용된 비료의 대부분이 작물에 흡수되지 못하고 지면으로 유실 또는 지하수로 유입되어 냇물·강·호수의 부영양화를 초래하고, 또 바다의 적조 원인이 되고 있다.
③ 농약에 의한 피해는 DDT의 경우가 가장 크고, 그 외 사망, 유산, 저체중아 출산 등이 있다.
④ 농약과 비료를 사용하지 않는 유기농업을 이용한다면 직·간접적인 피해를 줄여 국민의 보건 증진에 기여할 수 있다.

(2) 생산의 안정화

① 유기농업을 관행농업과 비교했을 때 그 판매 가능 생산량이 얼마나 지속적일 수 있느냐에 대한 자료는 많지 않다. 일반적으로는 관행농업에 비해 수량이 감소하는 것으로 알려져 있다.
② 유기농업은 위생적이고 건강한 식품일 뿐만 아니라, 안정적으로 농산물을 생산할 수 있다.

(3) 경쟁력 강화에 기여

① 한국 농업도 다른 산업과 마찬가지로 무역자유화의 틀을 벗어날 수 없기 때문에 WTO 체제하에서 국제적 규약에 따라 움직일 수밖에 없는 것은 당연한 이치이다.

② 국내에서 유통되는 농산물 중 중국산의 점유율이 70% 이상인 것은 도토리, 녹두, 죽순, 팥, 땅콩이며, 배추와 양파 그리고 감자나 당근 같은 농산물도 중국에서 수입되고 있다.

③ 외국 농산물과 경쟁하기 위해서는 가격이 싸거나 부가가치를 증진시켜 소비자의 구매력을 자극할 수 있는 농산물의 생산이 필요하다. 유기농업을 통하여 품질이 뛰어나고 관행농산물과 차별화되는 농산물을 생산하는 것이 경쟁력이 될 것이다.

④ 유기농산물은 관행농산물보다 부가가치가 높기 때문에 경쟁력 있는 농업으로 발전할 수 있다.

(4) 환경보전에 기여

① 화학비료는 인공적 풍요를 가져왔으나 동시에 환경과 건강에 큰 피해를 끼칠 수 있는 잠재력이 있다는 여러 보고가 있다.

② 관행농업은 생산성 향상을 목표로 하기 때문에 기계화는 필수적이며, 또한 영농규모를 확대하지 않으면 안 된다. 이러한 기계화로 인한 화석연료의 사용이 증가되었고, 한 보고에 의하면 1ha에 대한 에너지 투입은 8배 증가하였으나 생산량은 3.5배 증가에 그쳤다.

③ 유기농업은 화학비료나 농약 사용의 금지, 화석화 연료 사용의 절감을 통하여 하나뿐인 지구의 환경보전에 직·간접적으로 기여할 수 있는 대안농업이다.

Ⅲ 기출문제

유기농업의 기본목표가 아닌 것은?

① 환경보전에 기여한다.　　　　② 국민보건 증진에 기여한다.
③ 경쟁력 강화에 기여한다.　　　④ 정밀농업을 체계화한다.　　　**정답 ④**

G 참고정리

✔ 유기농업의 기본목표
　① 국민보건 증진에 기여　　　　② 생산의 안정화
　③ 경쟁력 강화에 기여　　　　　④ 환경보전에 기여

6. 유기농업의 발전과정

(1) 한국토착유기농업의 자생적 태동기(1970~1985년)

정농회, 유기농업환경연구회 등이 결성

(2) 한국토착유기농업의 성장기(1985년~1990년)

한국토착유기농업이 자생적 농민운동으로 성장

(3) 한국토착유기농업의 제도권 내 진입단계(1991~1994년)

정부의 유기농업 수용

① 1991년 농림수산부에 유기농업발전기획단 설치

② 1993년 유기농산물 품질인증제를 실시

③ 1994년 농림부에 환경농업과 설치

(4) 한국토착유기농업이 학계 지적을 수용하는 과학화 단계(1990~2000년)

① 유기재배 채소의 고질산염 함량 문제 제기로 퇴비 과다투입에만 의존해온 다다익선적 토양비옥도 유지 증진책을 수정하여 퇴비시용량을 하향 조정

② 토착유기농업 기술에서의 과다 유기물 투입에 의한 토양의 염류집적과 질산염 용탈에 의한 지하수 오염의 위험성을 지적

③ 유기질비료 투입에만 의존하는 유기물농법은 유기농법이 아니라고 지적

④ 국내에 IFOAM(세계유기농업운동연맹) 기본규약과 코덱스(Codex) 유기식품규격의 핵심내용을 소개하고 국제교류를 통해 선진유기농업기술 수용 촉구

⑤ 유기경종에서 윤작(두과작물, 심근성 작물, 녹비작물)에 의한 토양비옥도 유지·증진, 저항성 품종, 유축폐쇄순환농법, 토양진단 최적시비를 실천해야 환경보전 기능과 안전식품 생산기능 수행 가능

Ⅲ 기출문제

우리나라에서 유기농업발전기획단이 정부의 제도권 내로 진입한 연대는?

① 1970년대　　　　　　　　② 1980년대

③ 1990년대　　　　　　　　④ 2000년대　　　　　　　　**정답 ③**

(5) 정부의 다양하고 적극적인 유기농업 정책(1995~2004년)

① 중소농 고품질농산물 생산지원사업(1995~2004년) : 상수원보호구역, 중산간지의 환경 농업기반 구축
② 친환경농업육성법의 제정 공포(1997)
③ 친환경농업원년 선포(1998.11)
④ 농촌진흥청에 친환경 유기농업기획단 설치(2001)

(6) 한국이 아시아 유기농업의 주도국으로 부상(2001년~현재)

친환경농업육성법 시행령(2001.7)에서 IFOAM 기본규약과 Codex 유기식품규격에 맞는 유기농산물의 품질인증기준을 채택하였다.

📖 기출문제

아시아 국가 중 유기농업(황금의 토)이란 책을 최초로 발행한 나라는?

① 한국 ② 일본
③ 중국 ④ 태국 **정답 ②**

유기농업으로 전환할 때 유기농가가 고려할 사항으로 틀린 것은?

① 가축분뇨나 인분을 이용한다.
② 유전자 변형 종자를 사용하지 않는다.
③ 외부투입자재를 최대화하여 생산성을 향상시킨다.
④ 적당한 유기물, 수분, 산도, 양분의 이용으로 균형 잡힌 토양관리를 실시한다. **정답 ③**

유기농업의 단점이 아닌 것은?

① 유기비료 또는 비옥도 관리 수단이 작물의 요구에 늦게 반응한다.
② 인근 농가로부터 직·간접적인 오염이 우려된다.
③ 유기농업에 대한 정부의 투자효과가 크다.
④ 노동력이 많이 들어간다. **정답 ③**

---

⑥ 참고정리

✔ **황금의 토(黃金의 土)**
유기농업이란 원래 일본에서 말들어진 말이다. 영어의 organic farming의 번역으로 생각할 수 있으나, 낙농대학에서 『황금의 토(黃金의 土)』란 책을 일본의 이치라테루오(一樂照雄)가 농가를 위하여 『유기농업(有機農業)』이란 이름으로 출판한 것이 최초라 한다.

② 유기농업의 현황

1. 국내 유기농업의 현황

(1) 관련 인증제도의 시행

① 1992. 7. : 일반농산물 대상 인증제도

② 1993. 12. 1. : 유기재배 농산물과 무농약 재배 농산물 대상 인증제도

③ 1996. 3. : 저농약 대상 인증제도

④ 1997. 12. : 환경농업육성법에 의한 인증 및 표시제도

⑤ 2001. 7. : 친환경농산물 인증제도

(2) 국내 시장 규모

① 2001년 약 2천억 원 − 2002년 약 3천억 원 − 2003년 약 4천억 원

② 생산자와 소비자의 직거래 신장률이 증가된다.

(3) 제도적 정비 요구

국내 유기 및 친환경 농업의 실태 및 문제점으로 제도적인 정비가 필요하다.

(4) 국외 여건 변화

농업도 1980년대 후반부터 "지속 가능한 농업" 개념이 도입(환경보전적 측면외에도 사회적, 경제적 측면의 농업, 농업인 문제의 중요성이 동시에 강조)

(5) 국내 여건 변화

증산시책 추진으로 국민의 식량문제 해결에는 크게 기여하였으나 농약과 화학비료 과다사용으로 농업용수가 오염되는 등 농업환경 오염이 증가하였고 지속 가능한 농업생산이 위협을 받게 된다.

(6) 관련 농법

① 오리농법

② 우렁이농법

③ 키토산농법

④ 목초액 활성탄 농법

⑤ 참게농법

⑥ 태평농법

⑦ 청정농법

⑧ 미꾸라지농법

⑨ 그 밖에 육각수농법, Green 음악농법, Bio Green 농법 등이 있다.

2. 국외 유기농업의 현황

(1) 유기농산물 재배면적(2002년)

선진국에서는 매년 유기농산물 재배면적과 생산량이 크게 증가하고 있다(예 : 중국 113만 ha, 이탈리아 104만 ha, 독일 54만 ha, 미국 54만 ha, 영국 47만 ha, 프랑스 37ha, 쿠바 130만 ha).

(2) 각국 유기농업의 전개

① 1985년부터 집약농업에서 조방농업으로 전환하는 조건으로 보조금을 지급하는 국가는 독일이다.

② 저투입 지속농업(LISA)을 통한 환경친화형 농업을 추진한 국가는 미국이다.

③ 지역사회가 지원하는 농업(CSA)과 생산자 단체와 민간단체(NGO)를 통하여 적극적인 유기농업운동을 전개한 국가는 미국이다.

④ 1990년 공포된 미국의 농장법안은 인간의 식품 및 섬유에 대한 필요성을 충족시키는 것 등에 관한 것이다.

⑤ 환경친화형 농산물 생산을 실천하는 데 있어서 일반적 직불제와 생태적 직접지불제를 실시하는 국가는 스위스 생산이다.

⑥ 생태마을의 기원 국가는 덴마크이다.

⑦ 유럽의 생태마을의 목표
- 환경부하(환경오염물질 배출)의 최소화
- 관광자원화

⑧ EU(유럽연합) 국가 중에서 유기농법 실시 농경지 비율이 가장 큰 국가는 오스트리아이다.

⑨ 미국에서 1990년 농산물의 성장조절제인 호르몬이 발암물질로 판명되면서 미국 중산층이 유기농산물 소비로 돌아서는 계기가 되었다.

> **참고정리**
>
> ✔ 총 재배면적에 대한 유기농산물 재배면적
> 스위스(9%) 〉 덴마크(6.2%) 〉 스웨덴(5.1%) 〉 네덜란드(1.4%)

(3) 유기농산물 판매액 및 비중(2000년)

1) 유기농산물

① 5년 이상 화학비료나 농약을 전혀 사용하지 않은 가운데 수확한 농산물로 유기식품
이 차지하는 비율은 전체 식품 판매액의 1% 내외이다.

② 전체 식품 판매액 대비 유기농산물 비율은 덴마크가 2.5~3%로 가장 높고 선진국
대부분이 1% 내외이다.

Ⅲ 기출문제

세계에서 유기농업이 가장 발달한 유럽 유기농업의 특징에 대한 설명으로 틀린 것은?

① 농지면적당 가축사육규모의 자유　　② 가급적 유기질 비료의 자급
③ 외국으로부터의 사료의존 지양　　④ 환경보전적인 기능 수행　　**정답 ①**

저투입 지속농업(LISA)을 통한 환경친화형 지속농업을 추진하는 국가는?

① 미국　　　　　　　　　　　② 영국
③ 독일　　　　　　　　　　　④ 스위스　　**정답 ①**

---

3 친환경농업

1. 친환경농업의 개념, 구분, 현황

(1) 친환경농업의 개념

농업과 환경을 조화시켜 농업의 생산을 지속 가능하게 하는 농업형태로서 농업생산의 경
제성 확보, 환경보전 및 농산물의 안전성 등을 동시에 추구하는 농업

1) 유기농업

화학비료, 유기합성농약, 가축사료첨가제 등 합성 화학물질을 전혀 사용하지 않고 유기
물과 자연광석 등 자연적인 자재만을 사용하여 농산물을 생산하는 농업이다.

2) 저투입농업

병해충종합관리(IPM) 기술 실천으로 농약사용량을 절감하고 작물양분종합관리(INM) 기
술 실천으로 화학비료 사용량을 절감하는 등 합성 화학물질의 사용 최소화로 농업환경 오
염을 경감하고 자연생태계를 유지·보전하여 보다 안전한 농산물을 생산하는 농업이다.

3) 유기농산물의 정의

㉠ 생산, 수확, 가공, 포장과정에서 방사선 처리하지 않은 것

㉡ GMO(유전자 변형 농산물) 작물의 종자를 사용하지 않은 것

㉢ 전환기간 이상을 유기합성농약, 화학비료를 사용하지 않은 것

4) 저농약농산물의 인증

㉠ 수확일로부터 30일 전까지만 사용한다.

㉡ 제초제는 사용하지 않는다.

㉢ 농약잔류허용기준의 1/2 이하인 농산물이다.

┃ 친환경농산물 인증표시 ┃

유기농산물		전환기유기농산물	
	3년 이상 농약·화학비료를 사용하지 않고 재배한 농산물		1년 이상 농약·화학비료를 사용하지 않고 재배한 농산물
무농약농산물		저농약농산물	
	농약은 사용하지 않고 화학비료는 1/3 이하로 사용하여 재배한 농산물		농약·화학비료를 1/2 이하로 사용하여 재배한 농산물
품질인증 표시		우수농산물인증 표시	

(2) 친환경농업의 필요성

농업생산의 극대화라는 관행농업의 상업주의적 관점을 넘어서 소비자를 생각하고 농업 환경보전과 자연생태계 보전을 위해 친환경농업 육성이 필요하다.

(3) 친환경농산물 생산 및 유통 현황

1) 친환경농산물 생산 현황

환경보전과 식품안전에 대한 소비자의 관심 증대와 정부의 친환경농업육성책 추진으로 친환경농산물 생산 유통량이 매년 증가하고 있다.

2) 친환경농산물 유통 현황

다품목 소량 생산, 생산과 소비의 제약, 일반농산물과의 가격 차별화를 위해 일반농산물의 경매방식과는 다른 직거래 및 전문 유통업체에 의한 유통을 한다.

(4) 친환경농업 정책 추진 기반

① 친환경농업육성 5개년 계획 추진 : 2001년 수립(2001~2005)
② 지역조건과 농가경영규모, 작물별 특성에 적합한 친환경농업기술 개발, 보급
③ 유기농업육성 중장기 종합대책 추진 : 전체 농산물 대비 유기농산물 비중을 2001년 0.2%, 2005년 0.5%, 2010년 2.0%로 확대

기출문제

유기농법을 위한 토양관리와 관련이 없는 것은?

① 퇴비를 적절히 투입한다.　　　② 윤작을 실시한다.
③ 휴경을 해서는 안 된다.　　　④ 침식을 예방한다.　　 ③

우리나라의 유기농산물 인증기준에 대한 설명으로 맞는 것은?

① 영농일지 등의 자료는 최소한 3년 이상 기록한 근거가 있어야 하며 그 이하의 기간일 경우에는 인증을 받을 수 없다.
② 전환기농산물의 전환기간은 목초를 제외한 다년생작물은 2년, 그 밖의 작물은 3년을 기준으로 하고 있다.
③ 포장 내의 혼작, 간작 및 공색식물재배는 허용되지 아니한다.
④ 동물방사는 허용된다.　　 ④

＊ 공색(空色) : 푸른 하늘과 같은 색

III 기출문제

친환경농업에 포함하기 어려운 것은?

① 병해충 종합관리의 실현
② 적절한 윤작체계 구축
③ 장기적인 이익추구 실현
④ 관행재배의 장점 도입
정답 ④

유기농업과 가장 관련이 적은 용어는?

① 생태학적 농업
② 자연농업
③ 관행농업
④ 친환경농업
정답 ③

다음 중 유기농산물의 생산에 이용될 수 있는 가장 적합한 종자는?

① 유기농산물 인증기준에 맞게 생산·관리된 종자
② 관행으로 재배된 모본에서 생산된 종자
③ 국내에서 생산된 종자로 소독을 반드시 실시한 종자
④ 국가가 보증한 종자
정답 ①

유기재배용 종자 선정 시 사용이 절대 금지된 것은?

① 내병성이 강한 품종
② 유전자변형 품종
③ 유기재배된 종자
④ 일반종자
정답 ②

친환경 유기 농자재와 거리가 먼 것은?

① 고온 발효 퇴비
② 미생물추출물
③ 키토산(액상, 입상)
④ 4종 복합비료
정답 ④

2. 친환경농업의 목적

(1) 친환경농업

① 농업과 환경을 조화시켜 농업의 생산을 지속 가능하게 하는 농업형태로서, 현대농법의 부작용을 줄이며, 농업생산의 경제성 확보, 환경보전 및 농산물의 안전성 등을 동시에 추구하는 농업이다.

② 합성농약·화학비료 등 화학 투입 자재의 사용을 최대한 줄이고 유기질 비료의 사용, 저독성 농약의 개발, 생물학적 병충해 방제 등을 보다 많이 도입하여 지역자원과 환경을 보전하면서 장기적으로 일정한 생산성과 수익성을 확보하고 안전식품을 생산하는 21세기의 새로운 농업형태이다.

③ 장기적인 이익추구, 개발과 환경의 조화, 단작 중심이 아닌 순환적 종합농업체계, 생태계 메커니즘을 활용한 고도의 공업기술을 의미하며, 화학비료와 농약의 저투입, 적절한 비배관리와 경영을 통하여 현재의 농업생산성을 지속적으로 유지하려는 농법인 것이다.

④ 유기농업 등의 특수농법만이 아니라 병충해종합관리(IPM), 작물종합양분관리(INM), 천적과 생물학적 기술의 통합 이용, 윤작 등 흙의 생명력을 배양하는 동시에 농업환경을 지속적으로 보전하는 모든 형태의 농업이 포함된다.

⑤ 환경친화형 농업, 환경조화형 농업, 환경보전형 농업, 지속농업 등이 모두 환경농업을 지칭하는 것이다.

⑥ 최근에 새롭게 등장하고 있는 지속농업의 정의에서는 농업의 생산성과 경제성을 크게 강조하고 있다.

　　㉠ 인류가 필요로 하는 식량과 섬유를 충분히 생산할 것

　　㉡ 환경과 자연자원의 질을 높일 것

　　㉢ 자연생태계의 순환과 조절기능을 활용할 것

　　㉣ 농업의 경제적 건실성을 향상시킬 것

　　㉤ 농민과 전체 주민의 생활의 질을 향상시킬 것

(2) 친환경농업의 출현배경

① 선진농업국가인 미국과 유럽 등의 식량 과잉으로 세계의 농업정책이 증산 위주에서 소비와 교역 중심으로 전환하게 되었다.

② 국제교역에서도 환경문제가 중요한 쟁점으로 부각되고 있다.

③ 지구상의 최빈국들을 제외한 대부분의 국가에서도 증산 위주의 농업정책을 포기하고 친환경농법의 정착을 유도하고 있다.

④ 최근의 경제성장에 따른 소득 향상과 함께 '고품질 안전농산물'에 대한 국민들의 관심과 구매욕구가 높아지고 있다.

⑤ 증산 위주의 고투입 현대농업으로 인한 농업환경이 약화되어 지속 가능한 농업생산을 위협하고 있다.

⑥ 환경오염이 심각해짐에 따라 농업부문에 대한 국제적 규제가 강화될 상황이다.

기출문제

친환경농업이 출현하게 된 배경으로 틀린 것은?

① 세계의 농업정책이 증산 위주에서 소비자와 교역 중심으로 전환되고 있는 추세이다.
② 국제적으로 공업부문은 규제를 강화하고 있는 반면 농업부문은 규제를 다소 완화하고 있는 추세이다.
③ 대부분의 국가가 친환경농법의 정착을 유도하고 있는 추세이다.
④ 농약을 과다하게 사용함에 따라 천적이 감소되는 추세이다.   정답 ❷

(3) 우리나라 친환경 정책의 기본방향

① 공익기능(환경보전기능)의 극대화로 농업을 환경정화산업으로 발전
② 농업의 자원인 흙과 물의 유지·보전으로 지속적인 농업 추진
③ 국민건강을 위한 안전농산물 생산·공급 체계 확립
④ 농업부산물 등 부존자원의 재활용으로 환경 및 농업체질 개선
⑤ 친환경농업 실천 농가 육성 지원으로 친환경농업 확산

(4) 우수농산물관리제도(GAP ; Good Agricultural Practices)

① 농산물의 안전성을 확보하기 위하여 농산물의 생산단계부터 수확 후 포장단계까지 토양, 수질 등의 농업환경 및 농산물에 잔류될 수 있는 농약, 중금속 또는 유해생물 등의 위해요소를 관리하고, 그와 더불어 관리된 사항을 소비자가 알 수 있게 하는 체계로, 이미 유럽, 미국, 중국 등은 GAP을 농산물의 안전성 확보, 수출지원 등을 위한 제도로 적극적으로 이용하고 있다.
② 2003년 7월 1일에 열린 국제식품규격위원회(CODEX) 본회의에서 과일, 채소류에 대한 생산·취급기준이 비준되었고, 국제식량농업기구(FAO)에서도 2003년 농식품 안전성 확보를 위한 GAP의 필요성이 주장되었다.
③ 우리나라도 농산물의 안정성 확보, 안전농산물에 대한 소비자의 요구 증대, 자연농업 보호 및 지속 가능한 농업 유지, 농산물 수출 상대국의 식품안전성 요구에 대한 대응, 품질이 낮은 외국 농산물 수입 억제, 지속적인 수출경쟁력 확보 등을 위해 2002년 GAP을 도입하였다.

 기출문제

친환경농업과 관련된 내용 중 친환경농업과 가장 밀접한 관계가 있는 것은?

① 저독성 농약의 지속적인 개발 필요   ② 화학자재 사용의 무한 자유
③ 생물종의 단일성 유지   ④ 단작중심농법의 이행 필요   정답 ❶

Ⅲ 기출문제

친환경농업이 태동하게 된 배경에 대한 설명으로 틀린 것은?

① 미국과 유럽 등 농업선진국은 세계의 농업정책을 소비와 교역 위주에서 증산 중심으로 전환하게 하는 견인 역할을 하고 있다.
② 국제적으로는 환경보전 문제가 중요 쟁점으로 부각되고 있다.
③ 토양양분의 불균형 문제가 발생하게 되었다.
④ 농업부문에 대한 국제적인 규제가 점차 강화되고 있는 추세이다. **정답 ①**

농산물의 식품안전성 확보를 위하여 생산단계부터 최종 소비단계까지 관리사항을 소비자가 알 수 있게 하는 제도는?

① GAP(우수농산물관리제도) ② GMP(우수제조관리제도)
③ GHP(우수위생관리제도) ④ HACCP(위해요소중점관리제도) **정답 ①**

친환경농업의 필요성이 대두된 원인으로 거리가 먼 것은?

① 농업부문에 대한 국제적 규제 심화
② 안전농산물을 선호하는 추세의 증가
③ 관행농업 활동으로 인한 환경오염 우려
④ 지속적인 인구 증가에 따른 증산 위주의 생산 필요 **정답 ④**

친환경농산물의 인증을 담당하는 기관으로 옳은 것은?

① 농촌진흥청 ② 농협중앙회
③ 관할 시·군청 ④ 국립농산물품질관리원, 민간인증기관
정답 ④

친환경농산물에 해당되지 않는 것은?

① 천연우수농산물 ② 무농약농산물
③ 무항생제축산물 ④ 유기농산물 **정답 ①**

◀ 참고정리

✔ **우수농산물관리제도(GAP Good Agricultural Practices)**
농산물의 안전성을 확보하기 위하여 농산물의 생산단계부터 수확 후 포장단계까지 토양, 수질 등의 농업환경 및 농산물에 잔류될 수 있는 농약, 중금속 또는 유해생물 등의 위해요소를 관리하고, 그와 더불어 관리된 사항을 소비자가 알 수 있게 하는 체계로, 이미 유럽, 미국, 중국 등은 GAP을 농산물의 안전성 확보, 수출지원 등을 위한 제도로 적극적으로 이용하고 있다.

02 품종과 육종

1 품종

1. 품종의 개념과 저항성 품종

(1) 품종의 개념

① **품종** : 농학상 분류의 단위로서 작물 각각의 종류를 그 특성에 맞게 기초해서 다시 작게 나눈 단위의 명칭이다.

＊ 작물의 재배 혹은 이용상 같은 특성을 나타내어 동일한 단위로서 취급이 편리한 개체군에 대해 주어진 명칭이다.

② 1961년 국제생물연합(IUBS)에서 만든 "재배식물규제명명규약"에 의하면 품종은 영어로 컬티바(cultivar)이다(농학, 임학, 원예학상 여러 가지 형질에 의하여 구별되는 재배개체의 한 집단이며 유성적, 무성적으로 번식이 되어도 그 특성이 유지되는 것임).

③ **특성** : 이 중 하나를 만족시켜야 식물집단의 품종으로 인정

　ⓐ 영양계, 즉 유전적으로 균일한 개체의 집단으로 삽목, 접목, 무성생식에 의해 단일 개체로부터 유래된 것

　ⓑ 계통, 즉 유성생식에 의해 번식된 개체의 집단으로 그 안정성 선택에 의해 표준적으로 유지되는 것

　ⓒ 유전적 차이는 있으나 타 품종과 구별되는 하나 또는 그 이상의 특질을 가진 개체의 집단

　ⓓ 잡종 1세대 개체의 총 집단으로 동계교잡, 영양계 또는 F_1의 어느 것에 의해 유지되는 것

(2) 품종의 조건

① 이모작이 가능하기 위한 품종개발 목표 : 조숙성 품종

② 육종가의 권리를 인정한 기구(UPOV)에서 정하는 품종의 조건

　ⓐ 우수성 : 다른 품종과 명확하게 구별되는 특성을 가져야 함

　ⓑ 균등성 : 품종의 특성이 균일해야 함

　ⓒ 영속성 : 반복 증식하거나 번식주기에 따라서도 후에 특성이 변화하지 말아야 함

③ 우리나라 주요 농산물종자심의회, **농작물직무육성신품종선정심의회의 우량품종 지정 조건**
　㉠ 우수성 : 재배환경에 적합하고 왕성하게 생육하며, 또한 양질, 다수 등 이용 목적에 알맞을 것
　㉡ 균일성 : 형질이 실용적으로 지장이 없는 정도로 균일성을 가지고 있을 것
　㉢ 영속성 : 특징이 되는 형질이 영속될 것
　㉣ 채종 또는 번식이 확실할 것

(3) 저항성 품종 및 비유전자변형 식물

① 유기경종에서는 저항성 품종의 재배를 규정하고 있는데 이는 관행적 농약사용을 전제로 육성된 상업용 종자로는 병충해로부터 작물을 안전하게 수확기까지 성공적으로 재배하기 어렵기 때문이다.
② 농약사용이 금지되어 있으므로 무엇보다 병충해 저항성이 높은 종자 종묘의 보급이 유기농가를 위해 급선무이다.
③ 정부는 종묘회사가 유기농업용 종자를 개발 육성해 나가도록 정책적 지원을 펴나가고 유기농가가 그동안 필요한 유기농업용 종자는 해외에서 도입할 수 있도록 제도적 해법을 제시해야 한다.

2. 품종의 유지

(1) 품종퇴화와 특성유지

유전적, 생리적, 병리적 원인에 의해 품종의 고유한 특성이 변하는 것을 품종퇴화라 한다.
① 유전적 퇴화의 원인은 이형유전자형 분리, 자연교잡, 돌연변이, 이형종자의 기계적 혼입 등이 있다.
② 생리적 퇴화는 기상이나 토양 등 환경조건이 식물생육에 영향을 끼치는 것이다.
③ 병리적 퇴화는 감자, 콩, 백합 등의 바이러스병에 의한 퇴화, 맥류의 깜부기병에 의한 퇴화 등을 들 수 있다.
　＊ 품종을 유지하는 것이 신품종을 육성하는 일 못지않게 중요하다.

　㉠ 개체집단선발 : 특성유지가 필요한 품종을 1본식이나 1립파로 재배하고 전 생육과정을 면밀히 관찰, 이형개체를 제거한 후 품종 고유의 특성을 구비한 개체만을 선발하여 집단채종을 한다.
　㉡ 계통집단선발 : 개체선발과 계통재배를 통하여 품종의 특성을 유지, 제1년째는 그 품종의 특성을 완전히 구비한 개체들을 선발하고 제2년째는 선발된 개체를 계통재배하여 순계를 선발한다.

ⓒ 주보존 : 영양번식에 의해 특정 품종(유전자형)의 특성을 유지한다.

ⓔ 격리재배 : 타식성 식물은 자연교잡에 의한 품종퇴화의 위험이 크므로 품종특성을 유지하려면 반드시 격리재배를 해야 한다.

(2) 종자갱신

같은 품종을 채종하여 재배하면 퇴화할 염려가 있으므로 자가채종을 하는 농가에서는 몇 년에 한 번씩 원종포나 채종포에서 생산된 우량종자로 바꾸어 재배를 한다.

참고정리

✔ **신품종의 보급**

종자증식체계와 동일하며 원원종(각 도 농업기술원) → 원종(각 도 농산물원종장) → 보급종(종자관리소)의 3단계를 거친다.

✔ **재배식물의 종자 증식체계**

기본식물 → 원원종 → 원종 → 보급종

✔ **우리나라 벼/보리/콩 등 자식성 식물의 종자갱신 연한**

4년 1기

기출문제

멘델(Mendel)의 법칙과 거리가 먼 것은?

① 분리의 법칙　　　　　　　　　② 독립의 법칙

③ 우성의 법칙　　　　　　　　　④ 최소의 법칙　　　　정답 ④

멘델의 법칙과 가장 관련이 없는 것은?

① 분리의 법칙　　　　　　　　　② 최소의 법칙

③ 독립의 법칙　　　　　　　　　④ 지배의 법칙　　　　정답 ②

---

2 육종

1. 육종의 개요

현재 재배하고 있는 품종보다 수익성이나 이용가치가 더 좋은 새로운 품종으로 만들어 내는 일련의 농업기술을 의미한다.

(1) 특징

① 지구상에 없던 품종을 새롭게 만들어 내기 때문에 하나의 창작활동이다.

② 육종은 작물이 갖고 있는 현재의 유전자를 더 좋은 유전자로 대체하는 것이다.

③ 육종은 오랜 시일과 막대한 예산과 인력이 소요되는 사업이다.

④ 육종은 여러 상이한 작업이 단계적, 일련적으로 모여 새로운 한 품종을 만들어낸다.

⑤ 육종은 모든 농학분야의 지식들을 종합적이며 유기적으로 활용할 수 있어야 한다.

⑥ 모든 육종의 성과는 지리적 및 계절적 · 시간적 제한을 받는다.

(2) 발달과정

① 인류의 원예식물에 대한 육종은 신석기 원시인들이 야생식물을 순화시켜 작물화할 때부터 시작되었다.

② 그 이후 농민들에 의해 의식적으로나 무의식적으로 품종의 분화와 개량이 이루어진다.

③ 육종기술의 발달과정에 획기적인 전환점은 식물에도 암수의 성이 있어서 교잡이라는 과정을 통해서 다른 개체 간에 유전자를 상호 교환할 수 있음을 알게 된 후부터이다.

④ 1940년대 중반부터 실용화되기 시작한 잡종강세현상의 활용이라 할 수 있다.

＊ 일대잡종강세의 종자를 값싸게 생산하기 위하여 웅성불임성이나 자가불화합성을 이용하는 기술이 개발되었다.

⑤ 1970년 유전자의 재조합 기술이 개발된 이후 이를 식물에 이용하여 형질전환이라는 새로운 기술이 원예작물의 육종에 사용된다.

2. 작물육종의 목표

① 생산성의 증대 : 토지생산성뿐만 아니라 노동생산성도 주요한 목표가 된다.

② 고품질의 생산 : 고소득을 위해 우수한 품질을 선호

＊ 맛, 향기, 모양, 색깔, 영양가치, 저장성, 수송성, 가공성 등

③ 생산의 주년화 : 소비자는 연중 소비하길 선호

④ 재배의 생력화와 편의성 : 자동화, 기계화로 노동력 부족 대체

⑤ 환경친화적농업 : 소비자들은 무공해 농산물 선호

⑥ 저장성 및 가공성 : 원예산물은 신선한 상태로 유통되어야 한다.

3. 작물육종 방법 및 과정

(1) 도입육종법

외국품종을 도입할 때는 식물방역, 지방적응시험을 통해 검정한 뒤 보급

(2) 분리육종법

혼형집단에서 우수한 순수계통을 새롭게 분리 선발하여 새로운 품종을 육종하는 것, 분리육종, 선발육종

1) 순계육종법

기본집단에서 개체선발을 계속하여 우수한 순계를 선발, 기본집단을 개체별로 심고 우수한 개체를 선발하여 개체별로 채종·증식, 자가수정작물(벼·보리·콩)

2) 계통분리법

처음부터 집단을 대상으로 선발을 계속하여 분리. 완전한 순계를 얻기 힘듦, 주로 자식약세가 나타나는 타가수정작물에서 이용, 자가수정작물에서는 단기간에 순수한 집단을 얻을 수 있음. 품종의 특성을 유지하는 데 이용

① **집단선발법** : 타가수정작물(우량개체들을 집단 선발하여 집단재배과정을 3년 계속), 자가수정작물(발수법 이용, 유전자형을 개량하는 효과는 크지 않음)
② **성군집단선발법** : 특성에 차이가 있는 몇 가지 군으로 나누어 실시. 단시일 내 특성이 균일한 계통을 얻을 수 있고 군 간의 생산력 비교 가능, 집단선발법보다 더 우수한 유전자형
③ **계통집단선발법** : 선발한 개체를 계통재배하고 그 계통을 서로 비교하여 양적 형질의 선발을 하려는 것
④ **일수일렬법** : 계통집단선발법의 변형, 옥수수에 이용

3) 영양계분리법

눈에 돌연변이가 생긴 아조변이를 분리하여 육성

＊ 순계설 : 종은 몇 개의 순계가 섞여 있는 것, 요한센이 제창

(3) 교잡육종법

교잡에 의해서 우량한 계통을 선발

1) 자가수정작물의 경우

① 계통육종법 : 교잡을 한 번 한 다음 F_2부터 순계분리법을 행한다.
   ㉠ 가장 많이 이용
   ㉡ 초기 세대에 고정되고 질적 형질의 개량에 효과적
   ㉢ 인공교배 → F_1 양성 → F_2 전개와 개체선발 → 계통육성과 특성검정 → 생산력 검정 → 지역 적응성 검정 및 농가실증시험 → 종자증식 → 농가보급
   ㉣ F_2를 집단이라 하고 개체선발, F_3부터 계통이라 하고 계통선발
   ㉤ F_5에서 생산력검정 예비시험, F_7에서 생산력검정 본시험과 적응성 검정시험
   ㉥ 육종규모를 조절하고 육종연한을 단축, 유용유전자를 상실할 우려
② 집단육종법 : F_5~F_6 세대까지 교배조합으로 보통재배를 하여 집단선발을 계속하고, 그 후 계통선발로 바꾸는 방법, 람쉬육종법, 양적 형질은 많은 유전자가 관여, 초기 분리세대는 잡종강세를 나타내는 개체가 많으며, 환경의 영향을 받기 쉽다. 벼·보리 등 자가수정작물에 이용한다.

참고정리

✔ **계통육종과 집단육종의 비교**

계통육종	집단육종
F_2 세대부터 선발	F_5~F_6까지는 집단선발
질적형질개량	양적형질개량
유용유전자상실 우려가 있다.	유용유전자상실 우려가 없다.
시간, 노력, 경비가 많이 든다.	별도의 관리, 선발 노력이 불필요하다.
육종가의 인위선발이 문제가 된다.	자연선택의 불확실성이 문제가 된다.
육종규모를 줄일 수 있다.	넓은 면적이 요구된다.
육종연한이 단축된다.	육종연한이 길어진다.
환경에 크게 영향을 받지 않는 형질을 대상으로 할 때 효과적이다.	출현빈도가 낮은 우량유전자형을 선발할 가능성이 높다.

③ **파생계통육종법** : 계통육종법과 집단육종법을 절충. F_6에서 다시 계통선발, F_7에서 계통의 순도검정, F_8 이후 계통의 생산력 검정하여 신품종 육성

④ **여교잡육종법** : F_1에 어버이의 한쪽을 다시 교잡하는 여교잡법을 이용한 육종법. 재배되고 있는 우량품종이 가지고 있는 한두 가지 결점을 개량하는 데 효과적

　　㉠ 비실용 품종을 1회친, 실용품종을 반복친, 짧은 세대 동안에 비실용품종의 특성을 이전하여 품종개량, 육종의 효과가 확실, 재현성이 높음. 새로운 유전자조합을 기대하기 어려움

　　㉡ 이용
- 소수의 유전자가 관여하는 우량형질(내병성)을 다른 우량품종에 도입할 때
- 게놈이 다른 종·속에 속하는 유전자를 도입할 때
- 2품종으로 나누어져 있는 것을 하나의 새로운 품종에 종합하려고 할 때
- 분산되어 있는 각종 형질을 전부 가지는 새로운 품종을 만들려고 할 때

⑤ **다계교잡법** : 교배모본으로 세 품종 이상을 쓰는 방법, 많은 품종에 따로 있는 형질을 한 품종에 모으고자 할 때. 얻기 어려운 특별한 형질을 목적으로 할 때 이용

2) 타가수정작물의 경우

종·속 간의 교잡육종의 어려움 : 교잡이 어려움, 잡종식물이 쉽게 불임성을 나타냄, 불량유전자가 도입됨, 위잡종이 생기고 종자립이 작아서 발아가 곤란

＊ **라이밀** : 밀(우)× 호밀(♂)의 속간교잡, 식물의 형태적 특성은 호밀과 비슷하지만 자가임성

(4) 잡종강세 육종법

1대 잡종 그 자체를 품종으로 이용하는 육종법

1) 구비조건과 이용

① 잡종강세육종법의 구비조건

　　㉠ 1회의 교잡에 의해 많은 종자를 생산

　　㉡ 교잡조작이 용이

　　㉢ 단위면적당 필요한 종량이 적어야 함

　　㉣ 잡종강세가 현저 → 수익성이 있어야 함

② 1대 잡종을 주로 이용하는 작물 : 옥수수·수수·가지·고추·수박·호박·오이·양파·배추·담배 등

③ F_1 종자의 경제적 채종을 위해 웅성불임과 자가불화합성을 이용, 웅성불임을 이용한 채종체계는 웅성불임친·웅성불임유지친·웅성불임회복친, 자가불화합성은 자가불화합성을 타파

2) 타가수정작물의 경우

① **단교잡** : (A×B), 2개의 자식계나 근교계를 교잡, F₁의 잡종강세의 발현도와 균일성은 매우 우수, 종자생산량이 적음, 옥수수·배추와 같은 품질의 균일성을 중요시하는 작물에 적용

② **복교잡** : (A×B)×(C×D), 2개의 단교잡 간에 잡종을 만드는 방법, 종자의 생산량이 많고 잡종강세의 발현도가 높음, 균일성이 낮고 4개의 어버이 계통을 유지해야 하는 불편, 목초와 같이 수량만 많은 작물에 적용

③ **3계교잡** : (A×B)×C, 단교잡과 다른 근교계와의 잡종, 우량조합을 선정하는 데 이용, 종자의 생산량이 많고 잡종강세의 발현도는 높으나 균일성이 낮음

④ **다계교잡** : 4개 이상의 자식계나 근교계를 조합, 복교잡보다 생산력이 낮음

⑤ **top 교잡** : 조합능력 검정에서 top 교잡했을 때 우량한 F₁을 그대로 실제 재배에 사용하는 방식, 생산능력은 단·복·3계교잡보다 떨어짐

⑥ **합성품종** : 조합능력이 우수한 몇 개의 자식계나 근교계를 방임수분에 의해 서로 자유로이 교잡시켜 하나의 집단으로 유지해 나가는 것, 다계교잡의 후대를 그대로 품종으로 이용

(5) 배수성 육종법

돌연변이 육종법과 함께 비멘델식 육종법이라 함

1) 염색체배가법

① 콜히친 처리법 : 감수분열에서 방추사 형성을 저해

② 아세나프텐 : 가스 상태로 식물의 생장점에 작용

③ 절단법 : 절단면에서 나오는 부정아는 염색체가 배가된 것, 토마토·가지·담배

④ 온도 처리법 : 핵분열을 교란시켜 배수성 핵을 유도

2) 동질배수체 : 주로 콜히친 처리

① 특성

㉠ 형태적 특성 : 핵과 세포가 커지고 영양기관이 거대화, 생육·개화·결실이 늦어짐

㉡ 임성 저하 : 계통유지가 곤란, 3배체는 거의 완전 불임

㉢ 저항성 증대

㉣ 발육 지연 : 영양기관의 거대화에 따른 대사기능의 저하

㉤ 함유성의 변화 : 사과·토마토·시금치는 비타민 C, 담배는 니코틴의 함량이 증가

② 이용 : 영양번식작물에서 이용성이 높음, 종자 목적의 재배는 결실성이 저하

＊ 동질 3배체(사탕무, 씨 없는 수박), 동질 4배체(무·페튜니아·코스모스)

3) 이질배수체

① 다른 종류의 게놈을 동일 개체에 보유시키는 방법, 이종속 간 교잡과 게놈 배가의 두 조작이 필요
② 특성 : 양친의 중간적인 형태적 · 생리적 특징, 모든 염색체가 완전히 2n으로 되어 있는 것은 완전히 정상적 임성을 나타낸다.

    ＊ 호마 : Okla와 닥풀을 교잡해서 만든 이질배수체, 라이밀 : 밀과 라이(호밀)의 속간잡종

(6) 돌연변이 육종법

인위적으로 유전자 · 염색 · 세포질 등에 돌연변이를 유발한다. 돌연변이 육종법의 특징은 다음과 같다.

① 형태적 기형화 · 임실률 저하
② 새로운 유전자 창성 가능
③ 품종 내에서 특성의 조화를 파괴하지 않고 1개의 특성만을 용이하게 치환
④ 헤테로인 영양번식물에서 변이를 작성하기 용이
⑤ 인위배수체의 임성을 향상
⑥ 불화합성이던 것을 화합성으로 전환 가능
⑦ 염색체를 절단하여 연관군 내 유전자들을 분리 가능
⑧ 교잡육종의 새로운 재료를 만들어낼 수 있다.

📖 기출문제

유기재배 농가에서 사용하지 말아야 할 종자는 어떤 육종 기술에 의해 생산된 것인가?

① 교잡육종
② 계통분리육종
③ 잡종강세육종
④ 유전자변형(형질변화)육종　　**정답 ❹**

토마토와 감자의 잡종식물인 pomato는 어떤 방법으로 만든 것인가?

① 게놈융합법
② 체세포융합법
③ 종간교잡법
④ 염색체부가법　　**정답 ❷**

일대잡종(F₁) 품종이 갖고 있는 유전적 특성은?

① 잡종강세
② 근교약세
③ 원원교잡
④ 자식열세　　**정답 ❶**

기출문제

여교잡에 대한 기호 표시로서 옳은 것은?

① (A×A)×C
② ((A×B)×B)×B
③ (A×B)×C
④ (A×B)×(C×D)

정답 ②

다수성 품종을 육종하기 위하여 집단육종법을 적용하고자 한다. 이때 집단육종법의 장점으로 옳은 것은?

① 잡종강세가 강하게 나타남
② 선발개체 후대에서 분리가 적음
③ 각 세대별 유지하는 개체수가 적은 편임
④ 우량형질의 자연도태가 거의 없음

정답 ②

육종에서 바이러스가 없는 개체 육성에 특히 많은 관심을 갖는 작물은?

① 벼
② 보리
③ 옥수수
④ 감자

정답 ④

4. 특성검정

① 식품육종에서는 목표형질을 효율적으로 선발하기 위해 여러 가지 특성검정을 한다.
② 특성검정은 실내, 검정포, 자연조건, 국제연락시험 등을 이용한다.
③ 근적외선분광분석법 : 시료를 파괴하지 않고 시료 하나로 1분 내에 여러 가지 성분을 동시에 분석할 수 있어 편리하다.
④ 동위원소 등 분자표지를 이용하는 분자표지이용선발기술이 개발된다.
⑤ 육성계통을 평가하는 최종단계에서는 여러 가지 재배조건에서 수량의 적응성과 안정성을 검정한다.
⑥ 일정한 포장면적에서는 한 시험구의 면적을 작게 하고 반복수를 늘리는 것이 오차를 줄이는 데 효과적이다.

5. 종자의 증식과 보급

(1) 종자증식체계

육종가들이 육성한 신품종은 일정한 종자증식체계에 따라 지정된 장소에서 종자를 증식한다.

① 기본식물 : 신품종의 기본이 되는 종자를 기본식물이라고 한다.

＊기본식물을 생산하는 포장을 기본식물 양성포라고 한다.

② **원원종** : 기본식물을 분배받아 증식하는 포장을 원원종포라 하고, 원원종포에서 생산한 종자를 원원종이라 한다.

③ **원종** : 채종포에 심을 종자를 생산하기 위해 원원종을 재배하는 것을 원종포라고 하며 여기서 생산한 것을 원종이라고 한다.(국내의 각 도에서 농산물 원종장을 운영)

④ **보급종** : 원종을 더욱 증식하여 농가에 보급할 종자를 생산하는 포장을 채종포라고 하며 여기서 수확한 종자를 말한다.

(2) 종자증식방법

품종의 특성 유지방법에는 개체집단선발, 계통집단선발, 주보존 및 격리재배 등이 있다.

① 격리재배에서 무, 배추, 유채, 시금치 등 간격 : 500~1,000m

② 격리재배에서 옥수수, 수수 등의 간격 : 200~600m

③ 격리재배에서 벼, 보리, 콩 등의 간격 : 2~5m

(3) 채종재배와 검사

① **모구육성** : 채종재배용 모구 생산을 위한 계획적 재배 필요(저장 전 소독약재를 사용하여 작물육종 발육)

② **채종재배** : 농가에 보급할 우량종자를 생산하기 위한 재배를 말한다.

③ **포장검사와 종자검사**

　㉠ 포장검사 : 우선 포장 전체를 관찰하는 달관검사를 한 후에 표본검사를 실시한다.

　㉡ 종자검사 : 순도와 발아, 병충해, 수분함량, 천립중 등을 포함하며 신뢰할 만한 견본과 대조하여 검사 품종의 고유성을 검정한다.

④ **해외채종**

　㉠ 우리나라 채소의 경우 해외채종이 점차로 늘어나는 추세임

　㉡ 해외채종은 채종지의 환경관리가 어려워 여러 가지 문제를 야기함

(4) 신품종의 보급

신품종을 농가에 보급할 때는 적지적품종을 선정하고 각종 재해에 대한 위험분산과 시장성 및 재배의 안정성을 충분히 고려하여야 한다.

① 재배식물의 병충해나 기상재해에 대한 위험분산을 고려하여 신품종을 지나치게 많이 재배하지 않는 것이 바람직하다.

② 신품종의 시장성이 높아지고 가격 차이가 커지면 신품종을 부적합한 지역에까지 재배하게 되어 재배의 안정성을 해친다.

③ 신품종의 보급체계

ㄱ 감자, 옥수수, 콩 종자는 국립종자원장이 품종별 공급량을 예시한다.

ㄴ 벼, 보리 종자는 국립종자원장이 품종별 공급량을 예시한다.

ㄷ 각 도 농업기술원장은 시/군의 품종별 공급예시량을 배정하며 농업기술센타가 읍/면별로 공급 가능량을 예시

ㄹ 농가의 종자신청은 농가 → 이/동장 → 읍/면상담소 → 시/군농업기술센터 → 도 농업기술원장 → 종자관리서장 또는 해당지소장의 절차를 거친다.

Ⅲ 기출문제

생산력이 우수하던 종자가 재배연수를 경과하는 동안에 생산력 및 품질이 저하되는 것을 종자의 퇴화라 하는데 유전적 퇴화의 원인이라 할 수 없는 것은?

① 자연교잡   ② 이형종자 혼입

③ 자연돌연변이   ④ 영양번식   **정답** ④

농가에서 사용하는 우량품종의 기본적인 구비조건은?

① 균일성, 우수성, 내충성   ② 내충성, 영속성, 우수성

③ 특수성, 내충성, 우수성   ④ 균일성, 우수성, 영속성   **정답** ④

품종의 보호요건 항목이 아닌 것은?

① 구별성   ② 내염성

③ 균일성   ④ 안정성   **정답** ②

품종의 특성유지방법이 아닌 것은?

① 영양번식에 의한 보존재배   ② 격리재배

③ 원원종재배   ④ 집단재배   **정답** ④

> **참고정리**
>
> ✔ **우량품종의 구비조건**
>
> 1. 균일성(均一性)
>   ① 품종 내의 모든 개체들의 특성이 균일해야만 재배·이용상 유리하다.
>   ② 품종의 특성이 균일하려면 모든 개체들의 유전질이 균일해야 한다.
> 2. 우수성(優秀性)
>   ① 품종의 재배적 특성이 다른 품종들보다 우수하여야 한다.
>   ② 모든 재배적 특성이 전부 우수하기는 힘들지만, 한 가지 재배적 특성이라도 결정적으로 불리한 것이 있는 품종은 우량품종이 되기 힘들다.
> 3. 영속성(永續性)
>   ① 우수하고 균일한 품종의 재배적 특성이 대대로 변하지 않고 계속 유지되어야 한다.
>   ② 품종의 재배적 특성이 영속되려면 종자번식작물에서는 유전질이 균일하게 고정되어 있어야 한다. 그리고 품종이 유전적, 생리적, 병리적으로 퇴화되는 것이 방지되어야 한다.
>
> ✔ **신품종의 보호**
>
> ① 구별성 : 다른 품종과 명확하게 구별되는 특성을 가져야 한다.
> ② 균일성 : 품종의 특성이 균일해야 한다.
> ③ 안정성 : 반복증식 하거나 번식주기에 따라 번식한 후에 품종특성이 변화하지 말아야 한다.
> ④ 신규성 : 육종가 권리를 신청한 날로부터 일정 기간 동안 판매하거나 타인에게 양도한 일이 없어야 한다.
> ⑤ 고유한 명칭을 가져야 한다(숫자로 된 명칭은 안 됨).

03 유기농 원예

1 원예산업

1. 우리나라 원예산업 현황

(1) 우리나라 전체 경지면적 가운데 원예작물이 차지하는 비율

총 경지면적	188만 9천ha	원예 총 면적	56만 6천ha
논	114만 9천ha	채소	38만 6천ha
밭	74만ha	과수	17만 4천ha
		화훼	6천ha

① 총 경지면적 가운데 원예작물 재배면적이 차지하는 비중은 29.6%이다.

② 전체 밭면적 가운데 원예가 차지하는 비중은 75%이다.

③ 원예작물의 재배면적이 매우 큰 비중을 차지하고 있는 것을 알 수 있다.

④ 원예작물 가운데 채소는 68.2%, 과수는 30.7%, 화훼는 1.1%를 각각 차지하고 있다.

⑤ 화훼가 차지하는 비중이 대단히 미미해 보이지만 총생산액으로 보면 화훼가 전체 원예 생산의 10% 이상을 차지하고 있다.

(2) 채소의 품목별 재배면적

근채류	45,258ha	11.7%	무, 당근, 연근, 우엉, 토란
엽채류	74,276ha	19.2%	배추, 상추, 시금치, 미나리, 쑥갓
과채류	75,694ha	19.6%	수박, 참외, 호박, 오이, 딸기, 풋고추, 토마토, 가지
조미채류	162,656ha	42.1%	고추, 마늘, 파, 양파, 생강
양채류	1,680ha	0.5%	결구상추, 피망, 적채, 브로콜리, 셀러리, 파슬리, 콜리플라워
기타채소	26,827ha	6.9%	잎들깨, 부추, 신선초, 케일, 엔디브, 치커리 등

① 가장 많이 재배하는 것은 조미채소이다.

② 조미채소는 전체 채소재배면적의 42.1%를 차지하고 있다.

③ 조미채소 가운데 특히 고추는 우리나라 채소 가운데 가장 많이 재배하는 작물이다.

④ 김치로 대표되는 국민 발효식품이 있고, 김치의 주원료인 무, 배추와 함께 양념재료인 이들 조미채소가 수요도 많았고, 이들 생산량과 가격이 국민경제에 미치는 영향이 컸기 때문에 별도로 분류하여 취급해 왔다.

(3) 과수의 품목별 재배면적

사과	3만 1천 ha	49만 톤	감귤	2만 6천 ha	62만 톤
배	2만 6천 ha	30만 톤	자두	4천 ha	4만 톤
복숭아	1만 3천 ha	16만 톤	기타	1만 3천 ha	7만 톤
포도	3만 1천 ha	47만 톤			

① 가장 많이 재배되는 과수는 사과이다.

② 생산량이 가장 많은 과수는 감귤이다.

❷ 토양관리

1. 원예작물 토양관리 방법

(1) 토양의 관리

① 채소나 화훼 재배에서 이용되는 상토와 배양토 : 매년 시용

② 토양의 쌓인 순서 : 암반 → 모질물 → 심토 → 표토 순이다.

③ 토양의 생성 순서 : 암반 → 모질물 → 표토 → 심토 순이다.

④ 내용상 대단히 광범위하며 그 방법도 작물의 종류와 재배방식에 따라 다양하다.

⑤ 채소의 토양관리 : 채소는 일년생 초본식물이기 때문에 매번 재배할 때마다 밭을 일구어야 한다.

⑥ 과수원의 토양관리

　㉠ 청경법 : 풀을 제초

　㉡ 초생법 : 풀을 방치함

　㉢ 부초법 : 짚, 건초로 멀칭

⑦ 토양침식의 방지 : 표토가 유실되고 지력의 저하를 유발할 수 있기 때문에 빗방울이 직접 토양에 닿지 않도록 한다.

⑧ 심경 : 물리성 개선, 구덩이를 파고 유기물을 넣어 준다.

Ⅲ 기출문제

과수재배를 위한 토양관리방법 중 토양표면관리에 관한 설명으로 옳은 것은?

① 초생법(草生法)은 토양의 입단구조를 파괴하기 쉽고 과수의 뿌리에 장해를 끼치는 경우가 많다.

② 청경법(淸耕法)은 지온의 과도한 상승 및 저하를 감소시키며, 토양을 입단화하고 강우 직후에도 농기계의 포장내(圃場內)운행을 편리하게 하는 이점이 있다.

③ 멀칭(Mulching)법은 토양의 표면을 덮어주는 피복재료가 무엇인가에 따라 그 명칭이 다른데 짚인 경우에는 Grass Mulch, 풀인 경우에는 Straw Mulch라 부른다.

④ 초생법은 토양 중의 질산태질소의 양을 감소시키는 데 기여한다. 정답 ④

---

(2) 특수토양의 관리

① 채소나 화훼 재배에 이용되는 상토나 배양토는 매년 만들어 사용해야 한다.

② 토양소독은 일반토양에서도 물론 실시하는데 주로 메틸브로마이드나 클로로피크린이라는 토양훈증제를 사용한다.

기출문제

태양열 소독의 특징으로 거리가 먼 것은?

① 주로 노지토양소독에 많이 이용된다.
② 선충 및 병해 방제에 효과가 있다.
③ 유기물 부숙을 촉진하여 토양이 비옥해진다.
④ 담수처리로 염류를 제거할 수 있다.

정답 ①

(3) 토양 중의 염류집적 문제

① 산성 토양이 비가 많은 지역이나 기후 조건하에서 발달한다면 토양 중 염류집적 문제는 주로 건조한 지역에서 발생
② 염류집적현상을 막기 위해서는 염류 농도가 낮은 관개용수의 확보와 이용이 필수적이다.

(4) 토양의 침식

① 암석으로부터 풍화작용을 통해 점토광물이 형성되는데, 수백~수천 년의 세월이 걸려서 토양을 형성하고 작물이 자랄 수 있게 하는 기반이 되게 한다.
② 토양의 생성속도가 매우 느리므로 침식에 의한 표토의 유실 방지가 매우 중요하다.
③ 대책 : 작물을 재배하여 토양표면을 노출시키지 않는다.

(5) 중금속을 포함한 유해원소에 의한 오염

① 지구상 100여 종의 원소가 존재하며, 발아, 생육, 결실과정에 16종의 원소가 필수적이다.
② Cu, Mn, Zn : 식물의 생육에 필수적 원소이면서 어느 정도 초과하면 생육에 오히려 지장을 초래한다.
③ 산업발달로 As, Cd, Cr, Hg, Ni, Pb, Zn 등의 금속 또는 비금속 물질에 의한 자연오염이 심각해지고 있다.
④ 식물에서 동물로 먹이사슬을 통해 전달되고 있다.

(6) 농약에 의한 오염

① 유기합성농약의 사용으로 현대 농업은 병충해를 매우 효율적으로 방제하여 작물의 수량을 획기적으로 높였고 제초제의 사용은 농업의 노동 생산성을 향상시키는 데 기여한다.
② 작물에 피해를 주는 해충이나 미생물을 퇴치하고 잡초를 제거하기 위해서 사용되는 농약은 대기 중으로 날아가고 작물에 흡수 축적되며 토양에 축적되거나 지하수나 하천에 유입된다.

❸ 토양 오염

토양 오염이란, 인위적인 오염 물질이 토양에 유입되어 토양의 조성을 변화시키고, 토양 구조를 파괴시켜 생물의 생육에 장애를 일으키는 등 토양의 질이 나빠지는 것을 가리킨다. 오염 물질은 먹이사슬을 거쳐 사람과 가축의 건강에도 심각한 영향을 끼치고 있다.

(1) 원인과 영향

1) 원인

토양을 오염시키는 물질로는 가정에서 배출되는 생활폐기물, 광고업 활동에서 비롯되는 산업 폐기물, 농경지나 산림 지역에 살포되는 비료나 살충제와 같은 화학물질, 빗물에 용해되어 내리는 대기 오염 물질 등이 있다.

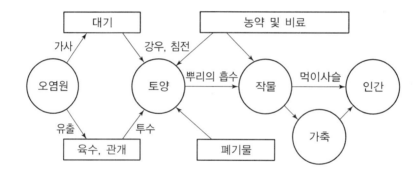

① 오염원에서 배출된 유해물질은 기체, 액체, 고체 상태로 토양 내에 유입된다.

② 대기 중의 유해 물질은 빗물에 용해되거나 낙진의 형태로 유입되며, 액체 상태의 유해 물질은 육수(陸水)나 관개를 통해 유입된다.

③ 최근에는 생산과 소비가 증가하고 과학 기술의 발달로 말미암아 배출되는 유해물질의 양이 크게 증가하였을 뿐만 아니라, 새로운 종류의 유해물질이 추가되기 때문에 토양 오염이 날로 심화되고 있다.

* 육수(陸水) : 바닷물 이외에 육지에 있는 모든 물. 호수 · 하천의 물과 지하수 등이다.

2) 중금속

토양에 유입되는 대부분의 물질은 토양의 정화작용으로 분해된다.

① 중금속은 토양에 오래 남아 있으며, 식물의 성장을 저해할 뿐만 아니라 생물체에 축적되는 경향이 있다.

② 토양 오염을 일으키는 중금속으로는 수은(Hg), 카드뮴(Cd), 구리(Cu), 티타늄(Ti), 납(Pb), 니켈(Ni), 아연(Zn) 등이 있다.

③ 중금속은 광산이나 제련소, 염색 공장 및 도자기 공장 등을 통해 토양에 유입된다. 건전지를 버리거나 살충제를 살포하는 과정에서도 중금속 오염이 일어난다.

④ 특히, 광산, 발전소, 제련소, 쓰레기 처리장, 공업 단지 등의 주변 토양이 국지적으로 심각하게 오염이 진행되고 있다.

참고정리

✔ **농약과 비료**

① 농약이나 화학 비료는 손쉽게 농업 생산량을 증가시킨다.

② 이들 성분 중 농작물이 흡수되지 못하는 물질은 토양 중에 잔류하여 산성도를 높이고, 영양소를 보유하는 능력을 저하시킨다.

③ 우리나라의 토양은 전반적으로 농약이나 비료의 오염도가 낮은 편이었지만, 수십 년 동안 농약을 사용해 왔기 때문에 토양 오염과 함께 토질의 척박화가 우려되고 있다.

④ 농업용수의 오염과 산성비, 부유 분진 등 으로 말미암아 토양 중에 유해물질이 축적되고 있다.

✔ **농약 및 비료 사용량**

	구분	1975	1980	1985	1990
농약	총사용량	8,619	16,132	18,247	25,085
	ha당 사용량(Kg)	3.8	5.8	7.0	11.9
비료	구분	1975	1980	1985	1990
	총사용량	1,941,083	1,678,871	1,618,411	3,015,635
	ha당 사용량(Kg)	867	765	755	1,430

✱ 자료 : 농림부 통계 연보, 농약 연보 등

기출문제

다음 중 화학비료의 문제점이 아닌 것은?

① 토양이 산성화된다.
② 토양 입단 조성을 촉진한다.
③ 양분의 유실이 크다.
④ 수질이 오염된다. 정답 ❷

유기농업에서 칼리질 화학비료 대신 사용할 수 있는 자재는?

① 석회석
② 고령토
③ 일라이트
④ 제올라이트 정답 ❸

✔ **석회석(石灰石)**
탄산칼슘을 주성분으로 하는 퇴적암을 통틀어 이르는 말

✔ **고령토(高嶺土)**
바위 속의 장석(長石)이 풍화 작용으로 변모된 흰색의 진흙. 도자기나 시멘트의 원료이다.

✔ **일라이트(illite)**
진짜 운모보다 더 많은 물과 더 적은 칼륨을 함유하지만 운모와 같은 층상구조이며 결정도(結晶度)가
불량하다.

✔ **제올라이트(zeolite)**
나트륨, 알루미늄이 든 규산염 수화물. 보통 무색투명하거나 백색 반투명하며 방비석(方沸石), 어안
석(魚眼石), 소다 비석(soda沸石) 등 종류가 많다.

(2) 대책

1) 오염 물질 관리

① 토양에 혼입된 오염 물질은 제거하기 어려울 뿐만 아니라, 오랫동안 잔류하기 때문
에 토양 오염이 일어나지 않도록 예방하는 일이 중요하다.

② 산업 활동이나 일상 생활에서 배출되는 폐기물은 철저히 관리되어야 한다.

③ 폐기물 처리장의 입지 선정에서부터 시공, 사후 이용 과정에 이르기까지 세심하게
관리해야 하며, 처리 내용을 자세히 기록하는 것이 중요하다.

2) 적절한 농약과 비료의 사용

① 농약과 비료를 사용할 때에는 토양 오염이 최소화되도록 노력해야 한다.

② 농약은 완전 사용법에 따라 적절한 시기에 적당량을 사용하고, 특히 유기 염소제나
유기 수은제 농약, 비산연과 같이 오랫동안 토양이나 생물체에 잔류하거나 생물체
에 커다란 해를 주는 맹독성 농약은 사용하지 않도록 한다.

3) 유기 농법

① 최근에는 토양을 보전하기 위해 농약과 화학비료 대신에 천적을 이용하고, 유기질
비료를 사용하는 유기 농법이 전파되고 있다.

② 이러한 농법은 적합한 종자를 개발하고 지력을 회복할 때까지 많은 노력이 들지만,
깨끗한 농산물을 생산하고 환경 보전에 유익하기 때문에 커다란 호응을 얻고 있다.

기출문제

Codex 가이드라인의 기준에 따라 유기재배 인증 농가가 토양개량과 작물생육에 사용할 수 없는 자재는?

① 공장형 농장에서 생산한 가축분뇨를 발효시킨 것
② 식품 및 섬유공장의 유기적 부산물 중 합성첨가물이 포함되어 있지 않는 것
③ 퇴비화된 가축배설물 및 유기질 비료 중 농촌진흥청장이 고시한 기준에 적합한 것
④ 나무숯 및 나무재와 천연 인광석　　　　　　　　　　　　　　　**정답 ①**

토양 속 지렁이의 효과가 아닌 것은?

① 유기물을 분해한다.　　　　　　② 통기성을 좋게 한다.
③ 뿌리의 발육을 저해한다.　　　　④ 토양을 부드럽게 한다.　　**정답 ③**

다음 중 재배 시 석회를 시용하지 않아도 되는 작물은?

① 벼　　　　　　　　　　　② 콩
③ 시금치　　　　　　　　　④ 보리　　　　　　　　　　**정답 ①**

2. 물리화학적 배양, 녹비생산 등 비옥도 향상 방법

(1) 토양의 화학적 성질과 광물적 성질

1) 토양의 광물적 특성

① 1차 광물 : 원래 암석에 존재했던 성분과 같은 광물(석영, 장석, 운모)
② 2차 광물 : 풍화작용, 토양생성단계를 거치면서 가용성 성분들이 녹아나와 점토와 재구성되어 새로운 성분이 되는 광물
③ 점토광물의 주요 성분 : 규산과 알루미늄
④ 점토는 대부분 2차 광물로 구성된다.

2) 토양 콜로이드 특성과 양이온 교환 능력

① 토양 콜로이드 : 크기가 1μm보다 작은 무기입자, 콜로이드는 음전하를 띤다.
② 결정질 규산염 점토광물이 음전하를 띠는 이유 : 규산 4면체 혹은 8면체의 중심이온이 낮은 원자가의 양이온으로 동형치환됨에 따라 잉여 음전하가 생겨 전체적으로 음전하를 띤다.
　✱ 영구전하 : 동형치환됨에 따라 잉여 음전하가 생긴다.
　✱ pH의존전하 : 동형치환이 일어나지 않아서 음전하를 띤다.

③ 양이온 교환능력(CEC)의 개념

양이온 교환 : 고체의 표면에 흡착되어 있는 양이온이 용액 중의 양이온과 교환하는 현상을 말한다

④ 양이온 교환용량의 중요성(토양에 흡착된 Ca, Mg, K 등은 교환성이기 때문에 식물에 쉽게 이용) : 사용된 비료가 유실되지 않고 암모니아태질소(NH_4^+), 칼리(K^+)로 토양에 흡착되어 저장되었다가 필요할 때 이용된다. 점토의 입자 표면에 Na^+이 많이 흡착되어 있으면 입자들이 분산되어 토양의 물리성이 식물생육에 매우 불리해진다.

⑤ 토양 콜로이드의 CEC 함량 차이 : 부식(200~250) > 버미큐라이트(100~180) > 몬모릴로나이트(80~120)

3) 토양의 반응과 완충작용

① 개념 : 외부에서 토양에 산 혹은 염기성 물질을 가할 때 pH의 변화를 억제하는 작용

② 토양의 완충능은 양이온 교환용량이 클수록 크다.

4) 토양의 산화, 환원

① 산화 : 전자를 잃어버리는 것

② 환원 : 전자를 얻는 것

③ 산화환원전위(Eh) : 전극의 표면과 용액 사이의 전위 차

(2) 토양미생물과 유기물의 분해집적

1) 토양 속에는 여러 종류의 미생물과 중소 동물이 살고 있다.

2) 토양의 물리성을 개선해주고 여러 가지 화학반응을 촉진시킨다.

① 사상균 : 곰팡이, 버섯, 효모와 같은 호기성 종속영양 미생물의 총칭으로서 균사체를 형성하며 포자로 번식한다.

　＊ 잠복기간이 1주 이상으로 효과가 매우 느리고 감염방식이 경피인 미생물

② 방선균 : 세균과 사상균의 중간적인 특성

③ 세균 : 토양에 가장 많이 서식하는 종

　＊ 자급영양세균 : 질소순환이나 황순환에 아주 중요한 역할을 한다.

3) 토양미생물과 작물생산

① 종 다양성과 총 밀도 증가 : 비료/석회사용, 토양보존, 토양배수 및 통기, 균형관계, 가축분퇴비

② 종 다양성과 총 밀도 감소 : 농약, 토양침식, 단작, 과잉경운, 산업폐기물

기출문제

유용미생물을 고려한 적당한 토양의 가열소독 조건은?

① 100℃에서 10분 정도
② 90℃에서 30분 정도
③ 80℃에서 30분 정도
④ 60℃에서 30분 정도   **정답 ④**

4) 토양부식의 기능

국내 논의 경우 1작에 10a당 소요되는 부식은 80kg이다.

① 부식은 치환성 염기와 암모니아를 흡착하는 능력, 즉 염기치환용량이 크다.
② 부식은 물을 흡수하는 힘이 크다.
③ 토양완충능력을 증대시켜 준다.
④ 입단구조를 형성하여 토양의 물리적 성질을 개선시켜 준다.
⑤ 토양미생물의 활동을 활발하게 하므로 유용한 화학반응을 촉진시킨다.
⑥ 토양 중 유효인산의 고정을 억제한다.
⑦ 점착성 및 가소성을 감소시키고 보비력을 향상시킨다.
⑧ 환경친화적 토양관리

(3) 환경친화적 토양관리

1) 선천적 요인

① 토양생성 과정 중에서 선천적으로 저해요인을 가진 토양은 특별히 토양이 가지고 있는 각종 저해요인을 제거하거나 완화시키는 토양개량을 해 주지 않는 한 시간이 흘러도 질의 개선은 이루어지지 않는다.
② 토양생산력의 지속성 확보를 위하여 근본적인 토양개량이 필요하다.

2) 후천적 요인

① 농업생산 과정 중에 토양의 산성화, 토양침식, 염류침식, 토양오염, 비옥도저하 등과 같은 후천적 저해요인이 발생하여 질을 악화시킴으로써 토양의 생산성이 떨어지게 되어 농업의 지속성이 위협받게 된다.
② **영농활동에 의한 토양산성화의 원인**
  ㉠ 작물의 뿌리나 미생물 활동으로 생성된 CO_2가 물에 녹아 탄산이 되고 이것이 해리되어 수소이온을 형성한다.
  ㉡ 토양에 사용된 질소질 비료에서 생성된 NH_4가 질산화작용을 받아서 수소이온이 나온다.

ⓒ 살균제나 비료 속에 부성분으로 섞여 있는 유황이 산화되어 황산이온이 되면 수
소이온이 나온다.

ⓓ 작물에 의하여 Ca, Mg 및 K 등이 토양으로부터 흡수 제거된 결과 등이다.

③ **경사도에 따른 토양관리방법**

ⓐ 등고선 재배 : 경사도 15% 이하인 농경지

ⓑ 배수로설치 재배와 초생대 재배 : 경사도 15~25%인 농경지

ⓒ 계단식 재배 : 경사도 25% 이하인 농경지

(4) 녹비생산

① 호밀재배

② 녹비작물 "헤어리베치"

(5) 퇴비

1) 퇴비의 재료

① 퇴비의 재료로는 나뭇잎, 잡초, 해초, 쓸모없는 건초나 짚, 부엌에서 나오는 야채
부스러기, 왕겨, 톱밥 등 손쉽게 구할 수 있는 식물은 무엇이나 다 좋다.

② 식물의 재료는 도시에서도 쉽게 얻을 수 있는데, 가정에서 나오는 음식물 쓰레기가
이에 해당한다.

③ 청물류는 토양이 필요로 하는 질소, 인산, 칼리 이외에 칼슘, 철, 마그네슘, 붕소,
불소 등과 같은 많은 미량원소를 갖고 있다.

④ 식물질의 폐물은 잘 혼합시키고, 전체적으로 잘 적셔져야만 하며, 병에 걸려 있는
작물도 퇴비의 재료로 사용할 수 있다.

⑤ 병에 걸린 재료는 열에 의해 병균이 완전히 분해되도록 퇴적한 중앙부에 넣을 필요
가 있다.

⑥ 퇴비의 재료로 쓰이는 식물의 종류가 많을수록 그 퇴비는 영양이 풍부하고 유용하다.

2) 퇴비재료를 부숙시키는 방법

① 퇴비의 재료를 자연스럽게 부숙시키기 위해서는 볏짚 375kg에 대하여 질소 1.5kg,
보릿대 1.9kg 정도를 첨가하여야 한다.

② 부숙되기 쉬운 상태로 C/N율(20~35)을 맞추어야 한다.

③ 고간류가 세균류에 의해서 분해되기 쉬운 **수분량**은 75%이므로 너무 말라 있는 상태
의 재료에 대해서는 수분을 공급해 주어야 한다.

④ 이때 주의할 것은 재료 중의 K_2O는 대부분 수용성이므로 관수할 때에는 재료 위에
관수하여 가급적 K_2O의 유실을 방지할 수 있는 방안을 강구하도록 한다.

⑤ 재료를 물에 침전시키거나 퇴적 후 비를 맞히는 일 등은 K_2O의 유실이 염려되므로 주의해야 한다.

3) 완숙퇴비의 저장

① 옥외에서는 완숙퇴비를 30~40cm 높이로 퇴적하고 그 위에 흙을 3cm 두께로 덮은 것을 교대로 퇴적하여 맨 위 겉을 흙으로 덮는다. 옥내 퇴적에서는 충분히 관수하여 상부를 이엉으로 덮어 둔다.

② 수분이 부족하면 사상균이 번식하게 되는데 사상균이 번식하면 유기물의 소비량이 많아지게 되므로 충분히 관수하여 강하게 밟아 두어야 한다.

4) 퇴비의 제조

① 퇴적의 크기는 사용할 토지의 크고 작음에 따라서 결정하는데 가능하면 크게 만드는 것이 좋다.

② 작으면 작을수록 발효를 저하시키기 때문이다.

③ 크기에는 분명한 규정이 없지만 폭을 너무 좁게 만들면 건조하기 쉽고, 폭이 너무 넓으면 공기가 속까지 미치지 못한다.

④ 처음에 청물류의 층을 쌓고, 그 위에 2~3인치의 두께로 분뇨, 생선, 부엌의 음식물 쓰레기에서 나오는 동물성의 물질을 쌓는다.

⑤ 그러고나서 양질의 비옥한 표토에서 얻은 토양에 분말석회 또는 목회를 가볍게 섞고 이 혼합물을 2~3cm 정도로 깐다. 석회는 질소가 공중에 비산하는 것을 방지한다.

⑥ 퇴적이 끝나면 공기가 어느 곳이나 미칠 수 있도록 퇴적 위에 일정한 간격으로 3~4개의 구멍을 뚫는다.

⑦ 퇴적한 후 3주일이 지나면 바깥 부분이 내부로 가도록 뒤채기를 실시한다.

⑧ 이 방법으로 재료가 모두 가열, 발효, 분해된다. 퇴비의 재료가 완전히 부숙되기까지는 4~5개월 이상이 걸린다.

⑨ 퇴비가 완성된 때에는 가능한 한 빨리 시비하는 것이 좋다.

＊ 퇴비화 과정은 발열(전처리 과정)－감열(본처리 과정)－숙성의 3단계에 걸쳐 4~5개월이 소요된다.

📖 **기출문제**

콩과작물의 뿌리혹박테리아 형성 조건으로 가장 거리가 먼 것은?

① 토양이 너무 습하지 않은 곳　　　② 석회 함량이 높은 곳
③ 토양 중 질산염 함량이 높은 곳　　④ 토양 통기가 잘 되는 곳　　　 정답 ③

기출문제

고온발효 퇴비의 장점이 아닌 것은?

① 흙의 산성화를 억제한다.　　　② 작물의 토양전염병을 억제한다.
③ 작물의 속성재배를 야기한다.　　④ 흙의 유기물 함량을 유지·증가시킨다.

정답 ③

잘 발효된 퇴비로 보기 어려운 것은?

① 유해가스 배제　　　② 양분의 증가
③ 유효균 배양　　　　④ 영양분 손실

정답 ④

발효퇴비를 만드는 과정에서 일반적으로 탄질비(C/N율)가 가장 적합한 것은?

① 1 이하　　　② 5~10
③ 20~35　　　④ 50 이상

정답 ③

농산물 재배에 필요한 호기성 발효를 위한 퇴비화 조건에 적용되지 않는 것은?

① 퇴비화를 위한 수분 조절
② 퇴비화 준비기간의 질소량 조절
③ 퇴비화 기간의 혐기성 미생물의 활성도 증진
④ 퇴비화과정의 산소량 고려

정답 ③

유기농업에서 토양비옥도를 유지하기 위하여 사용이 인정되는 자재 또는 기술이 아닌 것은?

① 두과 녹비작물　　　② 유황
③ 인광석　　　　　　④ 공장형 축분

정답 ④

퇴비를 토양에 시용하였을 때 효과는?

① 토양의 공극률 증대 및 보수력 증가
② 토양의 치환용량 감소 및 미생물 활동 감소
③ 비료양분 공급 및 보수력 감소
④ 토양의 공극률 및 미생물 활동 감소

정답 ①

3. 연작장해 대책

연작은 같은 종류의 작물을 동일한 포장에 계속해서 재배하는 것이다.

(1) 기지의 원인

1) 토양비료 성분의 소모

① 알팔파 · 토란은 석회를 많이 흡수하여 결핍이 쉽다.

② 옥수수는 다비성작물이므로 연작을 하면 유기물과 질소의 결핍이 심하다.

③ 심근성작물을 연작하면 심층의 비료분만이 없어지기 쉽다.

2) 염류의 집적

용탈이 적은 하우스 내의 다비연작 시 집적된다.

3) 토양의 물리성 악화

① 화곡류(벼 · 보리) 같은 천근성 작물을 연작하면 작토의 하층이 굳어진다.

② 석회 등이 집중 수탈되면 토양반응이 악화된다.

4) 유독물질의 축적, 토양선충의 피해

5) 토양전염성 병

토마토 · 가지 풋마름병, 사탕무 근부병 · 갈반병, 인삼 뿌리썩음병, 강낭콩 탄저병, 수박 덩굴쪼김병, 완두 · 목화 · 아마 잘록병

6) 작물의 종류와 기지

① 일반작물

　㉠ 연작의 해가 적은 것 : 벼 · 맥류 · 옥수수 · 고구마 · 담배 · 무 · 양파 · 양배추 · 딸기 등

　㉡ 1년 휴작 : 쪽파, 시금치, 콩, 파, 생강

　㉢ 2년 휴작 : 마, 감자, 잠두, 오이, 땅콩

　㉣ 3년 휴작 : 쑥갓, 토란, 참외, 강낭콩

　㉤ 5~7년 휴작 : 수박, 가지, 완두, 고추, 토마토, 레드클로버, 우엉

　㉥ 10년 이상 : 아마, 인삼

② 과수

　㉠ 기지가 문제되는 것 : 복숭아, 무화과, 앵두, 감귤

　㉡ 기지가 문제되지 않는 것 : 사과, 포도, 살구, 자두

기출문제

다음 중 연작의 피해가 가장 심한 작물은?

① 벼   ② 조

③ 옥수수   ④ 참외   정답 ④

(2) 기지대책

  ① 윤작, 답전윤환

  ② 유독물질의 축적은 관개나 약제를 사용

  ③ 새 흙으로 객토

  ④ 기지현상에 저항성인 품종과 대목에 접목

  ⑤ 심경, 퇴비사용, 결핍성분과 미량요소의 사용

참고정리

✔ 윤작의 효과

  ① 지력의 유지 및 증진   ② 기지현상의 회피

  ③ 병충해 및 잡초의 경감   ④ 토지의 이용도 향상

  ⑤ 노력분배의 합리화   ⑥ 수량 증대

  ⑦ 농업 경영의 안정성 증대

기출문제

토양관리에 미치는 윤작의 효과로 보기 어려운 것은?

① 토양 병충해 감소   ② 토양유기물 함량 증진

③ 양이온치환능력 감소   ④ 토양미생물 밀도 증진   정답 ③

한 포장에서 연작을 하지 않고 몇 가지 작물을 특정한 순서로 규칙적으로 반복하여 재배하는 것은?

① 돌려짓기   ② 답전윤환

③ 간작   ④ 교호작   정답 ①

4 유기원예의 환경조건

1. 유기원예의 생육과 환경

(1) 광합성(光合成, 탄소동화작용)

① 광합성은 빛과 작물생육의 관계에서 가장 중요한 분야이다. 녹색식물은 빛을 받아서 엽록소를 형성하고 광합성을 수행하여 유기물을 생성한다.

② 광합성에는 6,750Å을 중심한 6,500~7,000Å의 적색의 부분과 4,500Å을 중심한 4,000~5,000Å의 청색의 부분이 가장 효과적이다.

③ 녹색식물이 광에너지의 존재하에서 대기 중의 탄산가스와 뿌리로부터 흡수한 물을 이용하여 탄수화물을 합성하는 물질대사를 광합성 또는 탄소동화작용이라고 한다.

④ 광합성은 두 과정

　㉠ 제1과정(명반응)은 광화학적인 과정이며 광합성색소에 의하여 광에너지를 획득하는 과정에서 물의 광분해가 진행되고 이 에너지를 이용하여 NADP를 NADPH2로 환원하고, 또 광인산화에 의하여 ADP를 ATP로 변화시킨다.

　㉡ 제2과정(암반응)은 이산화탄소를 고정·환원하는 과정이며, 이산화탄소를 고정하고 제1과정에서 생성된 NADPH2와 ATP를 이용하여 탄수화물을 합성하게 된다.

(2) 호흡작용

① 광합성의 결과로 만들어진 탄수화물을 산소를 이용하여 물과 이산화탄소로 분해하는 물질대사이다. 호흡작용은 다음과 같다.

$$C_6H_{12}O_6 + 6H_2O + 6O_2 \rightarrow 6CO_2 + 12H_2O + ATP$$

② 수확물이 살아 있다는 것은 호흡작용을 한다는 것이며 체내 저장 양분을 소모하는 과정이다.

③ 호흡작용의 결과는 에너지의 생산, 양분의 소모, 맹아와 같은 생장현상 등으로 나타난다.

(3) 호흡량과 저장

① 호흡량은 생체로 유통되는 원예작물의 저장성에 결정적인 영향을 미치는데 호흡량이 많은 원예산물은 저장이 매우 어렵다.

② 호흡량은 작물의 종류에 따라 큰 차이를 보이고 다음으로는 저장조건에 따라 달라진다.

③ 아스파라거스, 브로콜리 등은 호흡량이 많고 저장기관을 이용하여 휴면하는 감자, 양파 등은 호흡량이 적다.

다음 중 작물의 호흡에 관한 설명으로 틀린 것은?

① 호흡은 산소를 소모하고 이산화탄소를 방출하는 화학작용이다.
② 호흡은 유기물을 태우는 일종의 연소작용이다.
③ 호흡을 통해 발생하는 열(에너지)이 생물이 살아가는 힘이다.
④ 호흡은 탄소동화작용이다.

 ④

2. 시설의 온도, 빛, 수분, 토양 등의 환경과 관리방법

(1) 온도 환경

1) 시설 내 온도 환경의 특이성

① 시설 내의 열은 피복재에 의해 외부로의 방열이 어느 정도 차단되어 바깥에 비해 높아지며, 야간에 가온을 하지 않을 시 외기온과 거의 같아져 온도교차가 매우 커지게 된다.

② 구조재에 의한 광차단과 피복재의 반사에 따라 수광량이 불균일하다.

③ 시설 외피복재의 온도는 실내기온보다 낮으며 시설 내면에 접해 있는 공기가 냉각되면서 대류현상이 일어나 시설 내의 기온은 위치에 따라 달라진다.

④ 시설 내의 기밀도에 따라 환류현상이 일어나 바람에 부딪히는 부분과 반대쪽의 기온에 변화가 온다.

2) 시설 내의 기온

① 피복재에 의해 방열이 차단되어 주간에는 온도 상승이 뚜렷하다.

② 야간에 가온되지 않을 때에는 급속한 기온저하가 이루어져 온도교차가 커진다.

3) 보온

① 보온비(바닥면적/외피복면적)는 시설이 커질수록, 특히 연동형과 폭이 크고 높이가 낮은 시설에서 크며 보온비가 클수록 시설 내의 온도를 높게 유지할 수 있다.

② 지열의 축적과 이용률이 증대한다.

③ 표면피복에 알루미늄 증착필름, 혼입필름, PVC, PE 등을 이용한 보온이중커튼 및 이중고정피복의 이용이 증가한다.

④ 밀폐형 플라스틱 커튼 설치, 커튼 상부의 파이프 장치로 야간에 지하수를 올려 살수한다.

⑤ 수온이 10℃ 이상이어야 하며, 워터커튼을 이용하면 영하 10℃까지 내려가는 지역에서 딸기, 상추의 무가온재배가 가능하다.

4) 난방

① 저온장해 발생 방지, 적극적 난방으로 수량증대와 품질 향상으로 경영효과를 증대 시킨다.

② 난방의 기본요건은 최악의 기상에서도 작물의 생육적온을 유지하는 것이다.

③ 난방부하 : 실외로 방출되는 전체열량 중 난방설비로 충당해야 하는 열량

④ 최대난방부하 : 재배기간 중 기온이 가장 낮은 시간대에 소비되는 열량으로 난방설비 용량 결정의 지표이다.

(2) 광

1) 광량의 감소

① 구조재에 의한 차광

구조재는 거의 불투명체이고, 그 비율이 커질수록 광선의 차단율은 커지며 유리온실의 구조재에 의한 차광률은 20% 정도이다.

② 피복재에 의한 반사와 흡수

피복재에 의한 반사와 이에 부착되어 있는 먼지, 색소 등의 광흡수로 광선투과량이 감소되며 광선의 입사각에 따라 반사율이 달라진다.

③ 피복재의 광선투과율

투명유리나 플라스틱필름의 광선투과율은 비슷한 상태를 나타내나 착색제를 첨가한 필름·유리 등의 광선투과율은 현저히 낮다.

④ 시설의 방향과 투광량

시설 내의 광량은 시설의 설치방향에 따라 달라지는데 태양고도가 낮은 겨울에는 동서동의 광량이 남북동에 비해 두드러지게 많다. 이 현상은 시설의 피복재에 대한 입사각의 차이 때문이다.

📖 기출문제

시설재배지 토양의 특성에 해당하지 않는 것은?

① 연작으로 인해 특수 영양소의 결핍이 발생한다.
② 용탈현상이 발생하지 않으므로 염류가 집적된다.
③ 소수의 채소작목만을 반복 재배하므로 특정 병해충이 번성한다.
④ 빈번한 화학비료의 시용에 의한 알칼리성화에 염기포화도가 낮다.　　　**정답 ④**

수막하우스의 특징을 바르게 설명한 것은?

① 광투과성을 강화한 시설이다.　　　② 보온성이 뛰어난 시설이다.
③ 자동화가 용이한 시설이다.　　　　④ 내구성을 강화한 시설이다.　　**정답 ②**

한겨울에 시설원예작물을 재배하고자 할 때 최대의 수광혜택을 받을 수 있는 하우스의 방향으로 가장 적합한 것은?

① 동서동　　　　　　　　　　　　② 동남동
③ 남북동　　　　　　　　　　　　④ 북동동　　**정답 ①**

2) 광 분포의 불균일

① 시설의 설치방향 중 동서동은 남북동에 비해 입사광량이 많으며 시설의 추녀 높이에 따라 광분포가 달라진다.

② 구조재에 의한 부분적인 광차단으로 그늘이 생기며, 구조재가 불투명체이므로 광선을 차단하여 광분포가 균일하지 않게 된다.

3) 광질의 변화

① 시설 내의 400nm 이하의 자외선과 300nm 이상의 적외선의 투과율은 사용 피복재의 종류에 따라 달라진다.

② 유리 : 310nm 이하의 자외선과 300nm 이상의 적외선은 거의 투과시키지 않으며 열선 흡수 유리는 적외선 부분을 많이 흡수한다.

③ 염화비닐필름 : 가소제와 자외선 흡수제가 첨가되어 자외선의 투과율은 낮으나 300nm 이상의 장파장은 유리보다 높고 폴리에틸렌필름보다 현저하게 낮다.

④ 폴리에틸렌필름 : 자외선과 장파장의 투과율은 가장 높으나 보온력은 낮다.

⑤ 플라스틱판 : FRP와 FRA 등은 자외선은 거의 투과시키지 않고 장파장의 투과율은 낮다.

(3) 이산화탄소(CO_2)

① CO_2가 부족하면 경엽의 신장이 불량하고 연약해지며 낙화와 낙과가 증가한다.

② 밤에는 CO_2가 계속 방출되어 노지보다 시설 내의 CO_2 농도가 높아지며, 낮에는 시설 내의 농도가 빠른 속도로 감소한다.

③ 시설 내의 위치에 따라 CO_2 농도 차이가 있으며 잎, 줄기가 무성한 부분은 CO_2 농도가 낮고 공기가 움직이는 통로부분은 높다.

④ 작물의 종류, 광선의 세기, 온도 등에 따라 합리적인 CO_2의 시비량과 시비시기를 결정하되 대부분의 작물에 1,000~1,500ppm 정도를 시비한다.

⑤ CO_2의 시용효과는 작물에 따라 차이가 있으며 대부분의 시설재배 작물에 효과가 인정된다.

⑥ 광합성에 의한 시비는 해 뜬 후 1시간 후부터 환기할 때까지 2~3시간 길어도 3~4시간이면 충분하다. 이때가 광합성이 가장 왕성할 때이기 때문이다.

⑦ CO_2를 외부에서 공급하는 직접적인 방법과 퇴비나 두엄이 분해될 때 발생하는 CO_2를 이용하는 간접적인 방법이 있다.

⑧ 야간에는 식물체의 호흡과 토양미생물의 분해활동에 의하여 배출되는 CO_2로 인해 높은 CO_2의 농도를 유지하며 해뜨기 직전에 가장 높고 아침에 해가 뜨고 광합성이 시작되면서 낮아진다.

(4) 수분환경

① 자연 강수에 의한 시설 내의 수분공급이 없고 증발산량이 많아 토양이 건조하기 쉬우며 낮은 지온으로 근계의 발달이 미약하여 수분의 흡수기능이 떨어진다.

② 단열층이 지하수의 이동을 제한하고 있으므로 토양수분의 과부족이 없도록 과습 시에는 이랑을 높이고 암거배수시설을 이용한다.

③ 시설재배에서 관수시점은 PF 2.0 전후로 노지에서보다 낮다.

(5) 토양환경

① 시설 내에서는 강우가 전혀 없고 온도는 노지에 비해 높으며 작토층의 비료성분이 용탈되지 않고 축적되어 생리장해가 일어나며 시설의 고정화에 따라 염류농도가 높아져 장해발생의 가능성이 커진다.

② 시설에서 재배되는 작물은 연작의 가능성이 높아 병원성 미생물이나 해충의 생존밀도가 높아지고 미량원소의 부족현상이 야기된다.

③ 집약적인 재배관리와 인공관수로 토양이 굳게 다져져 공극량이 적어지고 토양의 공기 함량이 줄어들면 토양의 통기성 확보에 주력하여야 한다.

④ 시설 내의 토양에서는 미량요소의 결핍에 의한 작물 생육장애를 간과하기 쉽다. 그러므로 작물의 요구에 따라 부족한 미량요소를 공급해 주어야 한다.

(6) 환기

자연환기와 강제환기가 있으며 시설 내 환기의 목적은 온도 및 습도의 조절 CO_2 공급, 유해가스의 추방 등이다.

1) 자연환기

① 시설 내외의 온도차에 의하여 생기는 환기력과 시설 밖의 바람에 의하여 형성되는 압력차에 의한다.

② 환기창의 면적이나 위치를 잘 선정하면 비교적 많은 환기량을 얻을 수 있다.

③ 온실 내 온도분포가 비교적 균일하다.

④ 풍향이나 풍속 등 외부 기상조건의 영향을 받는다.

2) 강제환기

① 환기량은 시설의 상면적과 순방사량에 비례하고, 설정 내의 온도차에 반비례한다.

② 시설 내 상하의 온도차가 작아져서 고온장해 발생위험이 감소한다.

③ 풍속분포는 환기량에 따라 달라진다.

④ 환풍기의 전기료 및 소음이 문제된다.

⑤ 흡입구로부터 배출구까지의 온도구배가 생긴다.

3. 시설 내의 생리장해

(1) 토양환경의 불량

1) 산성토양

시용된 질소질 비료의 분해과정에서 생성되는 질산태 질소에 의해 산성화되며, 인산과 칼슘의 흡수가 어려워져 생육이 불량해진다.

2) 과다시비와 염류집적

① 질소질 비료의 다량 시용으로 아질산이 집적되어 토양 중의 염류농도를 높여 토양 양분 상호 간의 흡수가 저해되어 결핍증상을 일으킨다.

② 염류농도가 아주 높아지면 토양 중의 삼투압이 뿌리의 삼투압보다 높아지며 양분과 수분의 흡수가 어려워져 말라 죽는다.

③ 토마토의 배꼽썩음병, 셀러리의 속썩음증 등이 이에 해당한다.

3) 토양수분의 부족과 과다

① 토양수분이 부족하면 토양 내에서의 칼슘의 이동과 뿌리의 흡수가 어려워져 칼슘 결핍증이 나타난다.

② 토양수분이 과다하면 지온의 상승이 더디고 토양공극량 감소로 호흡이 억제되어 뿌리의 생육이 나빠지고 양분과 수분의 흡수가 어렵게 된다.

③ 배추의 엽소현상과 토마토의 줄썩음증이 해당된다.

4) 토양온도

① 지온이 높으면 뿌리의 호흡이 높아져 산소의 부족과 칼슘흡수 저해로 결핍증이 생긴다.

② 지온이 낮으면 뿌리의 생장이 억제되어 양분과 수분의 흡수저해로 전반적인 생육이 저해된다.

📖 기출문제

시설의 토양관리에서 토양 반응이란?

① 식물체 근부의 상태
② 토양 용액 중 수소이온의 농도
③ 토양의 고상, 기상, 액상의 분포
④ 토양의 미생물과 소동물의 행태   **정답 ②**

＊ 토양 반응(土壤反應) : 흙의 산성, 중성 또는 염기성 따위의 성질을 나타내는 반응. 중성 흙이 농작물 재배에 가장 알맞다.

---

(2) 유해가스의 집적

1) 아질산가스

토양이 산성일 때 아질산가스가 발생하기 쉬우며 고추 등에서 잎맥 사이에 흰색의 점무늬가 나타난다.

2) 암모니아가스

많이 집적되면 잎 둘레가 갈변한다. 토마토·오이 등의 잎이 흰색 또는 갈색으로 변한다.

3) 아황산가스

생육장해가 일어나 광합성을 저하시키며 잎의 뒷면에 갈색 점무늬가 나타난다.

4) 일산화탄소

연소가스로 오이 잎의 전면 또는 부분 황화현상과 토마토의 잎둘레에 백화고사현상이 나타난다.

5) 시설 내의 가스장해 대책

① 토양이 건조하거나 과습하면 아질산가스가 많이 발생하기 때문에 토양을 중성으로 하고 적습을 유지한다.

② 요소비료를 줄이고 완숙된 유기물을 시용한다.

③ 유해가스는 대개 공기보다 무거우므로 강제 환기한다.

④ 유해가스에 저항성이 있는 작물을 선택한다.

(3) 기상환경의 불량

1) 고온장해

① 고온으로 화분의 수정 능력이 상실되어 착과불량과 기형과와 공동과가 발생하고 칼슘의 흡수 · 이행이 저하된다.

② 토마토의 열과 등이 이에 해당한다.

2) 저온장해

① 양분과 수분의 흡수속도와 흡수량이 저하되고 광합성을 비롯한 작물체 내의 물질대사 기능이 저하되어 생육이 지연되고 발육이 나빠진다.

② 오이의 난쟁이 육묘, 토마토의 난형과 등이다.

3) 일조부족

① 일조량이 적으면 낮에도 온도상승이 지연되어 조직이 연약해지고 웃자라며 고온 · 저온 · 유해가스 등에 대한 저항력이 약해져 발육장해가 일어나고 낙화 및 낙과가 증가한다.

② 오이의 곡과, 토마토의 선첨과 등이다.

4) 일소현상

햇볕이 강할 때 직사광선을 오래 받으면 토마토 열매에 흰색의 요부와 수박, 오이 등의 연약한 잎과 줄기에 일소현상이 나타난다.

Ⅲ 기출문제

과수의 내한성을 증진시키는 방법으로 옳은 것은?

① 적절한 결실관리　　　　　　　② 적엽처리
③ 환상박피 처리　　　　　　　　④ 부초재배　　　　　**정답 ❶**

시설 내의 약광조건하에서 작물을 재배할 때 경종방법에 대한 설명 중 옳은 것은?

① 엽채류를 재배하는 것은 아주 불리함
② 재식 간격을 좁히는 것이 매우 유리함
③ 덩굴성 작물은 직립재배보다는 포복재배하는 것이 유리함
④ 온도를 높게 관리하고 내음성 작물보다는 내양성 작물을 선택하는 것이 유리함　　**정답 ❸**

다음 중 시설하우스 염류집적의 대책으로 적합하지 않은 것은?

① 담수에 의한 제염　　　　　　② 제염작물의 재배
③ 유기물 사용　　　　　　　　④ 강우의 차단　　　　**정답 ❹**

기출문제

시설 내 환경 특성에 대한 일반적인 설명으로 틀린 것은?

① 일교차가 크다.　　　　　　　　② 광분포가 불균일하다.

③ 공중습도가 낮다.　　　　　　　④ 토양의 염류농도가 높다.　　**정답 ③**

최근 우리나라 시설재배지 토양에서 가장 문제시되는 것은?

① 중성화　　　　　　　　　　　　② 유기물 함량 과다

③ 치환성 양이온 부족　　　　　　④ 유효인산 함량 과다　　**정답 ④**

5 시설원예 시설설치

1. 시설자재의 종류 및 특성

(1) 플라스틱 하우스

1) 대형 터널 하우스

① 보통 폭 4.0~5.4m, 높이 1.6~2.0m, 면적 200~500m^{2}의 소규모이다.

② 장점 : 보온성이 크고, 내풍성이 강하고, 광입사량이 고르고, 피복재의 수명이 길다.

③ 단점 : 고온장해가 발생하기 쉽고, 과습하기 쉬우며 내설성이 약하다.

2) 지붕형 하우스

① 천장과 측창(옆창)의 구조, 설치와 창의 개폐가 간단하다.

② 양지붕형, 스리쿼터형, 연동형, 대형 하우스

3) 아치형 하우스

① 지붕이 곡면이며 자재비가 적게 들고 간단하게 지을 수 있다.

② 이동이 용이하고, 내풍성이 강하며 광선이 고르게 입사하나, 적설에 약하고 환기능률이 나쁘다.

(2) 유리 온실

1) 양지붕형 온실

① 길이가 같은 양쪽지붕으로 남북방향의 광선 입사가 균일하다.

② 통풍이 양호하고 가장 보편적인 형태이다.

2) 외지붕형 온실

① 한쪽 지붕만 있는 시설로 동서방향의 수광각도가 거의 수직이다.

② 북쪽벽 반사열로 온도상승에 유리하고 겨울에 채광·보온이 잘 된다.

3) 스리쿼터형 온실

남쪽지붕 길이가 지붕 전 길이의 3/4을 차지하여 겨울철에 채광·보온성이 우수하고, 머스크멜론 재배에 적합하다.

4) 연동형 온실

① 남북방향이 유리하며 시설비가 저렴하고 높은 토지이용률을 나타낸다.

② 방열면적의 축소로 난방비 절약과 능률적 재배관리가 가능하다.

5) 벤로형 온실

처마가 높고 폭 좁은 양지붕형 온실을 연결한 것으로 연동형 온실의 결점을 보완한 것이다.

6) 둥근지붕형 온실

곡면유리 사용, 지붕의 곡면이 크고 밝으므로 식물 전시 또는 대형 관상식물 재배에 적합하다.

Ⅲ 기출문제

가정에서 취미, 오락용으로 쓰기에 가장 적합한 온실은?

① 외지붕형 온실   ② 스리쿼터형 온실

③ 양지붕형 온실   ④ 벤로형 온실   **정답 ①**

---

2. 시설원예용 기기

천적의 종류

① 점박이응애 : 칠레이리응애

② 진딧물류 : 콜레마니진디벌, 진디혹파리

③ 총채벌레 : 오이이리응애, 으뜸애꽃노린재, 유럽애꽃노린재

④ 온실가루이 : 온실가루이좀벌

⑤ 나방류 : 쌀좀알벌, 곤충병원성선충

📖 **기출문제**

다음 중 성페로몬을 이용하여 효과적으로 방제할 수 있는 해충은?

① 응애류
② 진딧물류
③ 노린재류
④ 나방류 　　　**정답 ④**

딸기 시설재배에서 천적인 칠레이리응애를 방사하는 목적은?

① 해충인 응애를 잡기 위하여
② 해충인 진딧물을 잡기 위하여
③ 수분을 도와주기 위하여
④ 꿀벌의 일을 도와주기 위하여 　　　**정답 ①**

딸기 시설재배에서 뱅커 플랜트(banker plant)로 이용되는 작물은?

① 밀
② 호밀
③ 콩
④ 보리 　　　**정답 ④**

＊콜레마니진디벌 유지식물은 식물이 살아 있는 상태로 진딧물이 번식하면서 콜레마니진디벌이 오랫동안 출현할 수 있도록 하는 것이다. 즉, 천적이 살고 있는 보리 재배화분이다.

시설 고추재배 시 발생한 총채벌레의 천적으로 이용하기에 가장 효과적인 곤충은?

① 애꽃노린재
② 콜레마니진딧물
③ 온실가루이
④ 칠레이리응애 　　　**정답 ①**

3. 시설의 구비조건 종류, 구조 및 자재

(1) 골격자재

① 자재에는 목재 · 죽재 · 철재 · 경합금재 등이 있다.

② 초기에는 목재와 죽재가 많이 이용되었지만 최근에는 대부분 철재나 경합금재로 바뀌었다.

③ 경합금재는 가볍고 부식이 적어 유리 온실의 골격재로 많이 이용되고, 플라스틱 온실에는 철재 파이프가 많이 이용된다.

📖 **기출문제**

비닐하우스에 가장 많이 사용되는 골격자재는?

① 대나무
② 삼나무
③ 경합금재
④ 철재파이프 　　　**정답 ④**

(2) 피복 자재

1) 피복자재의 구비조건

① 투광률이 높고 오랜 기간을 유지할 수 있을 것

② 열선(장파반사) 투과율이 낮을 것

③ 열전도를 억제하고 보온성이 높을 것

④ 내구성이 크고 팽창 수축이 작을 것

⑤ 당기는 힘이나 충격에 강하고 저렴할 것

2) 유리

① 투과성, 내구성, 보온성이 우수하나 설치비용이 고가이다.

② 판유리 : 투명유리 이용, 두께 3mm가 일반적이고, 벤로형 온실이나 안전도가 커야 하는 곳에 두께 4mm 유리를 이용한다.

③ 형판유리 : 표면에 요철모양, 투과광 일부 산란, 시설 내의 광분포가 고르다.

④ 열선흡수유리 : 가시광선의 투과성은 높으나 열선투과율은 낮다.

3) 플라스틱 피복자재

① 연질필름

두께 0.03~0.2mm : 염화비닐필름(PVC), 폴리에틸렌필름(PE), 에틸렌아세트산비닐필름(EVA)

② 경질필름

두께 0.10~0.20mm : 경질염화비닐필름, 경질폴리에스테르필름

③ 경질판

두께 0.2mm 이상 : FRP(섬유강화 플라스틱)판 · FRA판 · MMA판 · 복층판

④ 반사필름

시설 보광이나 반사광 이용에 사용

4) 기타 피복자재

① 부직포 : 보수성, 습기투과성, 커튼이나 차광피복재로 많이 사용

② 매트 : 단열성은 크지만 광선투과율과 유연성이 낮다. 소형 터널의 보온피복에 많이 사용

③ 한랭사 : 시설의 차광피복재, 서리방지 피복자재로 사용

기출문제

우리나라 시설재배에서 가장 많이 쓰이는 피복자재는?

① 폴리에틸렌필름
② 염화비닐필름
③ 에틸렌아세트산필름
④ 판유리 정답 ①

시설의 환기효과라고 볼 수 없는 것은?

① 실내온도를 낮추어 준다.
② 공중습도를 높여준다.
③ 탄산가스를 공급한다.
④ 유해가스를 배출한다. 정답 ②

시설원예의 난방방식 종류와 그 특징에 대한 설명으로 옳은 것은?

① 난로난방은 일산화탄소(CO)와 아황산가스(SO_2)의 장해를 일으키기 쉬우며 어디까지나 보조 난방으로서의 가치만이 인정되고 있다.
② 난로난방이란 연탄 · 석유 등을 사용하여 난로본체와 연통표면을 통하여 방사되는 열로 난방 하는 방식을 말하는데 이는 시설비가 적게 들며 시설 내에 기온분포를 균일하게 유지시키는 등의 장점이 있는 난방방식이다.
③ 전열난방은 온도조절이 용이하며, 취급이 편리하나 시설비가 많이 드는 단점이 있다.
④ 전열난방은 보온성이 높고 실용 규모의 시설에서도 경제성이 높은 편이다. 정답 ①

시설 내 연료소모량을 줄일 수 있는 가장 적합한 방법은?

① 난방부하량을 높임
② 난방기의 열이용 효율을 높임
③ 온수난방방식을 채택함
④ 보온비를 낮춤 정답 ②

시설재배에서 문제가 되는 유해가스가 아닌 것은?

① 암모니아가스
② 아질산가스
③ 아황산가스
④ 탄산가스 정답 ④

6 과수원예

1. 품종의 특성

┃ 사과 품종의 주요 특성 ┃

품종	숙기	과형	과피색	과중(g)	당도(%)	산도(%)	경도(kg)	재배적 특성
화홍	10하	원	농홍	300	15.0	0.24	2.46	착색 양호, 병해 강
추광	9중	장원	선홍	300	14.0	0.16	1.40	고향기
감홍	10상	장원	선홍	400	17.7	0.39	2.10	고당도
홍로	9상	원	농홍	300	15.0	0.31	1.41	낙과 무
북두	10하	편원	갈홍	410	15.9	0.41	1.60	착색 불량, 분질
조나골드	9하	장원	선홍	250	14.4	0.32	1.44	과면유지, 3배체
후지	10하	장원	담홍	300	14.6	0.38	1.40	적진병 약, 밀병
쓰가루	9상	장원	담홍	210	14.0	0.24	1.40	낙과 다, 동녹 발생

우리나라에서 재배되는 사과의 품종은 후지 77.6%, 쓰가루 11.9%, 홍월 1.9%, 홍로 1.3%로 구성이 매우 단순하다. 그러나 최근에는 국내에서 육성한 신품종의 재배면적이 증가하는 추세에 있다.

┃ 배 주요 재배품종의 특성 ┃

＊ 전남 나주 기준

구분		만개시	익음시기	과일무게	과일모양	과일색깔	당도	산미	저장력
조생종	선 황	4.19	8.28	390	원 형	선황갈	13.2	소	15
	원 황	4.18	9.1	560	편원형	선황갈	13.0	소	10
	행 수	4.22	8.25	300	편원형	선황갈	12.0	소	7~10
중생종	황금배	4.18	9.18	400~450	원 형	선 황	14.9	극소	30
	풍 수	4.19	9.15	350~400	원 형	선황갈	12.8	중	20
	화 산	4.19	9.25	500~600	원 형	선황갈	12.9	소	30
	만 풍	4.20	9.25	770	편원형	황 갈	13.3	극소	50
중만생종	신 고	4.17	10.1	450~550	원 형	황 갈	11.4	소	60
	감 천	4.20	10.10	530~660	편원형	담황갈	13.3	소	120
	추 황	4.17	10.20	400~450	원 형	선황갈	14.1	중	120
	만 수	4.18	10.25	660	편원형	황 갈	12.4	중	150

┃┃┃ 기출문제

다음 중 과수분류상 인과류에 속하는 것으로만 나열된 것은?

① 무화과, 복숭아

② 포도, 비파

③ 사과, 배

④ 밤, 포도

정답 ③

기출문제

우리나라 과수재배의 과제로 볼 수 없는 것은?

① 품질향상   ② 생산비절감

③ 생력재배   ④ 가공축소   정답 ④

2. 토양재배관리 및 재배기술

(1) 토양관리방법

1) 토양표면관리법

① 청경법 : 토양에 풀이 자라지 않도록 깨끗하게 김을 매주는 방법으로 잡초와 양수분의 경쟁이 없고 병해충의 잠복처가 없으나 토양침식과 토양의 온도변화가 심하다.

② 초생법 : 토양을 풀이나 목초로 피복하는 방법으로 장단점은 청경법과 상반되며 현재 과수원에서 가장 많이 사용하고 있는 방법이다.

③ 부초법 : 토양을 짚이나 다른 피복물로 덮어주는 방법으로 토양침식 방지, 토양수분의 보수력 증대, 토양 내 유기물 증가와 입단화 촉진 등의 장점이 있으나 재료 등의 비용이 많이 들며 화재의 위험이 있다.

참고정리

✔ **토양표면관리법의 장단점**

관리방법	장점	단점
청경법	① 풀과 과수의 양·수분 경합이 없음 ② 병해충의 잠복장소가 없어짐 ③ 관리작업이 편리함	① 토양이 유실되고 양분이 세탈되기 쉬움 ② 토양유기물이 소모됨 ③ 토양물리성이 나빠짐 ④ 주야간 지온변화와 수분증발이 많음 ⑤ 제초제를 사용할 때 약해가 우려됨
초생법	① 토양의 입단화가 촉진됨 ② 유기물의 환원으로 지력이 유지됨 ③ 토양침식을 막아 양분과 토양유실을 방지함 ④ 지온변화가 적음	① 과수와 풀 간에 양·수분 경합이 일어남 ② 유목기에 양분부족이 일어나기 쉬움 ③ 병해충의 잠복장소 제공 ④ 저온기에 지온상승이 어려움 ⑤ 풀관리가 어렵고 비용이 많이 듦
부초법	① 토양침식방지 ② 풀이나 짚의 경우 양분이 공급됨 ③ 토양수분의 증발 억제 ④ 지온조절 ⑤ 토양유기물의 증가, 토양물리성 개선 ⑥ 잡초발생 억제 ⑦ 낙과 시 압상이 적어짐	① 이른 봄 지온상승이 늦음 ② 과실착색이 늦어짐 ③ 건조기 화재가 우려됨 ④ 만상피해를 입기 쉬움 ⑤ 근군이 표층으로 발달할 수 있음 ⑥ 겨울 동안 쥐 피해가 많음

기출문제

과수재배를 위한 토양관리방법 중 토양표면관리에 관한 설명으로 옳은 것은?

① 초생법(草生法)은 토양의 입단구조를 파괴하기 쉽고 과수의 뿌리에 장해를 끼치는 경우가 많다.
② 청경법(淸耕法)은 지온의 과도한 상승 및 저하를 감소시키며, 토양을 입단화하고 강우 직후에도 농기계의 포장내(圃場内)운행을 편리하게 하는 이점이 있다.
③ 멀칭(Mulching)법은 토양의 표면을 덮어주는 피복재료가 무엇인가에 따라 그 명칭이 다른데 짚인 경우에는 Grass Mulch, 풀인 경우에는 Straw Mulch라 부른다.
④ 초생법은 토양 중의 질산태질소의 양을 감소시키는 데 기여한다. **정답 ④**

초생재배의 장점이 아닌 것은?

① 토양의 단립화　　　　　　　② 토양침식 방지
③ 지력 증진　　　　　　　　　④ 미생물 증식　　　　　　**정답 ①**

과수 묘목을 깊게 심었을 때 나타나는 직접적인 영향으로 옳은 것은?

① 착과가 빠르다.　　　　　　　② 뿌리가 건조하기 쉽다.
③ 뿌리의 발육이 나쁘다.　　　　④ 병충해의 피해가 심하다.　**정답 ③**

2) 토양의 보전 및 유지방법

① 심경과 유기물 시용

토양의 물리적 성질을 개량하여 토양의 보수력, 보비력을 좋게 하고 완충력을 높여 지온을 상승시키고 토양미생물의 증식을 돕는다.

② 석회 시용

토양의 물리적 성질을 개량, 토양 중화, 미생물의 활동을 증가시키고 독성물질을 해독하나 석회는 이동성이 약해 겉흙에 뿌려서는 땅에 침투하지 못하므로 흙과 잘 섞어 땅속에 채워준다.

③ 배수

과수는 심근성으로 뿌리가 깊게 뻗어 양분과 수분을 충분히 흡수할 수 있어야 하며 토양의 심층부까지 배수가 잘 되어야 하고 지하수위가 높으면 산소의 공급이 부족하여 뿌리 발육에 장해를 일으킨다.

④ 관수

과실의 비대기에는 다량의 물을 필요로 하기 때문에 비가 잘 오지 않거나 모래 땅인 과수원에서는 관수를 해야 하며 위조현상이 나타나기 전에 실시해야 한다.

3) 생육과 재배관리 및 재배기술

① 접목(접붙이기)

번식하려는 어미나무의 눈이나 가지를 따서 다른 나무에 붙여 키우는 방법으로 접하는 가지를 접수, 뿌리나 접수의 밑부분이 되는 가지를 대목이라 하는데 접수와 대목의 형성층이 서로 밀착하도록 접하는 것이다.

② 접목의 효과

ㄱ 새로운 품종을 급속히 증식

ㄴ 결과연령을 앞당긴다.

ㄷ 대목의 선택에 따라 풍토에 적응시키기 쉽다.

ㄹ 병해충에 대한 저항성을 높인다.

ㅁ 대목의 선택에 따라 수형이 왜성화될 수 있다.

ㅂ 노목의 품종을 갱신할 수 있다.

③ 정지와 전정

정지는 나무의 골격이 되는 부분을 계획적으로 구성, 유지하기 위하여 유인 및 절단하는 것이고, 전정은 과실의 생산에 관계되는 가지를 손질하는 것으로 보통 두 가지를 합쳐 전정이라고 한다.

④ 전정의 효과

ㄱ 목적하는 수형으로 만든다.

ㄴ 해거리를 예방하고 적과의 노력을 적게 한다.

ㄷ 강전정하여 다음 해의 결실을 조절한다.

ㄹ 튼튼한 새 가지로 갱신하여 결과를 좋게 한다.

ㅁ 가지를 적당히 솎아서 수광, 통풍을 좋게 한다.

ㅂ 결과 부위의 상승을 막아 보호, 관리를 편리하게 한다.

ㅅ 병해충의 피해부나 잠복처를 제거한다.

⑤ 생리적 낙과의 원인과 방지책

ㄱ 낙과의 원인 : 생식기관의 발육이 불완전한 경우, 수정이 되지 않았을 경우, 배의 발육이 중지되었을 경우, 단위결과성이 약한 품종일 경우, 질소나 탄수화물이 과부족인 경우

ㄴ 낙과의 방지책 : 수분의 매조, 건조 및 과습의 방지, 수광태세의 향상, 방한/방풍, 생장조절제 살포 등

ⓒ 참고정리

✔ **꽃눈분화의 과정과 시기**

① 꽃눈분화가 잘 되기 위해서는 우선 눈이 충실해야 하며, 이러한 눈에 꽃눈분화를 위한 자극이 전달되면 내부에서 핵산과 히스톤의 변화 및 단백질 합성이 일어나고, 핵분열과 함께 꽃눈원기가 형성된다.

② 발생 초기의 잎눈과 꽃눈이 거의 구별되지 않지만, 꽃눈분화가 시작되면 꽃눈의 내부에 있는 생장점이 잎눈에 비하여 많이 비후되어 위로 불룩 솟으면서 윗부분이 평탄해지는 형태적 차이가 있다.

3) 우리나라의 꽃눈분화기

① 포도나무 : 5월 하순

② 배나무 : 6월 중 · 하순

③ 사과나무 : 7월 상순

④ 감나무 : 7월 중순

⑤ 복숭아나무 : 8월 상순경

Ⅲ 기출문제

유기농산물 생산을 위한 식물병 방제방법으로 적절치 않은 것은?

① 생물적 수단 강구　　　　　　　② 내병성 품종 재배

③ 경종적 수단 동원　　　　　　　④ 발병 예방을 위한 살균제 살포　**정답 ④**

과수원의 석회시용 효과와 거리가 먼 것은?

① 토양의 입단구조를 증가시킨다.　② 산성토양을 중화시켜 준다.

③ 수체의 생장 자체를 도와준다.　④ 미생물 활동을 억제해 준다.　**정답 ④**

과수원에서 쓸 수 있는 유기자재로 가장 적합하지 않은 것은?

① 현미식초　　　　　　　　　　　② 생선액비

③ 생장촉진제　　　　　　　　　　④ 광합성 세균　**정답 ③**

과실에 봉지 씌우기를 하는 목적과 가장 거리가 먼 것은?

① 병해충으로부터 과실 보호　　　② 과실의 외관 보호

③ 농약오염 방지　　　　　　　　　④ 당도 증가　**정답 ④**

III 기출문제

과수 묘목의 선택에 있어 유의해야 할 점이 아닌 것은?

① 품종이 정확할 것   ② 대목이 확실할 것

③ 근군이 양호할 것   ④ 묘목이 길게 자란 것   **정답 ④**

3. 과수원예의 환경조건

(1) 기온

① 생장최적온도는 광합성은 20~30℃에서 가장 왕성하고 저온과 뿌리의 성장에는 낙엽 과수의 경우 15~20℃, 상록과수의 경우 26℃ 정도가 알맞다.

② 발육·생장·개화기에는 저온에 약하고, 휴면기에는 저온에 강하며, 동화·호흡작용 은 고온에 약하다. 기온이 −1~−2℃로 내려가면 조직이 동결되어 상해가 발생해 늦 서리 피해 등을 유발할 수 있다.

③ 연평균 기온에 따른 과수의 종류

　㉠ 북부온대과수 : 7~12℃(사과, 양앵두)

　㉡ 중부온대과수 : 11~13℃(포도, 감, 복숭아)

　㉢ 남부온대과수 : 13~15℃(감귤, 비파)

(2) 햇빛

① 과수는 햇빛이 부족하면 줄기의 웃자람으로 내병성, 내충성이 약해지고 생리적 낙과 유발, 화아 분화 저조, 과실의 비대 불량이 발생하고, 당도, 착색, 크기, 향기 등의 과 실의 품질이 저하된다.

② 단일조건에서 새 가지의 신장이 억제되는데 일장이 부족하면 복숭아는 과실비대가 억 제되고 포도는 수량과 품질이 저하된다.

③ 약한 광합성하에 식물이 자라는 성질을 내음성이라고 한다.

　㉠ 내음성이 강한 과수 : 무화과, 포도, 감

　㉡ 내음성이 약한 과수 : 사과, 밤

　㉢ 내음성이 중간인 과수 : 복숭아, 배

(3) 강수량

① 과수의 수분은 영양분의 용매로 흡수되어 체내 유기물의 합성과 분해를 돕는데 과수의 수분 함유 비율은 열매 90%, 잎 70%, 줄기 50% 등이다.

② 과수의 생장에 알맞은 수분은 토양용수량의 60~80%이며 수분 부족이면 과실의 비대 불량, 가지의 신장 억제, 잎의 위조 등이 나타난다.

③ 내건성에 따른 과실의 종류
   ㉠ 내건성이 강한 과수 : 복숭아, 자두, 살구
   ㉡ 내건성이 약한 과수 : 사과, 배

④ 내습성에 따른 과실의 종류
   ㉠ 내습성이 강한 과수 : 사과, 배
   ㉡ 내습성이 약한 과수 : 복숭아, 자두, 살구

(4) 토양

① 표층이 깊으면 뿌리의 분포가 커지고 한해 등 각종 해작용이 경감되며 토양산소가 부족할 때에는 뿌리의 발생이 감소되고 인산, 칼슘, 마그네슘, 칼륨 등의 흡수가 억제된다.

② 토양적응성에 따른 과수의 종류
   ㉠ 산성토양에 잘 자라는 과수 : 밤, 복숭아
   ㉡ 중성, 약알칼리성에 잘 자라는 과수 : 포도, 무화과
   ㉢ 약산성에 잘 자라는 과수 : 감귤류

(5) 지형 및 기후

① 평지에서는 생장이 왕성하고 기계화가 가능하나 지가가 높고 지하수위가 높아 배수불량으로 피해를 받을 수 있고 상해의 피해가 발생하고 숙기가 늦어진다.

② 경사지는 배수가 양호하고 숙기를 촉진시키며 지가가 싸고 상해는 적으나 토양이 유실될 우려가 있어 계단 없이 과수원을 할 수 있는 경사도는 15° 이내이다.

기출문제

다음 중 유기재배 시 병해충 방제 방법으로 잘못된 것은?

① 유기합성농약 사용
② 적합한 윤작체계
③ 천적 활용
④ 덫

정답

기출문제

지형을 고려한 과수원 조성방법에 대한 설명으로 올바른 것은?

① 평탄지에 과수원을 조성하고자 할 때는 지하수위와 두둑을 낮추는 것이 유리하다.
② 경사지에 과수원을 조성하고자 할 때는 경사 각도를 낮추고 수평배수로를 설치하는 것이 유리하다.
③ 논에 과수원을 조성하고자 할 때는 경반층(硬盤層)을 확보하는 것이 유리하다.
④ 경사지에 과수원을 조성하고자 할 때는 재식열(栽植列) 또는 중간의 작업로를 따라 집수구를 설치하는 것이 유리하다. **정답 ④**

경사지 과수원에서 등고선식 재배방법을 하는 가장 큰 목적은?

① 토양침식방지　　　　　　　② 과실착색촉진
③ 과수원경관개선　　　　　　④ 토양물리성개선 **정답 ①**

다음 중 과수재배에서 바람의 이로운 점이 아닌 것은?

① 상엽을 흔들어 하엽도 햇볕을 쬐게 한다.
② 이산화탄소의 공급을 원활하게 하여 광합성을 왕성하게 한다.
③ 증산작용을 촉진시켜 양분과 수분의 흡수 상승을 돕는다.
④ 고온 다습한 시기에 병충해의 발생이 많아지게 한다. **정답 ④**

병해충 관리를 위해서 식물에서 추출한 유기농 자재는?

① 님제제　　　　　　　　　　② 파라핀유
③ 보르도액　　　　　　　　　④ 벤토나이트 **정답 ①**

포도재배 시 화진현상(꽃떨이현상) 예방방법으로 가장 거리가 먼 것은?

① 질소질을 많이 준다.　　　　② 붕소를 시비한다.
③ 칼슘을 충분하게 준다.　　　④ 개화 5~7일 전에 생장점을 적심한다. **정답 ①**

04 유기농 수도작

1 유기 수도작의 재배기술

1. 볍씨준비와 종자처리

(1) 수도작물의 재배기술

1) 품종의 선택

① 다른 품종의 종자가 기계에 혼입되지 않아야 한다.

② 자연교잡, 돌연변이 등에 의해서 종자가 유전적으로 퇴화되지 않아야 한다.

③ 유기농업이 가능하도록 무비 및 소비 적응 품종이어야 한다.

④ 생리적인 퇴화가 없고 병충해를 입지 않은 건전한 품종이어야 한다.

⑤ 종자의 숙도가 적당하고 탈곡, 조제할 때 볍씨가 손상되지 않아야 한다.

⑥ 장려품종, 우량품종, 저항성품종을 선택해야 한다.

⑦ 해당 지역의 최적출수기에 출수하는 품종을 선택해야 한다.

2) 채종

① 볍씨는 종자갱신체계에 의해 종자관리소나 관계기관에서 채종하며 그 지방의 장려품종 중 당국에서 배포되는 볍씨를 구하여 재배한다.

② 유전적으로 순수해야 하며 그 품종의 고유한 특성을 지닌 충실한 종자로, 숙도가 알맞고 기계적 손상과 병충해가 없어서 발아와 초기 생장이 왕성하며 잡초종자나 피, 씨 등의 협잡물이 섞여 있지 않은 것이어야 한다.

3) 선종(씨 가리기)

① 튼튼하고 좋은 모를 기르기 위해서는 먼저 좋은 볍씨를 고르는 일이 중요하다.

② 종자용 볍씨의 선종은 키나 풍구에 의한 풍선만으로는 충분하지 않으므로 소금에 의한 비중선, 즉 염수선이 쓰이고 있다.

③ 벼의 품종과 비중액의 비중

　　㉠ 통일계 품종 : 비중 1.03 이상

　　㉡ 일반품종 − 무망종 : 1.13

④ 비중액의 비중과 재료의 양

구분 비중	물 18L에 대한 소금의 양(g)	물 18L에 대한 황산암모늄의 양(g)	물 18L에 대한 요소의 양(g)
1.13	4,500	5,625	16,420
1.10	3,000	4,500	8,280
1.08	2,250	3,750	5,760
1.03	765	837	2,160

4) 소독

① 볍씨로부터 발생되는 병해를 일차로 막기 위한 것으로 관행재배에서는 도열병, 모썩음병, 깨씨무늬병, 키다리병, 잎마름선충병 등이 종자소독으로 방제 가능하며, 유기 수도재배에는 농약 사용이 불가능하므로 천연물을 사용한다.

② 볍씨를 소독하는 방법은 병균에 따라 다른 경우가 있다. 한 가지 방법으로 2가지 이상의 병균을 동시에 소독하는 것도 있으며 미생물의 길항작용을 이용하여 논흙으로도 종자소독이 가능한 경우도 있다.

참고정리

✔ 냉수온탕침법

① 방법 : 볍씨를 냉수에 24시간 침지한 다음에 45℃ 온탕에 담가서 고루 덥게 하고, 52℃의 온탕에 정확히 10분간 처리하고 바로 건져서 냉수에 담가 식힌다.

② 효과 : 잎마름선충병의 방제에 효과가 있으므로, 이 병이 상습적으로 발생하는 지대에서 채종한 볍씨는 이 방법을 쓰는 것이 좋다.

---

5) 침종(씨 담그기)

① 볍씨는 보통 물에 담가서 발아에 필요한 수분을 흡수시킨 다음 파종한다. 침종은 모판에서의 발아시일을 단축시켜 각종 발아장해를 막고 발아 및 초기생육을 균일하게 하며 생육을 촉진하고 볍씨의 동요를 막는다.

② 침종은 고온에 짧게 하는 것보다 저온에 여러 날 하는 것이 좋고 보통 30℃에서 3일보다는 15℃에서 7일이 더 적당하다.

6) 최아

① 침종이 끝난 볍씨를 바로 파종하지 말고 약간 싹을 틔워서 파종하면 발아 및 초기생육을 촉진시키고 성묘율을 높인다.

② 최아 방법은 침종이 끝난 볍씨를 20℃ 정도 되는 방 안에 거적을 깔고 그 위에 6cm 내외의 두께로 볍씨를 편 다음 다시 그 위에 거적을 덮어 놓아 3일째에는 싹이 1cm 가까이 자라게 하는 것이다.

(2) 수도작물의 재배방식

1) 조기재배

① 벼가 생육할 수 있는 기간이 짧은 북부 및 산간 고랭지에 알맞은 재배형이며 여묾기 간은 30~35일 정도로 짧다.

② 감온성 품종을 보온보육하고 저온장해를 받지 않는 범위에서 일찍 모내기를 하여 빨리 수확한다.

2) 조식재배

① 평야지 1모작 지대의 주된 재배형이며 9월 중/하순경쯤 수확하게 된다.

② 영양생식기간이 길며 생육기간이 길어지므로 거름주기를 잘 해야 한다.

3) 보통기재배

① 안전출수기 내에 제때 모내기하는 재배형이다.

② 모내기 적기는 지대와 품종에 따라 다르다.

4) 만기재배

① 주로 중/남부 평야지대에서 늦모내기를 하는 재배형이다.

② 감온성과 감광성이 모두 둔한 품종을 선택해야 한다.

5) 만식재배

① 어쩔 수 없이 늦게 모내기하는 재배형이다.

② 내만식성 품종을 선택하는 것이 중요하다.

6) 2기작재배

같은 포장에서 1년에 2번 벼농사를 짓는 재배형이다.

기출문제

이것을 녹인 물에 종자를 담가 볍씨를 선별하는 것으로 물에 녹이는 이 물질은?

① 당밀   ② 소금
③ 기름   ④ 식초   **정답 ❷**

2. 육묘와 정지

(1) 육묘 상자와 모판흙 준비

① 육묘 상자 규격 : 세로 60cm, 가로 30cm, 깊이 3cm의 플라스틱 상자

② 상자 소요량(10a당)

　㉠ 어린모(치모)일 때 20상자

　㉡ 중모일 때 30~35상자 필요

③ 모판흙 준비

　㉠ 부식을 알맞게 함유하고, 물 빠짐이 양호하면서 적당한 보수력을 지니며, 병원균이 없고, pH 5 정도인 토양이 알맞다.

　㉡ 못자리 흙의 양은 상자당 4.5L 소요(복토할 것을 합해서) 못자리 흙은 사용 전에 잘록병을 예방하기 위하여 소독하며 pH가 높을 경우 pH 4.5~5.5가 되도록 황산이나 황가루 처리하여 조정한다.

　㉢ 입고병이나 뜸모의 발생을 예방하기 위해 모판흙에 살균제(리도밀 입제, 다찌가렌 분제 등)를 살포한다.

(2) 기계이앙용 어린모 · 치묘 · 중모와 손이앙용 성묘의 특성

구분	기계이앙용			손이앙
	어린모(10일)	치묘	중모	성묘
파종량	200~220g/상자	150~180g/상자	100~130g/상자	300g(3홉)/3.3m^2
육묘일수(일)	8~10	20~25	30~35	40 이상
소요 육묘상자(개/10a)	15	20	30	–
초장(cm)	5~10	10~15	15~20	20~25
묘령(엽)	1.5~2.0	2.0~2.5	3.0~4.5	6.0~7.0
배유 잔존량(%)	30~50	10	0	0
저온활착력	+++	+++	++	+
분얼 발생 절위(마디)	2~3	2~3	5~6	5~6
분얼수(개)	35~40	30~33	26~28	9~10
출수지연일수(일)	3~5	1~2	0	0

① 온도

볍씨 발아 후 1주 동안은 모생장이 온도에 민감하여 22~31℃ 사이에서는 온도가 상승함에 따라 생장속도가 거의 직선적으로 증가한다.

② **수분**

물못자리에서 수심이 깊으면 초장은 신장하나 뿌리생장이 불량해진다.

③ **빛**

상자육묘에서 출아기 때 갑자기 강한 빛에 노출시키면 모가 하얗게 되는 백화현상이 발생한다.

기출문제

수도(벼)용 상토의 가장 알맞은 산도는?

① 2.0 – 4.0
② 4.5 – 5.5
③ 6.0 – 6.5
④ 7.5 – 8.0

정답 ②

3. 모내기와 재배관리

(1) 벼의 일생

벼는 1년생 작물로서 종자가 발아하여 성숙하기까지 벼의 일생은 대체로 120~180일 정도가 소요되며, 이 일생은 영양생장과 생식생장기, 두 개의 생육단계로 나뉜다.

① **영양생장기**

식물체가 양적으로 생장하는 기간으로, 이 기간의 두드러진 생장의 특징은 분얼의 증가이다.

② **생식생장기**

주로 다음 세대인 종, 속의 번식을 위한 질적인 완성기로서, 이 기간의 가장 두드러진 생육의 특징은 유수의 발육과 종실의 생성이다.

㉠ 출수 전 : 유수 발육기로 수량용량, 즉 수량의 잠재적 크기가 결정되는 시기이다.

㉡ 출수 후 : 최종수량인 전분의 양을 용기 속에 가득 채우는, 종실의 무게가 결정되는 등숙기간이다.

┃ 벼의 생육과정 ┃

생육과정	영양생장기						생식생장기							
				새끼 칠 때			마디 자랄 때		출수기	여묾 때				
	싹틀 때	못자리 때	모내기 때	뿌리 내릴 때	참새끼 칠 때	헛새끼 칠 때	배동 바지 때	이삭 팰 때		젖 익음 때	풀 익음 때	누렇게 익음 때	다 익음 때	고쇤 때
물대기	상자육묘		모낸직후 깊게	얕게 대기		중간물떼기	보통	걸러대기	보통	얕게 걸러대기			완전물떼기	
거름주기			밑거름		새끼칠거름		이삭거름			알거름				
월일	4 10		5 10	25	6 10	7 1	15	30	8 15	25			10 5	

＊ 중부 평야지, 중·만생종 중간모기계 이앙

(2) 생육환경

① 온도 : 잎의 신장은 온도의 영향을 크게 받는다.

② 광 : 부족하면 생장하는 잎새가 길어지고 잎 두께가 엷어진다.

③ 비료 : 질소는 잎 면적을 크게 하는 데 영향을 미친다.

④ 심음배기 : 단위면적당 잎면적의 증가속도가 빨라 일찍 최대 잎면적에 도달한다.

⑤ 벼 잎의 수명 : 상위엽은 하위엽보다 수명이 길고 끝잎은 수명이 가장 길다.

⑥ 벼 줄기의 생장과 환경

　㉠ 벼 줄기의 마디 사이 신장 : 이삭이 생길 때부터 시작한다.

　㉡ 벼 줄기의 생장과 환경 : 온도가 높을수록 촉진되며 저온에서는 억제된다.

　㉢ 시비관리 : 양질미를 생산하려면 우선 권장 표준시비량 이상으로 질소비료를 과용하지 말아야 한다.

　　＊ 질소비료의 시용과 쌀의 식미의 관계 : 단백질 함량을 높여 식미를 저하시킨다.

⑦ 벼 새끼치기와 환경

　㉠ 기온 35℃ 이상 : 고온장해로 유효분얼이 적어진다.

　㉡ 기온 24℃ 이하 : 냉수관개에서는 새끼치기가 억제된다.

　㉢ 벼 새끼치기는 기온보다는 수온의 영향이 더 크다.

　㉣ 수온의 적온 범위에서 주야간의 온도 차이는 새끼치기를 촉진한다.

⑧ 벼 뿌리의 생장과 환경

    ㉠ 토양온도 : 직접적으로 뿌리 기능에 영향을 주며 간접적으로는 토양의 이화학적 성질과 미생물 활동에 변화를 일으켜서 벼 뿌리에 영향을 미친다.

    ㉡ 토양산소 : 토양에 산소가 많은 상태에서 자란 벼는 물이 담겨 있는 무논의 벼와 비교하여 관근이 신장하고 분지근이 발달한다.

    ㉢ 깊이갈이와 유기물 사용 : 깊이갈이한 논에서 자라는 벼는 도복에 견디고 병해에도 강하다.

⑨ 벼의 양분흡수와 환경

    ㉠ 온도 : 벼가 생육하는 최적의 온도는 30~32℃이다.

    ㉡ 광 : 양분흡수에 대한 광의 영향은 간접적이다.

    ㉢ 토양 pH : 벼는 토양 pH가 5~7 범위일 때 잘 자란다.

⑩ 벼이삭의 분화발달과 환경

    ㉠ 온도 : 벼이삭은 30일 동안 자라 출수한다.

    ㉡ 수분 : 벼이삭은 가뭄에 매우 약하다.

    ㉢ 비료조건 : 이삭이 자라는 동안은 많은 영양이 필요하다.

⑪ 벼이삭의 여뭄과 환경

    ㉠ 온도 : 이삭이 잘 여물기 위해서는 등숙기 동안 광합성이 왕성하게 이루어져 보다 많은 광합성산물이 생성되고, 생성된 광합성 산물은 저장기관인 이삭으로 보다 많이 전류되어 축적되어야 한다.

    ㉡ 태풍 : 이삭이 팬 직후인 출수 초기에 태풍은 커다란 피해를 가져온다.

    ㉢ 조풍 : 태풍의 진로에 따라 강한 바람이 바다 쪽에서 불어오면 높은 파고로 인하여 바닷물이 공중으로 비산되고 이때 강우가 없으면 바람과 함께 비산된 염분이 바람에 의해 이동하면서 낙하하여 식물체에 축적되어 식물 조직을 고사시킨다.

4. 수확

(1) 수확시기

밥맛 좋은 양질의 쌀을 생산하려면 적기에 수확하는 것이 필수적이다.

(2) 수확 후 관리

① 건조 : 수확 시 수분함량은 20~24% 정도

② 저장 : 온도나 습도가 높으면 호흡에 의한 양적 및 질적 손실이 커지고 쌀알 내의 화학적 변화가 심해진다.

(3) 저장 중인 벼의 품질변화

① 저장 중인 벼의 손실 : 농가에서 저장하는 벼의 손실률은 평균 4.9%로 미곡처리장의
0.5%에 비해 월등히 높다.
② 벼의 저장조건
    ⊙ 수분과 습도 : 벼의 수분함량은 저장성에 크게 영향을 미침, 벼가 일정 온도에서 흡
습과 방습의 균형을 맞추기 위해서는 저장고 내 상대습도가 매우 중요하다.
    ⓛ 온도 : 저장하는 벼의 온도는 대개 저장고의 공기 온도와 같다.

5. 직파재배의 생육상의 특징

① 저위절로부터 조기 분얼의 출현으로 단위면적당 이삭수 확보가 용이하다.
② 건답직파재배의 논토양은 통기·투수성이 양호하고 환원화의 진행이 늦어서 뿌리의 활력
이 생육 후기까지 높게 유지된다.
③ 파종이 동일한 경우 직파벼는 이앙벼에 비해 출수기가 빨라진다.
④ 출아·입묘가 불량하고 균일하지 못하다.
⑤ 분얼의 과다로 과번무의 우려가 있다.
⑥ 절대 이삭수는 많으나 무효분얼이 많고 유효경비율이 낮다.
⑦ 잡초의 발생이 많으며, 담수표면직파의 경우는 도복하기 쉽다.

Ⅲ 기출문제

벼 직파재배의 장점이 아닌 것은?

① 노동력 절감   ② 생육기간 단축
③ 입모 안정으로 도복 방지   ④ 토양 가용영양분의 조기 이용 **정답 ③**

벼 직파재배의 장점이 아닌 것은?

① 노동력 절감   ② 생육기간 단축
③ 입모 안정으로 도복 방지   ④ 토양 가용영양분의 조기 이용 **정답 ③**

벼의 영양생장기에 속하지 않는 생육단계는?

① 활착기   ② 유효분얼기
③ 무효분얼기   ④ 수잉기 **정답 ④**

기출문제

벼의 유묘로부터 생장단계의 진행순서가 바르게 나열된 것은?

① 유묘기 – 활착기 – 이앙기 – 유효분얼기   ② 유묘기 – 이앙기 – 활착기 – 유효분얼기

③ 유묘기 – 활착기 – 유효분얼기 – 이앙기   ④ 유묘기 – 유효분얼기 – 이앙기 – 활착기

정답 ②

다음 중 벼재배에서 앵미의 발생이 가장 많은 재배방식은?

① 건답직파   ② 담수표면산파

③ 이앙재배   ④ 무논골뿌림   **정답 ①**

벼의 규소(Si)가 부족했을 때 나타나는 주요 현상은?

① 황백화, 괴사, 조기낙엽 등의 증세가 나타난다.

② 줄기, 잎이 연약하여 병원균에 대한 저항력이 감소한다.

③ 수정과 결실이 나빠진다.

④ 뿌리나 분얼의 생장점이 붉게 변하여 죽게 된다.   **정답 ②**

종자용 벼를 탈곡기로 탈곡할 때 가장 적합한 분당 회전속도는?

① 50회   ② 200회

③ 400회   ④ 800회   **정답 ③**

② 병해충 및 잡초방제 방법

1. 병해충 방제방법

(1) 벼의 주요 병충해

① 벼의 주요 병

ㄱ 도열병 : 질소질 비료를 많이 시비한 논에서 흐리고 비 오는 날이 많아 공기습도가 높고 일조가 부족하여 비교적 저온일 때 발생이 심하다.

ㄴ 잎집무늬마름병 : 6~8월경 고온다습한 환경에서 벼를 밀식하여 포기 내의 습도가 높을 때 많이 발생한다.

ㄷ 흰빛잎마름병 : 태풍에 의하여 잎이 상처를 입거나 침수된 후에 병원균이 침입하여 발생한다.

   ⓔ 바이러스병 : 애멸구에 의하여 매개되는 줄무늬잎마름병과 매미충류에 의해 매개되는 오갈병이 벼의 바이러스병에 속한다.

 ② 벼의 주요 해충

   ㉠ 멸구류와 매미충류 : 벼멸구와 흰등멸구는 장거리 이동성 해충으로 줄기의 즙액을 빨아먹어 벼가 마르고 쓰러지게 한다.

   ㉡ 이화명나방 : 6월과 8월 2회 발생하며 애벌레가 줄기 속을 파 들어가서 줄기와 이삭을 마르게 한다.

   ㉢ 혹명나방 : 장거리 이동성 해충으로 애벌레가 잎을 갉아 먹는다.

   ㉣ 벼물바구미 : 외래 해충으로 추정되며 피해가 점차 증가되고 있다. 애벌레가 벼 뿌리를 갉아먹어 포기가 누렇게 변하며 벼가 잘 자라지 못한다.

(2) 병해충 관리를 위하여 사용이 가능한 자재

 ① 식물과 동물 : 제충국 제제, 데리스 제제, 쿠아시아 제제, 라이아니아 제제, Neem 제제, 밀납, 동식물 유지, 해조류 및 해조류 가루, 해조류 추출액, 소금 및 소금물, 젤라틴, 인지질, 카제인, 식초 및 천연산, 누룩곰팡이의 발효생산물, 버섯 추출액, 클로렐라 추출액, 천연식물에서 추출한 제제, 천연약초, 한약제 및 목초액, 담뱃잎차 등이다.

 ② 미네랄 : 보르도액, 수산화동 및 산염화동, 부르고뉴액, 구리염, 유황, 맥반석 등 광물질 분말, 규조토, 규산염 및 벤토나이트, 규산나트륨, 중탄산나트륨 및 생석회, 과망간산칼륨, 탄산칼륨, 파라핀유, 키토산 등이다.

 ③ 생물학적 병해충 관리를 위해 사용되는 자재 : 미생물 제제, 천적 등이다.

 ④ 기타 : 이산화탄소 및 질소가스, 비눗물, 에틸알코올, 동종요법 및 아유르베딕 제제, 향신료, 바이오다이내믹 제제 및 기피식물, 웅성불임곤충, 기계유제 등이다.

 ⑤ 덫 : 성유인물질(페로몬, 작물에 직접 살포하지 아니할 것), 메타알데히드를 주성분으로 한 제제이다.

(3) 병해충 방제방법

 ① 오리 농법 : 오리가 해충을 제거하는 방법으로는 직접 주둥이로 해충을 잡아먹거나 날개를 치면서 벼에 붙어 있는 해충(멸구 등)을 물 위에 떨어뜨리는 방법 등이다.

 ② 우렁이 농법 : 논에 있는 문고병을 예방하는 효과가 있다.

⬛ 기출문제

벼 유기재배 시 잡초방제를 위해 왕우렁이를 방사하는데 다음 중 가장 적합한 시기는?

① 모내기 5~10일 전   ② 모내기 후 5~10일
③ 모내기 후 20~30일   ④ 모내기 후 30~40일 **정답 ❷**

기출문제

병해충의 생물학적 제어와 관계가 먼 것은?

① 유해균을 사멸시키는 미생물　　　② 항생물질을 생산하는 미생물

③ 미네랄 제제와 미량요소　　　　　④ 무당벌레, 진디벌 등 천적　　**정답** ❸

다음 중 생물적 방제와 관계가 없는 것은?

① 천적의 이용　　　　　　　　　　② 식물의 타감작용 이용

③ 천적 미생물의 이용　　　　　　　④ 녹비작물의 이용　　　　　**정답** ❹

병해충 관리를 위해 사용이 가능한 유기농 자재 중 식물에서 얻는 것은?

① 목초액　　　　　　　　　　　　　② 보르도액

③ 규조토　　　　　　　　　　　　　④ 유황　　　　　　　　　　　**정답** ❶

2. 잡초방제방법

(1) 주요 잡초의 발생

① 우리나라 논에서 발생하는 잡초는 27과 92종이며 그중 1년생이 30종, 월년생 3종, 다년생 59종이라고 한다.

② 우리나라 논에 발생하는 주요 잡초는 피, 물달개비, 올미, 올챙이고랭이, 가래, 너도방동사니, 올방개, 벗풀 등이다.

③ 간척지 우점 잡초 : 매자기, 해조, 갈대, 새섬매자기 등이다.

‖ 주요 논 잡초 ‖

구 분		잡초 이름
1년생 잡초	화본과	강피, 물피, 돌피, 둑새풀
	방동사니과	알방동사니, 참방동사니, 바람하늘지기, 바늘골
	광엽잡초	물달개비, 물옥잠, 사마귀풀, 여뀌, 여뀌바늘, 마디꽃, 밭둑외풀, 등에풀, 생이가래, 곡정초, 자귀풀, 중대가리풀
다년생 잡초	화본과	나도겨풀
	방동사니과	너도방동사니, 매자기, 올방개, 올챙이고랭이, 쇠털골, 파대가리
	광엽잡초	가래, 벗풀, 올미, 개구리밥, 좀개구리밥, 네가래, 수염가래꽃, 미나리

참고정리

✔ 피 : 벼는 C3 광합성 식물이고, 피는 C4 광합성을 하는 식물이다.

① 강피 : 초형이 벼와 비슷하여 본논 초 · 중기에는 잘 관찰되지 않는다.

② 물피 : 분얼경이 옆으로 퍼져 있어 벼와 구분이 잘 된다.

③ 돌피 : 피 중에서 키가 가장 크다.

④ 둑새풀 : 답리작(논과 밭)에 주로 발생한다.

✔ 잡초의 종류

1) 일년생 잡초

① 피(Echinochloa spp.) : 화본과 잡초로 강피 · 물피 · 돌피가 있으며 벼의 피해가 크다.

② 물달개비(Monochoria Vaginalis Presl.)

㉠ 전국 논에 우점하고 있으며 1포기에서 생산되는 종자 수가 1,000~2,000이다.

㉡ 잎이 심장형으로 넓기 때문에 1년생 광엽잡초 중 벼에 대한 공간 및 양분경합이 가장 크다.

③ 사마귀풀 : 닭의 장풀과로 종자번식하며 4월부터 발생한다.

④ 가막사리와 자귀풀은 벼 직파재배 논에서 큰 문제가 된다.

㉠ 가막사리 : 발아적온은 35~40℃이나 10℃에서도 20% 정도는 발아한다.

㉡ 자귀풀 : 콩과 잡초로 특히 마른논직파 논에 많다.

⑤ 올챙이고랭이(Scirpus juncoides Roxb.)

㉠ 다년생과 일년생이 있으나 보통논에서는 종자번식하는 일년생으로 자란다.

㉡ 종자번식하며 줄기가 직립성이고 뿌리 근처에서 여러 개가 뭉쳐 발생한다.

2) 다년생 잡초

① 알방동사니(Cyperus difformis L.) : 종자가 매우 작고 가벼워서 바람이나 물에 의해 쉽게 전파된다.

② 올방개(Elecharis kuroguwai Ohwl)

㉠ 대부분 덩이줄기(괴경)로 번식하고 1개가 수십 개의 덩이줄기를 생산하며 한번 형성된 덩이줄기는 5~7년 생존할 수 있다.

㉡ 형성된 덩이줄기는 다음해 움(맹아) 비율이 80%이며 나머지 20%는 토양에서 휴면한다.

③ 벗풀(Sagittaria trifolia L.)

㉠ 덩이줄기에 의해 번식하며 땅속에서 1년 이상 견디지 못하므로 다음해에 발생하지 않으면 죽는다.

㉡ 덩이줄기마다 휴면기간이 달라 지속적으로 발생한다.

㉢ 벗풀은 초장이 벼와 비슷하여 볕쪼임을 방해하고 단위무게당 질소 함량이 벼의 2배 정도로 높아 양분탈취가 심하다.

④ 개구리밥(Spirodela polyrhiza schleiden) : 수면에서 생육하므로 산간지의 습답에서는 수온을 떨어뜨려 벼 생육이 지연되며, 기계이앙 논에서는 어린 모에 물리적 상처를 주기도 한다.

⑤ 물달개비 · 물옥잠 · 올챙이고랭이 · 알방동사니 등은 최근 설포닐우레아계 제초제에 저항성을 나타내는 생태형이 출현하여 잡초방제의 새로운 문제로 대두되고 있다.

(2) 잡초의 방제

① 잡초의 유해성 : 양분과 수분의 수탈, 광의 차단, 환경의 악화, 병충해의 번식을 조장한다.
② 발생억제 방법 : 경운, 답전윤환, 담수화, 써레질 등이다.
③ 잡초방제의 기본 : 경지환경을 변화시켜 잡초가 생육하기 어려운 조건을 만들어 증식을 억제하는 것이다. 발생한 잡초 또는 발생하고 있는 잡초의 기계적·화학적 방제이다.

(3) 잡초방제의 종류

① 기계적 방제 : 수취, 배기 등 물리적인 힘에 의해 잡초를 제거한다.
② 생태적 방제 : 경종적 방법이며 파종기를 조절하거나 짚멀칭 등을 하여 잡초와의 경합을 피하거나 잡초의 생육을 억제한다.
③ 생물학적 방제 : 천적을 이용하여 잡초의 세력을 경감시키는 방법이며 길항미생물법, 대항식물법, 약독바이러스법이 있다.
④ 재배적 방제 : 잡초보다 발아속도나 본엽의 전개가 빠른 작물이나 품종을 선택한다.
⑤ 화학적 방제 : 제초제로 처리하는 방법, 가장 많이 사용하는 방법이다.
⑥ 종합적 방제 : 농약, 천적, 내병충성 품종, 작물의 재배법 등을 유기적으로 조화시킨다.

(4) 잡초 방제방법

① 오리 농법(이앙 후 7~14일 후)
　㉠ 직접 먹어서 없애는 방법
　㉡ 잡초의 종자를 먹는 방법
　㉢ 싹이 트지 않은 종자를 수면 위로 뜨게 하는 방법
　㉣ 잡초종자를 발아불능화 또는 광합성 저해화한다.
② 쌀겨 농법 : 토양표층을 강한 환원상태로 만든다.
③ 우렁이 농법 : 농약이나 사람 대신 풀을 매주는 것으로 왕우렁이를 이용한다.

Ⅲ 기출문제

다음 중 유기재배 시 제초방제 방법으로 잘못된 것은?

① 저독성 화학합성물질 살포　　　② 멀칭·예취
③ 화염제초　　　　　　　　　　　④ 기계적 경운 및 손제초　　　정답 ❶

---

(5) 잡초의 특성

① 경쟁력 : 잡초와 작물은 광, 수분, 양분을 더 많이 이용하기 위하여 서로 경쟁한다.

② 지속성 : 잡초는 발생했던 곳에서 매년 거듭하여 발생하는 지속성을 가지고 있다.

③ 유해성 : 잡초는 원예식물의 생산 전반에 걸쳐 여러 가지 형태로 해를 끼친다.

(6) 잡초가 유익하게 이용되는 면

① 종의 다양성을 유지한다.

② 비바람에 의한 토양유실을 막는다.

③ 구황물질로 이용된다.

④ 과수원의 초생재배 식물로 이용된다.

⑤ 유기물의 공급원이 된다.

⑥ 가축의 사료원이 된다.

⑦ 야생동물의 서식처가 된다.

⑧ 탄산가스를 억제하는 데 기여한다.

⑨ 주변환경과 경관이 좋아진다.

기출문제

오리농법에 의한 벼재배에서 오리의 역할이 아닌 것은?

① 잡초를 못 자라게 한다.
② 해충을 잡아 먹는다.
③ 도열병균을 잡아 먹는다.
④ 배설물은 유기질비료가 된다.　**정답** ③

수도작에 오리를 방사하는데 모내기 후 언제 넣어 주는 것이 가장 효과적인가?

① 7~14일 후
② 20~25일 후
③ 25~30일 후
④ 30~40일 후　**정답** ①

❸ 유기 수도작의 환경조건

1. 수도작과 기상환경

(1) 기온(온도)

① 생육시기와 온도

㉠ 벼는 품종 및 생육시기에 따라 적온의 범위가 다르다.

㉡ 일반적으로 인디카 품종이 자포니카 품종보다 적온의 수준이 약간 높다.

㉢ 벼의 생육시기별 적온은 발아와 출아는 30~32℃이며, 육묘기간은 20~25℃이고, 이앙 후부터 분얼기까지는 25~31℃이며, 이삭 팰 때는 30~33℃, 이삭이 여무는 등숙기는 20~22℃이다.

㉣ 벼가 자라는 자연환경에서 적온 유지는 현실적으로 곤란하다.

㉤ 벼의 안전재배를 위해서는 생육단계별 저온과 고온의 한계온도 범위 내에서 벼가 자랄 수 있도록 적절한 재배시기를 선정하여 재배 관리하는 것이 중요하다.

② 적산온도

㉠ 적산온도란 벼 생육기간 중 0℃ 이상의 일 평균기온을 합계한 값을 말하며, 벼 품종과 이앙시기에 따라 달라지나, 대략 범위는 2,500~4,000℃이다.

㉡ 파종 전에 종자를 물에 침종시키는 데에도 적산온도 기준으로 100℃가 필요하다.

㉢ 수온이 25℃일 때 4일, 20℃일 때 5일 침종하면 종자가 발아하는 데 필요한 수분을 흡수하게 된다.

㉣ 영양 생장기에 한 매의 잎이 출현하는 데 요구되는 적산온도는 약 100℃이며, 생식 생장기에는 170~180℃이다.

㉤ 지엽의 추출완료로부터 이삭 패는 시기까지는 약 200℃, 이삭 팬 후 성숙기까지는 800~880℃의 적산온도가 필요하다.

‖ 벼 생육시기별 적온과 한계온도 ‖

생육시기	한계온도(℃)		적온(℃)
	저온	고온	
발아	10	45	30~32
출아 · 입모	12~13	35	25~30
활착	13~16	35	25~28
잎의 신장	7~12	45	31
분얼(가지치기)	9~16	33	25~31
유수분화(어린 이삭 형성)	15		
영화분화(벼 알맹이 형성)	15~20	38	
개화	22	35	30~33
등숙	10~22	30	20~22

III 기출문제

일반적으로 볍씨의 발아 최적 온도는?

① 8~13℃　　　　　　　　　　　② 15~20℃

③ 30~34℃　　　　　　　　　　　④ 40~44℃　　　정답 ③

[화성벼]

[안다벼]

③ 온도와 벼 생육

　　㉠ 벼 생육은 생리작용의 결과 생성된 물질에 의해 이루어지는데, 생리작용은 온도의 지배를 받는다.

　　㉡ 생리작용에는 광합성, 호흡, 수분흡수, 양분흡수, 동화산물의 전류 등이 있는데, 이들은 온도의 영향을 받아 생육이 왕성하거나 저조하게 된다.

　　㉢ 벼의 광합성 작용에 알맞은 온도는 품종에 따라 다르나, 대체로 통일형 품종이 자포니카형 품종보다 다소 높다.

　　㉣ 생육온도에 따른 이앙 후 벼의 생육량은 현저히 다른데, 적온 범위 내에서는 온도가 높을수록 생육이 양호하다.

(2) 일조(일사량)

　① 일조란 태양광이 지표를 비추는 것을 말하며, 일조시간은 하루 중 일정 밝기 이상의 시간을 나타낸다.

　② 일조시간은 일조계로 조사 기록하는데, 밝기가 120W/m² 이상인 시간을 나타낸다.

　③ 영양생장기에 일조시간이 적으면 벼의 키가 도장되기 쉽다. 일조시간은 벼의 전체 생육기간에 영향을 미친다.

　④ 이삭 팬 후인 등숙기에는 벼 알맹이의 양분 축적이 부실하여 등숙률 및 천립중의 무게가 저하된다.

⑤ 인공광 생육상에서 벼를 5,000분의 1a 포트에 재배한 결과 일조량(광도)이 많을수록 분얼수가 많고, 키는 충실한 양상을 보였다.

(3) 물(강우)

① 물은 식물체의 상당 부분을 차지하며, 뿌리에 의해 흡수되어 생장 및 활동에 이용되고, 잎이나 줄기의 증산작용에 의해 소실된다.

② 벼의 생육기간 중에 생육시기별로 요구되는 물의 양은 다르다.

③ 벼의 일생 중에 수잉기, 출수기, 이앙기에 필요한 물의 양이 많은 편이고, 헛가지 치는 시기는 물공급이 필요 없는 시기이다.

④ 벼는 일반적으로 물이 있는 습지에서 잘 자라는 것으로 알려져 있기는 하지만, 건실한 생육과 뿌리기능 증대 및 활력 유지를 위해서는 논에 항상 물을 담아서 재배하는 것보다는 포화수 조건에서 벼를 재배하는 것이 바람직하다.

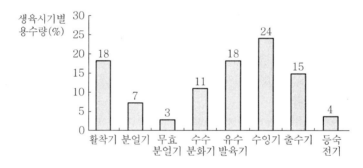

[벼 생육시기별 용수량(필요한 물의 양)]

(4) 대기

① 대기 중에는 질소, 산소, 이산화탄소 등의 가스가 분포되어 있는데, 이산화탄소는 벼의 광합성작용에 크게 영향을 미친다.

② 온도가 적당하고 일사량이 충분한 환경하에서는 이산화탄소가 벼의 광합성작용의 제한 인자가 된다.

③ 자연포장의 군락상태에 있는 벼는 광합성작용에 의해 대기 중의 이산화탄소를 다량 흡수하여, 군락 내부 주변의 이산화탄소 농도는 낮아진다.

④ 이러한 경우에는 약한 바람이 불면 대기 중의 이산화탄소를 군락 내부로 이동시켜 농도를 평형화시킴으로써, 일시적인 광합성 저하를 막게 된다. 대기의 온실효과에 이산화탄소 농도의 증가가 가장 크게 관여하는 것으로 알려져 있다.

기체	기여도(%)
이산화탄소(CO_2)	55
염화불화탄소(CFC)	24
메탄(CH_4)	15
질소산화물(NO_x)	6

‖ 대기의 온실효과에 기여하는 기체 ‖

📖 기출문제

온대지역에서 자라는 벼는 대부분 어떤 조건에서 가장 출수가 촉진되는가?

① 저온, 단일
② 저온, 장일
③ 고온, 단일
④ 고온, 장일

정답 ③

2. 수도작과 토양환경

(1) 논의 종류

논의 종류는 토양의 성질, 관배수의 조건, 벼의 재배양식, 작부체계 등 벼의 생산력과 토양 및 재배관리상의 제한요소를 고려하여 분류한다.

① 보통논
   ㄱ 평탄지 및 곡간지에 분포하며 관개수원이 충분하고 배수가 용이한 생산력이 높은 논으로, 우리나라 논 토양의 약 33%가 해당된다.
   ㄴ 답리작, 답전작 등 논의 다모작은 물론 논밭윤환재배 체계의 도입이 가능하다.

② 미숙논
   ㄱ 미숙논은 개답 역사가 짧고 유기물 함량이 매우 낮은 식양질 또는 식질 토양으로 대체로 투수력이 낮고, 치밀한 조직을 갖는 토양이다.
   ㄴ 전체 논 면적의 약 23%에 달하며, 개량을 위해서는 다량의 퇴비 등의 유기물 시용과 깊이갈이에 의한 물리성 개선이 필요하다.

③ 사질논
   ㄱ 모래함량이 너무 많아 지하 투수속도가 빠르고, 수분흡착일수가 0.5~2일 이하로서 양분보유력이 약하고 용탈이 심한 누수논이다.
   ㄴ 전체 논 면적의 약 32%이며, 개량방법은 점질토가 많은 토양을 객토하고, 녹비재배, 그리고 비료는 완효성비료 시용과 분시가 효과적이다.

④ 고논

　　㉠ 배수 불량한 논으로서 지온이 낮아 유기물의 분해가 늦고, 통기성이 불량해서, 토양의 이화학적 성질이 나쁘다.

　　㉡ 습답의 개량은 암거배수 등으로 지하수위를 낮추고, 객토를 실시하며, 미숙된 유기물의 사용과 유안 등 유황산 비료의 사용을 피하는 것이 좋다.

(2) 논토양의 특성

① 벼 재배는 물이 담겨 있는 논에서 이루어지는데, 최대 이점은 물 공급에 의한 생산의 안정성이다.

② 담수상태의 벼 뿌리의 환경은 토양의 환원상태로 되는 점이 밭토양과 다른 점이다.

③ 논토양에 속효성 질소 비료로 밑거름을 사용하면 질소의 30~40%만 벼가 흡수 이용하고 나머지는 유실된다.

④ 논토양에서 담수 후 1~2주일이 지나면 작토 중에는 산소가 풍부한 산화층과 산소가 결핍된 환원층으로 분화가 일어난다.

⑤ 논토양의 작토가 산화층과 환원층으로 분화되는 여건에서 비료로 사용한 질소의 손실을 야기시키는 현상을 탈질작용이라 한다.

⑥ 암모니아태질소를 표층인 산화층에 사용하면 산소가 풍부해서 질화작용이 이루어져서, 암모니아 → 아질산 → 질산으로 산화과정이 진행된다.

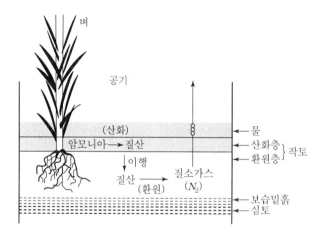

⑦ 암모니아는 토양입자에 강하게 흡착되지만, 질산은 거의 흡착되지 않기 때문에 물의 하층부위로 이동하면서 동시에 하층의 환원층으로 이행한다.

⑧ 환원층은 산소를 빼앗으려는 환경으로 질산은 산소를 3개 빼앗기고 질소가스가 되어 대기 중으로 확산·소실되는데, 이 과정을 탈질현상이라 한다.

⑨ 탈질작용을 줄이기 위해서는 밑거름 시비방법으로서 완효성비료의 전층시비, 혹은 심층시비가 바람직하다.

⑩ 우리나라 논토양의 화학성은 1995년의 보고에 의하면 산도(pH) 5.6, 유기물 25g/kg, 유효인산 128mg/kg 등이다.

기출문제

우리나라 논토양의 특성으로 볼 수 없는 것은?

① 염기치환용량이 낮다.
② 유기물함량이 낮다.
③ 표토의 유실에 따른 작토의 깊이가 낮다.
④ 평균 칼리함량이 낮다.

 정답 ④

(3) 한국의 벼 재배 여건

우리나라는 몬순기후를 전형적으로 나타내는 지역으로, 여름에 강우가 많고, 지형은 산이 많아서 비가 일시에 많이 오면, 경작지에 물이 고이는 형태로서 벼 재배에 알맞다. 지역 및 표고별로 기후변화가 커서 지대별로 벼 재배지역을 구분하여 영농의 안전재배를 위한 기초자료로 활용하고 있다.

① 기상
㉠ 우리나라 벼농사 기간인 4~10월의 기상은 매우 뚜렷한 특징을 보인다.

㉡ 순별 평균기온은 8월 상순에 최고를 나타내고, 그 전후로 멀어질수록 온도가 점차 낮아지는 양상을 나타낸다.

㉢ 강우량은 고온기인 7월과 8월에 집중적으로 많다.

㉣ 일조시간은 5월 하순과 6월 상~중순, 9월 중하순과 10월이 다소 긴 편이다.

㉤ 육묘기 저온은 비닐 등 보온자재를 사용하여 육묘기 온도를 높임으로써 이앙에 알맞은 모를 키워내고 있으며, 가을의 저온은 벼 등숙에 제한 요인이 되고 있다.

㉥ 1998년과 1999년에는 육묘기인 4월과 5월의 기온이 예년에 비해 훨씬 높아서 비닐하우스 또는 비닐터널 내에서 벼 상자육묘를 하면서 통풍 및 환기조절을 소홀히 하여 고온장해 발생으로 모를 망가뜨린 예가 적지 않다.

㉦ 1998년에는 이삭 패는 시기 전후와 등숙기의 일조 부족과 집중폭우로 인한 도복 발생, 1999년에 등숙기에 태풍이 동반한 집중호우로 인한 도복 발생 등으로 수량에 적지 않은 영향을 미쳤다.

㉧ 우리나라의 벼농사는 기상여건이 매우 다양한 변화를 보이므로, 그에 알맞는 재배 관리 기술이 계속 모색되어야 그로 인한 수량의 감소를 줄여 나갈 수 있을 것이다.

② 지형

ㄱ 지형이란 토양이 생성되는 장소의 경사도와 배수조건을 나타내는 것으로서, 우리나라 논토양은 대체로 평탄지나 곡간지에 분포되어 있다.

ㄴ 평탄지의 논은 배수 약간불량 또는 불량이며, 곡간지의 논은 배수가 양호하다.

ㄷ 우리나라의 지형은 여름인 7월과 8월의 장마 및 집중호우가 발생하면 빗물이 일시에 하류로 많이 흘러서, 논과 밭이 물에 잠기는 사례가 많다.

ㄹ 우리나라의 독특한 담수되는 지형 여건하에서는 습지에서 생육이 잘 되는 벼 재배가 가장 적합해서 오래전부터 시작되었다.

③ 벼농사의 지대구분

ㄱ 우리나라의 벼농사 지대는 온도를 기준으로 하고, 표고와 위도를 감안하여 남한 19개 지대, 북한 7개 지대, 합계 26개 지대로 구분한다.

ㄴ 벼농사를 짓는 농민의 입장에서는 해당 지역이 어느 지대에 속하는지를 우선 파악하고 그에 알맞은 벼 품종과 적절한 재배기술을 투입함으로써 목표수량을 달성하도록 노력해야 할 것이다.

기출문제

남부지방의 논에 녹비작물로 이용되며 뿌리혹박테리아로 질소를 고정하는 식물은?

① 진주조   ② 자운영
③ 호밀   ④ 유채   정답 ②

계속하여 볏짚을 논에 투입하는 유기 벼 재배에서 가장 결핍될 것으로 예상되는 토양 양분은?

① 질소   ② 인산
③ 칼리   ④ 칼슘   정답 ①

3. 논 · 밭의 종류와 토양

벼의 생육과 품질을 높이기 위한 토양조건은 우선 벼 생육에 필요한 양분과 수분을 각 생육시기별로 원활히 공급할 수 있는 지력과 토성을, 벼 뿌리 발달에 좋고 냉해, 수해, 한해 등의 기상재해에 견딜 수 있는 완충기능을 지녀야 한다는 것이다.

📖 기출문제

답전윤환 체계로 논을 밭으로 이용할 때, 유기물이 분해되어 무기태질소가 증가하는 현상을 무엇이라 하는가?

① 산화작용   ② 환원작용

③ 건토효과   ④ 윤작효과   **정답 ③**

다음 중 밭토양의 지력배양을 위한 작물로 적당한 것은?

① 콩   ② 밭벼

③ 옥수수   ④ 수단그라스   **정답 ①**

시비량의 이론적 계산을 위한 공식으로 맞는 것은?

① 비료요소흡수율 – 천연공급량/비료요소흡수량

② 비료요소흡수량 – 천연공급량/비료요소흡수율

③ 천연공급량 + 비료요소흡수량/비료요소흡수량

④ 천연공급량 – 비료요소공급량/비료요소흡수율   **정답 ②**

다음 중 떼알구조 토양의 이점이 아닌 것은?

① 공기 중의 산소 및 광선의 침투가 용이하다.

② 수분의 보유가 많다.

③ 유기물을 빨리 분해한다.

④ 익충 유효균의 번식을 막는다.   **정답 ④**

다음 중에서 물을 절약할 수 있는 가장 좋은 관수법은?

① 고랑관수   ② 살수관수

③ 점적관수   ④ 분수관수   **정답 ③**

작물 재배 시 도복현상이 발생하는 주요한 원인은?

① 마그네슘이 부족하다.   ② 질소가 과다하다.

③ 인산이 과다하다.   ④ 칼리가 과다하다.   **정답 ②**

05 유기축산

① 유기축산 일반

1. 유기축산 현황

(1) 유기축산의 개념

① 축산환경에 오염이나 난분해를 유발하지 않고 환경의 자연정화와 물질의 자연순환을 통하여 지속적으로 영위될 수 있는 친환경축산에서 출발한다.

② 친환경농업의 개념이 최종산물의 품질을 규정하는 개념으로 변화하기 시작하면서 유기축산의 개념이 등장하였고 유기축산의 과정을 통하여 생산된 산물을 유기축산물로 표현한다.

③ 코덱스(Codex) 위원회를 통하여 결정된 유기축산의 개념은 "축산물의 생산과정에서 수정란 이식이나 유전자 조작을 거치지 않은 가축에 각종 화학비료, 농약을 사용하지 않고 또한 유전자 조작을 거치지 않은 사료를 근간으로 그 외 항생물질, 성장호르몬, 동물성부산물사료, 동물약품 등 인위적인 합성 첨가물을 사용하지 않은 사료를 급여하고 집약 공장형 사육이 아니라 운동이나 휴식공간, 방목초지가 겸비된 환경에서 자연적 방법으로 분뇨처리와 환경이 제어된 조건에서 사육, 가공, 유통, 평가, 표시된 가축의 사육체계와 그 축산물"을 의미한다.

(2) 세계 유기농업의 일반적 현황 및 추세

최근 수년간 유럽, 미국, 일본에서의 유기농 식품시장의 연간 성장률이 15~30%에 이르는 등, 세계 유기농 식품시장이 급성장하고 있다.

(3) 우리나라 유기축산의 인증 현황

친환경축산물의 인증은 두 종류로 유기축산물과 무항생제 축산물이 있다.

(4) 유기축산물의 유통체계

현재 전 세계 유기축산물의 유통체계는 크게 농가직판, 대형점 유통, 유기식품 전문체인점, 생산자와 소비자 협동조합으로 구분된다.

(5) 유기축산 규정 및 지침

세계 주요국의 유기축산 규정이나 지침은 다양한 과정을 거쳐 형성되어 왔다.

(6) 한국형 유기축산의 방향 및 개념

한국형 유기축산이란 한국의 농업여건, 소비자성향, 국제 농업교역 전망을 바탕으로 제시될 수 있는 한국의 실정에 적합한 유기축산의 전개 방향과 대책을 의미한다.

기출문제

친환경인증에 의하여 인증되는 축산물의 종류는 몇 가지인가?

① 한 가지   ② 두 가지

③ 세 가지   ④ 네 가지   **정답 ②**

＊무항생제축산물이라는 새로운 개념의 친환경축산물인증제도가 도입되기 전인 최근까지는 유기축산물과 전환기유기축산물 두 종류로만 친환경축산물이 존재해 왔다.

2. 사육과 사육환경

① 가축의 복리 : 유기농업적 축산의 기본은 가축 간의 조화로운 관계의 발전과 가축의 생리적 요구를 존중해주는 것이다.

② 수의약품 : 적절한 사료에 의한 가축 사양과 관리를 가축을 건강하게 사육하며 기생충이나 질병으로부터 보호하는 주된 수단으로 규정하고, 질병이 없는 가축에게 수의약품의 사용은 허용치 않는다.

③ 유전공학적 번식기법 및 물질 : 가축번식에서 수정란 이식기법이나 번식 호르몬 처리는 허용되지 않으며 유전공학을 이용한 번식기법은 금지한다.

기출문제

다음 중 유기가축 사육장 조건에 맞지 않는 것은?

① 청결하고 위생적이어야 한다.

② 충분한 환기와 채광이 되는 케이지에서 사육한다.

③ 신선한 음수를 급여할 수 있다.

④ 축사 바닥은 부드러운 구조로 하여야 한다.   **정답 ②**

3. 유기축산 경영

① 항생제에 의한 환경파괴를 막음

② 국민 건강을 지킴

③ 축산물 생산비를 줄임

기출문제

유기축산의 올바른 동물관리 방법과 거리가 먼 것은?

① 항생제에 의존한 치료   ② 적절한 사육밀도

③ 양질의 유기사료 급여   ④ 스트레스 최소화   **정답 ①**

일반적으로 돼지의 임신기간은 약 얼마인가?

① 330일   ② 280일

③ 152일   ④ 114일   **정답 ④**

우리나라 유기축산의 문제점과 가장 거리가 먼 것은?

① 유기사료 재배포장의 확보 문제   ② 유기사료 생산에서의 기술적 문제

③ 유기사료곡물의 확보 문제   ④ 유기가축 축사 설치 문제   **정답 ④**

② 유기축산의 사료 생산 및 급여

1. 유기축산사료의 조성, 종류 및 특징

(1) 농후사료

① **종자열매류** : 밀, 귀리, 옥수수 등의 곡류로 에너지양이 높고 단백질 함량은 보통이다.

② **겨류** : 곡물을 정제하고 얻는 부산물이다.

③ **찌꺼기류** : 콩, 유채, 깨 등을 채유하고 얻는 부산물인 깻묵류는 일반적으로 단백질 함량이 많다.

④ **동물질사료** : 어분, 물고기 찌꺼기, 피시솔루블, 육분, 혈분, 우모분, 탈지분유 등이다.

(2) 조사료

① **생초** : 야초, 목초, 풋베기 사료작물이 있다.

② **뿌리채소류** : 사료용 순무, 사료용 비트, 루터베이거 등의 뿌리채소류이다.

③ **사일리지** : 생초, 풋베기 작물, 곡실을 사일로에 채워 넣고 젖산 발효시킨 저장사료이다.

④ **건초** : 야초, 목초를 베어서 건조시킨 것으로 초식가축의 사육에 매우 중요한 사료이다.

⑤ **짚류** : 종축용 작물의 짚은 섬유분 특히 리그닌이 많고 단백질, 미네랄의 함량이 적어 영양적으로 떨어지며 가축의 기호도도 낮다.

⑥ 나뭇잎류 : 콩과식물의 나뭇잎은 단백질이 풍부하고 가축도 즐겨 먹으므로 사료원으로
이용하면 좋다.

(3) 특수사료

① **미네랄 사료** : 산란계는 알껍데기를 형성해야 하므로 칼슘이 부족하기 쉬워서 굴껍데기
등을 주어야 한다.
② **사료첨가물** : 천연 사료원만을 배합했을 때 부족하기 쉬운 성분을 보충하거나 사료의
저장성을 높이기 위해서 배합사료에 미량으로 첨가하는 물질을 말한다.

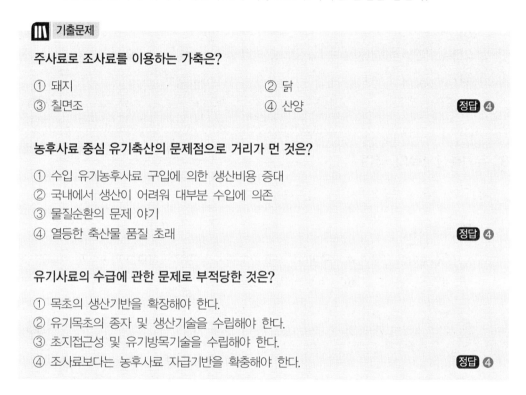

기출문제

주사료로 조사료를 이용하는 가축은?

① 돼지   ② 닭
③ 칠면조   ④ 산양   **정답** ④

농후사료 중심 유기축산의 문제점으로 거리가 먼 것은?

① 수입 유기농후사료 구입에 의한 생산비용 증대
② 국내에서 생산이 어려워 대부분 수입에 의존
③ 물질순환의 문제 야기
④ 열등한 축산물 품질 초래   **정답** ④

유기사료의 수급에 관한 문제로 부적당한 것은?

① 목초의 생산기반을 확장해야 한다.
② 유기목초의 종자 및 생산기술을 수립해야 한다.
③ 초지접근성 및 유기방목기술을 수립해야 한다.
④ 조사료보다는 농후사료 자급기반을 확충해야 한다.   **정답** ④

2. 유기축산사료의 배합, 조리, 가공방법

① 가축생산은 대지와 관련된 활동이다.
② 가축밀도는 지역의 사료 생산 능력, 가축의 건강, 영양 균형, 환경영향 등을 고려하여 적
절히 정한다.
③ 유기축산은 자연번식방법을 사용하고 스트레스를 최소화하며 질병을 억제하고 화학약품의
사용을 점진적으로 배제하며 동물성 사료(예 : 육분)의 공급을 줄이고 가축의 건강과 복지
를 향상시키는 데 목적을 둔다.

④ 가축에 사료를 줄 때 고려사항

ㄱ 어린 포유동물은 천연유(모유가 좋음)를 필요로 한다.

ㄴ 초식 가축이 매일 먹는 사료에는 조사료, 생초, 건초, 사일리지가 상당량 함유되어야 한다.

ㄷ 위가 2개인 경우 사료만 먹여서는 안 된다.

ㄹ 육용 가금은 비육단계에 곡류를 먹일 필요가 있다.

ㅁ 돼지와 가금이 매일 먹는 사료는 조사료, 생초, 건초, 사일리지가 상당량 함유되어야 한다.

기출문제

유기축산물 생산을 위한 소의 사료로 적합하지 않은 것은?

① 유기 옥수수
② 유기 박류
③ 육골분
④ 천연 광물성 단미사료

정답 ③

3. 유기축산사료의 급여

유기축산물은 100% 유기사료를 급여해야 한다.

기출문제

유기축산물이란 전체 사료 가운데 유기사료가 얼마 이상 함유된 사료를 먹여 기른 가축을 의미하는가?(단, 사료는 건물(dry matter)을 기준으로 한다.)

① 100%
② 75%
③ 50%
④ 25%

정답 ①

❸ 유기축산의 질병예방 및 관리

1. 가축위생

가축위생은 가축의 생명과 건강을 위협하는 여러 가지 생물학적 및 사회적 요인을 제거함으로써 가축의 생명을 연장시키고 건강을 증진시키는 것을 목적으로 한다.

(1) 가축의 생명과 건강에 작용하는 요인

① 외계(외부)

가축의 환경으로서 외계 중에 존재하는 요인이 미치는 영향은 피부, 외계와 통하는 소화관 및 호흡기관을 통하여 작용한다.

② 관리

가축은 사람에 의하여 사육되고 있기 때문에 자연상태의 본래의 행동에 제한을 받고 있는 것으로 생각할 수 있다.

③ 가축 자체에 내재하는 요인

가축의 건강을 해롭게 하는 요인이 외계와 행동에 관계되는 것만이 아니고 가축 자체에 내재하는 원인에 의하는 경우

㉠ 체질＝외형적 특질(형질) ＋ 기능적 특질(소질)

㉡ 유전 : 가축의 유전에 관한 문제는 질병과도 깊은 관계를 지니고 있다.

2. 가축전염병 등 질병예방 및 관리

(1) 구제역

소, 돼지, 양, 염소, 사슴 등 발굽이 둘로 갈라진 동물이 감염되는 질병으로 전염성이 매우 강하며 입술, 혀, 잇몸, 코, 발굽 사이에 물집(수포)이 생기고 체온이 급격히 상승하고 식욕이 저하되어 심하게 앓거나 죽는 질병으로 국제수역사무국(OIE)에서 A급으로 분류하며 우리나라 제1종 가축전염병으로 지정되어 있다.

① 직접전파 : 감염동물의 물집액이나 침, 유즙, 정액, 호흡공기 및 분변 등에 접촉함으로써 이루어진다.

② 간접전파 : 감염지역 내 사람, 차량, 의복, 물, 사료, 기구 등으로 전파된다.

③ 잠복기간 : 2~8일 정도로 매우 짧음

④ 소의 특징적 증상 : 체온상승, 식욕부진, 침울, 우유생산량 급감

⑤ 돼지의 특징적 증상 : 절뚝거림, 발굽의 심한 병변과 고통, 무릎으로 기어다닌다.

(2) 광우병의 전염성

광우병의 원인이 되는 프리온 단백질의 화학구조가 야곱병을 일으키는 원인물질과 비슷하다는 연구결과를 받아들여 광우병이 인간에게 감염될 가능성을 인정한다.

3. 질병예방 및 관리

(1) 질병예방

① 방역

ㄱ 미생물이 체내에 침입하여 일어나는 **질병을 감염병**이라 하며 감염병 중에서 동물로부터 동물로, 동물로부터 사람으로 전파하는 병을 **전염병**이라고 한다.

ㄴ 전염병은 한번 발생하면 그것이 다음으로 반복 전파되는 성질이 있다.

② 소독

모든 종류와 미생물을 완전히 멸상시키는 수단을 멸균이라 하고 미생물 중에서 병원미생물만 멸살 또는 수를 감소시켜 감염 발증을 하지 못하게 하는 수단이다.

(2) 질병관리

① **축사** : 축사와 축사의 기구는 가축의 보호 · 휴식, 가축의 생산능력 향상, 사양관리인의 작업능률 향상, 생산물의 위생관리와 품질향상 등 여러 가지 조건을 고려하여 처리되어야 한다.

② **개체관리** : 피부의 생리작용은 보호작용, 감각작용, 분비작용, 체온조절작용 등이 있다.

Ⅲ 기출문제

유기축산에서 가축의 질병예방을 위한 방법으로 적합하지 않은 것은?

① 저항성이 있는 축종 선택 ② 가축위생관리 철저

③ 농후사료 위주의 사양 ④ 운동을 할 수 있는 충분한 공간 제공

 정답 ③

기출문제

소의 제1종 가축전염병으로 법정전염병은?

① 전염성 위장염 ② 추백리

③ 광견병 ④ 구제역 **정답** ④

유기축산물 생산 시 제한적으로 치료용 동물용 의약품을 사용할 수 있는 조건은?

① 가축 질병방지를 위한 적절한 조리를 취했음에도 불구하고 질병이 발생하여 수의사의 처방 및 감독하에서 일시적으로 사용

② 가축 질병 예방에도 불구하고 질병이 발생하여 인증기관의 감독하에서 지속적으로 사용

③ 가축의 건강과 복지유지를 위하여 지속적으로 사용

④ 일정한 부위를 치료할 때만 수의사의 처방 및 감독하에서 일시적으로 사용 **정답** ①

4 사육시설

1. 사육시설, 부속설비, 기구 등의 관리

(1) 축사 선정

① 축사 선정 시 고려사항 : 목표 설정 및 계획, 경제적 분석, 관계 법령 또는 농장 외적인 요소

② 축사 위치의 선정 : 소유 퇴내의 위치, 도로 · 전기 · 수도 등과의 연계위치, 향후 확장 가능 여부, 배수, 토양상태, 계사의 방향, 풍향, 공공시설(수도, 전기, 연료공급, 화재)

③ 축사용지의 개발 : 일반사항(주택과의 상대적 위치, 도로 및 통로), 거리, 지형적 요소, 기후적 요소, 기타

(2) 육우

자연적 요인과 물리적 요인이 작용

① 온도 : 송아지(13~25℃), 육성우(4~20℃), 비육우(10~20℃)

② 습도 : 고온기에는 높아지고 저온기에는 낮은 경향이다.

③ 환기 : 여름철에는 개방을 하기 때문에 문제가 되지 않으나 겨울철은 보온에 지나치게 치중하다 보면 환기가 소홀하게 된다.

④ 급수 : 겨울철 동결 방지와 여름철 시원한 물의 공급이 중요하다.

(3) 젖소

육우와 같이 사육하면 된다.

(4) 돼지

① 돈사별 적정환경은 각 사육단계별로 많은 차이가 있다.
② 환기관리 : 입기구와 배기구의 명확한 구분이 필요하다.

(5) 닭

① 온도 : 성장하면서 체온을 유지하는 능력이 발달한다.
② 습도 : 계사 내 적정한 습도의 수준은 50~70% 정도이다.
③ 유해 오염물질 : 암모니아, 이산화탄소, 일산화탄소, 먼지 등이다.

> **참고정리**
>
> ✔ 우리나라 축산 여건이 취약한 점
> ① 자급 사료 생산기반 취약
> ② 질병의 전파가 많음
> ③ 토지에 비해 인구 과밀

> **기출문제**
>
> 가축의 분뇨를 원료로 하는 퇴비의 퇴비화 과정에서 퇴비더미가 55~75℃를 유지하는 기간이 며칠 이상되어야 하는가?
>
> ① 5일 이상 ② 15일 이상
> ③ 30일 이상 ④ 45일 이상　　**정답 ②**
>
> 가금류의 사육장 및 사육조건으로 적합하지 않은 것은?
>
> ① 충분한 활동면적을 확보 ② 쾌적한 공장형 케이지 사육장 설치
> ③ 사료와 용수의 접근이 용이 ④ 개방 조건에서 방목　　**정답 ②**

> **참고정리**
>
> ✔ 천적의 종류
> ① 점박이응애 : 칠레이리응애
> ② 진딧물류 : 콜레마니진디벌, 진디혹파리, 천적유지식물
> ③ 총채벌레 : 오이이리응애, 으뜸애꽃노린재
> ④ 온실가루이 : 온실가루이좀벌
> ⑤ 나방류 : 쌀좀알벌, 곤충병원성선충

01 멘델(Mendel)의 법칙과 거리가 먼 것은?

① 분리의 법칙   ② 독립의 법칙   ③ 우성의 법칙   ④ 최소의 법칙

🍃 **멘델(Mendel)의 법칙** ··
   ㉠ 분리의 법칙
   ㉡ 독립의 법칙
   ㉢ 우열(성)의 법칙

02 과수 묘목의 선택에 있어 유의해야 할 점이 아닌 것은?

① 품종이 정확할 것   ② 대목이 확실할 것
③ 근군이 양호할 것   ④ 묘목이 길게 자란 것

03 친환경 유기농자재와 거리가 먼 것은?

① 고온발효퇴비   ② 미생물추출물
③ 키토산(액상, 입상)   ④ 4종 복합비료

🍃 **친환경 유기농자재** ···
   ㉠ 유기합성농약과 화학비료를 일체 사용하지 않아야 한다.
   ㉡ 장기간 적절한 윤작계획에 의한 두과작물, 녹비작물 또는 심근성작물 재배
   ㉢ 토양에 투입하는 유기물은 유기농산물의 인증기준에 맞게 생산된 것
   ㉣ 축산분뇨를 원료로 하는 유기질비료를 사용하는 경우에는 완전히 부숙시켜서 사용하여야 하
      며 축분비료의 과다한 사용, 유실, 용탈 등으로 인하여 환경오염을 유발하지 아니하도록 하여
      야한다.

04 주사료로 조사료를 이용하는 가축은?

① 돼지   ② 닭   ③ 칠면조   ④ 산양

05 친환경 농산물의 인증을 담당하는 기관으로 옳은 것은?

① 농촌진흥청   ② 농협중앙회
③ 관할 시·군청   ④ 국립농산물 품질관리원, 민간인증기관

🖊 정답   **01** ④   **02** ④   **03** ④   **04** ④   **05** ④

인증의 신청 및 심사

친환경농산물을 생산하거나, 수입하는 자 또는 인증품을 유통하는 자(유통업자)가 친환경농산물
인증을 받고자 하는 경우에는 인증기관에 신청하여야 한다.

06 시설고추재배 시 발생한 총채벌레의 천적으로 이용하기에 가장 효과적인 곤충은?

① 애꽃노린재   ② 콜레마니진딧물
③ 온실가루이   ④ 칠레이리응애

천적명		대상 해충	기타
포식성	무당벌레	진딧물류, 응애류	•거미, 지네, 사마귀, 개구리, 두꺼비, 새, 파충류, 박쥐, 기타 동물 •뱅커플랜트(Banker Plant) ; 보리(맥류) 진딧물의 서식처로 천적이 접근
	칠레이리응애	점박이응애, 잎응애	
	으뜸애꽃노린재	총채벌레 포식, 진딧물, 응애류 나방의 알과 유충 등도 포식	
	오이이리응애	총채벌레 포식, 점박이응애, 먼지응애 등의 알과 약충 포식, 곰팡이 등도 포식	
	진디혹파리	진딧물	독소 분비로 진딧물을 마비시킨 후 잡아 먹음
기생성	콜레마니진딧물	진딧물	성충의 수명 짧고 산란기간 짧아 계속적으로 방사해야 하는 단점
	온실가루이좀벌	온실가루이	어린 약충의 체액을 흡수하기도 함
	황온좀벌	온실가루이	–
	굴파리좀벌	아메리칸굴파리	–

07 농후사료 중심의 유기축산의 문제점으로 거리가 먼 것은?

① 수입 유기 농후사료 구입에 의한 생산비용 증대
② 국내에서 생산이 어려워 대부분 수입에 의존
③ 물질순환의 문제 야기
④ 열등한 축산물 품질 초래

08 유기재배 농가에서 사용하지 말아야 할 종자는 어떤 육종기술에 의해 생산된 것인가?

① 교잡육종
② 계통분리육종
③ 잡종강세육종
④ 유전자변형(형질전환)육종

정답   06 ①   07 ④   08 ④

✔ **유기재배 농가에서 사용하지 말아야 할 종자** ···
　　㉠ 종자는 유기농산물 인증기준에 맞게 생산 관리된 종자를 사용하여야 한다.
　　　다만, 유기종자를 구할 수 없는 경우에는 그러하지 아니하다.
　　㉡ 유전자 변형 농산물의 종자를 사용하지 아니하여야 한다.

09 농산물의 식품안전성 확보를 위하여 생산단계부터 최종소비단계까지 관리사항을 소비자가 알 수 있게 하는 제도는?

① GAP(우수농산물관리제도)　　　　　　② GMP(우수제조관리제도)
③ GHP(우수위생관리제도)　　　　　　　④ HACCP(위해요소중점관리제도)

✔ **우수농산물관리제도(GAP ; Good Agricultural Practices)** ··
　　농산물의 안전성을 확보하기 위하여 농산물의 생산단계부터 수확 후 포장단계까지 토양, 수질 등의 농업환경 및 농산물에 잔류될 수 있는 농약, 중금속 또는 유해생물 등의 위해요소를 관리하고, 그와 더불어 관리된 사항을 소비자가 알 수 있게 하는 체계로, 이미 유럽, 미국, 중국 등은 GAP을 농산물의 안전성 확보, 수출지원 등을 위한 제도로 적극적으로 이용하고 있다.

10 유기농업으로 전환할 때 유기농가가 고려할 사항으로 틀린 것은?

① 가축분뇨나 인분을 사용한다.
② 유전자 변형 종자를 사용하지 않는다.
③ 외부투입자재를 최대화하여 생산성을 향상시킨다.
④ 적당한 유기물, 수분, 산도, 양분의 이용으로 균형 잡힌 토양관리를 실시한다.

✔ **친환경농산물의 생산(유기농산물 인증)의 구비요건** ···
　　㉠ 경영관리 : 1(2)년 이상 기록한 영농자료 보관(인증받으려는 재배포장의 비료, 농약, 영농자재 사용 기록, 생산량에 관한 자료)
　　㉡ 재배포장 용수 종자
　　　ⓐ 재배포장의 토양은 토양환경보전법 "가" 지역의 토양오염우려기준을 초과하지 아니하여야 한다("가" 지역 : 지적법상 지목이 공장, 도로, 철도, 잡종지인 "나" 지역을 제외한 모든 지역).
　　　ⓑ 재배포장의 토양은 염류 및 중금속함량 등 그 물리적·화학적 특성을 나타내는 수치가 직전 토양검정 시보다 악화되지 않도록 노력하여야 한다.
　　㉢ 재배포장은 아래의 전환기간 이상 동안 재배방법을 준수한 포장이어야 한다.
　　　ⓐ 다년생작물(목초 제외) : 최초 수확하기 전 3년의 기간
　　　ⓑ 다년생 이외의 작물 : 파종 또는 재식 전 2년의 기간
　　㉣ 산림 등 자연 상태에서 자생하는 식용식물의 포장은 허용자재 이외의 자재가 3년 이상 사용되지 아니한 지역이어야 한다.
　　㉤ 용수는 관계법의 규정에 의한 농업용수 이상이어야 한다.

────────────────────────────

\ 정답　**09** ①　**10** ③

ⓗ 종자는 유기농산물 인증기준에 맞게 생산 관리된 종자를 사용하여야 한다.
  다만 유기종자를 구할 수 없는 경우에는 그러하지 아니하다.
ⓢ 유전자변형농산물인 종자를 사용하지 아니하여야 한다.

11 유기축산에서 가축의 질병예방을 위한 방법으로 적합하지 않는 것은?

① 저항성이 있는 축종 선택
② 가축위생관리 철저
③ 농후사료 위주의 사양
④ 운동을 할 수 있는 충분한 공간 제공

✔ **유기축산에서 가축의 질병예방을 위한 방법** ··

ㄱ 가축의 질병은 다음과 같은 조치를 통하여 예방하여야 한다.
  ⓐ 가축의 품종과 계통의 적절한 선택
  ⓑ 질병 발생 및 확산 방지를 위한 사육장 위생관리
  ⓒ 비타민 및 무기물 등 급여를 통한 면역기능 증진
  ⓓ 지역적으로 발생되는 질병이나 기생충에 저항력이 있는 종/품종의 선택
ㄴ 가축의 기생충감염 예방을 위하여 구충제 사용과 가축전염병이 발생하거나 퍼지는 것을 막기
  위한 예방백신을 사용할 수 있다.
ㄷ 법정전염병의 발생이 우려되거나 긴급한 방역조치가 필요한 경우 우선적으로 필요한 질병예
  방 조치를 취할 수 있다.
ㄹ ⓐ 내지 ⓒ에 따른 예방관리에도 불구하고 질병이 발생할 경우 수의사의 처방에 따라 질병을
  치료할 수 있다. 이 경우 동물용의약품을 사용한 가축은 해당 약품 휴약기간의 2배가 지나야
  무항생제축산물로 인정할 수 있다.
ㅁ 약초 및 천연물질을 이용하여 치료를 할 수 있다.
ㅂ 질병이 없는데도 동물용의약품을 정기적으로 투여하거나, 생산성 촉진을 위해서 성장촉진제
  및 호르몬제를 사용하여서는 아니 된다. 다만, 호르몬 사용은 치료목적으로만 수의사의 관리
  하에서 사용할 수 있다.
ㅅ 가축에 있어 꼬리부분에 접착밴드 붙이기, 꼬리 자르기, 이빨 자르기, 부리 자르기 및 뿔 자르
  기와 같은 행위는 일반적으로 수행되어서는 아니 된다. 다만, 안전 또는 축산물 생산을 목적
  으로 하거나 가축의 건강과 복지개선을 위하여 필요한 경우로서 국립농산물품질관리원장 또
  는 인증기관이 인정하는 경우에 한하여 이를 수행할 수 있다.
ㅇ 생산물의 품질향상과 전통적인 생산방법의 유지를 위하여 물리적 거세를 할 수 있다.

12 고온발효 퇴비의 장점이 아닌 것은?

① 흙의 산성화를 억제한다.
② 작물의 토양 전염병을 억제한다.
③ 작물의 속성재배를 야기(惹起)한다.
④ 흙의 유기물 함량을 유지, 증가시킨다.

✔ **퇴비의 특성** ··

ㄱ 가볍고 재료의 형태가 균일해서 취급하기 쉽다.
ㄴ 수분, 양분의 흡수 보유력이 크다. 톱밥 퇴비는 자체 중량의 6배 이상의 수분과 양분수를 흡
  수 보유할 수가 있다.

✔ 정답 **11** ③ **12** ③

ⓒ 토양 속에서 분해 시 물리적 저항성이 크다.
   ⓐ 짚과 퇴구비는 토양에서 6개월 이내에 분해하여 소실되나, 톱밥퇴비는 5~10년간 퇴비효과가 지속된다.
   ⓑ 톱밥퇴비는 부식함량이 25% 이상으로 퇴구비의 5~8%보다 3~5배가 높고 지속효과는 볏짚류의 5배 이상이다.
ⓔ 질소질이 낮은 토양에서는 별도의 질소 보충이 필요하다.
ⓜ 톱밥에는 작물성장에 필요한 모든 원소가 함유되어 있다. 그중에서도 망간, 구리. 붕소, 아연과 각종 극미량요소 등이 풍부해 매년 조금씩 토양에 계속 보급이 되면 미량요소의 양분결핍을 막을 수 있다.

13 유기농업과 밀접한 관계가 없는 것은?

① 물질의 지역 내 순환
② 토양유기물 함량
③ 인증농산물 생산
④ 유기농업 연작체계 마련

✔ ┈┈┈┈┈┈┈┈┈┈┈┈┈┈┈┈┈┈┈┈┈┈┈┈┈┈┈┈┈┈┈┈┈┈┈┈┈┈┈

㉠ 코덱스(CODEX) 유기재배의 원칙
   ⓐ 생물의 다양성 증진
   ⓑ 토양미생물의 활성화
   ⓒ 토양비옥도 유지
   ⓓ 작물잔재와 축산분뇨의 재활용, 재생불가능 자재 최소화
   ⓔ 지역의 조직화된 농업 속에서의 자원 재활용
   ⓕ 환경오염의 최소화. 공기, 물, 토양의 건전한 사용
   ⓖ 유기적 가공방식에 역점을 두고 농산물을 취급
   ⓗ 토양, 작물, 가축, 등 적절한 전환기간을 거치는 유기생산 계획 수립
㉡ 코덱스(CODEX) 유기(농산물)식품 가이드라인의 핵심내용
   ⓐ 윤작 등 작부체계 내 두과작물재배 및 녹비작물재배
   ⓑ 저항성품종 및 최적량의 유기질비료 사용
   ⓒ 화학비료, 농약, 제초제, 공장식축산분뇨 사용 금지
   ⓓ 폐쇄순환농법(축산과 윤작에 의한 토양비옥도 향상)
   ⓔ 총체적 생산체계(토양－미생물－작물－축산계의 건전성 유지 및 향상)
   ⓕ 유전자변형농산물(GMO) 금지, 인공적인 생장조절제(생장 호르몬) 금지 등

14 친환경인증에 의하여 인증되는 축산물의 종류는 몇 가지인가?

① 한 가지
② 두 가지
③ 세 가지
④ 네 가지

15 친환경농업의 필요성이 대두된 원인으로 거리가 먼 것은?

① 농업부문에 대한 국제적 규제 심화

② 안전농산물을 선호하는 추세의 증가

③ 관행농업 활동으로 인한 환경오염 우려

④ 지속적인 인구증가에 따른 증산 위주의 생산 필요

16 유기농산물 생산을 위한 식물병 방제방법으로 적절치 않은 것은?

① 생물적 수단 강구   ② 내병성 품종 재배

③ 경종적 수단 동원   ④ 발병예방을 위한 살균제

☘ **IPM(병해충 종합관리, Integrated Pest Management) 이용방법** ······························

병해충 방제를 하는 데 농약사용을 최대한 줄이고, 이용 가능한 방제방법을 적절히 하여 병해충의 밀도를 경제적 피해수준 이하로 낮추는 방제체계이다.

㉠ **생물적 방제 천적의 이용**

ⓐ 1920년대 영국에서 토마토에 온실가루이좀벌을 이용한 것이 최초이다.

ⓑ 칠성풀잠자리는 유충 1마리가 목화진딧물을 500여 마리를 포식한다.

ⓒ 병해충의 밀도를 경제적 손실 이하 수준으로 억제한다.

㉡ **성페로몬이용(pheromene)** : 해충의 암컷이 교미를 위해 발산하는 성페로몬을 인공적으로 합성하여 수컷을 유인 박멸하거나 교미를 교란시켜 다음 세대의 해충밀도를 억제한다.

㉢ **수컷 불임화** : 해충의 수컷을 불임화시켜 포장에 방사한 후 이 수컷과 교미한 암컷이 무정란을 낳게 하여 다음 세대의 해충밀도를 억제한다.

㉣ **미생물 농약, 농약대체물질** : 미생물 자체(곰팡이, 세균, 바이러스) 및 미생물이 생산하는 생리활성물질로 식물병원균을 방제한다.

㉤ **재배적 방제** : 포장환경, 재배 시기·방법, 수확 시기·방법, 저장, 가공 과정을 해충에 불리하도록 조절한다.

㉥ **기주식물 제거** : 동일한 농약과 제초제의 계속적인 사용은 저항성을 높여 약효를 감소한다. 해충에 대한 저항능력이 큰 품종 육성 및 재배가 요구된다.

㉦ **물리적 방제** : 온도 및 습도 등을 조절하여 해충을 방제한다.

17 코덱스(Codex) 가이드라인의 기준에 따라 유기재배 인증 농가가 토양개량과 작물생육에 사용할 수 없는 자재는?

① 공장형 농장에서 생산한 가축분뇨를 발효시킨 것

② 식품 및 섬유공장의 유기적 부산물 중 합성첨가물이 포함되어 있지 않은 것

③ 퇴비화된 가축배설물 및 유기질비료 중 농촌진흥청장이 고시한 기준에 적합한 것

④ 나무숯 및 나무재와 천연인광석

✎ 정답 **15** ④ **16** ④ **17** ①

18 저투입지속농업(LISA)을 통한 환경친화형 지속농업을 추진하는 국가는?

① 미국   ② 영국   ③ 독일   ④ 스위스

✔ **친환경농업[유기농업＋저투입농업(Low Input Sustainable Agriculture)] 정의** ·········
- ㉠ 합성농약, 화학비료, 항생제, 항균제 등 화학 투입자재를 사용하지 않거나 최소화하고 농축임업 부산물의 재활용 등을 통하여 농업 생태계의 환경을 유지·보전하면서 안전한 농축임산물을 생산하는 농업이다.
- ㉡ 친환경농업에는 유기농업만이 아니라 병해충종합관리(IPM), 작물양분종합관리(INM), 천적과 생물학적 기술의 통합 이용, 윤작 등 흙의 생명력을 배양하는 동시에 농업환경을 보전하는 모든 형태의 농업이 포함된다.
- ㉢ 환경친화형농업, 환경보전형농업, 저투입농업, 지속농업이 모두 친환경농업을 지칭한다.

19 유기농업 시 논에 헤어리베치 투입량은 생초로 어느 정도가 적당한가?

① 1,500~2,000kg/10a   ② 4,000~6,000kg/10a
③ 8,000~10,000kg/10a   ④ 12,000~14,000kg/10a

✔ **녹비작물** ··
- ㉠ 자운영(연화초 홍화채)
  - ⓐ 파종시기 : 8월 말 ~9월 중순, 중부 이남에서 답리작으로 재배되는 녹비작물
  - ⓑ 종토접종 : 상호접종이 가능한 콩과 작물이 자라고 있는 뿌리 부근의 흙을 떠서 종자의 2~3배로 섞어 햇볕이 없는 날 뿌리는 것
- ㉡ 헤어리베치 : 2,000kg/10a 정도
  - ⓐ 파종시기 : 9월 말~10월 초(벼 베기 10일 전)
  - ⓑ 헤어리베치는 콩과 녹비작물 중 토양개량 효과와 활용편의성이 가장 뛰어나고 내한성이 강해 자운영이 월동하기 어려운 중북부 지방에서 활용 가능

20 벼의 영양생장기(營養生長期)에 속하지 않는 생육단계는?

① 활착기   ② 유효분얼기
③ 무효분얼기   ④ 수잉기

✔ ···
- ㉠ 영양생장기(營養生長期) : 이앙 → 착근기 → 유효분얼기 → 무효분얼기
- ㉡ 생식생장기(生殖生長期) : 유수형성기 → 수잉기→ 등숙기

21 딸기 재배 시설에서 뱅커플랜트(Banker Plant)로 이용되는 작물은?

① 밀   ② 호밀   ③ 콩   ④ 보리

정답   18 ①   19 ①   20 ④   21 ④

✔ **뱅커플랜트(Banker Plant)** ··
콜레마니진디벌 유지식물은 식물이 살아있는 상태로 진딧물이 번식하면서 콜레마니진디벌이 오
랫동안 출현할 수 있도록 하는 것이다. 즉, 천적이 살고 있는 보리 재배 화분이다.

22 유기축산물 생산 시 제한적으로 치료용·동물용 의약품을 사용할 수 있는 조건은?

① 가축질병 방지를 위한 적절한 조치를 취했음에도 불구하고 질병이 발생하여 수의사의 처방
및 감독하에서 일시적으로 사용
② 가축질병 예방에도 불구하고 질병이 발생하여 인증기관의 감독하에서 지속적으로 사용
③ 가축의 건강과 복지 유지를 위하여 지속적으로 사용
④ 일정한 부위를 치료할 때만 수의사의 처방 및 감독하에서 일시적으로 사용

✔ **유기축산에서 가축의 질병 예방을 위한 방법** ···
　㉠ 가축의 질병은 다음과 같은 조치를 통하여 예방하여야 한다.
　　ⓐ 가축의 품종과 계통의 적절한 선택
　　ⓑ 질병 발생 및 확산 방지를 위한 사육장 위생관리
　　ⓒ 비타민 및 무기물 등 급여를 통한 면역기능 증진
　　ⓓ 지역적으로 발생되는 질병이나 기생충에 저항력이 있는 종/품종의 선택
　㉡ 가축의 기생충감염 예방을 위하여 구충제 사용과 가축전염병이 발생하거나 퍼지는 것을 막기
위한 예방백신을 사용할 수 있다.
　㉢ 법정전염병의 발생이 우려되거나 긴급한 방역조치가 필요한 경우 우선적으로 필요한 질병예
방 조치를 취할 수 있다.
　㉣ ⓐ 내지 ⓒ에 따른 예방관리에도 불구하고 질병이 발생할 경우 수의사의 처방에 따라 질병 치
료할 수 있다. 이 경우 동물용 의약품을 사용한 가축은 해당 약품 휴약기간의 2배가 지나야
무항생제축산물로 인정할 수 있다.
　㉤ 약초 및 천연물질을 이용하여 치료할 수 있다.
　㉥ 질병이 없는데도 동물용 의약품을 정기적으로 투여하거나, 생산성 촉진을 위해서 성장촉진제
및 호르몬제를 사용하여서는 아니 된다. 다만, 호르몬 사용은 치료목적으로만 수의사의 관리
하에서 사용할 수 있다.
　㉦ 가축에 있어 꼬리부분에 접착밴드 붙이기, 꼬리 자르기, 이빨 자르기, 부리 자르기 및 뿔 자르
기와 같은 행위는 일반적으로 수행되어서는 아니 된다. 다만, 안전 또는 축산물 생산을 목적
으로 하거나 가축의 건강과 복지개선을 위하여 필요한 경우로서 국립농산물품질관리원장 또
는 인증기관이 인정하는 경우에 한하여 이를 수행할 수 있다.
　㉧ 생산물의 품질향상과 전통적인 생산방법의 유지를 위하여 물리적 거세를 할 수 있다.

23 볍씨의 발아 최적 온도는?

① 8~13℃　　　　② 15~20℃　　　　③ 30~34℃　　　　④ 40~44℃

24 태양열 소독의 장점으로 거리가 먼 것은?

① 시설토양보다 노지토양 개량에 효과가 크다.
② 선충 및 병해 방제에 효과가 있다.
③ 유기물 부숙을 촉진하여 토양이 비옥해진다.
④ 담수처리로 염류를 제거할 수 있다.

25 농업의 환경보전기능을 증대시키고, 농업으로 인한 환경오염을 줄이며, 친환경농업을 실천하는 농업인을 육성하여 지속 가능하고 환경친화적인 농업을 추구함을 목적으로 하는 법은?

① 친환경농업육성법
② 환경정책기본법
③ 토양환경보전법
④ 친환경농산물표시인증법

26 유기농산물을 생산하는 데 있어 올바른 잡초 제어법에 해당하지 않는 것은?

① 멀칭을 한다.
② 손으로 잡초를 뽑는다.
③ 화학 제초제를 사용한다.
④ 적절한 윤작을 통하여 잡초 생장을 억제한다.

27 병해충의 생물학적 제어와 관계가 먼 것은?

① 유해균을 사멸시키는 미생물
② 항생물질을 생산하는 미생물
③ 미네랄 제제와 미량요소
④ 무당벌레, 진디벌 등 천적

✔ **병해충 관리를 위하여 사용이 가능한 자재** ………………………………………………

ⓐ 식물과 동물 : 제충국 제제, 데리스 제제, 쿠아시아 제제, 라이아니아 제제, Neem 제제, 밀납, 동식물 유지, 해조류 및 해조류 가루, 해조류 추출액, 소금 및 소금물, 젤라틴, 인지질, 카제인, 식초 및 천연산, 누룩곰팡이의 발효생산물, 버섯 추출액, 클로렐라 추출액, 천연식물에서 추출한 제제, 천연약초, 한약제 및 목초액, 담뱃잎차 등이다.

ⓑ 미네랄 : 보르도액, 수산화동 및 산염화동, 부르고뉴액, 구리염, 유황, 맥반석 등 광물질 분말, 규조토, 규산염 및 벤토나이트, 규산나트륨, 중탄산나트륨 및 생석회, 과망간산칼륨, 탄산칼륨, 파라핀유, 키토산 등이다.

ⓒ 생물학적 병해충 관리를 위해 사용되는 자재 : 미생물 제제, 천적 등이다.

ⓓ 기타 : 이산화탄소 및 질소가스, 비눗물, 에틸알코올, 동종 요법 및 아유르베딕 제제, 향신료, 바이오다이내믹 제제 및 기피식물, 웅성불임곤충, 기계유제 등이다.

ⓔ 덫 : 성유인물질(페로몬, 작물에 직접 살포하지 아니할 것), 메타알데히드를 주성분으로 한 제제이다.

정답 **24** ① **25** ① **26** ③ **27** ③

28 부식이 갖고 있는 특성이 아닌 것은?

① 토양의 가뭄 피해를 줄여준다.
② 토양의 입단구조 형성을 좋게 한다.
③ 필수 영양소를 고루 함유하고 있다.
④ 토양의 산도를 산성 쪽으로 기울게 한다.

29 녹비작물의 재배 효과가 아닌 것은?

① 유기물과 양분을 공급한다.
② 토양의 구조와 비옥도를 높인다.
③ 클로버, 알팔파 등 두과 목초가 있다.
④ 지온이 낮을 때 특히 질소 고정량이 높다.

30 발효퇴비의 장점이 아닌 것은?

① 분해과정 중 양분의 손실
② 유효균의 배양
③ 토양의 중화
④ 병해충의 사멸

31 유기물의 C/N율이 큰 것에서 작은 것 순으로 옳게 표시된 것은?

① 발효우분 > 미숙퇴비 > 볏짚 > 톱밥
② 톱밥 > 볏짚 > 미숙퇴비 > 발효우분
③ 톱밥 > 미숙퇴비 > 볏짚 > 발효우분
④ 발효우분 > 볏짚 > 톱밥 > 미숙퇴비

✔ 식물체 및 미생물의 탄질률(%) ···

구분		탄소	질소	탄질률
식물체	밀짚	55.7	0.48	116 : 1
	볏짚	42.2	0.63	67 : 1
	쌀보릿짚	50.0	0.30	166 : 1
	귀리짚	37.0	0.50	74 : 1
	알팔파	40.0	3.00	13 : 1
미생물	사상균	50.0	5.00	10 : 1
	방사상균	50.0	8.50	6 : 1
	세균	50.0	10.00	5 : 1
기타	인공구비	56.0	2.60	20 : 1
	인공부식	58.0	5.00	11.6 : 1
	부식산	58.0	1.00	58 : 1

정답 **28** ④ **29** ④ **30** ① **31** ②

32 농후사료 중심으로 유기가축을 사육할 때 예상되는 문제점으로 가장 거리가 먼 것은?

① 국내 유기 농후사료 생산의 한계   ② 고가의 수입 유기 농후사료 필요

③ 물질의 지역순환원리에 어긋남   ④ 낮은 품질의 축산물 생산

✔ **농후사료** ···

    ㉠ **종자열매류** : 밀, 귀리, 옥수수 등의 곡류로 에너지양이 높고 단백질함량은 보통이다.

    ㉡ **겨류** : 곡물을 정제하고 얻는 부산물이다.

    ㉢ **찌꺼기류** : 콩, 유채, 깨 등을 채유하고 얻는 부산물인 깻묵류는 일반적으로 단백질함량이 많다.

    ㉣ **동물질사료** : 어분, 물고기 찌꺼기, 피시솔루블, 육분, 혈분, 우모분, 탈지분유 등이다.

33 유기축산에서 가축의 질병을 예방하고 건강하게 사육하는 가장 근본적인 사항은?

① 항생물질 투여   ② 호르몬제 투여

③ 저항성 품종 선택   ④ 화학적 치료

34 유기축산물 생산을 위한 유기사료의 분류 시 조사료에 속하지 않는 것은?

① 건초   ② 생초   ③ 볏짚   ④ 농후사료

✔ **조사료** ···

    ㉠ **생초** : 야초, 목초, 풋베기 사료작물이 있다.

    ㉡ **뿌리채소류** : 사료용 순무, 사료용 비트, 루터베이거 등의 뿌리채소류

    ㉢ **사일리지** : 생초, 풋베기 작물, 곡실을 사일로에 채워 넣고 젖산을 발효시킨 저장사료

    ㉣ **건초** : 야초, 목초를 베어서 건조시킨 것으로 초식가축의 사육에 매우 중요한 자료

    ㉤ **짚류** : 종축용 작물의 짚은 섬유분 특히 리그닌이 많고 단백질, 미네랄의 함량이 적어 영양적으로 떨어지며 가축의 기호도도 낮다.

    ㉥ **나뭇잎류** : 콩과식물의 나뭇잎은 단백질이 풍부하고 가축도 즐겨 먹으므로 사료원으로 이용하면 좋다.

35 유기농림산물의 인증기준에서 규정한 재배방법에 대한 설명으로 틀린 것은?

① 화학비료의 사용은 금지한다.   ② 유기합성농약의 사용은 금지한다.

③ 심근성 작물재배는 금지한다.   ④ 두과 작물재배는 허용한다.

36 윤작의 직접적인 효과와 거리가 가장 먼 것은?

① 토양구조개선 효과   ② 수질보호 효과

③ 기지(忌地)회피 효과   ④ 수량증대 효과

정답   **32** ④   **33** ③   **34** ④   **35** ③   **36** ②

37 유기농업에서 유기종자를 이용하는 것은 가장 중요한 결정사항 중 하나이다. 유기종자로 적절치 않은 것은?

① 병충해 저항성이 높은 품종
② 잡초 경합력이 높은 품종
③ 유기농법으로 재배되어 채종된 품종
④ 종자의 화학적인 소독처리를 거친 품종

38 경영면에 따른 작물의 분류는?

① 조생종
② 도입품종
③ 환금작물
④ 장간종

🌿 **경영면에 관련**
ⓐ 자급작물(自給作物) : 경영면에 관련하여 쌀, 보리 등과 같이 농가에서 자급하기 위하여 재배하는 작물이다.
ⓑ 환금작물(換金作物) : 담배, 아마, 차와 같이 주로 판매하기 위해 재배하는 작물이다.
ⓒ 경제작물 : 환금작물 중에서 특히 수익성이 높은 작물이다.

39 십자화과 작물의 채종적기는?

① 백숙기
② 갈숙기
③ 녹숙기
④ 황숙기

🌿 **십자화과 작물의 성숙과정**
ⓐ 백숙(白熟)기 : 종자가 백색이고, 내용물이 물과 같은 상태의 과정이다.
ⓑ 녹숙(綠熟)기 : 종자가 녹색이고, 내용물이 손톱으로 쉽게 압출되는 상태의 과정이다.
ⓒ 갈숙(褐熟)기 : 꼬투리가 녹색을 상실해 가며, 종자는 고유의 성숙색이 되고, 손톱으로 파괴하기 어려운 과정이다. 보통 갈숙에 도달하면 성숙했다고 본다.
ⓓ 고숙(枯熟)기 : 종자는 더욱 굳어지고, 꼬투리는 담갈색이 되어 취약해진다.

40 GMO의 바른 우리말 용어는?

① 유전자농산물
② 유전자이용농산물
③ 유전자형질농산물
④ 유전자변형농산물

🌿 유전자변형식물(GMO)은 GEO, LMO 등의 용어로도 표현되는데, 유전자변형유기체, 유전자변형식물체, 유전자재조합체 등으로 불린다.

41 다수성 품종을 육종하기 위하여 집단육종법을 적용하고자 한다. 이때 집단육종법의 장점으로 옳은 것은?

① 잡종강세가 강하게 나타남
② 선발개체 후대에서 분리가 적음
③ 각 세대별 유지하는 개체수가 적은 편임
④ 우량형질의 자연도태가 거의 없음

정답 **37** ④ **38** ③ **39** ② **40** ④ **41** ②

✔ 집단육종법

F5~F6세대까지 교배조합으로 보통재배를 하여 집단선발을 계속하고, 그 후 계통선발로 바꾸는 방법, 람쉬육종법, 양적형질은 많은 유전자가 관여, 초기분리세대는 잡종강세를 나타내는 개체가 많으며, 환경의 영향을 받기 쉽다. 벼ㆍ보리 등 자가수정작물에 이용한다.

42 친환경농업과 거리가 먼 것은?

① 저투입지속농업
② 관행농업
③ 자연농업
④ 생태농업

✔ 친환경 관련 농업의 종류

㉠ 자연농업(自然農業) : 지력을 토대로 자연의 물질순환 원리에 따르는 농업이다.
㉡ 생태농업(生態農業) : 지역폐쇄시스템에서 작물양분과 병해충 종합관리기술을 이용하여 생태계 균형 유지에 중점을 두는 농업이다.
㉢ 유기농업(有機農業) : 농약과 화학비료를 사용하지 않고 원래 흙을 중시하여 자연에서 안전한 농산물을 얻는 것을 바탕으로 한 농업이다.
㉣ 저투입ㆍ지속적 농업(低投入ㆍ持續的農業) : 환경에 부담을 주지 않고 영원히 유지할 수 있는 농업으로 환경을 오염시키지 않는 농업이다.
㉤ 정밀농업(精密農業) : 한 포장 내에서 위치에 따라 종자ㆍ비료ㆍ농약 등을 달리함으로써 환경문제를 최소화하면서 생산성을 최대로 하려는 농업이다.

43 우리나라에서 친환경농산물표시 및 인증기준이 명시되어 있는 것은?

① 친환경농업육성법
② 친환경농업육성법 시행규칙
③ 농산물품질관리법
④ 농산물품질관리법 시행령

44 유기농업의 기여에 대한 설명으로 거리가 먼 것은?

① 국민보건의 증진에 기여
② 생산증진에 기여
③ 경쟁력 강화에 기여
④ 환경보전에 기여

✔ 유기농업의 기본목표

㉠ 국민보건증진에 기여
㉡ 생산의 안정화
㉢ 경쟁력 강화에 기여
㉣ 환경보전에 기여

45 화본과 목초의 첫 번째 예취 적기는?

① 분얼기 이전
② 분얼기~수잉기
③ 수잉기~출수기
④ 출수기 이후

정답 42 ② 43 ② 44 ② 45 ③

46 국제유기농업운동연맹을 바르게 표시한 것은?

① IFOAM   ② WHO   ③ FAO   ④ WTO

🌾 **세계유기농업운동연맹(IFOAM)** ··

세계유기농업연맹은 전 세계 116개국의 850여 단체가 가입한 세계 최대 규모의 유기농업운동단체이다. 1972년 프랑스에서 창립되었으며 독일 본에 본부를 두고 있다. 유기농업의 원리에 바탕을 둔 생태적·사회적·경제적 유기농업 실천을 지향하며 유기농업의 기준 설정, 정보 제공 및 기술 보급, 국제인증기준과 인증기관 지정 등의 역할을 하고 있다. 국제유기농운동 지원을 주로 하며, 3년에 한 번씩 개최한다.

47 가금류의 사육장 및 사육조건으로 적합하지 않은 것은?

① 충분한 활동면적을 확보   ② 쾌적한 공장형 케이지 사육장 설치
③ 사료와 용수의 접근이 용이   ④ 개방 조건에서 방목

48 유기재배 인증 농가가 지켜야 할 사항으로 틀린 것은?

① 장기간의 적절한 윤작계획 수집 및 실행
② 농자재 사용에 관한 자료 보관
③ 유전자변형종자 사용
④ 농산물 생산량에 관한 자료 보관

49 우렁이 농법에 의한 유기벼 재배에서 우렁이 방사에 의해 주로 기대되는 효과는?

① 잡초방제   ② 유기물 대량공급
③ 해충방제   ④ 양분의 대량공급

🌾 **우렁이 농법** ··

농약이나 사람 대신 풀을 매주는 것으로 왕우렁이를 사용한다.

50 이것을 녹인 물에 종자를 담가 볍씨를 선별하는 것으로 물에 녹이는 이 물질은?

① 당밀   ② 소금   ③ 기름   ④ 식초

🌾 **선종(씨가리기)** ··

㉠ 튼튼하고 좋은 모를 기르기 위해서는 먼저 좋은 볍씨를 고르는 일이 중요하다.
㉡ 종자용 볍씨의 선종은 키나 풍구에 의한 풍선만으로는 충분하지 않으므로 소금에 의한 비중선, 즉 염수선이 쓰이고 있다.

정답   46 ①   47 ②   48 ③   49 ①   50 ②

51 온실효과에 대한 설명으로 틀린 것은?

① 시설농업으로 겨울철 채소를 생산하는 효과이다.

② 대기 중 탄산가스 농도가 높아져 대기의 온도가 높아지는 현상을 말한다.

③ 산업발달로 공장 및 자동차의 매연가스가 온실효과를 유발한다.

④ 온실효과가 지속된다면 생태계의 변화가 생긴다.

52 육종에서 바이러스가 없는 개체 육성에 특히 많은 관심을 갖는 작물은?

① 벼　　　　　　② 보리　　　　　　③ 옥수수　　　　　　④ 감자

53 벼 직파재배의 장점이 아닌 것은?

① 노동력 절감　　　　　　　　② 생육기간 단축

③ 입모 안정으로 도복 방지　　　④ 토양 가용영양분의 조기 이용

☑ **벼 직파재배의 특징** ··

ㄱ 식상이 없어 저위분얼이 많고, 이삭수 확보가 쉬우나 과번무가 되기 쉽다.

ㄴ 총 분얼은 많으나 유효경 비율이 떨어진다.

ㄷ 줄기가 가늘고 뿌리가 표층에 많이 분포하여 도복에 약하다.

ㄹ 보통기재배의 경우, 이앙재배보다 출수기가 지연된다.

ㅁ 이삭수는 많으나 수당 영화수가 적은 경향이 있다.

ㅂ 잡초방제가 어렵다. 특히, 피와 알방동사니가 많이 발생한다.

ㅅ 출아 및 입모가 불안정하다.

54 소의 제1종 가축전염병으로 법정전염병은?

① 전염성 위장염　　　　　　② 추백리

③ 광견병　　　　　　　　　④ 구제역

☑ **구제역** ··

소, 돼지, 양, 염소, 사슴 등 발굽이 둘로 갈라진 동물이 감염되는 질병이다. 전염성이 매우 강하며 입술, 혀, 잇몸, 코, 발굽 사이에 물집(수포)이 생기고 체온이 급격히 상승되고 식욕이 저하되어 심하게 앓거나 죽게 되는 질병으로 국제수역사무국(OIE)에서 A급으로 분류하며 우리나라 제1종 가축전염병으로 지정되어 있다.

55 여교잡에 대한 기호 표시로서 옳은 것은?

① $(A \times A) \times C$　　　　　　　② $((A \times B) \times B) \times B$

③ $(A \times B) \times C$　　　　　　　④ $(A \times B) \times (C \times D)$

정답　51 ①　52 ④　53 ③　54 ④　55 ②

❤ 여교배육종(Backcross Breeding)

여교배육종은 우량품종에 한두 가지 결점이 있을 때 이를 보완하는 데 효과적인 육종방법이다.

㉠ 여교배(backcross)는 양친 A와 B를 교배한 F1을 양친 중 어느 하나와 다시 교배하는 것이다. 여교배를 한 잡종은 BC1F1, BC1F2 등으로 표시한다.

㉡ 여교배를 여러 번 할 때 처음 한 번만 사용하는 교배친을 1회친(비실용친, 화분친, donor parent)이라 하고, 반복해서 사용하는 교배친을 반복친(실용친, 자방친, recurrent parent)이라고 한다.

56 다음 중 개화기 때에 청예사료로 이용되었으며, 가소화영양소총량(TDN)이 가장 높은 작물은?

① 옥수수 ② 호밀 ③ 귀리 ④ 유채

57 볍씨의 발아 최적 온도는?

① 8~13℃ ② 15~20℃ ③ 30~34℃ ④ 40~44℃

❤ 발아 온도

㉠ 벼 발아를 위한 최적, 최저, 최고 온도는 생태형이나 품종에 따라 다르다.

㉡ 일반적으로 발아 최저 온도는 8~10℃, 최적 온도는 30~34℃, 최고 온도는 44℃이다.

58 한 포장에서 연작을 하지 않고 몇 가지 작물을 특정한 순서로 규칙적으로 반복하여 재배하는 것은?

① 혼작 ② 교호작 ③ 간작 ④ 돌려짓기

❤ 윤작의 뜻

한 포장에 같은 작물을 계속적으로 재배하지 않고 어떤 작부방식을 규칙적으로 반복해서 나아가는 방법이다.

59 우리나라에서 유기농업이 필요하게 된 배경이 아닌 것은?

① 안전농산물에 대한 소비자의 요구 ② 토양과 수질의 오염
③ 유기농산물의 국제교역 확대 ④ 충분한 먹거리의 확보 요구

❤ 유기농업의 배경

㉠ **농업생산 측면** : 농업생산자의 농약 중독사건 반발과 농약 및 화학비료에 의한 토양의 지력 감퇴 등의 현상이 발생하고 있다.

㉡ **식품소비 측면** : 농산물 잔류농약에 의한 소비자 건강 위협, 건강식품의 선호, 식품에 대한 불신 등의 분위기가 조성되고 있다.

㉢ **국민 경제적인 측면** : 농축산물의 수입개방 추세에 따른 대응 방안의 하나로서 품질 경쟁력을

정답 **56** ④ **57** ③ **58** ④ **59** ④

갖춘 농산물 생산의 일환으로 유기농업이 제시되고 있다.

즉, 농산물 수출 국가의 농업생산 여건 및 수출농업정책, 국제농산물 시장의 가격조건 등과 수입농산물의 농약오염 등으로 미루어볼 때 우리나라 농업이 생존할 수 있는 하나의 방안으로서 맛과 영양, 안전성이 뛰어난 고품질의 유기농산물을 생산해야 한다는 것이다.

② 현행 농업경영 방식의 측면 : 농약 및 화학비료에 전적으로 의존하는 현행 농업경영 방식은 수질오염 및 토양오염 등 환경오염의 한 원인이 되고 있을 뿐 아니라, 생태계를 파괴함으로써 국민생활의 질을 저하시키며, 장기적인 국민경제의 발전에 있어서 과도한 사회적 비용을 요구한다는 관점이다.

⑩ 철학적인 측면 : 생명순환 및 공생의 원리에 입각한 생산활동과 그 생산물을 매개로 생산자와 생산자, 생산자와 소비자 그리고 소비자와 소비자 사이의 유기적인 관계를 회복시킴으로써 인간이 공존 공생하는 협동사회를 만들어 간다는 점이다.

60 다음 중 시설하우스 염류집적의 대책으로 적합하지 않은 것은?

① 담수에 의한 제염
② 제염작물의 재배
③ 유기물 시용
④ 강우의 차단

🌿 염류집적의 대책

㉠ 염류집적현상을 막기 위해서는 염류농도가 낮은 관개용수의 확보와 이용이 필수적이며 집적된 염류는 계속 용탈시킬 수 있는 방법을 모색해야 한다.

㉡ 적정 시비수준을 준수하여 과다한 염류의 투입을 막아야 한다.

㉢ 우리나라 시설재배지의 염류축적 문제를 해소하려면 비료와 퇴비의 과다 사용을 억제하는 동시에 농지를 담수하는 벼재배와 시설재배를 교대하며 이용하는 것이 바람직하다.

61 다음 중 과수재배에서 바람의 이로운 점이 아닌 것은?

① 상엽을 흔들어 하엽도 햇볕을 쬐게 한다.
② 이산화탄소의 공급을 원활하게 하여 광합성을 왕성하게 한다.
③ 증산작용을 촉진시켜 양분과 수분의 흡수 상승을 돕는다.
④ 고온 다습한 시기에 병충해의 발생이 많아지게 한다.

🌿 연풍의 이점

㉠ 작물 주위의 습기를 배제하여 증산작용을 돕는다.

㉡ 그늘의 잎을 움직여 일광을 잘 받게 함으로써 광합성을 증대시킨다.

㉢ 한낮에는 작물 주위의 낮아졌던 이산화탄소 농도를 높임으로써 광합성을 증대시킨다.

㉣ 꽃가루의 매개를 도움으로써 풍매화의 결실을 좋게 한다.

㉤ 한여름에는 기온 · 지온을 낮추고, 봄 · 가을에는 서리를 막으며 수확물의 건조를 촉진시킨다.

62 다음 중 토양의 3상이 아닌 것은?

① 기상   ② 액상   ③ 물상   ④ 고상

63 다음 중 밭토양의 지력배양을 위한 작물로 적당한 것은?

① 콩   ② 밭벼   ③ 옥수수   ④ 수단그라스

64 다음 중 유기농산물의 생산에 이용될 수 있는 가장 적합한 종자는?

① 유기농산물 인증기준에 맞게 생산 · 관리된 종자
② 관행으로 재배된 모본에서 생산된 종자
③ 국내에서 생산된 종자로 소독을 반드시 실시한 종자
④ 국가가 보증한 종자

65 다음 중 작물의 호흡에 관한 설명으로 틀린 것은?

① 호흡은 산소를 소모하고 이산화탄소를 방출하는 화학작용이다.
② 호흡은 유기물을 태우는 일종의 연소작용이다.
③ 호흡을 통해 발생하는 열(에너지)이 생물이 살아가는 힘이다.
④ 호흡은 탄소동화작용이다.

    광합성은 탄소동화작용이다.

66 다음 중 유기가축 사육장 조건에 맞지 않는 것은?

① 청결하고 위생적이어야 한다.
② 충분한 환기와 채광이 되는 케이지에서 사육한다.
③ 신선한 음수를 급여할 수 있다.
④ 축사 바닥은 부드러운 구조로 하여야 한다.

67 오리농법에 의한 벼재배에서 오리의 역할이 아닌 것은?

① 잡초를 못 자라게 한다.   ② 해충을 잡아 먹는다.
③ 도열병균을 잡아 먹는다.   ④ 배설물은 유기질비료가 된다.

오리농법
오리가 해충을 제거하는 방법으로는 직접 주둥이로 해충을 잡아먹거나 날개를 치면서 벼에 붙어 있는 해충(멸구 등)을 물 위에 떨어뜨리는 방법 등이 있다.

정답   **62** ③   **63** ①   **64** ①   **65** ④   **66** ②   **67** ③

68 다음 중 시설 내 연료소모량을 줄일 수 있는 가장 적합한 방법은?

① 난방부하량을 높임
② 난방기의 열이용효율을 높임
③ 온수난방방식을 채택함
④ 보온비를 낮춤

69 입으로 전염되며 패혈증, 설사(백리 변), 독혈증의 증상을 보이는 돼지의 질병은?

① 대장균증
② 장독혈증
③ 살모넬라증
④ 콜레라

70 다음 중 유기질 퇴비에 관한 설명으로 틀린 것은?

① 원재료에 비해 부피와 무게가 감소되어야 한다.
② 유효미생물의 활동이 가능해야 한다.
③ 냄새가 나지 않아야 한다.
④ 원재료에 비해 탄소원 비율이 증가되어야 한다.

71 작물에 병이 발생하였을 때 병원균을 판별하는 검정법 중 현미경검정에 필요한 검정 항목은?

① 균사, 포자
② 작물의 생장 정도
③ 재배 토양 성분
④ 재배지의 기후

72 생산력이 우수하던 종자가 재배연수를 경과하는 동안에 생산력 및 품질이 저하되는 것을 종자의 퇴화라 하는데, 다음 중 유전적 퇴화의 원인이라 할 수 없는 것은?

① 자연교잡
② 이형종자 혼입
③ 자연돌연변이
④ 영양번식

✔ **유전적 퇴화(遺傳的 退化)의 원인** ┄┄┄┄┄┄┄┄┄┄┄┄┄┄┄┄┄┄┄┄┄┄┄┄┄┄┄┄┄┄┄
세대가 경과함에 따라서 자연교잡, 새로운 유전자형의 분리, 돌연변이, 이형 종자의 기계적 혼입 등에 의하여 종자가 유전적으로 순수하지 못해져서 퇴화하게 된다.

73 옥수수는 보통 어떤 방법으로 새로운 품종을 만드는가?

① 다계교배
② 돌연변이법
③ 제1대 잡종법
④ 배수성육종법

✔ **다계교배(多系交配)** ┄┄┄
잡종 제1대가 양친보다 형태, 내성, 다산성이 뛰어난 성질을 좋은 형질의 개량에 이용하는 육종법이다.

정답   68 ②   69 ①   70 ④   71 ①   72 ④   73 ①

74 벼의 영양생장기에 속하지 않는 생육단계는?

① 활착기   ② 유효분얼기   ③ 무효분얼기   ④ 수잉기

수잉기는 생식생장기에 속한다.

75 온대지역에서 자라는 벼는 대부분 어떤 조건에서 가장 출수가 촉진되는가?

① 저온, 단일   ② 저온, 장일   ③ 고온, 단일   ④ 고온, 장일

76 병해충 관리를 위해 사용이 가능한 유기농 자재 중 식물에서 얻는 것은?

① 목초액   ② 보르도액   ③ 규조토   ④ 유황

77 다음 중 붕소를 가장 많이 요구하는 작물은?

① 쌀   ② 콩   ③ 포도   ④ 고추

붕소를 가장 많이 요구하는 작물
평지(유채) · 사탕무 · 셀러리 · 사과 · 알팔파 등이다.

78 다음 중 포식성 천적은?

① 기생벌   ② 세균   ③ 무당벌레   ④ 선충

천적의 종류
　㉠ 기생성 곤충 : 침파리, 고추벌, 맵시벌, 꼬마벌 등은 나비목의 해충에 기생한다.
　㉡ 포식성 곤충 : 무당벌레, 풀잠자리, 꽃등애, 무당벌레 등은 진딧물을 잡아먹고 딱정벌레는 각
　　종 해충을 잡아먹는 포식성 해충이다.
　㉢ 병원미생물

79 과수원에서 쓸 수 있는 유기자재로 가장 적합하지 않은 것은?

① 현미식초   ② 생선액비
③ 생장촉진제   ④ 광합성 세균

식물의 생장, 발육에 적은 분량으로도 큰 영향을 끼치는 합성된 호르몬성인 화학물질을 총칭하여
식물생장조절제(plant growth regulators)라고 부르게 되었다.

정답　**74** ④　**75** ③　**76** ①　**77** ③　**78** ③　**79** ③

80 다음 중 과수분류상 인과류에 속하는 것으로만 나열된 것은?

① 무화과, 복숭아

② 포도, 비파

③ 사과, 배

④ 밤, 포도

✎ **과수분류상** ··

ⓐ 인과류 : 배 · 사과 · 비파 등 → 꽃받침이 발달하였다.

ⓑ 핵과류 : 복숭아 · 자두 · 살구 · 앵두 등 → 중과피가 발달하였다.

ⓒ 장과류 : 포도 · 딸기 · 무화과 등 → 외과피가 발달하였다.

ⓓ 각과류 : 밤 · 호두 등 → 씨의 자엽이 발달하였다.

ⓔ 준인과류 : 감 · 귤 등 → 씨방이 발달하였다.

81 멘델(Mendel)의 법칙과 가장 관련이 없는 것은?

① 분리의 법칙

② 독립의 법칙

③ 지배의 법칙

④ 최소의 법칙

82 오리농법에 의한 벼 재배에서 오리의 역할이 아닌 것은?

① 잡초를 못 자라게 한다.

② 해충을 잡아먹는다.

③ 도열병균을 잡아먹는다.

④ 배설물은 유기질비료가 된다.

✎ **오리농법** ··

오리가 해충을 제거하는 방법은 직접 주둥이로 해충을 잡아먹거나 날개를 치면서 벼에 붙어 있는 해충(멸구 등)을 물 위에 떨어뜨리는 방법 등이다.

83 유기농업에서는 화학비료를 대신하여 유기물을 사용하는데 유기물의 사용 효과가 아닌 것은?

① 완충능 증대

② 미생물의 번식 조장

③ 보수 및 보비력 증대

④ 지온 감소 및 염류 집적

✎ **유기물의 효과** ···

ⓐ 암석의 분해 촉진

ⓑ 토양의 입단화 형성 및 양분의 공급

ⓒ 보수, 보비력의 증대

ⓓ 대기 중의 CO_2 공급 및 완충능의 증대

ⓔ 생장 촉진 물질의 생성 및 미생물의 번식 조장

ⓕ 토양색의 변화와 지온의 상승

ⓖ 토양 보호

84 품종의 보호요건 항목이 아닌 것은?

① 구별성　　　　② 내염성　　　　③ 균일성　　　　④ 안정성

🌿 **신품종의 보호** ··
　㉠ 구별성 : 다른 품종과 명확하게 구별되는 특성을 가져야 한다.
　㉡ 균일성 : 품종의 특성이 균일해야 한다.
　㉢ 안정성 : 반복 증식하거나 번식주기에 따라 번식한 후에 품종특성이 변화하지 말아야 한다.
　㉣ 신규성 : 육종가 권리를 신청한 날로부터 일정 기간 동안 판매하거나 타인에게 양도한 일이 없어야 한다.
　㉤ 고유한 명칭을 가져야 한다(숫자로 된 명칭은 안 됨).

85 남부지방의 논에 녹비작물로 이용되며 뿌리혹박테리아로 질소를 고정하는 식물은?

① 진주조　　　　② 자운영　　　　③ 호밀　　　　④ 유채

🌿 ··
　콩과작물인 자운영을 재배한다.

86 답전윤환 체계로 논을 밭으로 이용할 때, 유기물이 분해되어 무기태질소가 증가하는 현상을 무엇이라 하는가?

① 산화작용　　　　② 환원작용　　　　③ 건토효과　　　　④ 윤작효과

🌿 **윤환전기(田期)** ··
　㉠ 밭기간은 논기간에 비하여 토양의 입단화 및 건토효과가 진전된다.
　㉡ 미량원소 등의 용탈이 적다.
　㉢ 환원성 유해물질의 생성이 억제된다.
　㉣ 채소나 콩과목초는 토양을 비옥하게 하여 지력이 증강된다.

87 다음 중 윤작의 효과가 아닌 것은?

① 지력의 유지 증강　　　　　　② 기지현상의 회피
③ 병해충 경감　　　　　　　　④ 잡초의 번성

🌿 **윤작의 효과** ··
　㉠ 지력의 유지 및 증진　　　　㉡ 기지현상의 회피
　㉢ 병충해 경감　　　　　　　　㉣ 잡초의 경감
　㉤ 토지이용도의 향상　　　　　㉥ 노력분배의 합리화
　㉦ 작물의 수량 증대　　　　　　㉧ 농업경영의 안정성 증대
　㉨ 토양보호

정답　84 ②　85 ②　86 ③　87 ④

88 계속하여 볏짚을 논에 투입하는 유기 벼 재배에서 가장 결핍될 것으로 예상되는 토양 양분은?

① 질소 ② 인산 ③ 칼리 ④ 칼슘

C/N율이 높은 볏짚을 계속 사용하면 질소가 부족하기 쉽다.

89 다음 작물 중 C/N율이 가장 높은 것은?

① 화본과 작물 ② 두류 작물 ③ 서류 작물 ④ 채소류 작물

┃ 각종 양열재료의 탄소율 ┃

재료	탄소(%)	질 소(%)	C/N율
볏짚	45.0	0.74	61
보리짚	47.0	0.65	72
밀짚	46.5	0.65	72
쌀겨	37.0	1.70	22
낙엽	49.0	2.00	25
콩깻묵	17.0	7.00	2.4
면실박	16.0	5.00	3.2

90 다음 중 물리적 종자 소독방법이 아닌 것은?

① 냉수온탕침법 ② 욕탕침법
③ 온탕침법 ④ 분의소독법

분의소독법은 화학적 종자 소독방법이다.

91 다음 중 세균성 병원균이 주원인인 병은?

① 벼 도열병 ② 사과, 배의 검은별무늬병
③ 토마토의 풋마름병 ④ 담배모자이크병

92 미부숙(未腐熟) 퇴비가 작물의 생장에 미치는 영향에 대한 설명으로 틀린 것은?

① 병원균의 생존으로 식물에 침해를 줄 수가 있다.
② 악취를 발생하여 인축에 위해성을 유발할 수가 있다.
③ 가스가 발생하여 작물에 해를 입힐 수 있다.
④ 토양산소 함량을 증가시킬 수 있다.

정답 88 ① 89 ① 90 ④ 91 ③ 92 ④

93 다음에서 육종의 단계가 순서에 맞게 배열된 것은?

① 변이탐구와 변이창성 → 변이선택과 고정 → 종자증식과 종자보급
② 변이선택과 고정 → 변이탐구와 변이창성 → 종자증식과 종자보급
③ 종자증식과 종자보급 → 변이탐구와 변이창성 → 변이선택과 고정
④ 종자증식과 종자보급 → 변이선택과 고정 → 변이탐구와 변이창성

94 볍씨의 발아 최적 온도는?

① 8~13℃   ② 15~20℃   ③ 30~34℃   ④ 40~44℃

95 시설 내의 약광조건하에서 작물을 재배할 때 경종 방법에 대한 설명 중 옳은 것은?

① 엽채류를 재배하는 것은 아주 불리함
② 재식 간격을 좁히는 것이 배우 유리함
③ 덩굴성 작물은 직립재배보다는 포복재배하는 것이 유리함
④ 온도를 높게 관리하고 내음성 작물보다는 내양성 작물을 선택하는 것이 유리함

96 밀폐된 창고나 온실에서 약제를 가스로 발생시켜 병충해를 방제하는 방법은?

① 연무법   ② 미량살포법
③ 훈증법   ④ 관주법

97 초생재배의 장점이 아닌 것은?

① 토양의 단립화(單粒化)   ② 토양침식 방지
③ 지력 증진   ④ 미생물 증식

　✔ **초생재배의 장점** ···

　　㉠ 토양의 입단화가 촉진됨
　　㉡ 유기물의 환원으로 지력이 유지됨
　　㉢ 토양침식을 막아 양분과 토양 유실을 방지함
　　㉣ 지온변화가 적음

98 한 포장에서 연작을 하지 않고 몇 가지 작물을 특정한 순서로 규칙적으로 반복하여 재배하는 것은?

① 돌려짓기   ② 답전윤환   ③ 간작   ④ 교호작

정답   93 ① 94 ③ 95 ③ 96 ③ 97 ① 98 ①

✔ **윤작의 뜻** ··

한 포장에 같은 작물을 계속적으로 재배하지 않고 어떤 작부방식을 규칙적으로 반복해서 나아가는 방법이다. 유럽과 미국에서 발달한 경작방식이다.

99 다음 중 재배 시 석회를 사용하지 않아도 되는 작물은?

① 벼　　　　　　② 콩　　　　　　③ 시금치　　　　　　④ 보리

✔ **산성토양에 대한 작물의 적응성** ··

　㉠ 극히 강한 것 : 벼 · 밭벼 · 귀리 · 토란 · 아마 · 기장 · 땅콩 · 감자 · 봄무 · 호밀 · 수박 등
　㉡ 강한 것 : 메밀 · 당근 · 옥수수 · 목화 · 오이 · 포도 · 호박 · 딸기 · 토마토 · 밀 · 조 · 고구마 · 베치 · 담배 등
　㉢ 약간 강한 것 : 평지(유채) · 피 · 무 등
　㉣ 약한 것 : 보리 · 클로버 · 양배추 · 근대 · 가지 · 삼 · 겨자 · 고추 · 완두 · 상추 등
　㉤ 가장 약한 것 : 알팔파 · 자운영 · 콩 · 팥 · 시금치 · 사탕무 · 셀러리 · 부추 · 양파 등

100 온대지역에서 자라는 벼는 대부분 어떤 조건에서 가장 출수가 촉진되는가?

① 저온, 단일　　　② 저온, 장일　　　③ 고온, 단일　　　④ 고온, 장일

✔ ··

온대지역에서 자라는 벼는 대부분 고온, 단일 조건에서 가장 출수가 촉진된다.

101 IFOAM이란 어떤 기구인가?

① 국제유기농업운동연맹　　　　　② 무역의 기술적 장애에 관한 협정
③ 위생식품검역 적용에 관한 협정　④ 식품관련법

✔ **세계유기농업운동연맹(IFOAM)** ··

　㉠ 전 세계 116개국의 850여 단체가 가입한 세계 최대 규모의 유기농업운동단체이다.
　㉡ 1972년 프랑스에 창립되었으며 독일 본에 본부를 두고 있다.
　㉢ 유기농업의 원리에 바탕을 둔 생태적 · 사회적 · 경제적 유기농업 실천을 지향하며 유기농업의 기준 설정, 정보 제공 및 기술 보급, 국제 인증 기준과 인증기관 지정 등의 역할을 하고 있다.
　㉣ 국제유기농운동 지원을 주로 하며, 3년에 한 번씩 개최한다.

102 다음 중 벼 재배에서 앵미의 발생이 가장 많은 재배방식은?

① 건답직파　　　　　　　　　② 담수표면산파
③ 이앙재배　　　　　　　　　④ 무논골뿌림

✔ **정답** 99 ① 100 ③ 101 ① 102 ①

잡초성 벼의 특성요인

㉠ 앵미벼라고도 하는 잡초성 벼는 가늘고 길며, 현미의 색은 적색이나 갈색을 띤다.

㉡ 탈립이 잘 되고 휴면이 강하며 담수상태에서는 잘 발아하지 않으나, 건답상태에서는 출아가 용이하여 건답직파에서 크게 증가한다.

㉢ 경운, 로터리 재배보다 무경운 시, 담수조건보다 포화수분 시, 담수재배보다 건답재배에서 증가한다.

㉣ 파종기가 빠를수록 증가하며, 다양한 작부체계 조건에서보다 단작 시 증가한다.

㉤ 볏짚 깔기, 콤바인 작업도 증가에 기여한다.

103 수도(벼)용 상토의 가장 알맞은 산도는?

① 2.0~4.0
② 4.5~5.5
③ 6.0~6.5
④ 7.5~8.0

모판흙(상토) 준비

㉠ 부식을 알맞게 함유하고, 물 빠짐이 양호하면서 적당한 보수력을 지니며, 병원균이 없고 pH 5 정도의 토양이 알맞다.

㉡ 못자리 흙의 양은 상자당 4.5L 소요(복토할 것을 합해서)
못자리 흙은 사용 전에 잘록병을 예방하기 위하여 소독하며 pH가 높을 경우 pH 4.5~5.5가 되도록 황산이나 황가루 처리하여 조정한다.

㉢ 입고병이나 뜸모의 발생을 예방하기 위해 모판흙에 살균제(리도밀 입제, 다찌가렌 분제 등)를 살포한다.

104 병해충 관리를 위해 사용이 가능한 유기농 자재 중 식물에서 얻는 것은?

① 목초액
② 보르도액
③ 규조토
④ 유황

식물과 동물

제충국 제제, 데리스 제제, 쿠아시아 제제, 라이아니아 제제, Neem 제제, 밀납, 동식물 유지, 해조류 및 해조류 가루, 해조류 추출액, 소금 및 소금물, 젤라틴, 인지질, 카제인, 식초 및 천연산, 누룩곰팡이의 발효생산물, 버섯 추출액, 클로렐라 추출액, 천연식물에서 추출한 제제, 천연약초, 한약제 및 목초액, 담뱃잎차 등이다.

105 친환경농산물로 인증된 종류와 명칭에 포함되지 않은 것은?

① 저농약농산물
② 유기농산물
③ 무농약농산물
④ 고품질천연농산물

✔ **친환경농업**

㉠ 유기농업 : 화학비료, 유기합성농약, 가축사료첨가제 등 합성 화학물질을 전혀 사용하지 않고 유기물과 자연광석 등 자연적인 자재만을 사용하여 농산물을 생산하는 농업이다.

㉡ 저투입농업 : 병해충종합관리(IPM) 기술 실천으로 농약사용량을 절감하고 작물양분종합관리 (INM)기술 실천으로 화학비료 사용량을 절감하는 등 합성화학물질의 사용 최소화로 농업환경 오염을 경감하고 자연생태계를 유지, 보전하여 보다 안전한 농산물을 생산하는 농업이다.

㉢ 유기농산물의 정의
　ⓐ 생산, 수확, 가공, 포장 과정에서 방사선 처리하지 않은 것
　ⓑ GMO(유전자 변형 농산물) 작물의 종자를 사용하지 않은 것
　ⓒ 전환기간 이상을 유기합성농약으로 화학비료를 사용하지 않은 것

㉣ 저농약농산물의 인증
　ⓐ 농약을 수확일로부터 30일 전까지만 사용한다.
　ⓑ 제초제는 사용하지 않는다.
　ⓒ 농약잔류허용기준의 1/2 이하인 농산물이다.

106 과수 묘목의 선택에 있어 유의해야 할 점이 아닌 것은?

① 품종이 정확할 것　　　　　　　② 대목이 확실할 것
③ 근군이 양호할 것　　　　　　　④ 묘목이 길게 자란 것

107 퇴비의 검사방법이 아닌 것은?

① 관능적 방법　　　　　　　　　② 화학적 방법
③ 물리적 방법　　　　　　　　　④ 생물적 방법

✔ **퇴비의 부숙도 검사방법**
관능적 검사, 화학적 검사, 생물학적 검사이다.

108 과실에 봉지 씌우기를 하는 목적과 가장 거리가 먼 것은?

① 병해충으로부터 과실 보호　　　② 과실의 외관 보호
③ 농약오염 방지　　　　　　　　④ 당도 증가

109 유기농업과 가장 관련이 적은 용어는?

① 생태학적 농업　　　　　　　　② 자연농업
③ 관행농업　　　　　　　　　　④ 친환경농업

정답　106 ④　107 ③　108 ④　109 ③

친환경 관련 농업의 종류 ···

ⓐ 자연농업(自然農業) : 지력을 토대로 자연의 물질순환 원리에 따르는 농업이다.

ⓑ 생태농업(生態農業) : 지역폐쇄시스템에서 작물양분과 병해충 종합관리기술을 이용하여 생태계 균형유지에 중점을 두는 농업이다.

ⓒ 유기농업(有機農業) : 농약과 화학비료를 사용하지 않고 원래 흙을 중시하여 자연에서 안전한 농산물을 얻는 것을 바탕으로 한 농업이다.

ⓓ 저투입 · 지속적 농업(低投入 · 持續的農業) : 환경에 부담을 주지 않고 영원히 유지할 수 있는 농업으로 환경을 오염시키지 않는 농업이다.

ⓔ 정밀농업(精密農業) : 한 포장 내에서 위치에 따라 종자 · 비료 · 농약 등을 달리함으로써 환경문제를 최소화하면서 생산성을 최대로 하려는 농업이다.

관행농업

종전까지만 해도 우리는 농사를 지으면서 증산을 도모하기 위하여 화학비료나 농약을 많이 사용하는 심경다비농법으로 농업을 영위해 왔는데 이를 관행농업이라고 한다.

---

110 벼의 유묘로부터 생장단계의 진행순서가 바르게 나열된 것은?

① 유묘기 – 활착기 – 이앙기 – 유효분얼기

② 유묘기 – 이앙기 – 활착기 – 유효분얼기

③ 유묘기 – 활착기 – 유효분얼기 – 이앙기

④ 유묘기 – 유효분얼기 – 이앙기 – 활착기

···

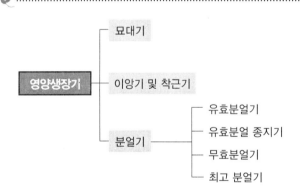

111 다음 중 생물적 방제와 관계가 없는 것은?

① 천적의 이용   ② 식물의 타감작용 이용

③ 천적 미생물의 이용   ④ 녹비작물의 이용

정답 **110** ②   **111** ④

- **생물학적 방제법(生物學的 防除法)** ....
  - 천적의 종류
    - ㉠ 기생성 곤충 : 침파리, 고추벌, 맵시벌, 꼬마벌 등은 나비목의 해충에 기생한다.
    - ㉡ 포식성 곤충 : 풀잠자리, 꽃등애, 무당벌레 등은 진딧물을 잡아먹고 딱정벌레는 각종 해충을 잡아먹는 포식성 해충이다.
    - ㉢ 병원미생물

112 생산력이 우수하던 종자가 재배연수가 경과되는 동안에 생산력 및 품질이 저하되는 것을 종자의 퇴화라 하는데 유전적 퇴화의 원인이라 할 수 없는 것은?

① 자연교잡 ② 이형종자 혼입
③ 자연돌연변이 ④ 영양번식

- **유전적 퇴화(遺傳的 退化)** ....
  세대가 경과함에 따라서 자연교잡, 새로운 유전자형의 분리, 돌연변이, 이형 종자의 기계적 혼입 등에 의하여 종자가 유전적으로 순수하지 못해져서 유전적으로 퇴화하게 된다.

113 벼 종자 소독 시 냉수온탕침법을 실시할 때 가장 알맞은 물의 온도는 대략 어느 정도인가?

① 30℃ 정도 ② 35℃ 정도
③ 43℃ 정도 ④ 55℃ 정도

- **냉수온탕침법** ....
  - ㉠ 방법 : 볍씨를 냉수에 24시간 침지한 다음에 45℃ 온탕에 담가서 고루 덥게 하고, 52℃의 온탕에 10분간 정확히 처리하여 바로 건져서 냉수에 담가 식힌다.
  - ㉡ 효과 : 잎마름선충병의 방제에 효과가 있으므로, 이 병이 상습적으로 발생하는 지대에서 채종한 볍씨는 이 방법을 쓰는 것이 좋다.

114 농가에서 사용하는 우량품종의 기본적인 구비조건은?

① 균일성, 우수성, 내충성 ② 내충성, 영속성, 우수성
③ 특수성, 내충성, 우수성 ④ 균일성, 우수성, 영속성

- **우량품종의 구비조건** ....
  - ㉠ 균일성(均一性) : 품종 내의 모든 개체들의 특성이 균일해야만 재배 · 이용상 유리하다.
  - ㉡ 우수성(優秀性) : 품종의 재배적 특성이 다른 품종들보다 우수하여야 한다.
  - ㉢ 영속성(永續性) : 우수하고 균일한 품종의 재배적 특성이 대대로 변하지 않고 계속 유지되어야 한다.

115 연작에 의해 발생하는 기지현상에 대한 설명으로 옳지 않은 것은?

① 화곡류와 같은 천근성 작물을 연작하면 작토의 하층(심층)이 굳어져 물리성이 악화된다.

② 수박, 멜론 등은 저항성 대목에 접목하여 기지현상을 경감할 수 있다.

③ 알팔파, 토란 등은 부식를 많이 흡수하여 토양에 부식결핍증이 나타나기 쉽다.

④ 벼, 수수, 고구마 등은 연작의 해가 적어 기지에 강한 작물이다.

✔ 토양 물리성의 악화 ··

㉠ 화곡류(벼·보리)와 같은 천근성 작물을 연작하면 작토의 하층(심층)이 굳어져 물리성이 악화된다.

㉡ 수박, 멜론 등은 저항성 대목에 접목하여 기지현상을 경감할 수 있다.

㉢ 알팔파, 토란 등은 석회를 많이 흡수하여 토양에 석회 결핍증이 나타나기 쉽다.

㉣ 벼, 수수, 고구마 등은 연작의 해가 적어 기지에 강한 작물이다.

116 다음의 작물 재배기술 중 비닐하우스나 유리온실에서의 육묘의 이점으로 가장 거리가 먼 것은?

① 육묘하는 동안은 본포의 재배기간이 단축되므로 토지의 이용도가 높아진다.

② 육묘기간은 온도가 낮으므로 어린 모를 보호하여 초기 생장을 좋게 한다.

③ 벼의 경우에는 본논의 관개수가 절약된다.

④ 열매 채소류는 조기에 육묘하여 재배하므로 수확과 출하를 조절하기 어렵다.

✔ 비닐하우스나 유리온실에서의 육묘의 이점 ··

㉠ 육묘하는 동안은 본포의 재배기간이 단축되므로 토지의 이용도가 높아진다.

㉡ 육묘기간은 온도가 낮으므로 어린 모를 보호하여 초기 생장을 좋게 한다.

㉢ 벼의 경우에는 본논의 관개수가 절약된다.

㉣ 열매 채소류는 조기에 육묘하여 재배하므로 수확과 출하가 언제든 가능하다.

117 1대 잡종 육종법의 대한 설명 중 맞는 것은?

① 단위면적당 사용되는 종자의 양이 많이 드는 작물에 유용하다.

② 주로 원예작물에서 이용되나 일부 화본과 작물에서도 이용된다.

③ 옥수수, 대두, 벼, 보리 등의 작물이 이용된다.

④ 이익이 경비보다 작아야 한다.

118 농산물의 안전 저장에 대한 설명 중 옳지 않은 것은?

① 상처가 난 고구마, 감자 등은 저장성을 높이기 위하여 큐어링이 필요하다.

② 곡물 저장 시 수분함량을 13% 이하로 하면 미생물의 번식이 억제된다.

③ 수분 함량이 높은 채소와 과일은 수분 증발을 억제시켜 저장 중 품질을 유지한다.

④ 저장실의 이산화탄소 농도를 낮추면 과일의 저장성을 향상시킬 수 있다.

정답 **115** ③ **116** ④ **117** ② **118** ④

CA저장 ···

㉠ 저장고 내의 공기조성을 조절하여 과일의 호흡을 억제하고 저온에서 저장하는 최신의 저장법이다.

㉡ 과일의 호흡 억제방법

ⓐ 저온(0~3℃)에서 저장해야 한다.

ⓑ 과일 주위의 공기 중 산소의 농도를 낮게(3%) 한다.

ⓒ 이산화탄소의 농도를 높게(2~5%) 해야 한다.

㉢ 저장 환경조건 : 온도는 0~3℃, 산소의 농도는 3%, 이산화탄소의 농도는 2~5%, 습도는 85~90%로 한다.

㉣ CA저장고의 효과 : 과일의 신선도가 오랫동안 유지되어 과일이 시들거나 썩지 않으며 저장 후의 품질도 저온저장보다 좋다.

119 작물의 1대 잡종(F₁)에서 수확한 종자(F₂)를 재배하여 수확한 종자의 특성은?

① 변이가 심하게 일어나 품질과 균일성이 떨어진다.

② 품질과 균일성이 증대된다.

③ 균일성은 떨어지나 품질은 좋아진다.

④ 품질과 균일성은 증대되나 병해충에 약하다.

자식약세 ···

㉠ 옥수수·십자화과 작물·알팔파·클로버·화본과 목초 등과 같은 타가수정작물을 자식시키면 생육세가 약해지고 수량이 감소하는데 이를 자식약세라고 한다.

㉡ 타가수정작물을 자식시키면 세대의 경과에 따라서 호모 상태의 유전자형이 많아지는데, 이를 약세의 원인으로 본다.

120 채소를 접붙일 때 이로운 점에 대해 잘못된 설명은 무엇인가?

① 토양전염성 병 발생을 억제한다.

② 수박, 오이, 참외 등은 흡비력이 약해진다.

③ 저온, 고온 등 불량환경에 대한 내성이 증대된다.

④ 과실의 품질이 우수해진다.

··

㉠ 접목이 이로운 점

ⓐ 토양전염성 병 발생을 억제한다.(덩굴쪼김병 : 수박, 오이, 참외)

ⓑ 저온, 고온 등 불량환경에 대한 내성이 증대된다.(수박, 오이, 참외)

ⓒ 흡비력이 강해진다.(수박, 오이, 참외)

ⓓ 과습에 잘 견딘다.(수박, 오이, 참외)

ⓔ 과실의 품질이 우수해진다.(수박, 멜론)

정답 119 ① 120 ②

ⓒ 접목이 불리한 점
    ⓐ 질소 과다흡수의 우려가 있다.
    ⓑ 기형과가 많이 발생한다.
    ⓒ 당도가 떨어진다.
    ⓓ 흰가루병에 약하다.

121 1대 잡종 육종법에 대한 설명 중 맞는 것은?

① 단위면적당 사용되는 종자의 양이 많이 드는 작물에 유용하다.
② 웅성불임육종법에는 주로 옥수수, 고추, 벼 등이 이용된다.
③ 옥수수, 대두, 벼, 보리 등의 작물이 이용된다.
④ 주로 자가수정작물에 이용되나 일부 타가수정 작물에도 이용된다.

✔ **1대 잡종 종자의 채종** ··
    ㉠ 인공교배 : 호박 · 수박 · 오이 · 참외 · 멜론 · 가지 · 토마토 · 피망
    ㉡ 웅성불임성 이용 : 옥수수 · 양파 · 파 · 상추 · 당근 · 고추 · 벼 · 밀 · 쑥갓
    ㉢ 자가불화합성 이용 : 무 · 순무 · 배추 · 양배추 · 브로콜리

122 벼 직파재배에서 나타나는 특징으로 옳지 않은 것은?

① 이삭수는 많으나 수당 영화수가 적은 경향이 있다.
② 생력적인 재배방식이 될 수 있다.
③ 총 분얼수가 많아 유효경 비율이 높아지는 경우가 있다.
④ 잡초방제가 어렵고 피와 알방동사니가 많이 발생한다.

✔ **직파재배의 특징** ··
    ㉠ 식상이 없어 저위분얼이 많고, 이삭수 확보가 쉬우나 과번무가 되기 쉽다.
    ㉡ 총분얼은 많으나 유효경 비율이 떨어진다.
    ㉢ 줄기가 가늘고 뿌리가 표층에 많이 분포하여 도복에 약하다.
    ㉣ 보통기재배의 경우, 이앙재배보다 출수기가 지연된다.
    ㉤ 이삭수는 많으나 수당 영화수가 적은 경향이 있다.
    ㉥ 잡초방제가 어렵다. 특히, 피와 알방동사니가 많이 발생한다.
    ㉦ 출아 및 입모가 불안정하다.

123 연작에 관한 설명 중 잘못된 것은?

① 하우스 내의 연작이 작토층에 염류가 집적하는 결과를 초래한다.
② 목화, 담배, 호박은 연작으로 품질이 저하된다.
③ 수박을 연작하면 덩굴쪼김병이 번성하여 병해를 일으킨다.
④ 벼는 담수상태에서 재배되므로 옥수수보다 연작에 강하다.

▶ 정답 **121** ② **122** ③ **123** ②

✔ **연작(이어짓기)** ··

동일한 포장에 같은 종류의 작물을 계속해서 재배하는 것을 연작이라고 하며, 연작을 하면 작물의 생육이 두드러지게 불량해지는 기지현상이 일어날 수 있다. 그러나 수요량과 수익성이 크고 기지현상이 별로 없는 작물은 보통 연작을 하며, 대표적인 작물로는 벼를 들 수 있다. 또한 목화나 담배는 연작을 하면 품질이 향상되기도 한다.

124 토양유기물의 기능으로 틀린 것은?

① 유기물이 분해될 때 여러 가지 산을 생성하여 암석의 분해를 촉진한다.
② 토양의 색깔을 검게 하여 지온을 낮춘다.
③ 유기물이 분해될 때에는 호르몬, 핵산물질 등의 생장촉진 물질을 생성한다.
④ 토양의 통기 보수력, 보비력을 증대시키는 작용을 한다.

✔ **토양유기물의 기능** ··

    ㉠ 암석분해의 촉진   ㉡ 양분의 공급
    ㉢ 대기 중 이산화탄소 공급   ㉣ 생장촉진물질의 생성
    ㉤ 입단의 형성   ㉥ 보수, 보비력의 증대
    ㉦ 완충능의 증대   ㉧ 미생물 번식 촉진
    ㉨ 지온의 상승   ㉩ 토양보호

125 다음 중 멀칭의 효과가 아닌 것은?

① 퇴비 등으로 피복하면 월동작물의 동해가 경감된다.
② 멀칭을 하면 토양수분증발이 억제되어 한해가 경감된다.
③ 잡초의 종자는 대부분 호광성이라 멀칭하면 잡초가 증가된다.
④ 멀칭을 하면 보온의 효과가 커서 조식재배가 가능하며, 생육이 촉진되어 촉성재배가 가능하다.

✔ **멀칭의 이용성** ··

    ㉠ **생육 촉진** : 멀칭을 하면 보온의 효과가 커서 조식재배가 가능하며, 생육이 촉진되어 촉성재배가 가능하다.
    ㉡ **한해의 경감** : 멀칭을 하면 토양수분증발이 억제되어 한해가 경감된다.
    ㉢ **동해의 경감** : 퇴비 등으로 피복하면 월동작물의 동해가 경감된다.
    ㉣ **잡초의 억제** : 잡초의 종자는 대부분 호광성이라 멀칭하면 잡초가 경감된다.
    ㉤ **토양보호** : 멀칭하면 풍식, 수식 등의 토양침식이 경감된다.
    ㉥ **과실의 품질 향상** : 딸기 · 수박 등의 과채류의 포장에 짚을 깔아주면 과실이 정결해진다.

✎ 정답   **124** ②   **125** ③

126 양액육묘의 장점이 될 수 없는 것은?

① 상토조제의 노력을 줄인다.

② 시설비를 절감할 수 있다.

③ 비료의 손실이 없어 비료 비용을 절감할 수 있다.

④ 황폐지에서도 이용이 가능하다.

✔ 양액재배의 장단점 ···

ㄱ 장점

ⓐ 비배 관리의 자동화가 가능하고 또 상토의 조제 갱신이 필요하지 않으므로 작업능률이 좋다.

ⓑ 상토의 이화학적인 악화, 흙 전염성 병충해의 발생이나 연작 장해, 기타 원인에 의한 생산력 저하를 막을 수 있다. 또, 영양상태가 균일하게 되므로 생산이 안정화된다.

ⓒ 비료의 손실이 없어 비료 비용을 절감할 수 있다.

ⓓ 황폐지에서도 이용이 가능하다.

ㄴ 단점

ⓐ 많은 설비 투자가 필요하다.

ⓑ 자동화 기계·기구의 취급, 배양액의 조제, 검정 등 고도의 지식과 기술이 필요하다.

ⓒ 병원균이 배양액에 들어오면 전체로 급속히 퍼질 염려가 있으므로 병원균의 침입 방지에 특별히 주의한다.

127 유전자원의 수집과 보존에 대한 설명으로 옳지 않은 것은?

① 유전자원을 수집할 때에는 병충해 유무 등의 내력을 기록한다.

② 종자번식작물의 유전자원은 종자의 형태로만 수집·보존된다.

③ 종자수명이 짧은 작물은 조직배양을 하여 기내보존 하면 장기간 보존할 수 있다.

④ 유전자원의 탐색, 수집 및 이용을 위한 국제식물유전자원연구소가 설치되어 있다.

✔ ···

② 종자번식작물의 유전자원은 종자의 형태로만 수집·보존되는 것이 아니라 영양체들도 이용된다.

128 해충의 생물학적 방제의 장점이라고 할 수 없는 것은?

① 환경오염에 대한 위험성이 적다.

② 속효적이며 일시적이다.

③ 생물상이 평형을 되찾고 생태계가 안정된다.

④ 저항성(내성)이 생기지 않는다.

✔ 생물학적 방제법(生物學的 防除法) ···

ㄱ 해충에는 이를 포식하거나 이에 기생하는 자연계의 천적이 있는데, 이와 같은 천적을 이용하는 방제법을 생물학적 방제법이라고 한다.

ㄴ 최근에 시설재배가 증가함에 따라 천적 곤충들이 상품화되어 이용되고 있다.

정답 **126** ② **127** ② **128** ②

129 다음 작물 중 연작의 피해가 가장 적게 발생하는 것은?

① 벼, 옥수수, 감자, 강낭콩
② 콩, 생강, 오이, 감자
③ 수박, 가지, 고추, 토마토
④ 맥류, 조, 수수, 당근

✔ **작물의 종류와 기지** ···

ⓐ 연작의 해가 적은 것 : 벼, 맥류, 조, 수수, 옥수수, 고구마, 삼, 담배, 무, 당근, 양파, 호박, 연, 순무, 뽕나무, 아스파라거스, 토당귀, 미나리, 딸기, 양배추, 꽃양배추 등
ⓑ 1년 휴작을 요하는 것 : 쪽파, 시금치, 콩, 파, 생강 등
ⓒ 2년 휴작을 요하는 것 : 마, 감자, 잠두, 오이, 땅콩 등
ⓓ 3년 휴작을 요하는 것 : 쑥갓, 토란, 참외, 강낭콩 등
ⓔ 5~7년 휴작을 요하는 것 : 수박, 가지, 완두, 우엉, 고추, 토마토, 레드클로버, 사탕무 등
ⓕ 10년 이상 휴작을 요하는 것 : 아마, 인삼 등

130 노지와 비교하여 다른 비닐하우스 시설 내 환경특이성을 잘못 설명한 것은?

① 시설 내 온도의 일교차는 노지보다 크다.
② 시설 내의 광량은 노지보다 감소한다.
③ 시설 내의 토양은 건조해지기 쉽고 공중습도는 높다.
④ 시설 내의 토양은 염류농도가 노지보다 낮다.

✔ **염류집적** ···

시설 내 토양에는 작물이 필요로 하는 양만큼의 물을 표층 토양에만 관개하게 되므로 염류가 땅속으로 용탈되는 양이 매우 적어 표층의 염류집적이 더욱 높아진다.

‖ 시설 내의 환경 특이성 ‖

환경	특이성
온도	일교차가 크고, 위치별 분포가 다르며, 지온이 높음
광선	광질이 다르고, 광량이 감소하며, 광분포가 불균일함
공기	탄산가스가 부족하고, 유해가스가 집적되며, 바람이 없음
수분	토양이 건조해지기 쉽고 공중습도가 높으며, 인공관수를 함
토양	염류 농도가 높고, 토양물리성이 나쁘며, 연작장해가 있음

131 작물 내건성에 대한 설명 중 옳지 않은 것은?

① 건조할 때 호흡이 낮아지는 정도가 작을 뿐만 아니라, 광합성이 감퇴하는 정도도 낮다.
② 지상부에 비하여 뿌리가 깊게 발달해 있다.
③ 일반적으로 표면적/체적의 비가 작고 왜소하며 잎이 작다.
④ 세포액의 삼투압이 높아서 수분보유력이 강하다.

❤ 작물의 내건성 ···

　　㉠ 형태적 특성

　　　　ⓐ 표면적·체적의 비가 작다. 그리고 지상부가 왜생화되었다.

　　　　ⓑ 지상부에 비하여 뿌리의 발달이 좋고 길다(심근성).

　　　　ⓒ 저수능력이 크고, 다육화의 경향이 있다.

　　　　ⓓ 기동세포가 발달하여 탈수되면 잎이 말려서 표면적이 축소된다.

　　　　ⓔ 잎조직이 치밀하고 잎맥과 울타리조직이 발달하고, 표피에 각피가 잘 발달하고, 기공이 작고 수가 적다.

　　㉡ 세포적 특성

　　　　ⓐ 세포가 작아서 함수량이 감소되어도 원형질의 변형이 적다.

　　　　ⓑ 세포 중에 원형질이나 저장양분이 차지하는 비율이 높아서 수분 보유력이 강하다.

　　　　ⓒ 원형질의 점성이 높고, 세포액이 삼투압이 높아서 수분 보유력이 강하다.

　　　　ⓓ 탈수될 때 원형질의 응집이 덜하다.

　　　　ⓔ 원형질막의 수분·요소·글리세린 등에 대한 투과성이 크다.

132 작물을 재배할 때 토양 피복(mulch)의 효과에 대해 바르게 설명한 것은?

① 지온의 상승효과는 흑색 플라스틱 필름보다 투명 플라스틱 필름에서 더 낮다.

② 잡초 발생량은 투명 플라스틱 필름보다 흑색 플라스틱 필름에서 더 많다.

③ 모든 광을 잘 흡수하는 흑색필름은 잡초의 발생을 거의 완전히 억제하고, 지온상승 효과도 높다.

④ 녹색광과 적외선을 잘 투과시키고, 청색광과 적색광을 강하게 흡수하는 녹색필름은 잡초를 거의 억제하며, 지온상승의 효과도 크다.

❤ 필름의 종류와 멀칭의 효과 ···

　　㉠ 투명필름 : 멀칭용 플라스틱 필름에 있어서 모든 광을 잘 투과시키는 투명필름은 지온상승 효과가 크다. 잡초의 발생이 많아진다.

　　㉡ 흑색필름 : 모든 광을 잘 흡수하는 흑색필름은 잡초의 발생을 거의 완전히 억제하나 지온상승 효과는 적다.

　　㉢ 녹색필름 : 녹색광과 적외선을 잘 투과시키고, 청색광과 적색광을 강하게 흡수하는 녹색필름은 잡초를 거의 억제하며, 지온상승의 효과도 크다.

133 종자에 대한 설명 중 옳지 않은 것은?

① 발아과정은 수분흡수 → 효소의 활성 → 배의 생장개시 → 과·종피의 파열이다.

② 테트라졸륨으로 발아시험을 대신하여 발아검정을 한다.

③ 호광성 종자는 복토를 얇게 한다.

④ 종피가 흡수를 저해하는 종자를 후숙종자라 한다.

정답 132 ④ 133 ④

☘ **경실** ··
여러 가지 원인에 의하여 씨껍질이 수분을 투과시키지 않기 때문에 장기간(수개월~수년) 휴면상
태를 유지하는 종자를 경실이라고 한다.

134 환경에 부담을 주지 않고 영원히 유지할 수 있는 농업으로 환경을 오염시키지 않는 농업은?

① 생태농업(生態農業)

② 유기농업(有機農業)

③ 저투입 지속적 농업(低投入持續的農業)

④ 정밀농업(精密農業)

☘ **친환경 관련 농업의 종류** ··
① 생태농업(生態農業) : 지역폐쇄시스템에서 작물양분과 병해충 종합관리기술을 이용하여 생태
계 균형유지에 중점을 두는 농업이다.

② 유기농업(有機農業) : 농약과 화학비료를 사용하지 않고 원래 흙을 중시하여 자연에서 안전한
농산물을 얻는 것을 바탕으로 한 농업이다.

③ 저투입 · 지속적 농업(低投入 · 持續的農業) : 환경에 부담을 주지 않고 영원히 유지할 수 있
는 농업으로 환경을 오염시키지 않는 농업이다.

④ 정밀농업(精密農業) : 한 포장 내에서 위치에 따라 종자 · 비료 · 농약 등을 달리함으로써 환경
문제를 최소화하면서 생산성을 최대로 하려는 농업이다.

135 해충의 생물학적 방제에 이용 가능한 포식성 곤충에 해당하지 않는 것은?

① 고치벌 ② 풀잠자리

③ 꽃등애 ④ 딱정벌레

☘ **천적의 종류** ···
㉠ 기생성 곤충 : 침파리, 고추벌, 맵시벌, 꼬마벌 등은 나비목의 해충에 기생한다.

㉡ 포식성 곤충 : 풀잠자리, 꽃등애, 무당벌레 등은 진딧물을 잡아먹고 딱정벌레는 각종 해충을
잡아먹는 포식성 해충이다.

정답 **134** ③ **135** ①

PART

02

필기
기출유사
문제

▼ ▼ ▼

2011년 4월 7일 시행

01 윤작의 효과가 아닌 것은?

① 지력의 유지 및 증강
② 토양 유기물 증대
③ 잡초 증가
④ 수량 증대

02 두과 사료작물에 해당하는 것은?

① 라이그래스
② 호밀
③ 옥수수
④ 알팔파

03 벼의 이앙재배에 비한 직파재배의 가장 큰 장점은?

① 잡초방제가 용이하다.
② 쌀의 품질이 향상된다.
③ 노동력을 절감할 수 있다.
④ 종자를 절약할 수 있다.

04 작물의 발달과 관련된 용어의 설명으로 틀린 것은?

① 작물이 원래의 것과 다른 여러 갈래로 갈라지는 현상을 작물의 분화라고 한다.
② 작물이 환경이나 생존경쟁에서 견디지 못해 죽게 되는 것을 순화라고 한다.
③ 작물이 점차 높은 단계로 발달해 가는 현상을 작물의 진화라고 한다.
④ 작물이 환경에 잘 견디어 내는 것을 적응이라 한다.

05 연작의 피해가 심하여 휴작을 요하는 기간이 가장 긴 것은?

① 벼
② 양파
③ 인삼
④ 감자

06 심층시비를 가장 바르게 실시한 것은?

① 암모늄태 질소를 산화층에 시비하는 것
② 암모늄태 질소를 환원층에 시비하는 것
③ 질산태 질소를 산화층에 시비하는 것
④ 질산태 질소를 표층에 시비하는 것

✔ **심층시비** ··

㉠ 암모니아태 질소를 환원층에 주면 질산균의 작용을 받지 않으며, 암모니아는 토양에 잘 흡착하므로 비효가 오래 지속된다.
㉡ 암모니아태 질소를 논토양의 심부환원층에 주어서 비효의 증진을 꾀하는 시비법이다.

정답 **01** ③ **02** ④ **03** ③ **04** ② **05** ③ **06** ②

07 용도에 따른 작물의 분류로 틀린 것은?

① 식용작물-벼, 보리, 밀
② 공예작물-옥수수, 녹두, 메밀
③ 사료작물-호밀, 순무, 돼지감자
④ 원예작물-배, 오이, 장미

08 작물의 생육에 있어 광합성에 영향을 주는 적색 광역의 파장은?

① 300nm
② 450nm
③ 550nm
④ 670nm

🌱 **광합성(光合成)=탄소동화작용** ···

ㄱ 광합성은 빛과 작물생육의 관계에서 가장 중요한 분야이다. 녹색 식물은 빛을 받아서 엽록소를 형성하고 광합성을 수행하여 유기물을 생성한다.

ㄴ 광합성에는 6,700Å(670nm)을 중심으로 한 6,500~7,000Å인 적색의 부분과 4,500Å을 중심으로 한 4,000~5,000Å인 청색의 부분이 가장 효과적이다.

09 습해 발생으로 인한 작물의 피해요인이 아닌 것은?

① 과습하면 호흡장애가 발생한다.
② 동기습해(冬期濕害)의 경우 지온이 낮아져 토양미생물의 활동이 억제된다.
③ 무기성분(N, P, K, Ca 등)의 흡수가 저해된다.
④ 메탄가스, 이산화탄소의 생성이 적어진다.

🌱 **습해의 발생기구** ···

과습하여 토양산소가 부족하면 직접피해로서 뿌리의 호흡장해가 생긴다. 혐기성 토양미생물에 의해서 환원성 유해물질(CH_4, N_2, CO_2, H_2S)이 생성되고, 환원성인 철(Fe^{2+})·망간(Mn^{2+}) 등도 생성되어 작물의 생육을 저해한다.

10 작물이 최초에 발생하였던 지역을 그 작물의 기원지라 한다. 다음 작물 중 기원지가 우리나라인 것은?

① 벼
② 참깨
③ 수박
④ 인삼

11 증발산량이 2,750g이고, 건물생산량이 95g이라면 이 작물의 요수량은?

① 약 29g
② 약 33g
③ 약 38g
④ 약 45g

12 우수한 종자를 생산하는 채종재배에서 종자의 퇴화를 방지하기 위한 대책으로 틀린 것은?

① 감자는 평야지대보다 고랭지에서 씨감자를 생산한다.

② 채종포에 공용(供用)되는 종자는 원종포에서 생산된 신용 있는 우수한 종자이어야 한다.

③ 질소비료를 과용하지 말아야 한다.

④ 종자의 오염을 막기 위해 병충해 방지를 하지 않는다.

채종재배(採種栽培)

우수한 종자의 생산을 목적한 재배를 채종재배라고 하는데, 종자의 퇴화를 방지하기 위한 여러 가지 대책을 강구해야 한다.

㉠ 재배지의 선정

ⓐ 감자는 고랭지에서, 옥수수·십자화과 작물 등은 격리포장에서 채종한다. 벼·맥류 등은 과도하게 비옥하거나 척박한 토양을 회피한다.

ⓑ 옥수수·콩 등은 지력이 비옥한 곳을 채종지로 선정하는 것이 바람직하다.

㉡ 종자의 선택 및 처리

ⓐ 채종재배에 공용되는 종자는 원종포 등에서 생산된 신용 있는 우수한 종자이어야 한다.

ⓑ 선종·종자소독 등의 필요한 처리를 해서 파종한다.

㉢ 재배(栽培)

ⓐ 질소질 비료를 과용하지 말고 균형시비 등을 실시한다.

ⓑ 지나친 밀식을 회피하여 도복·병해를 막는다.

ⓒ 균일하고 건실한 결실을 유도한다.

ⓓ 1주씩 점파하면 이형주 도태에 극히 편리하다.

ⓔ 합리적인 비배관리와 철저한 병충해 방제를 실시한다.

㉣ 이형주의 도태

출수개화기부터 성숙기에 걸쳐서 이형주를 찾아 철저히 도태한다.

㉤ 수확 및 조제

ⓐ 약간 이르다 할 시기에 수확하면, 발아력은 충분하고 수확기 지연에 따르는 피해가 배제된다.

ⓑ 대체로 화곡류는 황숙기가, 십자화과 채소는 갈숙기가 채종의 적기가 되며, 이형립이나 협잡물이 섞이지 않도록 탈곡·조제한다.

ⓒ 종자의 기계적인 손상이 없도록 탈곡해야 하며, 벼의 경우에는 회전탈곡기의 회전수를 1분에 300회 정도로 하는 것이 안전하다.

13 식물의 일장효과(日長效果)에 대한 설명으로 틀린 것은?

① 모시풀은 자웅동주식물인데 일장에 따라서 성의 표현이 달라지며, 14시간 일장에서는 완전 자성(암꽃)이 된다.

② 콩 등의 단일식물이 장일하에 놓이면 영양생장이 계속되어 거대형이 된다.

③ 고구마의 덩이뿌리는 단일조건에서 발육이 조장된다.

④ 콩의 결협 및 등숙은 단일조건에서 조장된다.

정답 **12** ④ **13** ①

성전환의 이용

삼은 암그루가 생육이 균일하고 섬유의 품질이 좋아서 유리한데, 단일에 의해서 성전환이 되므로 이를 이용하여 암그루만을 생산할 수 있다.

14 작물 재배에 있어 작물의 유전성과 환경조건 및 재배기술이 균형 있게 발달되어야 증대될 수 있는 것으로 가장 관계가 깊은 것은?

① 품질　　　　　　② 수량　　　　　　③ 색택　　　　　　④ 당도

작물재배 이론의 삼각형

재배의 중심이 되는 것은 작물의 유전성과 재배환경 그리고 재배기술의 세 가지인데, 이들이 수량에 상호관계적이다.

15 작물의 생육과 관련된 3대 주요 온도가 아닌 것은?

① 최저온도　　　　② 평균온도　　　　③ 최적온도　　　　④ 최고온도

주요 온도(主要溫度)

최저 · 최적 · 최고의 3온도를 말하며 주요 온도는 작물에 따라 다르다.
㉠ 최저온도(最低溫度) : 작물의 생육이 가능한 가장 낮은 온도이다.
㉡ 최고온도(最高溫度) : 작물의 생육이 가능한 가장 높은 온도이다.
㉢ 최적온도(最適溫度) : 작물의 생육이 가장 왕성한 온도이다.

16 작물에 따라서 양분요구특성에 차이가 있다. 해당 작물의 비료 3요소 흡수비율로 가장 적합한 것은?(단, N : P : K의 비율)

① 벼는 2 : 2 : 3이다.　　　　　　② 맥류는 5 : 2 : 3이다.
③ 옥수수는 2 : 2 : 4이다.　　　　④ 고구마는 5 : 1 : 1.5이다.

주요 작물의 3요소 흡수량의 비율

㉠ 콩의 질소 : 인산 : 칼리의 비율이 5 : 1 : 1.5 정도로서 질소의 비율이 월등히 높지만, 3요소의 시비량은 인산을 가장 많게 하는 것이 일반적이다.
㉡ 벼는 5 : 2 : 4, 맥류는 5 : 2 : 3, 옥수수는 4 : 2 : 3 정도로서 화곡류에서는 대체로 질소〉칼리〉인산의 순이다.
㉢ 고구마에서는 4 : 1.5 : 5, 감자에서는 3 : 1 : 4 정도로서 칼리〉질소〉인산 순위로 되어 있다.

정답　**14** ②　**15** ②　**16** ②

17 탄산시비란?

① 토양산도를 조정하기 위하여 토양에 탄산칼슘을 넣어 주는 것
② 시설재배에서 시설 내의 이산화탄소의 농도를 인위적으로 높여주는 것
③ 산업폐기물로 나오는 탄산가스의 처리와 관련하여 생기는 사회 문제
④ 양액재배에서 양액의 탄산가스 농도를 높여 야간 호흡을 억제하는 것

탄산시비의 뜻 ·······························

대기 중의 CO_2 농도는 작물이 충분한 광합성을 하는 데 부족한 상태이므로 인위적으로 작물이 생육하고 있는 주위에 CO_2를 공급하여 작물생육을 촉진하고 수량과 품질을 향상시키는 재배기술을 탄산시비 또는 이산화탄소시비라고 한다.

18 장명(長命)종자는?

① 메밀   ② 고추   ③ 삼(大麻)   ④ 가지

작물별 종자의 수명 ·······························

단명종자(1~2년)	상명종자(3~5년)	장명종자(5년 이상)
콩, 땅콩, 옥수수, 메밀, 기장, 목화, 해바라기, 강낭콩, 양파, 파, 상추, 당근, 고추	벼, 밀, 보리, 귀리, 완두, 유채, 페스큐, 켄터키블루그래스, 목화, 무, 배추, 호박, 멜론, 시금치, 우엉	클로버, 알팔파, 베치, 사탕무, 가지, 토마토, 수박, 비트

19 도복의 피해가 아닌 것은?

① 수량 감소   ② 품질 손상
③ 수확작업의 간편   ④ 간작물(間作物)에 대한 피해

도복의 피해 ·······························

㉠ 수량 감소   ㉡ 품질의 손상
㉢ 수확작업의 불편   ㉣ 간작물에 대한 피해

20 비료를 엽면시비할 때 영향을 미치는 요인이 아닌 것은?

① 살포액의 pH   ② 살포액의 농도   ③ 농약과의 관계   ④ 살포할 때의 속도

비료의 엽면흡수에 영향을 미치는 요인 ·······························

㉠ 잎의 표면보다는 표피가 얇은 뒷면(이면)에서 잘 흡수된다.
㉡ 잎의 호흡작용이 왕성할 때에 잘 흡수되므로 가지나 줄기의 정부에 가까운 잎에서 흡수율이 높고, 노엽보다 성엽에서, 그리고 밤보다 낮에 잘 흡수된다.
㉢ 살포액의 pH는 미산성에서 잘 흡수된다.
㉣ 0.01~0.02% 정도의 전착제를 가용하는 것이 흡수가 잘 된다.
㉤ 피해가 나타나지 않는 범위 내에서는 살포액의 농도가 높을 때 흡수가 빠르다.

정답   **17** ②   **18** ④   **19** ③   **20** ④

ⓗ 석회를 시용하면 흡수가 억제되어 고농도살포의 해를 경감한다.

ⓢ 기상조건이 좋을 때에는 작물의 생리작용이 왕성하므로 흡수가 빠르다.

21 토양의 입자밀도가 $2.65g/cm^3$, 용적밀도가 $1.45g/cm^3$인 토양의 공극률은?

① 약 30%　　　　② 약 45%　　　　③ 약 60%　　　　④ 약 75%

$$공극률 = \left(1 - \frac{1.45}{2.65}\right) \times 100 = 45\%$$

22 습답의 특징으로 볼 수 없는 것은?

① 지하수위가 표면으로부터 50cm 미만이다.

② 유기산이나 황화수소 등 유해물질이 생성된다.

③ Fe^{3+}, Mn^{4+}가 환원작용을 받아 Fe^{2+}, Mn^{2+}가 된다.

④ 칼륨성분의 용해도가 높아 흡수가 잘 되나 질소 흡수는 저해된다.

✔ **습해의 생리**

ⓐ 토양이 다습하면 토양 중에 산소의 결핍을 초래하여 호흡작용이 장해를 받게 된다.

ⓑ 토양이 다습하면 호흡이 저해되어 에너지의 방출이 저하되며, 따라서 뿌리의 흡수작용이 저해되고, 증산작용이나 광합성도 저하되어 생장이 쇠퇴하고 감수를 초래한다.

ⓒ 유기물·무기물의 불완전 산화에 의하여 유해물질이 생성된다.

ⓓ 혐기성의 유해 미생물이 발생하여 지온을 저하시킴으로써 뿌리의 발육을 불량하게 하고 심하면 뿌리를 썩게 한다.

ⓔ 토양이 과습하면 지온이 저하하고 병충해를 유발한다.

ⓕ 습해는 생육 초기보다 생육 성기에 심하게 나타난다.

23 밭토양의 3상에 대한 설명으로 적합하지 않은 것은?

① 토양의 3상은 액상, 기상, 고상으로 구성되어 있다.

② 고상은 무기물과 유기물로 구성되어 있다.

③ 일반적으로 토양의 고상과 액상의 비율은 각 약 25% 정도이다.

④ 토양의 깊이가 깊어짐에 따라 액상의 비율은 일반적으로 증가된다.

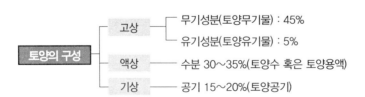

정답 **21** ④ **22** ④ **23** ③

24 토양의 질소 순환작용에서 작용과 반대작용으로 바르게 짝지어져 있는 것은?

① 질산환원작용 - 질소고정작용
② 질산화작용 - 질산환원작용
③ 암모늄화작용 - 질산환원작용
④ 질소고정작용 - 유기화작용

25 다음 영농활동 중 토양미생물의 밀도와 활력에 가장 긍정적인 효과를 가져다 줄 수 있는 것은?

① 유기물 시용
② 상하경 재배
③ 농약살포
④ 무비료재배

26 토양미생물인 사상균에 대한 설명으로 틀린 것은?

① 균사로 번식하며 유기물 분해로 양분을 획득한다.
② 호기성이며 통기가 잘되지 않으면 번식이 억제된다.
③ 다른 미생물에 비해 산성토양에서 잘 적응하지 못한다.
④ 토양 입단 발달에 기여한다.

✔ **사상균(곰팡이)** ···

ㄱ 사상균은 버섯균·효모·곰팡이 등으로 분류되는데 이 중 곰팡이가 가장 중요한 역할을 한다.
ㄴ 곰팡이는 호기성으로 산성·중성·알칼리성의 어떤 토양반응에서도 생육이 양호한데, 특히 산성에 대한 저항력이 강한 것은 세균이나 방사상균과 대조를 이룬다.
ㄷ 산성삼림 토양에서 유기물 분해는 사상균에 의해 이루어지며, 세균과 사상균이 부족한 상태에서는 사상균이 분해작용을 보완하므로 물질의 변화 및 토양비옥도에 큰 영향을 미친다.

27 우리나라의 전 국토의 2/3가 화강편마암으로 구성되어 있다. 이러한 종류의 암석은 토양생성과정 인자 중 어느 것에 해당하는가?

① 기후
② 지형
③ 풍화기간
④ 모재

28 담수조건의 논토양에 존재할 수 있는 양분의 형태가 아닌 것은?

① NH_4^+
② SO_4^{2-}
③ Fe^{2+}
④ Mn^{2+}

✔ **산화상태와 환원상태에서의 원소형태** ···

	산화상태	환원상태
C	CO_2	CH_4, 유기물
N	NO_3^-	N_2, NH_4^+
Mn	Mn^{4+}, Mn^{3+}	Mn^{2+}
Fe	Fe^{3+}	Fe^{2+}
S	SO_4^{2-}	H_2S, S
인산	$FePO_4$, $AlPO_4$	$Fe(H_2PO_4)_2 \cdot Ca(H_2PO_4)_2$
Eh	높음	낮음

정답 **24** ② **25** ① **26** ③ **27** ④ **28** ②

29 치환성 염기(교환성 염기)로 볼 수 없는 것은?

① K^+ ② Ca^{++} ③ Mg^{++} ④ H^+

30 논토양에서 탈질작용이 가장 빠르게 일어날 수 있는 질소의 형태는?

① 질산태 질소 ② 암모늄태 질소 ③ 요소태 질소 ④ 유기태 질소

📌 **질산태질소(NO_3)** ⋯⋯⋯⋯⋯⋯⋯⋯⋯⋯⋯⋯⋯⋯⋯⋯⋯⋯⋯⋯⋯⋯⋯⋯⋯⋯⋯⋯⋯⋯⋯

　㉠ 질산암모니아(NH_4NO_3) · 칠레초석($NaNO_3$) 등이 이에 속하며, 질산태질소는 물에 잘 녹고, 속효성이며, 밭작물에 대한 추비에 가장 알맞다.

　㉡ 질산은 음이온이므로 토양에 흡착되지 않고 유실되기 쉽다.

　㉢ 논에서는 용탈과 탈질현상이 심하므로 질산태질소형 비료의 시용은 일반적으로 불리하다.

31 토양의 생성 및 발달에 대한 설명으로 틀린 것은?

① 한랭습윤한 침엽수림 지대에서는 podzol 토양이 발달한다.

② 고온다습한 열대 활엽수림 지대에서는 latosol 토양이 발달한다.

③ 경사지는 침식이 심하므로 토양의 발달이 매우 느리다.

④ 배수가 불량한 저지대는 황적색의 산화토양이 발달한다.

32 우리나라 저위생산지 논의 종류에 해당하지 않는 것은?

① 특이 산성토 ② 보통답 ③ 사력질답 ④ 퇴화염토

33 양을 분석한 결과 토양의 양이온교환용량은 10cmol/kg이었고, Ca 4.0cmol/kg, K 0.5cmol/kg 및 Al 1.0cmol/kg이었다면 이 토양의 염기포화도(Base saturation)는?

① 40% ② 50% ③ 60% ④ 70%

34 빗물에 의한 토양 침식에서 침식 정도를 결정하는 가장 큰 요인은?

① 강우 지속 시간 ② 강우강도 ③ 경사 길이 ④ 경사도

35 생물적 풍화작용에 해당하는 설명으로 옳은 것은?

① 암석광물은 공기 중의 산소에 의해 산화되어 풍화작용이 진행된다.

② 미생물은 황화물을 산화하여 황산을 생성하고 이는 암석의 분해를 촉진한다.

③ 산화철은 수화작용을 받으면 침철광이 된다.

④ 정장석이 가수분해 작용을 받으면 점토가 된다.

정답　**29** ④　**30** ①　**31** ④　**32** ②　**33** ③　**34** ②　**35** ②

✔ **생물적 풍화작용** ···

생물에 의한 풍화 작용은 동물, 식물, 미생물 등이 관여하는데, 동물에 의한 풍화작용은 주로 물리적인 작용이며, 화학적 작용은 식물 뿌리와 미생물이 중요한 영향을 준다.

토양 미생물의 작용

㉠ 질산화성 작용을 한다.
㉡ 황화물을 산화하여 황산을 생성한다.
㉢ 유기물 분해산물로 생성되는 유기산에 의해 암석 광물의 분해를 조장한다.
㉣ 유기물의 분해 중간 생성 물질과 미생물체 내 성분에는 각종 킬레이트제(chelator)가 있다.

36 1 : 1 격자형 광물에 속하는 것은?

① montmorillonite
② vermiculite
③ mica
④ kaolinite

✔ **주요한 점토 광물** ···

㉠ 1 : 1형 광물 : kaolinite, halloysite, hydrated halloysite 등
㉡ 2 : 1형 광물
   ⓐ 비팽창형 : illite
   ⓑ 팽창형 : vermiculite, montmorillonite, beidellite, nontronite, saponite
㉢ 혼층형 광물
   ⓐ 규칙 혼층형(2 : 2형) : chlorite

37 우리나라 밭토양의 특징과 거리가 먼 것은?

① 밭토양은 경사지에 분포하고 있어 논토양보다 침식이 많다.
② 밭토양은 인산의 불용화가 논토양보다 심하지 않아 인산유효도가 높다.
③ 밭토양은 양분유실이 많아 논토양보다 양분의존도가 높다.
④ 밭토양은 논토양에 비하여 양분의 천연공급량이 낮다.

38 2년 전 pH가 4.0이었던 토양을 석회 시용으로 산도교정을 하고 난 후, 다시 측정한 결과 pH가 6.0이 되었다. 토양 중의 H^+ 이온 농도는 처음 농도의 얼마로 감소되었나?

① 1/10
② 1/20
③ 1/100
④ 1/200

정답 36 ④ 37 ② 38 ③

39 유기재배 토양에 많이 존재하는 지렁이에 대한 설명으로 옳은 것은?

① 지렁이는 유기물이 많은 곳에서 수가 줄어든다.
② 지렁이가 많으면 각주구조 토양이 많이 생긴다.
③ 지렁이는 공기가 잘 통하는 곳에서는 수가 늘어난다.
④ 지렁이는 습한 토양에서 수가 줄어든다.

40 화학적 풍화에 대한 저항성이 강하며 토양 중 모래의 주성분이 되는 토양광물은?

① 석영   ② 장석   ③ 운모   ④ 각섬석

🌿 **석영(石英)** ⋯⋯⋯⋯⋯⋯⋯⋯⋯⋯⋯⋯⋯⋯⋯⋯⋯⋯⋯⋯⋯⋯⋯⋯⋯⋯⋯⋯⋯⋯⋯⋯⋯⋯⋯⋯

   ㉠ 화강암·석영섬록암·석영조면암 등과 같은 산성화성암, 결정편암, 편마암과 같은 변성암, 그리고 퇴적암의 주성분이다.
   ㉡ 화학적 풍화에 대한 저항성이 강하므로 토양 중의 모래의 주요 부분을 차지한다.
   ㉢ 식물 생육에 영양분을 주지는 못하지만, 토양의 주요한 조암 광물로서 이학적 성질에 크게 관여하여 식물 양분의 가급량을 좌우하기도 한다.

41 화학비료가 토양에 미치는 영향으로 거리가 먼 것은?

① 토양생물 다양성 감소   ② 무기물의 공급
③ 작물의 속성수확   ④ 미생물의 공급

🌿 **토양유기물이 토양에 미치는 영향** ⋯⋯⋯⋯⋯⋯⋯⋯⋯⋯⋯⋯⋯⋯⋯⋯⋯⋯⋯⋯⋯⋯⋯⋯⋯⋯⋯⋯⋯

   생물의 영양원이 되어 유용미생물의 번식을 조장한다.

42 일반적인 퇴비화의 과정으로 옳은 것은?

① 전처리 과정 → 숙성 과정 → 본처리 과정
② 전처리 과정 → 본처리 과정 → 숙성 과정
③ 숙성 과정 → 본처리 과정 → 전저리 과정
④ 본처리 과정 → 전처리 과정 → 숙성 과정

🌿 ⋯⋯

   퇴비화 과정은 발열(전처리 과정)−감열(본처리 과정)−숙성의 3단계에 걸쳐 4~5개월이 소요된다.

정답   **39** ③   **40** ①   **41** ④   **42** ②

43 재배행위에 따른 문제점의 연결로 틀린 것은?

① 연작-기지현상 유발
② 토양소독-미생물 교란
③ 다비재배-EC 저하
④ 대형 기계의 토양 답압화-통기성 불량

44 유기농업의 목표로 보기 어려운 것은?

① 환경보전과 생태계 보호
② 농업생태계의 건강 증진
③ 화학비료 농약의 최소 사용
④ 생물학적 순환의 원활화

✅ **유기농업의 기본목표**
㉠ 국민보건 증진에 기여   ㉡ 생산의 안정화
㉢ 경쟁력 강화에 기여   ㉣ 환경보전에 기여

45 과수 및 과실의 생장에 영향을 미치는 수분에 대한 설명으로 틀린 것은?

① 토양수분이 많아지면 공기함량이 많아지고, 공기가 적어지면 수분함량이 적어지는 관계가 있다.
② 수분은 과수체내(果樹體內)의 유기물을 합성·분해하는 데 없어서는 안 될 물질이다.
③ 수분은 수체구성물질(數體構成物質)로도 중요한 역할을 하는데 이와 같이 과수(果樹)에 필요한 수분은 토양수분으로 공급되고 토양수분은 대체로 강우로 공급된다.
④ 일반적으로 작물·과수 등의 생육에 용이하게 이용되는 수분은 모관수(毛管水)이다.

46 지력이 감퇴하는 원인이 아닌 것은?

① 토양의 산성화
② 토양의 영양 불균형화
③ 특수비료의 과다시용
④ 부식의 시용

✅ 토양부식의 함량 증대는 지력의 증대를 의미한다.

47 병해충종합관리를 나타내는 용어는?

① GAP   ② INM   ③ IPM   ④ NPN

48 유기농업과 관련성이 가장 먼 개념의 용어는?

① 지속적 농업
② 정밀농업
③ 생태농업
④ 친환경농업

유기농업 관련 용어

- ㉠ **대체농업** : 윤작, 작물재배와 축산의 혼합경영, 병충해의 종합방제, 농약 및 비료의 투입량 감소, 유기물의 폐기물 활용 등 투입비용의 감소, 생산 효율의 향상, 적정 생산성 유지를 가능하게 하는 농업생산체계이다.
- ㉡ **저투입성 농업** : 생물학적인 영농법 도입으로 농업화학물질에 대한 의존성을 감소시키는 농업이다.
- ㉢ **환경농업** : 농업과 환경을 조화시켜 농업의 생산을 지속 가능하게 하는 농업형태로서 농업생산의 경제성 확보, 환경보존 및 농산물의 안전성 등을 동시에 추구하는 농업이다.
- ㉣ **환경보전형농업** : 농업과 환경문제의 조화를 위해서 농지의 집약적 이용을 억제하여 농업생산에 의한 환경부하를 경감시킴과 동시에 경관보존과 야생동물의 보호를 목적으로 하는 농업이다.
- ㉤ **자연농업** : 토착미생물을 활용하여 토양 활력을 되살리고 작물을 강건하게 키워 농약·비료 사용을 최소화하고, 돈사 등에 톱밥과 축분을 발효시켜 사료화함으로써 사료절감 및 축분처리 비용을 절감할 수 있는 농업이다.
- ㉥ **지속성 농업** : 생물학적인 자원의 생산능력을 증대시키면서 농산물과 원료를 생산하는 농업이다.

49 IFOAM이란?

① 국제유기농업운동연맹 ② 무역의 기술적 장애에 관한 협정
③ 위생식품검역 적용에 관한 협정 ④ 식품관련법

50 우렁이농법에 의한 유기벼 재배에서 우렁이 방사에 의해 주로 기대되는 효과는?

① 잡초방제 ② 유기물 대량공급
③ 해충방제 ④ 양분의 대량공급

51 한 포장에서 연작을 하지 않고 몇 가지 작물을 특정한 순서로 규칙적으로 반복하여 재배하는 것은?

① 혼작 ② 교호작 ③ 간작 ④ 돌려짓기

윤작

한 포장에 같은 작물을 계속적으로 재배하지 않고 어떤 작부방식을 규칙적으로 반복해서 나아가는 방법이다. 유럽과 미국에서 발달한 경작방식이다.

52 작물 재배 시 300평당 전 생육기간에 필요한 질소 성분량이 10kg일 때 질소가 5%인 혼합유박은 몇 kg을 사용해야 하는가?

① 200kg ② 300kg ③ 350kg ④ 400kg

정답 **49** ① **50** ① **51** ④ **52** ①

53 유아(어린이)에게 청색증을 나타나게 하는 화학성분은?

① 붕소　　　　② 칼슘　　　　③ 마그네슘　　　　④ 질산태 질소

54 시설하우스 염류집적의 대책으로 적합하지 않은 것은?

① 강우의 차단　　　　　② 제염작물의 재배
③ 유기물의 시용　　　　④ 담수에 의한 제염

　　강우의 차단은 염류집적의 원인이 된다.

55 유기종자 품종으로 적당하지 않은 것은?

① 생태형 품종　　　　② 재래종 품종
③ 유전자 변형 품종　　④ 분리육종 품종

　유기농산물의 정의
　　㉠ 생산, 수확, 가공, 포장과정에서 방사선 처리하지 않은 것
　　㉡ GMO(유전자 변형 농산물) 작물의 종자를 사용하지 않은 것
　　㉢ 전환기간 이상을 유기합성농약으로 화학비료를 사용하지 않은 것

56 유기농업에서 주로 이용되는 농법이 아닌 것은?

① 단작　　　　　② 무경운
③ 퇴구비 사용　④ 윤작

57 개화기 때에 청예사료로 이용되며, 가소화영양소총량(TDN)이 다음 중 가장 높은 작물은?

① 옥수수　　　② 호밀
③ 귀리　　　　④ 유채

58 시설 및 노지의 유기재배에서 널리 사용하는 질소 보충용 자재는?

① 증제골분　　② 지렁이분
③ 갑각류　　　④ 채종박

　정답　**53** ④　**54** ①　**55** ③　**56** ①　**57** ④　**58** ④

59 유기재배 인증을 받고 작물을 재배할 때에 대한 설명으로 틀린 것은?

① 유기재배 과정에서 나오는 부산물을 사용하였다.

② 농촌진흥청장이 공시한 친환경농자재를 사용하였다.

③ 개화 시 생장조절제를 사용하여 품질을 좋게 하였다.

④ 화염방사기로 제초작업을 하였다.

유기농업 ··

화학비료, 유기합성농업, 가축사료첨가제 등 합성 화학물질을 전혀 사용하지 않고 유기물과 자연광석 등 자연적인 자재만을 사용하여 농산물을 생산하는 농업이다.

60 시설원예 토양의 특성이 아닌 것은?

① 토양의 공극률이 낮다.

② 토양의 pH가 낮다.

③ 토양의 통기성이 불량하다.

④ 염류농도가 낮다.

정답 **59** ③ **60** ④

2011년 7월 31일 시행

01 변온에 의하여 종자의 발아가 촉진되지 않는 것은?

① 당근　　　　　② 담배　　　　　③ 아주까리　　　　　④ 셀러리

✎ **발아와 변온** ··

㉠ 작물의 종류에 따라서는 변온이 작물의 발아를 촉진하는 경우가 있는데, 변온을 주면 종피가 고온에서 팽창하고 저온에서 수축하여 흡수와 가스교환이 용이하게 되고, 또 효소의 작용이 활발해져서 물질대사의 기능이 좋아지기 때문에 발아가 촉진된다.

㉡ 당근 · 파슬리 · 티머시 등의 종자는 변온에 의해서 발아가 촉진되지 않는다.

02 물속에서 발아하지 못하는 종자는?

① 상추　　　　　② 가지　　　　　③ 당근　　　　　④ 셀러리

✎ **수중 발아의 난이에 의한 종자를 분류** ··

㉠ 수중에서 발아를 잘하는 종자 : 벼 · 상추 · 당근 · 셀러리 · 티머시 · 페튜니아 등

㉡ 수중에서 발아하지 못하는 종자 : 콩 · 밀 · 귀리 · 메밀 · 무 · 양배추 · 가지 · 고추 · 파 · 알팔파 · 옥수수 · 수수 · 호박 · 율무 등

03 빛과 작물의 생리작용에 대한 설명으로 틀린 것은?

① 광이 조사(照射)되면 온도가 상승하여 증산이 조장된다.

② 광합성에 의하여 호흡기질이 생성된다.

③ 식물의 한쪽에 광을 조사하면 반대쪽의 옥신 농도가 낮아진다.

④ 녹색식물은 광을 받으면 엽록소 생성이 촉진된다.

✎ **굴광작용(屈光作用)** ···

㉠ 식물의 한쪽에 광을 조사하면, 조사된 부분은 옥신 농도가 낮아지게 되고, 그 반대쪽은 옥신의 농도가 높아지게 되어 생장이 촉진됨으로써 식물체가 광이 있는 쪽을 향하여 굽게 된다. 이와 같이 식물이 광조사의 방향에 반응하여 반응을 나타내는 것을 굴광현상이라 한다.

㉡ 식물이 광조사의 방향에 반응하여 굴곡반응을 나타내는 현상으로 4,000~5,000Å, 특히 4,400~4,800Å의 청색광이 가장 유효하다.

➣ **정답**　**01** ①　**02** ②　**03** ③

04 일반적으로 작물생육에 가장 알맞은 토양 조건은?

① 토성은 수분·공기·양분을 많이 함유한 식토나 사토가 가장 알맞다.
② 작토가 깊고 양호하며 심토는 투수성과 투기성이 알맞아야 한다.
③ 토양구조는 홑알구조로 조성되어야 한다.
④ 질소, 인산, 칼리의 비료 3요소는 많을수록 좋다.

05 수분으로 포화된 토양으로부터 증발을 방지하면서 중력수를 완전히 배제하고 남은 수분상태는?

① 최대용수량 ② 포장용수량 ③ 초기위조점 ④ 영구위조점

✔ **포장용수량**
  ㉠ 수분으로 포화된 토양으로부터 증발을 방지하면서 중력수를 완전히 배제하고 남은 수분상태이며, 이를 최소용수량이라고도 한다.
  ㉡ 지하수위가 낮고 투수성이 중용인 포장에서 강우 또는 관개 후 만 1일쯤의 수분 상태가 이에 해당된다.
  ㉢ pF 값은 2.5~2.7(1/3~1/2 기압)이다.
  ㉣ 포장용수량은 수분당량과 일치하며, 포장용수량 이상은 토양통기 저해로 작물생육에 해롭다.
  ㉤ 포장용수량은 토양에 따라 다른데 구조가 잘 발달된 식질계 토양에서 많고, 구조의 발달이 불량한 사질계 토양에서는 적다.
  ㉥ 유효수분은 포장용수량에서 위조계수를 뺀 나머지 부분이다.

06 농작물의 분화과정에서 자연적으로 새로운 유전자형이 생기게 되는 가장 큰 원인은?

① 영농방식의 변화 ② 재배환경의 변화
③ 재배기술의 변화 ④ 자연교잡과 돌연변이

07 수박을 신토좌에 접붙여 재배하는 주목적으로 옳은 것은?

① 흰가루병을 방제하기 위하여
② 덩굴쪼김병을 방제하기 위하여
③ 크고 당도가 높은 과실을 생산하기 위하여
④ 과실이 터지는 현상인 열과를 방지하기 위하여

✔ **채소에서의 접목묘**
  ㉠ 토양 전염성 병의 발생을 억제하고 저온, 고온 등 불량환경에 견디는 힘을 높이며, 흡비력을 증진시키기 위하여 주로 이용된다.
  ㉡ 박과채소인 수박과 참외, 그리고 시설재배 오이는 연작에 의한 **덩굴쪼김병** 방제용으로 박이나 호박을 대목으로 이용한다.

08 콩의 잎에 생기는 병해가 아닌 것은?

① 모자이크병　　　② 갈색무늬병　　　③ 노균병　　　④ 자주빛무늬병

09 벼 침관수 피해에 대한 설명으로 틀린 것은?

① 분얼 초기에서보다는 수잉기나 출수기에 크게 나타난다.

② 같은 침수기간이라도 맑은 물에서 보다는 탁수에서 피해가 크다.

③ 침수 시에 높은 수온에서 피해가 큰 것은 호흡기질의 소모가 빨라지기 때문이다.

④ 침수 시에 흐르는 물에서보다는 흐르지 않는 정체수에서 피해가 상대적으로 적다.

☑ **수해에 관여하는 요인** ···

　　㉠ 작물의 종류와 품종 : 화본과 목초 · 피 · 수수 · 기장 · 옥수수 등이 침수에 강하다.

　　㉡ 생육시기 : 벼의 분얼 초기에는 침수에 강하고 수잉기 · 출수개화기에는 침수에 극히 약하다.

　　㉢ 수온 : 수온이 높을수록 호흡기질의 소모가 더욱 많아서 침수의 해가 커진다.

　　　　ⓐ 청고 : 벼가 수온이 높은 정체탁수 중에서 급속히 죽게 될 때 단백질이 소모되지도 못하고 푸른 채로 죽는 현상이다.

　　　　ⓑ 적고 : 벼가 수온이 낮은 유동청수 중에서 단백질도 소모되고 갈색으로 변하여 죽는 현상이다.

　　㉣ 수질 : 탁수는 청수보다, 정체수는 유수보다 산소가 적고 수온도 높기 때문에 침수해가 심하다.

10 식물병의 주인(主因)으로 거리가 먼 것은?

① 침수　　　　　② 선충　　　　　③ 곰팡이　　　　④ 세균

11 요소를 0.1% 용액을 만들어 엽면시비하려고 한다. 물 20L에 들어갈 요소의 양은?(단, 비중은 1로 한다.)

① 10g　　　　② 20g　　　　③ 100g　　　④ 200g

12 다음 중 적산온도 요구량이 가장 높은 작물은?

① 감자　　　　② 메밀　　　　③ 벼　　　　④ 담배

☑ **적산온도 요구량** ···

　　㉠ 여름작물

　　　　ⓐ 생육기간이 긴 것 : 벼 - 3,500~4,500℃, 담배 - 3,200~3,600℃

　　　　ⓑ 생육기간이 짧은 것 : 메밀 - 1,000~1,200℃, 조 - 1,800~3,000℃

　　㉡ 겨울작물 : 추파작물 - 1,700~2,300℃

　　㉢ 봄작물 : 아마 - 1,600~1,850℃, 봄보리 - 1,600~1,900℃

정답　**08** ④　**09** ④　**10** ①　**11** ②　**12** ③

13 풍건상태일 때 토양의 pF 값은?

① 약 4　　　　　② 약 5　　　　　③ 약 6　　　　　④ 약 7

14 수도의 냉해 발생과 품종의 내냉성에 관한 설명으로 틀린 것은?

① 남풍벼, 장성벼는 냉해에 약한 편이다.
② 오대벼, 운봉벼는 냉해에 강한 편이다.
③ 벼의 감수분열기에는 8~10℃ 이하에서부터 냉해를 받기 시작한다.
④ 생육시기에 의하여 위험기에 저온을 회피할 수 있는 것은 냉해회피성이라 한다.

✔ **냉해온도** ··

　㉠ 열대작물에서는 20℃ 이하가 되면 생육상의 장해가 생기고 10℃ 이하로 되면 죽게 되는 것이
　　있다.
　㉡ 온대작물의 영양기관은 대체로 10℃ 이하가 냉해온도로 되지만, 생식 생장기의 생식기관은
　　이보다 다소 높은 온도에서도 냉해를 받는다.
　㉢ 벼의 경우 영양기관은 10℃ 이하에서 냉해를 받으나, 출수 12~14일 전인 생식세포의 감수
　　분열기에는 20℃에서 10일에 냉해를 입는다.

15 종묘로 이용되는 영양기관이 덩이뿌리(괴근)인 것은?

① 생강　　　　　② 연　　　　　　③ 홉　　　　　　④ 마

16 식물체 내에서 합성되는 호르몬이 아닌 것은?

① 옥신　　　　　② CCC　　　　　③ 지베렐린　　　④ 시토키닌

✔ **식물생장조절제의 종류** ··

구분		종류
옥신류	천연	IAA, IAN, PAA
	합성	NAA, IBA, 2,4-D, 2,4,5-T, PCPA, MCPA, BNOA
지베렐린류	천연	GA_2, GA_3, GA_{4+7}, GA_{55}
시토키닌류	천연	제아틴(zeatin), IPA
	합성	키네틴(kinetin), BA
에틸렌	천연	C_2H_4
	합성	에세폰(ethephon)
생장억제제	천연	ABA, 페놀(phenol)
	합성	CCC, B-9, phosphon-D, AMO-1618, MH-30

✂ 정답　**13** ③　**14** ③　**15** ④　**16** ②

17 식용작물의 분류상 연결이 틀린 것은?

① 맥류－벼, 수수, 기장
② 잡곡－옥수수, 조, 메밀
③ 두류－콩, 팥, 녹수
④ 서류－감자, 고구마, 토란

18 가을보리의 춘화처리 시에 적합한 생육시기와 처리온도는?

① 최아종자를 0~3℃에 처리한다.
② 최아종자를 5~10℃에 처리한다.
③ 본엽이 4~5매 전개되었을 때 0~3℃에 처리한다.
④ 본엽이 4~5매 전개되었을 때 5~10℃에 처리한다.

☘ **처리온도에 따른 분류** ……………………………………………………………………………

ⓐ 저온버널리제이션(저온처리) : 월년생 장일식물은 비교적 저온인 0~10℃의 처리가 유효하며, 저온처리라 한다.
ⓑ 고온버널리제이션(고온처리) : 단일식물은 비교적 고온인 10~30℃로 처리하는 것이 유효하며, 이것을 고온처리라 한다.
ⓒ 고온보다는 저온처리의 효과가 크며 보통 버널리제이션이라 하면 저온버널리제이션을 의미한다.

19 땅갈기(경운)의 특징에 대한 설명으로 틀린 것은?

① 토양 미생물의 활동이 증대되어 작물 뿌리 발달이 왕성하다.
② 종자를 파종하거나 싹을 키워 모종을 심을 때 작업이 쉽다.
③ 잡초와 해충의 발생을 억제한다.
④ 땅을 깊이 갈면 땅속 깊숙이 물이 들어가 수분 손실이 심하다.

20 작물에 유해한 성분이 아닌 것은?

① 수은　　　　　　　② 납
③ 황　　　　　　　④ 카드뮴

21 물리적 풍화작용에 속하는 것은?

① 가수분해작용　　　② 탄산화작용
③ 빙식작용　　　　④ 수화작용

22 토양의 용적밀도를 측정하는 가장 큰 이유는?

① 토양의 산성 정도를 알기 위해

② 토양의 구조발달 정도를 알기 위해

③ 토양의 양이온 교환용량 정도를 알기 위해

④ 토양의 산화환원 정도를 알기 위해

용적비중(가밀도) ···

입자가 차지하는 부피뿐만 아니라 입자 사이의 공극까지 합친 부피로서 토양의 무게를 나누어 구하는 밀도이다.

㉠ 용적비중은 자연 상태의 토양의 비중이므로 무기·유기질 입자 외에 토양공기·수분의 무게를 합친 것으로 진비중보다 그 값은 일반적으로 작다.

㉡ 용적비중은 일정량의 건토 무게를 그 용적으로 나눈 값으로 다음 식에 의하여 계산된다.

$$용적비중(g/mL) = \frac{건토의\ 무게(g)}{토양을\ 채운\ 부피(cc)}$$

㉢ 용적비중은 실제에 있어 토양 구조를 반영하고 통기성, 보수력 및 투수성을 암시하며 작물의 생육상을 알 수 있는 기준이 된다.

23 토양 미생물의 작용 중 작물 생육에 불리한 것은?

① 탈질 작용

② 유리질소 고정

③ 암모니아 화성작용

④ 불용인산의 가용화

토양미생물의 유해한 작용 ··

㉠ 식물에 병을 일으키는 미생물이 많다.

㉡ 선충의 피해도 크다.

㉢ 탈질작용을 일으킨다.

㉣ 황산염을 환원하여 황화수소(H_2S) 등의 유해한 환원물질을 생성한다.

㉤ 고등식물과 미생물의 양분쟁탈이 일어난다.

㉥ 미숙유기물을 주었을 때 질소기아가 나타나는 경우처럼 작물과 미생물 간에 양분의 쟁탈이 일어난다.

24 점토광물에 음전하를 생성하는 작용은?

① 변두리전하

② 이형치환

③ 양이온의 흡착

④ 탄산화작용

정답   **22** ②   **23** ①   **24** ①

25 논토양보다 배수가 양호한 밭토양에 많이 존재하는 무기물의 형태는?

① Fe^{3+} ② CH_4 ③ Mn^{2+} ④ H_2S

✔ 산화 상태와 환원 상태에서의 원소 형태 ··································

	산화 상태	환원 상태
C	CO_2	CH_4, 유기물
N	NO_3^-	N_2, NH_4^+
Mn	Mn^{4+}, Mn^{3+}	Mn^{2+}
Fe	Fe^{3+}	Fe^{2+}
S	SO_4^{2-}	H_2S, S
인산	$FePO_4$, $AlPO_4$	$Fe(H_2PO_4)_2$, $Ca(H_2PO_4)_2$
Eh	높음	낮음

26 토양의 입단화(입단화)에 좋지 않은 영향을 미치는 것은?

① 유기물 시용 ② 석회 시용
③ 칠레초석 시용 ④ killium 시용

27 토양의 산화환원전위 값으로 알 수 있는 것은?

① 토양의 공기유통과 배수상태
② 토양산성 개량에 필요한 석회 소요량
③ 토양의 완충능
④ 토양의 양이온 흡착력

✔ 산화환원전위(Eh) ···

㉠ 토양 내의 산소가 없어지면 혐기성 미생물들이 전자의 수용체를 필요로 하므로 토층 내의 산화상태의 화합물들이 환원된다. 따라서 토양은 환원상태로 발달하게 되며 Eh는 감소하게 된다.
㉡ 환원되는 순서 : 유리산소 > 질산 > 망간 > 철 > 황산염
㉢ 일반적으로 밭토양의 Eh는 0.5~0.7volt이며, 논토양은 0.3volt 이하가 된다. 한편 청회색을 띠는 Glei층은 0.1~0.3volt가 된다.
㉣ 산화환원전위는 담수토양의 비옥도에 미치는 영향 면에서 가장 중요하며, 식물영양분의 방출과 소실, 식물의 양분흡수를 방해하는 독성물질의 생성, Eh·pH 및 각종 식물영양분들의 이온평형·흡착·방출 등에 영향을 끼친다.

정답 **25** ① **26** ③ **27** ①

28 밭토양에 비하여 논토양의 철(Fe)과 망간(Mn) 성분이 유실되어 부족하기 쉬운데 그 이유로 가장 적합한 것은?

① 철(Fe)과 망간(Mn) 성분이 논토양에 더 적게 함유되어 있기 때문이다.
② 논토양은 벼 재배기간 중 담수상태로 유지되기 때문이다.
③ 철과 망간 성분은 벼에 의해 흡수 이용되기 때문이다.
④ 철과 망간 성분은 미량요소이기 때문이다.

29 토양관리에 미치는 윤작의 효과로 보기 어려운 것은?

① 토양 병충해 감소   ② 토양유기물 함량 증진
③ 양이온치환능력 감소   ④ 토양미생물 밀도 증진

30 토양 입단 생성에 가장 효과적인 토양미생물은?

① 세균   ② 나트륨세균   ③ 사상균   ④ 조류

❧ **사상균** ....

㉠ 버섯균·효모·곰팡이 등으로 분류되며, 이 중 곰팡이가 가장 중요한 역할을 한다.
㉡ 산성에 대한 저항력이 미생물 중 가장 강해서 산성삼림토양의 유기물 분해 담당자이다.
㉢ 에너지를 유기물 중에서 얻으며(타급영양체), 호기성이다.
㉣ 부식생성이나 입단형성 면에서 미생물 중 가장 우수하다.

31 질소와 인산에 의한 토양의 오염원으로 가장 거리가 먼 것은?

① 광산폐수   ② 공장폐수   ③ 축산폐수   ④ 가정하수

32 유기농업에서 칼리질 화학비료 대신 사용할 수 있는 자재는?

① 석회석   ② 고령토   ③ 일라이트   ④ 제올라이트

❧ ....

㉠ 석회석(石灰石) : 탄산칼슘을 주성분으로 하는 퇴적암을 통틀어 이르는 말
㉡ 고령토(高嶺土) : 바위 속의 장석(長石)이 풍화작용으로 변모된 흰색의 진흙. 도자기나 시멘트의 원료이다.
㉢ 일라이트(illite) : 진짜 운모보다 더 많은 물과 더 적은 **칼륨**을 함유하지만 운모와 같은 층상구조이며 결정도(結晶度)가 불량하다.
㉣ 제올라이트(zeolite) : 나트륨, 알루미늄이 든 규산염 수화물. 보통 무색투명하거나 백색 반투명하며 방비석(方沸石), 어안석(魚眼石), 소다 비석(soda 沸石) 등 종류가 많다.

33 지하수위가 높은 저습지 또는 배수가 불량한 곳은 물로 말미암아 $Fe^{3+} \rightarrow Fe^{2+}$로 되고 토층은 담청색 ~ 녹청색 또는 청회색을 띤다. 이와 같은 토층의 분화를 일으키는 작용을 무엇이라 하는가?

① podzol화 작용　　　　　　　　② Latosol화 작용
③ Glei화 작용　　　　　　　　　④ Siallit화 작용

💚 **glei화 작용** ⋯⋯⋯⋯⋯⋯⋯⋯⋯⋯⋯⋯⋯⋯⋯⋯⋯⋯⋯⋯⋯⋯⋯⋯⋯⋯⋯⋯⋯⋯⋯⋯

　　㉠ 머물고 있는 물 때문에 산소 부족으로 환원상태가 되어 $Fe^{+3} \rightarrow Fe^{+2}$로 되고 토층은 청회색을 띰(G층)
　　㉡ G층의 특징 : 치밀하고 다소 점질성이며 Eh가 매우 낮다.
　　㉢ 조건 : 지하수위 높은 저습지나 배수 불량한 곳이다.
　　㉣ 논포드졸화 작용 : 작토의 철이 용탈되어 표백된 모양의 회백색 층을 형성하는 것이다.

34 시설재배지 토양의 특성에 해당하지 않는 것은?
① 연작으로 인해 특수 영양소의 결핍이 발생한다.
② 용탈현상이 발생하지 않으므로 염류가 집적된다.
③ 소수의 채소작목만을 반복 재배하므로 특정 병해충이 번성한다.
④ 빈번한 화학비료의 시용에 의한 알칼리성화에 염기포화도가 낮다.

35 밭토양 조건보다 논토양 조건에서 양분의 유효화가 커지는 대표적 성분은?
① 질소　　　　② 인산　　　　③ 칼리　　　　④ 석회

36 토양의 침식을 방지할 수 있는 방법으로 적절하지 않은 것은?
① 등고선 재배　　② 토양 피복　　③ 초생대 설치　　④ 심토 파쇄

37 다우·다습한 열대지역에서 화강암과 석회암에서 유래된 토양이 유년기를 거쳐 노년기에 이르게 되었을 때의 토양 반응은?
① 화강암에서 유래된 토양은 산성이고 석회암에서 유래된 토양은 알칼리성이다.
② 화강암에 유래된 토양도 석회암에서 유래된 토양도 모두 산성을 나타낼 수 있다.
③ 화강암에 유래된 토양도 석회암에서 유래된 토양도 모두 알칼리성을 나타낼 수 있다.
④ 화강암에서 유래된 토양은 알칼리성이고 석회암에서 유래된 토양은 산성이다.

38 토양용액 중 유리양이온들의 농도가 모두 일정할 때 확산이중층 내부로 치환 침입력이 가장 낮은 양이온은?

① Al^{3+} ② Ca^{2+} ③ Na^+ ④ K^+

39 근권에서 식물과 공생하는 Mycorrhizae(균근)는 식물체에 특히 무슨 성분의 흡수를 증가시키는가?

① 산소   ② 질소   ③ 인산   ④ 칼슘

🌿 **균근** ....

고등식물 뿌리에 사상균 특히 버섯균이 착생하여 공생함으로써 균근(mycorrhizae)이라는 특수한 형태를 형성한다. 식물뿌리와 균의 결속은 기주와 균 간에 서로를 이롭게 한다. 즉, 균은 기주 식물로부터 필요한 양분을 얻으며 숙주는 다음과 같은 도움을 받게 된다.

- 뿌리의 유효 표면을 증대하여 물과 양분(특히 인산)의 흡수를 조장한다.
- 세근이 식물 뿌리의 연장과 같은 역할을 한다.
- 내열성, 내건성이 증대한다.
- 토양 양분을 유효하게 한다.
- 외생균근은 병원균의 감염을 방지한다.

40 경작지토양 1ha에서 용적밀도가 $1.2g/cm^3$일 때 10cm 깊이까지의 작토층 질량은?(단, 토양수분 질량은 무시한다.)

① 120,000kg   ② 240,000kg   ③ 1,2000,000kg   ④ 2,400,000kg

41 작물의 내적 균형을 나타내는 지표인 C/N율에 대한 설명으로 틀린 것은?

① C/N율이란 식물체 내의 탄수화물과 질소의 비율, 즉 탄수화물질소비율이라고 한다.
② C/N율이 식물의 생장 및 발육을 지배한다는 이론을 C/N율설 이라고 한다.
③ C/N율을 적용할 경우에는 C와 N의 비율도 중요하지만 C와 N의 절대량도 중요하다.
④ 개화 · 결실에서 C/N율은 식물호르몬, 버널리제이션(Vernalization), 일장효과에 비하여 더 결정적인 영향을 끼친다.

🌿 **화성유도의 주요 요인** ....

㉠ 내적 요인
ⓐ 영양 상태 특히 C/N율로 대표되는 동화생산물의 양적 관계
ⓑ 식물호르몬, 특히 옥신과 지베렐린의 체내수준 관계
㉡ 외적 요인
ⓐ 광조건, 특히 일장 효과의 관계
ⓑ 온도조건, 특히 버널리제이션과 감온성의 관계

정답 **38** ③   **39** ③   **40** ③   **41** ④

42 토양 용액의 전기전도도를 측정하여 알 수 있는 것은?

① 토양 미생물의 분포도
② 토양 입경분포
③ 토양의 염류농도
④ 토양의 수분장력

✔ **전기전도도(EC)** ···

㉠ 전기전도도는 토양에 염류가 얼마나 집적되어 있느냐를 보여주는 것이다.
㉡ 토양의 염류집적도가 클수록 전기전도도는 높게 나타난다.

43 경사지 과수원에서 등고선식 재배방법을 하는 가장 큰 목적은?

① 토양침식 방지
② 과실착색 촉진
③ 과수원 경관 개선
④ 토양물리성 개선

44 과수재배를 위한 토양관리방법 중 토양표면관리에 관한 설명으로 옳은 것은?

① 초생법(草生法)은 토양의 입단구조를 파괴하기 쉽고 과수의 뿌리에 장해를 끼치는 경우가 많다.
② 청경법(淸耕法)은 지온의 과도한 상승 및 저하를 감소시키며, 토양을 입단화하고 강우 직후에도 농기계의 포장 내(圃場內) 운행을 편리하게 하는 이점이 있다.
③ 멀칭(Mulching)법은 토양의 표면을 덮어주는 피복재료가 무엇인가에 따라 그 명칭이 다른데 짚인 경우에는 Grass Mulch, 풀인 경우에는 Straw Mulch라 부른다.
④ 초생법은 토양 중의 질산태질소의 양을 감소시키는 데 기여한다.

✔ **토양표면관리법의 장단점** ···

관리방법	장점	단점
청경법	① 풀과 과수의 양·수분 경합이 없음 ② 병해충의 잠복장소가 없어짐 ③ 관리작업이 편리함	① 토양이 유실되고 양분이 세탈되기 쉬움 ② 토양유기물이 소모됨 ③ 토양물리성이 나빠짐 ④ 주야간 지온변화와 수분증발이 많음 ⑤ 제초제를 사용할 때 약해가 우려됨
초생법	① 토양의 입단화가 촉진됨 ② 유기물의 환원으로 지력이 유지됨 ③ 토양침식을 막아 양분과 토양유실을 방지함 ④ 지온변화가 적음	① 과수와 풀 간에 양·수분 경합이 일어남 ② 유목기에 양분 부족이 일어나기 쉬움 ③ 병해충의 잠복장소 제공 ④ 저온기에 지온 상승이 어려움 ⑤ 풀관리가 어렵고 비용이 많이 듦
부초법	① 토양침식 방지 ② 풀이나 짚의 경우 양분이 공급됨 ③ 토양수분의 증발 억제 ④ 지온조절 ⑤ 토양유기물의 증가, 토양물리성 개선 ⑥ 잡초발생 억제 ⑦ 낙과 시 압상이 적어짐	① 이른 봄 지온상승이 늦음 ② 과실착색이 늦어짐 ③ 건조기 화재가 우려됨 ④ 만상피해를 입기 쉬움 ⑤ 근군이 표층으로 발달할 수 있음 ⑥ 겨울 동안 쥐 피해가 많음

📌 정답   **42** ③   **43** ①   **44** ④

45 세계에서 유기농업이 가장 발달한 유럽 유기농업의 특징에 대한 설명으로 틀린 것은?

① 농지면적당 가축 사육 규모의 자유　　② 가급적 유기질 비료의 자급
③ 외국으로부터의 사료의존 지양　　　　④ 환경보전적인 기능 수행

46 포도재배 시 화진현상(꽃떨이현상) 예방방법으로 가장 거리가 먼 것은?

① 질소질을 많이 준다.　　　　　　② 붕소를 시비한다.
③ 칼슘을 충분하게 준다.　　　　　④ 개화 5~7일 전에 생장점을 적심한다.

47 우리나라 과수재배의 과제라고 볼 수 없는 것은?

① 품질 향상　　　　　　② 생산비 절감
③ 생력재배　　　　　　④ 가공 축소

48 과수 묘목을 깊게 심었을 때 나타나는 직접적인 영향으로 옳은 것은?

① 착과가 빠르다.　　　　　② 뿌리가 건조하기 쉽다.
③ 뿌리의 발육이 나쁘다.　　④ 병충해의 피해가 심하다.

49 우리나라에서 유기농업발전기획단이 정부의 제도권 내로 진입한 연대는?

① 1970년대　　　　　　② 1980년대
③ 1990년대　　　　　　④ 2000년대

✔ **유기농업의 발전과정** ···

　㉠ 한국토착유기농업의 자생적 태동기(1970~1985년)
　　정농회, 유기농업환경연구회 등의 결성
　㉡ 한국토착유기농업의 성장기(1985년~1990년)
　　한국토착유기농업이 자생적 농민운동으로 성장
　㉢ 한국토착유기농업의 제도권 내 진입단계(1991~1994년)
　　정부의 유기농업 수용
　　ⓐ 1991년 농림수산부에 유기농업발전기획단 설치
　　ⓑ 1993년 유기농산물 품질인증제를 실시
　　ⓒ 1994년 농림부에 환경농업과 설치

50 작물의 병에 대한 품종의 저항성에 대한 설명으로 가장 적합한 것은?

① 해마다 변한다.

② 영원히 지속된다.

③ 때로는 감수성(感受性)으로 변한다.

④ 감수성으로 절대 변하지 않는다.

✎ 감수성(感受性]) ··

자극을 받아들여 느끼는 성질이나 성향

51 윤작의 기능과 효과가 아닌 것은?

① 수량증수와 품질이 향상된다.

② 환원 가능 유기물이 확보된다.

③ 토양의 통기성이 개선된다.

④ 토양의 단립화(單粒化)를 만든다.

52 우리나라에서 가장 많이 재배되고 있는 시설채소는?

① 근채류   ② 엽채류   ③ 과채류   ④ 양채류

53 시설원예의 난방방식 종류와 그 특징에 대한 설명으로 옳은 것은?

① 난로난방은 일산화탄소(CO)와 아황산가스(SO_2)의 장해를 일으키기 쉬우며 어디까지나 보조난방으로서의 가치만이 인정되고 있다.

② 난로난방이란 연탄·석유 등을 사용하여 난로 본체와 연통 표면을 통하여 방사되는 열로 난방하는 방식을 말하는데 이는 시설비가 적게 들며 시설 내에 기온분포를 균일하게 유지시키는 등의 장점이 있는 난방방식이다.

③ 전열난방은 온도조절이 용이하며, 취급이 편리하나 시설비가 많이 드는 단점이 있다.

④ 전열난방은 보온성이 높고 실용 규모의 시설에서도 경제성이 높은 편이다.

54 시설재배에서 문제가 되는 유해가스가 아닌 것은?

① 암모니아가스   ② 아질산가스   ③ 아황산가스   ④ 탄산가스

55 우리나라 시설재배에서 가장 많이 쓰이는 피복자재는?

① 폴리에틸렌필름   ② 염화비닐필름   ③ 에틸렌아세트산필름 ④ 판유리

정답   **50** ③   **51** ④   **52** ③   **53** ①   **54** ④   **55** ①

56 유기농업의 단점이 아닌 것은?

① 유기비료 또는 비옥도 관리수단이 작물의 요구에 늦게 반응한다.

② 인근 농가로부터 직·간접적인 오염이 우려된다.

③ 유기농업에 대한 정부의 투자효과가 크다.

④ 노동력이 많이 들어간다.

57 십자화과 작물의 채종적기는?

① 백숙기　　　　② 갈숙기　　　　③ 녹숙기　　　　④ 황숙기

58 시설 내 연료소모량을 줄일 수 있는 가장 적합한 방법은?

① 난방부하량을 높임　　　　　② 난방기의 열이용 효율을 높임

③ 온수난방방식을 채택함　　　　④ 보온비를 낮춤

59 호기성 미생물의 생육 요인으로 가장 거리가 먼 것은?

① 수소　　　　② 온도　　　　③ 양분　　　　④ 산소

60 친환경농업이 출현하게 된 배경으로 틀린 것은?

① 세계의 농업정책이 증산 위주에서 소비자와 교역 중심으로 전환되어가고 있는 추세이다.

② 국제적으로 공업부분은 규제를 강화하고 있는 반면 농업부분은 규제를 다소 완화하고 있는 추세이다.

③ 대부분의 국가가 친환경농법의 정착을 유도하고 있는 추세이다.

④ 농약을 과다하게 사용함에 따라 천적이 감소되어 가는 추세이다.

✅ **친환경농업의 출현배경** ....

　㉠ 선진농업국가인 미국과 유럽 등의 식량 과잉으로 세계의 농업정책이 증산 위주에서 소비와 교역 중심으로 전환하게 되었다.

　㉡ 국제교역에서도 환경문제가 중요한 쟁점으로 부각되고 있다.

　㉢ 지구상의 최빈국들을 제외한 대부분의 국가에서도 증산 위주의 농업정책을 포기하고 친환경 농법의 정착을 유도하고 있다.

　㉣ 최근의 경제성장에 따른 소득 향상과 함께 '고품질 안전농산물'에 대한 국민들의 관심과 구매 욕구가 높아지고 있다.

　㉤ 증산 위주의 고투입 현대농업으로 인한 농업환경이 약화되어 지속 가능한 농업생산을 위협하고 있다.

　㉥ 환경오염이 심각해짐에 따라 농업부문에 대한 국제적 규제가 심해질 상황이다.

정답　**56** ③　**57** ②　**58** ②　**59** ①　**60** ②

01 춘화현상(버널리제이션)에 대한 설명으로 틀린 것은?

① 춘화현상의 반응을 기초로 맥류는 추파형 품종과 춘파형 품종으로 구분된다.

② 딸기와 같이 화아분화에 저온이 필요한 작물을 겨울에 출하하기 위해서 촉성재배를 하려면 여름에 냉장하여 화아분화를 유도하는 저온처리를 한다.

③ 춘화현상에서 저온에 감응하는 부위는 종자의 배유이다.

④ 맥류나 십자화과 작물의 육종과정에서 세대촉진을 위하여 여름철 수확 후에 저온춘화처리를 하여 일년에 2세대를 재배함으로써 육종연한을 단축시킬 수 있다.

✔ **버널리제이션의 감응부위** ┄┄

ㄱ 저온처리의 감응부위는 생장점이다.

ㄴ 가을 호밀의 배만을 분리하여 당분과 산소를 공급하면 버널리제이션 효과가 일어난다.

02 물에 잘 녹고 작물에 흡수가 잘 되어 밭작물의 추비로 적당하지만, 음이온 형태로 토양에 잘 흡착되지 않아 논에서는 유실과 탈질현상이 심한 질소질 비료의 형태는?

① 질산태질소

② 암모니아태질소

③ 시안아미드태질소

④ 단백태질소

✔ **질산태질소(NO_3)** ┄┄┄

ㄱ 질산암모니아(NH_4NO_3) · 칠레초석($NaNO_3$) 등이 이에 속하며, 질산태질소는 물에 잘 녹고, 속효성이며, 밭작물에 대한 추비에 가장 알맞다.

ㄴ 질산은 음이온이므로 토양에 흡착되지 않고 유실되기 쉽다.

ㄷ 논에서는 용탈과 탈질현상이 심하므로 질산태질소형 비료의 시용은 일반적으로 불리하다.

03 작물을 재배할 때 발생하는 풍해에 대한 재배적 대책이 아닌 것은?

① 내풍성 품종의 선택

② 내도복성 품종의 선택

③ 요소의 엽면시비

④ 배토 · 지주 및 결속

✎ 정답   **01** ③   **02** ①   **03** ③

04 토성에 대한 설명으로 틀린 것은?

① 토양입자의 성질(texture)에 따라 구분한 토양의 종류를 토성이라 한다.

② 식토는 토양 중 가장 미세한 입자로 물과 양분을 흡착하는 힘이 작다.

③ 식토는 투기와 투수가 불량하고 유기질 분해 속도가 늦다.

④ 부식토는 세토(세사)가 부족하고, 강한 산성을 나타내기 쉬우므로 점토를 객토해 주는 것이 좋다.

🍃 식토 ···

㉠ 다량의 양분이 있어 화학적 성질은 좋으나, 투기·투수가 불량하다.

㉡ 유기질분해가 더디며 습해나 유해물질에 의한 피해를 받기 쉽다.

㉢ 접착력이 강하고 건조하면 굳어져서 경작이 불편하다.

㉣ 미사나 부식질을 많이 주어서 토성을 개량해야 한다.

05 토양수분항수의 pF(potential force)로 틀린 것은?

① 최대용수량 : pF=7   ② 초기위조점 : pF=3.9

③ 포장용수량 : pF=2.5~2.7   ④ 흡습계수 : pF=4.5

🍃 토양수분항수의 pF(potential force) ···

㉠ 최대용수량 : pF=0

㉡ 초기위조점 : pF=3.9

㉢ 포장용수량 : pF=2.5~2.7

㉣ 흡습계수 : pF=4.5

㉤ 건토 : pF=7

06 춘화처리할 때 가장 중요한 환경조건은?

① 산소   ② 습도   ③ 온도   ④ 일장

🍃 저온버널리제이션(저온처리) ···

월년생 장일식물은 비교적 저온인 0~10℃의 처리가 유효하며 이를 저온처리라 한다.

07 작물에 미치는 일장의 영향에 대한 설명으로 틀린 것은?

① 장일식물은 장일상태에서 화성이 유도되는 작물로 맥류, 양파가 이에 해당된다.

② 단일식물은 연속암기가 지속되지 못하고 분단되면 화성이 유도되지 않는다.

③ 근적외광의 조사는 적색광에 의해 억제된 장일식물의 화성을 촉진한다.

④ 일장효과에는 적색광이 가장 효과적이며 약광이라도 일장효과는 나타난다.

🔖 **정답**   **04** ②   **05** ①   **06** ③   **07** ③

✔ **피토크롬(phytochrome)** ··

식물에 들어 있는 단백질성 색소로 적색광(660nm) 또는 근적외선(730nm)을 흡수한다. Pr형 피토크롬이 적색광을 흡수하면 Pfr형으로 바뀌고 Pfr형 피토크롬이 근적외선을 흡수하면 다시 Pr형으로 전환되며, 발아 또는 형태 형성을 조절하는 기능을 가진다.

08 작물재배에서 이랑 만들기의 주된 목적으로 가장 적당한 것은?

① 작물의 습해를 방지
② 토양건조 예방
③ 잡초발생 억제
④ 지온 조절

09 작물의 도복을 방지하기 위한 방법이 아닌 것은?

① 칼리질 비료의 절감
② 내도복성 품종의 선택
③ 배토 및 답압
④ 밀식재배 지양

✔ **도복 대책** ··

ⓐ 품종의 선택   ⓑ 합리적인 시비
ⓒ 파종 이식 및 재식밀도 ⓓ 재배관리
ⓔ 병충해 방제

10 자동차 등에서 배출된 대기 중의 이산화질소가 자외선에 의해 분해되어 산소와 결합하여 발생되는 유해 가스는?

① 오존   ② PAN   ③ 아황산가스   ④ 일산화질소

✔ **오존** ···

이산화질소(NO_2)가 자외선에 의해 분해되어 산소와 결합하여 발생한다.

11 대기의 공기 중 가장 많이 함유되어 있는 가스는?

① 산소가스   ② 질소가스   ③ 이산화탄소   ④ 아황산가스

12 작물의 특징에 대한 설명으로 틀린 것은?

① 이용성과 경제성이 높다.
② 일종의 기형식물을 이용하는 것이다.
③ 야생식물보다 생존력이 강하고 수량성이 높다.
④ 인간과 작물은 생존에 있어 공생관계를 이룬다.

✎ 정답   **08** ③   **09** ①   **10** ①   **11** ②   **12** ③

13 논 상태와 밭 상태로 몇 해씩 돌아가며 재배하는 방법은?

① 윤작 재배

② 교호작 재배

③ 이모작 재배

④ 답전윤환 재배

✔ **답전윤환의 뜻** ···

㉠ 포장을 담수한 논 상태와 배수한 밭 상태로 몇 해씩 돌려가면서 이용하는 것을 답전윤환 또는 윤답·환답·변경답이라고 한다.

㉡ 벼가 생육하지 않는 기간만 맥류나 감자를 재배하는 답리작이나 답전작과는 뜻이 다르다.

14 작물의 광합성에 가장 유효한 광선은?

① 적색과 청색

② 황색과 자외선

③ 녹색과 적외선

④ 자색과 녹색

15 식물이 이용하는 광에 대한 설명으로 옳은 것은?

① 식물이 광에 반응하는 굴광현상은 청색광이 가장 유효하다.

② 광합성은 675nm를 중심으로 한 620~770nm의 황색광이 가장 효과적이다.

③ 광으로 인해 광합성이 활발해지면 동화물질이 축적되어 증산작용을 감소시킨다.

④ 자외선과 같은 단파장은 식물을 도장시킨다.

16 보리에서 발생하는 대표적인 병이 아닌 것은?

① 흰가루병

② 흰잎마름병

③ 붉은곰팡이병

④ 깜부기병

17 단장일 식물에 해당하는 것은?

① 시금치

② 고추

③ 프리뮬러

④ 코스모스

✔ **단장일식물(短長日植物)** ··

㉠ 처음은 단일이고, 뒤에 장일이 되면 화성이 유도·촉진되나 항상 일정한 일장에 두면 개화하지 못한다.

㉡ 프리뮬러 등이다.

18 석회보르도액의 제조에 대한 설명으로 틀린 것은?

① 고순도의 황산구리와 생석회를 사용하는 것이 좋다.
② 황산구리액과 석회유를 각각 비금속용기에서 만든다.
③ 황산구리액에 석회유를 가한다.
④ 가급적 사용할 때마다 만들며, 만든 후 빨리 사용한다.

19 종자 휴면의 원인이 아닌 것은?

① 종피의 기계적 저항　　　　　　　　② 종피의 산소 흡수 저해
③ 배의 미숙　　　　　　　　　　　　　④ 후숙

✔ **후숙(after ripening)** ···
　수확 당시에 발아력이 없었던 종자를 일정한 기간 단독으로 또는 과실이나 식물체에서 분리되지 않은 채로 잘 보관하면 발아력을 가지게 되는데, 이것을 후숙(after ripening)이라고 하며, 후숙에 필요한 기간을 후숙기간이라고 한다.

20 수박을 이랑 사이 200cm, 이랑 내 포기 사이 50cm로 재배하고자 한다. 종자의 발아율이 90%이고, 육묘율(발아하는 종자를 정식묘로 키우는 비율)이 약 85%라면 10a당 준비해야 할 종자는 몇 립이 되겠는가?

① 703립　　　　　　② 1020립　　　　　　③ 1307립　　　　　　④ 1506립

✔ ··
　$200cm \times 50cm = 10,000cm^2 = 1m^2$
　$1m^2$당 1개의 수박의 묘가 필요함
　$10a = 1,000m^2 \Rightarrow 1,000$개의 묘가 필요
　• 발아율
　　$1,000 \times 100 / 90 = 1,111$립
　• 육묘율
　　$1,111 \times 100 / 85 = 1,307$립

21 논토양의 지력증진방향으로 옳지 않은 것은?

① 미사와 점토가 많은 논토양에서는 지하수위를 낮추기 위한 암거배수나 명거배수가 요구된다.
② 절토지에서는 성토지의 경우보다 배나 많은 질소비료를 시용해도 성토지의 벼 수량에 미치지 못한다.
③ 황산산성토양에서는 다량의 석회질 비료를 시용하지 않으면 수량이 적다.
④ 논의 가리흙은 유기물 함량이 2.5% 이상이 되게 유지하는 토양관리가 필요하다.

정답　**18** ③　**19** ④　**20** ③　**21** ④

22 대기로부터 토양으로 유입된 이산화탄소가 토양 내 물과 반응하였을때 생성되는 화합물은?

① 아세틱산 ② 옥살릭산 ③ 탄산 ④ 메탄가스

㉠ 이산화탄소가 토양 내 물과 반응하면 탄산(H_2CO_3) 생성

$$H_2O + CO_2 \leftrightarrow H_2CO_3 \,(탄산) \leftrightarrow H^+ + HCO_3^-$$

㉡ 토양 중에 CO_2 농도가 높아지면 토양이 산성화한다.

23 일본에서 이타이아티아(Itai – Itai)병이 발생하여 인명 피해를 주었는데 그 원인이 된 중금속은?

① 니켈 ② 수은 ③ 카드뮴 ④ 비소

카드뮴(Cd)
㉠ **오염원** : 제련소 · 아연광산 · 도료공장 · 농약(살균제) 등의 폐기물에 의하여 토양이 오염되며 그 외에도 과인산석회와 같은 인산질 비료의 시용에 의해 오염된다.
㉡ **특징**
 ⓐ 일본에서 Itai – itai병을 일으켜(1961) 인명에 피해를 끼친 원인 물질이며, 카드뮴을 과잉 흡수하면 고혈압을 일으킨다.
 ⓑ Cd은 토양 조건, 특히 산화환원 상태에 따라 용해도를 달리하므로 작물에 의한 흡수가 다르며, 일반적으로 산화 상태에서는 치환성이온(Cd^{+2})으로 존재하나 환원 상태에서는 난용성 CdS으로 침전되므로 흡수가 줄어든다.
 ⓒ Cd의 오염은 토양 중의 함량보다도 흡수량이 중요하므로 작물체 내 함량을 규정하고 있다.(현미 중 1ppm 이하)
㉢ **오염 대책**
 ⓐ 오염 상태가 심할 때에는 배토나 객토를 한다.
 ⓑ 염류용액으로 씻어낸다.
 ⓒ 석회 물질이나 인산질 비료를 시용하여 불용성염으로 만든다.

24 다음에서 설명하는 균류는?

산성에 대한 저항력이 강하기 때문에 산성토양에서 일어나는 화학변화는 이 균류의 작용이 대부분이다.

① 근류균 ② 세균 ③ 사상균 ④ 방사상균

사상균(곰팡이)
㉠ 사상균은 버섯균 · 효모 · 곰팡이 등으로 분류되는데 이 중 곰팡이가 가장 중요한 역할을 한다.
㉡ 곰팡이는 호기성으로 산성 · 중성 · 알칼리성의 어떤 토양반응에서도 생육이 양호한데, 특히 산성에 대한 저항력이 강한 것은 세균이나 방사상균과 대조를 이룬다.

정답 **22** ③ **23** ③ **24** ③

© 산성삼림 토양에서 유기물 분해는 사상균에 의해 이루어지며, 세균과 사상균이 부족한 상태에서는 사상균이 분해작용을 보완하므로 물질의 변화 및 토양비옥도에 큰 영향을 미친다.

25 두과작물과 공생관계를 유지하면서 농업적으로 중요한 질소고정을 하는 세균의 속은?

① Azotobacter ② Rhizobium ③ Clostridium ④ Beijerinckia

26 화학적 풍화작용이 아닌 것은?

① 가수분해작용 ② 산화작용 ③ 수화작용 ④ 대기의 작용

27 염기성 암에 속하는 것은?

① 화강암 ② 현무암 ③ 유문암 ④ 섬록암

28 밭토양에서 원소(N, S, C, Fe)의 산화형태가 아닌 것은?

① NH_4^+ ② SO_4^{2-} ③ CO_2 ④ Fe^{3+}

29 토양의 염기포화도 계산에 포함되지 않는 이온은?

① 칼슘이온 ② 나트륨이온 ③ 마그네슘이온 ④ 알루미늄이온

30 습답의 개량방법으로 적합하지 않은 것은?

① 석회로 토양을 입단화한다. ② 유기물을 다량 시용한다.
③ 암거배수를 한다. ④ 심경을 한다.

✔ **습답의 개량**
  ㉠ 명거배수·암거배수 등을 꾀하여 투수를 좋게 하고 유해물질을 배제하며, 객토를 하여 철분 등을 공급해야 한다.
  ㉡ 벼를 휴립 재배하며, 황산암모늄·황산칼리 등 황산기를 가지고 있는 비료와 미숙퇴비의 시용을 피하는 것이 좋다.

31 토양 입자의 입단화 촉진에 가장 우수한 양이온은?

① Na^+ ② Ca^{2+} ③ NH_4^+ ④ K^+

✔ **토양 입자의 입단화 촉진에 가장 우수한 양이온**
  석회는 유기물의 분해속도를 촉진하고, 또 칼슘(Ca^{2+}) 등은 토양 입자를 결합시키는 작용이 있다.

✎ 정답 **25** ② **26** ④ **27** ② **28** ① **29** ④ **30** ② **31** ②

32 양이온교환용량이 높은 토양의 특징으로 옳은 것은?

① 비료의 유실량이 적다.   ② 수분 보유량이 적다.

③ 작물의 생산량이 적다.   ④ 잡초의 발생량이 적다.

양이온치환용량(C.E.C)

ⓐ 토양 100g이 보유하는 치환성 양이온의 총량을 mg당 양(milli equivalent ; me)으로 표시한 것을 양이온치환용량 또는 염기치환용량(B.E.C)이라고 한다.

ⓑ 토양 중에 고운 점토와 부식이 증가하면 C.E.C도 증대하며, 토양의 C.E.C가 증대하면 비료 성분을 흡착·보유하는 힘이 커져서 비료를 많이 주어도 일시적 과잉 흡수가 억제되고, 또 비료성분의 용탈이 적어서 비효가 늦게까지 지속된다.

ⓒ 토양반응의 변동에 저항하는 힘, 즉 토양의 완충능도 커지게 된다.

33 토양의 CEC란 무엇을 뜻하는가?

① 토양유기물용량   ② 토양산도   ③ 양이온교환용량   ④ 토양수분

34 토양이 산성화됨으로써 나타나는 간접적 피해에 대한 설명으로 옳은 것은?

① 알루미늄이 용해되어 인산유효도를 높여준다.

② 칼슘, 칼륨, 마그네슘 등 염기가 용탈되지 않아 이용하기 좋다.

③ 세균 활동이 감퇴되기 때문에 유기물 분해가 늦어져 질산화 작용이 늦어진다.

④ 미생물의 활동이 감퇴되어 떼알구조화가 빨라진다.

35 유기재배 토양에 많이 존재하는 떼알구조에 대한 설명으로 틀린 것은?

① 떼알구조를 이루면 작은 공극과 큰 공극이 생긴다.

② 떼알구조가 발달하면 공기가 잘 통하고 물을 알맞게 간직할 수 있다.

③ 떼알구조가 되면 풍식과 물에 의한 침식을 줄일 수 있다.

④ 떼알구조는 경운을 자주 하면 공극량이 늘어난다.

입단의 파괴 ·············

ⓐ **경운** : 경운을 하여 토양통기가 조장되면 토양입자를 결합시키고 있는 부식의 분해가 촉진되어 입단이 파괴된다.

ⓑ **입단의 팽창과 수축의 반복** : 습윤과 건조, 동결과 융해, 고온과 저온 등에 의해서 입단이 팽창·수축하는 과정을 반복하면 파괴된다.

ⓒ **비와 바람** : 비가 와서 입단이 급히 팽창하여 입단 사이의 공기가 압축되어서 폭발적으로 배제될 때에 입단이 파괴된다. 토양 입자의 결합이 약할 때에는 빗물이나 바람에 날린 모래의 타격작용에 의해서도 입단이 파괴된다.

ⓓ **나트륨이온(Na^+)의 작용** : 점토의 결합이 분산되기 쉬우므로 입단이 파괴되기 쉽다.

정답   **32** ①   **33** ③   **34** ③   **35** ④

36 간척지 논토양에서 흔히 결핍되기 쉬운 미량성분은?

① Zn   ② Fe   ③ Mn   ④ B

37 균근이 숙주식물에 공생함으로써 식물이 얻는 유익한 점과 가장 거리가 먼 것은?

① 내건성을 증대시킨다.   ② 병원균 감염을 막아준다.
③ 잡초 발생을 억제한다.   ④ 뿌리의 유효면적을 증가시킨다.

38 토양침식에 관한 설명으로 틀린 것은?

① 강우강도가 높은 건조지역이 강우량이 많은 열대지역보다 토양침식이 강하다.
② 대상재배나 등고선재배는 유거량과 유속을 감소시켜 토양침식이 심하지 않다.
③ 눈이나 서릿발 등은 토양침식 인자가 아니므로 토양유실과는 아무 관계가 없다.
④ 상하경 재배는 유거량과 유속을 증가시켜 토양침식이 심하다.

39 산화철이 존재하는 토양이 물이 많고 공기의 유통이 좋지 못한 곳의 색상은?

① 붉은색   ② 회색   ③ 황색   ④ 흑색

철은 토양상태에 따라

토양상태	존재형태	토양색
산화상태	Fe_2O_3	적갈색
↕	$Fe_2O_3 \cdot 3H_2O$	황색
환원상태	FeO	청회색

40 다음 음이온 중 치환순서가 가장 빠른 이온은?

① PO_4^{3-} ② SO_4^{2-} ③ Cl^- ④ NO_3^-

41 병해충의 생물학적 제어와 관계가 먼 것은?

① 유해균을 사멸시키는 미생물
② 항생물질을 생산하는 미생물
③ 미네랄 제제와 미량요소
④ 무당벌레, 진디벌 등 천적

정답   **36** ①   **37** ③   **38** ③   **39** ②   **40** ①   **41** ③

42 육종의 단계가 순서에 맞게 배열된 것은?

① 변이탐구와 변이창성 → 변이선택과 고정 → 종자증식과 종자보급
② 변이선택과 고정 → 변이탐구와 변이창성 → 종자증식과 종자보급
③ 종자증식과 종자보급 → 변이탐구와 변이창성 → 변이선택과 고정
④ 종자증식과 종자보급 → 변이선택과 고정 → 변이탐구와 변이창성

43 가축의 분뇨를 원료로 하는 퇴비의 퇴비화 과정에서 퇴비더미가 55~75℃를 유지하는 기간이 며칠 이상 되어야 하는가?

① 5일 이상   ② 15일 이상   ③ 30일 이상   ④ 45일 이상

44 다음은 식물영양, 작물개량, 작물보호와 관련이 있는 사람들이다. 맞게 짝지어진 것은?

① 다윈 ↔ 식물영양   ② 리웬허크 ↔ 작물개량
③ 요한센 ↔ 작물보호   ④ 파스퇴르 ↔ 작물개량

45 우리나라의 유기농산물 인증기준에 대한 설명으로 맞는 것은?

① 영농일지 등의 자료는 최소한 3년 이상 기록한 근거가 있어야 하며, 그 이하의 기간일 경우에는 인증을 받을 수 없다.
② 전환기농산물의 전환기간은 목초를 제외한 다년생작물은 2년, 그 밖의 작물은 3년을 기준으로하고 있다.
③ 포장 내의 혼작, 간작 및 공생식물재배는 허용되지 아니한다.
④ 동물방사는 허용된다.

46 시비량의 이론적 계산을 위한 공식으로 맞는 것은?

① 비료요소흡수율－천연공급량/비료요소흡수량
② 비료요소흡수량－천연공급량/비료요소흡수율
③ 천연공급량＋비료요소흡수량/비료요소흡수량
④ 천연공급량－비료요소공급량/비료요소흡수율

🌿 **시비량의 이론적 계산법** ···

작물이 흡수하는 비료의 요소량에서 천연 공급량을 뺀 것이 필요한 공급량이 되는데, 준 비료의 전부가 흡수되는 것이 아니고 일부만이 흡수되며, 흡수되는 비율을 흡수율이라고 한다. 이론적인 시비량은 다음과 같이 계산한다.

$$시비량 = \frac{흡수요소량 - 천연공급량}{비료요소의\ 흡수율}$$

정답   **42** ①   **43** ②   **44** ①   **45** ④   **46** ②

47 다음 중 떼알구조 토양의 이점이 아닌 것은?

① 공기 중의 산소 및 광선의 침투가 용이하다. ② 수분의 보유가 많다.
③ 유기물을 빨리 분해한다. ④ 익충 유효균의 번식을 막는다.

48 다음 중에서 물을 절약할 수 있는 가장 좋은 관수법은?

① 고랑관수 ② 살수관수 ③ 점적관수 ④ 분수관수

✔ **점적관수** ....
물을 천천히 조금씩 흘러나오게 하여 필요한 부위에 집중적으로 관수하는 방법으로 토양이 굳어지지 않고 표토의 유실이 없으며 물을 절약할 수 있고, 넓은 면적에 균일하게 관수할 수 있는 장점이 있다.

49 벼 유기재배 시 잡초방제를 위해 왕우렁이를 방사하는데 다음 중 가장 적합한 시기는?

① 모내기 5~10일 전 ② 모내기 후 5~10일
③ 모내기 후 20~30일 ④ 모내기 후 30~40일

50 시설의 환기효과라고 볼 수 없는 것은?

① 실내온도를 낮추어 준다. ② 공중습도를 높여준다.
③ 탄산가스를 공급한다. ④ 유해가스를 배출한다.

51 초생재배의 장점이 아닌 것은?

① 토양의 단립화 ② 토양침식 방지
③ 지력 증진 ④ 미생물 증식

52 다음 중 연작의 피해가 가장 심한 작물은?

① 벼 ② 조 ③ 옥수수 ④ 참외

✔ **연작의 피해가 가장 심한 작물** ....
㉠ 연작의 피해가 적은 작물 : 벼 · 맥류 · 조 · 수수 · 옥수수 · 고구마 · 삼(大麻) · 담배 · 무 · 당근 · 양파 · 호박 · 연 · 순무 · 뽕나무 · 아스파라거스 · 토당귀 · 미나리 · 딸기 · 양배추 · 꽃양배추 등
㉡ 1년 휴작을 요하는 작물 : 쪽파 · 시금치 · 콩 · 파 · 생강 등
㉢ 2년 휴작을 요하는 작물 : 마 · 감자 · 잠두 · 오이 · 땅콩 등
㉣ 3년 휴작을 요하는 작물 : 쑥갓 · 토란 · 참외 · 강낭콩 등

정답 47 ④ 48 ③ 49 ② 50 ② 51 ① 52 ④

ⓜ 5~7년 휴작을 요하는 작물 : 수박 · 가지 · 완두 · 우엉 · 고추 · 토마토 · 레드클로버 · 사탕무 등

ⓗ 10년 이상 휴작을 요하는 작물 : 아마 · 인삼 등

53 벼 직파재배의 장점이 아닌 것은?

① 노동력 절감
② 생육기간 단축
③ 입모 안정으로 도복 방지
④ 토양 가용영양분의 조기 이용

✔ 직파재배의 유형별 장단점

직파유형	장점	단점
담수직파	• 기계적 생력효과가 크다. • 기상 및 토양조건에 제약이 적다. • 출아기 및 생육초기 보온효과가 크다. • 잡초발생 억제효과가 크다. • 영농규모 확대에 유리하다.	• 본답기간의 연장으로 관개용수가 다량 소요된다. • 뿌리썩음 우려가 크다. • 뜸모, 괴불 발생이 많아 입모가 불안정하다. • 씨눈 그누기(아건) 등으로 종자 노출 시 우려가 많다.
건답직파	• 경운 · 정지 · 파종작업 용이하다. • 입모기간 중 관개용수가 절감된다. • 가뭄의 대책으로 유리하다. • 뒷작물 재배 시 쇄토작업이 편리하다.	• 장마 시 적기 파종이 곤란하다. • 정밀 평균작업이 어렵다. • 잡초 발생이 많고 방제가 곤란하다. • 담수 초기 누수가 심하고 비료 손실이 많다.

54 유용미생물을 고려한 적당한 토양의 가열소독 조건은?

① 100℃에서 10분 정도
② 90℃에서 30분 정도
③ 80℃에서 30분 정도
④ 60℃에서 30분 정도

55 과수원에서 쓸 수 있는 유기자재로 가장 적합하지 않은 것은?

① 현미식초
② 생선액비
③ 생장촉진제
④ 광합성 세균

56 유기농업의 기본목표가 아닌 것은?

① 환경보전에 기여한다.
② 국민보건 증진에 기여한다.
③ 경쟁력 강화에 기여한다.
④ 정밀농업을 체계화한다.

✔ 유기농업의 기본목표

ⓐ 국민보건 증진에 기여
ⓑ 생산의 안정화
ⓒ 경쟁력 강화에 기여
ⓓ 환경보전에 기여

정답 53 ③ 54 ④ 55 ③ 56 ④

57 한겨울에 시설원예작물을 재배하고자 할 때 최대의 수광혜택을 받을 수 있는 하우스의 방향으로 가장 적합한 것은?

① 동서동   ② 동남동   ③ 남북동   ④ 북동동

✎ **시설의 방향과 투광량** ··

ⓐ 시설 내의 광량은 시설의 설치방향에 따라 달라지는데 태양고도가 낮은 겨울에는 동서동의 광량이 남북동에 비해 두드러지게 많다.

ⓑ 이 현상은 시설의 피복재에 대한 입사각의 차이 때문이다.

58 가정에서 취미오락용으로 쓰기에 가장 적합한 온실은?

① 외지붕형 온실   ② 쓰리쿼터형 온실
③ 양지붕형 온실   ④ 벤로형 온실

59 다음 중 유기재배 시 병해충 방제 방법으로 잘못된 것은?

① 유기합성농약 사용   ② 적합한 윤작체계
③ 천적 활용   ④ 덫

60 친환경농업에 포함하기 어려운 것은?

① 병해충 종합관리의 실현
② 적절한 윤작체계 구축
③ 장기적인 이익추구 실현
④ 관행재배의 장점 도입

정답   **57** ①   **58** ①   **59** ①   **60** ④

01 화성 유도에 관여하는 요인으로 부적절한 것은?

① C/N 율
② 광
③ 온도
④ 수분

02 다음 중 경작지 전체를 3등분하여 매년 1/3씩 경작지를 휴한(休閑)하는 작부방식은?

① 3포식 농법
② 이동 경작 농법
③ 자유 경작 농법
④ 4포식 농법

03 종자의 활력을 검사하려고 할 때 테트라졸륨 용액에 종자를 담그면 씨눈 부분에만 색깔이 나타나는 작물이 아닌 것은?

① 벼
② 옥수수
③ 보리
④ 콩

✔ **테트라졸륨법** ···

ⓐ 수침했던 종자를 배를 포함하여 종단하고, 시험관을 흑색지로 싸서 광선을 막은 다음, 이에 절단한 종자를 넣고 TTC(2,3,5-triphenlyltetrazolium chloride) 용액을 추가하여 40℃에 2시간 보관하여 반응시킨다.

ⓑ TTC 용액의 농도는 화본과 0.5%, 콩과 1%가 알맞다. 배·유아의 단면적이 전면 **적색**으로 염색되는 것이 발아력이 강하다.

04 풍해의 생리적 장해로 거리가 먼 것은?

① 호흡 감소
② 광합성 감퇴
③ 작물의 체온 저하
④ 식물체 건조

05 뿌리의 흡수량 또는 흡수력을 감소시키는 요인은?

① 토양 중 산소의 감소
② 건조한 공중습도
③ 광합성량의 증가
④ 비료의 시용량 감소

정답 **01** ④ **02** ① **03** ④ **04** ① **05** ①

06 작물의 이산화탄소(CO_2) 포화점이란?

① 광합성에 의한 유기물의 생성속도가 더 이상 증가하지 않을 때의 CO_2 농도

② 광합성에 의한 유기물의 생성속도가 최대한 빠르게 진행될 때의 CO_2 농도

③ 광합성에 의한 유기물의 생성속도와 호흡에 의한 유기물의 소모속도가 같을 때의 CO_2 농도

④ 광합성에 의한 유기물의 생성속도가 호흡에 의한 유기물의 소모속도 보다 클 때의 CO_2 농도

07 질소 6kg/10a을 퇴비로 주려 할 때 시비해야 할 퇴비의 양은?(단, 퇴비 내 질소 함량은 4% 이다.)

① 100kg/10a
② 150kg/10a
③ 240kg/10a
④ 300kg/10a

08 다음 중 내염성이 약한 작물은?

① 양란
② 케일
③ 양배추
④ 시금치

　✔ **산성토양에 대한 작물의 적응성** ···

　　㉠ **극히 강한 것** : 벼 · 밭벼 · 귀리 · 토란 · 아마 · 기장 · 땅콩 · 감자 · 봄무 · 호밀 · 수박 · 양란 등

　　㉡ **강한 것** : 메밀 · 당근 · 옥수수 · 목화 · 오이 · 포도 · 호박 · 딸기 · 토마토 · 밀 · 조 · 고구마 · 베치 · 담배 등

　　㉢ **약간 강한 것** : 평지(유채) · 피 · 무 등

　　㉣ **약한 것** : 보리 · 클로버 · 양배추 · 근대 · 가지 · 삼 · 겨자 · 고추 · 완두 · 상추 등

　　㉤ **가장 약한 것** : 알팔파 · 자운영 · 콩 · 팥 · 시금치 · 사탕무 · 셀러리 · 부추 · 양파 등

09 일반 벼 재배 논토양에서 탈질현상을 방지하기 위한 질소질 비료의 시비법은?

① 암모니아태 질소를 산화층에 준다.
② 질산태 질소를 산화층에 준다.
③ 암모니아태 질소를 환원층에 준다.
④ 질산태 질소를 환원층에 준다.

10 형질이 다른 두 품종을 양친으로 교배하여 자손 중에서 양친의 좋은 형질이 조합된 개체를 선발하고 우량 품종을 육성하거나 양친이 가지고 있는 형질보다 더 개선된 형질을 가진 품종으로 육성하는 육종법은?

① 선발 육종법
② 교잡 육종법
③ 도입 육종법
④ 조직배양 육종법

정답　**06** ①　**07** ②　**08** ①　**09** ③　**10** ②

11 다음 중 주로 벼에 발생하는 해충인 것은?

① 끝동매미충
② 박각시나방
③ 거세미나방
④ 조명나방

12 고립 상태에서 온도와 CO_2 농도가 제한 조건이 아닐 때 광포화점이 가장 높은 작물은?

① 옥수수
② 콩
③ 벼
④ 감자

🍀 **광포화점(光飽和點)** ··

　ㄱ 고립상태의 광포화점은 양생식물의 경우라도 전광의 조도보다는 훨씬 낮으며, 각 식물의 광포화점을 전광(100~120klux)에 대한 비율로 표시한다.
　ㄴ 일반 작물의 광포화점은 30~60%의 범위 내에 있다.

식물명	광포화점	식물명	광포화점
음생식물	10% 정도	벼 · 목화	40~50% 정도
구약나물	25% 정도	밀 · 알팔파	50% 정도
콩	20~23% 정도	사탕무 · 무 · 사과나무 · 고구마	40~60% 정도
감자 · 담배 · 강낭콩 · 해바라기	30% 정도	옥수수	80~100%

13 작물의 생존연한에 따른 분류에서 2년생 작물에 대한 설명으로 옳은 것은?

① 가을에 파종하여 그다음 해에 성숙 · 고사하는 작물을 말한다.
② 가을보리, 가을밀 등이 포함된다.
③ 봄에 씨앗을 파종하여 그다음 해에 성숙 · 고사하는 작물이다.
④ 생존연한이 길고 경제적 이용연한이 여러 해인 작물이다.

14 과수, 채소, 차나무 등의 동상해 응급대책으로 볼 수 없는 것은?

① 관개법
② 송풍법
③ 발연법
④ 하드닝법

15 잡초의 생태적 방제법에 대한 설명으로 거리가 먼 것은?

① 육묘이식재배를 하면 유묘가 잡초보다 빨리 선점하여 잡초와의 경합에서 유리하다.
② 과수원의 경우 피복작물을 재배하면 잡초 발생을 억제시킨다.
③ 논의 경우 일시적으로 낙수를 하면 수생잡초를 방제하는 효과를 볼 수 있다.
④ 잡목림지나 잔디밭에는 열처리를 하여 잡초를 방제하는 것이 효과적이다.

정답 **11** ① **12** ① **13** ③ **14** ④ **15** ④

16 다음 중 중경의 효과가 아닌 것은?

① 발아의 조장
② 제초효과
③ 토양 수분 손실
④ 토양 물리성 개선

✔ **중경의 장점** ···

ⓐ **발아 조장** : 파종 후 비가 와서 토양 표층에 굳은 피막이 생겼을 때 가볍게 중경하여 피막을 부셔주면 발아가 조장된다.

ⓛ **토양통기의 조장**

ⓐ 중경을 해서 표토가 부드러워지면, 토양통기가 조장되어 토양 중에 산소 공급이 많아지므로 뿌리의 생장과 활동이 왕성해지고 유기물의 분해도 촉진된다.

ⓑ 토양통기가 조장되면 토양 중의 유해한 환원성 물질의 생성도 적어진다. 또한, 토양 중의 유해가스 발산도 빨라진다.

ⓒ **토양수분의 증발 경감** : 중경을 해서 표토가 부서지면, 토양의 모세관(毛細管)도 절단되므로 토양수분의 증발이 경감되어 한발해(旱害)를 덜 수 있다.

ⓡ **비효 증진** : 논에 요소·황산암모니아 등을 추비하고 중경하면 비료가 환원층으로 섞여 들어서 비효가 증진된다.

ⓜ **잡초 방제** : 중경을 하면 잡초도 제거된다. 김매기의 가장 큰 효과는 잡초의 제거에 있다.

17 다음 중 토양수분의 표시방법이 아닌 것은?

① 부피
② 중량
③ 백분율(%)
④ 장력(pF)

18 작물이 분화하는 데 가장 먼저 일어나는 것은?

① 적응
② 격리
③ 유전적 변이
④ 순화

19 엽삽이 잘 되는 식물로만 이루어진 것은?

① 베고니아, 산세베리아
② 국화, 땅두릅
③ 자두나무, 앵두나무
④ 카네이션, 펠라고늄

20 맥류의 동상해 방지대책으로 거리가 먼 것은?

① 퇴비 등을 사용하여 토질을 개선함
② 내동성이 강한 품종을 재배함
③ 이랑을 세워 뿌림골을 깊게 함
④ 적기파종과 인산비료를 증시함

정답 　**16** ③　**17** ①　**18** ③　**19** ①　**20** ④

🌿 동상해 일반대책 ···

　　㉠ 내동성 작물과 품종 선택
　　　　ⓐ 추파맥류, 목초류 월동이 안전한 작물이나 품종을 선택한다.
　　　　ⓑ 과수류, 뽕나무의 봄철 늦서리에 의해 화아의 동상해를 피할 수 있는 회피성 품종을 선택한다.
　　㉡ 입지조건의 개선
　　　　ⓐ 한풍이 내습하는 지대에서는 방풍림을 조성하고 방풍울타리를 설치하여 동해를 경감한다.
　　　　ⓑ 남부지방의 식질계 토양은 세사를 객토하여 상주해를 방지하며 저습지대에서는 배수구를 설치하여 습해를 방지한다.
　　㉢ 재배적 대책
　　　　ⓐ 화훼류·채소류 등은 보온 재료를 이용하여 보온 재배를 한다.
　　　　ⓑ 고휴구파의 이랑을 세워 뿌림골을 깊게 한다.
　　　　ⓒ 맥류는 적기 파종하도록 하고 한랭지역에서는 파종량을 늘려 월동 중 동사에 의한 결주를 보완한다.
　　㉣ 월동작물인 맥류 재배 시 인산·칼리질 비료를 증시하여 작물체 내 당 함량을 증대시킴으로써 내동성을 크게 하고, 파종 후 퇴비구를 종자 위에 시용하여 생장점을 낮춘다.
　　㉤ 월동 중인 맥류 답압

21 질소화합물이 토양 중에서 $NO_3 \rightarrow NO_2 \rightarrow N_2O$, N_2와 같은 순서로 질소의 형태가 바뀌는 작용을 무엇이라 하는가?

① 암모니아 산화작용　　　　　　　　② 탈질작용
③ 질산화 작용　　　　　　　　　　　④ 질소고정작용

22 다음 중 2 : 2 규칙형 광물은?

① kaolinite　　　　　　　　　　　② allophane
③ vermiculite　　　　　　　　　　④ chlorite

🌱 ···
　　규칙 혼층형(2 : 2형) : chlorite

23 유기재배 시 작물생육에 크게 영향을 미치는 토양공기 조성에 관한 설명 중 알맞은 것은?

① 토양공기의 갱신은 바람의 이동 영향이 가장 크다.
② 토양공기는 대기와 교환되므로 이산화탄소 농도가 늘어난다.
③ 토양공기 중 이산화탄소는 식물뿌리 호흡에 의해 발생된다.
④ 토양공기 중 산소는 혐기성 미생물에 의해 소비된다.

정답　**21** ②　**22** ④　**23** ③

24 토양의 토양목 중 토양발달의 최종단계에 속하여 가장 풍화가 많이 진행된 토양으로 Fe, Al 산화물이 많은 것은?

① Mollisols ② Oxisols
③ Ultisols ④ Entisols

25 다음 중 토양산성화로 인해 발생할 수 있는 내용으로 가장 거리가 먼 것은?

① 토양 중 알루미늄 용해도 증가 ② 토양 중 인산의 고정
③ 토양 중 황성분의 증가 ④ 염기의 유실 및 용탈의 증가

26 암석의 물리적 풍화작용 요인으로 볼 수 없는 것은?

① 공기 ② 물 ③ 온도 ④ 용해

❧ **기계적 풍화작용** ···

ㄱ 온열의 작용
ㄴ 대기의 작용
ㄷ 물의 작용

27 다음 중 표토에 염류집적 피해가 일어날 가능성이 큰 토양은?

① 벼논 ② 사과 과수원
③ 인삼밭 ④ 보리밭

28 암석의 화학적인 풍화작용을 유발하는 현상이 아닌 것은?

① 산화작용 ② 가수분해작용
③ 수축팽창작용 ④ 탄산화작용

❧ **화학적 풍화작용** ···

ㄱ 산화작용 ㄴ 가수분해
ㄷ 탄산화작용 ㄹ 수화작용

29 시설재배지의 토양관리를 위해 토양의 비전도도(EC)를 측정한다. 다음 중 가장 큰 이유가 되는 것은?

① 토양 염류집적 정도의 평가 ② 토양 완충능 정도의 평가
③ 토양 염기포화도의 평가 ④ 토양 산화환원 정도의 평가

정답 24 ② 25 ③ 26 ④ 27 ③ 28 ③ 29 ①

30 질소를 고정할 뿐만 아니라 광합성도 할 수 있는 것은?

① 효모　　　　　② 사상균　　　　　③ 남조류　　　　　④ 방사상균

🌿 **남조류** ··

　　광합성 미생물로서 논이나 초지에서 단독적으로 공중 질소를 고정하는데, 건토 10g당 2~5mg의 질소를 고정한다고 한다.

31 중성 토양교질입자에 잘 흡착될 수 있는 질소의 형태는?

① 질산태　　　　　② 암모늄태　　　　　③ 요소태　　　　　④ 유기태

🌿 **암모니아태질소(NH_4^+)** ··

　　㉠ 암모니아태질소는 특히 알칼리성 비료와 섞으면 암모니아가스로 휘발된다.
　　㉡ 암모늄염, 암모니아수, 탄산암모늄, 질산암모늄 등
　　㉢ NH_4^+-N는 대개 수용성이며 작물에 잘 흡수된다.
　　㉣ 토양입자에도 잘 흡착되므로 물에 씻겨 내려갈 염려가 적다.
　　㉤ 암모니아태질소를 논의 환원층에 주면 비효가 오래 지속된다.

32 작물의 생산량이 낮은 토양의 특징이 아닌 것은?

① 자갈이 많은 토양　　　　　　② 배수가 불량한 토양
③ 지렁이가 많은 토양　　　　　　④ 유황 성분이 많은 토양

33 다음 중 토양반응(pH)과 가장 밀접한 관계가 있는 것은?

① 토성　　　　　　　　② 토색
③ 염기포화도　　　　　④ 양이온치환용량

34 논에 녹비작물을 재배한 후 풋거름으로 넣으면 기포가 발생하는 원인은 무엇인가?

① 메탄가스 용해도가 매우 낮기 때문에 발생된다.
② 메탄가스 용해도가 매우 높기 때문에 발생된다.
③ 이산화탄소 발생량이 매우 작기 때문에 발생된다.
④ 이산화탄소 용해도가 매우 높기 때문에 발생된다.

35 토양염기에 포함되는 치환성 양이온이 아닌 것은?

① Na^+　　　　　② S^{++}　　　　　③ K^+　　　　　④ Ca^{++}

정답　**30** ③　**31** ②　**32** ③　**33** ③　**34** ①　**35** ②

36 질산화 작용에 대한 설명으로 옳은 것은?

① 논토양에서는 일어나지 않는다.
② 암모늄태 질소가 산화되는 작용이다.
③ 결과적으로 질소의 이용률이 증가한다.
④ 사상균과 방사상균들에 의해 일어난다.

✔ **질산화 작용**
  ㉠ 질산태질소(NO_3^-)는 토양에 흡착되는 힘이 약하여 유실되기 쉽고, 암모늄태질소(NH_4^+)는 토양에 잘 흡착된다.
  ㉡ 암모늄태질소라도 산화층에 시용하면 산화되어 질산태질소($NH_4^+ \rightarrow NO_2^- \rightarrow NO_3^-$)로 되는데, 이와 같은 현상을 질화작용이라고 한다.

37 다음 중 논토양의 특징이 아닌 것은?

① 광범위한 환원층이 발달한다.
② 연작장해가 나타나지 않는다.
③ 철이 쉽게 용탈된다.
④ 산성 피해가 잘 나타난다.

38 토양의 비열이란?

① 토양 100g을 1℃ 올리는 데 필요한 열량
② 토양 1g을 1℃ 올리는 데 필요한 열량
③ 토양 10g을 1℃ 올리는 데 필요한 열량
④ 토양 1g의 열량으로 수온을 1℃ 올리는 데 필요한 열량

✔ **토양의 비열**
  비열이란 어떤 물질 1g을 1℃ 올리는 데 필요한 열량으로서 비열이 높을수록 온도변화가 적다.

39 노후화답의 특징이 아닌 것은?

① 작토층의 철은 미생물에 의해 환원되어 Fe^{2+}로 되어 용탈한다.
② 작토층 아래층의 철과 망간은 산화되어 용해도가 감소되어 Fe^{3+}와 M_n^{4+} 형태로 침전한다.
③ 황화수소(H_2S)가 발생한다.
④ 규산 함량이 증가된다.

40 토양이 자연의 힘으로 다른 곳으로 이동하여 생성된 토양 중 중력의 힘에 의해 이동하여 생긴 토양은?

① 충적토
② 붕적토
③ 빙하토
④ 풍적토

✔ **붕적토**
  중력, 바람, 물, 빙하에 의하여 높은 곳에서 낮은 곳으로 이동하는 물질로 형성된 토양을 말하며 농업에서 물리·화학적으로 좋지 못한 토양이다.

정답 **36** ② **37** ④ **38** ② **39** ④ **40** ②

41 작물 재배 시 도복현상이 발생하는 주요한 원인은?

① 마그네슘이 부족하다.　　② 질소가 과다하다.

③ 인산이 과다하다.　　④ 칼리가 과다하다.

42 다음 중 유기재배 시 제초 방제방법으로 잘못된 것은?

① 저독성 화학합성물질 살포　　② 멀칭 · 예취

③ 화염제초　　④ 기계적 경운 및 손제초

43 일장(日長)에 따라 화성(花成)이 유도 · 촉진되는 것을 구분하여 식물의 일장형(日長型)이라고 한다. 다음 중 일장감응 명칭에 대한 설명이 올바른 것은?

① SL인 식물은 화아(花芽)가 분화되기 전에는 단일이고 화아가 분화된 이후 장일이 될 때 화성이 유도되는 것을 말하며 시금치, 콩 등이 해당된다.

② SI인 식물은 화아(花芽)가 분화되기 전에는 단일이고 화아가 분화된 이후 중일이 될 때 화성이 유도되는 것을 말하며 토마토 등이 해당된다.

③ LI인 식물은 화아가 분화되기 전에는 장일이고 화아가 분화된 이후 중일이 될 때 화성이 유도되는 것을 말하며 사탕무 등이 해당된다.

④ LL인 식물은 화아가 분화되기 전에는 장일, 화아가 분화된 이후에도 장일이 될 때 화성이 유도되는 것을 말하며 고추, 딸기 등이 해당된다.

일장감응의 9개형

명칭	화아분화 전	화아분화 후	종류
LL식물	장일성	장일성	시금치 · 봄보리
LI식물	장일성	중일성	Phlox paniculata · 사탕무
LS식물	장일성	단일성	Boltonia · Physostegia
IL식물	중일성	장일성	밀 · 보리
II식물	중일성	중일성	고추 · 올벼 · 메밀 · 토마토
IS식물	중일성	단일성	소빈국(小濱菊)
SL식물	단일성	장일성	프리뮬러 · 시네라리아 · 양딸기
SI식물	단일성	중일성	늦벼 · 도꼬마리
SS식물	단일성	단일성	코스모스 · 나팔꽃 · 늦콩

(L=Long, I=Indeterminate, S=Short)

- 장일식물 : Long-day plants
- 단일식물 : Short-day plants
- 중간식물 : Indeterminate plants
- 장단일식물 : Long-Short day plants
- 단장일식물 : Short-Long day plants

정답　**41** ②　**42** ①　**43** ③

44 과수의 내한성을 증진시키는 방법으로 옳은 것은?

① 적절한 결실관리　　　　　　　　② 적엽처리
③ 환상박피처리　　　　　　　　　　④ 부초재배

45 병해충 관리를 위해서 식물에서 추출한 유기농 자재는?

① 님제제　　　　　　　　　　　　② 파라핀유
③ 보르도액　　　　　　　　　　　④ 벤토나이트

✔ **병해충 관리를 위하여 사용이 가능한 자재** ···································

ㄱ 식물과 동물 : 제충국 제제, 데리스 제제, 쿠아시아 제제, 라이아니아 제제, Neem 제제, 밀
납, 동식물 유지, 해조류 및 해조류 가루, 해조류 추출액, 소금 및 소금물, 젤라틴, 인지질, 카
제인, 식초 및 천연산, 누룩곰팡이의 발효생산물, 버섯 추출액, 클로렐라 추출액, 천연식물에
서 추출한 제제, 천연약초, 한약제 및 목초액, 담뱃잎 차 등

ㄴ 미네랄 : 보르도액, 수산화동 및 산염화동, 부르고뉴액, 구리염, 유황, 맥반석 등 광물질 분
말, 규조토, 규산염 및 벤토나이트, 규산나트륨, 중탄산나트륨 및 생석회, 과망간산칼륨, 탄산
칼륨, 파라핀유, 키토산 등

ㄷ 생물학적 병해충 관리를 위해 사용되는 자재 : 미생물 제제, 천적 등

ㄹ 기타 : 이산화탄소 및 질소가스, 비눗물, 에틸알코올, 동종요법 및 아유르베딕 제제, 향신료,
바이오다이내믹 제제 및 기피식물, 웅성불임곤충, 기계유제 등

ㅁ 덫 : 성유인물질(페로몬, 작물에 직접 살포하지 아니할 것), 메타알데히드를 주성분으로 한 제
제이다.

46 멘델(Mendel)의 법칙과 거리가 먼 것은?

① 분리의 법칙　　　　　　　　　　② 독립의 법칙
③ 우성의 법칙　　　　　　　　　　④ 최소의 법칙

47 다음 중 과수분류상 인과류에 속하는 것으로만 나열된 것은?

① 무화과, 복숭아　　　　　　　　② 포도, 비파
③ 사과, 배　　　　　　　　　　　④ 밤, 포도

48 우리나라 논토양의 특성으로 볼 수 없는 것은?

① 염기치환 용량이 낮다.　　　　　② 유기물 함량이 낮다.
③ 표토의 유실에 따른 작토의 깊이가 낮다.　　④ 평균 칼리 함량이 낮다.

정답　**44** ①　**45** ①　**46** ④　**47** ③　**48** ④

49 다음 중 자연농업에 대한 설명으로 옳지 않은 것은?

① 무경운, 무비료, 무제초, 무농약 등 4대원칙을 지킨다.

② 자연생태계를 보전·발전시킨다.

③ 화학적 자재를 가능한 한 배제한다.

④ 안전한 먹을거리를 생산한다.

✎ **자연농업** ··

토착미생물을 활용하여 토양 활력을 되살리고 작물을 강건하게 키워 농약·비료 사용을 최소화하며, 돈사 등에 톱밥과 축분을 발효시켜 사료화함으로써 사료 및 축분처리 비용을 절감할 수 있는 농업이다.

50 유기농법을 위한 토양관리와 관련이 없는 것은?

① 퇴비를 적절히 투입한다.　　　　② 윤작을 실시한다.

③ 휴경을 해서는 안 된다.　　　　　④ 침식을 예방한다.

51 태양열 소독의 특징으로 거리가 먼 것은?

① 주로 노지토양소독에 많이 이용된다.

② 선충 및 병해 방제에 효과가 있다.

③ 유기물 부숙을 촉진하여 토양이 비옥해진다.

④ 담수처리로 염류를 제거할 수 있다.

52 다음 중 화학비료의 문제점이 아닌 것은?

① 토양이 산성화된다.　　　　　　② 토양 입단조성을 촉진한다.

③ 양분의 유실이 크다.　　　　　　④ 수질이 오염된다.

53 다음은 친환경농업과 관련이 있는 내용들이다. 친환경농업과 가장 밀접한 관계가 있는 것은?

① 저독성 농약의 지속적인 개발 필요　　② 화학자재 사용의 무한 자유

③ 생물종의 단일성 유지　　　　　　　④ 단작중심농법의 이행 필요

정답　49 ③　50 ③　51 ①　52 ②　53 ①

54 지형을 고려하여 과수원을 조성하는 방법을 설명한 것으로 올바른 것은?

① 평탄지에 과수원을 조성하고자 할 때는 지하수위와 두둑을 낮추는 것이 유리하다.

② 경사지에 과수원을 조성하고자 할 때는 경사 각도를 낮추고 수평배수로를 설치하는 것이 유리하다.

③ 논에 과수원을 조성하고자 할 때는 경반층(硬盤層)을 확보하는 것이 유리하다.

④ 경사지에 과수원을 조성하고자 할 때는 재식열(栽植列) 또는 중간의 작업로를 따라 집수구를 설치하는 것이 유리하다.

55 일반적으로 볍씨의 발아 최적 온도는?

① 8~13℃

② 15~20℃

③ 30~34℃

④ 40~44℃

56 유기농업의 이해 및 관심 증가에 대한 1차적 배경으로 가장 적합한 것은?

① 지역사회개발론

② 생명 환경의 위기론

③ 농가소득보장으로 부의 농촌경제론

④ 육종학적 발달과 미래지향적 설계론

57 수막하우스의 특징을 바르게 설명한 것은?

① 광투과성을 강화한 시설이다.

② 보온성이 뛰어난 시설이다.

③ 자동화가 용이한 시설이다.

④ 내구성을 강화한 시설이다.

58 딸기 시설재배에서 천적인 칠레이리응애를 방사하는 목적은?

① 해충인 응애를 잡기 위하여

② 해충인 진딧물을 잡기 위하여

③ 수분을 도와주기 위하여

④ 꿀벌의 일을 도와주기 위하여

✔ 천적의 종류 ···

㉠ 점박이응애 : 칠레이리응애

㉡ 진딧물류 : 콜레마니진디벌, 진디혹파리, 천적유지식물

㉢ 총채벌레 : 오이이리응애, 으뜸애꽃노린재, 유럽애꽃노린재

㉣ 온실가루이 : 온실가루이좀벌

㉤ 나방류 : 쌀좀알벌, 곤충병원성선충

정답 54 ④ 55 ③ 56 ② 57 ② 58 ①

59 시설의 토양관리에서 토양반응이란?

① 식물체 근부의 상태
② 토양 용액 중 수소이온의 농도
③ 토양의 고상, 기상, 액상의 분포
④ 토양의 미생물과 소동물의 행태

60 다음 중 성페로몬을 이용하여 효과적으로 방제할 수 있는 해충은?

① 응애류
② 진딧물류
③ 노린재류
④ 나방류

🌾 **성페로몬 이용(pheromene)** ··
해충의 암컷이 교미를 위해 발산하는 성페로몬을 인공적으로 합성하여 수컷을 유인 박멸하거나 교미를 교란시켜 다음 세대의 해충밀도를 억제한다.

정답 **59** ② **60** ④

2013년 1월 27일 시행

01 다음 중 장일성 식물이 아닌 것은?

① 시금치   ② 양파   ③ 감자   ④ 콩

○ 장일식물(長日植物) : 추파맥류 · 완두 · 박하 · 아주까리 · 시금치 · 양딸기 · 양파 · 상추 · 감자 · 해바라기 등

○ 단일식물(短日植物) : 늦벼 · 조 · 기장 · 피 · 콩 · 고구마 · 아마 · 담배 · 호박 · 오이 · 국화 · 코스모스 · 목화 등

02 도복 방지대책과 가장 거리가 먼 것은?

① 키가 작고 대가 튼튼한 품종을 재배한다.
② 서로 지지가 되게 밀식한다.
③ 칼리질 비료를 시용한다.
④ 규산질 비료를 시용한다.

재식밀도가 과도하게 높으면 대가 약해져서 도복이 유발될 우려가 크기 때문에 재식밀도를 적절하게 조절해야 한다.

03 다음 중 종자의 발아억제물질은?

① 지베렐린   ② ABA(Abscisic acid)
③ 사이토카이닌   ④ 에틸렌

화학물질과 발아
○ 발아촉진물질 : 지베렐린, 사이토카이닌, 에틸렌, 과산화수소, 옥신, 질산칼륨 thiourea 등
○ 발아억제물질 : 암모니아, 시안화수소, ABA(Abscisic acid) 등

04 수해의 사전대책으로 옳지 않은 것은?

① 경사지와 경작지의 토양을 보호한다.
② 질소과용을 피한다.
③ 작물의 종류나 품종의 선택에 유의한다.
④ 경지 정리를 가급적 피한다.

정답   01 ④   02 ②   03 ②   04 ④

✔ **수해의 사전대책**

㉠ 치산치수를 잘 하는 것이 수해의 기본 대책이다.

㉡ 경사지와 경작지의 토양 보호를 잘 한다.

㉢ 경지정리를 잘 해서 배수가 잘 되게 한다.

㉣ 수해 상습지에서는 작물의 종류나 품종의 선택에 유의한다.

㉤ 파종기·이식기를 조절해서 수해를 회피·경감시키며, 질소 다용을 피한다.

05 다음 중 칼리비료에 대한 설명으로 바르지 못한 것은?

① 칼리비료는 거의가 수용성이며 비효가 빠르다.

② 황산칼륨과 염화칼륨이 주된 칼리질 비료이다.

③ 단백질과 결합된 칼리는 수용성이며 속효성이다.

④ 유기태 칼리는 쌀겨, 녹비, 퇴비, 산야초 등에 많이 들어 있다.

✔ **칼륨(K, 加里)**

㉠ 생리적·생화학적 기능에 중요한 양이온(K^+)이다.

㉡ **광합성, 수분상실의 제어역할** : 칼륨은 탄소동화작용을 촉진하므로 일조가 부족한 때에 비효가 크다.

㉢ 단백질 합성에 필요하므로 칼륨흡수량과 질소흡수량의 비율은 거의 같은 것이 좋다.

06 토양의 양이온교환용량의 값이 크다는 의미는?

① 산도가 높음을 의미

② 토양의 공극량이 큼을 의미

③ 토양의 투수력이 큼을 의미

④ 비료성분을 지니는 힘이 큼을 의미

✔ **양이온치환용량(C.E.C)**

㉠ 토양 100g이 보유하는 치환성 양이온의 총량을 mg당 양(me ; milli equivalent)으로 표시한 것을 양이온치환용량 또는 염기치환용량(B.E.C)이라고 한다.

㉡ 토양 중에 고운 점토와 부식이 증가하면 C.E.C도 증대하며 토양의 C.E.C가 증대하면 비료성분을 흡착·보유하는 힘이 커진다.

07 작물수량을 최대로 올리기 위한 주요한 요인으로 나열된 것은?

① 품종, 비료, 재배기술

② 유전성, 환경조건, 재배기술

③ 품종, 기상조건, 종자

④ 유전성, 비료, 종자

✔

재배의 중심이 되는 것은 작물의 유전성과 재배환경 그리고 재배기술의 세 가지인데, 이들은 수량과 상호 관계적이다.

정답 **05** ③ **06** ④ **07** ②

08 벼 재배 시 발생하는 추락현상에 대한 설명으로 옳은 것은?

① 개답의 역사가 짧고 유기물 함량이 낮은 미숙답에서 주로 발생한다.

② 모래 함량이 많고 용탈이 심한 사질답에서 주로 발생한다.

③ 개답의 역사가 짧은 간척지로 염분농도가 높은 염해답에서 주로 발생한다.

④ 황화철이 부족하여 무기양분 흡수가 저해되는 노후화답에서 주로 발생한다.

❤️ **추락현상(秋落現象)** ⋯⋯⋯⋯⋯⋯⋯⋯⋯⋯⋯⋯⋯⋯⋯⋯⋯⋯⋯⋯⋯⋯⋯⋯⋯⋯⋯⋯⋯⋯⋯⋯⋯⋯⋯⋯⋯

담수하의 작토 환원층에서는 황산염이 환원되어 황화수소(H_2S)가 생성되는데, 철분이 많으면 벼 뿌리가 적갈색 산화철의 두꺼운 피막을 입고 있어 황화수소가 철과 반응하여 황화철(FeS)이 되어 침전하므로 해를 끼치지 않는다.

09 다음 중 중금속의 유해작용을 경감시키는 것은?

① 붕소 ② 석회

③ 철 ④ 유황

❤️ ⋯⋯⋯

석회는 유기물의 분해속도를 촉진한다.

10 식물의 미소식물군 중 독립영양생물에 속하는 것은?

① 녹조류 ② 곰팡이

③ 효모 ④ 방선균

11 재배환경 중 온도에 대한 설명이 맞는 것은?

① 작물 생육이 가능한 범위의 온도를 유효온도라고 한다.

② 작물의 생육단계 중 생식생장기간 동안에 소요되는 총온도량을 적산온도라고 한다.

③ 온도가 1℃ 상승하는 데 따르는 이화학적 반응이나 생리작용의 증가배수를 온도계수라고 한다.

④ 일변화는 작물의 결실을 저해한다.

❤️ ⋯⋯⋯

유효온도(有效溫度)는 작물의 생육이 가능한 범위의 온도이다.

적산온도는 일정한 날부터 매일의 평균기온을 더해서 정해진 어느 날까지의 합계온도를 말한다.

온도계수는 어떤 양(量)이 온도에 따라서 변화할 때, 온도 변화에 대한 그 양의 변화 정도이다.

정답 08 ④ 09 ② 10 ① 11 ①

12 병충해 방제방법 중 경종적 방제법으로 옳은 것은?

① 벼의 경우 보온 육묘한다.
② 풀잠자리를 사육하면 진딧물을 방제한다.
③ 이병된 개체는 소각한다.
④ 맥류 깜부기병을 방제하기 위해 냉수온탕침법을 실시한다.

13 생육기간이 비슷한 작물들을 교호로 재배하는 방식으로 콩 2이랑에 옥수수 1이랑을 재배하는 작부체계는?

① 혼작 　　　　　　　　　　　② 교호작
③ 간작 　　　　　　　　　　　④ 주위작

✔ **교호작** ···
　　두 종류 이상의 생육기간이 비슷한 작물을 일정한 이랑씩 교호로 배열해서 재배한다.

14 삼한시대에 재배된 오곡에 포함되지 않는 작물은?

① 수수 　　　　　　　　　　　② 보리
③ 기장 　　　　　　　　　　　④ 피

15 어떤 종자표본의 발아율이 80%이고 순도가 90%일 경우, 종자의 진가(용가)는?

① 90 　　　　　　　　　　　② 85
③ 80 　　　　　　　　　　　④ 72

16 작물에 광합성과 수분상실의 제어 역할을 하고, 결핍되면 생장점이 말라죽고 줄기가 약해지며 조기낙엽 현상을 일으키는 필수원소는?

① K 　　　　　　　　　　　② P
③ Mg 　　　　　　　　　　　④ N

✔ **칼륨(K, 加里)** ···
　　㉠ 작용
　　　　ⓐ 생리적·생화학적 기능에 중요한 양이온(K^+)이다.
　　　　ⓑ 광합성, 수분상실의 제어역할 : 칼륨은 탄소동화작용을 촉진하므로 일조가 부족한 때에 비효가 크다.
　　　　ⓒ 단백질 합성에 필요하므로 칼륨흡수량과 질소흡수량의 비율은 거의 같은 것이 좋다.
　　㉡ 결핍 : 결핍 시에 생장점이 말라죽고, 줄기가 약해지며, 조기낙엽 현상을 일으킨다.

정답　**12** ①　**13** ②　**14** ①　**15** ④　**16** ①

17 작물의 재배적 특징으로 옳지 않은 것은?

① 토지를 이용함에 있어 수확체감의 법칙이 적용된다.

② 자연환경의 영향으로 생산물량 확보가 자유롭지 못하다.

③ 소비면에서 농산물은 공산물에 비하여 수요탄력성과 공급탄력성이 크다.

④ 노동의 수요가 연중 균일하지 못하다.

✔ **작물 재배의 특징** ···

   ㉠ 생산면

      ⓐ 토지를 생산수단으로 하는 점이다.

      ⓑ 자연환경의 영향을 크게 받고, 생산조절이 자유롭지 못하며 분업적으로 생산하기 어렵다.

      ⓒ 자본의 회전이 느리고, 노동의 수요가 연중 균일하지 못하다.

      ⓓ 토지가 불량한 경우 전면 개량하기 어렵고, 설사 개량한다고 하더라도 막대한 비용이 소요된다.

      ⓔ 수확체감의 법칙이 적용된다.

   ㉡ 유통면

      ⓐ 농산물은 변질되기 쉽고, 가격변동이 심하며, 가격에 비하여 중량이나 용적이 큰 것이 많아 수송비도 많이 든다.

      ⓑ 생산이 소규모이고 분산적이며 중간상인의 역할이 크다.

   ㉢ 소비면

      수요의 탄력성이 작고, 공급의 탄력성도 작다.

18 논토양의 토층분화와 탈질현상에 대한 설명 중 옳지 않은 것은?

① 논토양에서 산화층은 산화제2철이, 환원층은 산화제1철이 쌓인다.

② 암모니아태질소를 산화층에 주면 질화균에 의해서 질산이 된다.

③ 암모니아태질소를 환원층에 주면 절대적 호기균인 질화균의 작용을 받지 않는다.

④ 질산태질소를 논에 주면 암모니아태질소보다 비효가 높다.

19 작물의 광합성에 필요한 요소들 중 이산화탄소의 대기 중 함량은?

① 약 0.03%   ② 약 0.3%   ③ 약 3%   ④ 약 30%

✔ **대기의 조성** ···

   질소가스 : 약 79%, 산소가스 : 약 21%, **이산화탄소 : 약 0.03%(300ppm)**, 기타 : 수증기·연기·먼지·아황산가스, 미생물, 화분, 각종 가스 등이다.

20 기지현상의 원인이라고 볼 수 없는 것은?

① CEC의 증대   ② 토양 중 염류집적   ③ 양분의 소모   ④ 토양선충의 피해

✎ 정답 **17** ③ **18** ④ **19** ① **20** ①

기지의 원인 ···

㉠ 토양 비료 성분의 소모

㉡ 염류의 집적

㉢ 토양의 물리성 악화

ⓐ 화곡류(벼·보리) 같은 천근성 작물을 연작하면 작토의 하층이 굳어짐

ⓑ 석회 등이 집중 수탈되면 토양반응이 악화

㉣ 유독물질의 축적, 토양선충의 피해

㉤ 토양전염성 병

21 토양 내 미생물의 바이오매스양(ha당 생체량)이 가장 큰 것은?

① 세균 　　　　② 방선균 　　　　③ 사상균 　　　　④ 조류

22 다음 중 양이온치환용량이 가장 큰 것은?

① 부식(humus) 　　　　　　② 카올리나이트(kaolinite)

③ 몬모릴로나이트(montmorillonite) 　　④ 버미큘라이트(vermiculite)

양이온치환용량 ··

(단위 : me/100g)

토양 교질물	양이온 교환 용량	
	평균값	범위
부식물	200	100~300
Verniculite	150	100~200
Allophane	100	50~200
Montmorillonite	80	60~100
Hydrous mica · Chlorite	30	20~40
Kaolinite	8	3~15
Hydrous oxides	4	0~10

23 석회암지대의 천연동굴은 사람이 많이 드나들면 호흡 때문에 훼손이 심화될 수 있다. 천연 동굴의 훼손과 가장 관계가 깊은 풍화작용은?

① 가수분해(hydrolysis) 　　　　② 산화작용(oxidation)

③ 탄산화작용(carbonation) 　　　④ 수화작용(hydration)

탄산화작용 ···

대기나 토양 중의 CO_2가 물에 용해되면서 탄산이 되어 암석을 용해한다.

정답　**21** ③　**22** ①　**23** ③

24 우리나라 밭토양의 일반적인 특성이 아닌 것은?

① 곡간지 및 산록지와 같은 경사지에 많이 분포되어 있다.
② 토성별 분포를 보면 세립질 토양이 조립질 토양보다 많다.
③ 저위생산성인 토양이 많다.
④ 밭토양은 환원상태이므로 유기물의 분해가 논토양보다 빠르다.

✔ ....

밭토양은 무기 성분의 천연공급량이 적고 통기 상태가 양호하여 산화 상태이며, 토양 미생물의
활동과 번식이 활발하므로 유기물 분해가 빠르게 진행되어 부식 함량이 적고 비옥도가 낮다.

25 유기물을 많이 시용한 토양의 보비력이 높은 이유는?

① 유기물이 공극을 막아 비료의 유실을 막아주기 때문에
② 유기물이 토양의 점토종류를 변화시키기 때문에
③ 유기물은 식물이 비료를 흡수하는 것을 막아주기 때문에
④ 유기물은 전기적으로 비료를 흡착하는 능력이 크기 때문에

26 입단구조의 발달과 유지를 위한 농경지 관리대책으로 활용할 수 없는 것은?

① 석회물질의 시용 ② 유기물의 시용
③ 목초의 재배 ④ 토양 경운 강화

27 토양의 3상에 속하지 않는 것은?

① 액상 ② 기상 ③ 고상 ④ 주상

✔ ....

28 토양이 산성화됨으로써 발생하는 현상이 아닌 것은?

① 미생물의 활성 감소 ② 인산의 불용화
③ 알루미늄 등 유해금속이온 농도 증가 ④ 탈질반응에 따른 질소 손실 증가

✔ 정답 **24** ④ **25** ④ **26** ④ **27** ④ **28** ④

29 토양침식에 미치는 영향과 가장 거리가 먼 것은?

① 토양화학성
② 기상조건
③ 지형조건
④ 식물생육

30 한랭습윤지역에 생성된 포드졸 토양의 설명으로 옳은 것은?

① 용탈층에는 규산이 남고, 집적층에는 Fe 및 Al이 집적된다.
② 용탈층에는 Fe 및 Al이 남고, 집적층에는 염기가 집적된다.
③ 용탈층에는 염기가 남고, 집적층에는 규산이 집적된다.
④ 용탈층에는 염기가 남고, 집적층에는 Fe 및 Al이 집적된다.

✔ **냉한습윤 침엽수림에서 생성되는 포드졸** ....
토양의 무기 성분이 산성 부식질의 영향으로 분해되어 이동성이 작은 Fe, Al까지 sol 상태로 하층으로 이동한다.

31 다음 중 습답의 특징이 아닌 것은?

① 환원상태
② 토양 색깔의 회색화
③ 추락현상
④ 중금속 다량용출

✔ **습해의 생리** ....
㉠ 토양이 다습하면 토양 중에 산소의 결핍을 초래하여 호흡작용이 장해를 받게 된다.
㉡ 토양이 다습하면 호흡이 저해되어 에너지의 방출이 저하되며, 따라서 뿌리의 흡수작용이 저해되고, 증산작용이나 광합성도 저하되어 생장이 쇠퇴하고 감수를 초래한다.
㉢ 유기물·무기물의 불완전 산화에 의하여 유해물질이 생성된다.
㉣ 혐기성의 유해 미생물이 발생하여 지온을 저하시킴으로써 뿌리의 발육을 불량하게 하고 심하면 뿌리를 썩게 한다.
㉤ 토양이 과습하면 지온이 저하하고 병충해를 유발한다.
㉥ 습해는 생육초기보다 생육성기에 심하게 나타난다.

32 입단구조의 생성에 대한 설명으로 가장 거리가 먼 것은?

① 양이온이 점토입자와 점토입자 사이에 흡착되어 입단을 형성한다.
② 유기물질의 수산기나 카르복실기가 점토광물과 결합하여 입단을 형성한다.
③ 식물뿌리가 완전히 분해되면서 생기는 탄산에 의하여 입단을 형성한다.
④ 폴리비닐, 크릴리움 등은 입자를 접착시켜 입단을 형성한다.

✔ 정답 **29** ① **30** ① **31** ④ **32** ③

33 다음 중 토양에 비교적 오랫동안 잔류되는 농약은?

① 유기인계 살충제

② 지방족계 제초제

③ 유기염소계 살충제

④ 요소계 살충제

합성 농약인 유기염소계의 농약류, 합성수지류, 합성세제류, 기계류 등은 독성이 강하여 이를 분해 이용하는 생물군이 드물거나 한정되어 있으므로 이들은 토양 중에 집적되고 잔류하는 기간도 길어진다.

34 토양의 평균적인 입자 밀도는?

① $0.7mg/m^3$

② $1.5mg/m^3$

③ $2.65mg/m^3$

④ $5.4mg/m^3$

경작지 토양의 표토는 대부분 유기물의 함량이 낮아서 그 진비중(입자밀도)은 2.65이다.

35 물에 의해 일어나는 기계적 풍화작용에 속하지 않는 것은?

① 침식작용

② 운반작용

③ 퇴적작용

④ 합성작용

기계적 풍화작용은 물리적 풍화작용으로 온열의 작용, 대기의 작용, 물의 작용으로 붕괴되어 형태가 변화하는 것이다.

36 균근(mycorrhizae)의 특징에 대한 설명으로 옳지 않은 것은?

① 대부분 세균으로 식물뿌리와 공생

② 외생균근은 주로 수목과 공생

③ 내생균근은 주로 밭작물과 공생

④ 내외생균근은 균근 안에 균사망 형성

균근

고등식물 뿌리에 사상균 특히 버섯균이 착생하여 공생함으로써 균근(mycorrhizae)이라는 특수한 형태를 형성한다. 식물뿌리와 균의 결속은 기주와 균 간에 서로를 이롭게 한다. 즉, 균은 기주 식물로부터 필요한 양분을 얻으며 숙주는 다음과 같은 도움을 받게 된다.

㉠ 뿌리의 유효 표면을 증대하여 **물과 양분**(특히 인산)의 **흡수**를 조장한다.

㉡ 세근이 식물 뿌리의 연장과 같은 역할을 한다.

㉢ 내열성, 내건성이 증대한다.

㉣ 토양 양분을 유효하게 한다.

㉤ 외생균근은 병원균의 감염을 방지한다.

37 토양 층위를 지표부터 지하 순으로 옳게 나열된 것은?

① R층 → A층 → B층 → C층 → O층   ② O층 → A층 → B층 → C층 → R층

③ R층 → C층 → B층 → A층 → O층   ④ O층 → C층 → B층 → A층 → R층

🌱 **토양단면(土壤斷面)** ··

O층 → A층 → B층 → C층 및 R로 표시 → 생성학적인 뜻을 지녀야 한다.

38 Munsell 표기법에 의한 토양색이 7.5R 7/2일 때 채도를 나타내는 기호로 옳은 것은?

① 7.5   ② R   ③ 7   ④ 2

🌱 ···

토양색이 '7.5R 7/2'로 표시되었을 경우, 7.5R은 색상, 7은 명도, 2는 채도를 나타낸다.

39 다음 중 토양산성화의 원인으로 작용하지 않는 것은?

① 인산이온의 불용화

② 유기물의 혐기성 분해 산물

③ 과도한 요소비료의 시용

④ 점토광물의 풍화에 따른 Al 이온의 가수분해

40 다음 중 논토양의 특성으로 옳지 않은 것은?

① 호기성 미생물의 활동이 증가된다.

② 담수하면 토양은 환원상태로 전환된다.

③ 담수 후 대부분의 논토양은 중성으로 변한다.

④ 토양용액의 비전도도는 처음에는 증가되다가 최고에 도달한 후 안정된 상태로 낮아진다.

41 유기축산물인증기준에서 가축복지를 고려한 사육조건에 해당되지 않는 것은?

① 축사바닥은 딱딱하고 건조할 것   ② 충분한 휴식공간을 확보할 것

③ 사료와 음수는 접근이 용이할 것   ④ 축사는 청결하게 유지하고 소독할 것

42 종자의 발아조건 3가지는?

① 온도, 수분, 산소   ② 수분, 비료, 빛

③ 토양, 온도, 빛   ④ 온도, 미생물, 수분

정답   **37** ②   **38** ④   **39** ①   **40** ①   **41** ①   **42** ①

종자의 발아 시 외적 조건에는 온도, 수분, 산소, 광선이 있다.

43 다음 중 물리적 종자 소독방법이 아닌 것은?

① 냉수온탕침법
② 건열처리
③ 온탕침법
④ 분의소독법

분의소독법은 화학적 종자 소독방법이다.

44 토양 속 지렁이의 역할이 아닌 것은?

① 유기물을 분해한다.
② 통기성을 좋게 한다.
③ 뿌리의 발육을 저해한다.
④ 토양을 부드럽게 한다.

지렁이가 흙을 먹으면서 통기성이 좋아지고, 보수성·배수성이 뛰어나 뿌리의 활착에 도움을 주고 생장을 촉진시키며 토양환경을 개선하는 역할을 한다. 또한 양이온 치환능력과 보비력이 뛰어나며 토양의 염류장해도 경감시키고, 유용한 미생물이 다량 서식하고 있어 유해균의 발생이나 번식을 억제하기도 한다.

45 현재 사육되고 있는 가축이 자체 농장에서 생산된 사료를 급여하는 조건에서 목초지 및 사료작물 재배지의 전환기간의 기준은?

① 1년
② 2년
③ 3년
④ 4년

46 품종의 퇴화원인을 3가지로 분류할 때 해당하지 않는 것은?

① 유전적 퇴화
② 생리적 퇴화
③ 병리적 퇴화
④ 영양적 퇴화

유전적, 생리적, 병리적 원인에 의해 품종의 고유한 특성이 변하는 것을 품종퇴화라 한다.

47 다음 중 품종의 형질과 특성에 대한 설명으로 맞는 것은?

① 품종의 형질이 다른 품종과 구별되는 특징을 특성이라고 표현한다.
② 작물의 형태적·생태적·생리적 요소는 특성으로 표현된다.
③ 작물 키의 장간·단간, 숙기의 조생·만생은 품종의 형질로 표현된다.
④ 작물의 생산성·품질·저항성·적응성 등은 품종의 특성으로 표현된다.

정답 43 ④ 44 ③ 45 ① 46 ④ 47 ①

48 친환경인증기관의 인증업무 중 축산물의 인증 종류는 몇 가지인가?(단, 인증 대상 지역은 대한민국으로 제한한다.)

① 1가지　　　　② 2가지　　　　③ 3가지　　　　④ 4가지

- 친환경축산물 인증 종류(2종류) : 유기축산물, 무항생제축산물
- 친환경농산물 인증 종류(2종류) : 유기농산물, 무농약농산물

49 유기농림산물의 인증기준에서 규정한 재배방법에 대한 설명으로 옳지 않은 것은?

① 화학비료의 사용은 금지한다.　　　② 유기합성농약의 사용은 금지한다.
③ 심근성 작물재배는 금지한다.　　　④ 두과작물의 재배는 허용한다.

일체의 화학비료, 유기합성농약(농약. 생장조절제. 제초제). 가축 사료 첨가제 등 일체의 합성 화학 물질을 사용하지 않고 유기물과 자연광석. 미생물 등 자연적인 자재만을 사용한다.

50 온실효과에 대한 설명으로 옳지 않은 것은?

① 시설농업으로 겨울철 채소를 생산하는 효과이다.
② 대기 중 탄산가스 농도가 높아져 대기의 온도가 높아지는 현상을 말한다.
③ 산업발달로 공장 및 자동차의 매연가스가 온실효과를 유발한다.
④ 온실효과가 지속된다면 생태계의 변화가 생긴다.

51 친환경농업이 태동하게 된 배경에 대한 설명으로 옳지 않은 것은?

① 미국과 유럽 등 농업선진국은 세계의 농업정책을 소비와 교역 위주에서 증산 중심으로 전환하게 하는 견인역할을 하고 있다.
② 국제적으로는 환경보전문제가 주요 쟁점으로 부각되고 있다.
③ 토양양분의 불균형문제가 발생하게 되었다.
④ 농업부분에 대한 국제적인 규제가 점차 강화되어가고 있는 추세이다.

친환경농업의 출현배경
㉠ 선진농업국가인 미국과 유럽 등의 식량 과잉으로 세계의 농업정책이 증산 위주에서 소비와 교역 중심으로 전환하게 되었다.
㉡ 국제교역에서도 환경문제가 중요한 쟁점으로 부각되고 있다.
㉢ 지구상의 최빈국들을 제외한 대부분의 국가에서도 증산 위주의 농업정책을 포기하고 친환경 농법의 정착을 유도하고 있다.
㉣ 최근의 경제성장에 따른 소득향상과 함께 '고품질 안전농산물'에 대한 국민들의 관심과 구매 욕구가 높아지고 있다.

정답　48 ②　49 ③　50 ①　51 ①

ⓤ 증산 위주의 고투입 현대농업으로 인해 농업환경이 약화되어 지속 가능한 농업생산을 위협하고 있다.

ⓗ 환경오염이 심각해짐에 따라 농업부문에 대한 국제적 규제가 심해질 상황이다.

52 다음 중 시설원예용 피복재를 선택할 때 고려해야 할 순서로 바르게 나열된 것은?

① 피복재의 규격 → 온실의 종류와 모양 → 경제성 → 재배작물 → 피복재의 용도
② 온실의 종류와 모양 → 재배작물 → 피복재의 규격 → 피복재의 용도 → 경제성
③ 재배작물 → 온실의 종류와 모양 → 피복재의 용도 → 피복재의 규격 → 경제성
④ 경제성 → 재배작물 → 피복재의 용도 → 온실의 종류와 모양 → 피복재의 규격

53 토양의 비옥도 유지 및 증진 방법으로 옳지 않은 것은?

① 토양 침식을 막아준다.
② 토양의 통기성, 투수성을 좋게 만든다.
③ 유기물을 공급하여 유용미생물의 활동을 활발하게 한다.
④ 단일 작목 작부 체계를 유지시킨다.

54 저투입 지속농업(LISA)을 통한 환경친화형 지속농업을 추진하는 국가는?

① 미국　　　　　② 영국
③ 독일　　　　　④ 스위스

❤ **친환경농업(유기농업 + 저투입농업 = Low Input Sustainable Agriculture) 정의** ....
ⓐ 합성농약, 화학비료, 항생제, 항균제 등 화학 투입자재를 사용하지 않거나 최소화하고 농축임업 부산물의 재활용 등을 통하여 농업 생태계의 환경을 유지·보전하면서 안전한 농축임산물을 생산하는 농업이다.
ⓑ 친환경농업에는 유기농업만이 아니라 병해충종합관리(IPM), 작물양분종합관리(INM), 천적과 생물학적 기술의 통합 이용, 윤작 등 흙의 생명력을 배양하는 동시에 농업환경을 보전하는 모든 형태의 농업이 포함된다.
ⓒ 환경친화형농업, 환경보전형농업, 저투입농업, 지속농업이 모두 친환경농업을 지칭

55 토마토를 재배하는 온실에 탄산가스를 주입하는 목적은?

① 호흡을 억제하기 위하여　　② 광합성을 촉진하기 위하여
③ 착색을 촉진하기 위하여　　④ 수분을 도와주기 위하여

❤ ....
광합성을 촉진해 수량을 증대시키고 품질을 높일 목적으로 탄산가스를 많이 사용한다.

정답　**52** ③　**53** ④　**54** ①　**55** ②

56 볏짚, 보릿짚, 풀, 왕겨 등으로 토양 표면을 덮어주는 방법을 멀칭법이라고 하는데 멀칭의 이점이 아닌 것은?

① 토양 침식 방지　　　　　　　　② 뿌리의 과다 호흡
③ 지온 조절　　　　　　　　　　　④ 토양 수분 조절

🌱 **토양멀칭의 이점** ··
유기물을 공급하고 미생물의 활동을 왕성하게 하며 지온조절 및 표토의 건조와 비·바람의 타격, 그리고 토양침식을 방지하고 입단을 형성·유지하는 효과가 있다.

57 세포에서 상동염색체가 존재하는 곳은?

① 핵　　　　　　② 리보솜　　　　　　③ 골지체　　　　　　④ 미토콘드리아

58 다음 중 괴경을 이용하여 번식하는 작물은?

① 고추　　　　　　② 감자　　　　　　③ 고구마　　　　　　④ 마늘

🌱 ··
감자는 덩이줄기(괴경), 고구마는 덩이뿌리(괴근)이다.

59 다음 중 일반적으로 배토를 실시하지 않는 작물은?

① 파　　　　　　② 토란　　　　　　③ 감자　　　　　　④ 상추

🌱 ··
배토는 농작물의 포기나 그루의 밑에 흙을 모아 북돋아 주는 것이며 흙의 온도가 높아지게 하여 뿌리의 발달을 좋게 한다.

60 다음은 경작지의 작토층에 대하여 토양의 무게(질량)를 산출하고자 한다. 아래의 "표"를 참고하여 10a의 경작토양에서 10cm 깊이의 건조토양의 무게를 산출한 결과로 맞는 것은?

10cm 두께의 10a 부피	용적밀도
100m^3	1.20g · cm^{-3}

① 100,000kg　　　　　　　　　② 120,000kg
③ 140,000kg　　　　　　　　　④ 160,000kg

2013년 4월 14일 시행

01 광(light)과 작물생리 작용에 관한 설명으로 옳지 않은 것은?

① 광합성에 주로 이용되는 파장역은 300~400nm이다.

② 광합성 속도는 광의 세기 이외에 온도, CO_2, 풍속에도 영향을 받는다.

③ 광의 세기가 증가함에 따라 작물의 광합성 속도는 광포화점까지 증가한다.

④ 녹색광(500~600nm)은 투과 또는 반사하여 이용률이 낮다.

광합성에는 6,750Å을 중심한 6,500~7,000Å의 적색 부분과 4,500Å을 중심한 4,000~5,000Å의 청색 부분이 가장 효과적이다.

02 토양에 흡수·고정되어 유효성이 적은 인산질 비료의 이용을 높이는 방법으로 거리가 먼 것은?

① 유기물시용으로 토양 내 부식함량을 높인다.

② 토양과 인산질 비료의 접촉면이 많아지게 한다.

③ 작물 뿌리가 많이 분포하는 곳에 시용한다.

④ 기온이 낮은 지역에서는 보통 시용량보다 2~3배 많이 시용한다.

03 수해에 관여하는 요인으로 옳지 않은 것은?

① 생육단계에 따라 분얼 초기에는 침수에 약하고, 수잉기~출수기에 강하다.

② 수온이 높으면 물속의 산소가 적어져 피해가 크다.

③ 질소비료를 많이 주면 호흡작용이 왕성하여 관수해가 커진다.

④ 4~5일의 관수는 피해를 크게 한다.

✔ 수해에 관여하는 요인 ·······

ㄱ 작물의 종류와 품종 : 화본과 목초·피·수수·기장·옥수수 등이 침수에 강하다.

ㄴ 생육시기 : 벼의 분얼 초기에는 침수에 강하고 수잉기·출수개화기에는 침수에 극히 약하다.

ㄷ 수온 : 수온이 높을수록 호흡기질의 소모가 더욱 많아서 침수의 해가 커진다.

ⓐ 청고 : 벼가 수온이 높은 정체탁수 중에서 급속히 죽게 될 때 단백질이 소모되지도 못하고 푸른 채로 죽는 현상이다.

ⓑ 적고 : 벼가 수온이 낮은 유동청수 중에서 단백질도 소모되고 갈색으로 변하여 죽는 현상이다.

ㄹ 수질 : 탁수는 청수보다, 정체수는 유수보다 산소가 적고 수온도 높기 때문에 침수해가 심하다.

정답 01 ① 02 ② 03 ①

04 기상생태형과 작물의 재배적 특성에 대한 설명으로 틀린 것은?

① 파종과 모내기를 일찍 하면 감온형은 조생종이 되고 감광형은 만생종이 된다.

② 감광형은 못자리기간 동안 영양이 결핍되고 고온기에 이르면 쉽게 생식생장기로 전환된다.

③ 만파만식할 때 출수기 지연은 기본영양생장형과 감온형이 크다.

④ 조기수확을 목적으로 조파조식을 할 때 감온형이 알맞다.

05 벼를 논에 재배할 경우 발생되는 주요 잡초가 아닌 것은?

① 방동사니, 강피
② 망초, 쇠비름
③ 가래, 물피
④ 물달개비, 개구리밥

❤ **주요 논 잡초** ···

구 분		잡초 이름
1년생 잡초	화본과	강피, 물피, 돌피, 둑새풀
	방동사니과	알방동사니, 참방동사니, 바람하늘지기, 바늘골
	광엽잡초	물달개비, 물옥잠, 사마귀풀, 여뀌, 여뀌바늘, 마디꽃, 밭둑외풀, 등에풀, 생이가래, 곡정초, 자귀풀, 중대가리풀
다년생 잡초	화본과	나도겨풀
	방동사니과	너도방동사니, 매자기, 올방개, 올챙이고랭이, 쇠털골, 파대가리
	광엽잡초	가래, 벗풀, 올미, 개구리밥, 좀개구리밥, 네가래, 수염가래꽃, 미나리

06 토양 pH의 중요성이라고 볼 수 없는 것은?

① 토양 pH는 무기성분의 용해도에 영향을 끼친다.

② 토양 pH가 강산성이 되면 Al과 Mn이 용출되어 이들 농도가 높아진다.

③ 토양 pH가 강알칼리성이 되면 작물생육에 불리하지 않다.

④ 토양 pH가 중성 부근이면 식물양분의 흡수가 용이하다.

❤ **강알칼리성 토양** ···

B · Fe · Mn 등의 용해도가 감소해서 작물생육에 불리하며, 또한 Na_2CO_3와 같은 강염기가 다량 존재하게 되어 작물생육을 저해한다.

07 도복을 방지하기 위한 방법이 아닌 것은?

① 키가 작고 대가 실한 품종을 선택한다.

② 가리, 인산, 석회를 충분히 시용한다.

③ 벼에서 마지막 논김을 맬 때 배토를 한다.

④ 출수 직후에 규소를 엽면 살포한다.

정답 **04** ② **05** ② **06** ③ **07** ④

❤️ **도복 대책** ··
　　㉠ 품종의 선택
　　㉡ 합리적인 시비
　　㉢ 파종 이식 및 재식밀도
　　㉣ 재배관리
　　㉤ 병충해 방제

08 다음 중 토양 염류집적이 문제가 되기 가장 쉬운 곳은?

　① 벼 재배 논　　　　　　　　　　② 고랭지채소 재배지
　③ 시설채소 재배지　　　　　　　　④ 일반 밭작물 재배지

❤️ ··
　　시설토양은 온도가 높고 증발량이 많아 완전피복되어 강우가 차단되며 염류가 표층 집적된다.

09 식물 병 중 세균에 의해 발병하는 병이 아닌 것은?

　① 벼흰잎마름병　　　　　　　　　② 감자무름병
　③ 콩불마름병　　　　　　　　　　④ 고구마무름병

❤️ ··
　　고구마무름병은 주로 수확 후 토양에서 부생하던 곰팡이균이 저장 중에 상처를 통해 침입한다.

10 농경의 발상지라고 볼 수 없는 곳은?

　① 큰 강의 유역　　　　　　　　　② 각 대륙의 내륙부
　③ 산간부　　　　　　　　　　　　④ 해안지대

11 토양의 물리적 성질에 대한 설명으로 옳지 않은 것은?

　① 모래, 미사 및 점토의 비율로 토성을 구분한다.
　② 토양 입자의 결합 및 배열 상태를 토양 구조라 한다.
　③ 토양 입자들 사이의 모든 공극이 물로 채워진 상태의 수분 함량을 포장용수량이라 한다.
　④ 토양은 공기가 잘 유통되어야 작물 생육에 이롭다.

❤️ ··
　　㉠ **포장용수량** : 최대용수량에서 중력수가 완전히 제거된 후 모세관에서만 지니고 있는 수분 함
　　　량이다.
　　㉡ **최대용수량** : 토양 입자들 사이의 모든 공극이 물로 채워진 상태의 수분 함량을 말한다.

12 작물 재배 시 배수의 효과가 아닌 것은?

① 습해와 수해를 방지한다.
② 잡초의 생육을 억제한다.
③ 토양의 성질을 개선하여 작물의 생육을 촉진한다.
④ 농작업을 용이하게 하고 기계화를 촉진한다.

13 냉해의 종류가 아닌 것은?

① 지연형 냉해   ② 장해형 냉해
③ 한해형 냉해   ④ 병해형 냉해

✔ **냉해의 종류** ─────────────────────────────
   ㉠ 지연형 냉해
   ㉡ 장해형 냉해
   ㉢ 병해형 냉해
   ㉣ 혼합형 냉해

14 1843년 식물의 생육은 다른 양분이 아무리 충분해도 가장 소량으로 존재하는 양분에 의해서 지배된다는 설을 제창한 사람과 이에 관한 학설은?

① LIEBIG, 최소량의 법칙   ② DARWIN, 순계설
③ MENDEL, 부식설   ④ SALFELD, 최소량의 법칙

✔ **Liebig, 최소량의 법칙** ─────────────────────
독일의 식물학자 리비히가 1843년에 제창한 법칙으로 생물체의 생존에 필요한 물질이나 조건들이 충족되지 않을 때 성장이 제한되는 사실을 정의한 이 법칙은 '필수 영양소 중 성장을 좌우하는 것은 넘치는 요소가 아니라 가장 부족한 요소'라고 하였다.

15 기원지로서 원산지를 파악하는 데 근간이 되고 있는 학설은 유전자 중심설이다. Vavilov의 작물의 기원지에 해당하지 않는 곳은?

① 지중해 연안   ② 인도 · 동남아시아
③ 남부 아프리카   ④ 코카서스 · 중동

16 수분 함량이 충분한 토양의 경우, 일반적으로 식물의 뿌리가 수분을 흡수하는 토양 깊이는?

① 표토 30cm 이내   ② 표토 40~50cm
③ 표토 60~70cm   ④ 표토 80~90cm

정답   **12** ②   **13** ③   **14** ①   **15** ③   **16** ①

꙳ 지표로부터 30cm 정도 깊이의 부분에서 토양의 통기성이 가장 높다.

17 작부체계의 이점이라고 볼 수 없는 것은?

① 병충해 및 잡초 발생의 경감
② 농업노동의 효율적 분산 곤란
③ 지력의 유지증강
④ 경지 이용도의 제고

18 멀칭의 효과에 대한 설명 중 옳지 않은 것은?

① 지온 조절
② 토양, 비료 양분 유실
③ 토양건조 예방
④ 잡초 발생 억제

꙳ **멀칭의 이용성** ··

  ㉠ 생육 촉진 : 멀치를 하면 보온의 효과가 커서 조식재배가 가능하며, 생육이 촉진되어 촉성재
    배가 가능하다.
  ㉡ 한해의 경감 : 멀치를 하면 토양수분증발이 억제되어 한해가 경감된다.
  ㉢ 동해의 경감 : 퇴비 등으로 피복하면 월동작물의 동해가 경감된다.
  ㉣ 잡초의 억제 : 잡초의 종자는 대부분 호광성이라 멀치하면 잡초가 경감된다.
  ㉤ 토양보호 : 멀치하면 풍식, 수식 등의 토양침식이 경감된다.
  ㉥ 과실의 품질 향상 : 딸기 · 수박 등 과채류의 포장에 짚을 깔아주면 과실이 정결해진다.

19 논에 요소비료 15.0kg을 주었다. 이 논에 들어간 질소의 유효성분 함유량은 몇 kg인가?

① 약 3.0kg
② 약 6.9kg
③ 약 8.3kg
④ 약 9.0kg

20 벼 모내기부터 낙수까지 m²당 엽면증산량이 480mm, 수면증발량이 400mm, 지하침투량
이 500mm이고, 유효우량이 375mm일 때, 10a에 필요한 용수량은 얼마인가?

① 약 500kL
② 약 1,000kL
③ 약 1,500kL
④ 약 2,000kL

21 토양단면상에서 확연한 용탈층을 나타나게 하는 토양생성작용은?

① 회색화 작용(gleyzation)
② 라토솔화 작용(laterization)
③ 석회화 작용(calcification)
④ 포드졸화 작용(podzolization)

정답 **17** ② **18** ② **19** ② **20** ② **21** ④

🍋 podzol화 작용

㉠ 토양무기성분이 산성부식질의 영향으로 분해되어 Fe, Al까지도 하층으로 이동하는 것이다.

㉡ 조건 : 염기공급 안 되고 물의 작용이 필요(강산성, 모재산성암, 배수 잘 될수록 촉진)

㉢ 지역 : 한랭 · 습윤지대의 침엽수림 지대

㉣ 단면 특징 : 용탈층과 집적층이 확연(A2층에 석영, 규산 영향으로 백색의 표백층)

　ⓐ 용탈층 : A2층에 석영, 규산 남아서 백색의 표백층

　ⓑ 집적층

　　• B1층 : 부식포드졸

　　• B2층 : R_2O_3 집적 → 철포드졸로 불투수층의 반층 형성(ortstein)

　　• B층 : 미세점토집적 → 유사포드졸화 작용(점토이동 작용(lessive))

㉤ 논의 포드졸화 작용 : 담수하의 논토양에서 용탈과 집적 현상 → 노후화답

㉥ 토양생성 : 적황색 포드졸성 토양

22 토성 결정의 고려대상이 아닌 것은?

① 모래　　　　　② 미사　　　　　③ 유기물　　　　　④ 점토

🍋 토성의 결정법

정삼각형의 각 정점을 모래 · 미사 및 점토의 100%로 취하고, 각 변 위에 그 토양의 모래 · 미사 및 점토 함량을 취하여 대변과 평행하게 그은 직선 교점으로부터 토성을 결정한다.

23 담수된 논토양의 환원층에서 진행되는 화학반응으로 옳은 것은?

① $S → H_2S$　　　　　　　　　② $CH_4 → CO_2$
③ $Fe^{2+} → Fe^{3+}$　　　　　　　④ $NH_4 → NO_3$

🍋 산화 상태와 환원 상태에서의 원소 형태

구분	산화 상태	환원 상태
C	CO_2	CH_4, 유기물
N	NO_3^-	N_2, NH_4^+
Mn	Mn^{+4}, Mn^{+3}	Mn^{+2}
Fe	Fe^{+3}	Fe^{+2}
S	SO_4^{-2}	H_2S, S
인산	$FePO_4$, $AlPO_4$	$Fe(H_2PO_4)_2$, $Ca(H_2PO_4)_2$
Eh	높음	낮음

24 작물생육에 대한 토양미생물의 유익작용이 아닌 것은?

① 근류균에 의하여 유리질소를 고정한다.

② 유기물에 있는 질소를 암모니아로 분해한다.

③ 불용화된 무기성분을 가용화한다.

④ 황산염의 환원으로 토양산도를 조절한다.

25 다음 토양 중 일반적으로 용적밀도가 작고, 공극량이 큰 토성은?

① 사토

② 사양토

③ 양토

④ 식토

✔ **토성에 따른 공극량**

토성	가밀도	공극량(%)	점토 함량(%)
사토	1.6	40	12.5 이하
사양토	1.5	43	12.5~25
양토	1.4	47	25~37.5
식양토	1.2	55	37.5~50
식토	1.1	58	50

26 토양의 풍식작용에서 토양입자의 이동과 관계가 없는 것은?

① 약동(saltation)

② 포행(soil creep)

③ 부유(suspension)

④ 산사태 이동(sliding movement)

27 다음이 설명하는 것은?

> 토양이 양이온을 흡착할 수 있는 능력을 가리키며, 이것의 크기는 풍건토양 1kg이 흡착할 수 있는 양이온의 총량(cmol$_c$)으로 나타낸다.

① 교환성 염기

② 포장용수량

③ 양이온교환용량

④ 치환성양이온

✔ **양이온치환용량(C.E.C)**

토양 100g이 보유하는 치환성 양이온의 총량을 mg당 양(me ; milli equivalent)으로 표시한 것을 양이온치환용량 또는 염기치환용량(B.E.C)이라고 한다.

즉, 토양 1kg이 보유하는 치환성 양이온의 총량을 cmol(+)/kg으로 표시한 것을 양이온치환용량 또는 염기치환용량(B.E.C)이라고 한다.

정답 **24** ④ **25** ④ **26** ④ **27** ③

28 간척지 토양의 특성에 대한 설명으로 틀린 것은?

① Na^+에 의하여 토양분산이 잘 일어나서 토양공극이 막혀 수직배수가 어렵다.

② 대체로 토양의 EC가 높고 알칼리성에 가까운 토양반응을 나타낸다.

③ 석고($CaSO_4$)의 시용은 황산기(SO_4^{2-})가 있어 간척지에 시용하면 안 된다.

④ 토양유기물의 시용은 간척지 토양의 구조발달을 촉진시켜 제염효과를 높여준다.

29 미생물의 수를 나타내는 단위는?

① cfu   ② ppm   ③ mole   ④ pH

30 배수 불량으로 토양환원작용이 심한 토양에서 유기산과 황화수소의 발생 및 양분흡수 방해가 주요 원인이 되어 발생하는 벼의 영양장해 현상은?

① 노화현상   ② 적고현상

③ 누수현상   ④ 시듦현상

31 우리나라 논토양의 퇴적양식은 어떤 것이 많은가?

① 충적토   ② 붕적토   ③ 잔적토   ④ 풍적토

✔ **충적토(沖積土)** ....

하천에 의해 운반·퇴적된 흙으로 홍함평지, 선상충적토, 삼각주침적으로 나눈다.

32 물에 의한 침식을 가장 잘 받는 토양은?

① 토양입단이 잘 형성되어 있는 토양   ② 유기물 함량이 많은 토양

③ 팽창성 점토광물이 많은 토양   ④ 투수력이 큰 토양

33 경사지 밭토양의 유거수 속도조절을 위한 경작법으로 적합하지 않은 것은?

① 등고선재배법   ② 간작재배법

③ 등고선대상재배법   ④ 승수로설치재배법

34 illite는 2 : 1 격자광물이나 비팽창형 광물이다. 이는 결정단위 사이에 어떤 원소가 음전하의 부족한 양을 채우기 위하여 고정되어 있는데 그 원소는?

① Si   ② Mg   ③ Al   ④ K

정답   **28** ③   **29** ①   **30** ②   **31** ①   **32** ③   **33** ②   **34** ④

35 우리나라의 주요 광물인 화강암의 생성위치와 규산 함량이 바르게 짝지어진 것은?

① 생성위치 – 심성암, 규산 함량 – 66% 이상

② 생성위치 – 심성암, 규산 함량 – 55% 이하

③ 생성위치 – 반심성암, 규산 함량 – 66% 이상

④ 생성위치 – 반심성암, 규산 함량 – 55% 이하

 대표적인 화성암의 종류 ···

생성위치 ＼ SiO_2(%)	산성암(65~75%)	중성암(55~65%)	염기성암(40~55%)
심성암	화강암(granite)	섬록암(diorite)	반려암(gabbro)
반심성암	석영반암	섬록반암	휘록암(diabase)
화산암(volcanic)	유문암(rhyolite)	안산암(andesite)	현무암(basalt)

36 다음 중 미나마타병을 일으키는 중금속은?

① Hg   ② Cd   ③ Ni   ④ Zn

 ···

㉠ 수은(Hg) – 미나마타병

㉡ 카드뮴(Cd) – 이타이이타이병

37 토양의 입단 형성에 도움이 되지 않는 것은?

① Ca 이온   ② Na 이온

③ 유기물의 작용   ④ 토양개량제의 작용

㉠ 입단의 형성

ⓐ 유기물 시용

ⓑ 콩과작물의 재배

ⓒ 토양의 멀칭

ⓓ Ca 시용

ⓔ 토양 개량제의 시용

㉡ 입단의 파괴

ⓐ 경운

ⓑ 입단의 팽창과 수축의 반복

ⓒ 비와 바람

ⓓ 나트륨이온(Na^+)의 작용

정답   **35** ①   **36** ①   **37** ②

38 토양의 물리적 성질이 아닌 것은?

① 토성
② 토양온도
③ 토양색
④ 토양반응

39 토양단면을 통한 수분이동에 대한 설명으로 틀린 것은?

① 수분이동은 토양을 구성하는 점토의 영향을 받는다.
② 각 층위의 토성과 구조에 따라 수분의 이동양상은 다르다.
③ 토성이 같을 경우 입단화의 정도에 따라 수분이동 양상은 다르다.
④ 수분이 토양에 침투할 때 토양입자가 미세할수록 침투율은 증가한다.

40 토양온도에 미치는 요인이 아닌 것은?

① 토양의 비열
② 토양의 열전도율
③ 토양피복
④ 토양공기

41 종자용 벼를 탈곡기로 탈곡할 때 가장 적합한 분당 회전속도는?

① 50회
② 200회
③ 400회
④ 800회

종자용으로 쓸 종실은 분당 400회전 정도로 상처가 없어야 발아율이 높다.

42 작물의 육종목표 중 환경친화형과 관련되는 것은?

① 수량성
② 기계화 적성
③ 품질 적성
④ 병해충 저항성

43 시설토양을 관리하는 데 이용되는 텐시오미터의 중요한 용도는?

① 토양수분장력 측정
② 토양염류농도 측정
③ 토양입경분포 조사
④ 토양용액산도 측정

44 과수재배에 적합한 토양의 물리적 조건은?

① 토심이 낮아야 한다.
② 지하수위가 높아야 한다.
③ 점토함량이 높아야 한다.
④ 삼상분포가 알맞아야 한다.

정답   38 ④   39 ④   40 ④   41 ③   42 ④   43 ①   44 ④

45 유기축산에서 올바른 동물관리 방법과 거리가 먼 것은?

① 항생제에 의존한 치료   ② 적절한 사육 밀도

③ 양질의 유기사료 급여   ④ 스트레스의 최소화

✔ 유기축산의 개념

축산물의 생산과정에서 수정란 이식이나 유전자 조작을 거치지 않은 가축에게 각종 화학비료, 농약을 사용하지 않고 또한 유전자 조작을 거치지 않은 사료를 근간으로 그 외 항생물질, 성장호르몬, 동물성부산물사료, 동물약품 등 인위적인 합성 첨가물을 사용하지 않은 사료를 급여하고 집약 공장형 사육이 아니라 운동이나 휴식 공간, 방목초지가 겸비된 환경에서 자연적 방법으로 분뇨처리와 환경이 제어된 조건에서 사육, 가공, 유통, 평가, 표시된 가축의 사육체계와 그 축산물을 의미한다.

46 소의 사료는 기본적으로 어떤 것을 급여하는 것을 원칙으로 하나?

① 곡류   ② 박류   ③ 강피류   ④ 조사료

47 비닐하우스에 이용되는 무적필름의 주요 특징은?

① 값이 싸다.   ② 먼지가 붙지 않는다.

③ 물방울이 맺히지 않는다.   ④ 내구연한이 길다.

48 유기농업의 목표가 아닌 것은?

① 토양의 비옥도를 유지한다.

② 자연계를 지배하려 하지 않고 협력한다.

③ 안전하고 영양가 높은 식품을 생산한다.

④ 인공적 합성화합물을 투여하여 증산한다.

✔ 유기농업의 기본목표

    ㉠ 국민보건증진에 기여
    ㉡ 생산의 안정화
    ㉢ 경쟁력 강화에 기여
    ㉣ 환경보전에 기여

49 일반적으로 발효퇴비를 만드는 과정에서 탄질비(C/N율)로 가장 적합한 것은?

① 1 이하   ② 5~10

③ 20~35   ④ 50 이상

정답   **45** ①   **46** ④   **47** ③   **48** ④   **49** ③

✔ **퇴비재료를 부숙시키는 방법** ··

ⓐ 퇴비의 재료를 자연스럽게 부숙시키기 위해서는 볏짚 375kg에 대하여 질소 1.5kg, 보릿대 1.9kg 정도를 첨가하여야 한다.

ⓑ 부숙되기 쉬운 상태로 C/N율(20~35)을 맞추어야 한다.

ⓒ 고간류가 세균류에 의해서 분해되기 쉬운 수분량은 75%이므로 너무 말라 있는 상태의 재료에 대해서는 수분을 공급해 주어야 한다.

50 토양에서 작물이 흡수하는 필수성분의 형태가 옳게 짝지어진 것은?

① 질소－NO_3^-, NH_4^+

② 인산－HPO_3^+, PO_4^-

③ 칼리－K_2O^+

④ 칼슘－CaO_2^+

51 유기축산물 생산을 위한 유기사료의 분류 시 조사료에 속하지 않는 것은?

① 건초

② 생초

③ 볏짚

④ 대두박

✔ **조사료** ··

① 생초 : 야초, 목초, 풋베기 사료작물이 있다.

② 뿌리채소류 : 사료용 순무, 사료용 비트, 루터베이거 등의 뿌리채소류

③ 사일리자 : 생초, 풋베기 작물, 곡실을 사일로에 채워 넣고 젖산 발효시킨 저장사료

④ 건초 : 야초, 목초를 베어서 건조시킨 것으로 초식가축의 사육에 매우 중요한 자료

⑤ 짚류 : 종축용 작물의 짚은 섬유분 특히 리그닌이 많고 단백질, 미네랄의 함량이 적어 영양적으로 떨어지며 가축의 기호도도 낮다.

⑥ 나뭇잎류 : 콩과식물의 나뭇잎은 단백질이 풍부하고 가축도 즐겨 먹으므로 사료원으로 이용하면 좋다.

52 친환경농업의 필요성이 대두된 원인으로 거리가 먼 것은?

① 농업부문에 대한 국제적 규제 심화

② 안전농산물을 선호하는 추세의 증가

③ 관행농업 활동으로 인한 환경오염 우려

④ 지속적인 인구 증가에 따른 증산 위주의 생산 필요

✔ **친환경농업의 필요성** ··

농업생산의 극대화라는 관행농업의 상업주의적 관점을 넘어서 소비자를 생각하고 농업 환경보전과 자연생태계 보전을 위해 친환경농업 육성이 필요하다.

정답 **50** ① **51** ④ **52** ④

53 토마토의 배꼽썩음병의 발생원인은?

① 칼슘결핍   ② 붕소결핍

③ 수정불량   ④ 망간과잉

✔ **칼슘결핍** ┄┄┄

     결핍 시 분열조직의 생장이 감퇴하고 뿌리나 눈의 생장점이 붉게 변하여 죽게 되며 **토마토의 배꼽썩음병**, 사과의 고두병의 원인이 된다.

54 유기농산물을 생산하는 데 있어 올바른 잡초 제어법에 해당하지 않는 것은?

① 멀칭을 한다.

② 손으로 잡초를 뽑는다.

③ 화학 제초제를 사용한다.

④ 적절한 윤작을 통하여 잡초 생장을 억제한다.

55 다음 과실비대에 영향을 끼치는 요인 중 온도와 관련한 설명으로 올바른 것은?

① 기온은 개화 후 일정 기간 동안은 과실의 초기 생장속도에 크게 영향을 미치지 않지만 성숙기에는 크게 영향을 끼친다.

② 생장적온에 달할 때까지 온도가 높아짐에 따라 과실의 생장속도도 점차 빨라지나 생장적온을 넘은 이후부터는 과실의 생장속도는 더욱 빨라지는 경향이 있다.

③ 사과의 경우, 세포분열이 왕성한 주간에 가온을 하면 세포수가 증가하게 된다.

④ 야간에 가온을 하면 과실의 세포비대가 오히려 저하되는 경향을 나타낸다.

56 일대잡종(F_1) 품종이 갖고 있는 유전적 특성은?

① 잡종강세   ② 근교약세

③ 원연교잡   ④ 자식열세

✔ ┄┄

     잡종강세 육종법은 1대 잡종 그 자체를 품종으로 이용하는 육종법이다.

57 토양을 가열 소독할 때 적당한 온도와 가열시간은?

① 60℃, 30분   ② 60℃, 60분

③ 100℃, 30분   ④ 100℃, 60분

정답   **53** ①   **54** ③   **55** ③   **56** ①   **57** ①

58 유기재배용 종자 선정 시 사용이 절대 금지된 것은?

① 내병성이 강한 품종　　　　　　② 유전자변형 품종
③ 유기재배된 종자　　　　　　　　④ 일반종자

59 병해충 관리를 위해 사용이 가능한 유기농 자재 중 식물에서 얻는 것은?

① 목초액　　　　　　　　　　　　② 보르도액
③ 규조토　　　　　　　　　　　　④ 유황

✔ **해충 관리를 위하여 사용이 가능한 자재** ⋯⋯⋯⋯⋯⋯⋯⋯⋯⋯⋯⋯⋯⋯⋯⋯⋯⋯⋯⋯

　① 식물과 동물 : 제충국 제제, 데리스 제제, 쿠아시아 제제, 라이아니아 제제, Neem 제제, 밀납, 동식물 유지, 해조류 및 해조류 가루, 해조류 추출액, 소금 및 소금물, 젤라틴, 인지질, 카제인, 식초 및 천연산, 누룩곰팡이의 발효생산물, 버섯 추출액, 클로렐라 추출액, 천연식물에서 추출한 제제, 천연약초, 한약제 및 목초액, 담뱃잎차 등이다.
　② 미네랄 : 보르도액, 수산화동 및 산염화동, 부르고뉴액, 구리염, 유황, 맥반석 등 광물질 분말, 규조토, 규산염 및 벤토나이트, 규산나트륨, 중탄산나트륨 및 생석회, 과망간산칼륨, 탄산칼륨, 파라핀유, 키토산 등이다.
　③ 생물학적 병해충 관리를 위해 사용되는 자재 : 미생물 제제, 천적 등이다.
　④ 기타 : 이산화탄소 및 질소가스, 비눗물, 에틸알코올, 동종요법 및 아유르베딕 제제, 향신료, 바이오다이내믹 제제 및 기피식물, 웅성불임곤충, 기계유제 등이다.
　⑤ 덫 : 성유인물질(페로몬, 작물에 직접 살포하지 아니할 것), 메타알데히드를 주성분으로 한 제제이다.

60 농업의 환경보전기능을 증대시키고, 농업으로 인한 환경오염을 줄이며, 친환경농업을 실천하는 농업인을 육성하여 지속 가능하고 환경친화적인 농업을 추구함을 목적으로 하는 법은?

① 친환경농업육성법　　　　　　　② 환경정책기본법
③ 토양환경보전법　　　　　　　　④ 농수산물 품질관리법

2013년 7월 21일 시행

01 작물 재배 시 일정한 면적에서 최대 수량을 올리려면 수량삼각형의 3변이 균형 있게 발달하여야 한다. 수량삼각형의 요인으로 볼 수 없는 것은?

① 유전성　　　　　② 환경조건　　　　　③ 재배기술　　　　　④ 비료

✔ **작물재배 이론의 삼각형** ···

　　재배의 중심이 되는 것은 작물의 유전성과 재배환경 그리고 재배기술의 세 가지인데, 이들이 수량과 상호 관계적이다.

02 유기재배 시 활용할 수 있는 병해충 방제방법 중 생물학적 방제법으로 분류되지 않는 것은?

① 천적곤충 이용　　　　　　　② 유용미생물 이용
③ 길항미생물 이용　　　　　　④ 내병성 품종 이용

03 관수피해로 성숙기에 가까운 맥류가 장기간 비를 맞아 젖은 상태로 있거나, 이삭이 젖은 땅에 오래 접촉해 있을 때 발생되는 피해는?

① 기계적 상처　　　② 도복　　　　　③ 수발아　　　　　④ 백수현상

✔ **수발아(穗發芽)** ···

　　수확기에 계속되는 강우로 인해 보리 · 밀 등 맥류의 이삭이 젖은 상태로 있거나, 장마철에 도복해서 이삭이 젖은 땅에 오래 접촉되어 있으면 이삭에 싹이 트는 일이 있는데, 이것을 수발아라고 한다.

04 균근균의 역할로 옳은 것은?

① 과도한 양의 염류 흡수 조장
② 인산 성분의 불용화 촉진
③ 독성 금속이온의 흡수 촉진
④ 식물의 수분흡수 증대에 의한 한발저항성 향상

05 도복의 피해가 아닌 것은?

① 수량감소　　　　　　　　　② 품질손상
③ 수확작업의 간편　　　　　　④ 간작물(間作物)에 대한 피해

✎ 정답　**01** ④　**02** ④　**03** ③　**04** ④　**05** ③

☙ **도복의 피해** ....
  ㉠ 수량감소   ㉡ 품질의 손상
  ㉢ 수확작업의 불편   ㉣ 간작물에 대한 피해

06 벼 냉해에 대한 설명으로 옳은 것은?

① 냉온의 영향으로 인한 수량 감소는 생육시기와 상관없이 같다.
② 냉온에 의해 출수가 지연되어 등숙기에 저온장해를 받는 것이 지연형 냉해이다.
③ 장해형 냉해는 영양생장기와 생식생장기의 중요한 순간에 일시적 저온으로 냉해를 받는 것이다.
④ 수잉기는 저온에 매우 약한 시기로 냉해기상 시에는 관개를 얕게 해준다.

☙ ....
  ① 냉온의 영향으로 인한 수량 감소는 생육시기와 상관이 있어 다르다.
  ③ 장해형 냉해는 생식생장기의 중요한 순간에 일시적 저온으로 냉해를 받는 것이다.
  ④ 수잉기는 저온에 매우 약한 시기로 냉해기상 시에는 관개를 깊게 해준다.

07 인공영양 번식에서 발근 및 활착 효과를 기대하기 어려운 것은?

① 엽록소 형성 억제 처리   ② 설탕액에 침지 처리
③ ABA 처리   ④ 환상박피나 절상 처리

☙ **인공영양번식에서 발근 및 탈착을 촉진하는 처리** ....
  ㉠ 황화(黃化) : 새 가지의 일부에 흙을 덮거나 종이를 싸서 일광을 차단하여 엽록소의 형성을 억제하고 황화시키면, 이 부분에서는 발근이 잘 되므로 삽목에 이용된다.
  ㉡ 생장호르몬 처리 : 생장호르몬 처리에는 β–IBA · NAA 등이 유효하다.
    ① 50~100ppm 수용액에 삽수의 기부를 2~24시간 침지한다.
    ② 50%의 알코올에 500~1,000ppm으로 녹여 단시간 침지한다.
  ㉢ 자당액 침지 : 포도의 단아삽에서 6%의 자당액에 60시간 침지한 것은 발근이 크게 조장되었다고 한다.
  ㉣ 환상박피(環狀剝皮) : 취목을 할 때 발근시킬 부위에 환상박피 · 절상 · 절곡 등의 처리를 하면 탄수화물이 축적되고 상처 hormone이 형성되어 발근이 촉진된다.

08 작물 군락의 수광태세를 개선하는 방법으로 틀린 것은?

① 질소비료를 많이 주어 엽면적을 늘리고, 수평엽을 형성하게 한다.
② 규산, 칼리를 충분히 주어 수직엽을 형성하게 한다.
③ 줄 사이를 넓히고 포기 사이를 좁혀 파상군락을 형성하게 한다.
④ 맥류는 드릴파재배를 하여 잎이 조기에 포장 전면을 덮게 한다.

✔ **재배법에 의한 수광태세의 개선**
  ㉠ 벼에서 규산 · 가리를 넉넉히 주면 잎이 직립화한다.
  ㉡ 무효분얼기에 질소를 적게 주면 상위엽이 직립한다.
  ㉢ 질소를 과하게 주면 과번무하고 잎도 늘어진다.
  ㉣ 벼나 콩에서 밀식을 할 때에는 줄 사이를 넓히고, 포기 사이를 좁히는 것이 피상군락을 형성 케 하여 군락 하부로의 광투사를 좋게 한다.
  ㉤ 맥류에서는 광파재배보다 드릴파 재배를 하는 것이 잎이 조기에 포장전면을 덮어서 수광태세 가 좋아지고 포장의 지면 증발량도 적어진다.
  ㉥ 재식밀도와 시비관리를 적절히 해야 한다.

09 토양비옥도를 유지 및 증진하기 위한 윤작대책으로 실효성이 가장 낮은 것은?

① 콩과 작물 재배를 통해 질소원을 공급한다.
② 근채류, 알팔파 등의 재배로 토양의 입단 형성을 유도한다.
③ 피복작물 재배로 표층토의 유실을 막는다.
④ 채소작물 재배로 토양선충 피해를 경감한다.

10 작물의 수분 부족 장해가 아닌 것은?

① 무기양분이 결핍된다.
② 증산작용이 억제된다.
③ ABA량이 감소된다.
④ 광합성능이 떨어진다.

✔ **ABA의 효과**
  ㉠ 잎의 노화 · 낙엽을 촉진하고 휴면을 유도한다.
  ㉡ 생육 중에 연속 처리하면 휴면아를 형성한다(단풍나무).
  ㉢ 종자의 휴면을 연장하여 발아를 억제한다(감자 · 장미 · 양상추).
  ㉣ 단일 식물에서 장일하의 화성을 유도하는 효과가 있다(나팔꽃 · 딸기).
  ㉤ ABA가 증가하면 기공이 닫혀서 위조저항성이 커진다(토마토).

11 병해충 방제 방법의 일반적 분류에 해당하지 않는 것은?

① 법적 방제법
② 유전공학적 방제법
③ 생물학적 방제법
④ 화학적 방제법

12 토양조류의 작용에 대한 설명으로 틀린 것은?

① 조류는 이산화탄소를 이용하여 유기물을 생성함으로써 대기로부터 많은 양의 이산화탄소를 제거한다.

② 조류는 질소, 인 등 영양원이 풍부하면 급속히 증식하여 녹조현상을 일으킨다.

③ 조류는 사상균과 공생하여 지의류를 형성하고, 지의류는 규산염의 생물학적 풍화에 관여한다.

④ 조류가 급속히 증식하여 지표수 표면에 조류막을 형성하면 물의 용존산소량이 증가한다.

13 토양의 공극량(孔隙量)에 관여하는 요인이 될 수 없는 것은?

① 토성   ② 토양구조

③ 토양 pH   ④ 입단의 배열

14 대기조성과 작물에 대한 설명으로 틀린 것은?

① 대기 중 질소(N_2)가 가장 많은 함량을 차지한다.

② 대기 중 질소는 콩과 작물의 근류균에 의해 고정되기도 한다.

③ 대기 중의 이산화탄소 농도는 작물이 광합성을 수행하기에 충분한 과포화 상태이다.

④ 산소농도가 극히 낮아지거나 90% 이상이 되면 작물의 호흡에 지장이 생긴다.

🌾 **CO_2 포화점** ....

CO_2 농도가 증대할수록 광합성 속도도 증대하나 어느 농도에 도달하면 CO_2 농도가 그 이상 증대하더라도 광합성 속도는 그 이상 증대하지 않는 상태에 도달하게 되는데, 이 한계점의 CO_2 농도를 CO_2 포화점이라 하며, 작물의 탄산가스 포화점은 대기 중의 농도의 7~10배(0.21~0.3%)나 된다.

15 재배식물을 여름작물과 겨울작물로 분류하였다면 이는 어느 생태적 특성에 의해 분류한 것인가?

① 작물의 생존연한

② 작물의 생육시기

③ 작물의 생육적온

④ 작물의 생육형태

🌾 **작물의 생육시기** ....

㉠ 여름작물 : 봄에 파종하여 여름철에 생육하는 일년생작물이다.

㉡ 겨울작물 : 가을에 파종하여 가을·겨울·봄을 중심해서 생육하는 월년생작물이다.

16 풍속이 4~6km/h 이하인 연풍에 대한 설명으로 거리가 먼 것은?

① 병균이나 잡초종자를 전파한다.
② 연풍이라도 온도가 낮은 냉풍은 냉해를 유발한다.
③ 증산작용을 촉진한다.
④ 풍매화의 수분을 방해한다.

❤ 연풍의 이점 ···

㉠ 작물 주위의 습기를 배제하여 증산작용을 돕는다.
㉡ 그늘의 잎을 움직여 일광을 잘 받게 함으로써 광합성을 증대시킨다.
㉢ 한낮에는 작물 주위의 낮아졌던 이산화탄소 농도를 높임으로써 광합성을 증대시킨다.
㉣ 꽃가루의 매개를 도움으로써 풍매화의 결실을 좋게 한다.
㉤ 한여름에는 기온·지온을 낮추고, 봄·가을에는 서리를 막으며 수확물의 건조를 촉진시킨다.

17 벼의 생육기간 중에 시비되는 질소질 비료 중에서 쌀의 식미에 가장 큰 영향을 미치는 것은?

① 밑거름 　　　　② 알거름 　　　　③ 분얼비 　　　　④ 이삭거름

18 작물의 이식 시기로 틀린 것은?

① 과수는 이른 봄이나 낙엽이 진 뒤의 가을이 좋다.
② 일조가 많은 맑은 날에 실시하면 좋다.
③ 묘대일수감응도가 적은 품종을 선택하여 육묘한다.
④ 벼 도열병이 많이 발생하는 지대는 조식을 한다.

❤ 이식의 시기 ···

㉠ 작물 종류에 따라서 이식에 알맞은 모의 발육도가 있다. 어리거나 노숙한 모를 심으면 식상이 심하거나 생육의 난조를 가져오기 쉽고 발육이 적당한 모종이어야 이식 후의 활착과 생육이 좋다. 토마토, 가지 등은 첫 꽃이 피었을 정도의 모가 좋다.
㉡ 과수·수목 등의 다년생 목본식물은 싹이 움트기 이전 이른 봄에 춘식하거나, 가을에 낙엽이 진 뒤에 추식하는 것이 활착이 잘 된다.
㉢ 일반작물이나 채소에서는 앞에 기술한 파종기를 지배하는 요인들에 의해서 이식기가 지배된다.
㉣ 병충해의 피해를 피하기 위하여 이식기를 조절하는 경우도 있다. 벼의 도열병이 많이 발생하는 지대에서는 조식하는 것이 좋고 가지·토마토 등 조숙채소류에 있어서는 늦서리에 주의해야 한다.
㉤ 토양의 수분이 넉넉하고, 바람이 없고, 흐린 날에 이식하면 활착이 좋다. 지온이 넉넉하고, 동상해의 우려가 없는 시기이어야 한다.
㉥ 가을보리 등을 가을철에 이식하는 경우에는 월동 전에 뿌리가 완전히 활착할 수 있는 시일을 두고 그 이전에 이식하는 것이 안전하다.

정답　**16** ④　**17** ②　**18** ②

19 작물 생육에 대한 수분의 기본적 역할이라고 볼 수 없는 것은?

① 식물체 증산에 이용되는 수분은 극히 일부분에 불과하다.

② 원형질의 생활상태를 유지한다.

③ 필요 물질을 흡수할 때 용매가 된다.

④ 필요 물질의 합성·분해의 매개체가 된다.

🍃 **작물생육에 대한 수분의 기본 역할** ···

ㄱ 원형질의 생활상태를 유지한다.

ㄴ 식물체 구성물질의 성분이 된다.

ㄷ 필요 물질 흡수의 용매가 된다.

ㄹ 식물체 내의 물질분포를 고르게 하는 매개체가 된다.

ㅁ 필요 물질의 합성·분해의 매개체가 된다.

ㅂ 세포의 긴장상태를 유지하여 식물의 체제 유지를 가능하게 한다.

20 기지의 해결책으로 가장 거리가 먼 것은?

① 수박을 재배한 후 땅콩 또는 콩을 재배한다.

② 산야토를 넣은 후 부숙된 나뭇잎을 넣어준다.

③ 하우스재배 시 다비재배를 실시한다.

④ 인삼을 재배한 후 물을 가득 채운다.

🍃 **기지대책(忌地對策)** ···

ㄱ 윤작(돌려짓기) : 담수와 밭 상태로 일정 기간 만들면 선충 및 토양미생물이 감소되고 유독물
질의 용탈이 촉진되어 연작에 의한 기지발생을 방지·경감시킬 수 있어 가장 합리적인 기지
대책이다.

ㄴ 담수 : 담수하면, 선충, 토양미생물이 감소되고 유독물질의 용탈도 촉진된다.

ㄷ 토양소독 : 살선충제, 살균제로 토양을 소독하거나 가열소토나 증기소독을 하면 토양선충이나
전염병이 경감된다.

ㄹ 유독물질의 제거 : 알코올, 황산, 수산화칼륨의 희석액이나 물 등으로 유독물질을 씻어 내
린다.

ㅁ 객토·환토 : 기지성이 없는 새로운 흙을 넣어주거나 바꾸어 주면 생육이 좋아진다.

ㅂ 저항성 대목에 접목 : 저항성 대목에 접목하면 포도, 수박, 가지 등에서는 기지현상이 회피
된다.

ㅅ 지력배양 및 결핍양분의 보충 : 심경, 퇴비시용, 결핍성분의 시용 등은 기지현상을 경감시
킨다.

정답 **19** ① **20** ③

21 토양에 대한 설명으로 틀린 것은?

① 토양은 광물입자인 무기물과 동식물의 유체인 유기물 그리고 물과 공기로 구성되어 있다.

② 토양의 삼상은 고상, 액상, 기상이다.

③ 토양 공극의 공기의 양은 물의 양에 비례한다.

④ 토양공기는 지상의 대기보다 산소는 적고 이산화탄소는 많다.

22 근류균이 3분자의 공중 질소(N_2)를 고정하면 몇 분자의 암모늄(NH_4^+)이 생성되는가?

① 2분자　　　　　　② 4분자　　　　　　③ 6분자　　　　　　④ 8분자

23 우리나라 화강암 모재로부터 유래된 토양의 입자밀도(진밀도)는?

① $1.20kg \cdot cm^{-3}$

② $1.65g \cdot cm^{-3}$

③ $2.30kg \cdot cm^{-3}$

④ $2.65g \cdot cm^{-3}$

✔ **입자밀도(진비중)** ···

토양 입자가 차지하는 부피로서 건조한 토양의 무게를 나누어 구하는 밀도를 말한다.

① 토양 광물이 중금속을 많이 함유하면 입자비중은 크지만 광물질 중에서 자연 토양을 이루는 1·2차 광물은 석영, 장석, 운모, 규산염 점토로서 대개 2.60 내지 2.75 범위에 있다.

② 토양의 고상 중에서 유기물은 비중이 상당히 낮기 때문에 이 성분이 혼합되어 있는 표토는 심토보다 입자비중이 낮다.

③ 경작지 토양의 표토는 대부분 유기물의 함량이 낮아서 그 입자비중은 2.65이다.

24 토양의 생성 및 발달에 대한 설명으로 틀린 것은?

① 한랭습윤한 침엽수림 지대에서는 podzol 토양이 발달한다.

② 고온다습한 열대 활엽수림 지대에서는 latosol 토양이 발달한다.

③ 경사지는 침식이 심하므로 토양의 발달이 매우 느리다.

④ 배수가 불량한 저지대는 황적색의 산화토양이 발달한다.

25 염해지 토양의 개량방법으로 가장 적절치 않은 것은?

① 암거배수나 명거배수를 한다.

② 석회질 물질을 시용한다.

③ 전층 기계 경운을 수시로 실시하여 토양의 물리성을 개선시킨다.

④ 건조시기에 물을 대줄 수 없는 곳에서는 생짚이나 청초를 부초로 하여 표층에 깔아주어 수분 증발을 막아준다.

정답　**21** ③　**22** ③　**23** ④　**24** ④　**25** ③

26 유기물의 분해에 관여하는 생물체의 탄질률(C/N ratio)은 일반적으로 얼마인가?

① 100 : 1　　　　② 65 : 1　　　　③ 18 : 1　　　　④ 8 : 1

구분	% C(탄소)	% N(질소)	C/N
가문비나무의 톱밥	50	0.05	600
활엽수의 톱밥	46	0.1	400
밀짚	38	0.5	80
제지공장의 슬러지	54	0.9	61
옥수수찌꺼기	40	0.7	57
사탕수수찌꺼기	40	0.8	50
호밀껍질(성숙기)	40	1.1	37
호밀껍질(생장기)	40	1.5	26
잔디(블루그래스)	37	1.2	31
가축의 분뇨	41	2.1	20
음식물 퇴비	30	2.0	2
알팔파	40	3.0	13
살갈퀴의 껍질	40	3.5	11
소화된 하수슬러지	31	4.5	7
박테리아	50	12.5	4
방사상균	50	8.5	6
곰팡이	50	5.0	10
인공 구비	56	2.6	20
인공 부식	58	5.0	11
부식산	58	1.0	58

27 양이온교환용량에 대한 표기와 $1cmol_c \cdot kg^{-1}$과 같은 양으로 옳은 것은?

① CEC, $0.01mol_c \cdot kg^{-1}$　　　　② EC, $0.01mol_c \cdot kg^{-1}$

③ Eh, $100mol_c \cdot kg^{-1}$　　　　④ CEC, $100mol_c \cdot kg^{-1}$

양이온교환용량

토양이 양이온을 흡착할 수 있는 능력을 가리키며, 이것의 크기는 풍건토양 1kg이 흡착할 수 있는 양이온의 총량($cmol_c$)으로 나타낸다.

28 청색증(메세모글로빈혈증)의 직접적인 원인이 되는 물질은?

① 암모니아태질소　　② 질산태질소　　③ 카드뮴　　④ 알루미늄

29 다음 중 산성 토양인 것은?

① pH 5인 토양　　② pH 7인 토양　　③ pH 9인 토양　　④ pH 11인 토양

정답　**26** ④　**27** ①　**28** ②　**29** ①

✔ **토양반응의 표시법** ·······

보통 pH(potential of hydrogen ion)는 $[H^+]$의 역수의 대수식을 취한 것(pH$=\log 1/[H^+]$)이고 1~14의 수치로 표시되며 7이 중성이고, 7 이하가 산성이며, 7 이상이 알칼리성이다.

pH	반응의 표시	pH	반응의 표시
4.0~4.5	극히 강한 산성	7.0	중성
4.5~5.0	심히 강한 산성	7.0~8.0	미알칼리성
5.0~5.5	강산성	8.0~8.5	약알칼리성
5.5~6.0	약산성	8.5~9.0	강알칼리성
6.0~6.5	미산성	9.0~9.5	심히 강한 알칼리성
6.5~7.0	경미한 미산성	9.5~10.0	

30 밭상태보다는 논상태에서 독성이 강하여 작물에 해를 유발하는 비소유해화합물의 형태는?

① As(s)　　　　　　　　　② As^{1+}

③ As^{3+}　　　　　　　　　④ As^{5+}

31 밭토양에 비해 논토양은 대조적으로 어두운 색깔을 띤다. 그 이유는?

① 유기물 함량 차이　　　　　② 산화환원 특성 차이

③ 토성의 차이　　　　　　　④ 재배작물의 차이

32 알칼리성의 영해지 밭토양 개량에 적합한 석회물질로 옳은 것은?

① 석고　　　　　　　　　　② 생석회

③ 소석회　　　　　　　　　④ 탄산석회

33 다음 중 경작지의 토양온도가 가장 높은 것은?

① 황적색 토양으로 동쪽으로 15° 경사진 토양

② 황적색 토양으로 서쪽으로 15° 경사진 토양

③ 흑색 토양으로 남쪽으로 15° 경사진 토양

④ 흑색 토양으로 북쪽으로 15° 경사진 토양

34 토양의 물리적 성질로서 토양 무기질 입자의 입경 조성에 의한 토양 분류를 무엇이라 하는가?

① 토립　　　　　　　　　　② 토성

③ 토색　　　　　　　　　　④ 토경

정답　**30** ③　**31** ②　**32** ①　**33** ③　**34** ②

35 부식의 효과에 해당하지 않는 것은?

① 미생물의 활동 억제 효과　　　　② 토양의 물리적 성질 개선 효과
③ 양분의 공급 및 유실 방지 효과　　④ 토양 pH의 완충효과

✔ **유기물의 효과** ....

　　㉠ 암석의 분해 촉진
　　㉡ 토양의 입단화 형성 및 양분의 공급
　　㉢ 보수, 보비력의 증대
　　㉣ 대기 중의 CO_2 공급 및 완충능의 증대
　　㉤ 생장 촉진 물질의 생성 및 미생물의 번식 조장
　　㉥ 토양색의 변화와 지온의 상승
　　㉦ 토양 보호

36 토양생성학적인 층위명에 대한 일반적인 설명으로 틀린 것은?

① O층에는 O1, O2층이 있다.　　　② A층에는 A1, A2, A3층이 있다.
③ B층에는 B1, B2, B3층이 있다.　　④ C층에는 C1, C2, R층이 있다.

37 다음 중 양이온치환용량(CEC)이 가장 큰 것은?

① 카올리나이트(kaolinite)　　　　② 몬모릴로나이트(montmorillonite)
③ 일라이트(illite)　　　　　　　　④ 클로리트(chlorite)

✔ **양이온치환용량** ....

(단위 : me/100g)

토양 교질물	양이온 교환 용량	
	평균값	범 위
부식물	200	100~300
Vermiculite	150	100~200
Allophane	100	50~200
Montmorillonite	80	60~100
Hydrous mica · Chlorite	30	20~40
Kaolinite	8	3~15
Hydrous oxides	4	0~10

38 다음 토양소동물 중 가장 많은 수로 존재하면서 작물의 뿌리에 크게 피해를 입히는 것은?

① 지렁이　　　　② 선충　　　　③ 개미　　　　④ 톡토기

▶ 정답　**35** ①　**36** ④　**37** ②　**38** ②

39 강물이나 바닷물의 부영양화를 일으키는 원인 물질로 가장 거리가 먼 것은?

① 질소   ② 인산   ③ 칼리   ④ 염소

40 개간지 토양의 숙전화(熟田化) 방법으로 적합하지 않은 것은?

① 유효토심을 증대시키기 위해 심경과 함께 침식을 방지한다.
② 유기물 함량이 낮으므로 퇴비 등 유기물을 다량 시용한다.
③ 염기포화도가 낮으므로 농용석회와 같은 석회물질을 시용한다.
④ 인산 흡수계수가 낮으므로 인산 시용을 줄인다.

41 생산력이 우수하던 품종이 재배 연수(年數)를 경과하는 동안에 생산력 및 품질이 저하되는 것을 품종의 퇴화라 하는데, 다음 중 유전적 퇴화의 원인이라 할 수 없는 것은?

① 자연교잡   ② 이형종자 혼입
③ 자연돌연변이   ④ 영양번식

42 농림수산부에서 유기농업발전 기획단을 설치한 연도는?

① 1991년   ② 1993년
③ 1995년   ④ 1997년

> 한국토착유기농업의 제도권 내 진입단계(1991~1994년) : 정부의 유기농업 수용
> ㉠ 1991년 농림수산부에 유기농업발전기획단설치
> ㉡ 1993년 유기농산물 품질인증제를 실시
> ㉢ 1994년 농림부에 환경농업과 설치

43 병의 발생과 병원균에 대한 설명으로 틀린 것은?

① 병원균에 대하여 품종 간 반응이 다르다.
② 진딧물 같은 해충은 병 발생의 요인이 된다.
③ 환경요인에 의하여 병이 발생되는 일은 거의 없다.
④ 병원균은 분화된다.

44 10a의 논에 16kg의 칼륨을 시용하려면 황산칼륨(칼륨 함량 45%)으로 약 몇 kg을 시용해야 하는가?

① 16kg   ② 36kg   ③ 57kg   ④ 102kg

정답   **39** ④   **40** ④   **41** ④   **42** ①   **43** ③   **44** ②

✔ ┈┈┈┈┈┈┈┈┈┈┈┈┈┈┈┈┈┈┈┈┈┈┈┈┈┈┈┈┈┈┈┈

황산칼륨(45%)

비료무게×100÷성분함량

$16 \times 100 \div 45 = 1,600 \div 45 = 35.55kg$

45 일반적으로 돼지의 임신기간은 약 얼마인가?

① 330일　　　② 280일　　　③ 152일　　　④ 114일

✔ **임신기간** ┈┈┈┈┈┈┈┈┈┈┈┈┈┈┈┈┈┈┈┈┈┈┈┈┈┈┈┈┈┈┈┈

돼지 : 114일

소 : 280일

46 포도의 개화와 수정을 방해하는 요인이 아닌 것은?

① 도장억제　　　　　　　② 저온

③ 영양부족　　　　　　　④ 강우

47 유기축산물 생산에는 원칙적으로 동물용 의약품을 사용할 수 없게 되어 있는데, 예방 관리에도 불구하고 질병이 발생할 경우 수의사 처방에 따라 질병을 치료할 수도 있다. 이때 최소 어느 정도의 기간이 지나야 도축하여 유기축산물로 판매할 수 있는가?

① 해당 약품 휴약기간의 1배　　　② 해당 약품 휴약기간의 2배

③ 해당 약품 휴약기간의 3배　　　④ 해당 약품 휴약기간의 4배

48 작물 또는 과수 등을 재배하는 경작지의 지형적 요소에 대한 설명으로 옳은 것은?

① 경작지가 경사지일 때 토양유실 정도는 부식질이 많을수록 심하다.

② 과수수간(果樹樹間)에서의 일소(日梳)피해는 과수원의 경사방향이 동향 또는 동남향일 때 피해를 받기 쉽다.

③ 산기슭을 제외한 경사지의 과수원은 이른 봄의 발아 및 개화 시에 상해를 덜 받는 장점이 있다.

④ 경사지는 평지보다는 토양유실이 심한 점을 감안하여 가급적 토양을 얕게 갈고 돈분·계분 등의 유기물을 많이 넣어 주어야 한다.

49 국제 유기농업운동연맹을 바르게 표시한 것은?

① IFOAM　　　　　　　② WHO

③ FAO　　　　　　　　④ WTO

정답　45 ④　46 ①　47 ②　48 ③　49 ①

50 유기농업과 가장 관련이 적은 용어는?

① 생태학적 농업 ② 자연농업
③ 관행농업 ④ 친환경농업

친환경 관련 농업의 종류

㉠ 자연농업(自然農業) : 지력을 토대로 자연의 물질순환 원리에 따르는 농업이다.
㉡ 생태농업(生態農業) : 지역폐쇄시스템에서 작물양분과 병해충 종합관리기술을 이용하여 생태계 균형유지에 중점을 두는 농업이다.
㉢ 유기농업(有機農業) : 농약과 화학비료를 사용하지 않고 원래 흙을 중시하여 자연에서 안전한 농산물을 얻는 것을 바탕으로 한 농업이다.
㉣ 저투입·지속적 농업(低投入·持續的農業) : 환경에 부담을 주지 않고 영원히 유지할 수 있는 농업으로 환경을 오염시키지 않는 농업이다.
㉤ 정밀농업(精密農業) : 한 포장 내에서 위치에 따라 종자·비료·농약 등을 달리함으로써 환경문제를 최소화하면서 생산성을 최대로 하려는 농업이다.

51 토양 떼알구조의 이점이 아닌 것은?

① 양분의 유실이 많다.
② 지온이 상승한다.
③ 수분보유가 많다.
④ 익충 및 유효균의 번식이 왕성하다.

입단이 발달한 토양의 특징

㉠ 대체로 토양이 비옥하다.
㉡ 수분과 양분의 보유력이 좋다.
㉢ 토양통기가 잘 된다.
㉣ 빗물의 이용도가 높아진다.
㉤ 토양침식이 줄어든다.
㉥ 유용한 토양미생물의 번식과 활동이 좋아진다.
㉦ 유기물의 분해가 촉진된다.

52 과수의 착색을 지연시키는 요인이 아닌 것은?

① 질소과다 ② 도장 ③ 조기낙엽 ④ 햇빛

53 벼 종자 소독 시 냉수온탕침법을 실시할 때 가장 알맞은 물의 온도는?

① 약 30℃ 정도 ② 약 35℃ 정도
④ 약 43℃ 정도 ④ 약 55℃ 정도

☙ **냉수온탕침법** ⋯⋯⋯
ⓐ 방법 : 볍씨를 냉수에 24시간 침지한 다음에 45℃ 온탕에 담가서 고루 덥게 하고, 52℃의 온탕에 10분간 정확히 처리하여 바로 건져서 냉수에 담가 식힌다.
ⓑ 효과 : 잎마름선충병의 방제에 효과가 있으므로, 이 병이 상습적으로 발생하는 지대에서 채종한 볍씨는 이 방법을 쓰는 것이 좋다.

54 농후사료 중심으로 유기가축을 사육할 때 예상되는 문제점으로 가장 거리가 먼 것은?

① 국내 유기 농후사료 생산의 한계
② 고가의 수입 유기 농후사료가 필요
③ 물질의 지역순환원리에 어긋남
④ 낮은 품질의 축산물 생산

☙ **농후사료** ⋯⋯
ⓐ 종자열매류 : 밀, 귀리, 옥수수 등의 곡류로 에너지량이 높고 단백질 함량은 보통이다.
ⓑ 겨류 : 곡물을 정제하고 얻는 부산물이다.
ⓒ 찌꺼기류 : 콩, 유채, 깨 등을 채유하고 얻는 부산물인 깻묵류는 일반적으로 단백질 함량이 많다.
ⓓ 동물질사료 : 어분, 물고기 찌꺼기, 피시솔루블, 육분, 혈분, 우모분, 탈지분유 등이다.

55 과수재배에서 심경(깊이갈이)하기에 가장 적당한 시기는?

① 낙엽기
② 월동기
③ 신초 생장기
④ 개화기

56 우렁이 농법에 의한 유기벼 재배에서 우렁이 방사에 의해 주로 기대되는 효과는?

① 잡초방제
② 유기물 대량공급
③ 해충방제
④ 양분의 대량공급

☙ **우렁이 농법** ⋯⋯⋯
농약이나 사람 대신 풀을 매주는 것으로 왕우렁를 이용한다.

57 다음 설명이 정의하는 농업은?

합성농약, 화학비료 및 항생제 · 항균제 등 화학자재를 사용하지 아니하거나 그 사용을 최소화하고 농업 · 수산업 · 축산업 · 임업 부산물의 재활용 등을 통하여 생태계와 환경을 유지 · 보전하면서 안전한 농산물 · 수산물 · 임산물을 생산하는 산업

① 지속적 농업
② 친환경농어업
③ 정밀농업
④ 태평농업

정답 **54** ④ **55** ① **56** ① **57** ②

☑ **친환경농업[유기농업＋저투입농업(Low Input Sustainable Agriculture]의 정의** ········

　㉠ 합성농약, 화학비료, 항생제, 항균제 등 화학 투입자재를 사용하지 않거나 최소화하고 농축임
　　업 부산물의 재활용 등을 통하여 농업 생태계의 환경을 유지 보전하면서 안전한 농축임산물을
　　생산하는 농업이다.

　㉡ 친환경농업에는 유기농업만이 아니라 병해충종합관리(IPM), 작물양분종합관리(INM), 천적
　　과 생물학적기술의 통합이용, 윤작 등 흙의 생명력을 배양하는 동시에 농업환경을 보전하는
　　모든 형태의 농업이 포함된다.

　㉢ 환경친화형농업, 환경보전형농업, 저투입농업, 지속농업이 모두 친환경농업을 지칭한다.

58 호기성 발효퇴비의 구별방법으로 거리가 먼 것은?

① 냄새가 거의 나지 않는다.
② 중량 및 부피가 줄어든다.
③ 비옥한 토양과 같은 어두운 색깔이다.
④ 모재료의 원래 형태가 잘 남아 있다.

59 토양의 기능이 아닌 것은?

① 동식물에게 삶의 터전을 제공한다.
② 작물생산배지로서 작물을 지지하거나 양분을 공급한다.
③ 오염물질 등의 폐기물과 물을 여과한다.
④ 독성이 강한 중금속 성분을 작물에 공급한다.

60 유기농업에서 사용해서는 안 되는 품종은?

① 병충해저항성 품종　　　　　　　② 고품질생산품종
③ 재래품종　　　　　　　　　　　④ 유전자변형품종

정답　58 ④　59 ④　60 ④

01 기지현상의 대책으로 옳지 않은 것은?

① 토양을 소독한다.

② 연작한다.

③ 담수한다.

④ 새 흙으로 객토한다.

🌱 **기지대책** ....

㉠ 윤작, 답전윤환

㉡ 유독물질의 축적은 관개나 약제를 사용

㉢ 새 흙으로 객토

㉣ 기지현상에 저항성인 품종과 대목에 접목

㉤ 심경, 퇴비사용, 결핍성분과 미량요소의 사용

02 Vavilov는 식물의 지리적 기원을 탐구하는 데 큰 업적을 남긴 사람이다. 그에 대한 설명으로 틀린 것은?

① 농경의 최초 발상지는 기후가 온화한 산간부 중 관개수를 쉽게 얻을 수 있는 곳으로 추정하였다.

② 1883년에 『재배식물의 기원』을 저술하였다.

③ 지리적 미분법을 적용하여 유전적 변이가 가장 많은 지역을 그 작물의 기원중심지라고 하였다.

④ Vavilov의 연구 결과는 식물 종의 유전자중심설로 정리되었다.

🌱 **De Candolle** ....

야생종의 분포지방을 탐구하고 고고학 · 사학 · 언어학 등에 표시되어 있는 사실과 전설 · 구기 등을 참고하여 작물의 발상지 · 재배연대 · 내력 등을 최초로 밝히어 『재배식물의 기원』이란 책을 저술하였다.

03 춘화처리에 대한 설명으로 틀린 것은?

① 춘화저리 하는 동안 및 처리 후에도 산소와 수분 공급이 있어야 춘화처리 효과가 유지된다.

② 춘파성이 높은 품종보다 추파성이 높은 품종의 식물이 춘화요구도가 적다.

③ 국화과 식물에서는 저온처리 대신 지베렐린을 처리하면 춘화처리와 같은 효과를 얻을 수 있다.

④ 춘화처리의 효과를 얻기 위한 저온처리 온도는 작물에 따라 다르나 일반적으로 0~10℃이다.

📐 **정답** 01 ② 02 ② 03 ②

🌱 **춘화처리** ....

ㄱ 추파형 품종의 경우 인위적으로 종자를 최아시켜 일정 기간(10~60일) 0~3℃의 저온 상태에 둠으로써 추파성을 없애고 춘파성으로 전환시키는 것을 말한다.

ㄴ 춘파성이 높은 품종보다 추파성이 높은 품종의 식물이 춘화요구도가 크다.

04 작물에 발생되는 병의 방제방법에 대한 설명으로 옳은 것은?

① 병원체의 종류에 따라 방제방법이 다르다.

② 곰팡이에 의한 병은 화학적 방제가 곤란하다.

③ 바이러스에 의한 병은 화학적 방제가 비교적 쉽다.

④ 식물병은 생물학적 방법으로는 방제가 곤란하다.

🌱 ....

② 곰팡이에 의한 병은 화학적 방제가 가능하다.

③ 바이러스에 의한 병은 화학적 방제가 비교적 곤란하다. → 바이러스에 의한 병은 화학적 방제보다 예방

④ 식물병은 생물학적 방법으로 방제가 가능하다.

05 유축(有畜)농업 또는 혼동농업과 비슷한 뜻으로 식량과 사료를 서로 균형 있게 생산하는 농업을 가리키는 것은?

① 포경(圃耕)　　　　　　　　　② 곡경(穀耕)

③ 원경(園耕)　　　　　　　　　④ 소경(疎耕)

🌱 **재배형식** ....

ㄱ 소경 : 토지가 척박해지면 이동한다.

ㄴ 식경 : 식민지(기업적) 농업, 넓은 토지에 한 가지 작물만을 경작, 가격변동에 예민하다.

ㄷ 곡경 : 곡류 위주의 농경, 기계화로 대규모의 상품곡물을 생산하는 농업을 상품곡물생산농업이라 한다.

ㄹ 포경 : 식량과 사료를 서로 균형 있게 생산한다.

ㅁ 원경 : 원예 작물, 가장 집약적, 원예지대나 도시 근교에 발달된 농업이다.

06 생물학적 방제법에 속하는 것은?

① 윤작

② 병원미생물의 사용

③ 온도처리

④ 소토 및 유살 처리

🌱 정답　**04** ①　**05** ①　**06** ②

생물학적 방제법(生物學的 防除法)

㉠ 해충에는 이를 포식하거나 이에 기생하는 자연계의 천적이 있는데, 이와 같은 천적을 이용하는 방제법을 생물학적 방제법이라고 한다.

㉡ 천적의 종류

ⓐ **기생성 곤충** : 침파리, 고추벌, 맵시벌, 꼬마벌 등은 나비목의 해충에 기생한다.

ⓑ **포식성 곤충** : 풀잠자리, 꽃등애, 무당벌레 등은 진딧물을 잡아먹고 딱정벌레는 각종 해충을 잡아먹는 포식성 해충이다.

ⓒ **병원미생물**

---

07 양분의 흡수 및 체내이동과 가장 관련이 깊은 환경요인은?

① 빛
② 수분
③ 공기
④ 토양

작물의 수분 흡수

토양수분(모관수) → 흡수(근모) → 식물체 내 수분(물관) → 증산(기공) → 대기 중의 수증기로 증발한다.

---

08 벼에서 관수해(冠水害)에 가장 민감한 시기는?

① 유수형성기
② 수잉기
③ 유효분얼기
④ 이앙기

생육시기

벼의 분얼 초기에는 침수에 강하고 수잉기·출수개화기에는 침수에 극히 약하다.

---

09 빛이 있으면 싹이 잘 트지만 빛이 없는 조건에서는 싹이 트지 않는 종자는?

① 토마토
② 가지
③ 담배
④ 호박

혐광성 종자

㉠ 광선이 있으면 발아가 저해되고 암중에서 잘 발아하는 종자이다.

㉡ 토마토, 가지, 파, 양파, 수박, 수세미, 호박, 무, 오이 등이다.

㉢ 광이 충분히 차단되도록, 복토를 깊게 한다.

---

10 일반적인 육묘재배의 목적과 거리가 먼 것은?

① 조기수확
② 집약관리
③ 추대촉진
④ 종자절약

정답 **07** ② **08** ② **09** ③ **10** ③

✔ **육묘의 필요성** ┄┄┄

ㄱ **직파가 심히 불리한 경우** : 딸기 · 고구마 · 과수 등은 작물의 특성상 육묘이식 재배가 유리하다.

ㄴ **조기수확** : 조기에 육묘해서 이식하면 수확기가 매우 빨라진다.

ㄷ **증수** : 벼 · 콩 · 맥류 · 과채류 등을 직파로 하는 것보다 육묘이식을 하는 것이 생육이 조장되어 증수한다.

ㄹ **재해방지** : 육묘이식을 하며 직파재배를 하는 것보다 집약관리가 가능하여 병충해, 한해 및 냉해 등을 방지하기 쉽다.

ㅁ **용수절약** : 벼에서 못자리 기간 동안의 본답용수가 절약된다.

ㅂ **토지이용도 증대** : 벼를 육묘 이식하면 벼와 맥류, 감자 등 1년 2작이 가능하게 된다.

ㅅ **노력절감** : 직파보다 중경제초 등에 소요되는 노력이 절감된다.

ㅇ **추대방지** : 봄결구배추를 보온육묘해서 이식하면 직파할 때 포장에서 냉온의 시기에 저온 감응하여 추대하고 결구하지 못하는 현상이 방지된다.

ㅈ **종자절약** : 직파하는 것보다 종자량이 적게 든다.

11 습해의 방지 대책으로 가장 거리가 먼 것은?

① 배수
② 객토
③ 미숙유기물의 시용
④ 과산화석회의 시용

✔ **습해의 방지 대책** ┄┄

ㄱ 과산화석회(CaO_2)를 시용한다.

ㄴ 내습성작물 및 내습성품종을 선택한다.

ㄷ 고휴재배(高畦栽培) · 횡와재배(橫臥栽培)를 실시한다.

ㄹ 시비
  ⓐ 유기물은 충분히 부숙시켜서 시용한다(미숙유기물은 피한다).
  ⓑ 표층시비(산화층시비)를 하여 뿌리를 지표 가까이 유도한다.
  ⓒ 엽면시비를 실시한다.

12 바람에 의한 피해(풍해)의 종류 중 생리적 장해의 양상이 아닌 것은?

① 기계적 상해 시 호흡이 증대하여 체내 양분의 소모가 증대하고, 상처가 건조하면 광산화반응에 의하여 고사한다.

② 벼의 경우 수분과 수정이 저하되어 불임립이 발생한다.

③ 풍속이 강하고 공기가 건조하면 증산량이 커져서 식물체가 건조하며 벼의 경우 백수현상이 나타난다.

④ 냉풍은 작물의 체온을 저하시키고 심하면 냉해를 유발한다.

♨ 기계적 장해(機械的 障害)

- ㉠ 바람이 강할 때에는 절상·열상·낙과·도복·탈립 등을 초래하며, 2차적으로 병해·부패 등이 유발된다.
- ㉡ 화곡류에서는 도복하여 수발아와 부패립이 발생되고, 상처에 의해서 이삭목도열병·자조(疵租) 등이 발생한다. 수분, 수정이 장해되어 불임립 등도 발생한다.

13 맥류나 벼를 재배할 때 성숙기의 강우에 의해 발생하는 수발아현상을 막기 위한 대책이 아닌 것은?

① 벼의 경우 유효분얼초기에 3~5cm 깊이로 물을 깊게 대어주고 생장조절제인 세리타드 입제를 살포한다.
② 밀보다는 성숙기가 빠른 보리를 재배한다.
③ 조숙종이 만숙종보다 수발아 위험이 적고 휴면기간이 길어 수발아에 대한 위험이 낮다.
④ 도복이 되지 않도록 재배관리를 잘 한다.

♨ 수발아의 대책

- ㉠ 맥종의 선택 : 보리는 밀보다 성숙기가 빠르므로 성숙기에 오래 비를 맞게 되는 일이 적어 수발아의 위험이 적다.
- ㉡ 품종의 선택 : 조숙종이 만숙종보다 수발아의 위험이 적고, 숙기가 같더라도 휴면기간이 길어서 수발아성이 낮은 품종이 수발아의 위험이 적다.
- ㉢ 조기수확 : 수확을 서두르면 수발아의 위험을 덜게 되며 때로는 작물건조제인 데시콘(desicon)을 수확 2~4일 전에 뿌려주면(2kg을 35~70L의 물에 타서) 이삭의 건조가 빠르다.
- ㉣ 도복의 방지 : 도복하면 수발아가 조장되므로 그 방지에 힘써야 한다.
- ㉤ 발아억제제 살포 : 출수 후 20일경 종피가 굳어지기 전에 0.5~1.0%의 MH액이나 0.1%의 α-나프탈렌초산을 살포하면 수발아가 억제된다.

14 다음 작물에서 요수량이 가장 적은 작물은?

① 수수　　　　　　　　　　② 메밀
③ 밀　　　　　　　　　　　④ 보리

♨ 작물의 종류

- ㉠ 요수량은 기장·옥수수 등이 작고, 알팔파·클로버 등이 크다.
- ㉡ 명아주의 요수량은 극히 크며, 이 잡초는 토양수분을 많이 수탈한다.

15 농작물에 영향을 끼칠 우려가 있는 유해가스가 아닌 것은?

① 아황산가스　　　　　　　② 불화수소
③ 이산화질소　　　　　　　④ 이산화탄소

▼ 정답　13 ①　14 ①　15 ④

✔ 탄산가스(CO_2) ···
작물의 탄소동화작용은 대기 중의 탄산가스(CO_2)를 재료로 한다.

16 경운에 대한 설명으로 틀린 것은?

① 경토를 부드럽게 하고 토양의 물리적 성질을 개선하며 잡초를 없애주는 역할을 한다.
② 유기물의 분해를 촉진하고 토양통기를 조장한다.
③ 해충을 경감시킨다.
④ 전경(9~12cm)은 식질토양, 벼의 조식재배 시 유리하다.

17 도복의 양상과 피해에 대한 설명으로 틀린 것은?

① 질소 다비에 의한 증수재배의 경우 발생하기 쉽다.
② 좌절도복이 만곡도복보다 피해가 크다.
③ 양분의 이동을 저해한다.
④ 수량은 떨어지지만 품질에는 영향을 미치지 않는다.

✔ 품질의 손상 ··
㉠ 도복이 되면 결실이 불량해져서 품질이 저하된다.
㉡ 종실(씨앗)이 젖은 토양이나 물에 접하게 되어 변질·부패·수발아 등이 유발되어 품질이 손상된다.

18 고립생태의 광합성 특성으로 틀린 것은?

① 생육적온까지 온도가 상승할 때 광합성속도는 증가되고 광포화점은 낮아진다.
② 이산화탄소 농도가 상승하여 이산화탄소 포화점까지 광포화점은 낮아진다.
③ 온도, CO_2 등이 제한요인이 아닐 때 C_4 식물은 C_3 식물보다 광합성률이 2배에 달한다.
④ 냉량한 지대보다는 온난한 지대에서 더욱 강한 일사가 요구된다.

✔ 온도와 광포화점의 관계 ···
㉠ 생육적온까지 온도가 높을수록 광합성속도는 높아지나 광포화점은 낮아진다.
㉡ 온난지보다는 한랭지에서 더욱 강한 일사가 요구된다.

19 휴한지에 재배하면 지력의 유지·증진에 가장 효과가 있는 작물은?

① 클로버 ② 밀
③ 보리 ④ 고구마

정답 **16** ④ **17** ④ **18** ④ **19** ①

> 토양 개량을 위해 어느 기간 동안 재배를 중지하고 지력(地力)을 기르는 휴한지(休閑地)에 콩과 작물을 재배하면 효과가 크고 지력이 증진된다.

20 밭 관개 시 재배상의 유의점으로 틀린 것은?

① 관개를 하면 비료의 이용효과를 높일 수 있다. 다비재배가 유리하다.
② 가능한 한 수익성이 높은 작물은 밀식할 수 있다.
③ 식질토양에서는 휴립재배보다 평휴재배를 실시한다.
④ 다비재배에 따라 내도복성 품종을 재배한다.

> 밭 관개 시 식질토양에서는 평휴재배보다 휴립재배를 실시한다.

21 토양미생물 중 황세균의 최적 pH는?

① 2.0~4.0
② 4.0~6.0
③ 6.8~7.3
④ 7.0~8.0

세균의 최적 pH

세균류	질산균	아질산균	질산환원균	황세균	단서질소고정균	근류근
최적 pH	6.8~7.3	6.7~7.9	7.0~8.2	2.0~4.0	7.0~8.0	6.5~7.5

22 토양의 입자밀도가 2.66인 토양에 퇴비를 주어 용적밀도를 1.325에서 1.06으로 낮추었다. 다음 중 바르게 설명한 것은?

① 토양의 공극이 25%에서 30%로 증가하였다.
② 토양의 공극이 50%에서 60%로 증가하였다.
③ 토양의 고상이 25%에서 30%로 증가하였다.
④ 토양의 고상이 25%에서 30%로 증가하였다.

공극률

$$공극률 = 100 \times \left[1 - \frac{용적비중}{입자비중} \right]$$

$$공극률 = 100 \times \left[1 - \frac{1.325}{2.66} \right] = 50\%$$

$$공극률 = 100 \times \left[1 - \frac{1.06}{2.66} \right] = 60\%$$

23 작물의 생육에 가장 적합하다고 생각되는 토양구조는?

① 판상구조
② 입상구조
③ 주상구조
④ 괴상구조

토양구조 분류 ·······

㉠ 입상구조 : 입단의 모양이 둥근 것으로 A층에서 가장 흔히 볼 수 있고 작물 생육에 가장 좋은 구조이다.

㉡ 괴상구조 : 세로축과 가로축의 길이가 비슷한 것으로 B층의 토양에서 흔히 볼 수 있다.

㉢ 주상구조 : 세로축의 길이가 가로축의 길이보다 길며 토양의 단면 발달이 잘된 층에서 볼 수 있다.

㉣ 판상구조 : 가로축의 길이가 세로축의 길이보다 길며 A층에 흔히 나타나는 토양구조이다. 수분의 이동은 가로축 방향으로 일어나므로 수직 이동이 느리다.

24 점토광물에 대한 설명으로 옳은 것은?

① 석고, 탄산염, 석영 등 점토 크기 분획의 광물들도 점토광물이다.
② 토양에서 점토광물은 입경이 0.002mm 이하의 입자이므로 표면적이 매우 작다.
③ 결정질 점토광물은 규산 4면체판과 알루미나 8면체판의 겹쳐 있는 구조를 가지고 있다.
④ 규산판과 알루미나판이 하나씩 겹쳐져 있으며 2 : 1형 점토광물이라고 한다.

25 우리나라 시설재배 시 토양에서 흔히 발생되는 문제점이 아닌 것은?

① 연작으로 인한 특정 병해의 발생이 많다.
② EC가 높고 염류집적 현상이 많이 발생한다.
③ 토양의 환원이 심하여 황화수소의 피해가 많다.
④ 특정 양분의 집적 또는 부족으로 영양생리장해가 많이 발생한다.

······

습답에서 환원이 심하여 황화수소의 피해가 많다.

26 논토양의 일반적 특성은?

① 유기물의 분해가 밭토양보다 빨라서 부식함량이 적다.
② 담수하면 산화층과 환원층으로 구분된다.
③ 담수하면 토양의 pH가 산성토양은 낮아지고 알칼리성 토양은 높아진다.
④ 유기물의 존재는 담수토양의 산화환원전위를 높이는 결과가 된다.

······

논토양의 일반적 특성은 담수하면 산화층과 환원층으로 구분된다는 것이다.

정답 **23** ② **24** ③ **25** ③ **26** ②

27 우리나라 전 국토의 2/3가 화강암 또는 화강편마암으로 구성되어 있다. 이러한 종류의 암석은 토양생성과정 인자 중 어느 것에 해당하는가?

① 기후
② 지형
③ 풍화기간
④ 모재

28 염기포화도에 대한 설명으로 틀린 것은?

① pH와 비례적인 상관관계가 있다.
② 염기포화도가 증가하면 완충력도 증가한다.
③ (교환성염기의 총량/양이온교환용량)×100이다.
④ 우리나라 논토양의 염기포화도는 대략 80%이다.

✔ **논토양의 염기포화도** ··
  우리나라 논토양의 염기포화도는 대략 50~60%이다.

29 식물이 자라기에 가장 알맞은 수분상태는?

① 위조점에 있을 때
② 포장용수량에 이르렀을 때
③ 중력수가 있을 때
④ 최대용수량에 이르렀을 때

✔ **포장용수량** ··
  수분으로 포화된 토양으로부터 증발을 방지하면서 중력수를 완전히 배제하고 남은 수분상태이며,
  이를 최소용수량이라고도 한다.

30 토양에서 탈질작용이 느려지는 조건은?

① pH 5 이하의 산성토양
② 유기물 함량이 많은 토양
③ 투수가 불량한 토양
④ 산소가 부족한 토양

31 다음 영농활동 중 토양미생물의 밀도와 활력에 가장 긍정적인 효과를 가져다 줄 수 있는 것은?

① 유기물 시용
② 상하경 재배
③ 농약 살포
④ 무비료 재배

정답   27 ④   28 ④   29 ②   30 ①   31 ①

32 운적토는 풍화물이 중력, 풍력, 수력, 빙하력 등에 의하여 다른 곳으로 운반되어 퇴적하여 생성된 토양이다. 다음 중 운적토양이 아닌 것은?

① 붕적토
② 선상퇴토
③ 이탄토
④ 수적토

✔ **이탄토** ···
습지나 저지대에 유기물이 퇴적되어 암석의 풍화물과 섞여서 생성된 토양으로 퇴적토라고도 한다. 혐기적인 환원 상태하에서 유기물이 오랫동안 퇴적되어 이탄이 형성되는 곳을 이탄지(moor)라고 한다.

33 용적비중(가비중) 1.3인 토양의 10a당 작토(깊이 10cm)의 무게는?

① 약 13톤
② 약 130톤
③ 약 1,300톤
④ 약 13,000톤

✔ **10a당 작토(깊이 10cm)의 무게** ···
10a당 작토(깊이 10cm)이고 용적비중(가비중)은 1.3
$10a = 1,000m^2$, $10cm = 0.10m$
$1,000 \times 0.10 = 100(m^3)$, $100 \times 1.3 = 130(ton)$

34 토양의 입단구조 형성 및 유지에 유리하게 작용하는 것은?

① 옥수수를 계속 재배한다.
② 논에 물을 대어 써레질을 한다.
③ 퇴비를 사용하여 유기물 함량을 높인다.
④ 경운을 자주 한다.

35 식물과 공생관계를 가지는 것은?

① 사상균
② 효모
③ 선충
④ 균근균

36 토양 공극에 대한 설명으로 틀린 것은?

① 공극은 공기의 유통과 토양 수분의 저장 및 이동통로가 된다.
② 입단 내에 존재하는 토성공극은 양분의 저장에 이용된다.
③ 퇴비의 사용은 토양의 공극량을 증대시킨다.
④ 큰 공극과 작은 공극이 함께 발달되어야 한다.

정답 32 ③ 33 ② 34 ③ 35 ④ 36 ②

37 토양의 무기성분 중 가장 많은 성분은?

① 산화철(Fe_2O_3) ② 규산(SiO_2)
③ 석회(CaO) ④ 고토(MgO)

✔ **1차 광물** ....
암석이 기계적 · 화학적 · 생물학적 작용으로 붕괴 또는 분해되었을 때 큰 변화가 없는 광물로 주요한 화학성분은 SiO_2, Al_2O_3, Fe_2O_3, CaO, MgO, K_2O, Na_2O 등이 함유되어 있다. 특히 토양 광물은 주로 Si, Al, Fe 등을 함유하고 있으므로 이를 규반염 광물이라고도 한다.

38 물에 의한 토양의 침식과정이 아닌 것은?

① 우경침식 ② 면상침식 ③ 선상침식 ④ 협곡침식

39 토성분석 시 사용되는 토양의 입자 크기는 얼마 이하를 말하는가?

① 2.5mm ② 2.0mm ③ 1.0mm ④ 0.5mm

40 지렁이가 가장 잘 생육할 수 있는 토양환경은?

① 배수가 어려운 과습토양 ② pH 3 이하의 산성토양
③ 통기성이 양호한 유기물 토양 ④ 토양온도가 18~25℃

41 토양입자의 입단화(粒團化)를 촉진시키는 것은?

① Na^+ ② Ca^{2+}
③ K^+ ④ NH_4^+

42 정부에서 친환경농업원년을 선포한 연도는?

① 1991년도 ② 1994년도
③ 1997년도 ④ 1998년도

✔ **정부의 다양하고 적극적인 유기농업 정책(1995~2004년)** ....
ⓐ 중소농 고품질농산물 생산지원사업(1995~2004년) : 상수원보호구역, 중산간지의 환경농업 기반 구축
ⓑ 친환경농업육성법의 제정 공포(1997)
ⓒ 친환경농업원년 선포(1998.11)
ⓓ 농촌진흥청에 친환경 유기농업기획단 설치(2001)

✎ 정답 **37** ② **38** ③ **39** ② **40** ③ **41** ② **42** ④

43 유기농업에서는 화학비료를 대신하여 유기물을 사용하는데, 유기물의 사용 효과가 아닌 것은?

① 토양완충능 증대
② 미생물의 번식 조장
③ 보수 및 보비력 증대
④ 지온 감소 및 염류 집적

44 품종의 특성유지방법이 아닌 것은?

① 영양번식에 의한 보전재배
② 격리재배
③ 원원종재배
④ 집단재배

45 우량종자의 증식체계로 옳은 것은?

① 기본식물 → 원원종 → 원종 → 보급종
② 기본식물 → 원종 → 원종원 → 보급종
③ 원원종 → 원종 → 기본식물 → 보급종
④ 원원종 → 원종 → 보급종 → 기본식물

✔ **종자 증식체계** ···

기본식물 → 원원종 → 원종 → 보급종의 단계를 거친다.

㉠ **기본식물(국립시험연구기관)**
기본식물은 신품종 증식의 기본이 되는 종자로 육종가들이 직접 생산하거나, 육종가의 관리 하에서 생산한다.

㉡ **원원종(각 도 농업기술원)**
원원종은 기본식물을 증식하여 생산한 종자이다.

㉢ **원종(각 도 농산물원종장)**
원종은 원원종을 재배하여 채종한 종자이다.

㉣ **보급종(국립종자공급소와 시·군 및 농업단체)**
보급종은 농가에 보급할 종자로서 원종을 증식한 것이다.

46 유기축산물 인증기준에 따른 유기사료급여에 대한 설명으로 틀린 것은?

① 천재, 지변의 경우 유기사료가 아닌 사료를 일정 기간 동안 일정 비율로 급여하는 것을 허용할 수 있다.
② 사료를 급여할 때 유전자변형농산물이 함유되지 않아야 한다.
③ 유기배합사료 제조용 단미사료용 곡물류는 유기농산물 인증을 받은 것에 한한다.
④ 반추가축에게는 사일리지만 급여한다.

정답   43 ④   44 ④   45 ①   46 ④

47 노포크(Norfolk)식 윤작법에 해당되는 것은?

① 알팔파−클로버−밀−보리
② 밀−순무−보리−클로버
③ 밀−휴한−순무
④ 밀−보리−휴한

📌 **노포크식 윤작법** ···

식량과 가축의 사료를 생산하면서 지력을 유지하고 중경효과까지 얻기 위하여 적합한 작물을 조합하여 재배한다.

구분	밀(식량)	순무(중경)	보리(사료)	클로버(녹비)
지력	수탈	증강(다비)	수탈	증강(질소고정)
잡초	증가	경감(중경)	증가	경감(피복)

48 과수원에 부는 적당한 바람과 생육의 관계에 대한 설명으로 틀린 것은?

① 양분흡수를 촉진한다.
② 동해발생을 촉진한다.
③ 광합성을 촉진한다.
④ 증산작용을 촉진하다.

49 퇴비의 부숙도 검사방법이 아닌 것은?

① 관능적 방법
② 탄질비 판정법
③ 물리적 방법
④ 종자발아법

50 유기 재배 시 작물의 병해충 제어법으로 가장 적합하지 않은 것은?

① 화학적 토양 소독법
② 토양 소토법
③ 생물적 방제법
④ 경종적 재배법

51 과수의 전정방법(剪定方法)에 대한 설명으로 옳은 것은?

① 단초전정(短梢剪定)은 주로 포도나무에서 이루어지는데 결과모지를 전정할 때 남기는 마디 수는 대개 3~4개이다.
② 갱신전정(更新剪定)은 정부우세현상(頂部優勢現想)으로 결과모지가 원줄기로부터 멀어져 착과되는 과실의 품질이 불량할 때 이용하는 전정방법이다.
③ 세부전정(細部剪定)은 생장이 느리고 연약한 가지, 품질이 불량한 과실을 착생시키는 가지를 제거하는 방법이다.
④ 큰 가지전정(太支剪定)은 생장이 느리고 외부에 가지가 과다하게 밀생하며 가지가 오래되어 생산이 감소할 때 제거하는 방법이다.

정답 **47** ② **48** ② **49** ③ **50** ① **51** ②

52 답전윤환 체계로 논을 밭으로 이용할 때 유기물이 분해되어 무기태질소가 증가하는 현상은?

① 산화작용 ② 환원작용
③ 건토효과 ④ 윤작효과

✔ 윤환전기(田期) ···

㉠ 밭기간 동안은 논기간에 비하여 토양의 입단화 및 건토효과가 진전된다.
㉡ 미량원소 등의 용탈이 적다.
㉢ 환원성 유해물질의 생성이 억제된다.
㉣ 채소나 콩과목초는 토양을 비옥하게 하여 지력이 증강된다.

53 다음 중 C/N율이 가장 높은 것은?

① 톱밥 ② 옥수수 대와 잎
③ 클로버 잔유물 ④ 박테리아, 방사선균 등 미생물

✔ 식물체 및 미생물의 탄소와 질소함량 및 탄질률 ···

구분	%C(탄소)	% N(질소)	C/N
가문비나무의 톱밥	50	0.05	600
활엽수의 톱밥	46	0.1	400
밀짚	38	0.5	80
제지공장의 슬러지	54	0.9	61
옥수수찌꺼기	40	0.7	57
사탕수수찌꺼기	40	0.8	50
호밀껍질(성숙기)	40	1.1	37
호밀껍질(생장기)	40	1.5	26
잔디(블루그래스)	37	1.2	31
가축의 분뇨	41	2.1	20
음식물 퇴비	30	2.0	2
알팔파	40	3.0	13
살갈퀴의 껍질	40	3.5	11
소화된 하수슬러지	31	4.5	7
박테리아	50	12.5	4
방사상균	50	8.5	6
곰팡이	50	5.0	10
인공 구비	56	2.6	20
인공 부식	58	5.0	11
부식산	58	1.0	58

정답 **52** ③ **53** ①

54 유기식품 등의 인증기준 등에서 유기농산물 재배 시 기록·보관해야 하는 경영 관련 자료로 틀린 것은?

① 농산물 재배포장에 투입된 토양개량용 자재, 작물생육용 자재, 병해충관리용 자재 등 농자재 사용 내용을 기록한 자료
② 유기합성농약 및 화학비료의 구매, 사용, 보관에 관한 사항을 기록한 자료
③ 유전자변형종자의 구입, 보관, 사용을 기록한 자료
④ 농산물의 생산량 및 출하처분 판매량을 기록한 자료

55 윤작의 효과로 거리가 먼 것은?

① 자연재해나 시장변동의 위험을 분산시킨다.
② 지력을 유지하고 증진시킨다.
③ 토지 이용률을 높인다.
④ 풍수해를 예방한다.

✎ **윤작의 효과** ···
　　㉠ 지력의 유지 및 증진
　　㉡ 기지현상의 회피
　　㉢ 병충해 경감
　　㉣ 잡초의 경감
　　㉤ 토지이용도의 향상
　　㉥ 노력분배의 합리화
　　㉦ 작물의 수량 증대
　　㉧ 농업경영의 안정성 증대
　　㉨ 토양보호

56 품종육성의 효과로 기대하기 어려운 것은?

① 품질개선　　　　　　　　　　② 지력증진
③ 재배지역의 확대　　　　　　　④ 수량증가

57 유기재배 과수의 토양표면 관리법으로 가장 거리가 먼 것은?

① 청경법　　　　　　　　　　　② 초생법
③ 부초법　　　　　　　　　　　④ 플라스틱 멀칭법

✎ 정답　**54** ③　**55** ④　**56** ②　**57** ④

58 유기축산물 생산을 위한 사육장 조건으로 틀린 것은?

① 축사, 농기계 및 기구 등은 청결하게 유지한다.
② 충분한 환기와 채광이 되는 케이지에서 사육한다.
③ 사료와 음수는 접근이 용이해야 한다.
④ 축사 바닥은 부드러우면서도 미끄럽지 않아야 한다.

59 예방관리에도 불구하고 가축의 질병이 발생한 경우 수의사의 처방하에 질병을 치료할 수 있다. 이 경우 동물용 의약품을 사용한 가축은 해당 약품 휴약기간의 최소 몇 배가 지나야만 유기축산물로 인정할 수 있는가?

① 2배 ② 3배
③ 4배 ④ 5배

60 한 포장에서 연작을 하지 않고 몇 가지 작물을 특정한 순서로 규칙적으로 반복하여 재배하는 것은?

① 돌려짓기 ② 답전윤환
③ 간작 ④ 교호작

❤ **윤작의 뜻** ......
한 포장에 같은 작물을 계속적으로 재배하지 않고 어떤 작부방식을 규칙적으로 반복해서 나아가는 방법이다. 유럽과 미국에서 발달한 경작방식이다.

정답 **58** ② **59** ① **60** ①

01 대기 중의 약한 바람이 작물생육에 피해를 주는 사항과 가장 거리가 먼 것은?

① 광합성을 억제한다.　　　　　　　② 잡초씨나 병균을 전파시킨다.

③ 건조할 때 더욱 건조를 조장한다.　④ 냉풍은 냉해를 유발할 수 있다.

　대기 중의 약한 바람은 광합성을 촉진한다.

02 유효질소 10kg이 필요한 경우에 요소로 질소질 비료를 시용한다면 필요한 요소량은?(단, 요소비료의 흡수율은 83%, 요소의 질소함유량은 46%로 가정한다.)

① 약 13.1kg　　　　　　　　　　　② 약 26.2kg

③ 약 34.2kg　　　　　　　　　　　④ 약 48.5kg

　'요소량×요소의 질소 함유율×요소비료 흡수율＝유효질소량'이므로

　요소량$\times \dfrac{46}{100} \times \dfrac{83}{100} = 10$kg

　요소량＝26.19kg

03 잡초의 방제는 예방과 제거로 구분할 수 있는데 예방의 방법으로 가장 거리가 먼 것은?

① 답전윤환 실시　　　　　　　　　② 제초제의 사용

③ 방목 실시　　　　　　　　　　　④ 플라스틱 필름으로 포장 피복

　제초제는 잡초의 방제, 제거에 사용된다.

04 녹식물체 버널리제이션(green plant vernalization) 처리 효과가 가장 큰 식물은?

① 추파맥류　　　　　　　　　　　② 완두

③ 양배추　　　　　　　　　　　　④ 봄올무

　녹체 버널리제이션

　　㉠ 식물이 일정한 크기에 달한 녹체기에 처리하는 것을 녹체 버널리제이션이라 한다.

　　㉡ 양배추 등이 있다.

정답　**01** ①　**02** ②　**03** ②　**04** ③

05 질소 비료의 흡수형태에 대한 설명으로 옳은 것은?

① 식물이 주로 흡수하는 질소의 형태는 논토양에서는 NH_4^+, 밭토양에서는 NO_3^- 이온의 형태이다.

② 식물이 흡수하는 인산의 형태는 PO_4^-와 PO_3^- 형태이다.

③ 암모니아태질소는 양이온이기 때문에 토양에 흡착되지 않아 쉽게 용탈된다.

④ 질산태질소는 음이온으로 토양에 잘 흡착이 되어 용탈이 되지 않는다.

질소의 흡수형태 : NH_4^+와 NO_3^-

06 대체로 저온에 강한 작물로만 나열된 것은?

① 보리, 밀
② 고구마, 감자
③ 배, 담배
④ 고추, 포도

대체로 저온에 강한 작물은 월동작물인 맥류이다.

07 수해(水害)의 요인과 작용에 대한 설명으로 틀린 것은?

① 벼에 있어 수잉기~출수 개화기에 특히 피해가 크다.

② 수온이 높을수록 호흡기질의 소모가 많아 피해가 크다.

③ 흙탕물과 고인 물이 흐르는 물보다 산소가 적고 온도가 높아 피해가 크다.

④ 벼, 수수, 기장, 옥수수 등 화본과 작물이 침수에 가장 약하다.

벼, 수수, 기장, 옥수수 등 화본과 작물이 침수에 강하다.

08 다음 중 가장 집약적으로 곡류 이외에 채소, 과수 등의 재배에 이용되는 형식은?

① 원경(園耕)
② 포경(圃耕)
③ 곡경(穀耕)
④ 소경(疎耕)

09 계란 노른자와 식용유를 섞어 병충해를 방제하였다. 계란 노른자의 역할로 옳은 것은?

① 살충제
② 살균제
③ 유화제
④ pH 조절제

정답 **05** ① **06** ① **07** ④ **08** ① **09** ③

10 작물의 분류방법 중 식용작물, 공예작물, 약용작물, 기호작물, 사료작물 등으로 분류하는 것은?

① 식물학적 분류   ② 생태적 분류

③ 용도에 따른 분류   ④ 작물방식에 따른 분류

11 광합성 작용에 가장 효과적인 광은?

① 백색광   ② 황색광   ③ 적색광   ④ 녹색광

> 광합성은 가시광선 중 적색광(6,500∼7,000Å)과 청색광(4,000∼ 5,000Å)에서 가장 잘 일어난다.

12 10a의 밭에 종자를 파종하고자 한다. 일반적으로 파종량(L)이 가장 많은 작물은?

① 오이   ② 팥   ③ 맥류   ④ 당근

13 벼 등 화곡류가 등숙기에 비바람에 의해서 쓰러지는 것을 도복이라고 한다. 도복에 대한 설명으로 틀린 것은?

① 키가 작은 품종일수록 도복이 심하다.
② 밀식, 질소다용, 규산부족 등은 도복을 유발한다.
③ 벼 재배 시 벼멸구, 문고병이 많이 발생하면 도복이 심하다.
④ 벼는 마지막 논김을 맬 때 배토를 하면 도복이 경감된다.

> 키가 작은 품종일수록 도복에 강하다.

14 농경의 발상지와 거리가 먼 것은?

① 큰 강의 유역   ② 산간부   ③ 내륙지대   ④ 해안지대

> **농경의 발상지**
> ① 큰 강의 유역 : 드 캔돌(De Candolle)의 학설
> ② 산간부 : 바빌로프(N.T. Vavilov)의 학설
> ④ 해안지대 : 데트와일러(P. Dettweiler)의 학설

정답   **10** ③   **11** ③   **12** ③   **13** ①   **14** ③

15 작물의 파종과 관련된 설명으로 옳은 것은?

① 선종이란 파종 전 우량한 종자를 가려내는 것을 말한다.
② 추파맥류의 경우 추파성 정도가 낮은 품종은 조파(일찍 파종)를 한다.
③ 감온성이 높고 감광성이 둔한 하두형 콩은 늦은 봄에 파종을 한다.
④ 파종량이 많을 경우 잡초 발생이 많아지고, 토양수분과 비료 이용도가 낮아져 성숙이 늦어진다.

16 작물이 주로 이용하는 토양수분의 형태는?

① 흡습수   ② 모관수   ③ 중력수   ④ 결합수

❧ **모관수(毛管水)** ···
pF 2.7~4.5로서 작물이 주로 이용하는 수분이다.

17 수광태세가 가장 불량한 벼의 초형은?

① 키가 너무 크거나 작지 않다.
② 상위엽이 늘어져 있다.
③ 분얼이 조금 개산형이다.
④ 각 잎이 공간적으로 되도록 균일하게 분포한다.

❧ **벼의 초형** ···
잎이 과히 두껍지 않고, 약간 가늘며, 상위엽이 직립한다.

18 작물의 건물 1g을 생산하는 데 소비된 수분량은?

① 요수량   ② 증산능률   ③ 수분소비량   ④ 건물축적량

❧ **요수량의 정의** ···
요수량은 건물 1g을 생산하는 데 소비된 수분량(g)을 표시하며, 증산계수는 건물 1g을 생산하는 데 소비된 증산량(g)을 나타낸 수치이다.

19 저장 중 종자의 발아력이 감소되는 원인이 아닌 것은?

① 종자소독   ② 효소의 활력 저하
③ 저장양분 감소   ④ 원형질 단백질 응고

❧ **저장 중 종자의 발아력이 감소되는 원인** ···
㉠ 효소의 활력 저하
㉡ 저장양분 감소
㉢ 원형질 단백질 응고

정답   **15** ①   **16** ②   **17** ②   **18** ①   **19** ①

20 공기가 과습한 상태일 때 작물에 나타나는 증상이 아닌 것은?

① 증산이 적어진다.　　　　　　② 병균의 발생빈도가 낮아진다.

③ 식물체의 조직이 약해진다.　　④ 도복이 많아진다.

　　공기가 과습한 상태일 때 병균의 발생빈도가 높아진다.

21 논토양과 밭토양에 대한 설명으로 틀린 것은?

① 밭토양은 불포화 수분 상태로 논에 비해 공기가 잘 소통된다.

② 특이산성 논토양은 물에 잠긴 기간이 길수록 토양 pH가 올라간다.

③ 물에 잠긴 논토양은 산화층과 환원층으로 토층이 분화한다.

④ 밭토양에서 철은 환원되기 쉬우므로 토양은 회색을 띤다.

　　논토양에서 철은 환원되기 쉬우므로 토양은 회색을 띤다.

22 다음 중 유기물이 가장 많이 퇴적되어 생성된 토양은?

① 이탄토　　　　② 붕적토　　　　③ 선상퇴토　　　　④ 하성충적토

이탄토

습지나 저지대에 유기물이 퇴적되어 암석의 풍화물과 섞여서 생성된 토양으로 퇴적토라고도 한다.

23 토양의 포장용수량에 대한 설명으로 옳은 것은?

① 모관수만이 남아 있을 때의 수분함량을 말하며 수분장력은 대략 15기압으로서 밭작물이 자라기에 적합한 상태를 말한다.

② 모관수만이 남아 있을 때의 수분함량을 말하며 수분장력은 대략 31기압으로서 밭작물이 자라기에 적합한 상태를 말한다.

③ 토양이 물로 포화되었을 때의 수분 함량이며 수분장력은 대략 1/3기압으로서 벼가 자라기에 적합한 수분 상태를 말한다.

④ 물로 포화된 토양에서 중력수가 제거되었을 때의 수분함량을 말하며 이때의 수분장력은 대략 1/3기압으로서 밭작물이 자라기에 적합한 상태를 말한다.

포장용수량

㉠ 물로 포화된 토양에서 중력수가 제거되었을 때의 수분함량을 말하며 이때의 수분장력은 대략 1/3기압으로서 밭작물이 자라기에 적합한 상태를 말한다.

㉡ 지하수위가 낮고 투수성이 중용인 포장에서 강우 또는 관개 후 만 1일쯤의 수분 상태가 이에 해당된다.

정답　**20** ②　**21** ④　**22** ①　**23** ④

24 토양미생물인 사상균에 대한 설명으로 틀린 것은?

① 균사로 번식하며 유기물 분해로 양분을 획득한다.

② 호기성이며 통기가 잘 되지 않으면 번식이 억제된다.

③ 다른 미생물에 비해 산성토양에서 잘 적응하지 못한다.

④ 토양 입단 발달에 기여한다.

사상균(곰팡이)

곰팡이는 호기성으로 산성 · 중성 · 알칼리성의 어떤 토양반응에서도 생육이 양호한데, 특히 산성에 대한 저항력이 강하다.

25 규산의 함량에 따른 산성암이 아닌 것은?

① 현무암   ② 화강암   ③ 유문암   ④ 석영반암

대표적인 화성암의 종류

생성위치 SiO₂(%)	산성암(65~75%)	중성암(55~65%)	염기성암(40~55%)
심성암	화강암(granite)	섬록암(diorite)	반려암(gabbro)
반심성암	석영반암	섬록반암	휘록암(diabase)
화산암(volcanic)	유문암(rhyolite)	안산암(andesite)	현무암(basalt)

26 일시적 전하(잠시적 전하)의 설명으로 옳은 것은?

① 동형치환으로 생긴 전하   ② 광물결정 변두리에 존재하는 전하

③ 부식의 전하   ④ 수산기(OH^-) 증가로 생긴 전하

27 부식의 음전하 생성 원인이 되는 주요한 작용기는?

① $R-COOH$ ② $Si(OH)_4$ ③ $Al(OH)_3$ ④ $Fe(OH)_2$

부식의 음전하 생성 원인

부식이 가지는 음전하는 약 55%가 카르복실기($-COOH$)의 해리에 의한 것이다.

28 질소와 인산에 의한 토양의 오염원으로 가장 거리가 먼 것은?

① 광산폐수   ② 공장폐수   ③ 축산폐수   ④ 가정하수

광산폐수

금속광산에서는 카드뮴, 구리, 아연, 납, 비소 및 니켈 등의 중금속 피해가 발생한다.

정답   **24** ③   **25** ①   **26** ④   **27** ①   **28** ①

29 밭의 CEC(양이온교환용량)를 높이려고 한다. 다음 중 CEC를 가장 크게 증가시키는 물질은?

① 부식(토양유기물)의 시용
② 카올리나이트(Kaolinite)의 시용
③ 몬모릴로나이트(Montmorillonite)의 시용
④ 식양토의 객토

☑ **양이온치환용량(CEC)** --
토양 중에 고운 점토와 부식(유기물)이 증가하면 CEC도 증대하며 토양의 CEC가 증대하면 비료 성분을 흡착·보유하는 힘이 커진다.

30 토양에 집적되어 solonetz화 토양의 염류 집적을 나타내는 것은?

① Ca   ② Mg   ③ K   ④ Na

☑ **알칼리토양(알칼리흑토, solonetz)** --
염류토양에 Na염이 첨가되어 강알칼리 토양이 되는 것이다.

31 토양의 색에 대한 설명으로 틀린 것은?

① 토색을 보면 토양의 풍화과정이나 성질을 파악하는 데 큰 도움이 된다.
② 착색재료는 주로 산화철은 적색, 부식은 흑색/갈색을 나타낸다.
③ 신선한 유기물은 녹색, 적철광은 적색, 황철광은 황색을 나타낸다.
④ 토색 표시법은 Munsell의 토색첩을 기준으로 하며, 3속성을 나타내고 있다.

☑ **토양의 색** --
㉠ 신선한 유기물은 무색이지만 부식화될수록 흑색이 짙어진다.
㉡ 적철광(Fe_2O_3) − 적색
㉢ 황철광($Fe_2O_3 \cdot 3H_2O$) −황색

32 습답(고논)의 일반적인 특성에 대한 설명으로 틀린 것은?

① 배수시설이 필요하다.
② 양분부족으로 추락현상이 발생되기 쉽다.
③ 물이 많아 벼 재배에 유리하다.
④ 환원성 유해물질이 생성되기 쉽다.

☑ **습답(고논)의 일반적인 특성** --
토양이 통기가 나쁘고 유기물의 분해도 느리며 환원상태가 되어 유해물질이 생성되므로 벼의 생육에 장해를 일으키기 쉽다.

33 물에 의한 토양침식의 방지책으로 가장 적당하지 않은 것은?

① 초생대 대상재배법
② 토양개량제 사용
③ 지표면의 피복
④ 상하경재배

상하경재배보다는 등고선경작이 유리하다.

34 토양온도에 대한 설명으로 틀린 것은?

① 토양온도는 토양생성작용, 토양미생물의 활동, 식물생육에 중요한 요소이다.
② 토양온도는 토양유기물의 분해속도와 양에 미치는 영향이 매우 커서 열대토양의 유기물 함량이 높은 이유가 된다.
③ 토양비열은 토양 1g을 1℃ 올리는 데 소요되는 열량으로 물이 1이고 무기성분은 더 낮다.
④ 토양의 열원은 주로 태양광선이며 습윤열, 유기물 분해열 등이다.

토양온도는 토양유기물의 분해속도와 양에 미치는 영향이 매우 커서 열대토양의 유기물 함량이 낮은 이유가 된다.

35 토양 유기물의 특징에 대한 설명으로 틀린 것은?

① 토양유기물은 미생물의 작용을 통하여 직접 또는 간접적으로 토양입단 형성에 기여한다.
② 토양유기물은 포장 용수량 수분 함량이 낮아, 사질토에서 유효수분의 공급력을 적게 한다.
③ 토양유기물은 질소 고정과 질소 순환에 기여하는 미생물의 활동을 위한 탄소원이다.
④ 토양유기물은 완충능력이 크고, 전체 양이온 교환용량의 30~70%를 기여한다.

토양유기물은 포장 용수량 수분 함량이 높아, 사질토에서 유효수분의 공급력을 많게 한다.

36 다음 중 용적밀도가 가장 큰 토성은?

① 사양토
② 양토
③ 식양토
④ 식토

토성	용적밀도(가밀도)	공극량(%)	점토 함량(%)
사토	1.6	40	12.5 이하
사양토	1.5	43	12.5~25
양토	1.4	47	25~37.5
식양토	1.2	55	37.5~50
식토	1.1	58	50

정답   33 ④   34 ②   35 ②   36 ①

37 밭토양에 비하여 논토양의 철(Fe)과 망간(Mn) 성분이 유실되어 부족하기 쉬운데 그 이유로 가장 적합한 것은?

① 철(Fe)과 망간(Mn) 성분이 논토양에 더 적게 함유되어 있기 때문이다.
② 논토양은 벼 재배기간 중 담수상태로 유지되기 때문이다.
③ 철(Fe)과 망간(Mn) 성분은 벼에 의해 흡수 이용되기 때문이다.
④ 철(Fe)과 망간(Mn) 성분은 미량요소이기 때문이다.

담수하의 논토양에서 유기물이 많은 표층토는 환원상태로 되며, 3가 철은 2가 철($Fe^{+3} \rightarrow Fe^{+2}$)로, 3가 망간은 2가 망간($Mn^{+3} \rightarrow Mn^{+2}$)으로 되어 하층토로 용탈된다.

38 개간지토양의 일반적인 특징으로 옳은 것은?

① pH가 높아서 미량원소가 결핍될 수도 있다.
② 유효인산의 농도가 낮은 척박한 토양이다.
③ 작토는 환원상태이지만 심토는 산화상태이다.
④ 황산염이 집적되어 pH가 매우 낮은 토양이다.

개간지토양
㉠ 대체로 산성토양이다.
㉡ 토양구조가 불량하며 인산 등 비료 성분도 적어 토양의 비옥도가 낮다.
㉢ 부식과 점토가 적다.

39 토양의 질소 순환작용에서 작용과 반대작용으로 바르게 짝지어져 있는 것은?

① 질산환원작용 – 질소고정작용
② 질산화작용 – 질산환원작용
③ 암모늄화작용 – 질산환원작용
④ 질소고정작용 – 유기화작용

㉠ **질산화작용** : 암모니아를 아질산 이온(nitrite)을 거쳐 질산 이온(nitrate)으로 산화시키는 과정을 말한다.
㉡ **질산환원작용** : 질산(NO_3^-) → 아질산(NO_2^-) → 암모니아(NH_4^+) 이온으로 환원되는 과정

40 모래, 미사, 점토의 상대적 함량비로 분류하며, 흙의 촉감을 나타내는 용어는?

① 토색
② 토양 온도
③ 토성
④ 토양 공기

토성
토양의 입자를 크기별로 모래, 미사 및 점토로 나누고, 이들의 함유비율에 따라 토양을 분류한 것을 말한다.

정답 **37** ② **38** ② **39** ② **40** ③

41 벼에 규소(Si)가 부족했을 때 나타나는 주요 현상은?

① 황백화, 괴사, 조기낙엽 등의 증세가 나타난다.
② 줄기, 잎이 연약하여 병원균에 대한 저항력이 감소한다.
③ 수정과 결실이 나빠진다.
④ 뿌리나 분얼의 생장점이 붉게 변하여 죽게 된다.

☘ **벼의 규소(Si)결핍 증상** ────────────────────
㉠ 잎이 연약해져 늘어지므로 수광태세가 나빠진다.
㉡ 식물체가 연약하므로 도복에 대한 피해가 커진다.
㉢ 도열병 · 깨씨무늬병 등의 발생이 많아진다.

42 유기농후사료 중심의 유기축산의 문제점으로 거리가 먼 것은?

① 국내에서 생산이 어려워 대부분 수입에 의존
② 고비용 유기농후사료 구입에 의한 생산비용 증대
③ 열등한 축산물 품질 초래
④ 물질순환의 문제 야기

43 과수의 심경시기로 가장 알맞은 것은?

① 휴면기   ② 개화기
③ 결실기   ④ 생육절정기

☘ **과수의 심경시기** ··
생육이 정지되는 월동기에 하는 것이 적합하여 낙엽이 지면서부터 흙이 얼기 전 또는 해빙 후 곧
바로 실시하여야 한다.

44 종자갱신을 하여야 할 이유로 부적당한 것은?

① 자연교잡   ② 돌연변이
③ 재배 중 다른 계통의 혼입   ④ 토양의 산성화

45 자식성 작물의 육종방법과 거리가 먼 것은?

① 순계선발   ② 교잡육종
③ 여교잡육종   ④ 집단합성

☘ ··
집단합성은 타식성 작물의 육종방법이다.

정답 41 ② 42 ③ 43 ① 44 ④ 45 ④

46 과실에 봉지씌우기를 하는 목적과 가장 거리가 먼 것은?

① 당도 증가
② 과실의 외관 보호
③ 농약오염 방지
④ 병해충으로부터 과실보호

과실에 봉지씌우기를 하면 병충해가 방제되고, 외관이 좋아지며, 사과 등에서는 열과가 방지된다.

47 복숭아의 줄기와 가지를 주로 가해하는 해충은?

① 유리나방
② 굴나방
③ 명나방
④ 심식나방

48 TDN은 무엇을 기준으로 한 영양소 표시법인가?

① 영양소 관리
② 영양소 소화율
③ 영양소 희귀성
④ 영양소 독성물질

TDN
다른 말로 가소화영양소 총량으로 표현하며 의미는 유기물로서 에너지를 발생할 수 있는 능력을
지닌 단백질, 탄수화물, 지방이 소화 이용될 수 있는 양을 전부 합한 것이다.

49 유기복합비료의 중량이 25kg이고, 성분함량이 N − P − K(22 − 22 − 11)일 때, 비료의 질소 함량은?

① 3.5kg
② 5.5kg
③ 8.5kg
④ 11.5kg

$$비료무게 \times \frac{성분량}{100} = 25\text{kg} \times \frac{22}{100}$$
$$= 5.5\text{kg}$$

50 친환경농업이 출현하게 된 배경으로 틀린 것은?

① 세계의 농업정책이 증산 위주에서 소비자와 교역중심으로 전환되어가고 있는 추세이다.
② 국제적으로 공업부분은 규제를 강화하고 있는 반면 농업부분은 규제를 다소 완화하고 있는 추세이다.
③ 대부분의 국가가 친환경농법의 정착을 유도하고 있는 추세이다.
④ 농약을 과다하게 사용함에 따라 천적이 감소되어가는 추세이다.

정답　46 ①　47 ①　48 ②　49 ②　50 ②

51 벼의 유묘로부터 생장단계의 진행순서가 바르게 나열된 것은?

① 유묘기 → 활착기 → 이앙기 → 유효분얼기

② 유묘기 → 이앙기 → 활착기 → 유효분얼기

③ 유묘기 → 활착기 → 유효분얼기 → 이앙기

④ 유묘기 → 유효분얼기 → 이앙기 → 활착기

❤ **영양생장기** ....

유묘기 → 이앙기 → 활착기 → 유효분얼기→ 무효분얼기 → 최고 분얼기

52 친환경농산물에 해당되지 않는 것은?

① 천연우수농산물

② 무농약농산물

③ 무항생제축산물

④ 유기농산물

❤ **친환경농산물** ....

유기농산물과 무농약농산물, 무항생제축산물로 분류한다.

53 유기축산물의 경우 사료 중 NPN을 사용할 수 없게 되었다. NPN은 무엇을 말하는가?

① 에너지 사료

② 비단백태질소화합물

③ 골분

④ 탈지분유

54 벼 재배 시 도복현상이 발생했는데 다음 중에서 일어날 수 있는 현상은?

① 벼가 튼튼하게 자란다.

② 병해충 발생이 없어진다.

③ 병해충이 발생하며, 쓰러질 염려가 있다.

④ 품질이 우수해진다.

❤ **도복(倒伏)** ....

작물이 비, 바람에 의해 쓰러지는 것을 말한다. 지표면 가까이의 마디에서부터 쓰러지거나 줄기
가 구부러지는 경우가 있고 때로는 완전히 부러질 때도 있다.

55 토양의 지력을 증진시키는 방법이 아닌 것은?

① 초생재배법으로 지력을 증진시킨다.

② 완숙퇴비를 사용한다.

③ 토양 미생물을 증진시킨다.

④ 생톱밥을 넣어 지력을 증진시킨다.

❤ ....

생톱밥을 토양에 넣어주면 질소기아현상이 일어난다.

정답   **51** ②   **52** ①   **53** ②   **54** ③   **55** ④

56 하나 또는 몇 개의 병원균과 해충에 대하여 대항할 수 있는 기주의 능력을 무엇이라 하는가?

① 민감성   ② 저항성

③ 병회피   ④ 감수성

🌿 **저항성(抵抗性)** ···

     ㉠ 절대적인 개념이 아니고 상대적인 개념에서 비교

     ㉡ 병해충에 대한 기주의 견디는 힘

57 자연생태계와 비교했을 때 농업생태계의 특징이 아닌 것은?

① 종의 다양성이 낮다.   ② 안정성이 높다.

③ 지속기간이 짧다.   ④ 인간 의존적이다.

🌿 ···

     농업생태계의 특징에서 안정성은 낮은 편이다.

58 다음 중 포식성 천적에 해당하는 것은?

① 기생벌   ② 세균

③ 무당벌레   ④ 선충

🌿 ···

     무당벌레는 진딧물류로 응애류의 천적이다.

59 시설 내의 약광 조건에서 작물을 재배하는 방법으로 옳은 것은?

① 재식 간격을 좁히는 것이 매우 유리하다.

② 엽채류를 재배하는 것이 아주 불리하다.

③ 덩굴성 작물은 직립재배보다는 포복재배하는 것이 유리하다.

④ 온도를 높게 관리하고 내음성 작물보다는 내양성 작물을 선택하는 것이 유리하다.

60 유기농업의 목표로 보기 어려운 것은?

① 환경보전과 생태계 보호   ② 농업생태계의 건강 증진

③ 화학비료 · 농약의 최소 사용   ④ 생물학적 순환의 원활화

🌿 **유기농법** ···

     화학 비료, 유기 합성 농약(농약, 생장조절제, 제초제). 가축 사료 첨가제 등 일체의 합성 화학물
     질을 사용하지 않고 유기물과 자연광석, 미생물 등 자연적인 자재만을 사용하는 농법을 말한다.

2014년 7월 20일 시행

01 작물생육과 온도에 대한 설명으로 틀린 것은?

① 최적온도는 작물 생육이 가장 왕성한 온도이다.
② 적산온도는 적기적작의 지표가 되어 농업상 매우 유효한 자료이다.
③ 유효온도의 범위는 20~30℃이다.
④ 저온저항성의 형성과정을 하드닝(hardening)이라 한다.

🌿 **유효온도(有效溫度)** ···
작물의 생육이 가능한 범위의 온도이다.

02 기지현상을 경감하거나 방지하는 방법으로 옳은 것은?

① 연작   ② 담수
③ 다비   ④ 무경운

🌿 **기지대책** ···
윤작, 담수, 토양소독, 유독물질 제거, 객토, 환토, 저항성대목에 접목, 지력배양 및 결핍양분의
보충, 양액재배

03 화성유도의 주요 요인과 가장 거리가 먼 것은?

① 토양양분   ② 식물호르몬
③ 광   ④ 영양상태

🌿 **화성유도의 주요 요인** ···
ㄱ 영양 상태 특히 C/N율로 대표되는 동화생산물의 양적 관계
ㄴ 식물호르몬 특히 옥신과 지베렐린의 체내수준 관계
ㄷ 광조건, 특히 일장 효과의 관계
ㄹ 온도조건, 특히 버널리제이션과 감온성의 관계

04 작물의 습해 대책으로 틀린 것은?

① 습답에서는 휴립재배한다.   ② 객토나 심경을 한다.
③ 생볏짚을 시용한다.   ④ 내습성 작물을 재배한다.

정답   01 ③   02 ②   03 ①   04 ③

☙ 습해 대책 시비 ···

　　㉠ 유기물은 충분히 부숙시켜서 시용한다(미숙유기물은 피한다).
　　㉡ 표층시비(산화층시비)를 하여 뿌리를 지표 가까이 유도한다.
　　㉢ 엽면시비를 실시한다.

05 배수가 잘 안 되는 습한 토양에 가장 적합한 작물은?

① 당근　　　　　　　　　　　② 양파
③ 토마토　　　　　　　　　　④ 미나리

☙ 작물의 내습성 ···
골풀 · 미나리 · 택사 · 연 · 벼 > 밭벼 · 옥수수 · 율무 > 토란 > 평지(유채) · 고구마 > 보리 ·
밀 > 감자 · 고추 > 토마토 · 메밀 > 파 · 양파 · 당근 · 자운영

06 토양공기 조성을 개선하는 방법으로 거리가 먼 것은?

① 심경　　　　　　　　　　　② 입단 조성
③ 객토　　　　　　　　　　　④ 빈번한 경운

☙ ···
빈번한 경운은 입단을 파괴한다.

07 야간조파에 가장 효과적인 광파장의 범위로 적합한 것은?

① 300~380nm　　　　　　　② 400~480nm
③ 500~580nm　　　　　　　④ 600~680nm

☙ ···
야간조파에 가장 효과적인 광의 파장은 600~680nm

08 벼에 있어 차광 시 단위면적당 이삭 수가 가장 크게 감소되는 시기는?

① 분얼기　　　　　　　　　　② 유수분화기
③ 출수기　　　　　　　　　　④ 유숙기

☙ 유수분화기의 차광 ···
유효경 비율이 감소하여 이삭 수를 감소시킨다.

09 작물 충해를 줄이는 방법으로 가장 거리가 먼 것은?

① 무당벌레와 같은 천적이 많게 해준다.　② 해충 유인등만 설치하고 포획하지 않는다.
③ 황색 끈끈이를 설치한다.　④ 혼식재배를 한다.

> 해충 유인등을 설치하고 포획한다.

10 2012년 기준 우리나라 식량자급률(사료용 포함, %)로 가장 적합한 것은?

① 11.6%　　② 23.6%　　③ 33.5%　　④ 44.5%

11 공기 중 이산화탄소의 농도에 관여하는 요인이 아닌 것은?

① 계절　　② 암거(暗渠)　　③ 바람　　④ 식생(植生)

> CO_2 농도에 관여하는 요인
> ㉠ 계절
> ㉡ 지면과의 거리
> ㉢ 식물
> ㉣ 바람
> ㉤ 미숙유기물의 시용

12 식물의 분화과정을 순서대로 옳게 나열한 것은?

① 유전적 변이 → 도태와 적응 → 순화 → 격리
② 도태와 적응 → 유전적 변이 → 순화 → 격리
③ 순화 → 격리 → 유전적 변이 → 도태와 적응
④ 적응 → 순화 → 유전적 변이 → 도태와 격리

> **작물의 분화 및 발달 순서(자연적 분화)**
> 유전적 변이 → 도태 · 적응 → 순화 → 분화 → 격절 · 고립

13 이론적인 단위면적당 시비량을 계산하기 위해 필요한 요소가 아닌 것은?

① 흡수요소량　　② 목표수량
③ 천연공급량　　④ 비료요소 흡수율

> $$시비량 = \frac{흡수요소량 - 천연공급량}{비료요소의\ 흡수율}$$

정답　**09** ②　**10** ②　**11** ②　**12** ①　**13** ②

14 일반적인 작물 생육에 가장 알맞은 토양의 최적함수량은 최대용수량의 약 몇 %인가?

① 40~50%
② 50~60%
③ 70~80%
④ 80~90%

유효수분이 60~80%일 때 작물 생육에 양호하다.

15 작물의 병 발생 원인으로 가장 거리가 먼 것은?

① 잦은 강우
② 비가림 재배
③ 연작 재배
④ 밀식 재배

비가림 재배

노지재배(露地栽培)지만 강우로 인한 병해 방지, 우박피해 방지, 농산물의 품질 향상 등을 목적으로 작물을 플라스틱필름으로 가려서 재배하는 것을 말한다.

16 추락현상이 나타나는 논이 아닌 것은?

① 노후화답
② 누수답
③ 유기물이 많은 저습답
④ 건답

건답은 다수확답이다.

17 비료의 3요소로 옳게 나열된 것은?

① 질소(N) · 인(P) · 칼슘(Ca)
② 질소(N) · 인(P) · 칼륨(K)
③ 질소(N) · 칼륨(K) · 칼슘(Ca)
④ 인(P) · 칼륨(K) · 칼슘(Ca)

비료의 3요소
질소(N) · 인(P) · 칼륨(K)

18 환경적 잡초방제 방법으로 거리가 먼 것은?

① 이랑피복
② 윤작
③ 벼재배 시 우렁이 이용
④ GMO 종자 이용

GMO는 유전자변형 농산물이다.

정답　**14** ③　**15** ②　**16** ④　**17** ②　**18** ④

19 분류상 구황작물이 아닌 것은?

① 조

② 고구마

③ 벼

④ 기장

✔ **구황작물(救荒作物)** ··

흉년에도 비교적 안전한 수확을 얻을 수 있는 작물로 피·조 등이 있다.

20 기온의 일변화가 작물의 생육에 미치는 영향으로 틀린 것은?

① 기온의 일변화가 어느 정도 클 때 동화물질의 축적이 많아진다.

② 밤의 기온이 어느 정도 높아서 변온이 작을 때 대체로 생장이 빠르다.

③ 고구마는 항온보다 변온에서 괴근의 발달이 현저히 촉진되고 감자도 밤의 기온이 저하되는 변온이 괴경의 발달에 이롭다.

④ 화훼 등 일반 작물은 기온의 일변화가 작아 밤의 기온이 비교적 높은 것이 개화를 촉진시키고 화기도 커진다.

✔ **개화** ··

일반적으로 변온의 정도가 커서 밤의 기온이 비교적 낮은 것이 동화물질의 축적을 조장하여 개화를 촉진하고 화기도 커진다.

21 화성암은 규산함량에 따라 산성암, 중성암, 염기성암으로 나뉜다. 염기성암에 속하지 않는 암석은?

① 반려암

② 화강암

③ 휘록암

④ 현무암

✔ **대표적인 화성암의 종류** ··

생성위치 \ SiO$_2$(%)	산성암(65~75%)	중성암(55~65%)	염기성암(40~55%)
심성암	화강암(granite)	섬록암(diorite)	반려암(gabbro)
반심성암	석영반암	섬록반암	휘록암(diabase)
화산암(volcanic)	유문암(rhyolite)	안산암(andesite)	현무암(basalt)

22 토양 풍식에 대한 설명으로 옳은 것은?

① 바람의 세기가 같으면 온대습윤지방에서의 풍식이 건조 또는 반건조 지방보다 심하다.

② 우리나라에서는 풍식작용이 거의 일어나지 않는다.

③ 피해가 가장 심한 풍식은 토양입자가 지표면에서 도약(跳躍)·운반(運搬)되는 것이다.

④ 매년 5월 초순에 만주와 몽고에서 우리나라로 날아오는 모래먼지는 풍식의 모형이 아니다.

정답　**19** ③　**20** ④　**21** ②　**22** ③

🌱 **약동** ....

세사 내지 중세 굵기인 0.1~0.5mm인 입자는 풍압에 의하여 직접 토양표면을 굴러 갑자기 짧은 거리로부터 거의 수직으로 30cm 또는 그 이상 위로 날며, 입자가 이동하는 수평거리는 날아 올라간 높이의 4~5배 정도이고, 입자가 토양 표면과 충돌할 때에 다시 공중으로 되날리거나 다른 입자를 공중으로 내쫓아 자신은 멈추게 된다.

23 토양에 시용한 유기물의 역할로 틀린 것은?

① 양이온교환용량(CEC)을 증가시킨다.
② 양분보유량을 증가시킨다.
③ 토양의 통기 · 보수력 · 보비력을 감소시킨다.
④ 분해되어 작물에 질소를 공급한다.

🌱 ....
③ 토양의 통기 · 보수력 · 보비력을 증대시킨다.

24 토양 소동물 중 작물생육에 적합한 토양조건의 지표로 볼 수 있는 것은?

① 선충 　　　　② 지렁이 　　　　③ 개미 　　　　④ 지네

🌱 **지렁이** ....
유기물이 많고 석회와 물기가 많은 점질토에서 생육하면서 토양을 반전시켜 구조를 좋게 하고 토양을 비옥하게 한다.

25 일반적으로 작물을 재배하기에 적합한 토양의 연결로 틀린 것은?

① 논벼 – 식토 　　② 밭벼 – 식양토 　　③ 복숭아 – 식토 　　④ 콩 – 식양토

26 우리나라에 분포되어 있지 않은 토양 목은?

① 인셉티솔(Inceptisol) 　　　　　　② 엔티솔(Entisol)
③ 젤리솔(Gelisol) 　　　　　　　　④ 몰리솔(Mollisol)

🌱 **우리나라에서 조사된 7목** ....
Entisol, Inceptisol, Mollisol, Alfisol, Ultisol, Histosol, Andisol

27 토양의 구조 중 입단의 세로축보다 가로축의 길이가 길고, 딱딱하여 토양의 투수성과 통기성을 나쁘게 하는 것은?

① 주상구조 　　　② 괴상구조 　　　③ 구상구조 　　　④ 판상구조

정답　**23** ③　**24** ②　**25** ③　**26** ③　**27** ④

판상구조 ···
　⊙ 토양 입자가 얇은 판자상 또는 렌즈상으로 배열되어 있고 습윤지대의 A층에서 발달한다.
　ⓒ 논토양의 작토 밑에서 흔히 볼 수 있으며 토양수분의 수직배수가 불량하여 습답을 이룬다.

28 염해지 토양의 경우 바닷물의 영향을 받아 염류함량이 많으며, 이에 벼의 생육도 불량하다. 일반적인 염해지 토양의 전기전도도(dS/m)는?

① 2~4　　　　　② 5~10　　　　　③ 10~20　　　　　④ 30~40

염해지토양 ···
　⊙ 염류 또는 보통 논에 비하여 유기물 함량은 $\frac{1}{10}$, 치환성 Ca은 $\frac{1}{3}$, Fe의 함량은 $\frac{1}{4}$ 정도이나 Mg과 K의 함량은 5배 이상 많고 Na 함량은 20배 이상 많다.
　ⓒ 25℃에서의 비전도도(Ec)는 30~40mmho/cm로서 벼재배의 적정 한계인 2mmho/cm보다 15~20배가량 높다.

29 토양의 형태론적 분류에서 석회가 세탈되고 Al과 Fe가 하층에 집적된 토양에 해당되는 토양목은?

① Ultisol　　　　② Aridisol　　　　③ Andisol　　　　④ Alfisol

30 단위 무게당 비표면적이 가장 큰 토양입자는?

① 조사　　　　　② 중간사　　　　③ 극세사　　　　④ 미사

토양의 입경 구분과 성질 ···

입경 구분		지름(mm)		1g당 입자 수	비표면적 (cm²/g)
		미국 농무성 기준	국제 토양 학회 기준		
극조사	very coarse sand	2.00~1.00		90	11
조사	coarse sand	1.00~0.50	2.00~0.20	720	23
중간사	medium sand	0.50~0.25		5,700	45
세사	fine sand	0.25~0.10	0.20~0.02	46,000	91
극세사	very fine sand	0.10~0.05		722,000	227
미사	silt	0.05~0.002	0.02~0.005	5,776,000	454
점토	clay	<0.002	<0.002	90,260,853,000	8,000,000

※ 콜로이드 : 0.001mm 이하

정답　**28** ④　**29** ④　**30** ④

31 논토양과 밭토양에 대한 설명으로 틀린 것은?

① 습답에서는 특수성분결핍토양이 존재할 수 있다.

② 새로 개간한 밭토양은 인산흡수계수의 5%, 논토양은 인산흡수계수의 2% 사용으로 기경지와 유사한 작물수량을 얻을 수 있다.

③ 밭토양에서는 유기물 함량이 지나치게 높으면 작물생육에 해를 끼칠 수 있어 임계유기물함량 이상 유기물을 시용해서는 안 된다.

④ 우리나라 밭토양은 여름철 고온다우의 영향을 받아 염기의 용탈이 많아서 pH가 평균 5.7인 산성토양이다.

32 토양 미생물에 대한 설명으로 옳은 것은?

① 토양 미생물에는 세균, 사상균, 방선균, 조류 등이 있다.

② 세균은 토양 미생물 중에서 수(서식 수/m^2)가 가장 적다.

③ 방선균은 다세포로 되어 있고 균사를 갖고 있다.

④ 사상균은 산성에 약하여 pH가 5 이하가 되면 활동이 중지된다.

33 토성에 대한 설명으로 틀린 것은?

① 토양의 산성 정도를 나타내는 지표이다.

② 토양의 보수성이나 통기성을 결정하는 특성이다.

③ 토양의 비표면적과 보비력을 결정하는 특성이다.

④ 작물의 병해 발생에 영향을 미친다.

✔ **토양반응** ....

산성 및 알칼리성의 세기는 일정한 기준에서 산출되는 값으로 비교하게 된다.

34 작물의 생육에 대한 산성토양의 해(害)작용이 아닌 것은?

① H^+에 의하여 수분 흡수력이 저하된다.

② 중금속의 유효도가 증가되어 식물에 광독 작용이 나타난다.

③ Al 이온의 유효도가 증가되고 인산이 해리되어 인산유효도가 증가된다.

④ 유용미생물이 감소하고 토양생물의 활성이 감퇴된다.

✔ ....

산성토양은 활성 Al^+ 이온의 농도가 증가하여 광독작용을 하고 P_2O_4의 인산을 고정하여 작물이 이용할 수 없는 불가급태인산으로 만듦으로써 인산 결핍을 초래한다.

정답 31 ③ 32 ① 33 ① 34 ③

35 토양의 pH가 낮을수록 유효도가 증가되는 성분은?

① 인산   ② 망간   ③ 몰리브덴   ④ 붕소

36 토양생성작용에 대한 설명으로 틀린 것은?

① 습윤한 지역에서는 지하수위가 낮으면 유기물 분해가 잘 된다.
② 고온다습한 지역은 철 또는 알루미늄 집적 토양 생성이 잘 된다.
③ 습윤하고 배수가 양호한 지역은 규반비가 낮은 토양 생성이 잘 된다.
④ 건조한 지역에서는 지하수위가 높을수록 산성토양 생성이 잘 된다.

37 토성을 결정할 때 자갈과 모래로 구분되는 분류 기준(지름)은?

① 5mm   ② 2mm   ③ 1mm   ④ 0.5mm

> **자갈(礫)**
> 토양을 풍건한 후 2mm의 체로 쳐서 2mm 이상의 것을 자갈이라 한다.

38 대기의 공기 조성에 비하여 토양공기에 특히 많은 성분은?

① 이산화탄소(CO_2)   ② 산소(O_2)
③ 질소(N_2)   ④ 아르곤(Ar)

> **대기와 토양공기의 조성(용적 %)**

구 분	대기의 조성	토양공기의 조성
N_2	78.09	75~90
O_2	20.95	2~21
Ar	0.93	0.93~1.1
CO_2	0.03	0.1~10
상대습도	30~90	95~100

※ 기타 가스 : CH_4, C_2H_4, 휘발성 유기산, 암모니아, N_2O, NO, NO_2, H_2, H_2S

39 토양미생물 중 뿌리의 유효면적을 증가시킴으로써 수분과 양분 특히 인산의 흡수 이용 증대에 관여하는 것은?

① 근류균   ② 균근균   ③ 황세균   ④ 남조류

> **균근균**
> 뿌리의 유효 표면을 증대하여 물과 양분(특히 인산)의 흡수를 조장한다.

정답   **35** ②   **36** ④   **37** ②   **38** ①   **39** ②

40 토양미생물의 활동에 영향을 미치는 조건으로 영향이 가장 적은 것은?

① 영양분   ② 토양온도   ③ 토양 pH   ④ 점토함량

41 유기배합사료 제조용 물질 중 보조사료로서 생균제에 해당되지 않는 것은?

① 바실러스코아그란스(B. coagulans)
② 아시도필루스(L. acidophilus)
③ 키시라나아제($\beta-4-$xylanase)
④ 비피도박테리움슈도롱검(B. pseudolongum)

42 포도재배 시 화진현상(꽃떨이현상) 예방방법으로 거리가 먼 것은?

① 붕소를 시비한다.   ② 질소질을 많이 준다.
③ 칼슘을 충분하게 준다.   ④ 개화 5~7일 전에 생장점을 적심한다.

       질소비료 사용을 억제하고 붕사를 사용한다.

43 지력에 따라 차이가 있으나 일반적으로 녹비작물 네마장황(클로타라리아)의 10a당 적정 파종량은?

① 10~100g   ② 1~2kg   ③ 6~8kg   ④ 10~20kg

       네마장황(클로타라리아)의 10a당 파종량 : 6~8kg

44 유기농업의 원예작물이 주로 이용하는 토양수분의 형태는?

① 모세관수   ② 결합수   ③ 중력수   ④ 흡습수

       모관수(毛管水)
       pF 2.7~4.5로서 작물이 주로 이용하는 수분이다.

45 유기배합사료 제조용 자재 중 보조사료가 아닌 것은?

① 활성탄   ② 올리고당   ③ 요소   ④ 비타민 A

       유기배합사료 제조용 자재 중 보조사료에 요소는 포함되지 않는다.

정답   **40** ④   **41** ③   **42** ②   **43** ③   **44** ①   **45** ③

46 교배방법의 표현으로 틀린 것은?

① 단교배 : A×B

② 여교배 : (A×B)×A

③ 삼원교배 : (A×B)×C

④ 복교배 : A×B×C×D

복교배(double cross) : (A×B)×(C×D)

47 관행축산과 비교하여 유기축산에서 더 중요시하는 축사의 조건은?

① 온습도 유지

② 적당한 환기

③ 적절한 단열

④ 충분한 공간

48 유기농업 벼농사에서 이용할 수 있는 종자처리 방법이 아닌 것은?

① 온수에 종자를 침지하는 온탕소독

② 마늘가루 같은 식물체 종자 코팅

③ 길항작용 곰팡이 분의처리

④ 종자 소독약에 종자 침지

종자 소독약에 종자 침지는 유기농업이 아니라 관행농업이다.

49 생물적 방제와 가장 거리가 먼 것은?

① 자가 액비 제조 이용

② 천적 곤충의 이용

③ 천적 미생물의 이용

④ 식물의 타감작용 이용

자가 액비 제조 이용은 경종적 방제법이다.

50 딸기의 우량 품종 특성을 유지하기 위한 가장 좋은 방법은?

① 자연적으로 교잡된 종자를 사용한다.

② 재배했던 식물의 종자를 사용한다.

③ 영양번식으로 증식한다.

④ 저온으로 저장된 종자는 퇴화되어 사용하지 않는다.

영양번식의 장점

우량한 상태의 유전질을 쉽게 영속적으로 유지시킬 수 있는 과수·딸기 등에 이용한다.

정답 **46** ④ **47** ④ **48** ④ **49** ① **50** ③

51 녹비작물의 효과에 해당되지 않는 것은?

① 토양유기물 함량 증가
② 작물 내병성 증가
③ 무기성분의 유효도 증가
④ 토양미생물 활동 증가

52 유기식품에 해당하지 않는 것은?

① 유기가공식품
② 유기임산물
③ 유기농자재
④ 유기축산물

🌱 ....
유기농자재는 유기식품이 아니다.

53 농업이 환경에 미치는 긍정적 영향으로 거리가 먼 것은?

① 비료 및 농약 남용
② 국토 보존
③ 보건 휴양
④ 물환경 보전

54 화학합성 비료의 장단점에 대한 설명으로 틀린 것은?

① 근류균과 균근균을 증가시킨다.
② 질소비료의 과용은 식물조직의 연질화로 병해충에 예민해진다.
③ 질소고정 뿌리혹박테리아의 성장을 위축시킨다.
④ 토양 내 미생물상을 고갈시킨다.

55 우량 과수 묘목의 구비조건이 아닌 것은?

① 품종의 정확성
② 대목의 확실성
③ 근군의 양호성
④ 묘목의 도장성

🌱 ....
묘목의 도장성은 웃자람을 뜻한다.

56 유기농업의 기여 항목으로 가장 거리가 먼 것은?

① 국민보건의 증진
② 생산 증진
③ 경쟁력 강화
④ 환경 보전

🌱 ....
유기농업은 생산성이 떨어진다.

정답 **51** ② **52** ③ **53** ① **54** ① **55** ④ **56** ②

57 저항성 품종의 장점이 아닌 것은?

① 농약의존도를 낮춘다.

② 저항성이 영원히 지속된다.

③ 작물의 생산성을 향상시킨다.

④ 환경 및 생태계에 도움이 된다.

저항성이 영원히 지속되는 것은 아니다.

58 시설재배 토양의 문제점이 아닌 것은?

① 염류농도가 높다.

② 토양 pH는 밭토양보다 낮다.

③ 미량원소가 결핍되기 쉽다.

④ 연작장해가 많이 발생한다.

시설재배의 환경

환경	특이성
온도	일교차가 크고, 위치별 분포가 다르며, 지온이 높음
광선	광질이 다르고, 광량이 감소하며, 광분포가 불균일함
공기	탄산가스가 부족하고, 유해가스가 집적되며, 바람이 없음
수분	토양이 건조해지기 쉽고 공중습도가 높으며, 인공관수를 함
토양	염류 농도가 높고, 토양물리성이 나쁘며, 연작장해가 있음

59 친환경 농업형태와 가장 거리가 먼 것은?

① 지속적 농업

② 고투입농업

③ 대체농업

④ 자연농법

유기농업 관련 용어

㉠ 대체농업

㉡ 저투입성 농업

㉢ 환경농업

㉣ 환경보전형 농업

㉤ 자연농업

㉥ 지속성 농업

60 다음 중 국가별 전체 경지면적 대비 유기농경지 비중이 가장 높은 국가는?

① 쿠바

② 스위스

③ 오스트리아

④ 포클랜드제도

정답 **57** ② **58** ② **59** ② **60** ④

01 다음 중 작물의 동사점이 가장 낮은 작물은?

① 복숭아   ② 겨울철 평지   ③ 감귤   ④ 겨울철 시금치

- ㉠ 복숭아 만화기 : $-3.5℃$
- ㉡ 감귤 수목 : $-7 \sim -8℃$(3~4시간)
- ㉢ 겨울철의 평지(유채) · 잠두 : $-15℃$
- ㉣ 겨울철의 보리 · 밀 · 시금치 : $-17℃$

02 종자의 퇴화원인 중 품종의 균일성과 순도에 가장 크게 영향을 미치는 것은?

① 생리적 퇴화   ② 유전적 퇴화   ③ 병리적 퇴화   ④ 재배적 퇴화

유전적 퇴화(遺傳的 退化)
1세대가 경과함에 따라서 자연교잡, 새로운 유전자형의 분리, 돌연변이, 이형 종자의 기계적 혼입 등에 의하여 종자가 유전적으로 순수하지 못해져서 유전적으로 퇴화하게 된다.

03 식물의 일장감응에 따른 분류(9형) 중 옳은 것은?

① II식물 : 고추, 메밀, 토마토   ② LL식물 : 앵초, 시네라리아, 딸기
③ SS식물 : 시금치, 봄보리   ④ SL식물 : 코스모스, 나팔꽃, 콩(만생종)

일장감응의 9개형

명 칭	화아분화 전	화아분화 후	종 류
LL식물	장일성	장일성	시금치 · 봄보리
LI식물	장일성	중일성	Phlox paniculate · 사탕무
LS식물	장일성	단일성	Boltonia · Physostegia
IL식물	중일성	장일성	밀 . 보리
II식물	중일성	중일성	**고추 · 올벼 · 메밀 · 토마토**
IS식물	중일성	단일성	소빈국(小濱菊)
SL식물	단일성	장일성	프리뮬러 · 시네라리아 · 양딸기
SI식물	단일성	중일성	늦벼(신력 · 욱) · 도꼬마리
SS식물	단일성	단일성	코스모스 · 나팔꽃 · 늦콩

정답   **01** ④   **02** ②   **03** ①

04 철, 망간, 칼륨, 칼슘 등이 작토층에서 용탈되어 결핍된 논토양은?

① 습답   ② 노후화답   ③ 중점토답   ④ 염류집적답

✔ **노후화답** ··

논토양에서 작토층의 Fe · Mn · K · Ca · Mg · Si · P 등이 하층으로 용탈되어 결핍된 토양을 노후화답이라고 한다.

05 작물의 요수량을 나타낸 것은?

① 건물 1g을 생산하는 데 소비된 수분량(kg)   ② 생체 1g을 생산하는 데 소비된 수분량(kg)

③ 건물 1g을 생산하는 데 소비된 수분량(g)   ④ 생체 1g을 생산하는 데 소비된 수분량(g)

✔ **요수량** ···

요수량은 건물 1g을 생산하는 데 소비된 수분량(g)을 표시하며 증산계수는 건물 1g을 생산하는 데 소비된 증산량(g)을 나타낸 수치이다.

06 작물의 유전적인 유연관계의 구명 방법으로 가장 거리가 먼 것은?

① 교잡에 의한 방법   ② 염색체에 의한 방법

③ 면역학적 방법   ④ 생물학적 방법

✔ **작물의 다양성과 유연관계 구명** ··

   ⊙ 형태적 · 생리적 · 생태적 특성에 의한 방법

   ⓛ 교잡에 의한 방법

   ⓒ 염색체에 의한 방법

   ⓔ 면역학적 방법

07 다음에서 작물의 춘화처리 온도와 처리기간이 옳은 것은?

① 추파맥류 : 최아종자를 7±3℃에서 30~60일

② 배추 : 최아종자를 3±1℃에서 20일

③ 콩 : 최아종자를 33±2℃에서 20~30일

④ 시금치 : 최아종자를 1±1℃에서 32일

✔ **춘화처리 온도와 기간** ··

   ① 추파맥류 : 최아종자를 0~3℃에서 30~60일

   ② 배추 : 최아종자를 −2~1℃에서 33일

   ③ 콩 : 최아종자를 20~25℃에서 10~15일

   ④ 시금치 : 최아종자를 1±1℃에서 32일

정답   **04** ②   **05** ③   **06** ④   **07** ④

08 참외밭의 둘레에 옥수수를 심는 경우의 작부체계는?

① 간작   ② 혼작

③ 교호작   ④ 주위작

🌿 **주위작** ....

포장 주위에 포장 내 작물과 다른 작물을 재배하는 것을 주위작이라고 한다.

09 풍건상태일 때 토양의 pF 값은?

① 약 4   ② 약 5

③ 약 6   ④ 약 7

🌿 ....

풍건상태의 토양에서 pF 값은 약 6이다.

10 빛과 작물의 생리작용에 대한 설명으로 틀린 것은?

① 광이 조사되면 온도가 상승하여 증산이 조장된다.

② 광합성에 의하여 호흡기질이 생성된다.

③ 식물의 한쪽에 광을 조사하면 반대쪽의 옥신 농도가 낮아진다.

④ 녹색식물은 광을 받으면 엽록소 생성이 촉진된다.

🌿 **굴광작용(屈光作用)** ....

식물의 한쪽에 광을 조사하면, 조사된 부분은 옥신 농도가 낮아지게 되고, 그 반대쪽은 옥신의 농도가 높아지게 된다.

11 벼에서 피해가 가장 심한 냉해의 형태로 옳은 것은?

① 지연형 냉해   ② 장해형 냉해

③ 혼합형 냉해   ④ 병해형 냉해

🌿 **혼합형 냉해** ....

장기간에 걸친 저온에 의하여 지연형 냉해와 장해형 냉해 그리고 병해형 냉해 등이 혼합된 형태로 나타나는 현상으로 수량 감소에 가장 치명적이다.

12 고립상태에서 온도와 CO_2 농도가 제한조건이 아닐 때 광포화점이 가장 높은 작물은?

① 옥수수   ② 콩

③ 벼   ④ 감자

정답   **08** ④   **09** ③   **10** ③   **11** ③   **12** ①

✔ 고립상태 광포화점(光飽和點) ···

식물명	광포화점	식물명	광포화점
음생식물	10% 정도	**벼·목화**	40~50% 정도
구약나물	25% 정도	밀·알팔파	50% 정도
콩	20~23% 정도	사탕무·무·사과나무·고구마	40~60% 정도
감자·담배·강낭콩·해바라기	30% 정도	옥수수	80~100%

13 생력재배의 효과로 볼 수 없는 것은?

① 노동투하시간의 절감 ② 단위수량의 증대
③ 작부체계의 개선 ④ 농구비 절감

✔ 생력재배의 효과 ···
  ㉠ 농업 노력비의 절감
  ㉡ 단위수량의 증대
  ㉢ 작부체계의 개선과 재배면적의 증대
  ㉣ 농업경영의 개선

14 비료사용량이 한계 이상으로 많아지면 작물의 수량이 감소되는 현상을 설명한 법칙은?

① 최소수량의 법칙 ② 수량점감의 법칙
③ 다수확의 법칙 ④ 최대수량의 법칙

✔ 수량점감(收量漸減)의 법칙 ···
  모든 양분이 충분히 있을 때 제한 요인이 되는 최소 양분의 양을 점차 올려주면 올려준 양에 대해 어느 한도까지 수확량이 증가하나 이것을 넘으면 수확량은 더 이상 올라가지 않고 감소한다.

15 다음 설명에 해당하는 생장 조절제는?

> • 화본과 작물 재배 시 쌍떡잎 초본 잡초에 제초효과가 있다.
> • 저농도에서는 세포의 신장을 촉진하나 고농도에서는 생장이 억제된다.

① Gibberellin ② Auxin
③ Cytokinin ④ ABA

✔ 옥신의 제초제로서의 이용 ···
  ㉠ 옥신류는 저농도에서는 세포의 신장 촉진으로 생장을 조장하나 고농도에서는 생장에 억제적으로 작용하므로 고농도 처리로 제초에 이용하게 된다.
  ㉡ 2,4-D는 최초의 제초제로서 이용되었다.

정답 **13** ④ **14** ② **15** ②

16 다음의 여러 가지 파종방법 중에서 노동력이 가장 적게 소요되는 것은?

① 적파　　　　② 점뿌림　　　　③ 골뿌림　　　　④ 흩어뿌림

🌱 **산파(散播, 흩어뿌림)** ⋯⋯⋯⋯⋯⋯⋯⋯⋯⋯⋯⋯⋯⋯⋯⋯⋯⋯⋯⋯⋯⋯⋯⋯⋯⋯⋯⋯⋯⋯
　　포장 전면에 종자를 흩어 뿌리는 방법이며, 노력이 적게 들지만, 종자소요량이 많아지고, 생육기간
　　중 통기 및 통광이 나빠지며, 도복되기 쉽고, 제초·병충해방제 등의 관리 작업이 불편하다.

17 우리나라의 농업이 국내외 농업환경 변화에 부응하여 지속적으로 발전하기 위해 해결해야
하는 당면 과제로 적합하지 않은 것은?

① 생산성 향상과 품질 고급화
② 종류 및 작형의 단순화와 저장성 향상
③ 유통구조 개선과 국제 경쟁력 강화
④ 저투입, 지속적 농업의 실천과 농산물 수출 강화

🌱 ⋯⋯
　　② 종류 및 작형의 다양화와 저장성 향상

18 작물의 생육과 관련된 3대 주요 온도가 아닌 것은?

① 최저온도　　　② 평균온도　　　③ 최적온도　　　④ 최고온도

🌱 **주요 온도(主要溫度)** ⋯⋯⋯⋯⋯⋯⋯⋯⋯⋯⋯⋯⋯⋯⋯⋯⋯⋯⋯⋯⋯⋯⋯⋯⋯⋯⋯⋯⋯⋯⋯
　　최저·최적·최고의 3온도를 말하며 주요 온도는 작물에 따라 다르다.

19 화곡류를 미곡, 맥류, 잡곡으로 구분할 때 다음 중 맥류에 속하는 것은?

① 조　　　　　② 귀리　　　　　③ 기장　　　　　④ 메밀

🌱 **화곡류** ⋯⋯⋯⋯⋯⋯⋯⋯⋯⋯⋯⋯⋯⋯⋯⋯⋯⋯⋯⋯⋯⋯⋯⋯⋯⋯⋯⋯⋯⋯⋯⋯⋯⋯⋯⋯⋯⋯
　　㉠ 미곡 : 논벼(수도)·밭벼(육도)
　　㉡ 맥류 : 보리·밀·호밀·귀리·라이밀
　　㉢ 잡곡 : 옥수수·수수·조·기장·메밀·피

20 다음 중 종자의 수명이 가장 짧은 것은?

① 나팔꽃　　　　② 백일홍　　　　③ 데이지　　　　④ 베고니아

🌱 **정답　16** ④　**17** ②　**18** ②　**19** ②　**20** ④

21 다음 중 USDA 법에 의한 점토의 입자 크기는?

① 2mm 이상

② 0.2mm 이하

③ 0.02mm 이하

④ 0.002mm 이하

점토는 0.002mm 이하의 입경을 갖는다.

22 산성토양의 개량 및 재배대책 방법이 아닌 것은?

① 석회 사용

② 유기물 사용

③ 내산성 작물 재배

④ 적황색토 객토

적황색토(황토) 객토는 노후화답 개량방법이다.

23 식물이 다량으로 요구하는 필수 영양소가 아닌 것은?

① Fe

② K

③ Mg

④ S

다량원소

탄소(C), 수소(H), 산소(O), 질소(N), 인(P), 칼륨(K), 칼슘(Ca), 마그네슘(Mg), 황(S)

24 논 작토층이 환원되어 하층부에 적갈색의 집적층이 생기는 현상을 가진 논을 칭하는 용어는?

① 글레이화

② 라테라이트화

③ 특이산성화

④ 포드졸화

Podzol화

논 작토층이 환원되어 하층부에 적갈색의 집적층이 생기는 현상

25 토양을 담수하면 환원되어 독성이 높아지는 중금속은?

① As

② Cd

③ Pb

④ Ni

비소(As)

비소는 산화형(As^{+5})보다 환원형(As^{+3})의 독성이 강하므로 밭토양보다 논토양에서 장해를 준다.

정답 21 ④ 22 ④ 23 ① 24 ④ 25 ①

26 사질의 논토양을 객토할 경우 가장 알맞은 객토 재료는?

① 점토 함량이 많은 토양
② 부식 함량이 많은 토양
③ 규산 함량이 많은 토양
④ 산화철 함량이 많은 토양

❤ **사질 논토양 개량방법**

점토질 재료를 객토하여 시비 · 수확력을 높이고 비료분을 분시하며 각종 특수성분을 공급하여 양이온치환용량(CEC)을 높여야 한다.

27 화성암으로 옳은 것은?

① 사암
② 안산암
③ 혈암
④ 석회암

❤ **대표적인 화성암의 종류**

생성위치 〳 SiO₂(%)	산성암(65~75%)	중성암(55~65%)	염기성암(40~55%)
심성암	화강암(granite)	섬록암(diorite)	반려암(gabbro)
반심성암	석영반암	섬록반암	휘록암(diabase)
화산암(volcanic)	유문암(rhyolite)	안산암(andesite)	현무암(basalt)

28 우리나라 밭토양에 가장 많이 분포되어 있는 토성은?

① 식질
② 식양질
③ 사양질
④ 사질

❤ **밭토양의 토성별 분포**

토성	분포비율(%)	토성	분포비율(%)
식질	10.3	사양질	27.1
미사식양질	6.5	사질	2.5
식양질	31.4	역질	19.8
미사사양질	0.6	사역질	1.8

29 논토양에서 탈질현상이 나타나는 층은?

① 산화층
② 환원층
③ A층
④ B층

❤ **탈질작용**

질산태질소가 논토양의 환원층에 들어가면 점차 환원되어 산화질소(NO) · 이산화질소(N_2O) · 질소가스(N_2)를 생성하며, 이들은 작물에 이용되지 못하고 공중으로 날아가는 현상이다.

정답   **26** ① **27** ② **28** ② **29** ②

30 우리나라 토양에서 가장 많이 분포한다고 알려진 점토광물은?

① 카올리나이트 ② 일라이트 ③ 버미큘라이트 ④ 몬모릴로나이트

카올리나이트 ....
우리나라 점토광물이 대부분 이에 속하며 고령토라고 부르기도 한다.

31 빗방울의 타격에 의한 침식 형태는?

① 입단파괴침식 ② 우곡침식 ③ 평면침식 ④ 계곡침식

입단파괴침식 ....
빗방울이 토양을 타격하면 입단이 파괴되고 토립이 분산되어 유수에 의해 흘러내리는 침식이다.

32 신토양분류법의 분류체계에서 가장 하위 단위는 어느 것인가?

① 목 ② 속 ③ 통 ④ 상

33 2 : 1 격자형 광물을 가장 잘 설명한 것은?

① 규산판 1개와 알루미나판 1개로 형성 ② 규산판 2개와 알루미나판 1개로 형성
③ 규산판 1개와 알루미나판 2개로 형성 ④ 규산판 2개와 알루미나판 2개로 형성

2 : 1 격자형 점토광물 ....
규산판 2개 사이에 알루미나판 1개가 삽입된 형태로 한 결정단위를 이루고 있다.

34 논토양의 환원층에서 진행되는 화학반응으로 옳은 것은?

① $Mn^{+4} \rightarrow Mn^{+2}$ ② $H_2S \rightarrow SO_4^{-2}$ ③ $Fe^{+2} \rightarrow Fe^{+3}$ ④ $NH_4^+ \rightarrow NO_3^-$

산화상태와 환원상태에서의 원소형태 ....

구분	산화상태	환원상태
C	CO_2	CH_4, 유기물
N	NO_3^-	N_2, NH_4^+
Mn	Mn^{+4}, Mn^{+3}	Mn^{+2}
Fe	Fe^{+3}	Fe^{+2}
S	SO_4^{-2}	H_2S, S
인산	$FePO_4$, $AlPO_4$	$Fe(H_2PO_4)_2$, $Ca(H_2PO_4)_2$
Eh	높음	낮음

정답 **30** ① **31** ① **32** ③ **33** ② **34** ①

35 Hydrometer(하이드로메타)법에 따라 토성을 조사한 결과 모래 34%, 미사 35%였다. 조사한 이 토양의 토성이 식양토일 때 점토함량은 얼마인가?

① 21%　　　　② 31%　　　　③ 35%　　　　④ 38%

36 토양 중의 입자밀도가 동일할 때 공극률이 가장 큰 용적 밀도는?

① $1.15g/cm^3$　　② $1.25g/cm^3$　　③ $1.35g/cm^3$　　④ $1.45g/cm^3$

37 토양미생물의 수를 나타내는 단위는?

① ppm　　　　② CFU　　　　③ mole　　　　④ pH

CFU는 Colony Forming Unit의 약자로서 세균을 나타내는 단위이다.

38 용탈층에서 이화학적으로 용탈, 분리되어 내려오는 여러 가지 물질이 침전, 집적되는 토양 층위는?

① 유기물층　　　② 모재층　　　③ 집적　　　④ 암반

B층(집적층)
A층에서 용탈된 물질이 집적되고 새로운 화합물이 만들어지기도 한다.

39 다음 중 토양유실량이 가장 큰 작물은?

① 옥수수　　　　② 참깨　　　　③ 콩　　　　④ 고구마

40 하천이나 호소의 부영양화로 조류가 많이 발생되는 현상과 관련이 깊은 토양 오염물질은?

① 비소　　　　② 수은　　　　③ 인산　　　　④ 세슘

부영양화의 원인
호소 내 부영양화의 원인물질인 영양염류(질소, 인 등)의 증가

41 유기농업에서 예방적 잡초제어방법이 아닌 것은?

① 윤작　　　② 동물방목　　　③ 완숙퇴비 사용　　　④ 두과작물 재배

정답　35 ②　36 ①　37 ②　38 ③　39 ①　40 ③　41 ②

42 유기축산에 대한 설명으로 틀린 것은?

① 양질의 유기사료 공급

② 가축의 생리적 욕구 존중

③ 유전공학을 이용한 번식기법 사용

④ 환경과 가축 간의 조화로운 관계 발전

유기축산은 유전공학을 이용한 번식기법도 금지하고 있다.

43 여교배육종에 대한 기호 표시로서 옳은 것은?

① (A×A)×C

② ((A×B)×B)×B

③ (A×B)×C

④ (A×B)×(C×D)

여교배육종(backcross breeding)

여교배(backcross)는 양친 A와 B를 교배한 F1을 양친 중 어느 하나와 다시 교배하는 것이다. ((A×B)×B)×B

44 일반적인 퇴비의 기능으로 가장 거리가 먼 것은?

① 작물에 영양분 공급

② 작물생장 토양의 이화학성 개선

③ 토양 중 생물의 활성 유지 및 증진

④ 속성 재배 효과 및 살충 효과

45 밭토양의 시비효과 및 비옥도 증진을 위한 두과 녹비작물로 가장 적당한 것은?

① 헤어리베치

② 밭벼

③ 옥수수

④ 수단그라스

헤어리베치는 두과 녹비작물이다.

46 세계에서 유기농업이 가장 발달한 유럽 유기농업의 특징에 대한 설명으로 틀린 것은?

① 농지면적당 가축사육규모의 자유

② 가급적 유기질 비료의 자급

③ 외국으로부터의 사료의존 지양

④ 환경보전적인 기능 수행

토지 면적에 따라 키울 수 있는 소나 양의 마리 수가 법으로 정해져 있고 천연 목초지역에 방목하여 사육한다.

정답 **42** ③ **43** ② **44** ④ **45** ① **46** ①

47 집약축산에 의한 농업환경오염으로 가장 거리가 먼 적은?

① 메탄가스 발생 오염
② 토양 생태계 오염
③ 수중 생태계 오염
④ 이산화탄소 발생 오염

48 시설(비닐하우스 등)의 환기효과라고 볼 수 없는 것은?

① 실내온도를 낮추어 준다.
② 공중습도를 높여준다.
③ 탄산가스를 공급한다.
④ 유해가스를 배출한다.

공중습도를 낮춘다.

49 배추과의 신품종 종자를 채종하기 위한 수확 적기로 옳은 것은?

① 갈숙기
② 황숙기
③ 녹숙기
④ 고숙기

십자화과 성숙
갈숙(褐熟)기 : 꼬투리가 녹색을 상실해 가며, 종자는 고유의 성숙색이 되고, 손톱으로 파괴하기 어려운 과정이다. 보통 갈숙에 도달하면 성숙했다고 본다.

50 지력이 감퇴하는 원인이 아닌 것은?

① 토양의 산성화
② 토양의 영양 불균형화
③ 특수비료의 과다 사용
④ 부식의 시용

부식의 시용은 지력의 증진이 된다.

51 다음 유기농업이 추구하는 내용에 관한 설명으로 가장 옳은 것은?

① 환경생태계 교란의 최적화
② 합성화학물질 사용의 최소화
③ 토양활성화와 토양단립구조의 최적화
④ 생물학적 생산성의 최적화

52 유기농업에서 병해충 방제와 잡초 방제 수단으로 이용되는 방법이 아닌 것은?

① 저항성 품종
② 윤작 체계
③ 제초제 사용
④ 기계적 방제

제초제 사용은 관행농업이다.

정답 47 ④ 48 ② 49 ① 50 ④ 51 ④ 52 ③

53 토양 피복의 목적이 아닌 것은?

① 토양 내 수분 유지 ② 병해충 발생 방지 ③ 미생물 활동 촉진 ④ 온도 유지

> **피복의 목적** ···
> ㉠ 물과 바람으로부터 토양유실을 방지한다.
> ㉡ 토양수분을 유지하므로 적은 관수량으로 작물생육을 가능하게 한다.
> ㉢ 수광을 차단하여 잡초의 생장을 억제한다.
> ㉣ 지온의 상승을 방지한다.
> ㉤ 피복재료의 분해 산물은 작물에 지속적인 양분공급원이 된다.
> ㉥ 피복재료의 부식으로 토양유기물의 함량을 증가시킨다.

54 윤작의 효과가 아닌 것은?

① 지력의 유지·증강 ② 토양구조 개선   ③ 병해충 경감   ④ 잡초의 번성

> ···
> 윤작의 효과로는 지력의 유지·증강, 토양보호, 기지의 회피, 병충해의 경감, 잡초의 경감, 수량 증대, 토지이용도의 증대, 노력분배의 합리화, 농업경영의 안정성 증대 등이 있다.

55 소의 제1종 가축전염병으로 법정전염병은?

① 전염성 위장염   ② 추백리   ③ 광견병   ④ 구제역

> **구제역** ···
> 소, 돼지, 양, 염소, 사슴 등 발굽이 둘로 갈라진 동물이 감염되는 질병으로 전염성이 매우 강하며 입술, 혀, 잇몸, 코, 발굽 사이에 물집(수포)이 생기고 체온이 급격히 상승하고 식욕이 저하되어 심하게 앓거나 죽는 질병으로 국제수역사무국(OIE)에서 A급으로 분류하며 우리나라 제1종 가축전염병으로 지정되어 있다.

56 과수재배에서 바람의 장점이 아닌 것은?

① 상엽을 흔들어 하엽도 햇볕을 쬐게 한다.
② 이산화탄소의 공급을 원활하게 하여 광합성을 왕성하게 한다.
③ 증산작용을 촉진시켜 양분과 수분의 흡수 상승을 돕는다.
④ 고온 다습한 시기에 병충해의 발생이 많아지게 한다.

> ···
> 고온 다습한 시기에 병충해의 발생이 적어지게 한다.

57 다음 중 IFOAM이란?

① 국제유기농업운동연맹
② 무역의 기술적 장애에 관한 협정
③ 위생식품검역 적용에 관한 협정
④ 국제유기식품규정

✔ **국제유기농업운동연맹(IFOAM)** ···

국제유기농연맹은 전 세계 116개국의 850여 단체가 가입한 세계 최대 규모의 유기농업운동단체이다.

58 엽록소를 형성하고 잎의 색이 녹색을 띠는 데 필요하며, 단백질 합성을 위한 아미노산의 구성 성분인 것은?

① 질소
② 인산
③ 칼륨
④ 규산

✔ **질소(N)** ···

㉠ 원형질은 건물의 40~50%를 차지하는 무기성분이다.
㉡ 단백질의 중요한 구성성분이며, 효소 · 엽록소도 질소화합물이다.

59 다음의 조건에 맞는 육종법은?

• 현재 재배되고 있는 품종이 가지고 있는 소수 형질을 개량할 때 쓰인다.
• 우수한 특성이 있으나 내병성 등의 한두 가지 결점이 있을 때 육종하는 방법이다.
• 비교적 짧은 세대에 걸쳐 육종개량이 가능하다.

① 계통분리육종법
② 순계분리육종법
③ 여교배(잡)육종법
④ 도입육종법

✔ **여교배(잡)육종법** ···

우수한 특성이 있으나 내병성 등의 한두 가지 결점이 있을 때 육종하는 방법이다.

60 쌀겨를 이용한 논 잡초 방제에 대한 설명으로 틀린 것은?

① 이슬이 말랐을 때 쌀겨를 사용한다.
② 살포면적이 넓으면 쌀겨를 펠렛으로 만들어 사용한다.
③ 쌀겨를 뿌리면 논 주변에 악취가 발생한다.
④ 쌀겨는 잡초종자의 발아를 완전 억제한다.

✔ ···

쌀겨는 잡초종자의 발아를 억제하지만 완전히 억제하지는 못한다.

정답　57 ①　58 ①　59 ③　60 ④

2015년 4월 4일 시행

01 작물의 일반분류에서 섬유작물(fiber crops)에 속하지 않는 것은?

① 목화, 삼

② 고리버들, 제충국

③ 모시풀, 아마

④ 케나프, 닥나무

🌱 **섬유작물** ······

목화 · 삼 · 모시풀 · 아마 · 어저귀 · 케나프 · 왕골 · 수세미 · 닥나무 등이 있다.

02 지온상승효과가 가장 우수한 멀칭필름(피복비닐)의 색은?

① 투명

② 녹색

③ 흑색

④ 적색

🌱 **투명필름** ······

㉠ 멀칭용 플라스틱 필름에 있어서 모든 광을 잘 투과시키는 투명필름은 지온상승효과가 크다.

㉡ 잡초의 발생이 많아진다.

03 작물의 특징에 대한 설명으로 틀린 것은?

① 이용성과 경제성이 높다.

② 일종의 기형식물을 이용하는 것이다.

③ 야생식물보다 생존력이 강하고 수량성이 높다.

④ 인간과 작물은 생존에 있어 공생관계를 이룬다.

🌱 ······

작물은 인간의 보호하에 발달하였기에 자연 상태에서는 야생식물에 비해 적응력이 낮아서 인간의 조치가 필요하다.

04 수분이 포화된 상태의 토양에서 증발을 방지하면서 중력수를 완전히 배제하고 남은 수분 상태를 말하며, 작물이 생육하는 데 가장 알맞은 수분 조건은?

① 포화용수량

② 흡습용수량

③ 최대용수량

④ 포장용수량

🌱 **포장용수량** ······

수분으로 포화된 토양으로부터 증발을 방지하면서 중력수를 완전히 배제하고 남은 수분상태이며, 최소용수량이라고도 한다.

정답   **01** ② **02** ① **03** ③ **04** ④

05 접목재배의 특징이 아닌 것은?

① 수세 회복
② 병해충 저항성 증대
③ 환경 적응성 약화
④ 종자번식이 어려운 작물의 번식수단

저온, 고온 등 불량환경에 대한 내성이 증대된다.

06 작물의 흡수와 관련된 설명 중 옳은 것은?

① 식물체의 줄기를 자른 곳에서 물이 배출되는 일비현상은 뿌리세포의 근압에 의한 능동적 흡수에 의해 일어난다.
② 능동적 흡수는 뿌리를 통해 흡수되는 물이 주로 세포벽을 통하여 집단류에 의해 뿌리 내부로 이동하는 것을 말한다.
③ 뿌리를 통한 물의 흡수경로에서 심플라스트 경로는 식물의 죽어 있는 세포벽과 세포간극을 통하여 수분이 이동되는 경로이다.
④ 앞의 가장자리에 있는 수공에서 물이 나오는 일액현상은 근압에 의하여 일어나는 수동적 흡수이다.

07 남부지방에서 가을에서 겨울 동안 들깨 재배시설에 야간 조명을 실시하는 이유는?

① 꽃을 피워 종자를 생산하기 위하여
② 관광객에게 볼거리를 제공하기 위하여
③ 개화를 억제하여 잎을 계속 따기 위하여
④ 광합성 시간을 늘려 종자 수량을 높이기 위하여

✔ **영양생장의 조절**
일장처리에 의해 **영양생장**을 조절할 수 있다. 들깨의 경우 장일처리를 통해 연중 어느 때나 잎을 계속 수확할 수 있다.

08 경운의 필요성에 대한 설명으로 틀린 것은?

① 잡초 발생 억제
② 해충 발생 증가
③ 토양의 물리성 개선
④ 비료, 농약의 시용효과 증대

✔ **경기의 효과**
㉠ 토양 물리성의 개선
㉡ 토양 화학성의 개선
㉢ 잡초의 경감
㉣ 해충의 경감

정답　**05** ③　**06** ①　**07** ③　**08** ②

09 풍해의 생리적 기구가 아닌 것은?

① 기공 폐쇄
② 호흡 증가
③ 광합성 저하
④ 독성물질의 생성

10 관개방법을 지표관개, 살수관개, 지하관개로 구분할 때 지표관계 방법에 해당하지 않는 것은?

① 일류관개
② 보더관개
③ 수반법
④ 스프링클러관개

✔ **살수관개(지상관개)** ────────────────
스프링클러관개 : 스프링클러에 의해서 살수하는 방법이다.

11 작물의 장해형 냉해에 관한 설명으로 가장 옳은 것은?

① 냉온으로 인하여 생육이 지연되어 후기등숙이 불량해진다.
② 생육 초기부터 출수기에 걸쳐 냉온으로 인하여 생육이 부진해지고 지연된다.
③ 냉온하에서 작물의 증산작용이나 광합성이 부진하여 특정 병해의 발생이 조장된다.
④ 유수형성기부터 개화기까지, 특히 생식세포의 감수분열기의 냉온으로 인하여 정상적인 생식기관이 형성되지 못한다.

12 작물의 재배기술 중 제초에 대한 설명으로 틀린 것은?

① 제초제는 생리작용에 따라 선택성과 비선택성으로 분류한다.
② 2,4-D는 대표적인 비선택성 제초제이다.
③ 제초제는 작용성에 따라 접촉성과 이행성으로 분류한다.
④ 제초제는 잡초의 생리기능을 교란시켜 세포원형질을 파괴 또는 분리시켜 고사하게 한다.

✔ **제초제의 종류** ────────────────
㉠ 선택성 제초제 : 2,4-D, butachlor, bentazon
㉡ 비선택성 제초제 : glyphosate, paraquat 등

13 광합성에서 조사광량이 높아도 광합성 속도가 증대하지 않게 된 것을 뜻하는 것은?

① 광포화
② 보상점
③ 진정광합성
④ 외견상 광합성

14 대기의 조성과 작물의 생육에 대한 설명으로 옳은 것은?

① 대기 중 질소의 함량비는 약 79%이다.
② 대기 중 산소의 함량비는 약 46%이다.
③ 콩과작물의 근류균은 혐기성 세균이다.
④ 대기의 산소농도가 낮아지면 C_3 작물의 광호흡이 커진다.

> 대기의 조성은 질소가스 약 79%, 산소가스 약 21%, 이산화탄소 약 0.03%(300ppm), 기타 수증기·연기·먼지·아황산가스, 미생물, 화분, 각종 가스 등이다.

15 발아 억제물질에 해당하지 않는 것은?

① 암모니아　　② 질산염　　③ 시안화수소　　④ ABA

> 발아 억제물질 : 암모니아, 시안화수소, ABA 등

16 작물을 재배할 때 도복의 피해 양상이 아닌 것은?

① 수량 감소　　② 품질 저하　　③ 수발아 방지　　④ 수확작업 곤란

> **도복의 피해**
> ㉠ 수량 감소
> ㉡ 품질의 손상
> ㉢ 수확작업의 불편
> ㉣ 간작물에 대한 피해

17 대기 중의 이산화탄소와 작물의 생리작용에 대한 설명으로 틀린 것은?

① 이산화탄소의 농도와 온도가 높아질수록 동화량은 증가한다.
② 광합성 속도에는 이산화탄소 농도뿐만 아니라 광의 강도도 관계한다.
③ 광합성은 온도, 광도, 이산화탄소의 농도가 증가함에 따라 계속 증대한다.
④ 광합성에 의한 유기물의 생성속도와 호흡에 의한 유기물의 소모속도가 같아지는 이산화탄소 농도를 이산화탄소 보상점이라고 한다.

> **광포화점(光飽和點)**
> 광도가 보상점을 지나 증가함에 따라 광합성 속도도 증가하며 어느 한계에 이르면 광도가 증가하여도 광합성 속도는 증가하지 않는 상태(광포화)에 도달하게 되는데, 이때의 광도를 광포화점이라 한다.

정답　**14** ①　**15** ②　**16** ③　**17** ③

18 적응된 유전형들이 안정 상태를 유지하려면 적응형 상호 간에 유전적 교섭이 생기지 말아야 하는데, 다음 중 생리적 격리의 설명으로 옳은 것은?

① 지리적으로 멀리 떨어져 있어 유전적 교섭이 방지되는 것
② 개화기의 차이, 교잡불임 등의 원인에 의하여 유전적 교섭이 방지되는 것
③ 돌연변이에 의해서 생리적으로 격리되는 것
④ 생리적 특성이 강하여 유전적 교섭이 방지되는 것

19 작물의 생육에 있어 광합성에 영향을 주는 적색광의 파장은?

① 300nm
② 450nm
③ 550nm
④ 670nm

✔ 광합성(光合成, 탄소동화작용) ···
가장 효과가 큰 광의 파장은 600~680nm의 적색광이다.

20 대기의 질소를 고정시켜 지력을 증진시키는 작물은?

① 화곡류
② 두류
③ 근채류
④ 과채류

✔ ···
두류(콩과)는 대기의 질소를 고정시켜 지력을 증진시키는 작물이다.

21 일반적인 논토양에서 25℃에서의 전기전도도는 얼마인가?

① 1~2dS/m
② 2~4dS/m
③ 5~7dS/m
④ 8~9dS/m

22 적색 또는 회색 포드졸 토양의 주요 점토광물이며, 우리나라 토양의 점토광물 중 대부분을 차지하는 것은?

① 카올리나이트
② 일라이트
③ 몬모릴로나이트
④ 버미큘라이트

✔ ···
우리나라 토양 중에 대부분이 kaolinite임이 밝혀졌고 일명 고령토라고 한다.

정답 18 ② 19 ④ 20 ② 21 ② 22 ①

23 우리나라 토양이 대체로 산성인 이유로 틀린 것은?

① 화강암 모재   ② 여름의 많은 강우   ③ 산성비   ④ 석회 시용

석회는 염기성 물질로 산성토양을 개량하는데 사용된다.

24 토양의 생성과 발달에 관여하는 5가지 요인에 해당하지 않는 것은?

① 모재   ② 식생   ③ 압력   ④ 지형

토양생성의 주요 인자
㉠ 모재료의 종류와 성질
㉡ 기후(기온과 강수량)
㉢ 생물의 작용(자연적 식생)
㉣ 그 지역의 지형
㉤ 시간(모재료가 토양생성작용을 받는 시간)

25 유효수분이 보유되어 있는 것으로서 보수역할을 주로 담당하는 공극은?

① 대공극   ② 기상공극   ③ 모관공극   ④ 배수공극

모관공극이라고도 하며 모세관 현상으로 물의 이동이 원만하고 보수의 역할을 하는 공극을 말한다.

26 다음 설명에 해당하는 모암은?

• 어두운 색을 띠며 미세한 세립질의 염기성암으로 산화철이 많이 포함되어 있다.
• 풍화되어 토양으로 전환되면 황적색의 중점식토가 되고 장석은 석회질로 전환된다.

① 화강암   ② 석회암   ③ 현무암   ④ 석영조면암

27 pH 2~4의 낮은 조건에서도 잘 생육하는 세균의 종류는?

① 황세균   ② 질산균   ③ 아질산균   ④ 탈질균

세균의 최적 pH

세균류	질산균	아질산균	질산환원균	황세균	단서질소고정균	근류근
최적 pH	6.8~7.3	6.7~7.9	7.0~8.2	2.0~4.0	7.0~8.0	6.5~7.5

정답 **23** ④ **24** ③ **25** ③ **26** ③ **27** ①

28 토양생성 요인 중 지형, 모재 및 시간 등의 영향이 뚜렷하게 나타나는 토양은?

① 성대성 토양
② 간대성 토양
③ 무대성 토양
④ 열대성 토양

✔ **간대성 토양** ··

기후 이외의 지형·모재·지하수 등과 같은 국부적인 인자의 영향을 크게 받아 발달한 토양이며, 지역적인 특성에 의해 생성되었기 때문에 대부분 일부 토층이 빠져 있다.

29 토양학에서 토성의 의미로 가장 적합한 것은?

① 토양의 성질
② 토양의 화학적 성질
③ 입경 구분에 의한 토양의 분류
④ 토양반응

✔ **토성의 의미** ··

토양입자를 입경에 따라서 분류하는 것

30 에너지를 얻는 수단에 따른 분류에서 타급영양(유기영양) 세균이 아닌 것은?

① 암모니아화성균
② 섬유소분해균
③ 근류균
④ 질산화성균

31 토양의 수분을 분류할 때 토양 수분 함량이 가장 적은 상태는?

① 결합수(combined water)
② 흡습수(hygroscopic water)
③ 모세관수(capillary water)
④ 중력수(gravitational water)

✔ **결정수(結合水, 化合水)** ··

㉠ 토양의 고체 성분이 화학적으로 결합된 물이며, 100~110℃로 가열해도 분리되지 않는다.
㉡ pF 7.0(10,000 기압) 이상으로 작물에 이용되지 못한다.

32 양이온치환용량(CEC)이 10cmol(+)/kg인 어떤 토양의 치환성염기의 합계가 6.5cmol(+)/kg이라고 할 때, 이 토양의 염기포화도는?

① 13%
② 26%
③ 65%
④ 85%

✔ ··

$$염기 포화율(\%) = \frac{치환성 \ 염기의 \ 용량}{양이온 \ 치환 \ 용량} \times 100$$

$$= \frac{6.5}{10} \times 100 = 65\%$$

정답   **28** ②   **29** ③   **30** ④   **31** ①   **32** ③

33 이타이이타이(Itai-itai)병과 연관이 있는 중금속은?

① 피시비(PCB)
② 카드뮴(Cd)
③ 크롬(Cr)
④ 셀레늄(Se)

🌿 **카드뮴(Cd)**

일본에서 이타이이타이병을 일으켜(1961) 인명에 피해를 끼친 원인 물질이며, 카드뮴을 과잉 흡수하면 고혈압을 일으킨다.

34 토양 구조의 발달에 불리하게 작용하는 요인은?

① 석회물질의 시용
② 퇴비의 시용
③ 토양의 피복 관리
④ 빈번한 경운

🌿

빈번한 경운은 오히려 입단을 파괴한다.

35 다음 음이온 중 치환순서가 가장 빠른 이온은?

① PO_4^{3-}
② SO_4^{2-}
③ Cl^-
④ NO_3^-

🌿

음이온 치환순서 : $SiO_4^{-4} > PO_4^{-3} > SO_4^{-2} > NO_3^- \approx Cl^-$ 이며 침출 순위는 그 역이다.

36 다음 중 단위 무게당 가장 많은 양의 음전하를 함유한 광물은?

① kaolinite(카올리나이트)
② montmorillonite(몬모릴로나이트)
③ illite(일라이트)
④ chlorite(클로라이트)

🌿 **양이온 치환 용량**

(단위 : me/100g)

토양 교질물	양이온 교환 용량	
	평균값	범위
부식물	200	100~300
Vermiculite	150	100~200
Allophane	100	50~200
Montmorillonite	80	60~100
Hydrous mica · Chlorite	30	20~40
Kaolinite	8	3~15
Hydrous oxides	4	0~10

정답 **33** ② **34** ④ **35** ① **36** ②

37 시설재배지 토양관리의 문제점이 아닌 것은?

① 염류집적이 잘 일어난다.
② 연작장해가 발생되기 쉽다.
③ 양분용탈이 잘 일어난다.
④ 양분 불균형이 발생되기 쉽다.

양분용탈 ....

시설 내 토양에는 작물이 필요로 하는 양만큼의 물을 표층 토양에만 관개하게 되므로 양분이 땅속으로 용탈되는 양이 매우 적다.

38 우리나라 밭토양이 가장 많이 분포되어 있는 지형은?

① 곡간지
② 산악지
③ 구릉지
④ 평탄지

39 미생물은 활성이 가장 최적인 온도에 따라서 구분할 수 있다. 미생물의 생육적온이 15℃ 부근인 미생물은 어떤 분류에 포함되는가?

① 저온성 미생물
② 중온성 미생물
③ 고온성 미생물
④ 혐기성 미생물

40 토양 내 유기물의 분해와 관련이 있는 효소는?

① 탈수소효소
② 인산가수분해효소
③ 단백질가수분해효소
④ 요소분해효소

41 다음 중 연작의 피해가 가장 큰 작물은?

① 수수
② 고구마
③ 양파
④ 사탕무

5~7년 휴작을 요하는 작물 ....

수박 · 가지 · 완두 · 우엉 · 고추 · 토마토 · 레드클로버 · 사탕무 등

42 다음 중 산성토양에서 잘 자라는 과수는?

① 무화과나무
② 포도나무
③ 감나무
④ 밤나무

토양반응 ....

과수 종류에 따라 다르나 밤나무와 복숭아나무는 산성토양에서, 배나무 · 감나무 · 밀감 등은 약산성에서, 무화과나무와 포도는 중성~약알칼리성에서 잘 자란다.

정답 **37** ③ **38** ① **39** ① **40** ① **41** ④ **42** ④

43 유기한우 생산을 위해서는 사료 공급 요인들이 충족되어야 한다. 유기한우 생산 충족 사항은?

① 전체 사료의 100%를 유기사료로 급여한다.

② GMO 곡물사료를 공급한다.

③ 가축 질병예방을 위하여 항생제를 주기적으로 사용한다.

④ 활동이 제한되는 공장식 밀식 사육을 실시한다.

44 우리나라 반추가축의 유기사료 수급에 관한 문제로 부적당한 것은?

① 목초의 생산기반을 확장해야 한다.

② 유기목초 종자 및 생산기술을 수립해야 한다.

③ 초지 접근성 및 유기방목 기술을 수립해야 한다.

④ 조사료보다는 농후사료의 자급기반을 확충해야 한다.

45 다음 중 호광성 종자는?

① 토마토 ② 가지

③ 상추 ④ 호박

> **호광성 종자** ··
> 담배, 상추, 우엉, 피튜니아, 차조기, 금어초, 디기탈리스, 베고니아, 뽕나무, 벤트그래스, 버뮤다그래스, 켄터키블루그래스, 캐나다블루그래스, 스탠더드휘트그래스, 셀러리 등이다.

46 벼의 종자 증식 체계로 옳은 것은?

① 원원종 → 원종 → 기본식물 → 보급종 ② 원종 → 원원종 → 기본식물 → 보급종

③ 원원종 → 원종 → 보급종 → 기본식물 ④ 기본식물 → 원원종 → 원종 → 보급종

> **종자 증식 체계** ··
> 기본식물 → 원원종 → 원종 → 보급종의 단계를 거친다.

47 유기농업에서 토양비옥도를 유지, 증대시키는 방법이 아닌 것은?

① 작물 윤작 및 간작 ② 녹비 및 피복작물 재배

③ 가축의 순환적 방목 ④ 경운작업의 최대화

> ··
> 경운작업은 최대화가 아니라 최소화되어야 한다.

정답 **43** ① **44** ④ **45** ③ **46** ④ **47** ④

48 유기농업에서 벼의 병해충 방제법 중 경종적 방제법이 아닌 것은?

① 답전윤환

② 저항성 품종 이용

③ 적절한 윤작

④ 천적 이용

천적을 이용하는 방제법을 생물학적 방제법이라고 한다.

49 볍씨의 종자선별 방법 중 까락이 없는 몽근메벼를 염수선할 때 가장 적당한 비중은?

① 1.03

② 1.08

③ 1.10

④ 1.13

선종(씨가리기)
  ㉠ 유망종 : 1.10
  ㉡ 무망종 : 1.13

50 과수육종이 다른 작물에 비해 불리한 점이 아닌 것은?

① 과수는 품종육성기간이 길다.

② 과수는 넓은 재배면적이 필요하다.

③ 과수는 타가수정을 한다.

④ 과수는 영양번식을 한다.

과수육종에 있어서 영양번식은 다른 작물에 비해 유리한 점이다.

51 입으로 전염되며 패혈증, 설사(백리변), 독혈증의 증상을 보이는 돼지의 질병은?

① 대장균증

② 장독혈증

③ 살모넬라증

④ 콜레라

돼지의 대장균증(Colibacillosis in Pigs)
  ㉠ 대장균의 감염에 의하여 일어나며, 패혈증, 설사(신생기 설사 및 이유 후 설사), 독혈증(부종병 및 뇌척수혈관증) 등이 주 증상이다.
  ㉡ 여러 가지 병형이 모두 입으로 감염되어 일어난다.

52 다음 중 토양에 다량 사용했을 때, 질소기아 현상을 가장 심하게 나타낼 수 있는 유기물은?

① 알팔파

② 녹비

③ 보릿짚

④ 감자

식물체 탄질률(%)
알팔파, 녹비, 감자는 탄질률이 낮고 보릿짚은 탄질률이 높다.

정답 48 ④ 49 ④ 50 ④ 51 ① 52 ③

53 다음 중 농약살포의 문제점이 아닌 것은?

① 생태계가 파괴된다.　　　　　② 익충을 보호한다.

③ 식품이 오염된다.　　　　　　④ 병해충의 저항성이 증대된다.

54 유기과수원의 토양관리 중 유기물 사용의 효과가 아닌 것은?

① 토양을 홑알구조로 한다.

② 토양의 보수력을 증가시킨다.

③ 토양의 물리성을 개선한다.

④ 토양미생물이나 작물의 생육에 필요한 영양분을 공급한다.

✔ ....

　　유기물 사용의 입단구조를 형성한다.

55 다음 중 식물의 기원지로 옳게 짝지어지지 않은 것은?

① 사탕수수 – 인도　② 매화 – 일본　③ 가지 – 인도　④ 자운영 – 중국

✔ ....

　　매화 – 중국

56 농림축산식품부 소관 친환경농어업 육성 및 유기식품 등의 관리 지원에 관한 법률 시행규칙에서 정한 친환경농산물 종류로 틀린 것은?

① 유기농산물　　② 안전농산물　　③ 무농약농산물　　④ 무항생제축산물

✔ **친환경농산물 종류** ....
　　유기농산물, 무농약농산물, 무항생제축산물

57 사과를 유기농법으로 재배하는데 어린잎 가장자리가 위쪽으로 뒤틀리고 새 가지 선단에서 막 전개되는 잎은 황화되며, 심한 경우에는 새 가지의 정단부위가 말라 죽어가고 있다. 무엇이 부족한가?

① 질소　　　　② 인산　　　　③ 칼리　　　　④ 칼슘

✔ **칼슘(Calcium : Ca, 石灰)** ....
　　결핍 시 분열조직의 생장이 감퇴하고 뿌리나 눈의 생장점이 붉게 변하여 죽게 되며 사과의 고두병의 원인이 된다.

정답 **53** ② **54** ① **55** ② **56** ② **57** ④

58 경사지에 비해 평지 과수원이 갖는 장점이라고 볼 수 없는 것은?

① 토양이 깊고 비옥하다. ② 보습력이 높다.

③ 기계화가 용이하다. ④ 배수가 용이하다.

59 신품종 종자의 우수성이 저하되는 품종퇴화의 원인이 아닌 것은?

① 인공적 ② 유전적

③ 생리적 ④ 병리적

🍃 **품종퇴화의 원인** ···

ㄱ 유전적

ㄴ 생리적

ㄷ 병리적

60 유기농업에서 소각(burning)을 권장하지 않는 이유로 틀린 것은?

① 소각함으로써 익충과 토양생물체에 피해를 준다.

② 많은 양의 탄소, 질소 그리고 황이 가스형태로 손실된다.

③ 소각 후에 잡초나 병충해가 더 많이 나타난다.

④ 재가 함유하고 있는 양분은 빗물에 쉽게 씻겨 유실된다.

01 생력기계화 재배를 통해 단위면적당 수량을 늘릴 수 있는데 그 주된 이유가 아닌 것은?

① 지력의 증진
② 노동력 증가
③ 적기·적작업
④ 재배방식의 개선

☑ 단위수량의 증대 ···
ⓐ 지력의 증진
ⓑ 적기, 적작업
ⓒ 재배방식의 개선

02 고온으로 발생된 해(害)작용이 아닌 것은?

① 위조의 억제
② 황백화 현상
③ 당분 감소
④ 암모니아 축적

☑ 증산과다 ···
고온에서는 수분흡수보다도 증산이 과다해지므로 위조가 유발된다.

03 엽면시비가 효과적인 경우가 아닌 것은?

① 작물에 필요량이 적은 무기양분을 사용할 경우
② 토양 조건이 나빠 무기양분의 흡수가 어려운 경우
③ 시비를 원하지 않는 작물과 같이 재배할 경우
④ 부족한 무기성분을 서서히 회복시킬 경우

☑ 엽면시비의 효과적 이용면 ··
ⓐ 뿌리의 흡수력이 약해졌을 경우
ⓑ 미량요소의 공급 시
ⓒ 작물의 급속한 영양회복이 필요한 경우
ⓓ 품질 향상이 필요한 경우
ⓔ 토양시비가 곤란한 경우
ⓕ 비료성분의 유실을 방지하기 위해
ⓖ 시비노력 절감을 위해

정답 01 ② 02 ① 03 ④

04 토양구조의 입단화와 가장 관련이 깊은 것은?

① 세균(Bacteria)
② 방선균(Actinomycetes)
③ 선충류(Nematoda)
④ 균근균(Mycorrhizae)의 균사

균근균은 토양 내 당단백질인 글로말린 함량을 증가시킨다. 글로말린은 토양 입단화를 촉진시키는 단백질로 토양 탄소를 축적하는 역할을 한다.

05 종자춘화형 식물이 아닌 것은?

① 추파맥류
② 완두
③ 양배추
④ 봄무

종자 버널리제이션

추파맥류 · 완두 · 잠두 · 봄무 등이 있다.
※ 양배추 : 녹체 버널리제이션

06 작물의 분화 및 발달과 관련된 용어의 설명으로 틀린 것은?

① 작물이 원래의 것과 다른 여러 갈래로 갈라지는 현상을 작물의 분화라고 한다.
② 작물이 환경이나 생존경쟁에서 견디지 못해 죽게 되는 것을 순화라고 한다.
③ 작물이 점차 높은 단계로 발달해 가는 현상을 작물의 진화라고 한다.
④ 작물이 환경에 잘 견디어 내는 것을 적응이라 한다.

도태

작물이 환경이나 생존경쟁에서 견디지 못해 죽게 되는 것을 도태라고 한다.

07 개방된 상수로에 투수한 후 이것이 침투해서 모관상승을 통하여 근권에 공급되게 하는 방법은?

① 암거법
② 압입법
③ 수반법
④ 개거법

개거법

㉠ 개방된 상수로에 통수한 후 이것이 침투해서 모관 상승하여 근부에 공급되게 하는 방법이다.
㉡ 지하수위가 낮지 않은 사질토 지대에서 이용된다.

08 윤작방식은 지방 실정에 따라서 다양하게 발달되지만, 대체로 다음과 같은 원리가 포함된다. 이 중 옳지 않은 것은?

① 주작물이 특수하더라도 식량과 사료의 생산이 병행되는 것이 좋다.
② 지력 유지를 위하여 콩과 작물이나 다비작물을 포함한다.
③ 토양보호를 위해서 피복작물을 심지 않는다.
④ 토지이용도를 높이기 위하여 여름작물과 겨울작물을 결합한다.

✔ **윤작의 원리** ──
토양보호를 위하여 피복작물이 포함되도록 한다.

09 작물의 분화과정이 옳은 것은?

① 유전적 변이 → 고립 → 도태와 적응 ② 유전적 변이 → 도태와 적응 → 고립
③ 도태와 적응 → 고립 → 유전적 변이 ④ 도태와 적응 → 유전적 변이 → 고립

✔ **작물의 분화 및 발달 순서(자연적 분화)** ──────────────────────
유전적 변이 → 도태 · 적응 → 순화 → 분화 → 격절/고립

10 토양의 양이온 치환용량 증대효과에 대한 설명 중 틀린 것은?

① NH_4^+, K^+, Ca^{2+} 등의 비료성분을 흡착, 보유하는 힘이 커진다.
② 비료를 많이 주어도 일시적 과잉흡수가 억제된다.
③ 토양의 완충능력이 커진다.
④ 비료성분의 용탈을 조장한다.

✔ **양이온 치환용량(CEC)** ───────────────────────────────────
토양 중에 고운 점토와 부식이 증가하면 CEC도 증대하며, 토양의 CEC가 증대하면 비료성분을 흡착 · 보유하는 힘이 커진다.

11 인산질 비료에 대하여 설명한 것이다. 틀린 것은?

① 유기질 인산비료에는 동물 뼈, 물고기 뼈 등이 있다.
② 용성인비는 수용성 인산을 함유하며, 작물에 속히 흡수된다.
③ 무기질 인산비료의 중요한 원료는 인광석이다.
④ 과인산석회는 대부분이 수용성이고 속효성이다.

✔ **용성인비** ───
구용성 인산을 함유하며, 작물에 속히 흡수되지는 못하므로 과인산석회 등과 병용하는 것이 좋다.

12 일정한 한계일장이 없고, 대단히 넓은 범위의 일장조건에서 개화하는 식물은?

① 중성 식물

② 장일식물

③ 단일식물

④ 정일성 식물

🌱 **중성 식물(중일성 식물)** ....

일정한 한계일장이 없고 넓은 범위의 일장에서 화성이 유도되며, 화성이 일장에 영향을 받지 않는다.

13 지리적 미분법을 적용하여 작물의 기원을 탐색한 학자는?

① Vavilov

② De Candolle

③ Ookuma

④ Hellriegel

🌱 **Vavilov(1926~1951)** ....

분화식물 지리학적 방법을 이용하여 식물종과 변종 간 계통적 구성의 다양성과 그의 지리적 분포를 상세히 연구하였다.

14 다음 중 벼를 재배할 때 풍해에 의해 발생하는 백수현상을 유발하는 풍속, 공기습도의 범위에 대한 설명으로 가장 옳은 것은?

① 백수현상은 풍속이 크고 공기습도가 높을 때 심하다.

② 백수현상은 풍속이 적고 공기습도가 높을 때 심하다.

③ 백수현상은 공기습도 60%, 풍속 10m/sec의 조건에서 발생한다.

④ 백수현상은 공기습도 80%, 풍속 20m/sec의 조건에서 발생한다.

🌱 ....

벼의 경우 습도가 60% 이하일 때에는 풍속 10m/sec에서 백수가 생기지만 습도가 80% 이상일 때에는 20m/sec의 풍속에서도 백수가 생기지 않는다.

15 작물에 유익한 토양미생물의 활동이 아닌 것은?

① 유기물 분해

② 유리질소의 고정

③ 길항작용

④ 탈질작용

🌱 ....

토양미생물의 유해한 활동은 탈질작용을 일으킨다.

정답 **12** ① **13** ① **14** ③ **15** ④

16 다음은 작물의 내동성에 관여하는 요인이다. 내용이 틀린 것은?

① 원형질의 수분투과성 : 원형질의 수분투과성이 크면 세포 내 결빙을 적게 하여 내동성을 증대시킨다.

② 지방 함량 : 지방과 수분이 공존할 때 빙점강하도가 작아지므로 지유 함량이 높은 것이 내동성이 강하다.

③ 전분 함량 : 전분 함량이 많으면 내동성은 저하된다.

④ 세포의 수분 함량 : 자유수가 많아지면 세포의 결빙을 조장하여 내동성이 저하된다.

❧ **지유(지방) 함량** ....
지유와 수분이 공존할 때에는 빙점강하도가 커지므로 내동성을 증대시킨다.

17 다음은 멀칭의 이용성이다. 내용이 틀린 것은?

① 동해 : 맥류 등 월동작물을 퇴비 등으로 덮어 주면 동해가 경감된다.

② 한해 : 멀칭을 하면 토양 수분의 증발이 억제되어 가뭄의 피해가 경감된다.

③ 생육 : 보온효과가 크기 때문에 보통재배의 경우보다 생육이 늦어져 만식재배에 널리 이용된다.

④ 토양 : 수식 등의 토양 침식이 경감되거나 방지된다.

❧ **생육 촉진** ....
멀칭을 하면 보온의 효과가 커서 조식재배가 가능하며, 생육이 촉진되어 촉성재배가 가능하다.

18 작물의 동상해에 대한 응급대책으로 틀린 것은?

① 저녁에 충분히 관개한다.

② 중유, 나뭇가지 등에 석유를 부은 것 등을 연소시킨다.

③ 이랑을 낮추어 뿌림골을 얕게 한다.

④ 거적으로 잘 덮어준다.

❧ ....
이랑을 낮추어 뿌림골을 깊게 한다.

19 다음 중 작물 혼파의 이점으로 가장 적절하지 않은 것은?

① 산초량이 억제된다.   ② 가축의 영양상 유리하다.

③ 비료 성분을 효율적으로 이용할 수 있다.   ④ 지상·지하를 입체적으로 이용할 수 있다.

❧ ....
작물 혼파로 산초량이 억제되는 것은 아니다.

정답   **16** ②   **17** ③   **18** ③   **19** ①

20 대기 습도가 높으면 나타나는 현상으로 틀린 것은?

① 증산의 증가
② 병원균 번식 조장
③ 도복의 발생
④ 탈곡 · 건조작업 불편

대기 습도가 높으면 증산이 감소한다.

21 단위면적당 생물체량이 가장 많은 토양미생물로 맞는 것은?

① 사상균
② 방선균
③ 세균
④ 조류

단위면적당 생물체량이 가장 많은 토양미생물은 곰팡이인 사상균이다.

22 호기적 조건에서 단독으로 질소고정작용을 하는 토양미생물 속(屬)은?

① 아조토박터(Azotobacter)
② 클로스트리디움(Clostridium)
③ 리조비움(Rhizobium)
④ 프랑키아(Frankia)

Azotobacter
통기 상태가 양호한 곳에서 생육하는 호기성 세균이며, 부식을 에너지원으로 하는 유기 영양 세균이다.

23 자연의 힘으로 다른 곳으로 이동하여 생성된 토양 중 중력의 힘에 의해 이동하여 생긴 토양은?

① 정적토
② 붕적토
③ 빙하토
④ 풍적토

붕적토(崩積土)
경사지에서 암석의 풍화산물인 돌 부스러기와 흙이 중력에 의하여 미끄러져 쌓인 토양을 붕적토라 한다.

24 식물체에 흡수되는 무기물의 형태로 틀린 것은?

① NO_3^-
② $H_2PO_4^-$
③ B
④ Cl^-

붕소(B)의 이온상태
BO_3^{2-}

정답 **20** ① **21** ① **22** ① **23** ② **24** ③

25 토양입자의 크기가 갖는 의의로 틀린 것은?

① 토양의 모래·미사 및 점토 함량을 알면 토양의 물리적 성질에 대한 많은 정보를 알 수 있다.

② 모래 함량이 많은 토양은 배수성과 투수성이 크지만 양분을 보유하는 힘이 약하다.

③ 미사가 많은 토양은 배수성과 양분 보유능이 매우 크다.

④ 점토가 많은 토양은 양분과 수분을 보유하는 힘은 강하지만 배수성은 매우 나빠진다.

> **가루모래(미사)** ··
> ㉠ 미사는 불규칙한 조각으로 그 표면에 점토 입자가 부착된다.
> ㉡ 다소의 수분이나 비료 성분의 흡착력을 가지며 끈기가 있어 응집성을 가지며 가역성도 갖는다.

26 토양단면도에서 O층에 해당되는 것은?

① 모재층   ② 집적층

③ 용탈층   ④ 유기물층

> **O층(유기물층)** ··
> ㉠ 최상위층에 위치하며, 삼림토양에서 볼 수 있는 유기물층이다.
> ㉡ O층은 유기물 분해 정도에 의해 O1층과 O2층으로 나눈다.

27 질화작용이 일어나는 장소와 과정이 옳은 것은?

① 환원층, $NH_4^+ \rightarrow NO_3^- \rightarrow NO_2^-$ ② 환원층, $NH_4^+ \rightarrow NO_2^- \rightarrow NO_3^-$

③ 산화층, $NO_3^- \rightarrow NO_2^- \rightarrow NH_4^+$ ④ 산화층, $NH_4^+ \rightarrow NO_2^- \rightarrow NO_3^-$

> **질산화성 작용** ··
> 산화층에서 암모늄태 질소(NH_4^+)가 무기 영양 세균에 의해 아질산태 질소를 중간 생성물로 하여
> 질산을 생성하는 과정이다.

28 식물영양소를 토양용액으로부터 식물의 뿌리 표면으로 공급하는 대표적인 기작으로 옳지
않은 것은?

① 흡습계수   ② 뿌리 차단

③ 집단류   ④ 확산

> **흡습계수** ··
> 건조토양이 흡수하는 수분상태(pF는 4.5)로 작물이 이용하지 못한다.

정답   **25** ③ **26** ④ **27** ④ **28** ①

29 큰 토양 입자가 토양 표면을 구르거나 미끄러지며 이동하는 것은?

① 부유　　　　② 약동　　　　③ 포행　　　　④ 비산

　⊙ 포행(soil creep) : 토양 입자가 토양 표면을 구르거나 미끄러지며 이동하는 것을 말한다.
　ⓛ 약동(saltation) : 지름이 0.1~0.5mm인 토양 입자가 이동하는 것을 말한다.

30 토양의 용적밀도를 측정하는 가장 큰 이유는?

① 토양의 산성 정도를 알기 위해　　　② 토양의 구조발달 정도를 알기 위해
③ 토양의 양이온 교환용량 정도를 알기 위해　④ 토양의 산화·환원 정도를 알기 위해

용적밀도
　⊙ 용적밀도가 큰 토양은 단위용적당 고형입자가 많은 것을 의미하며 다져진 상태를 나타낸다.
　ⓛ 용적밀도가 낮은 토양은 고형입자가 적어서 푸석푸석한 상태를 의미한다.

31 밭토양과 비교하여 신개간지 토양의 특성으로 틀린 것은?

① 산성이 강하다.　　　　② 석회 함량이 높다.
③ 유기물 함량이 낮다.　　④ 유효인산 함량이 낮다.

　신개간지 토양의 특성은 석회 함량이 낮다는 것이다.

32 토양을 분석한 결과 토양의 양이온교환용량은 10cmolc/kg이었고, Ca 4.0cmolc/kg, Mg 1.5cmolc/kg, K 0.5cmolc/kg 및 Al 1.0cmolc/kg이었다면 이 토양의 염기포화도(Base saturation)는?

① 40%　　　② 50%　　　③ 60%　　　④ 70%

33 토양공극에 대한 설명으로 옳은 것은?

① 토양의 무게는 공극량이 적을수록 가볍다.
② 다양한 용기에 채워진 젖은 토양 무게를 알면 공극량을 계산할 수 있다.
③ 물과 공기의 유통은 공극의 양보다 공극의 크기에 따라 주로 지배된다.
④ 모래질 토양은 공극량이 많고 공극의 크기가 작아서 공기의 유통과 물의 이동이 빠르다.

토양공극
토양체를 구성하는 토양 및 유기물 입자 사이의 빈 공간이다. 토양 내부의 공극은 비포화 상태에 있으며, 이는 공극이 물과 공기로 채워져 있음을 의미한다.

정답　29 ③　30 ②　31 ②　32 ③　33 ③

34 논토양에서 물로 담수될 때 철의 변환에 대한 설명으로 옳은 것은?

① Fe^{3+}에서 Fe^{2+}로 되면서 해리도가 증가한다.
② Fe^{2+}에서 Fe^{3+}로 되면서 해리도가 증가한다.
③ Fe^{3+}에서 Fe^{2+}로 되면서 해리도가 감소한다.
④ Fe^{2+}에서 Fe^{3+}로 되면서 해리도가 감소한다.

🌱 산화상태의 Fe^{3+}에서 환원상태의 Fe^{2+}로 되면서 해리도가 증가한다.

35 ( ) 안에 알맞은 내용은?

> 집단류란 물의 ( )으로 ( )과(와) 대비되는 개념이다.

① 포화현상, 비산
② 대류현상, 확산
③ 기화현상, 수증기
④ 불포화현상, 비산

🌱 집단류란 물의 대류현상으로 확산과 대비되는 개념이다.

36 토양 구조에 대한 설명으로 옳은 것은?

① 판상 구조는 배수와 통기성이 양호하며 뿌리의 발달이 원활한 심층토에서 주로 발달한다.
② 주상 구조는 모재의 특성을 그대로 간직하고 있는 것이 특징이며, 물이나 빙하의 아래에 위치하기도 한다.
③ 괴상 구조는 건조 또는 반건조지역의 심층토에 주로 지표면과 수직한 형태로 발달한다.
④ 구상 구조는 주로 유기물이 많은 표층토에서 발달한다.

🌱 **토양 구조의 분류**
ㄱ 입상(구상) 구조 : 작토 및 표토에 많이 분포하며 다공질일 경우에는 빵조각(crumb) 구조이다.
ㄴ 괴상 구조 : 외관상 다면체를 이루고 그 각도는 대부분 둥글며, 밭토양과 삼림의 하층토에서 발견된다. 여러 토양의 집적층(B층)에서 주로 볼 수 있고 입단 상호 간격이 좁다.
ㄷ 주상 구조 : 건조 또는 반건조 지방의 심토에서 발달되며 찰흙 함량이 많은 염류토의 심토에서도 발견된다.
ㄹ 판상 구조 : 논토양의 작토 밑에서 흔히 볼 수 있으며 토양수분의 수직배수가 불량하여 습답을 이룬다.

37 다음 중 토양유실예측공식에 포함되지 않는 것은?

① 토양관리인자
② 강우인자
③ 평지인자
④ 작부인자

정답 34 ① 35 ② 36 ④ 37 ③

> ✔ **토양유실예측공식** ··
> A＝R×K×LS×C×P
>   여기서, A : 연간 토양 유실량
>   R : 강수 인자
>   K : 토양 침식성 인자
>   LS : 경사도와 경사장 인자
>   C : 작부 인자
>   P : 토양 관리 인자

38 이 성분을 많이 흡수한 벼는 도복과 도열병에 강해지고 증수의 효과가 있다. 이 원소는?

① Ca   ② Si   ③ Mg   ④ Mn

> ✔ **규소(Si)** ···
> 화본과 식물에는 함량이 극히 많다. 병에 대한 저항성을 높이고 경엽이 직립화되어 수광태세가
> 좋아져 군락의 동화량을 증대시키는 효과가 있다.

39 kaolinite에 대한 설명으로 틀린 것은?

① 동형치환이 거의 일어나지 않는다.
② 다른 층상의 규산염광물들에 비하여 상당히 적은 음전하를 가진다.
③ 1 : 1층들 사이의 표면이 노출되지 않기 때문에 작은 비표면적을 가진다.
④ 우리나라 토양에서는 나타나지 않는 점토광물이다.

> ✔ **kaolinite** ···
> 우리나라 점토광물이 대부분 이에 속하며 고령토라고 부르기도 한다.

40 대표적인 혼층형 광물로서 2 : 1 : 1의 비팽창형 광물은?

① chlorite   ② vermiculite   ③ illite   ④ montmorillonite

> ✔ **chlorite** ···
> 대표적인 혼층형 광물로서 2 : 1 : 1의 비팽창형 광물이다.

41 친환경농축산물의 분류에 속하는 것은?

① 천연농산물   ② 무공해농산물   ③ 바이오농산물   ④ 무농약농산물

> ✔ **친환경농축산물의 분류** ···
> 유기농축산물, 무농약농축산물, 저농약농산물

✎ 정답 38 ② 39 ④ 40 ① 41 ④

42 퇴비제조 과정에서 재료가 거무스름하고 불쾌한 냄새가 나는 이유에 해당하는 것은?

① 퇴비더미 구조는 통기가 거의 희박하기 때문이다.
② C/N율이 높기 때문이다.
③ 퇴비재료가 건조하기 때문이다.
④ 퇴비재료가 잘 섞였기 때문이다.

✔ **퇴비화 처리단계** ···
　　퇴비화 과정은 3개의 주요 단계로 대별될 수 있다. 발열단계, 냉각단계, 숙성단계이다.
　　퇴비화 과정의 첫 단계에서 퇴비더미에 공기가 충분하지 않을 경우 세균의 발달이 저해되며 퇴
　　비에서 불쾌한 냄새가 나게 된다.

43 초생재배의 장점이 아닌 것은?

① 토양의 단립화　　　　　　　　　　　② 토양침식 방지
③ 제초노력 경감　　　　　　　　　　　④ 지력 증진

✔ **초생재배의 장점** ···
　　㉠ 토양의 입단화가 촉진됨　　　　　㉡ 유기물의 환원으로 지력이 유지됨
　　㉢ 토양침식을 막아 양분과 토양유실을 방지함　㉣ 지온변화가 적음

44 무경운의 장점으로 옳지 않은 것은?

① 토양구조 개선　　　　　　　　　　　② 토양유기물 유지
③ 토양생명체 활동에 도움　　　　　　　④ 토양침식 증가

✔ **무경운의 장점** ···
　　토양침식의 감소와 방지

45 시설의 일반적인 피복방법이 아닌 것은?

① 외면피복　　　　② 커튼피복　　　　③ 원피복　　　　④ 다중피복

46 유기축산물에서 축사조건에 해당되지 않는 것은?

① 공기순환, 온·습도, 먼지 및 가스농도가 가축건강에 유해하지 아니한 수준 이내로 유지되
　　어야 할 것
② 충분한 자연환기와 햇빛이 제공될 수 있을 것
③ 건축물은 적절한 단열·환기시설을 갖출 것
④ 사료와 음수는 거리를 둘 것

정답　**42** ①　**43** ①　**44** ④　**45** ③　**46** ④

47 다음은 토양의 유기물 함량을 증가시키는 방법이다. 내용이 틀린 것은?

① 퇴비 시용 : 대단히 효과적인 유기물 함량 유지 · 증진방법이다.
② 윤작체계 : 토양유기물을 공급할 수 있는 작물을 재배해야 한다.
③ 식물 잔재 잔류 : 재배포장에 남겨두어 유기물 자원으로 이용한다.
④ 유기축분의 사용 : 질소 함량이 낮아 분해속도를 촉진시킨다.

❤ ....

유기축분의 사용 : 질소 함량이 높아 분해속도를 촉진시킨다.

48 다음은 유기농업의 병해충 제어법 중 경종적 방제법이다. 내용이 틀린 것은?

① 품종의 선택 : 병충해 저항성이 높은 품종을 선택하여 재배하는 것이 중요하다.
② 윤작 : 해충의 밀도를 크게 낮추어 토양전염병을 경감시킬 수 있다.
③ 시비법 개선 : 최적시비는 작물체의 건강성을 향상시켜 병충해에 대한 저항성을 높인다.
④ 생육기의 조절 : 밀의 수확기를 늦추면 녹병의 피해가 적어진다.

❤ ....

녹병 피해를 줄이기 위해 밀의 수확기를 빠르게 한다.

49 유기사료를 가장 바르게 설명한 것은?

① 비식용유기가공품 인증기준에 맞게 재배 · 생산된 사료를 말한다.
② 배합사료를 구성하는 사료로, 사료의 맛을 좋게 하는 첨가사료이다.
③ 혼합사료를 만드는 보조사료이다.
④ 혼합사료의 혼합이 잘 되게 하는 첨가제이다.

50 유기배합사료 제조용 물질 중 단미사료의 곡물부산물류(강피류)에 포함되지 않는 것은?

① 쌀겨   ② 옥수수피
③ 타피오카   ④ 곡쇄류

❤ **곡물부산물류(강피류)** ....

곡쇄류, 귀리겨, 당밀흡착강피류, 대두피, 땅콩피, 루핀피, 말분, 면실피, 밀기울(소맥피), 보릿겨(맥강), 수수겨, 쌀겨(미강, 탈지 포함), 아몬드피, 옥수수피(가공된 것을 포함), 조겨, 해바라기피

51 농업환경의 오염 경로로 틀린 것은?

① 화학비료 과다사용　　　　　　　② 합성농약 과다사용
③ 집약적인 축산　　　　　　　　　④ 퇴비 사용

52 다음 중 배의 품종명은?

① 후지　　　　　　　　　　　　　② 신고
③ 홍옥　　　　　　　　　　　　　④ 델리셔스

후지, 홍옥, 델리셔스는 사과의 품종명이다.

53 유기농업 벼농사에서 이삭의 등숙립(登熟粒)이 몇 % 이상일 때 벼를 수확해야 하는가?

① 100%　　　　　　　　　　　　② 90%
③ 80%　　　　　　　　　　　　　④ 70%

등숙률
등숙비율은 대체로 80% 정도이다.

54 유기농업의 목표가 아닌 것은?

① 농가단위에서 유래되는 유기성 재생자원의 최대 이용
② 인간과 자원에 적절한 보상을 제공하기 위한 인공조절
③ 적정 수준의 작물과 인간영양
④ 적정 수준의 축산 수량과 인간영양

55 다음 중 붕소의 일반적인 결핍증이 아닌 것은?

① 사탕무의 속썩음병　　　　　　　② 셀러리의 줄기쪼김병
③ 사과의 적진병　　　　　　　　　④ 담배의 끝마름병

붕소(B) 결핍증
갈색속썩음병(순무), 줄기쪼김병(셀러리), 끝마름병(담배), 황색병(알팔파) 등이 있으며, 붕소가 결핍되면 수정, 결실이 나빠지고 콩과 작물은 뿌리혹 형성과 질소고정에 방해를 받는다.

③ 사과의 적진병은 망간(Mn) 과다로 인한 병이다.

56 인과류에 속하는 과수는?

① 비파   ② 살구   ③ 호두   ④ 귤

인과류 : 배·사과·비파 등 → 꽃받침이 발달하였다.

57 퇴비화 과정에서 숙성단계의 특징이 아닌 것은?

① 퇴비더미는 무기물과 부식산, 항생물질로 구성된다.
② 붉은두엄벌레와 그 밖의 토양생물이 퇴비더미 내에서 서식하기 시작한다.
③ 장기간 보관하게 되면 비료로서의 가치는 떨어지지만, 토양개량제로서의 능력은 향상된다.
④ 발열과정에서 보다 많은 양의 수분을 요구한다.

58 다음 중 적산온도가 가장 높은 작물은?

① 벼   ② 담배   ③ 메밀   ④ 조

적산온도
㉠ 생육기간이 긴 것 : 벼 3,500~4,500℃, 담배 3,200~3,600℃
㉡ 생육기간이 짧은 것 : 메밀 1,000~1,200℃, 조 1,800~3,000℃

59 벼 생육의 최적 온도는?

① 25~28℃   ② 30~32℃   ③ 35~38℃   ④ 40℃ 이상

벼 생육의 최적 온도는 30~32℃

60 작물이나 과수의 순지르기 효과가 아닌 것은?

① 생장을 억제시킨다.   ② 곁가지의 발생을 많게 한다.
③ 개화나 착과 수를 적게 한다.   ④ 목화나 두류에서도 효과가 있다.

순지르기 = 적심
㉠ 순지르기는 주경이나 주지의 순을 질러서 그 생장을 억제하고, 측지의 발생을 많게 하여 개화·착과·탈립을 조장하는 것이다.
㉡ 과수·과채류·목화·두류 등에서 실시되고 있다.
㉢ 꽃이 핀 뒤에 담배의 순을 지르면 잎의 성숙이 촉진된다.

정답   **56** ①   **57** ④   **58** ①   **59** ②   **60** ③

01 비료를 만들어진 원료에 따라 분류한 것이다. 다음 중 틀린 것은?

① 식물성 비료 : 퇴비, 구비

② 무기질 비료 : 요소, 염화칼륨

③ 동물성 비료 : 어분, 골분

④ 인산질 비료 : 유안, 초안

🌱 ···

㉠ 질소질 비료 : 요소 · 황산암모니아(유안) · 질산암모니아(초안) · 석회질소 등

㉡ 인산질 비료 : 과인산석회(과석) · 중과인산석회(중과석) · 용성인비 · 용과린 등

02 토양의 노후답의 특징이 아닌 것은?

① 작토 환원층에서 칼슘이 많을 때에는 벼 뿌리가 적갈색인 산화칼슘의 두꺼운 피막을 형성한다.

② Fe, Mn, Ca, Mg, Si, P 등이 작토에서 용탈되어 결핍된 논토양이다.

③ 담수하의 작토의 환원층에서 철분, 망간이 환원되어 녹기 쉬운 형태로 된다.

④ 담수하의 작토의 환원층에서 황산염이 환원되어 황화수소가 생성된다.

🌿 **작토의 환원층** ···

작토의 환원층에서는 황산염이 환원되어 황화수소(H_2S)가 생성되는데, **철(Fe)**분이 많으면 벼 뿌리가 적갈색 산화철의 두꺼운 피막을 입고 있어 황화수소가 철과 반응하여 황화철(FeS)이 되어 침전하므로 해를 끼치지 않는다.

03 진딧물 피해를 입고 있는 고추밭에 꽃등애를 이용해서 방제하는 방법은?

① 경종적 방제법

② 물리적 방제법

③ 화학적 방제법

④ 생물학적 방제법

🌿 **생물학적 방제법(生物學的 防除法)** ···

해충에는 이를 포식하거나 이에 기생하는 자연계의 천적이 있는데, 이와 같은 천적을 이용하는 방제법을 생물학적 방제법이라고 한다.

04 재배식물의 기원을 식물종의 유전자 중심설로 구명한 학자는?

① De Candolle

② Liebig

③ Mendel

④ Vavilov

🔖 정답   **01** ④   **02** ①   **03** ④   **04** ④

🌿 **Vavilov(1926~1951)의 유전자 중심설(Gene center theory)** ⋯⋯⋯⋯⋯⋯⋯⋯
ㄱ 중심지에는 재배식물의 변이가 가장 풍부하고 다른 지방에 없는 변이도 보인다.
ㄴ 중심지에는 우성 형질이 많고 원시적 형질을 가진 품종이 많다.
ㄷ 중심지에서 멀어지면 열성 유전자가 많이 보이는데 이 열성 유전자가 중심지에는 없는 경우도 많다는 학설이다.

05 오존(O_3) 발생의 가장 큰 원인이 되는 물질은?

① CO_2 ② HF
③ NO_2 ④ SO_2

🌿 ⋯⋯⋯⋯⋯⋯⋯⋯⋯⋯⋯⋯⋯⋯⋯⋯⋯⋯⋯⋯⋯⋯⋯⋯⋯⋯⋯⋯⋯⋯⋯⋯
대기 중의 오존량이 늘어나는 것은 자동차 배기가스로 인한 이산화질소(NO_2)의 증가 때문이다.

06 식물의 내습성에 관여하는 요인에 대한 설명으로 틀린 것은?

① 근계가 얕게 발달하거나, 습해를 받았을 때 부정근의 발생력이 큰 것은 내습성이 약하다.
② 뿌리조직이 목화한 것은 환원성 유해물질의 침입을 막아서 내습성을 강하게 한다.
③ 벼는 밭작물인 보리에 비해 잎, 줄기, 뿌리에 통기계가 발달하여 담수조건에서도 뿌리로의 산소공급능력이 뛰어나다.
④ 뿌리가 황화수소, 아산화철 등에 대하여 저항성이 큰 것은 내습성이 강하다.

🌿 **작물의 내습성** ⋯⋯⋯⋯⋯⋯⋯⋯⋯⋯⋯⋯⋯⋯⋯⋯⋯⋯⋯⋯⋯⋯⋯⋯⋯⋯⋯⋯⋯⋯
내습성이 강한 것은 천근성이거나, 부정근의 발생력이 큰 것이다.

07 다음 중 작물의 기원지가 중국인 것은?

① 쑥갓 ② 호박
③ 가지 ④ 순무

🌿 **작물의 기원지** ⋯⋯⋯⋯⋯⋯⋯⋯⋯⋯⋯⋯⋯⋯⋯⋯⋯⋯⋯⋯⋯⋯⋯⋯⋯⋯⋯⋯⋯⋯⋯
② 호박 : 중앙아메리카(멕시코)
③ 가지 : 인도
④ 순무 : 유럽 온대지방

08 식물의 화성유도에 있어서 주요 요인이 아닌 것은?

① 식물호르몬 ② 영양상태
③ 수분 ④ 광

정답 **05** ③ **06** ① **07** ① **08** ③

✔ **화성유도의 주요 요인**
ⓐ 영양 상태, 특히 C/N율로 대표되는 동화생산물의 양적 관계
ⓑ 식물호르몬, 특히 옥신과 지베렐린의 체내수준 관계
ⓒ 광조건, 특히 일장 효과의 관계
ⓓ 온도조건, 특히 버널리제이션과 감온성의 관계

09 작물생육에 필요한 필수원소에 해당하는 것은?

① Al   ② Zn   ③ Na   ④ Co

✔ **필수 16원소**
탄소(C), 수소(H), 산소(O), 질소(N), 인(P), 칼륨(K), 칼슘(Ca), 마그네슘(Mg), 황(S), 철(Fe), 망간(Mn), 구리(Cu), 아연(Zn), 붕소(B), 몰리브덴(Mo), 염소(Cl)

10 다음 중 도복 방지에 효과적인 원소는?

① 질소   ② 마그네슘   ③ 인   ④ 아연

11 토양의 3상과 거리가 먼 것은?

① 토양입자   ② 물   ③ 공기   ④ 미생물

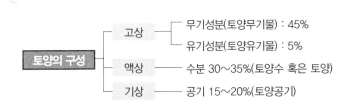

토양의 구성
- 고상 ── 무기성분(토양무기물) : 45%
- 　　 ── 유기성분(토양유기물) : 5%
- 액상 ── 수분 30~35%(토양수 혹은 토양)
- 기상 ── 공기 15~20%(토양공기)

12 작물의 내동성에 대한 생리적인 요인으로 옳은 것은?

① 원형질의 수분투과성이 큰 것이 내동성을 감소시킨다.
② 원형질의 친수성 콜로이드가 많으면 내동성이 감소한다.
③ 전분 함량이 많으면 내동성이 증대한다.
④ 원형질 단백질에 −SH기가 많은 것은 −SS기가 많은 것보다 내동성이 높다.

✔ **작물의 내동성**
ⓐ 원형질의 수분투과성이 큰 것이 내동성을 증대시킨다.
ⓑ 원형질의 친수성 콜로이드가 많으면 내동성이 증대한다.
ⓒ 전분 함량이 많으면 내동성이 감소한다.

정답　09 ②　10 ③　11 ④　12 ④

13 재배환경에 따른 이산화탄소의 농도 분포에 관한 설명으로 틀린 것은?

① 식생이 무성한 곳의 이산화탄소 농도는 여름보다 겨울이 높다.
② 식생이 무성하면 지표면이 상층면보다 낮다.
③ 미숙 유기물 시용으로 탄소 농도가 증가한다.
④ 식생이 무성한 지표에서 떨어진 공기층은 이산화탄소 농도가 낮아진다.

14 토양 중 유기물 시용 시 질소기아현상이 가장 많이 나타날 수 있는 조건은?

① 탄질률 1~5　　　　　　　　② 탄질률 5~10
③ 탄질률 10~20　　　　　　　④ 탄질률 30 이상

✔ **질소기아현상** ··
　　탄질률이 30 이상일 때 질소기아현상이 일어난다.

15 도복의 유발요인으로 거리가 먼 것은?

① 밀식　　　　　　② 품종　　　　　　③ 병충해　　　　　　④ 배수

✔ **도복의 발생조건** ··
　　장간종, 밀식, 병충해의 피해 등은 도복에 직접적인 영향을 준다.

16 다음 중 밭에서 한해를 줄일 수 있는 재배적 방법으로 틀린 것은?

① 뿌림골을 높게 한다.　　　　　② 재식밀도를 성기게 한다.
③ 질소를 적게 준다.　　　　　　④ 내건성 품종을 재배한다.

✔ **한해 감소를 위한 재배적 대책** ··
　　뿌림골을 낮추고 뿌림골을 좁히거나 재식밀도를 성기게 한다.

17 대기의 주요 성분 중 농도가 5~10% 이하 또는 90% 이상이면 호흡에 지장을 초래하는 성분은?

① N_2　　　　　　② O_2　　　　　　③ CO　　　　　　④ CO_2

✔ **산소(O_2)** ··
　　호흡작용은 대기 중의 산소 농도가 5~10% 이하이면 크게 감소하나, 21%에서는 정상적이고, 90% 이상이면 다시 크게 감소한다.

정답　**13** ②　**14** ④　**15** ④　**16** ①　**17** ②

18 토양의 유효수분 범위로 옳은 것은?

① 포장용수량~초기위조점
② 포장용수량~영구위조점
③ 최대용수량~초기위조점
④ 최대용수량~영구위조점

🌿 **유효수분** ··

식물이 이용할 수 있는 토양의 유효수분은 포장용수량 ~ 영구위조점 사이의 수분이다.

19 작물의 생존연한에 따른 분류로 틀린 것은?

① 1년생 작물
② 2년생 작물
③ 월년생 작물
④ 3년생 작물

🌿 **생존연한에 따른 작물의 분류** ··

㉠ 1년생 작물 : 봄에 종자를 뿌려 그 해에 개화 · 결실해서 일생을 마치는 작물이다.
㉡ 월년생 작물 : 가을에 종자를 뿌려 월동해서 이듬해에 개화 · 결실하는 작물이다.
㉢ 2년생 작물 : 종자를 뿌려 1년 이상을 경과해서 개화 · 결실하는 작물로, 무 · 사탕무 등이 있다.
㉣ 영년생(다년생) 작물 : 여러 해에 걸쳐 생존을 계속하는 작물로, 아스파라거스 · 목초류 · 홉 등 이 있다.

20 배수의 효과로 틀린 것은?

① 습해와 수해를 방지한다.
② 토양의 성질을 개선하여 작물의 생육을 촉진한다.
③ 경지 이용도를 감소시킨다.
④ 농작업을 용이하게 하고, 기계화를 촉진한다.

🌿 ··

배수는 습해를 방지하는 데 가장 효과적이고, 경지 이용도를 증가시킨다.

21 토양침식에 가장 큰 영향을 끼치는 인자는?

① 강우
② 온도
③ 눈
④ 바람

🌿 ··

우리나라는 7~8월에 큰 강도의 폭우가 집중되므로 토양 침식, 특히 수식에 따른 **토양침식 피해** 가 크다.

22 개간지 미숙 밭토양의 개량방법과 가장 거리가 먼 것은?

① 유기물 증시　　　　　　② 석회 증시

③ 인산 증시　　　　　　　④ 철, 아연 증시

✎ **개간지 미숙 밭토양의 개량방법** ⋯⋯⋯⋯⋯⋯⋯⋯⋯⋯⋯⋯⋯⋯⋯⋯⋯⋯⋯⋯⋯⋯⋯⋯⋯
ㄱ 유기물 증시
ㄴ 석회 증시
ㄷ 인산 증시
ㄹ 붕소 등 미량요소의 사용

23 다음 중 다면체를 이루고 그 각도는 비교적 둥글며, 밭토양과 산림의 하층토에 많이 분포하는 토양구조는?

① 입상　　　　　　　　　　② 괴상

③ 과립상　　　　　　　　　④ 판상

✎ **괴상 구조** ⋯⋯⋯⋯⋯⋯⋯⋯⋯⋯⋯⋯⋯⋯⋯⋯⋯⋯⋯⋯⋯⋯⋯⋯⋯⋯⋯⋯⋯⋯⋯⋯⋯⋯⋯⋯⋯⋯⋯
외관상 다면체를 이루고 그 각도는 대부분 둥글며, 밭토양과 삼림의 하층토에서 발견된다. 여러 토양의 집적층(B층)에서 주로 볼 수 있고 입단 상호 간격이 좁다.

24 토양 내 세균에 대한 설명으로 틀린 것은?

① 생명체로서 가장 원시적인 형태이다.　② 단순한 대사작용에 관여하고 있다.

③ 물질순환작용에서 핵심적인 역할을 한다.　④ 식물에 병을 일으키기도 한다.

✎ ⋯⋯⋯
토양 내 세균은 복잡한 대사작용에 관여하고 있다.

25 토양미생물 중 자급영양세균에 해당되지 않는 세균은?

① 질산 화성균　　　　　　　② 황세균

③ 철세균　　　　　　　　　　④ 암모니아 화성균

✎ ⋯⋯⋯
ㄱ **자급영양세균** : 광합성 작용에 의하여 태양으로부터 에너지를 얻으며 토양에서 질소, 황, 철, 수소 등의 무기화합물을 산화시켜 에너지를 얻는 것은 농업적으로 중요하다.
ㄴ **타급영양 세균** : 복잡한 유기화합물을 분해하여 에너지와 탄소를 얻는 세균으로 질소고정균, 암모늄화균, 셀룰로오스 분해균 등이 있다.

26 우리나라 밭토양의 특성으로 틀린 것은?

① 곡간지나 산록지와 같은 경사지에 많이 분포되어 있다.
② 세립질과 역질 토양이 많다.
③ 저위 생산성인 토양이 많다.
④ 토양 화학성이 양호하다.

✔ 우리나라 밭토양의 화학성 불량 이유 ···

㉠ 양분의 천연공급량이 적다.
㉡ 산화상태로 유기물 분해가 커서 OM(유기물) 함량이 적다.
㉢ 양분 유효화가 적다.
㉣ 모재가 산성암이며, 염기용탈이 심하여 산성 토양이 많다.

27 다른 생물과 공생하여 공중질소를 고정하는 토양세균은?

① 아조토박터(Azotobacter) 속　　② 클로스트리디움(Clostridium) 속
③ 리조비움(Rhizobium) 속　　　　④ 바실러스(Bacilus) 속

✔ 리조비움 ··

식물과 공생하여 근립(根粒)을 형성해서 공중질소를 고정시킨다.

28 다음 중 공극량이 가장 적은 토양은?

① 용적밀도가 높은 토양　　　　　② 수분이 많은 토양
③ 공기가 많은 토양　　　　　　　④ 경도가 낮은 토양

✔ ··

용적밀도가 큰 토양은 단위용적당 고형 입자가 많은 것을 의미하며, 다져진 상태를 나타내므로 공극량이 적은 토양이다.

29 15° 이상인 경사지의 토양보전방법으로 옳은 것은?

① 등고선 재배　　　　　　　　　② 계단식 개간
③ 초생대 실시　　　　　　　　　④ 승수구 설치

✔ 계단식 재배법 ··

15° 이상의 경사지에서 이용되는 방법이다.

정답　**26** ④　**27** ③　**28** ①　**29** ②

30 ( ) 안에 알맞은 내용은?

> 풍화물이 중력으로 말미암아 경사지에서 미끄러져 내린 것이 ( )이다.

① 잔적토   ② 수적토   ③ 붕적토   ④ 선상퇴토

🌿 **붕적토(崩積土)** ··

경사지에서 암석의 풍화산물인 돌 부스러기와 흙이 중력에 의하여 미끄러져 쌓인 토양을 붕적토라 한다. 풍화산물이 미끄러져 내리는 정도는 경사, 토양 입자의 크기 및 형태, 수분 함량, 토양 입자 사이의 응집마찰력 등에 의하여 차이가 있다.

31 토양단면의 골격을 이루는 기본토층 중 무기물 층은?

① O층   ② E층   ③ C층   ④ A층

🌿 **A층** ···

토양 생성 과정에서 가용성 염류가 용탈된 층으로 세분하여 A1, A2, A3층으로 구분한다.

32 화강암의 화학적 조성을 분석하였다. 가장 많은 무기성분은?

① 산화철   ② 반토   ③ 규산   ④ 석회

🌿 **화강암** ···

1차 광물의 풍화 · 생성으로 재합성된 광물이며, 화학성분은 규산 65.8%, 알루미나 12.4%, 산화철 10.1%가 대부분을 차지하고 있다.

33 밭토양의 유형별 분류에 속하지 않는 것은?

① 고원 밭   ② 미숙 밭   ③ 특이중성 밭   ④ 화산회 밭

🌿 **밭토양의 유형별 분류** ···

보통 밭, 사질 밭, 미숙 밭, 중점 밭, 고원 밭, 화산회 밭 등이 있다.

34 시설재배 토양의 연작장해에 대한 피해 내용이 아닌 것은?

① 토양 이화학성의 약화   ② 답전윤환
③ 선충 피해   ④ 토양 전염성 병균

🌿 ··

답전윤환은 시설재배 토양의 연작장해에 대한 피해대책이다.

정답   **30** ③   **31** ④   **32** ③   **33** ③   **34** ②

35 토양을 구성하는 주요 점토광물은 결정격자형에 따라 그 형태가 다르다. 다음 중 1 : 1형 (비팽창형)에 속하는 점토 광물은?

① Illite
② Montmorillonite
③ Kaolinite
④ Vermiculite

1 : 1 격자형 점토광물 : 카올리나이트

36 인산의 고정에 해당되지 않는 것은?

① Fe－P 인산염으로 침전에 의한 고정
② 중성 토양에 의한 고정
③ 점토광물에 의한 고정
④ 교질상 Al에 의한 고정

37 물감의 색소, 작물이나 피혁 공장의 폐기수 등에 함유되어 있는 토양오염 물질로, 밭 상태에서보다는 논 상태에서 해작용이 큰 물질은?

① 비소
② 시안
③ 페놀
④ 아연

비소(As)
㉠ 오염원 : 비소계 및 유황계 광산의 배수 중에 다량 들어 있어 이를 관개수로 이용하였을 때 토양이 오염되며, 살충제·살균제·제초제 등의 농약에도 들어 있어 이를 사용하면 토양이 오염된다.
㉡ 특징 : 비소는 산화형(As^{+5})보다 환원형(As^{+3})이 독성이 강하므로 밭토양보다 논토양에서 장해를 준다. 토양 중 As 함량이 20ppm(1N－HCl 추출)을 넘으면 작물 생육에 유해하며, 식품 허용량은 채소의 경우 1ppm 이하, 과실은 3.5ppm 이하로 규정하고 있다.
㉢ 오염대책 : pH를 중성 부근으로 하고 인산을 시용하여 As의 이동성을 증대시키며, 환원 상태가 되지 않게 한다.

38 식물영양성분인 철(Fe)의 유효도에 대한 설명으로 옳은 것은?

① 중성에서 가장 높다.
② 염기성일수록 높다.
③ pH와는 무관하다.
④ 산성에서 높다.

39 다음 산화환원전위의 설명 중 옳은 것은?

① 산화반응은 전자를 얻는 반응이다.
② 산화반응과 환원반응은 동시에 일어난다.
③ 산화환원전위의 기준반응은 수소와 산소가 물이 되는 반응이다.
④ 산화환원반응의 단위는 $dS\ m^{-1}$이다.

정답 **35** ③ **36** ② **37** ① **38** ④ **39** ②

산화환원전위(酸化環元展位) ···

전자친화력의 차이. 산화란 한 원소가 산소와 결합하거나 수소가 떨어져 나가는 것이고 환원이란 그 반대이다.

㉠ 산화환원반응의 단위 : mV

㉡ 토양의 염류농도 단위 : $dS\ m^{-1}$

40 다음 중 점토가 가장 많이 들어 있는 토양은?

① 식양토

② 식토

③ 양토

④ 사양토

점토 함량과 토성 ···

점토 함량	토성
<12.5%	사토(sand)
12.5~25%	사양토(sandy loam)
25~37.5%	양토(loam)
37.5~50%	식양토(clay loam)
> 50%	식토(clay)

41 볍씨 소독으로 방제하기 곤란한 병은?

① 잎집무늬마름병

② 깨씨무늬병

③ 키다리병

④ 도열병

볍씨의 소독 ··

볍씨 소독으로 방제가 가능한 병해는 깨씨무늬병, 도열병, 키다리병 등이다.

42 다음 중 유기농업이 소비자의 관심을 끄는 주된 이유는?

① 모양이 좋기 때문에

② 안전한 농산물이기 때문에

③ 가격이 저렴하기 때문에

④ 사시사철 이용할 수 있기 때문에

43 유기농산물의 토양개량과 작물생육을 위하여 사용이 가능한 물질이 아닌 것은?

① 지렁이 또는 곤충으로부터 온 부식토

② 사람의 배설물

③ 화학공장 부산물로 만든 비료

④ 석회석 등 자연에서 유래한 탄산칼슘

정답 **40** ② **41** ① **42** ② **43** ③

44 다음 중 농장동물의 생명 유지와 생산활동에 영향을 미치는 생활환경 요인으로 가장 거리가 먼 것은?

① 온도, 습도 등 열환경인자
② 품종, 혈통 등 유전정보
③ 빛, 소리 등 물리적 환경인자
④ 공기, 산소 등 화학적 환경인자

품종 고유의 유전적인 요인은 생활환경과는 거리가 멀다.

45 유기 벼 종자의 발아에 필수 조건이 아닌 것은?

① 산소
② 온도
③ 광선
④ 수분

발아의 3요소 : 온도, 수분, 산소

46 우리나라가 지정한 제1종 가축전염병이 아닌 것은?

① 구제역
② 돼지열병
③ 브루셀라병
④ 고병원성 조류인플루엔자

브루셀라병은 제2종 가축전염병이다.

47 녹비작물이 갖추어야 할 조건으로 틀린 것은?

① 생육이 왕성하고 재배가 쉬워야 한다.
② 천근성으로 상층의 양분을 이용할 수 있어야 한다.
③ 비료 성분의 함유량이 높으며 유리질소 고정력이 강해야 한다.
④ 줄기, 잎이 유연하여 토양 중에서 분해가 빠른 것이어야 한다.

녹비작물의 구비조건
㉠ 재배, 관리하는 데 노력이 적게 들 것
㉡ 비료의 요구가 적을 것
㉢ 파종이 용이하고 종자의 가격이 저렴할 것
㉣ 생육기간이 짧을 것
㉤ 휴한기간을 이용할 수 있을 것
㉥ 영년생 작물의 빈 공간의 이용에 편리할 것
㉦ 질소 고정량이 많을 것
㉧ 비료 성분의 함유량이 높을 것
㉨ 심근성으로 하층의 양분을 이용할 수 있을 것
㉩ 줄기, 잎이 유연하여 토양 중에서 분해가 빠를 것 등

정답 **44** ② **45** ③ **46** ③ **47** ②

48 다음은 유기축산과 관련된 기술이다. 이 중 맞는 것은 모두 몇 개 항인가?

> 가. 가축복지를 고려해야 한다. 나. 가능하면 자연교배를 한다.
> 다. 내병성 가축을 사육한다. 라. 약초를 이용하여 치료할 수 있다.

① 한 개 ② 두 개 ③ 세 개 ④ 네 개

49 다음 중 전환기간을 거쳐 유기가축으로 생산하고자 할 때 전환기간으로 옳지 않은 것은?

① 육우 송아지 식육의 경우 6개월령 미만의 송아지 입식 후 6개월
② 젖소 식육의 경우 착유 우는 90일
③ 식육 오리의 경우 입식 후 출하 시까지(최소 6주)
④ 돼지 식육의 경우 입식 후 출하 시까지(최소 3개월)

> 돼지 식육의 경우 입식 후 출하 시까지(최소 5개월 이상)

50 유기농업에서의 병해충 방제를 위한 방법으로서 가장 거리가 먼 것은?

① 저항성 품종 이용 ② 화학합성농약 이용
③ 천적 이용 ④ 담뱃잎 추출액 사용

> 화학합성농약 이용은 유기농업에서의 병해충 방제를 위한 방법이 아니고 관행농업이다.

51 다음 중 경사지의 토양 유실을 줄이기 위한 재배방법으로 가장 적당하지 않은 것은?

① 등고선 재배 ② 초생대 재배
③ 부초 재배 ④ 경운 재배

> 경사지에서 토양 유실을 방지하기 위한 기본적인 방법으로 등고선 경작, 멀칭 재배, 우회수로 설치, 초생대 재배, 부초 재배 그리고 수확 후에 피복작물을 재배하는 방법 등이 있다.

52 친환경농수산물로 인증한 종류와 명칭에 포함되지 않는 것은?

① 유기농수산물 ② 무농약농산물
③ 무항생제축산물 ④ 고품질천연농산물

🌱 **친환경농수산물의 종류** ···

유기농수산물(유기농산물, 유기축산물, 유기임산물, 유기수산물)과 무농약농수산물 등(무농약농산물, 무항생제축산물, 무항생제수산물 및 활성처리제 비사용 수산물)이 있다.

53 유기배합사료 제조용 보조사료 중 완충제에 속하지 않는 것은?

① 벤토나이트   ② 산화마그네슘

③ 중조   ④ 산화마그네슘혼합물

🌱 ···

㉠ **완충제(緩衝劑)** : 수소이온 지수를 조절하기 위하여 가공식품에 넣는 화학물질로 락트산, 구연산, 아세트산 따위의 나트륨염이다.

㉡ **벤토나이트(bentonite)** : 응회암 따위가 풍화하여 생긴 점토로, 몬모릴로나이트를 주성분으로 하며 물에 담그면 부풀어오른다. 도자기 따위를 만드는 데 쓰인다.

㉢ **중조(重曹)** : 탄산수소나트륨을 가리킨다.

54 병해충 관리를 위하여 사용할 수 있는 물질이 아닌 것은?

① 데리스   ② 중조

③ 제충국   ④ 젤라틴

🌱 ···

베이킹소다(중탄산나트륨＝중조)

55 다음 중 (가), (나), (다), (라)에 알맞은 내용은?

- 조생종은 생육기간이 (가).
- 만생종은 생육기간이 (나).
- 조생종은 감광성에 비하여 감온성이 상대적으로 (다).
- 만생종은 감온성보다 감광성이 (라).

① 가 : 길다, 나 : 짧다, 다 : 작다, 라 : 작다   ② 가 : 길다. 나 : 길다, 다 : 크다, 라 : 작다
③ 가 : 짧다, 나 : 길다, 다 : 크다, 라 : 크다   ④ 가 : 짧다. 나 : 길다, 다 : 작다, 라 : 작다

🌱 ···

㉠ 조생종은 생육기간이 짧다.

㉡ 만생종은 생육기간이 길다.

㉢ 조생종은 감광성에 비하여 감온성이 상대적으로 크다.

㉣ 만생종은 감온성보다 감광성이 크다.

🔖 **정답**   **53** ①   **54** ②   **55** ③

56 다음 중 여러 개의 품종이나 계통을 교배하는 방법은?

① 다계교배 ② 순계선발 ③ 돌연변이 ④ 배수성 육종

🌿 **합성품종** ··

여러 개의 우량계통(보통 5~6개의 자식계통을 사용함)을 격리포장에서 자연수분 또는 인공수분으로 다계교배시켜 육성한 품종이다.

57 벼가 영년 연작이 가능한 이유로 가장 옳은 것은?

① 생육기간이 짧기 때문에 ② 담수조건에서 재배하기 때문에
③ 연작에 견디는 품종적 특성 때문에 ④ 다양한 종류의 비료를 사용하기 때문에

🌿 **담수한 논의 기능** ··

담수논의 벼농사는 이어짓기(연작)를 할 수 있다. 이는 담수로 인해 연작장해를 일으키는 병원균이나 해충이 살 수 없기 때문이다.

58 지붕형 온실과 아치형 온실을 비교 설명한 것 중 틀린 것은?

① 적설 시 지붕형이 아치형보다 유리하다.
② 광선의 유입은 지붕형이 아치형보다 많다.
③ 재료비는 지붕형이 아치형보다 많이 소요된다.
④ 천장의 환기능력은 지붕형이 아치형보다 높다.

🌿 ··

광선의 유입은 지붕형이 아치형보다 적다.

59 화본과 목초의 첫 번째 예취 적기는?

① 분얼기 이전 ② 분얼기~수잉기 ③ 수잉기~출수기 ④ 출수기 이후

🌿 ··

화본과 목초의 첫 번째 예취 적기는 이삭이 나오기 전후(수잉기~출수기)이며, 두과 목초는 꽃이 피기 시작할 때가 좋다.

60 우량 품종의 구비조건이 아닌 것은?

① 조산성 ② 균일성 ③ 우수성 ④ 영속성

🌿 **우량 품종의 구비조건** ··
균일성(均一性), 우수성(優秀性), 영속성(永續性)

정답 56 ① 57 ② 58 ② 59 ③ 60 ①

01 C₃ 식물과 C₄ 식물의 차이에 대한 설명으로 틀린 것은?

① CO_2 보상점은 C₃ 식물이 더 높다.
② 광합성산물 전류속도는 C₄ 식물이 더 높다.
③ C₃ 식물은 엽육세포가 발달되어 있다.
④ C₃ 식물의 내건성이 상대적으로 더 높다.

🌱 ....

C₃ 식물의 내건성이 상대적으로 더 낮다.

02 다음 중 인과류인 것은?

① 자두 　　　　　　　　　　② 양앵두
③ 무화과 　　　　　　　　　④ 비파

🌱 **과수** ....

㉠ 인과류 : 배 · 사과 · 비파 등 → 꽃받침이 발달하였다.
㉡ 핵과류 : 복숭아 · 자두 · 살구 · 앵두 등 → 중과피가 발달하였다.
㉢ 장과류 : 포도 · 딸기 · 무화과 등 → 외과피가 발달하였다.
㉣ 각과류 : 밤 · 호두 등 → 씨의 자엽이 발달하였다.
㉤ 준인과류 : 감 · 귤 등 → 씨방이 발달하였다.

03 다음 중 요수량이 가장 작은 것은?

① 호박 　　　　　　　　　　② 완두
③ 클로버 　　　　　　　　　④ 수수

🌱 ....

요수량은 수수 · 기장 · 옥수수 등이 작고, 알팔파 · 클로버 등이 크다.

04 다음 중 카드뮴 중금속에 내성이 가장 작은 것은?

① 콩 　　　　　　　　　　　② 밭벼
③ 옥수수 　　　　　　　　　④ 밀

✔ 작물의 중금속에 대한 내성 정도 ·········

금속명	내성 큼	내성 작음
니켈	보리 · 밀 · 호밀	사탕무 · 귀리
아연	파 · 당근 · 셀러리	시금치
아연 · 카드뮴	밭벼 · 호밀 · 옥수수 · 밀	오이 · 콩
카드뮴	옥수수	무 · 해바라기 · 콩
망간	보리 · 밀 · 호밀 · 귀리 · 감자	강낭콩 · 양배추

05 다음 중 점토광물에 결합되어 있어 분리시킬 수 없는 수분은?

① 중력수 ② 모관수 ③ 흡습수 ④ 결합수

✔ **결정수(結合水, 化合水)** ·········
　㉠ 토양의 고체 성분이 화학적으로 결합된 물이며, 100~110℃로 가열해도 분리되지 않는다.
　㉡ pF 7.0(10,000기압) 이상으로, 작물에 이용되지 못한다.

06 다음 설명에 해당하는 것은?

- 단백질, 아미노산, 효소 등의 구성성분으로, 엽록소의 형성에 관여한다.
- 체내 이동성이 낮다.
- 결핍증세는 새 조직에서 먼저 나타난다.

① Fe ② Mg ③ Mn ④ S

✔ **황(S)** ·········
　㉠ 아미노산의 구성성분이며, 엽록소의 형성에 관여한다.
　㉡ 원형질과 체구성물질의 성분이고 효소의 생성과 여러 가지 특수기능을 하는 물질이다.
　㉢ 체내 이동성이 낮고, 결핍증세는 새 조직부터 나타난다.

07 냉해에 대한 설명으로 틀린 것은?

① 물질의 동화와 전류가 저하된다.
② 암모니아의 축적이 적어진다.
③ 질소, 인산, 칼리, 규산, 마그네슘 등의 양분 흡수가 저해된다.
④ 원형질 유동이 감퇴 · 정지하여 모든 대사기능이 저해된다.

✔ **병해형 냉해** ·········
　광합성 속도가 떨어져서 체내의 암모니아 축적이 늘어감으로써 병해의 발생이 더욱 조장되는 냉해이다.

정답　**05** ④　**06** ④　**07** ②

08 다음 중 유료작물이면서 섬유작물인 것은?

① 아마   ② 감자
③ 홉   ④ 녹두

        ㉠ 유료작물 : 참깨 · 들깨 · 아주까리 · 평지(유채) · 해바라기 · 콩 · 땅콩 · 아마 · 목화 등이 있다.
        ㉡ 섬유작물 : 목화 · 삼 · 모시풀 · 아마 · 어저귀 · 케나프 · 왕골 · 수세미 · 닥나무 등이 있다.

09 내건성이 강한 작물에 대한 특성으로 틀린 것은?

① 왜소하고 잎이 작다.   ② 다육화의 경향이 있다.
③ 원형질막의 글리세린 투과성이 작다.   ④ 탈수될 때 원형질의 응집이 덜하다.

        원형질막의 글리세린 투과성이 크다.

10 산성 토양에 가장 약한 작물은?

① 땅콩   ② 알팔파
③ 봄무   ④ 수박

산성 토양에 가장 약한 작물
알팔파 · 자운영 · 콩 · 팥 · 시금치 · 사탕무 · 셀러리 · 부추 · 양파 등

11 다음 중 파종된 종자의 약 40%가 발아한 날을 무엇이라 하는가?

① 발아기   ② 발아시
③ 발아전   ④ 발아세

발아시험(發芽試驗)
      ㉠ 발아시(發芽始) : 최초의 1개체가 발아한 날
      ㉡ 발아기(發芽期) : 전체 종자의 40~50%가 발아한 날
      ㉢ 발아전(發芽揃) : 대부분(80% 이상)이 발아한 날

12 다음 중 최저온도가 1~2℃인 작물은?

① 벼   ② 완두
③ 담배   ④ 오이

        최저온도가 1~2℃인 작물은 겨울작물이다.

정답   **08** ①   **09** ③   **10** ②   **11** ①   **12** ②

13 다음 중 토성을 구분하는 기준은?

① 모래와 물의 함량비율

② 부식의 함량비율

③ 모래, 부식, 점토, 석회의 함량비율

④ 모래, 미사, 점토의 함량비율

14 다음 중 하고현상의 대책으로 틀린 것은?

① 관개

② 혼파

③ 약한 정도의 방목

④ 북방형 목초의 봄철 생산량 증대

❤ **하고대책** ··

북방형 목초의 봄철 생산량 억제

15 광합성의 반응식으로 옳은 것은?

① $3CO_2 + 12H_2O \rightarrow C_6H_{12}O_6 + 6H_2O + 6CO_2$

② $6CO_2 + 12H_2O \rightarrow C_6H_{12}O_6 + 6H_2O + 6H_2S$

③ $6CO_2 + 12H_2O \rightarrow C_6H_{12}O_6 + 6H_2O + 6O_2$

④ $3CO_2 + 12H_2O \rightarrow C_6H_{12}O_6 + 6H_2O + 6H_2S$

❤ ··

$$6CO_2 + 12H_2O + 빛 \xrightarrow[온도]{엽록소} C_6H_{12}O_6 + 6H_2O + 6O_2$$

16 다음 비료 중 화학적 · 생리적 반응이 모두 염기성인 것은?

① 유안

② 황산가리

③ 과인산석회

④ 용성인비

❤ ··

㉠ 화학적 반응

ⓐ 산성 비료 : 과인산석회 · 중과인산석회 등

ⓑ 중성 비료 : 질산암모니아 · 황산칼리 · 염화칼리 · 콩깻묵 · 어박 등

ⓒ 염기성 비료 : 재 · 석회질소 · **용성인비** 등

㉡ 생리적 반응

ⓐ 산성 비료 : 황산암모니아 · 황산칼리 · 염화칼리 등

ⓑ 중성 비료 : 질산암모니아 · 요소 · 과인산석회 · 중과인산석회 등

ⓒ 염기성 비료 : 석회질소 · **용성인비** · 재 · 칠레초석 · 어박 등

🔖 정답 **13** ④ **14** ④ **15** ③ **16** ④

17 다음 중 (가), (나), (다)에 알맞은 내용은?

> • 옥수수, 수수 등을 재배하면 잡초가 크게 경감되는데 이를 (가)이라고 한다.
> • 작부체계에서 휴한하는 대신 클로버와 같은 콩과 식물을 재배하면 지력이 좋아지는데, 이를 (나)이라고 한다.
> • 조, 피, 기장 등은 기후가 불순한 흉년에도 비교적 안전한 수확을 얻을 수 있는데, 이를 (다)이라고 한다.

① 가 : 중경작물, 나 : 휴한작물, 다 : 구황작물
② 가 : 대피작물, 나 : 중경작물, 다 : 휴한작물
③ 가 : 휴한작물, 나 : 대파작물, 다 : 중경작물
④ 가 : 중경작물, 나 : 구황작물, 다 : 휴한작물

　　⊙ 중경작물 : 생육기간 중에 반드시 중경을 해 주는 작물로 잡초를 억제하는 효과와 토양을 부드럽게 하는 효과가 있는 옥수수, 수수 작물 등이다.
　　ⓛ 휴한작물 : 휴한을 하는 대신 작물을 재배하면 지력이 더욱 잘 유지되므로 매년 경작할 수 있도록 윤작체계에 삽입하는 작물로 비트, 클로버 등이 있다.
　　ⓒ 구황작물(救荒作物) : 흉년에도 비교적 안전한 수확을 얻을 수 있는 작물로 피 · 조 등이 있다.

18 다음 중 작물의 기원지가 중국에 해당하는 것은?

① 수박　　　　　　　　　　　② 호박
③ 가지　　　　　　　　　　　④ 미나리

　작물의 기원지
　　① 수박 : 아프리카 중부　　　　② 호박 : 중앙아메리카
　　③ 가지 : 인도　　　　　　　　④ 미나리 : 중국, 일본

19 여름에 온도가 높아지면 논토양에 산소가 부족하여 SO_4가 황화수소로 환원되어 무기양분의 흡수장해가 일어나는데, 다음 중 가장 크게 억제되는 순서부터 옳게 나열한 것은?

① 인>규소>망간>마그네슘　　② 인>망간>규소>마그네슘
③ 마그네슘>망간>규소>인　　④ 마그네슘>규소>망간>인

　유해물질
　　H_2S에 의한 양분의 흡수 저해는 양분의 종류에 따라 현저히 달라서, $P_2O_5 > K_2O > SiO_2 > NH_4-N > MnO > H_2O > MgO > CaO$의 순으로 저해가 크다.

20 다음 중 이산화탄소의 일반적인 대기조성 함량은?

① 약 3.5ppm   ② 약 35ppm   ③ 약 350ppm   ④ 약 3,500ppm

대기 중의 CO_2 농도는 대체로 0.035%이다.

21 토양수분 위조점에서의 기압(bar)은 약 얼마인가?

① -5 ② -15 ③ -31 ④ -35

영구 위조점은 pF 4.2(-15bar) 정도이다.

22 토양의 산화환원전위 값으로 알 수 있는 것은?

① 토양의 공기 유통과 배수상태   ② 토양의 산성 개량에 필요한 석회소요량
③ 토양의 완충능   ④ 토양의 양이온 흡착력

토양의 산화환원전위
보통 밭토양이 충분히 산화상태에 있으면 $+0.6$~$+0.7$V 정도이고 논이 청회색을 띠는 상태이면 $+0.1$~$+0.3$V, 담수상태에서 유기물의 분해가 왕성할 때는 -0.2~-0.3V까지 내려간다.

23 토양이 알칼리성을 나타낼 때 용해도가 높아져 작물의 과잉흡수를 나타낼 수 있는 성분은?

① Mo   ② Cu   ③ Zn   ④ H

24 입경조성에 따른 토양의 분류를 뜻하는 것은?

① 토양의 화학성   ② 토성   ③ 토양통   ④ 토양의 반응

토성
무기질 입자의 입경조성에 의한 토양의 분류를 토성이라고 한다.

25 다음 중 토양에 서식하며 토양으로부터 양분과 에너지원을 얻으며 특히 배설물이 토양입단 증가에 영향을 주는 것은?

① 사상균   ② 지렁이   ③ 박테리아   ④ 방사선균

지렁이 분변토
떼알 구조로 되어 있다.

정답   **20** ③   **21** ②   **22** ①   **23** ①   **24** ②   **25** ②

26 다음 설명에 해당하는 것은?

> • 배수와 통기성이 양호하며 뿌리의 발달이 원활한 심층토에서 주로 발달한다.
> • 입단의 모양은 불규칙하지만 대개 6면체로 되어 있으며, 입단 간 거리가 5~50mm로 떨어져 있다.

① 원주상 구조　　　　② 판상 구조　　　　③ 각주상 구조　　　　④ 괴상 구조

🌱 **괴상 구조(塊狀構造)** ··········
　　외관상 다면체를 이루고 그 각도는 대부분 둥글며, 밭토양과 삼림의 하층토에서 발견된다. 여러 토양의 집적층(B층)에서 주로 볼 수 있고 입단 상호 간격이 좁다.

27 다음 중 점토에 대한 설명으로 틀린 것은?

① 점토는 2차 광물이다.
② 교질되는 특성과 함께 표면전하를 가진다.
③ 화학적 특성을 결정하는 데 있어서 중요하다.
④ 점토의 광물 조성은 단순하다.

🌱 ··········
　　점토의 광물 조성은 매우 다양하다.

28 지렁이에 대한 설명으로 옳은 것은?

① Spodosol 토양에 개체 수가 많다.
② 상대적으로 여름에 활동이 왕성하다.
③ 과습한 지역은 지렁이 개체 수를 증가시킨다.
④ 거의 분해되지 않은 유기물의 사용은 개체 수를 증가시킨다.

🌱 **지렁이** ··········
　　㉠ 여름보다는 봄, 가을에 훨씬 더 많이 번식한다.
　　㉡ 미숙유기물이 먹이가 된다.

29 산성 토양을 개량하기 위한 물질과 가장 거리가 먼 것은?

① H_2CO_3　　　　② $MgCO_3$　　　　③ CaO　　　　④ MgO

🌱 ··········
　　토양 중에 CO_2 농도가 높아지면 토양이 산성화된다.

$$H_2O + CO_2 \leftrightarrow H_2CO_3 \leftrightarrow H^+ + HCO_3^-$$

🌱 정답　**26** ④　**27** ④　**28** ④　**29** ①

30 토양의 pH가 4~7일 때 가장 많은 인산 형태는?

① PO_4^{-3} ② HPO_4^{-2} ③ $H_2PO_4^-$ ④ H_3PO_4

　✔ **인산염의 존재** ··

　　알칼리성하에서는 PO_4^{-3}의 형태로 존재하고, 중성~미산성하에서는 HPO_4^{-2}, $H_2PO_4^-$의 형태로 존재하며, 강산성하에서는 주로 $H_2PO_4^-$으로 존재한다. $H_2PO_4^-$, HPO_4^{-2}은 다 같이 식물이나 미생물에 흡수 이용된다.

31 토양 미생물의 활동 조건에 대한 설명으로 틀린 것은?

① 방선균은 건조한 환경에서 포자를 만들어 잠복한다.
② 세균은 산성에 강하고, 곰팡이는 산성에서 약해진다.
③ 미생물 활동에 알맞은 pH는 대체로 7 부근이다.
④ 대부분의 방선균은 호기성 균이다.

　✔ ··

　　세균은 산성에 약하고, 곰팡이는 산성에서 강하다.

32 토양이 산성화될 때 발생되는 생물학적 영향으로 틀린 것은?

① 알루미늄 독성으로 인해 식물의 신장을 저해한다.
② 철의 과잉흡수로 벼의 잎에 갈색 반점이 생긴다.
③ 망간의 독성으로 인해 식물 잎의 만곡현상을 야기한다.
④ 칼륨의 과잉흡수로 인해 줄기가 연약해진다.

　✔ ··

　　칼륨의 결핍으로 인해 줄기가 연약해진다.

33 암모니아산화균에 해당하는 것은?

① Nitrosomonas   ② Micromonspore   ③ Nocardia   ④ Streptomyces

　✔ ··

　　Nitrosomonas는 암모니아를 질산으로 산화한다.

34 치환성 염기(교환성 염기)로 볼 수 없는 것은?

① K^+ ② Ca^{++} ③ Mg^{++} ④ H^+

　✔ ··

　　양이온치환용량(CEC)에 대한 치환성 염기이온은 Ca^{+2}, Mg^{+2}, K^+, Na^+ 등이다.

　정답　**30** ③　**31** ②　**32** ④　**33** ①　**34** ④

35 토양의 입단화에 좋지 않은 영향을 미치는 것은?

① 유기물 사용　　　　　　　② 석회 사용
③ 칠레초석 사용　　　　　　④ Krilium 사용

✔ **입단의 형성** ......
　ⓐ 유기물 사용
　ⓑ 콩과작물의 재배
　ⓒ 토양의 멀칭
　ⓓ Ca 사용
　ⓔ 토양 개량제인 크릴륨(Krilium) 사용

36 다음 중 흐르는 물에 의하여 이동되는 퇴적된 모재는?

① 잔적모재　　　　　　　　② 붕적모재
③ 풍적모재　　　　　　　　④ 충적모재

✔ **충적모재** ......
충적토는 하천에 의해 이루어진 것으로 홍함평지, 선상충적토, 삼각주 등에 널리 분포되어 있다.

37 토양 생물에 대한 설명으로 틀린 것은?

① 사상균은 1ha당 생물체량이 1,000~15,000kg에 달한다.
② 원핵생물인 세균은 생명체로서 가장 원시적인 형태이다.
③ 조류는 유기물의 분해자로 가장 중요하다.
④ 선충, 곰팡이 등이 있다.

✔ ......
남조류는 논토양에서 공중질소를 고정하고 산소공급원으로서 중요한 역할을 한다.

38 토양의 기지 정도에 따라 연작의 해가 적은 작물은?

① 토란　　　　　　　　　　② 참외
③ 고구마　　　　　　　　　④ 강낭콩

✔ **연작의 피해가 적은 작물** ......
벼 · 맥류 · 조 · 수수 · 옥수수 · **고구마** · 삼(大麻) · 담배 · 무 · 당근 · 양파 · 호박 · 연 · 순무 · 뽕나무 · 아스파라거스 · 토당귀 · 미나리 · 딸기 · 양배추 · 꽃양배추 등

정답　35 ③　36 ④　37 ③　38 ③

39 논토양이 환원 상태로 되는 이유로 거리가 먼 것은?

① 물에 잠겨 있어 산소의 공급이 원활하지 않기 때문이다.

② 철·망간 등의 양분이 용탈되기 때문이다.

③ 미생물의 호흡 등으로 산소가 소모되고 산소 공급이 잘 이루어지지 않기 때문이다.

④ 유기물의 분해과정에서 산소 소모가 많기 때문이다.

40 토양에 첨가한 유기물 성분 중에서 미생물에 의해 가장 느리게 분해되는 것은?

① 당류   ② 단백질   ③ 헤미셀룰로오스   ④ 리그닌

✔ **식물체 구성 물질의 분해속도** ·····

    ㉠ 당류, 전분, 가용성 단백질 → 가장 분해가 빠름

    ㉡ lignin, 지질, 납질, 유지 → 매우 분해가 느림

41 다음 중 환경보전 및 지속 가능한 생태농업을 추구하는 농업형태는?

① 관행농업   ② 상업농업   ③ 전업농업   ④ 유기농업

✔ **유기농업(有機農業)** ·····

    농약과 화학비료를 사용하지 않고 원래 흙을 중시하여 자연에서 안전한 농산물을 얻는 것을 바탕으로 한 농업이다.

42 광에너지를 효율적으로 이용할 수 있는 이상적인 옥수수 초형에 해당하지 않는 것은?

① 상위엽은 직립한다.

② 상위엽에서 밑으로 내려오면서 약간씩 경사를 더하여 하위엽에서 수평이 된다.

③ 수이삭은 작고 잎혀가 없다.

④ 암이삭은 2개인 것보다 1개인 것이 밀식에 잘 적응한다.

✔ **옥수수의 초형** ·····

    ㉠ 상위엽이 직립하고 아래로 갈수록 약간씩 기울어져 하위엽에서 수평이 된다.

    ㉡ 수이삭(雄穗)은 작고 잎혀가 없다.

    ㉢ 암이삭(雌穗)은 1개인 것보다 2개인 것이 더욱 밀식에 잘 적응한다.

43 월년생 작물로만 이루어진 것은?

① 홉, 벼   ② 아스파라거스, 대두   ③ 가을밀, 가을보리   ④ 홉, 옥수수

✔ **월년생 작물** ·····

    가을에 종자를 뿌려 월동해서 이듬해에 개화·결실하는 작물로, 가을밀·가을보리·유채 등이 있다.

정답   **39** ②   **40** ④   **41** ④   **42** ④   **43** ③

44 한 종류의 작물이 생육하고 있는 이랑 사이나 포기 사이에 한정된 기간 동안 다른 작물을 파종하거나 심어서 재배하는 것은?

① 교호작　　　　② 간작　　　　③ 난혼작　　　　④ 주위작

✔ **간작** ···
한 종류의 작물이 생육하고 있는 이랑 사이, 포기 사이에 한정된 기간 동안 다른 작물을 재배하는 것, 즉 생육시기를 달리하는 작물을 일정 기간 같은 토지에 생육시키는 것으로 사이짓기라고도 한다.

45 식물체의 조직 내에 결빙이 생기지 않는 범위의 저온에서 작물이 받게 되는 피해는?

① 동해　　　　② 냉해　　　　③ 습해　　　　④ 수해

✔ **냉해** ···
저온으로 말미암아 작물의 생육이 현저히 나쁘게 되는 것을 말하는데, 특히 여름 작물에서 고온이 필요한 여름철에 냉한 온도를 만나서 발생하는 냉온 장해를 냉해라고 한다.

46 작물이 생육하는 데 알맞은 토양 조건은?

① 질소, 인산 등 비료 성분이 많은 염류집적 토양
② 단립(單粒) 구조가 많은 토양
③ 수분을 많이 함유한 식토
④ 유기물이 적당하고 작토층이 깊은 토양

47 이랑을 세우고 이랑 위에 파종하는 방식은?

① 휴립휴파법　　② 휴립구파법　　③ 평휴법　　　　④ 성휴법

✔ **휴립법(畦立法)** ···
㉠ 휴립구파법 : 이랑을 세우고 낮은 골에 파종하는 방식이다(맥류).
㉡ 휴립휴파법 : 이랑을 세우고 이랑에 파종하는 방식이다(콩 · 조).

48 좁은 범위의 일장에서만 화성이 유도 · 촉진되며 2개의 한계일장이 있는 것은?

① 장일식물　　　② 단일식물　　　③ 정일식물　　　④ 중성식물

✔ **중간식물(中間植物, 정일식물)** ··
㉠ 좁은 범위의 일장에서만 화성이 유도 · 촉진되며, 2개의 한계일장이 있다.
㉡ 사탕수수의 F106이란 품종은 12시간~12시간 45분의 좁은 일장범위에서만 개화를 한다.

정답　44 ②　45 ②　46 ④　47 ①　48 ③

49 작물의 필수원소는 아니나 셀러리, 사탕무 등의 식물에서 효과가 있는 것은?

① 나트륨
② 질소
③ 황
④ 구리

❤ **나트륨(Na)** ··

셀러리 · 사탕무 · 순무 · 목화 · 크림슨클로버 등에서 시용효과가 인정된다.

50 과수의 내습성이 가장 큰 순서부터 옳게 나열된 것은?

① 감>포도>무화과>올리브
② 포도>무화과>감>올리브
③ 올리브>포도>감>무화과
④ 무화과>포도>감>올리브

❤ **과수의 내습성** ··

올리브>포도>밀감>감>배>밤>무화과 등의 순이다.

51 연작장해에 대한 설명으로 틀린 것은?

① 특정 작물이 선호하는 양분의 수탈이 이루어진다.
② 작물의 생장이 지연된다.
③ 수도작은 연작장해가 크게 일어난다.
④ 수확량이 감소한다.

❤ ··

수도작(벼)은 연작장해가 일어나지 않는다.

52 식물의 유체가 토양 속에 들어가면 미생물 분해가 일어나는데, 가장 먼저 일어나는 순서로 옳은 것은?

① 헤미셀룰로오스>당류>리그닌>셀룰로오스
② 리그닌>당류>헤미셀룰로오스>셀룰로오스
③ 당류>헤미셀룰로오스>셀룰로오스>리그닌
④ 셀룰로오스>당류>헤미셀룰로오스>리그닌

❤ **식물체 구성 물질의 분해속도** ··

㉠ 당류, 전분, 가용성 단백질 → 가장 분해가 빠름
㉡ 조단백질, hemicellulose, pentosan, cellulose → 비교적 빠르게 분해됨
㉢ lignin, 지질, 납질, 유지 → 매우 분해가 느림

정답 **49** ① **50** ③ **51** ③ **52** ③

53 연풍의 특성에 해당하지 않는 것은?

① 작물 주위의 습기를 배제하여 증산작용을 조장함으로써 양분 흡수를 증대시킨다.

② 잎을 동요시켜 그늘진 잎의 일사를 조장함으로써 광합성을 증대시킨다.

③ 건조할 때에는 건조상태를 억제한다.

④ 잡초의 씨나 병균을 전파한다.

연풍이 작물생육에 해로운 경우가 있다. 즉, 잡초의 씨나 병균을 전파하고, 건조할 때는 더욱 건조상태를 조장하며, 냉풍은 작물체에 냉해를 유발하기도 한다.

54 굴광현상에 가장 유효한 광은?

① 적색광　　　　② 자외선　　　　③ 청색광　　　　④ 자색광

굴광현상에 가장 유효한 광

식물이 광조사의 방향에 반응하여 굴곡반응을 나타내는 현상으로 4,000~5,000 Å, 특히 4,400~4,800 Å의 청색광이 가장 유효하다.

55 지하에 토관·목관·콘크리트관 등을 배치하여 통수(通水)하고, 간극으로부터 스며 오르게 하는 방법은?

① 개거법　　　　② 암거법　　　　③ 압입법　　　　④ 살수관개법

암거법

암거법은 지하에 토관·목관·콘크리트관·플라스틱관 등을 배치하여 통수하고, 간극으로부터 스며 오르게 하는 방법이다.

56 다음 중 광의 파장이 400nm인 광은?

① 적색광　　　　② 청색광　　　　③ 자색광　　　　④ 근적외광

57 다음 중 1년 휴작을 요하는 작물로만 이루어진 것은?

① 가지, 고추　　② 완두, 토마토　　③ 수박, 사탕무　　④ 시금치, 생강

1년 휴작을 요하는 작물

쪽파·시금치·콩·파·생강 등

정답　**53** ③　**54** ③　**55** ②　**56** ③　**57** ④

58 경사지에서 수식성 작물을 재배할 때 등고선으로 일정한 간격을 두고 적당한 폭의 목초대를 두어 토양침식을 크게 덜 수 있는 방법은?

① 조림재배　　　　② 초생재배　　　　③ 단구식재배　　　　④ 대상재배

❤ **대상재배(帶狀栽培)** ··

　　㉠ 띠 모양의 조직적 배치로 작물을 재배하는 것으로, 일반적으로 경작되는 작물과 목초를 띠 모양으로 하여 교대로 배치함으로써 유수나 바람으로부터 토양과 식생을 보호한다.

　　㉡ 바람에 의한 흙의 날림이 문제가 되는 곳에서는 바람의 주 방향에 거의 직각으로, 침식성 토양지대에서는 등고선에 거의 평행으로 배치한다.

59 다음 중 요수량이 가장 큰 식물은?

① 기장　　　　　　② 알팔파　　　　　③ 보리　　　　　　④ 옥수수

❤ **요수량** ··

　　㉠ 요수량은 수수 · 기장 · 옥수수 등이 작고, 알팔파 · 클로버 등이 크다.

　　㉡ 명아주의 요수량은 극히 크며, 이 잡초는 토양수분을 많이 수탈한다.

60 1년생 또는 다년생의 목초를 인위적으로 재배하거나, 자연적으로 성장한 잡초를 그대로 이용하는 방법은?

① 청경법　　　　　② 멀칭법　　　　　③ 초생법　　　　　④ 절충법

❤ **과수원의 초생재배법** ··

　　㉠ 1년생 또는 다년생 목초를 인위적으로 파종하여 재배하거나 또는 자연적으로 자란 잡초를 그대로 이용하는 방법을 초생법 또는 초생 재배법이라고 한다.

　　㉡ 과수원에서 자란 풀들을 1년에 몇 차례씩 베어 그 자리에 깔아준다든지, 또는 가축의 사료로 이용하였다가 후에 퇴비로 만들어서 다시 과수원에 환원시키는 방법 등이 있다.

✎ 정답　**58** ④　**59** ②　**60** ③

01 잎의 가장자리에 있는 수공에서 물이 나오는 현상은?

① 일액현상　　　　② 일비현상　　　　③ 증산작용　　　　④ Apoplast

──

　　㉠ 일액현상(溢液現狀)
　　　식물에 흡수된 물 중 일부는 구성물이 되고 대부분은 체외로 배출되는데, 배출되는 수분의 일부가 식물체의 배수 조직을 통하여 액체 상태로 배출되는 현상
　　㉡ 일비현상(溢泌現象)
　　　줄기를 절단하거나 도관부(물관)에 구멍을 내면 수액이 배출되는 현상으로, 수액에는 물과 탄수화물, 무기염류 등이 함유되어 있음

02 작물이 받는 냉해의 종류가 아닌 것은?

① 생태형 냉해　　② 지연형 냉해　　③ 병해형 냉해　　④ 장해형 냉해

냉해의 종류 ──────────────────────────────────
　　작물이 받는 냉해는 양상에 따라 보통 지연형 냉해, 장해형 냉해, 병해형 냉해의 세 종류로 구분한다.

03 장일식물로만 바르게 나열된 것은?

① 도꼬마리, 국화　　② 들깨, 콩　　　　③ 시금치, 담배　　④ 양파, 상추

장일식물(長日植物)) ────────────────────────────
　　추파맥류 · 완두 · 박하 · 아주까리 · 시금치 · 양딸기 · 양파 · 상추 · 감자 · 해바라기 등

04 수해에 대한 설명으로 틀린 것은?

① 수해를 예방하기 위해 볏과목초, 피, 수수 등 침수에 강한 작물을 선택한다.
② 수온이 높으면 호흡기질의 소모가 빨라 피해가 크다.
③ 벼의 침수피해는 수잉기보다 분얼 초기에 심하다.
④ 질소질 비료를 많이 주면 관수해가 커진다.

──

　　벼의 침수피해는 분얼 초기보다 수잉기에 심하다.

정답　**01** ①　**02** ①　**03** ④　**04** ③

05 토양 입단 형성에 알맞은 방법이 아닌 것은?

① 유기물 시용　　　② 석회 시용　　　③ 토양의 피복　　　④ 질산나트륨 시용

질산나트륨 시용은 토양 입단을 파괴한다.

06 포장동화능력을 지배하는 요인으로만 옳게 나열한 것은?

① 엽면적, 광포화점, 광보상점　　　② 총엽면적, 수광능률, 평균동화능력
③ 광량, 광의 강도, 엽면적　　　　④ 착색도, 광량, 엽면적

포장동화능력은 총엽면적, 수광능률, 평균동화능력 3가지의 곱으로 표시된다.

07 지력을 향상시키는 방법이 아닌 것은?

① 토심을 깊게 한다.　　　　　　② 단립구조를 만든다.
③ 토양 pH는 중성으로 만든다.　　④ 토성은 사양토~식양토로 만든다.

입단구조를 만든다.

08 광합성에 가장 유효한 광은?

① 녹색광　　　② 황색광　　　③ 자색광　　　④ 적색광

광합성은 가시광선 중 적색광(6,500~7,000 Å)과 청색광(4,000~5,000 Å)에서 가장 잘 일어난다.

09 작물의 적산온도에 대한 설명으로 틀린 것은?

① 작물의 생육시기와 생육기간에 따라 차이가 있다.
② 작물의 생육이 가능한 범위의 온도를 나타낸다.
③ 작물이 일생을 마치는 데 소요되는 총 온량을 표시한다.
④ 작물의 발아로부터 성숙에 이르기까지의 0℃ 이상의 일평균기온을 합산한 온도이다.

유효온도(有效溫度)
작물의 생육이 가능한 범위의 온도이다.

10 식물의 굴광현상에 가장 유효한 광은?

① 자색광   ② 청색광   ③ 적색광   ④ 적외선

🌱 **굴광작용(屈光作用)**

식물이 광조사의 방향에 반응하여 굴곡반응을 나타내는 현상으로 4,000~5,000Å, 특히 4,400~4,800Å의 청색광이 가장 유효하다.

11 작물의 요수량에 관한 설명으로 틀린 것은?

① 작물의 건물 1g을 생산하는 데 소비된 수분량이다.
② 증산계수 또는 증산능률이라고도 한다.
③ 요수량이 작은 작물이 가뭄에 강하다.
④ 작물별로 수분의 절대소비량을 표시하는 것은 아니다.

🌱

수분소비량의 거의 전부가 증산량에 해당하므로 요수량과 증산계수는 동의어로 사용하기도 하지만 증산능률은 다른 의미이다.

12 작물 수량을 증가시키는 3대 조건이 아닌 것은?

① 유전성이 좋은 품종 선택   ② 알맞은 재배환경
③ 적합한 재배기술   ④ 상품성이 우수한 작물 선택

🌱

작물 수량의 삼각형에는 유전성, 재배환경, 재배기술이 있다.

13 뿌리에서 가장 왕성하게 수분 흡수가 일어나는 부위는?

① 근모부   ② 뿌리골무   ③ 생장점   ④ 신장부

🌱 **근모(根毛)**

토양으로부터 수분이나 영양물을 흡수하는 기능을 가진다.

14 탄산시비의 목적으로 가장 적합한 것은?

① 호흡작용의 증대   ② 증산작용의 증대
③ 광합성작용의 증대   ④ 비료 흡수의 촉진

🌱 **탄산시비의 목적**

CO_2의 공급으로 광합성작용의 증대

정답   **10** ②   **11** ②   **12** ④   **13** ①   **14** ③

15 식물의 필수 양분 중 미량 원소가 아닌 것은?

① Fe   ② B   ③ N   ④ Cl

> N(질소)은 다량 원소이다.

16 토양 속에서 작물 뿌리가 수분을 흡수하는 기구를 나타낸 관계식으로 옳은 것은?(단, a : 세포의 삼투압, m : 세포의 팽압(막압), t : 토양의 수분 보유력, a′ : 토양용액의 삼투압이다.)

① $(a-m)-(t+a')$ ② $(a-m)+(t+a')$
③ $(a+m)-(t+a')$ ④ $(a+m)+(t+a')$

> $DPD-SMS(DPD)=(a-m)-(t+a')$
> 여기서, a : 세포의 삼투압,   m : 세포의 팽압(막압)
> t : 토양의 수분 보유력, a′ : 토양 용액의 삼투압

17 고추와 토마토의 일장 감응형은?

① 장일성   ② 중일성   ③ 단일성   ④ 정일성

> **중성 식물(중일성 식물)**
> ㉠ 일정한 한계일장이 없고 넓은 범위의 일장에서 화성이 유도되며, 화성이 일장에 영향을 받지 않는다.
> ㉡ 강낭콩 · 고추 · 가지 · 토마토 · 당근 · 셀러리 등

18 식물이 주로 이용하는 토양 수분의 형태는?

① 결합수   ② 흡습수   ③ 지하수   ④ 모관수

> **모관수(毛管水)**
> pF 2.7~4.5로서 작물이 주로 이용하는 수분이다.

19 식물의 분류 중 ( ) 안에 들어갈 용어는?

문 → (   ) → 목 → 과 → 속

① 종   ② 강   ③ 계통   ④ 아목

> **분류단계 순서**
> 계 → 문 → 강 → 목 → 과 → 속 → 종

정답   **15** ③   **16** ①   **17** ②   **18** ④   **19** ②

20 작물의 분화과정을 옳게 나열한 것은?

① 변이 발생 → 순화 → 격리 → 도태
② 변이 발생 → 격리 → 적응 → 도태
③ 변이 발생 → 도태 → 격리 → 적응
④ 변이 발생 → 도태 → 순화 → 격리

✔ **작물의 분화 및 발달 순서(자연적 분화)** ··

유전적 변이 → 도태 · 적응 → 순화 → 분화 → 격절/고립

21 다음 중 토양의 양분 보유력을 가장 크게 증대시킬 수 있는 영농방법은?

① 부식질 유기물의 시용
② 질소비료의 시용
③ 모래의 객토
④ 경운의 실시

22 화성암을 구성하는 주요 광물이 아닌 것은?

① 방해석
② 각섬석
③ 석영
④ 운모

✔ ···

방해석은 퇴적암, 변성암에 널리 분포한다.

23 지하수위가 높은 저습지나 배수 불량지에서 환원 상태가 발달하면서 청회색을 띠는 토층이 발달하는 토양 생성 작용은?

① podzolization
② salinization
③ alkalization
④ gleyzation

✔ **글레이화(gleyzation) 작용** ···

㉠ 배수가 안 되어 수분이 과포화된 상태에서 염기성으로 분해되는 글레이화(gleyzation) 작용은 유기물이 완전히 산화되지 않고 환원되는 상태를 만든다.
㉡ 토양의 색은 회백색이며 대체로 논과 습지가 이에 해당한다.

24 토양 속 $NH_4^+ \rightarrow NO_2^- \rightarrow NO_3^-$는 무슨 작용인가?

① 암모니아화 작용
② 질산화 작용
③ 탈질작용
④ 유기화 작용

✔ **질산화 작용** ···

암모늄태 질소(NH_4^+)가 무기 영양 세균에 의해 아질산태 질소를 중간생성물로 하여 질산을 생성하는 과정이다.

25 논토양과 밭토양의 차이점으로 틀린 것은?

① 논토양은 무기양분의 천연공급량이 많다.
② 논토양은 유기물 분해가 빨라 부식 함량이 적다.
③ 밭토양은 통기상태가 양호하며 산화상태이다.
④ 밭토양은 산성화가 심하여 인산유효도가 낮다.

　　논토양은 유기물 분해가 느려 부식 함량이 많다.

26 저위생산지의 개량방법으로 옳은 것은?

① 습답은 점토가 많은 산적토를 개토한다.
② 누수답은 암거배수 등으로 배수 개선을 한다.
③ 노후화 답을 개량하기 위해 석고를 시용한다.
④ 미숙답은 심경하고 다량의 볏짚을 시용한다.

27 토양유기물의 탄질률과 질소에 대한 설명으로 틀린 것은?

① 탄질률이 높은 유기물을 주면 질소의 공급효과가 높다.
② 시용하는 유기물의 탄질률이 높으면 질소가 일시적으로 결핍된다.
③ 콩과식물을 재배하면 질소의 공급에 유리하다.
④ 토양 유기물의 분해는 탄질률에 따라 크게 달라진다.

　　탄질률이 높은 유기물을 주면 질소 부족현상이 나타나 질소의 공급효과가 낮다.

28 토양의 환원상태를 촉진하지 않는 것은?

① 미숙퇴비 살포
② 투수성 불량
③ 토양의 수분 건조
④ 미생물 활동 증가

　　토양의 수분 건조는 산화상태를 촉진한다.

29 토양단면에서 용탈 흔적이 가장 명료한 토층은?

① O층 ② E층 ③ A층 ④ C층

토양단면(土壤斷面)

㉠ O층(유기물층) ㉡ A층(무기물표층)
㉢ E층(최대 용탈층) ㉣ B층(집적층)

30 토양 중 인산에 대한 설명으로 옳은 것은?

① 토양의 pH가 5~6인 범위에서는 $H_2PO_4^-$의 형태로 존재한다.
② 토양의 pH가 중성보다 낮아질수록 용해도가 증가한다.
③ 토양 pH가 8 이상인 범위에서는 H_3PO_4의 형태로 존재한다.
④ CEC가 클수록 흡착되는 양이 많아진다.

인산염의 존재

알칼리성하에서는 PO_4^{-3}의 형태로 존재하고, 중성~미산성하에서는 HPO_4^{-2}, $H_2PO_4^-$의 형태로 존재하며, 강산성하에서는 주로 $H_2PO_4^-$으로 존재한다. $H_2PO_4^-$, HPO_4^{-2}은 다 같이 식물이나 미생물에 흡수 이용된다.

31 토양오염에 대한 설명으로 틀린 것은?

① 질소와 인산비료의 과다시용은 토양오염을 유발할 수 있다.
② 농경지에 대한 농약 살포는 토양오염을 유발할 수 있다.
③ 일반적으로 중금속의 흡착은 pH가 높을수록 적어진다.
④ 방사성 물질은 비점오염원이다.

중금속의 흡착은 대게 pH가 높아질수록 증가한다.

32 토양오염원을 분류할 때 비점오염원에 해당하는 것은?

① 산성비 ② 대단위 가축사육장 ③ 유독물질 저장시설 ④ 폐기물 매립지

㉠ 점오염원
ⓐ 폐수배출시설, 하수발생시설, 축사 등
ⓑ 관거 · 수로 등을 통하여 일정한 지점으로 수질오염물질을 배출하는 배출원 관리 용이

㉡ 비점오염원
ⓐ 도시, 도로, 농지, 산지, 공사장, 음식점 등
ⓑ 불특정 장소에서 불특정하게 수질오염물질을 배출하는 배출원 관리가 어려움

정답 29 ② 30 ① 31 ③ 32 ①

33 시설재배 토양에서 염류 농도를 감소시키는 방법으로 틀린 것은?

① 담수에 의한 제염
② 제염작물 재배
③ 객토 및 암거배수에 의한 토양 개량
④ 돈분퇴비의 사용

✔ **과잉시비로 인한 염류집적** ···
　　㉠ 비료를 지나치게 많이 이용하기 때문에 비료로부터 유래하는 염류가 토양에 집적된다.
　　㉡ 축분퇴비도 과도하게 사용하면 집적되어 문제가 될 수 있다.

34 토양미생물에 대한 설명으로 틀린 것은?

① 균근류는 통기성과 투수성을 증가시킨다.
② 화학종속영양세균의 주 에너지원은 빛이다.
③ 토양 유기물을 분해시켜 부식으로 만든다.
④ 조류는 광합성을 하고 산소를 방출한다.

✔ **화학종속영양세균의 대사** ···
　　화학종속영양세균은 다양한 종류의 유기물을 에너지원으로 이용할 수 있으며, 유기물의 이용범
　　위는 세균에 따라 다양하다.

35 수평배열의 도피로 구성된 구조이며, 투수성에 가장 불리한 토양구조는?

① 판상
② 입상
③ 주상
④ 괴상

✔ **판상 구조** ···
　　㉠ 토양 입자가 얇은 판자상 또는 렌즈상으로 배열되어 있고 습윤지대의 A층에서 발달한다.
　　㉡ 논토양의 작토 밑에서 흔히 볼 수 있으며 토양 수분의 수직배수가 불량하여 습답을 이룬다.

36 토양오염 우려기준 물질에 포함되지 않는 것은?

① Cd
② Al
③ Hg
④ As

✔ **중금속 오염원** ···
　　토양 오염원으로 문제가 되고 있는 중금속은 일반적으로 원자량이 크고 비중이 큰 것으로 원자번
　　호 23인 바나듐(V)과 82인 납(Pb) 사이에 있는 비소(As), 카드뮴(Cd), 크롬(Cr), 구리(Cu), 수
　　은(Hg), 니켈(Ni), 아연(Zn), 안티몬(Sb), 셀레늄(Se), 스트론튬(Sr) 등이 있다.

정답　 **33** ④　**34** ②　**35** ①　**36** ②

37 다음 중 공생질소고정균은?

① Azotobacter　　　　　　　　② Rhizobium

③ Beijerincria　　　　　　　　④ Derxia

🌱 **질소고정균** ···

공기 중의 질소를 고정하여 식물에게 질소를 공급하는 미생물군 중 뿌리와의 공생적 질소균 : 리조비움(Rhizobium)

38 피복작물에 의한 토양보존 효과로 볼 수 있는 것은?

① 토양의 유실 증가　　　　　　② 토양 투수력 감소

③ 빗방울의 토양 타격강도 증가　④ 유거수량의 감소

39 물에 의한 침식을 가장 받기 쉬운 토성은?

① 식토　　　　　② 양토　　　　　③ 사토　　　　　④ 사양토

🌱 ···

점토율이 낮은 토양은 높은 토양보다 침식을 덜 받는다.

40 토양 침식에 영향을 주는 요인에 대한 설명으로 틀린 것은?

① 내수성 입단이 적고 투수성이 나쁜 토양이 침식되기 쉽다.

② 경사도가 크고 경사길이가 길수록 침식이 많이 일어난다.

③ 강우량은 강우 강도보다 토양 침식에 대한 영향이 크다.

④ 작물의 종류, 경운 시기와 방법에 따라 침식량이 다르다.

🌱 **강우량과 강우 속도** ···

수식은 주로 강우에 의해 일어나며, 강우는 그 용량인자인 우량보다 강도인자인 우세가 문제시된다.

41 유기농업 생산체계의 목표가 아닌 것은?

① 작물 및 축산물의 생산성 최대화를 추구한다.

② 토양미생물의 활동을 촉진하는 농업을 추구한다.

③ 생물의 다양성을 증진하는 데 목표를 둔다.

④ 자원이나 물질의 재활용을 극대화한다.

42 다음 중 자가불화합성을 이용하는 것으로만 나열된 것은?

① 당근, 상추
② 고추, 쑥갓
③ 양파, 옥수수
④ 무, 양배추

1대 잡종 종자의 채종 ···
㉠ 인공교배 : 호박 · 수박 · 오이 · 참외 · 멜론 · 가지 · 토마토 · 피망
㉡ 웅성불임성 이용 : 옥수수 · 양파 · 파 · 상추 · 당근 · 고추 · 벼 · 밀 · 쑥갓
㉢ 자가불화합성 이용 : 무 · 순무 · 배추 · 양배추 · 브로콜리

43 유기농업에서 이용할 수 있는 식물 추출 자재가 아닌 것은?

① 님
② 제충국
③ 바이오밥
④ 카보퓨란

···
카보퓨란(카바메이트제)은 농산물에 농약으로 사용되는 해충 방제용 농약이다.

44 다음 중 포식성 곤충에 해당하는 것은?

① 팔라시스이리응애
② 침파리
③ 고치벌
④ 꼬마벌

천적의 종류 ···
㉠ 기생성 곤충 : 침파리, 고추벌, 맵시벌, 꼬마벌 등은 나비목의 해충에 기생한다.
㉡ 포식성 곤충 : 팔라시스이리응애, 풀잠자리, 꽃등애, 됫박벌레 등은 진딧물을 잡아먹고 딱정벌레는 각종 해충을 잡아먹는 포식성 해충이다.

45 유기축산물의 축사 및 방목에 대한 요건으로 틀린 것은?

① 축사 · 농기계 및 기구 등은 청결하게 유지하고 소독함으로써 교차감염과 질병감염체의 증식을 억제하여야 한다.
② 축사의 바닥은 부드러우면서도 미끄럽지 아니하고, 청결 및 건조하여야 하며, 충분한 휴식공간을 확보하여야 하고, 휴식공간에는 건조깔짚을 깔아 주어야 한다.
③ 가금류의 축사는 짚 · 톱밥 · 모래 또는 야초와 같은 깔집으로 채워진 건축공간이 제공되어야 하고, 가금의 크기와 수에 적합한 홰의 크기 및 높은 수면공간을 확보하여야 하며, 산란계는 산란상자를 설치하여야 한다.
④ 번식돈은 임신 말기 또는 포유기간을 제외하고는 군사를 하여야 하고, 자돈 및 육성돈은 케이지에서 사육하지 아니할 것. 다만, 자돈 압사 방지를 위하여 포유기간에는 모돈과 조기 이유한 자돈의 생체중 50킬로그램까지는 케이지에서 사육할 수 있다.

정답　**42** ④　**43** ④　**44** ①　**45** ④

46 다음 중 시설의 토양관리에서 객토를 실시하는 이유로 거리가 먼 것은?

① 미량원소의 공급   ② 토양침식 효과

③ 염류 집적의 제거   ④ 토양 물리성 개선

시설의 토양관리에서 객토를 실시하므로 토양침식이 방지된다.

47 고구마 수확물의 상처에 유상조직인 코르크층을 발달시켜 병균의 침입을 방지하는 조치는?

① 예냉   ② 큐어링

③ CA   ④ 프라이밍

큐어링(예비저장＝아물이)

수확 직후의 고구마를 온도 32~33℃, 습도 90~95%인 곳에 4일 정도 보관하였다가 방열시킨 뒤에 저장하면 상처와 병반부가 아물고, 당분이 증가하여 저장이 잘 되고 품질도 좋아진다.

48 (A×B)×C 와 같이 F_1과 제3의 품종을 교배하는 것은?

① 다계교배   ② 복교배

③ 3원교배   ④ 단교배

3원교배(3계교배, three way cross) : (A×B)×C

49 산도(pH)가 중성인 토양은?

① pH 3~4   ② pH 4~5

③ pH 6~7   ④ pH 9~10

토양반응의 표시법

보통 pH(potential of hydrogen ion)는 $[H^+]$의 역수의 대수식을 취한 것(pH＝log1/$[H^+]$)으로 1~14의 수치로 표시되며, 7이 중성이고, 7 이하가 산성이며, 7 이상이 알칼리성이다.

50 다음 중 병해충 방제를 위한 경종적 방제법에 해당하지 않는 것은?

① 과실에 봉지를 씌워서 차단   ② 토지의 선정

③ 품종의 선택   ④ 생육시기의 조절

과실에 봉지를 씌워서 차단하는 것은 물리(기계)적 방제법에 속한다.

정답   **46** ②   **47** ②   **48** ③   **49** ③   **50** ①

51 인공교배하여 F_1을 만들고 F_2부터 매 세대 개체선발과 계통재배 및 계통선발을 반복하면서 우량한 유전자형의 순계를 육성하는 육종방법은?

① 파생계통육종　　　　　　　　② 계통육종

③ 여교배육종　　　　　　　　　④ 집단육종

52 일반농가가 유기축산으로 전환할 때 전환기간으로 틀린 것은?

① 식육 생산용 한우는 입식 후 3개월 이상

② 식육 생산용 젖소는 90일 이상

③ 식육 생산용 돼지는 최소 5개월 이상

④ 알 생산용 산란계는 입식 후 3개월 이상

💡 **유기축산으로 전환할 때 전환기간** ···
　　식육 생산용 한우는 입식 후 12개월 이상

53 시설 내의 환경특이성에 관한 설명으로 틀린 것은?

① 토양이 건조해지기 쉽다.

② 공중습도가 높다.

③ 탄산가스 농도가 높다.

④ 광분포가 불균일하다.

💡 **시설 내의 환경특이성** ···
　　㉠ 온도 : 일교차가 크고, 위치별 분포가 다르며, 지온이 높음
　　㉡ 광선 : 광질이 다르고, 광량이 감소하며, 광분포가 불균일함
　　㉢ 공기 : 탄산가스가 부족하고, 유해가스가 집적되며, 바람이 없음
　　㉣ 수분 : 토양이 건조해지기 쉽고, 공중습도가 높으며, 인공관수를 함
　　㉤ 토양 : 염류 농도가 높고, 토양 물리성이 나쁘며, 연작장해가 있음

54 한 포장 내에서 위치에 따라 종자, 비료, 농약 등을 달리함으로써 환경문제를 최소화하면서 생산성을 최대로 하려는 농업은?

① 자연농업　　　　　　　　　　② 생태농업

③ 정밀농업　　　　　　　　　　④ 유기농업

55 다음 중 작물의 요수량이 가장 큰 것은?

① 옥수수   ② 클로버
③ 보리   ④ 기장

🌾 **요수량** ··

요수량은 수수 · 기장 · 옥수수 등이 작고, 알팔파 · 클로버 등이 크다.

56 유기사료에 첨가해도 되는 것은?

① 가축의 대사기능 촉진을 위한 합성화합물   ② 비단백태 질소 화합물
③ 성장촉진제   ④ 순도 99% 이상인 골분

🌾 **동물성 사료** ··

순도 99% 이상인 골분 · 어골회 및 패분

57 경축순환농법으로 사육하지 않는 농장에서 유해한 퇴비를 유기농업에 사용할 수 있는 충족 조건은?

① 퇴비화 과정에서 퇴비더미가 35~50℃를 유지하면서 10일 이상 경과되어야 한다.
② 퇴비화 과정에서 퇴비더미가 55~75℃를 유지하면서 15일 이상 경과되어야 한다.
③ 퇴비화 과정에서 퇴비더미가 80~95℃를 유지하면서 10일 이상 경과되어야 한다.
④ 퇴비화 과정에서 퇴비더미가 80~95℃를 유지하면서 15일 이상 경과되어야 한다.

🌱 ··

퇴비화 과정에서 퇴비더미가 55~75℃를 유지하는 기간이 15일 이상 되어야 하고, 이 기간 동안 5회 이상 뒤집어야 한다.

58 병해충종합관리의 기본 개념을 실현하기 위한 기본원칙으로 틀린 것은?

① 한 가지 방법으로 모든 것을 해결하려는 생각은 버린다.
② 병해충 발생이 경제적으로 피해가 되는 밀도에서만 방제한다.
③ 병해충의 개체군을 박멸해야 한다.
④ 농업생태계에서 병해충군의 자연조절기능을 적극적으로 활용한다.

🌾 ··

③은 화학적 방제이다.

59 유기농에서 예방적 잡초제어 방법으로 적절하지 못한 것은?

① 초생재배   ② 윤작

③ 파종밀도 조절   ④ 무경운

> 무경운은 경종적 방제법(생태적 · 재배적 방제법)이다.

60 유기축산물의 유기배합사료 중 식물성 단백질류에 해당하는 것으로만 나열된 것은?

① 옥수수, 보리   ② 밀, 수수

③ 호밀, 귀리   ④ 들깻묵, 아마박

> 아마박 : 아마의 씨로 기름을 짜고 남은 찌꺼기

01 작물재배에서 이랑 만들기의 주된 목적으로 가장 적당한 것은?

① 작물의 습해를 방지
② 토양건조 예방
③ 잡초발생 억제
④ 지온 조절

✔ **휴립법(畦立法)** ....

이랑을 세워서 고랑을 낮게 하는 방식으로 작물의 습해를 방지한다.

02 기지현상의 방지 및 경감 대책과 가장 거리가 먼 것은?

① 담수
② 토양소독
③ 객토
④ 시설재배

✔ **기지 대책** ....

㉠ 윤작, 답전윤환
㉡ 유독물질의 축적은 관개나 약제를 사용
㉢ 새 흙으로 객토
㉣ 기지현상에 저항성인 품종과 대목에 접목
㉤ 심경, 퇴비사용, 결핍성분과 미량요소의 사용

03 휴한지에 재배하면 지력의 유지 · 증진에 가장 효과가 있는 작물은?

① 클로버
② 밀
③ 보리
④ 고구마

✔ ....

휴한지에 두(콩)과 작물을 재배하면 지력을 유지 · 증진한다.

정답 **01** ① **02** ④ **03** ①

04 다음 중에서 군락의 수광태세가 양호하여 광합성에 가장 유리한 벼의 초형은?

① 줄기가 직립으로 모여 있고 잎이 넓으며 키가 큰 품종

② 잎이 특정한 방향으로 모여 있으면서 노화가 빠른 품종

③ 줄기가 어느 정도 열려있고 상위엽이 직립인 품종

④ 잎이 말려있고 아래로 처지거나 수평을 이루고 있는 품종

✔ **벼의 초형** ··

ㄱ 잎이 과히 두껍지 않고, 약간 가늘며, 상위엽이 직립한다.

ㄴ 키가 너무 크거나 작지 않다.

ㄷ 분얼이 개산형이다.

ㄹ 각 잎이 공간적으로 되도록 균일하게 분포한다.

05 작물의 요수량에 대한 설명 중 옳은 것은?

① 작물의 건물 1g을 생산하는 데 소비되는 수분의 양

② 작물의 건물 100g을 생산하는 데 소비되는 수분의 양

③ 건물 1kg을 생산하는 데 소비되는 증산량

④ 건물 100kg을 생산하는 데 소비되는 증산량

✔ **요수량의 뜻** ··

요수량은 건물 1g을 생산하는 데 소비된 수분량(g)을 표시하며 증산계수는 건물 1g을 생산하는 데 소비된 증산량(g)을 개념화한 수치이다.

06 형질이 다른 두 품종을 양친으로 교배하여 자손 중에서 양친의 좋은 형질이 조합된 개체를 선발하고 우량 품종을 육성하거나 양친이 가지고 있는 형질보다도 더 개선된 형질을 가진 품종으로 육성하는 육종법은?

① 선발육종법

② 교잡육종법

③ 도입육종법

④ 조직배양육종법

✔ **교잡육종법** ··

재래종 집단에서 우량한 유전자형을 선발할 수 없을 때, 인공교배로 새로운 유전변이를 만들어 신품종을 육성하는 육종방법이다. 현재 재배되고 있는 대부분의 작물 품종은 교잡육종에 의하여 육성된 것들이다.

07 다음 토양 입자의 크기 중 점토에 해당되는 것은?

① 입자 지름이 2mm 이상

② 입자 지름이 0.02~2mm

③ 입자 지름이 0.02~0.002mm

④ 입자 지름이 0.002mm 이하

❤ **입경에 따른 토양입자의 분류법**

구분	국제토양학회법(mm)	일본농학회법(mm)
자갈(礫 ; gravel)	> 2.0	> 2.0
조사(coarse sand)	2.0~0.2	2.0~0.25
세사(fine sand)	0.2~0.02	0.25~0.05
미사(silt)	0.02~0.002	0.05~0.01
점토(clay)	< 0.002	< 0.01

08 도복 방지대책과 가장 거리가 먼 것은?

① 키가 작고 대가 튼튼한 품종을 재배한다.

② 서로 지지가 되게 밀식한다.

③ 칼리질 비료를 시용한다.

④ 규산질 비료를 시용한다

❤ **재식밀도**

재식밀도가 과도하게 높으면 대가 약해져서 도복이 유발될 우려가 크기 때문에 재식밀도를 적절하게 조절해야 한다.

09 노후답(老朽畓)의 개량방법으로 가장 거리가 먼 것은?

① 좋은 점토로 객토를 한다.

② 심토층까지 심경을 한다.

③ 규산질 비료를 시용한다.

④ 함철 자재의 시용은 억제한다.

❤ **노후화답의 개량**

㉠ 객토

㉡ 심경

㉢ 함철 자재의 시용

㉣ 규산질 비료의 시용

정답 **07** ④ **08** ② **09** ④

10 변온에 의하여 종자의 발아가 촉진되지 않는 것은?

① 당근
② 담배
③ 아주까리
④ 셀러리

✔ **발아와 변온**
    ㉠ 작물의 종류에 따라서는 변온이 작물의 발아를 촉진하는 경우가 있는데, 변온을 주면 종피가 고온에서 팽창하고 저온에서 수축하여 흡수와 가스교환이 용이하게 되고, 또 효소의 작용이 활발해져서 물질대사의 기능이 좋아지기 때문에 발아가 촉진된다.
    ㉡ 당근 · 파슬리 · 티머시 등의 종자는 변온에 의해서 발아가 촉진되지 않는다.

11 작물의 발달과 관련된 용어의 설명 중 틀린 것은?

① 작물이 원래의 것과 다른 여러 갈래로 갈라지는 현상을 작물의 분화라고 한다.
② 작물이 환경이나 생존경쟁에서 견디지 못해 죽게 되는 것을 순화라고 한다.
③ 작물이 점차 높은 단계로 발달해 가는 현상을 작물의 진화라고 한다.
④ 작물이 환경에 잘 견디어 내는 것을 적응이라 한다.

✔ **도태와 적응**
    ㉠ 새로 생긴 유전형 중에서 환경이나 생존경쟁에 견디지 못하고 소멸하는 것을 도태라고 한다.
    ㉡ 새로 생긴 유전형 중에서 환경이나 생존 경쟁에 견디어 내는 것을 적응이라고 한다.
    ㉢ 어떤 생육조건에 오래 생육하게 되면 더 잘 적응하는 순화의 단계에 들어가게 된다.

12 일반적으로 작물생육에 가장 알맞은 토양 조건은?

① 토성은 수분 · 공기 · 양분을 많이 함유한 식토나 사토가 가장 알맞다.
② 토층은 작토가 깊고 양호하며, 심토는 투수성과 투기성이 알맞아야 한다.
③ 토양구조는 홑알구조로 조성되어야 한다.
④ 질소, 인산, 칼리 등 비료 3요소는 과잉될수록 좋다.

✔ **작물생육에 가장 알맞은 토양 조건**
토층은 작토가 깊고 양호하며, 심토는 투수성과 투기성이 알맞아야 한다.

13 벼를 재배할 경우 발생되는 주요 잡초가 아닌 것은?

① 방동사니, 강피
② 망초, 쇠비름
③ 가래, 물피
④ 물달개비, 개구리밥

✔
망초, 쇠비름은 밭 잡초이다.

✔ 정답   **10** ① **11** ② **12** ② **13** ②

14 멀칭의 효과에 대한 설명 중 틀린 것은?

① 지온 조절
② 토양, 비료 양분 등의 유실
③ 토양건조 예방
④ 잡토발생 억제

✔ **멀칭의 이용성** ....

㉠ **생육 촉진** : 멀치를 하면 보온의 효과가 커서 조식재배가 가능하며, 생육이 촉진되어 촉성재배가 가능하다.
㉡ **한해의 경감** : 멀치를 하면 토양수분증발이 억제되어 한해가 경감된다.
㉢ **동해의 경감** : 퇴비 등으로 피복하면 월동작물의 동해가 경감된다.
㉣ **잡초의 억제** : 잡초의 종자는 대부분 호광성이라 멀치하면 잡초가 경감된다.
㉤ **토양보호** : 멀치하면 풍식, 수식 등의 토양침식이 경감된다.
㉥ **과실의 품질향상** : 딸기 · 수박 등의 과채류의 포장에 짚을 깔아주면 과실이 정결해진다.

15 수분이 포화된 상태의 토양에서 증발을 방지하면서 중력수를 완전히 배제하고 남은 수분 상태를 말하며, 작물이 생육하는 데 가장 알맞은 수분 조건은?

① 포화용수량
② 흡습용수량
③ 최대용수량
④ 포장용수량

✔ **포장용수량** ....

㉠ 수분으로 포화된 토양으로부터 증발을 방지하면서 중력수를 완전히 배제하고 남은 수분상태이며, 이를 최소용수량이라고도 한다.
㉡ 지하수위가 낮고 투수성이 중용인 포장에서 강우 또는 관개의 2~3일 뒤의 수분 상태가 이에 해당된다.

16 수박을 신토좌에 접붙여 재배하는 주목적으로 옳은 것은?

① 흰가루병을 방제하기 위하여
② 덩굴쪼김병을 방제하기 위하여
③ 크고 당도가 높은 과실을 생산하기 위하여
④ 과실이 터지는 현상인 열과를 방지하기 위하여

✔ **채소에서의 접목묘** ....

㉠ 토양 전염성 병의 발생을 억제하고 저온, 고온 등 불량환경에 견디는 힘을 높이며, 흡비력을 증진시키기 위하여 주로 이용된다.
㉡ 박과 채소인 수박과 참외, 그리고 시설 재배 오이는 연작에 의한 덩굴쪼김병 방제용으로 박이나 호박을 대목으로 이용한다.

정답 **14** ② **15** ④ **16** ②

17 다음 중 냉해에 대한 작물의 피해 현상과 가장 거리가 먼 것은?

① 등숙 지연
② 병해 발생
③ 불임 발생
④ 세포 내 결빙

세포 내 결빙은 동해 피해 현상이다.

18 생력재배의 효과와 가장 거리가 먼 것은?

① 농업노력비의 절감
② 품질의 향상
③ 재배면적의 증대
④ 단위수량의 증대

품질의 향상은 재배기술이다.

19 다음 중 떼알구조를 이루고 있는 토양이라고 보기 어려운 것은?

① 지렁이가 배설한 토양
② 유기물이 풍부한 토양
③ 곰팡이 균사의 물리적 결합이 이루어진 토양
④ 물빠짐이 좋지 않은 토양

이상구조
㉠ 이상구조는 부식함량이 적고, 과습한 식질 토양에서 많이 보인다.
㉡ 소공극은 많으나 대공극은 적어서 토양 통기가 불량하다.

20 다음 중 생물학적 방제법에 속하는 것은?

① 윤작
② 병원미생물의 사용
③ 온도 처리
④ 소토 및 유살 처리

생물학적 방제법(生物學的 防除法)
㉠ 해충에는 이를 포식하거나 이에 기생하는 자연계의 천적이 있는데, 이와 같은 천적을 이용하는 방제법을 생물학적 방제법이라고 한다.
㉡ 최근에 시설재배가 증가함에 따라 천적 곤충들이 상품화되어 이용되고 있다.

정답   **17** ④   **18** ②   **19** ④   **20** ②

21 토양에 시용한 유기물의 역할로 가장 적합하지 않은 것은?

① CEC를 증가시킨다.
② 수분보유량을 증가시킨다.
③ 유기산이 발생하여 토양입단을 파괴한다.
④ 분해되어 작물에 질소를 공급한다.

✔ **토양유기물의 효과** ··

ㄱ 암석의 분해 촉진
ㄴ 토양의 입단 형성
ㄷ 보수·보비력의 증대
ㄹ 양분의 공급
ㅁ 대기 중의 CO_2 공급
ㅂ 완충능의 증대
ㅅ 생장촉진 물질의 생성
ㅇ 미생물의 번식 조장
ㅈ 토양색의 변화와 지온의 상승
ㅊ 토양 보호

22 지하수위가 높은 저습지 또는 배수가 불량한 곳은 물로 말미암아 $Fe^{3+} \rightarrow Fe^{2+}$로 되고 토층은 담청색 ~ 녹청색 또는 청회색을 띈다. 이와 같은 토층의 분화를 일으키는 작용을 무엇이라 하는가?

① podzol화 작용
② latsol화 작용
③ glei화 작용
④ siallit화 작용

✔ **glei화 작용** ··

ㄱ 뜻 : 머물고 있는 물 때문에 산소부족으로 환원상태가 되어 $Fe^{+3} \rightarrow Fe^{+2}$이 되고 토층은 청회색을 띰 (G층)
ㄴ G층의 특징 : 치밀하고 다소 점질성이며 Eh가 매우 낮다.
ㄷ 조건 : 지하수위가 높은 저습지나 배수가 불량한 곳이다.
※ 포드졸화 작용 : 작토의 철이 용탈되어 표백된 모양의 회백색 층을 형성하는 것이다.

23 성대성 토양 중 토양생성에 가장 큰 영향을 미치는 토양 생성인자는?

① 모재
② 기후
③ 지형
④ 지하구조

✔ **성대성 토양** ··
기후, 식생의 영향을 받아 이루어진 토양

✔ 정답   **21** ③   **22** ③   **23** ②

24 양이온치환용량(CEC)이 10cmol(+)/kg인 어떤 토양의 치환성염기의 합계가 6.5cmol(+)/kg라고 할 때 이 토양의 염기포화도는?

① 13% ② 26%

③ 65% ④ 85%

$$염기포화도(\%) = \frac{교환성\ 염기의\ 총량(meq/100g)}{양이온\ 교환용량(meq/100g)} \times 100$$
$$= \frac{6.5}{10} \times 100 = 65\%$$

25 우리나라 제주도 토양을 구성하는 모암으로 어두운 색을 띠며 치밀한 세립질의 염기성 암으로 산화철이 많이 포함되어 있다. 이러한 모암이 풍화되어 토양으로 전환되면 황적색의 중점식토로 되고 장석은 석회질로 전환되는 이 모암은?

① 화강암 ② 석회암

③ 현무암 ④ 석영조면암

현무암
㉠ 암장이 지표면에 분출되어 빠르게 냉각 고결된 암석으로 산화철·마그네슘·칼슘 등의 성분이 풍부하며 유색 광물이 많아 암색을 띠는 치밀한 염기성암이다.
㉡ 우리나라 제주도 토양의 조토 광물은 현무암을 모암으로 하고 있다.

26 유효수분이 보유되어 있는 공극은?

① 대공극 ② 기상공극

③ 모관공극 ④ 배수공극

모세관 공극(소공극)
모관 작용에 의하여 토양수분이 이동할 수 있는 공극으로 보수 역할을 한다.

27 토양유기물의 탄질률에 따른 질소의 행동으로 틀린 것은?

① 탄질률이 높은 유기물을 주면 질소의 공급효과가 높아진다.
② 시용하는 유기물의 탄질률이 높으면 질소가 일시적으로 결핍된다.
③ 콩과식물을 재배하면 질소의 공급에 유리하다.
④ 토양 유기물의 분해는 탄질률에 따라 크게 달라진다.

① 탄질률이 높은 유기물을 주면 질소부족 현상이 나타나 질소의 공급효과가 낮아진다.

정답 24 ③ 25 ③ 26 ③ 27 ①

28 토양의 환원상태를 촉진하지 않는 것은?

① 미숙퇴비 살포
② 투수성 불량
③ 토양의 수분 건조
④ 미생물 활동 증가

③ 토양의 수분 건조는 산화상태이다.

29 다음 유기물 중 토양 내에서 분해속도가 가장 빠른 것은?

① 나무껍질
② 보릿짚
③ 톱밥
④ 녹비

식물체 및 미생물의 탄질률(%)

구분		탄소	질소	탄질률
식물체	밀짚	55.7	0.48	116 : 1
	볏짚	42.2	0.63	67 : 1
	쌀보릿짚	50.0	0.30	166 : 1
	귀리짚	37.0	0.50	74 : 1
	알팔파	40.0	3.00	13 : 1
미생물	사상균	50.0	5.00	10 : 1
	방사상균	50.0	8.50	6 : 1
	세균	50.0	10.00	5 : 1
기타	인공구비	56.0	2.60	20 : 1
	인공부식	58.0	5.00	11.6 : 1
	부식산	58.0	1.00	58 : 1

30 암석의 화학적인 풍화작용을 유발하는 현상이 아닌 것은?

① 산화작용
② 가수분해작용
③ 수축팽창작용
④ 탄산화작용

화학적 풍화작용

㉠ 산화작용
㉡ 가수분해
㉢ 탄산화작용
㉣ 수화작용

정답 **28** ③ **29** ④ **30** ③

31 작물에 대한 미생물의 유익작용이 되지 못하는 것은?

① 길항작용   ② 탈질작용
③ 입단화작용   ④ 질소고정작용

❧ **토양미생물이 작물생육에 미치는 유리한 작용** ··

　㉠ 암모니아화성작용 : 유기물을 분해하여 암모니아를 생성한다.
　㉡ 유리질소고정
　　　• 근류균은 콩과식물에 공생하면서 유리질소를 고정한다.
　　　• Azotobacter · Azotomonas 등은 호기성 상태에서 단독으로 질소를 고정한다.
　　　• Clostridium 등은 혐기 상태에서 단독으로 유리질소를 고정한다.
　㉢ 질산화작용 : 암모니아를 질산으로 변하게 하는 작용으로 밭작물에 이롭다.
　㉣ 무기성분의 변화 : 무기성분을 변화시킨다. 인산의 용해도를 높이는 것이 한 예이다.
　㉤ 가용성 무기성분의 동화 : 가용성 무기성분을 동화하여 유실을 적게 한다.
　㉥ 미생물 간의 길항작용 : 유해 작용을 경감한다.
　㉦ 입단의 생성 : 균사 등의 점질물질에 의해서 토양의 입단을 형성한다.
　㉧ 생장촉진물질 : 호르몬성의 생장촉진물질을 분비한다.

32 다음 중 밭토양이나 삼림지에서 유실이 가장 빠른 원소는?

① Na   ② Ca
③ Mg   ④ K

🌱 ··

　침출 순위 : $H^+ \leq Ca^{+2} < Mg^{+2} < NH_4^+ \leq K^+ < Na^+$

33 토양오염에 대한 설명으로 틀린 것은?

① 질소와 인산비료의 과다 시용은 토양오염을 유발할 수 있다.
② 농경지 농약의 살포는 토양오염을 유발할 수 있다.
③ 일반적으로 중금속의 흡착은 pH가 높을수록 적어진다.
④ 방사성 물질은 비점오염원이다.

🌱 ··

　중금속의 흡착은 대게 pH가 높아질수록 증가한다

34 일반적으로 유기물이 많이 함유되어 있는 토양은 대부분 어떤 빛깔을 띠는가?

① 흑색   ② 흰색
③ 적색   ④ 녹색

> ☘ **토양색의 지배 인자** ┈┈
> ㉠ 토양의 색은 주로 유기물과 철에 의해 결정된다.
> ㉡ 유기물은 부식화가 진행될수록 흑색을 띤다.

35 다음 중 질소기아 현상을 옳게 설명한 것으로 묶은 것은?

① 탄질비(C/N)가 높은 유기물을 사용하면 나타난다.

② 만약 토양에 들어가는 유기물의 탄질비가 크면 미생물은 일정한 탄질비(C/N)에 도달하기 위해 토양 속에 있는 무기태 질소까지 동화한다.

③ 탄질비(C/N)가 10 이하인 유기물을 사용하면 질소기아가 일어난다.

④ 미생물은 에너지원으로 탄소보다 질소를 많이 사용하기 때문에 질소기아 현상이 일어나며, 탄소는 주로 미생물의 세포를 구성하는 데 필요한 영양원이다.

> ☘ **질소기아(nitrogen starvation) 현상** ┈┈┈┈┈┈┈┈┈┈┈┈┈┈┈┈┈┈┈┈┈┈┈┈┈┈┈┈┈┈┈┈┈┈
> 탄질률이 높은 신선 유기물이 토양에 가해지면 유기물 분해균의 번식과 활동이 왕성해져서 토양 중의 NH_4-N이나 NO_3-N까지 미생물 세포의 단백질 합성에 이용되며, 작물은 무기태 질소의 부족으로 영양결핍이 되어 생물 상호 간은 물론 미생물과 작물 간에 질소의 경쟁이 일어나게 된다. 일반적으로 분해되기 쉬운 유기물이 많으면 미생물의 번식이 왕성하여 작물은 영양 부족이 일어나지만, 토양으로부터 질소의 유실을 억제하는 의미도 있다.

36 토양염기에 포함되는 치환성 양이온이 아닌 것은?

① Na^+ ② S^{++}

③ K^+ ④ Ca^{++}

> ☘ ┈┈
> 황은 음이온이다.

37 다음 중 토양 입단 생성에 가장 효과적인 토양 미생물은?

① 세균   ② 나트륨 세균

③ 사상균   ④ 조류

> ☘ **사상균** ┈┈
> ㉠ 버섯균·효모·곰팡이 등으로 분류되며, 이 중 곰팡이가 가장 중요한 역할을 한다.
> ㉡ 산성에 대한 저항력이 미생물 중 가장 강해서 산성 삼림토양의 유기물 분해 담당자이다.
> ㉢ 에너지를 유기물 중에서 얻으며(타급영양체), 호기성이다.
> ㉣ 부식 생성이나 입단 형성 면에서 미생물 중 가장 우수하다.

▲ 정답 **35** ① **36** ② **37** ③

38 다음 토양 중 투수가 잘 되어 토양의 환원상태가 오랫동안 유지되지 못하는 토양은?

① 저습지 토양 　　　　　　　　② 유기물이 많은 토양

③ 점질 토양 　　　　　　　　　④ 사질 토양

✔ **사토** ···

　　㉠ 투수성과 통기성이 좋지만 척박하고, 한해를 입기가 쉽다.

　　㉡ 토양 침식도 심하므로 양분이 결핍되기 쉽다.

　　㉢ 점토를 객토하고 유기질을 증시하여 토성을 개량해야 한다.

39 토양의 공극이 수분으로 완전히 포화되었을 때 이 토양의 pF는?

① 0 　　　　　　　　　　　　　② 3

③ 4.18 　　　　　　　　　　　④ 7

✔ **최대용수량** ···

　　㉠ 강우나 관개에 의하여 토양이 물로 포화된 상태에서 중력에 저항하여 모세관에 최대로 포화되어 있는 수분이다.

　　㉡ pF 값은 0에 해당한다.

　　㉢ 많은 강우가 내린 직후의 토양상태가 이에 해당한다.

　　㉣ 수분함량은 토양의 성질에 따라 차이가 있다.

40 벼를 재배하고 있는 논토양의 색깔이 청회색을 나타내면 어떠한 조치를 하는 것이 가장 바람직한가?

① 유기물을 투여한다.

② 배수를 한다.

③ 유안비료를 시비한다.

④ 물을 깊이 대준다

41 과수원에서 쓸 수 있는 유기자재로 가장 적합하지 않은 것은?

① 현미식초 　　　　　　　　　② 생선액비

③ 생장촉진제 　　　　　　　　④ 광합성 세균

✔ ···

　　식물의 생장, 발육에 적은 분량으로도 큰 영향을 끼치는 합성된 호르몬성 화학물질을 총칭하여 식물생장조절제(plant growth regulators)라고 한다.

정답 **38** ④ **39** ① **40** ② **41** ③

42 다음 중 과수 분류상 인과류에 속하는 것으로만 나열된 것은?

① 무화과, 복숭아   ② 포도, 비파

③ 사과, 배   ④ 밤, 포도

과수 분류

ㄱ 인과류 : 배 · 사과 · 비파 등 → 꽃받침이 발달하였다.

ㄴ 핵과류 : 복숭아 · 자두 · 살구 · 앵두 등 → 중과피가 발달하였다.

ㄷ 장과류 : 포도 · 딸기 · 무화과 등 → 외과피가 발달하였다.

ㄹ 각과류 : 밤 · 호두 등 → 씨의 자엽이 발달하였다.

ㅁ 준인과류 : 감 · 귤 등 → 씨방이 발달하였다.

43 다음 중 자가불화합성을 이용하는 것으로만 나열된 것은?

① 당근, 상추   ② 고추, 쑥갓

③ 양파, 옥수수   ④ 무, 양배추

1대 잡종종자의 채종

ㄱ 인공교배 : 호박 · 수박 · 오이 · 참외 · 멜론 · 가지 · 토마토 · 피망

ㄴ 웅성불임성 이용 : 옥수수 · 양파 · 파 · 상추 · 당근 · 고추 · 벼 · 밀 · 쑥갓

ㄷ 자가불화합성 이용 : 무 · 순무 · 배추 · 양배추 · 브로콜리

44 오리농법에 의한 벼 재배에서 오리의 역할이 아닌 것은?

① 잡초를 못 자라게 한다.

② 해충을 잡아 먹는다.

③ 도열병균을 잡아 먹는다.

④ 배설물은 유기질 비료가 된다

오리농법

오리가 해충을 제거하는 방법으로는 직접 주둥이로 해충을 잡아먹거나 날개를 치면서 벼에 붙어 있는 해충(멸구 등)을 물 위에 떨어뜨리는 방법이다.

45 유기농업에서는 화학비료를 대신하여 유기물을 사용하는데 유기물의 사용 효과가 아닌 것은?

① 완충능 증대

② 미생물의 번식 조장

③ 보수 및 보비력 증대

④ 지온 감소 및 염류 집적

정답   **42** ③   **43** ④   **44** ③   **45** ④

🌿 **유기물의 효과** ···

- 암석의 분해 촉진
- 토양의 입단화 형성 및 양분의 공급
- 보수, 보비력의 증대
- 대기 중의 CO_2 공급 및 완충능의 증대
- 생장촉진물질의 생성 및 미생물의 번식 조장
- 토양색의 변화와 지온의 상승
- 토양 보호

46 품종의 보호요건 항목이 아닌 것은?

① 구별성   ② 내염성   ③ 균일성   ④ 안정성

🌿 **신품종의 보호** ···

ㄱ **구별성** : 다른 품종과 명확하게 구별되는 특성을 가져야 한다.
ㄴ **균일성** : 품종의 특성이 균일해야 한다.
ㄷ **안정성** : 반복 증식하거나 번식주기에 따라 번식한 후에 품종특성이 변화하지 말아야 한다.
ㄹ **신규성** : 육종가 권리를 신청한 날로부터 일정 기간 동안 판매하거나 타인에게 양도한 일이 없어야 한다.
ㅁ 고유한 명칭을 가져야 한다.(숫자로 된 명칭은 안 됨)

47 유기농업에서 이용할 수 있는 식물 추출 자재가 아닌 것은?

① 님   ② 제충국   ③ 바이오밥   ④ 카보후란

🌿 ···
카보후란(카바메이트제)은 농산물에 사용되는 해충방제용 농약이다.

48 답전윤환 체계로 논을 밭으로 이용할 때, 유기물이 분해되어 무기태질소가 증가하는 현상을 무엇이라 하는가?

① 산화작용   ② 환원작용   ③ 건토효과   ④ 윤작효과

🌿 **윤환전기(田期)** ···

ㄱ 밭기간 동안은 논기간에 비하여 토양의 입단화 및 건토효과가 진전된다.
ㄴ 미량원소 등의 용탈이 적다.
ㄷ 환원성 유해물질의 생성이 억제된다.
ㄹ 채소나 콩과목초는 토양을 비옥하게 하여 지력이 증강된다.

🔖 **정답**   **46** ②   **47** ④   **48** ③

49 다음 중 재배 시 석회를 사용하지 않아도 되는 작물은?

① 벼   ② 콩

③ 시금치   ④ 보리

❧ **산성토양에 대한 작물의 적응성** ···
     ㉠ **극히 강한 것** : 벼·밭벼·귀리·토란·아마·기장·땅콩·감자·봄무·호밀·수박 등
     ㉡ **강한 것** : 메밀·당근·옥수수·목화·오이·포도·호박·딸기·토마토·밀·조·고구마·
           베치·담배 등
     ㉢ **약간 강한 것** : 평지(유채)·피·무 등
     ㉣ **약한 것** : 보리·클로버·양배추·근대·가지·삼·겨자·고추·완두·상추 등
     ㉤ **가장 약한 것** : 알팔파·자운영·콩·팥·시금치·사탕무·셀러리·부추·양파 등

50 다음 중 윤작의 효과가 아닌 것은?

① 지력의 유지 증강   ② 기지 현상의 회피

③ 병해충 경감   ④ 잡초의 번성

❧ **윤작의 효과** ···
     ㉠ 지력의 유지 및 증진
     ㉡ 기지현상의 회피
     ㉢ 병충해 경감
     ㉣ 잡초의 경감
     ㉤ 토지이용도의 향상
     ㉥ 노력분배의 합리화
     ㉦ 작물의 수량 증대
     ㉧ 농업경영의 안정성 증대
     ㉨ 토양보호

51 계속하여 볏짚을 논에 투입하는 유기벼 재배에서 가장 결핍될 것으로 예상되는 토양 양분은?

① 질소   ② 인산

③ 칼리   ④ 칼슘

❧ ···
     C/N율이 높은 볏짚을 계속 사용하면 질소가 부족하기 쉽다.

52 다음 작물 중 C/N율이 가장 높은 것은?

① 화본과 작물   ② 두류 작물

③ 서류 작물   ④ 채소류 작물

각종 양열재료의 탄소율

재료	탄소(%)	질소(%)	C/N율
볏짚	45.0	0.74	61
보리짚	47.0	0.65	72
밀짚	46.5	0.65	72
쌀겨	37.0	1.70	22
낙엽	49.0	2.00	25
콩깻묵	17.0	7.00	2.4
면실박	16.0	5.00	3.2

53 다음 중 물리적 종자 소독 방법이 아닌 것은?

① 냉수온탕침법 ② 욕탕침법
③ 온탕침법 ④ 분의소독법

분의소독법은 화학적 종자 소독 방법이다.

54 다음 중 포식성 곤충에 해당하는 것은?

① 팔라시스이리응애 ② 침파리
③ 고치벌 ④ 꼬마벌

천적의 종류

㉠ 기생성 곤충 : 침파리, 고추벌, 맵시벌, 꼬마벌 등은 나비목의 해충에 기생한다.
㉡ 포식성 곤충 : 팔라시스이리응애, 풀잠자리, 꽃등에, 무당벌레 등은 진딧물을 잡아먹고 딱정벌레는 각종 해충을 잡아먹는 포식성 곤충이다.

55 다음 중 시설의 토양관리에서 객토를 실시하는 이유로 거리가 먼 것은?

① 미량원소의 공급
② 토양침식 효과
③ 염류집적의 제거
④ 토양물리성 개선

시설의 토양관리에서 객토를 실시하므로 토양침식이 방지된다.

정답 | 53 ④ 54 ① 55 ②

56 생산력이 우수하던 종자가 재배연수가 경과되는 동안에 생산력 및 품질이 저하되는 것을 종자의 퇴화라 하는데 유전적 퇴화의 원인이라 할 수 없는 것은?

① 자연교잡 ② 이형종자 혼입
③ 자연돌연변이 ④ 영양번식

✔ **유전적 퇴화(遺傳的 退化)** ....
세대가 경과함에 따라서 자연교잡, 새로운 유전자형의 분리, 돌연변이, 이형 종자의 기계적 혼입 등에 의하여 종자가 유전적으로 순수하지 못해져서 유전적으로 퇴화하게 된다.

57 작물의 병에 대한 품종의 저항성에 대한 설명으로 가장 적합한 것은?

① 해마다 변한다.
② 영원히 지속된다.
③ 때로는 감수성(感受性)으로 변한다.
④ 감수성으로 절대 변하지 않는다.

✔ **감수성(感受性])** ....
자극을 받아들여 느끼는 성질이나 성향

58 시설 내의 환경특이성에 관한 설명으로 틀린 것은?

① 토양이 건조해지기 쉽다. ② 공중습도가 높다.
③ 탄산가스 농도가 높다. ④ 광분포가 불균일하다.

✔ **시설 내의 환경 특이성** ....
㉠ 온도 : 일교차가 크고, 위치별 분포가 다르며, 지온이 높음
㉡ 광선 : 광질이 다르고, 광량이 감소하며, 광분포가 불균일함
㉢ 공기 : 탄산가스가 부족하고, 유해가스가 집적되며, 바람이 없음
㉣ 수분 : 토양이 건조해지기 쉽고, 공중습도가 높으며, 인공관수를 함
㉤ 토양 : 염류농도가 높고, 토양물리성이 나쁘며, 연작장해가 있음

59 한 포장 내에서 위치에 따라 종자, 비료, 농약 등을 달리함으로써 환경문제를 최소화하면서 생산성을 최대로 하려는 농업은?

① 자연농업 ② 생태농업
③ 정밀농업 ④ 유기농업

✔ **정밀농업(精密農業)** ....
한 포장 내에서 위치에 따라 종자·비료·농약 등을 달리함으로써 환경문제를 최소화하면서 생산성을 최대로 하려는 농업이다.

정답   56 ④   57 ③   58 ③   59 ③

60 초생재배의 장점이 아닌 것은?

① 토양의 단립화(單粒化)　　　② 토양침식 방지
③ 지력 증진　　　　　　　　　④ 미생물 증식

초생재배의 장점 ··

㉠ 토양의 입단화가 촉진됨
㉡ 유기물의 환원으로 지력이 유지됨
㉢ 토양침식을 막아 양분과 토양 유실을 방지함
㉣ 지온 변화가 적음

정답　**60** ①

01 다음 중 답전윤환의 효과와 가장 거리가 먼 것은?

① 지력의 증강
② 기지의 회피
③ 잡초의 증가
④ 연작장해의 경감

✔ **답전윤환의 효과**
ㄱ 지력증진
ㄴ 기지현상의 회피
ㄷ 잡초 발생의 감소
ㄹ 벼의 수량 증가

02 작물생육과 온도에 대한 설명으로 틀린 것은?

① 최적온도는 작물 생육이 가장 왕성한 온도이다.
② 적산온도는 적기적작의 지표가 되어 농업상 매우 유효한 자료이다.
③ 유효온도의 범위는 $20\sim30\,^\circ\mathrm{C}$이다.
④ 저온저항성의 형성과정을 하드닝(hardening)이라 한다.

✔ **유효온도(有效溫度)**
작물의 생육이 가능한 범위의 온도이다.

03 기지현상을 경감하거나 방지하는 방법으로 옳은 것은?

① 연작
② 담수
③ 다비
④ 무경운

✔ **기지대책**
윤작, 담수, 토양소독, 유독물질제거, 객토, 환토, 저항성대목에 접목, 지력배양 및 결핍양분의
보충, 양액재배

04 작물이 주로 이용하는 토양수분의 형태는?

① 흡습수
② 모관수
③ 중력수
④ 결합수

✔ **모관수(毛管水)**
ㄱ 토양입자의 주위나 소공극 및 대공극의 토양용액 가까이에서 액상의 피막으로 존재하며 이를
내부 모세관수와 외부 모세관수로 구분한다.
ㄴ 모관현상에 의해서 지하수가 모관공극을 상승하여 공급된다.
ㄷ pF $2.7\sim4.5$로서 작물이 주로 이용하는 수분이다.
ㄹ 토양의 모세관수량은 온도, 염료함량, 토성, 구조 등에 따라 다르다.

정답 **01** ③ **02** ③ **03** ② **04** ②

05 경운(땅갈기)의 필요성을 설명한 것 중 거리가 먼 것은?

① 잡초 발생 억제
② 해충 발생 증가
③ 토양의 물리성 개선
④ 비료, 농약의 시용효과 증대

✔ **경기의 효과** ··

　　㉠ **토양 물리성의 개선** : 토양을 부드럽게 하므로 투수성, 통기성이 좋아져서 파종·관리 작업을 용이하게 하므로 종자의 발아, 어린뿌리의 신장 및 토양미생물의 활동이 조장되어 유기물의 분해가 왕성하여 토양 중의 유효능 비료성 뿌리의 발달이 조장된다.

　　㉡ **토양 화학성의 개선** : 토양 통기로 호기성이 증가한다.

　　㉢ **잡초의 경감** : 잡초종자나 유기물을 땅속에 묻히게 하여 그 발아·생육을 억제한다.

　　㉣ **해충의 경감** : 땅속에 숨은 해충의 유충이나 번데기를 표층으로 노출시켜 동풍에 얼어 죽게 한다.

06 화성유도의 주요 요인과 가장 거리가 먼 것은?

① 토양양분
② 식물 호르몬
③ 광
④ 영양상태

✔ **화성유도의 주요 요인** ··

　　㉠ 영양상태 특히 C/N율로 대표되는 동화생산물의 양적 관계

　　㉡ 식물 호르몬 특히 옥신과 지베렐린의 체내 수준 관계

　　㉢ 광조건, 특히 일장 효과의 관계

　　㉣ 온도조건, 특히 버널리제이션과 감온성의 관계

07 수도의 냉해 발생과 품종의 내냉성에 관한 설명으로 틀린 것은?

① 남풍벼, 장성벼는 냉해에 약한 편이다.
② 오대벼, 운봉벼는 냉해에 강한 편이다.
③ 벼의 감수분열기에는 8~10℃ 이하에서부터 냉해를 받기 시작한다.
④ 생육시기에 의하여 위험기에 저온을 회피할 수 있는 것은 냉해회피성이라 한다.

✔ **냉해온도** ··

　　㉠ 열대작물에서는 20℃ 이하가 되면 생육상의 장해가 생기고 10℃ 이하로 되면 죽게 되는 것이 있다.

　　㉡ 온대작물의 영양기관은 대체로 10℃ 이하가 냉해온도로 되지만, 생식생장기의 생식기관은 이보다 다소 높은 온도에서도 냉해를 받는다.

　　㉢ 벼의 경우 영양기관은 10℃ 이하에서 냉해를 받으나, 출수 12~14일 전인 생식세포의 감수분열기에는 20℃에서 10일에 냉해를 입는다.

정답　**05** ②　**06** ①　**07** ③

08 화곡류를 미곡, 맥류, 잡곡으로 구분할 때 다음 중 맥류에 속하는 것은?

① 조 ② 귀리
③ 기장 ④ 메밀

- 미곡 : 논벼 · 밭벼
- 맥류 : 보리 · 밀 · 호밀 · 귀리 · 라이밀
- 잡곡 : 옥수수 · 수수 · 조 · 기장 · 메밀 · 피

09 농기구나 맨손으로 잡초나 해충을 직접 죽이거나 열, 물, 광선 등을 이용하여 잡초, 병해충을 방제하는 방법은?

① 화학적 방제 ② 생물학적 방제
③ 재배적 방제 ④ 물리적 방제

물리(기계)적 방제
수취, 베기, 경운, 태우기, 침수, 훈연 등의 방법들이 있으며 잡초가 외세의 침해에 가장 약한 시기를 통하여 작물과의 경합력을 억제하고 번식을 막아줄 목적으로 실시된다.

10 생태계를 교란시킬 위험성이 있고 환경을 오염시켜 농산물의 안전성을 위협할 수 있는 병해충 방제방법은?

① 경종적 방제 ② 물리적 방제
③ 화학적 방제 ④ 생물학적 방제

화학적 방제
생태계를 교란시킬 위험성이 있고 환경을 오염시켜 농산물의 안전성을 위협할 수 있는 병해충 방제방법이다.

11 대기 중의 약한 바람이 작물생육에 피해를 주는 사항과 가장 거리가 먼 것은?

① 광합성을 억제한다.
② 잡초 씨나 병균을 전파시킨다.
③ 건조할 때 더욱 건조를 조장한다.
④ 냉풍은 냉해를 유발할 수 있다.

연풍의 이점
㉠ 그늘의 잎을 움직여 일광을 잘 받게 함으로써 광합성을 증대시킨다.
㉡ 한낮에는 작물 주위의 낮아졌던 이산화탄소 농도를 높임으로써 광합성을 증대시킨다.

정답 **08** ② **09** ④ **10** ③ **11** ①

12 식물이 이용할 수 있는 유효수분을 간직하는 힘이 가장 강한 토양은?

① 사양토   ② 양토   ③ 식양토   ④ 식토

✔ **식토** ···

    ㉠ 다량의 양분이 있어 화학적 성질은 좋으나, 투기 · 투수가 불량하다.

    ㉡ 유기질 분해가 더디며 습해나 유해물질에 의한 피해를 받기 쉽다.

    ㉢ 접착력이 강하고 건조하면 굳어져서 경작이 불편하다.

    ㉣ 미사나 부식질을 많이 주어서 토성을 개량해야 한다.

13 다음 중 분류상 구황작물이 아닌 것은?

① 조   ② 고구마   ③ 벼   ④ 기장

✔ **구황작물(救荒作物)** ···

흉년 따위로 기근이 심할 때 주식물 대신 먹을 수 있는 조, 고구마, 감자, 메밀 등이다.

14 수분으로 포화된 토양으로부터 증발을 방지하면서 중력수를 완전히 배제하고 남은 수분상태는?

① 최대용수량   ② 포장용수량

③ 초기위조점   ④ 영구위조점

✔ **포장용수량** ···

    ㉠ 수분으로 포화된 토양으로부터 증발을 방지하면서 중력수를 완전히 배제하고 남은 수분상태이며, 이를 최소용수량이라고도 한다.

    ㉡ 지하수위가 낮고 투수성이 중용인 포장에서 강우 또는 관개 후 만 1일쯤의 수분 상태가 이에 해당된다.

    ㉢ pF 값은 2.5~2.7(1/3~1/2 기압)이다.

    ㉣ 포장용수량은 수분당량과 일치하며, 포장용수량 이상은 토양통기 저해로 작물생육에 해롭다.

    ㉤ 포장용수량은 토양에 따라 다른데 구조가 잘 발달된 식질계 토양에서 많고, 구조의 발달이 불량한 사질계 토양에서는 적다.

    ㉥ 유효수분은 포장용수량에서 위조계수를 뺀 나머지 부분이다.

15 발아기간을 발아시, 발아기, 발아전으로 구분할 때 발아전에 대한 설명으로 옳은 것은?

① 파종된 종자 중 최초의 1개체가 발아한 날

② 전체 종자수의 50%가 발아한 날

③ 파종된 종자 중 최초의 1개체가 발아하기 전날

④ 전체 종자수의 80% 이상이 발아한 날

정답   **12** ④   **13** ③   **14** ②   **15** ④

발아기간

ⓐ 발아시(發芽始) : 최초의 1개체가 발아한 날
ⓑ 발아기(發芽期) : 전체 종자의 50%가 발아한 날
ⓒ 발아전(發芽揃) : 대부분(80% 이상)이 발아한 날

16 배수가 잘 안되는 습한 토양에 가장 적합한 작물은?

① 당근
② 양파
③ 토마토
④ 미나리

작물의 내습성

골풀·미나리·택사·연·벼>밭벼·옥수수·율무>토란>평지(유채)·고구마>보리·밀>
감자·고추>토마토·메밀>파·양파·당근·자운영

17 벼의 침수피해에 대한 설명 중 틀린 것은?

① 탁수(濁水)는 청수(淸水)보다 물속의 산소가 적어서 피해가 크다.
② 벼가 수온이 높은 정체탁수(停滯濁水) 중에서 급히 고사할 때는 단백질이 소모되지 못하고 푸른 상태로 죽는다.
③ 수온이 낮은 유동청수(流動淸水) 속에서는 단백질과 탄수화물이 소모되지 못하고 죽는다.
④ 수온이 높으면 호흡기질의 소모가 빨라서 피해가 크다.

수해에 관여하는 요인

ⓐ 생육시기 : 벼의 분얼 초기에는 침수에 강하고 수잉기·출수개화기에는 침수에 극히 약하다.
ⓑ 수온 : 수온이 높을수록 호흡기질의 소모가 더욱 많아서 침수의 해가 커진다.
 • 청고 : 벼가 수온이 높은 정체탁수 중에서 급속히 죽게 될 때 단백질이 소모되지도 못하고 푸른 채로 죽는 현상이다.
 • 적고 : 벼가 수온이 낮은 유동청수 중에서 단백질도 소모되고 갈색으로 변하여 죽는 현상이다.
ⓒ 수질 : 탁수는 청수보다, 정체수는 유수보다 산소가 적고 수온도 높기 때문에 침수해가 심하다.

18 농작물 재배지의 지력 감퇴를 방지하기 위해 농경지의 일부를 몇 년에 한번씩 휴한(休閑)하는 작부방식은?

① 순환농법
② 자유경작
③ 휴한농법
④ 대전경작

삼포식 농법

1/3은 휴한, 경작지 전체를 3년에 한 번씩 휴한

정답 16 ④ 17 ③ 18 ③

19 작물의 생존연한에 따른 분류에서 2년생 작물에 대한 설명은?

① 가을에 파종하여 그 다음 해에 성숙·고사하는 작물을 말한다.

② 가을보리, 가을밀 등이 포함된다.

③ 봄에 씨앗을 파종하여 그 다음 해에 성숙·고사하는 작물이다.

④ 생존연한이 길고 경제적 이용연한이 긴 작물이다.

❤️ 2년생 작물

　　㉠ 종자를 뿌려 1년 이상을 경과해서 개화·결실하는 작물로 무·사탕무 등이 있다.

　　㉡ 봄에 씨앗을 파종하여 그 다음 해에 성숙·고사하는 작물이다.

20 벼의 이앙재배에 비해 직파재배의 가장 큰 장점은?

① 잡초방제가 용이하다.　　　　　② 쌀의 품질이 향상된다.

③ 노동력을 절감할 수 있다.　　　④ 종자를 절약할 수 있다.

❤️ 벼의 직파재배

직파재배는 볍씨를 직접 뿌려 재배하는 방법으로 이와 같은 벼 재배법은 육묘 및 이앙과정이 생략되므로 노력 시간을 크게 절감할 수 있고, 작업도 간편한 큰 이점이 있다.

21 다음 영농활동 중 토양미생물의 밀도와 활력에 가장 긍정적인 효과를 가져다 줄 수 있는 것은?

① 유기물 사용　　　　　　　　　② 상하경 재배

③ 농약 살포　　　　　　　　　　④ 무비료 재배

❤️ 토양유기물의 미생물 번식 조장

미생물의 영양원이 되어 유용 미생물의 번식을 조장한다.

22 토양 풍식에 대한 설명으로 옳은 것은?

① 바람의 세기가 같으면 온대습윤 지방에서의 풍식이 반건조 지방보다 심하다.

② 우리나라에서는 풍식작용이 거의 일어나지 않는다.

③ 피해가 가장 심한 풍식은 토양입자가 지표면에서 도약(跳躍)·운반(運搬)되는 것이다.

④ 매년 5월 초순에 만주와 몽고에서 우리나라로 날아오는 모래먼지는 풍식의 모형이 아니다.

❤️ 약동

세사 내지 중세 굵기인 0.1~0.5mm인 입자는 풍압에 의하여 직접 토양 표면을 굴러 갑자기 짧은 거리로부터 거의 수직으로 30cm 또는 그 이상 위로 날며, 입자가 이동하는 수평거리는 날아 올라간 높이의 4~5배 정도이고, 입자는 토양 표면과 충돌할 때 다시 공중으로 되날리거나 다른 입자를 공중으로 내쫓아 자신은 멈추게 된다.

정답　**19** ③　**20** ③　**21** ①　**22** ③

23 염해 시 토양의 개량방법으로 가장 적절치 않은 것은?

① 암거배수나 명거배수를 한다.
② 석회질 물질을 시용한다.
③ 전층 기계 경운을 수시로 실시하여 토양의 물리성을 개선한다.
④ 건조시기에 물을 대줄 수 없는 곳에서는 생짚이나 청초를 부초로 하여 표층에 깔아주어 수분증발을 막아준다.

24 암석과 광물의 물리적 풍화작용에 해당되는 것은?

① 탄산화작용
② 착염형성
③ 산화작용
④ 온도의 변화

✔ **기계적 풍화작용** ··
물리적 풍화작용으로 붕괴되어 형태가 변화
㉠ 온열의 작용
㉡ 대기의 작용
㉢ 물의 작용

25 다음 중 물리 · 화학적 풍화에 대한 안정성이 가장 큰 것은?

① 석영
② 방해석
③ 석고
④ 각섬석

✔ **석영(石英)** ···
㉠ 화강암 · 석영섬록암 · 석영조면암 등과 같은 산성화성암, 결정편암 · 편마암과 같은 변성암, 그리고 퇴적암의 주성분이다.
㉡ 화학적 풍화에 대한 저항성이 강하므로 토양 중의 모래의 주요 부분을 차지한다.
㉢ 식물 생육에 영양분을 주지는 못하지만, 토양의 주요한 조암 광물로서 이학적 성질에 크게 관여하여 식물 양분의 가급량을 좌우하기도 한다.

26 농경지 토양에서 질소기아현상이 일어나는 데 가장 크게 관여하는 것은?

① 탄질비
② 수분
③ pH
④ Eh

✔ **탄질률(C/N ratio)** ··
유기물 중의 탄소와 질소의 함량비를 탄질률이라 하며, 유기물 분해는 탄소와 질소의 함량에 따라 크게 달라진다. 신선 유기물이 토양에 가해지면 미생물은 이것을 분해하여 탄소는 에너지원으로, 질소는 영양원으로 섭취하여 체구성에 이용한다. 이와 같이 유기물이 분해되어 무기화작용 및 부식화작용이 이루어지기 위해 토양유기물 중의 탄소와 질소가 미생물의 활동과 번식에 직접 영향을 미치며, 유기물의 분해속도도 이에 의하여 결정된다.

정답   **23** ③   **24** ④   **25** ①   **26** ①

27 다음 중 토양반응(pH)과 가장 밀접한 관계가 있는 것은?

① 토성
② 토색
③ 염기포화도
④ 양이온치환용량

✔ **염기포화도(鹽基飽和度)** ┈┈┈┈┈┈┈┈┈┈┈┈┈┈┈┈┈┈┈┈┈┈┈┈┈┈┈┈┈┈┈┈┈

양이온치환용량에 대해 그중 치환성 염기이온 Ca^{+2}, Mg^{+2}, K^+, Na^+ 등의 비율을 말하는데 교질물의 종류와 함량이 일정한 토양에서는 pH와 염기포화도 사이에 일정한 관계가 있다.

28 토양의 구조 중 입단의 세로축보다 가로축의 길이가 길고, 딱딱하여 토양의 투수성과 통기성을 나쁘게 하는 것은?

① 주상구조
② 괴상구조
③ 구상구조
④ 판상구조

✔ **판상구조** ┈┈┈

토양 입자가 얇은 판자상 또는 렌즈상으로 배열되어 있고 습윤지대의 A층에서 발달한다. 논토양의 작토 밑에서 흔히 볼 수 있으며 토양수분의 수직배수가 불량하여 습답을 이룬다.

29 다음 중 점토 함량이 가장 많은 토성은?

① 사토
② 양토
③ 식토
④ 식양토

✔ **점토 함량과 토성** ┈┈

점토 함량	토성
<12.5%	사토(sand)
12.5~25%	사양토(sandy loam)
25~37.5%	양토(loam)
37.5~50%	식양토(clay loam)
>50%	식토(clay)

30 토성에 대한 설명으로 틀린 것은?

① 토양의 산성 정도를 나타내는 지표이다.
② 토양의 보수성이나 통기성을 결정하는 특성이다.
③ 토양의 비표면적과 보비력을 결정하는 특성이다.
④ 작물의 병해 발생에 영향을 미친다.

✔ **토양반응** ┈┈

산성 및 알칼리성의 세기는 일정한 기준에서 산출되는 값으로 비교하게 된다.

정답 **27** ③ **28** ④ **29** ③ **30** ①

31 우리나라에 분포되어 있지 않은 토양 목은?

① 인셉티솔(Inceptisol)
② 엔티솔(Entisol)
③ 젤리솔(Gelisol)
④ 몰리솔(Mollisol)

❤ **우리나라에서 조사된 7목** ┈┈
Entisol, Inceptisol, Mollisol, Alfisol, Ultisol, Histosol, Andisol

32 논토양과 밭토양에 대한 설명으로 틀린 것은?

① 밭토양은 불포화 수분 상태로 논에 비해 공기가 잘 소통된다.
② 특이산성 논토양은 물에 잠긴 기간이 길수록 토양 pH가 올라간다.
③ 물에 잠긴 논토양은 산화층과 환원층으로 토층이 분화한다.
④ 밭토양에서 철은 환원되기 쉬우므로 토양은 회색을 띤다.

❤ ┈┈
논토양에서 철은 환원되기 쉬우므로 토양은 회색을 띤다.

33 토성을 결정하는 데 사용되지 않는 인자는?

① 모래
② 미사
③ 점토
④ 유기물

❤ **토성의 결정법** ┈┈
정삼각형의 각 정점을 모래·미사 및 점토의 100%로 취하고, 각 변 위에 그 토양의 모래·미사 및 점토 함량을 취하여 대변과 평행하게 그은 직선의 교점으로 토성을 결정한다.

34 토성을 결정할 때 자갈과 모래로 구분되는 분류 기준(지름)은?

① 5mm
② 2mm
③ 1mm
④ 0.5mm

❤ **자갈(礫)** ┈┈┈
토양을 풍건한 후 2mm의 체로 쳐서 2mm 이상의 것을 자갈이라 한다.

35 화강암과 같은 광물조성을 가지는 변성암으로 석영을 주요 조암광물로 하고 있으며, 우리나라 토양 생성에 있어서 주요 모재가 되는 암석은?

① 편마암
② 섬록암
③ 안산암
④ 석회암

❤ **편마암** ┈┈
화강암의 변성암이며, 석영이 풍부하고, 화강암보다 풍화되기 어렵다. 풍화토는 사양토에 가깝고 칼리분이 많다.

정답　31 ③　32 ④　33 ④　34 ②　35 ①

36 질산화 작용에 대한 설명으로 옳은 것은?

① 논토양에서는 일어나지 않는다.

② 암모늄태질소가 산화되는 작용이다.

③ 결과적으로 질소의 이용률이 증가한다.

④ 사상균과 방사상균들에 의해 일어난다.

✔ **질산화 작용** ⋯⋯⋯⋯⋯⋯⋯⋯⋯⋯⋯⋯⋯⋯⋯⋯⋯⋯⋯⋯⋯⋯⋯⋯⋯⋯⋯⋯⋯⋯⋯⋯⋯⋯⋯⋯⋯⋯

　㉠ 질산태질소(NO_3^-)는 토양에 흡착되는 힘이 약하여 유실되기 쉽고, 암모늄태질소(NH_4^+)는 토양에 잘 흡착된다.

　㉡ 암모늄태질소라도 산화층에 시용하면 산화되어 질산태질소($NH_4^+ \rightarrow NO_2^- \rightarrow NO_3^-$)로 되는데, 이와 같은 현상을 질화작용이라고 한다.

37 균근(mycorrhizae)이 숙주식물에 공생함으로써 식물이 얻는 유익한 점과 가장 거리가 먼 것은?

① 내건성을 증대시킨다.　　　　　　　② 병원균 감염을 막아준다.

③ 잡초발생을 억제한다.　　　　　　　④ 뿌리의 유효면적을 증가시킨다.

✔ **균근** ⋯⋯

　고등식물 뿌리에 사상균 특히 버섯균이 착생하여 공생함으로써 균근(mycorrhizae)이라는 특수한 형태를 형성한다. 식물 뿌리와 균의 결속은 기주와 균 간에 서로를 이롭게 한다. 즉, 균은 기주식물로부터 필요한 양분을 얻으며 숙주는 다음과 같은 도움을 받게 된다.

　㉠ 뿌리의 유효표면을 증대하여 물과 양분(특히 인산)의 흡수률 조장한다.

　㉡ 세근이 식물 뿌리의 연장과 같은 역할을 한다.

　㉢ 내열성, 내건성이 증대한다.

　㉣ 토양 양분을 유효하게 한다.

　㉤ 외생균근은 병원균의 감염을 방지한다.

38 다음 중 염기성암은?

① 현무암　　　　　　　　　　　　　② 안산암

③ 유문암　　　　　　　　　　　　　④ 화강암

✔ **대표적인 화성암의 종류** ⋯⋯⋯⋯⋯⋯⋯⋯⋯⋯⋯⋯⋯⋯⋯⋯⋯⋯⋯⋯⋯⋯⋯⋯⋯⋯⋯⋯⋯⋯⋯⋯⋯

SiO_2(%) 생성위치	산성암(65~75%)	중성암(55~65%)	염기성암(40~55%)
심성암	화강암(granite)	섬록암(diorite)	반려암(gabbro)
반심성암	석영반암	섬록반암	휘록암(diabase)
화산암(volcanic)	유문암(rhyolite)	안산암(andesite)	현무암(basalt)

39 토양미생물 중 뿌리의 유효면적을 증가시킴으로서 수분과 양분 특히 인산의 흡수이용 증대에 관여하는 것은?

① 근류균 　　　　　　　　　　② 균근균
③ 황세균 　　　　　　　　　　④ 남조류

✔ **균근균**
　　뿌리의 유효표면을 증대하여 물과 양분(특히 인산)의 흡수를 조장한다.

40 토양생성에 기여하는 요인으로 가장 거리가 먼 것은?

① 기후 　　　　　　　　　　② 시간
③ 모재 　　　　　　　　　　④ 대기의 조성

✔ **토양생성의 주요 인자**
　　㉠ 모재료의 종류와 성질
　　㉡ 기후(기온과 강수량)
　　㉢ 생물의 작용(자연적 식생)
　　㉣ 그 지역의 지형
　　㉤ 시간(모재료가 토양생성을 받는 시간)

41 다음 중 시설하우스 염류집적의 대책으로 적합하지 않은 것은?

① 담수에 의한 제염 　　　　　　② 제염작물의 재배
③ 유기물 시용 　　　　　　　　④ 강우의 차단

✔ **염류집적의 대책**
　　㉠ 염류집적현상을 막기 위해서는 염류농도가 낮은 관개용수의 확보와 이용이 필수적이며 집적된 염류는 계속 용탈시킬 수 있는 방법을 모색해야 한다.
　　㉡ 적정 시비 수준을 준수하여 과다한 염류의 투입을 막아야 한다.
　　㉢ 우리나라 시설재배지의 염류 축적 문제를 해소하려면 비료와 퇴비의 과다사용을 억제하는 동시에 농지를 담수하는 벼재배와 시설재배로 교대하며 이용하는 것이 바람직하다.

42 다음 중 과수재배에서 바람의 이로운 점이 아닌 것은?

① 상엽을 흔들어 하엽도 햇볕을 쬐게 한다.
② 이산화탄소의 공급을 원활하게 하여 광합성을 왕성하게 한다.
③ 증산작용을 촉진시켜 양분과 수분의 흡수 상승을 돕는다.
④ 고온 다습한 시기에 병충해의 발생이 많아지게 한다.

정답　39 ②　40 ④　41 ④　42 ④

🌿 **연풍의 이점** ────────────────────────────

⊙ 작물 주위의 습기를 배제하여 증산작용을 돕는다.

ⓛ 그늘의 잎을 움직여 일광을 잘 받게 함으로써 광합성을 증대시킨다.

ⓒ 한낮에는 작물 주위의 낮아졌던 이산화탄소 농도를 높임으로써 광합성을 증대시킨다.

ⓔ 꽃가루의 매개를 도움으로써 풍매화의 결실을 좋게 한다.

ⓜ 한여름에는 기온·지온을 낮추고, 봄·가을에는 서리를 막으며 수확물의 건조를 촉진시킨다.

43 포도재배 시 화진현상(꽃떨이현상) 예방방법으로 거리가 먼 것은?

① 붕소를 시비한다.　　　　　　　　② 질소질을 많이 준다.

③ 칼슘을 충분하게 준다.　　　　　　④ 개화 5~7일 전에 생장점을 적심한다.

🌿 ────────────────────────────

질소비료 시용을 억제하고 붕사를 시용

44 유기농업의 원예작물이 주로 이용하는 토양수분의 형태는?

① 모세관수　　　② 결합수　　　③ 중력수　　　④ 흡습수

🌿 **모관수(毛管水)** ────────────────────────────

pF 2.7~4.5로서 작물이 주로 이용하는 수분이다.

45 하나 또는 몇 개의 병원균과 해충에 대하여 대항할 수 있는 기주의 능력을 무엇이라 하는가?

① 민감성　　　② 저항성　　　③ 병회피　　　④ 감수성

🌿 **저항성(抵抗性)** ────────────────────────────

자기에게 해가 되는 상황으로부터 자신을 지키려고 하는 성질

46 다음 중 작물의 호흡에 관한 설명으로 틀린 것은?

① 호흡은 산소를 소모하고 이산화탄소를 방출하는 화학작용이다.

② 호흡은 유기물을 태우는 일종의 연소작용이다.

③ 호흡을 통해 발생하는 열(에너지)이 생물이 살아가는 힘이다.

④ 호흡은 탄소동화작용이다.

🌿 ────────────────────────────

광합성은 탄소동화작용이다.

정답　43 ②　44 ①　45 ②　46 ④

47 다음 중 생물적 방제와 관계가 없는 것은?

① 천적의 이용 ② 식물의 타감작용 이용
③ 천적 미생물의 이용 ④ 녹비작물의 이용

✔ **생물학적 방제법(生物學的 防除法)** ···

천적의 종류
㉠ **기생성 곤충** : 침파리, 고추벌, 맵시벌, 꼬마벌 등은 나비목의 해충에 기생한다.
㉡ **포식성 곤충** : 풀잠자리, 꽃등에, 무당벌레 등은 진딧물을 잡아먹고 딱정벌레는 각종 해충을 잡아먹는 포식성 곤충이다.
㉢ **병원미생물**

48 오리농법에 의한 벼재배에서 오리의 역할이 아닌 것은?

① 잡초를 못 자라게 한다. ② 해충을 잡아 먹는다.
③ 도열병균을 잡아 먹는다. ④ 배설물은 유기질 비료가 된다.

✔ **오리농법** ···

오리가 해충을 제거하는 방법은 직접 주둥이로 해충을 잡아먹거나 날개를 치면서 벼에 붙어 있는 해충(멸구 등)을 물 위에 떨어뜨리는 방법 등이다.

49 다음 중 윤작의 효과가 아닌 것은?

① 지력의 유지 증강 ② 기지현상의 회피
③ 병해충 경감 ④ 잡초의 번성

✔ **윤작의 효과** ···

㉠ 지력의 유지 및 증진 ㉡ 기지현상의 회피
㉢ 병충해 경감 ㉣ 잡초의 경감
㉤ 토지이용도의 향상 ㉥ 노력분배의 합리화
㉦ 작물의 수량 증대 ㉧ 농업경영의 안정성 증대
㉨ 토양보호

50 생물적 방제와 가장 거리가 먼 것은?

① 자가 액비 제조 이용 ② 천적 곤충의 이용
③ 천적 미생물의 이용 ④ 식물의 타감작용 이용

✔ ···

자가 액비 제조 이용은 경종적 방제법이다.

51 딸기의 우량품종 특성을 유지하기 위한 가장 좋은 방법은?

① 자연적으로 교잡된 종자를 사용한다.

② 재배했던 식물의 종자를 사용한다.

③ 영양번식으로 증식한다.

④ 저온으로 저장된 종자는 퇴화되어 사용하지 않는다.

✔ **영양번식의 장점** ⸺⸺⸺⸺⸺⸺⸺⸺⸺⸺⸺⸺⸺⸺⸺⸺⸺⸺⸺⸺⸺⸺
　우량한 상태의 유전질을 쉽게 영속적으로 유지시킬 수 있는 과수ㆍ딸기 등에 이용한다.

52 유기농업의 기여 항목으로 가장 거리가 먼 것은?

① 국민보건의 증진　　　　　　　② 생산 증진

③ 경쟁력 강화　　　　　　　　　④ 환경 보전

✔ ⸺⸺⸺⸺⸺⸺⸺⸺⸺⸺⸺⸺⸺⸺⸺⸺⸺⸺⸺⸺⸺⸺⸺⸺⸺⸺⸺⸺⸺
　유기농업은 생산성은 감소한다.

53 저항성 품종의 장점이 아닌 것은?

① 농약의존도를 낮춘다.　　　　　② 저항성이 영원히 지속된다.

③ 작물의 생산성을 향상시킨다.　　④ 환경 및 생태계에 도움이 된다.

✔ ⸺⸺⸺⸺⸺⸺⸺⸺⸺⸺⸺⸺⸺⸺⸺⸺⸺⸺⸺⸺⸺⸺⸺⸺⸺⸺⸺⸺⸺
　저항성이 영원히 지속되는 것은 아니다.

54 생산력이 우수하던 종자가 재배연수가 경과하는 동안에 생산력 및 품질이 저하되는 것을 종자의 퇴화라 하는데, 다음 중 유전적 퇴화의 원인이라 할 수 없는 것은?

① 자연교잡　　　　　　　　　　② 이형 종자 혼입

③ 자연돌연변이　　　　　　　　④ 영양번식

✔ **유전적 퇴화(遺傳的 退化)의 원인** ⸺⸺⸺⸺⸺⸺⸺⸺⸺⸺⸺⸺⸺⸺⸺⸺⸺
　세대가 경과함에 따라서 자연교잡, 새로운 유전자형의 분리, 돌연변이, 이형 종자의 기계적 혼입 등에 의하여 종자가 유전적으로 순수하지 못해져서 유전적으로 퇴화하게 된다.

55 옥수수는 보통 어떤 방법으로 새로운 품종을 만드는가?

① 다계교배　　　　　　　　　　② 돌연변이법

③ 1대 잡종법　　　　　　　　　④ 배수성육종법

✔ **정답**　**51** ③　**52** ②　**53** ②　**54** ④　**55** ①

🌱 **다계교배(多系交配)** ···
잡종 제1대가 양친보다 형태, 내성, 다산성이 뛰어난 성질을 좋은 형질의 개량에 이용하는 육종법이다.

56 벼의 영양생장기에 속하지 않는 생육단계는?

① 활착기
② 유효분얼기
③ 무효분얼기
④ 수잉기

🌱 ···
수잉기는 생식생장기이다

57 친환경 농업형태와 가장 거리가 먼 것은?

① 지속적 농업
② 고투입농업
③ 대체농업
④ 자연농법

🌱 **유기농업 관련 용어** ···
　ㄱ 대체농업　　　ㄴ 저투입성 농업
　ㄷ 환경농업　　　ㄹ 환경보전형 농업
　ㅁ 자연농업　　　ㅂ 지속성 농업

58 초생재배의 장점이 아닌 것은?

① 토양의 단립화(單粒化)
② 토양침식 방지
③ 지력 증진
④ 미생물 증식

🌱 **초생재배의 장점** ···
① 토양의 입단화가 촉진됨
② 유기물의 환원으로 지력이 유지됨
③ 토양침식을 막아 양분과 토양 유실을 방지함
④ 지온변화가 적음

59 다음 중 붕소를 가장 많이 요구하는 작물은?

① 쌀
② 콩
③ 포도
④ 고추

🌱 **붕소를 가장 많이 요구하는 작물** ···
평지(유채)·사탕무·셀러리·사과·알팔파 등이다.

정답　**56** ④　**57** ②　**58** ①　**59** ③

60 다음 중 포식성 천적은?

① 기생벌

② 세균

③ 무당벌레

④ 선충

✔ **천적의 종류** ··

ㄱ **기생성 곤충** : 침파리, 고추벌, 맵시벌, 꼬마벌 등은 나비목의 해충에 기생한다.

ㄴ **포식성 곤충** : 무당벌레, 풀잠자리, 꽃등에, 무당벌레 등은 진딧물을 잡아먹고 딱정벌레는 각 종 해충을 잡아먹는 포식성 곤충이다.

ㄷ **병원미생물**

01 일반 벼재배 논토양에서 탈질현상을 방지하기 위한 질소질 비료의 시비법은?

① 암모니아태 질소를 산화층에 준다.

② 질산태 질소를 산화층에 준다.

③ 암모니아태 질소를 환원층에 준다.

④ 질산태 질소를 환원층에 준다.

🌱 **탈질작용 대책** ··

암모니아태 질소를 환원층시비. 전층시비. 심층시비한다.

02 유기종자 생산을 위한 종자의 소독 방법으로 적합하지 않은 것은?

① 냉수온탕침법   ② 온탕침법

③ 건열처리   ④ 분의소독

🌱 ···

분의소독은 화학적 방제이다.

03 농기구나 맨손으로 잡초나 해충을 직접 죽이거나 열, 물, 광선 등을 이용하여 잡초, 병해충을 방제하는 방법은?

① 화학적 방제   ② 생물학적 방제

③ 재배적 방제   ④ 물리적 방제

🌱 **물리(기계)적 방제** ···

수취, 베기, 경운, 태우기, 침수, 훈연 등의 방법들이 있으며 잡초가 외세의 침해에 가장 약한 시기를 통하여 작물과의 경합력을 억제하고 번식을 막아줄 목적으로 실시된다.

04 종묘로 이용되는 영양기관이 땅속줄기가 아닌 것은?

① 생강   ② 연

③ 홉   ④ 마

🌱 ···

• 땅속줄기(地下莖) : 생강 · 연 · 박하 · 홉 등

• 덩이뿌리(塊根) : 달리아 · 고구마 · 마 등

✎ **정답**   **01** ③   **02** ④   **03** ④   **04** ④

05 인공 영양번식에서 발근 및 활착을 촉진하는 처리방법으로 틀린 것은?

① 새 가지를 일광에 충분하게 노출시켜서 엽록소의 형성을 증대시킨다.
② 취목(取木)을 할 때 발근시킬 부위에 환상박피, 절상, 연곡 등을 처리한다.
③ 포인세티아의 삽목 시 삽수의 일부분 3cm 정도를 물에 담갔다가 상토에 꽂는다.
④ 포도의 단아삽에서 6% 자당액에 60시간 침지한다.

🌿 **황화(黃化)**

새 가지의 일부에 흙을 덮거나 종이를 싸서 일광을 차단하여 엽록소의 형성을 억제하고 황화시키면, 이 부분에서는 발근이 잘 되므로 삽목에 이용된다.

06 목야지를 조성할 때 실시하는 혼파의 장점이 아닌 것은?

① 목초별 생장에 따른 시비, 병해충 방제, 수확작업을 용이하게 할 수 있다.
② 상번초와 하번초가 섞이면 공간을 효율적으로 잘 이용할 수 있다.
③ 콩과 목초가 고정한 질소를 화본과 목초도 이용하게 되므로 질소비료가 절약된다.
④ 화본과 목초와 콩과 목초가 혼파되면 잡초발생이 경감된다.

🌿

ㄱ 혼파의 장점
  • 가축의 영양상 유리, 클로버의 단작으로 생기는 고창증을 방지
  • 지상부와 지하부를 입체적으로 이용(상번초와 하번초, 심근성과 천근성)
  • 재해나 병충해의 위험성을 분산
  • 비료성분의 합리적 이용
  • 잡초의 발생이 경감
  • 건초를 만들기가 용이
  • 혼파목초지의 산초량이 시기적으로 비슷하다.
ㄴ 혼파의 단점
  • 작물 종류의 제한
  • 병충해 방제의 어려움
  • 수확기의 불일치로 수확 제한
  • 채종작업이 곤란

07 지상의 공기 중 가장 많이 함유되어 있는 가스는?

① 산소가스   ② 질소가스   ③ 이산화탄소   ④ 아황산가스

🌿 **대기조성**

지상의 공기를 대기라고 하는데, 대기의 조성은 질소가스 약 79%, 산소가스 약 21%, 이산화탄소 약 0.03%(300ppm), 기타 수증기, 연기, 먼지, 아황산가스, 미생물, 화분, 각종 가스 등이다.

정답   **05** ①   **06** ①   **07** ②

08 작물의 특징에 대한 설명으로 틀린 것은?

① 이용성과 경제성이 높다.

② 일종의 기형식물을 이용하는 것이다.

③ 야생식물보다 생존력이 강하고 수량성이 높다.

④ 인간과 작물은 생존에 있어 공생관계를 이룬다.

🌿 **작물의 특질** ·······

ㄱ 이용성과 경제성이 높아야 한다.

- 이용성 : 이용 부위가 재배의 목적이 된다.
- 경제성 : 작물들의 경제성을 높이려면 이용 부위의 단위수량이 많아야 하므로 자연히 특정 부분이 매우 발달하여 대부분 기형식물이 된다.

ㄴ 기형식물인 작물은 야생식물보다 생존경쟁에서 약하므로 인위적인 보호조치가 재배의 수단이 된다.

ㄷ 사람은 작물에 그 생존을 의존하고 작물은 사람에 의존하는 것을 공생관계라고 한다.

09 토양의 알갱이 밀도가 2.5g/cm³이고 부피밀도가 1.1g/cm³일 때 토양의 공극률은?

① 50%   ② 35%   ③ 56%   ④ 46%

🌿 ·······

$$공극률 = \left(1 - \frac{용적밀도}{입자밀도}\right) \times 100 = \left(1 - \frac{1.1}{2.5}\right) \times 100 = 56\%$$

10 다음 중 작물의 동사점이 가장 낮은 것은?

① 복숭아   ② 겨울철 평지   ③ 감귤   ④ 겨울철 시금치

🌿 ·······

ㄱ 복숭아 만화기 : -3.5 ℃

ㄴ 감귤 수목 : -7 ~ -8℃(3~4시간)

ㄷ 겨울철의 평지(유채)·잠두 : -15℃

ㄹ 겨울철의 보리·밀·시금치 : -17℃

11 식물학적 분류에서 벼과(禾本科)라고도 하는 것은?

① 메밀   ② 옥수수   ③ 대나무   ④ 라이그라스

🌿 ·······

메밀은 생물학적 분류에서 마디풀과이다. 그러나 식물학적 분류에서 벼과(禾本科)라고도 한다.

정답　**08** ③　**09** ③　**10** ④　**11** ①

12 철, 망간, 칼륨, 칼슘 등이 작토층에서 용탈되어 결핍된 논토양은?

① 습답
② 노후화답
③ 중점토답
④ 염류집적답

✎ **노후화답** ··

논토양에서 작토층의 Fe · Mn · K · Ca · Mg · Si · P 등이 하층으로 용탈되어 결핍된 토양을 노후화답이라고 한다.

13 포장용수량과 흡습계수 사이의 토양수분을 뜻하는 것으로 소공극에서 중력에 저항하여 유지되며 작물이 주로 이용하는 수분은?

① 결합수
② 흡습수
③ 모관수
④ 중력수

✎ **모관수(毛管水)** ··

㉠ 토양 입자의 주위나 소공극 및 대공극의 토양용액 가까이에서 액상의 피막으로 존재하며 이를 내부 모세관수와 외부 모세관수로 구분한다.
㉡ 모관현상에 의해서 지하수가 모관공극을 상승하여 공급된다.
㉢ pF 2.7~4.5로서 작물이 주로 이용하는 수분이다.
㉣ 토양의 모세관 수량은 온도, 염료함량, 토성, 구조 등에 따라 다르다.

14 다음 중 냉해에 대한 작물의 피해현상과 가장 거리가 먼 것은?

① 벼의 등숙 지연
② 병해 발생
③ 불임 발생
④ 세포 내 결빙

✎ ··

세포 내 결빙은 동상해 피해이다.

15 참외밭의 둘레에 옥수수를 심는 경우의 작부체계는?

① 간작
② 혼작
③ 교호작
④ 주위작

✎ **주위작** ···

포장의 주위에 포장 내의 작물과는 다른 작물을 재배하는 것을 주위작이라고 한다.

16 작물 재배 시 일정한 면적에서 최대수량을 올리려면 수량 삼각형의 3변이 균형 있게 발달하여야 한다. 다음 중 수량 삼각형의 요인으로 볼 수 없는 것은?

① 유전성 ② 환경조건
③ 재배기술 ④ 비료

- 수량 삼각형 : 유전성, 환경, 재배기술
- 재배의 중심이 되는 것은 작물의 유전성과 재배환경 그리고 재배기술 세 가지인데, 이들이 수량과 상호 관계적이다.

17 다음 중 휴한지에 재배하면 지력의 유지ㆍ증진에 가장 효과가 있는 작물은?

① 클로버 ② 밀
③ 보리 ④ 고구마

지력의 유지 및 증진
질소고정 : 두과작물(클로버)은 질소고정 효과가 크다.

18 유축(有畜)농업 또는 혼동(混同)농업과 비슷한 뜻으로 식량과 사료를 서로 균형 있게 생산하는 농업을 가리키는 것은?

① 포경 ② 곡경 ③ 원경 ④ 소경

재배형식
㉠ 소경 : 토지가 척박해지면 이동
㉡ 식경 : 식민지(기업적) 농업, 넓은 토지에 한 가지 작물만을 경작, 가격변동에 예민하다.
㉢ 곡경 : 곡류 위주의 농경, 기계화로 대규모의 상품곡물을 생산하는 상품곡물생산농업
㉣ 포경 : 식량과 사료를 서로 균형 있게 생산
㉤ 원경 : 원예 작물, 가장 집약적, 원예지대나 도시 근교에 발달된 농업이다.

19 빛과 작물의 생리작용에 대한 설명으로 틀린 것은?

① 광이 조사되면 온도가 상승하여 증산이 조장된다.
② 광합성에 의하여 호흡기질이 생성된다.
③ 식물의 한쪽에 광을 조사하면 반대쪽의 옥신 농도가 낮아진다.
④ 녹색식물은 광을 받으면 엽록소 생성이 촉진된다.

굴광작용(屈光作用)
식물의 한쪽에 광을 조사하면, 조사된 부분은 옥신 농도가 낮아지고, 그 반대쪽은 옥신 농도가 높아진다.

정답 16 ④ 17 ① 18 ① 19 ③

20 다음 중 작물생육에 가장 알맞은 이상적인 토양 3상의 비율은?

① 고상 25%, 액상 25%, 기상 50%

② 고상 25%, 액상 50%, 기상 25%

③ 고상 50%, 액상 25%, 기상 25%

④ 고상 30%, 액상 30%, 기상 40%

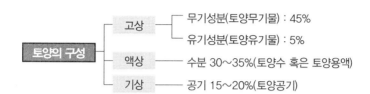

21 자연상태 토양에 존재하는 화학성분 중 토양에 많이 존재하는 순서대로 배열된 것은?

① 규산 > 반토(Al_2O_3) > 산화칼슘 > 산화철

② 규산 > 반토(Al_2O_3) > 산화철 > 산화칼슘

③ 반토(Al_2O_3) > 규산 > 산화칼슘 > 산화철

④ 반토(Al_2O_3) > 규산 > 산화철 > 산화칼슘

토양의 무기성분은 광물성분을 말하는 것으로 1차 광물(암석에서 분리된 광물), 2차 광물(1차 광물의 풍화·생성으로 재합성된 광물)로 나누며, 이들의 화학성분은 규산 65.8%, 알루미나 12.4%, 산화철 10.1%가 대부분을 차지하고 있다. 그 밖의 화학성분은 산화칼슘, 산화칼륨, 산화마그네슘, 산화나트륨 등이 5% 정도이고 나머지 성분은 5% 미만이다.

22 건토효과로 옳은 것은?

① 염기포화도가 높아진다.

② 부식물의 집적이 증가한다.

③ 인산화 작용을 촉진한다.

④ 암모니아화 작용을 촉진한다.

✔ 건토효과

논토양을 건조시키면 토양유기물의 성질이 변화하여 미생물에 의하여 쉽게 분해될 수 있는 상태가 되고 토양이 물에 잠기면 미생물의 활동이 증진되어 암모니아화 작용이 촉진되어 암모니아의 생성이 증가한다. 이러한 건토처리의 효과는 토양을 동결시켰을 경우에도 비슷하게 나타난다.

정답 **20** ③ **21** ② **22** ④

23 다음 영농활동 중 토양미생물의 밀도와 활력에 가장 긍정적인 효과를 가져다줄 수 있는 것은?

① 유기물 시용
② 상하경 재배
③ 농약 살포
④ 무비료 재배

✌ **토양유기물의 미생물 번식 조장** ·····
토양유기물은 미생물의 영양원이 되어 유용 미생물의 번식을 조장한다.

24 다음 중 pH 교정에 필요한 석회 시용량이 가장 적은 토양은?(단, 토양의 유기물 함량 및 pH 수준은 모두 같다.)

① 식토
② 사양토
③ 양토
④ 사토

✌ **산성토양의 개량** ·····
식질이고 부식 함량이 높은 토양일수록 산성을 중화하는 데 많은 석회가 요구된다.

25 우리나라 평야지대의 비옥한 농경지를 이루는 운적토는?

① 붕적토
② 하성충적토
③ 선상퇴토
④ 풍적토

✌ **하성토(河成土)** ·····
유수에 의하여 운반 퇴적된 것으로, 수량·경사도·유속과 그 밖에 입자의 크기·비중·형태 등에 의해 그 정도를 달리한다.
㉠ 홍함지(洪涵地) : 홍수로 인해 하천이 거듭 범람되었을 때 퇴적되어 수직 단면의 층리를 형성하며 생성된 토양이다. 이와 같이 여러 겹의 층리로 만들어진 토층을 충적층 또는 제4기 신층이라고 한다. 홍함지는 하천 하류 지역의 양안에서 발달되어 비옥한 평야지대를 이루고 있다. 우리나라의 논토양이 대부분 여기에 속한다.
㉡ 하안단구(河岸段丘) : 본래 홍함지였으나 물에 의해 깎이어 계단상으로 되어 높은 위치에 있다. 토양 입자는 홍함지보다 크고 거친 것으로 이루어졌다. 토양비옥도는 삼각주나 홍함지보다 약간 낮지만 유기물과 무기양분이 풍부하므로 경작지 토양으로 유리하다.
㉢ 삼각주(三角洲) : 하구가 조용한 내해나 호수에 접했을 때 이루어지는 것으로 급류가 호수나 바다에 들어가면 급속히 유속이 감소되고 토사는 그곳에 침강 퇴적되며 미세한 점토는 바닷물의 전해질과 작용하여 침전된다. 이런 과정으로 형성된 삼각주(delta)는 매우 비옥한 농경지가 된다.

26 투수가 잘 되어 토양의 환원상태가 오랫동안 유지되지 못하는 토양은?

① 저습지 토양
② 유기물이 많은 토양
③ 점질토양
④ 사질토양

정답 **23** ① **24** ④ **25** ② **26** ④

사토

⊙ 투수성과 통기성이 좋지만 척박하고, 한해를 입기가 쉽다.
ⓛ 토양침식도 심하므로 양분이 결핍되기 쉽다.
ⓒ 점토를 객토하고 유기질을 증시하여 토성을 개량해야 한다.

27 질소화합물이 토양 중에서 $NO_3 \rightarrow NO_2 \rightarrow N_2O$, N_2와 같은 순서로 질소의 형태가 바뀌는 작용을 무엇이라 하는가?

① 암모니아 산화작용
② 탈질작용
③ 질산화작용
④ 질소고정작용

탈질작용

질산태질소가 논토양의 환원층에 들어가면 점차 환원되어 산화질소(NO), 이산화질소(N_2O), 질소 가스(N_2)를 생성하며, 이들이 작물에 이용되지 못하고 공중으로 날아가는 현상을 말한다.

28 토양에서 암거배수에 의한 가장 큰 효과는?

① CEC 증가
② 인산유효도 증가
③ 배수력 증가
④ 이력현상 증가

자연배수법

⊙ 명거배수(明渠排水) : 지상수를 배제하는 방법이다.
ⓛ 암거배수(暗渠排水) : 지하수를 배제하는 방법이다.

29 유기농업에서 토양관리와 관련이 적은 것은?

① 퇴비를 적절히 투입한다.
② 윤작을 실시한다.
③ 휴경을 해서는 안 된다.
④ 침식을 예방한다.

탈질작용

유기농업은 토양 비옥도 향상을 위해 휴경, 두과작물을 재배하여 지력을 높인다.

정답 **27** ② **28** ③ **29** ③

30 토성에 대한 설명으로 틀린 것은?

① 토양의 산성 정도를 나타내는 지표이다.

② 토양의 보수성이나 통기성을 결정하는 특성이다.

③ 토양의 비표면적과 보비력을 결정하는 특성이다.

④ 작물의 병해 발생에 영향을 미친다.

✔ **토양반응** ··

산성 및 알칼리성의 세기는 일정한 기준에서 산출되는 값으로 비교하게 된다.

31 우리나라에서 관측되는 중국의 황사는 주로 무엇에 의한 이동인가?

① 바람   ② 물

③ 빙하   ④ 파도

✔ **풍식의 유형 – 부유** ··

극세사 이하의 작은 입자는 토양표면에 당겨져 있으므로 고운 토성의 토양은 오히려 바람에 의한 침식에 대하여 저항성이 강한 편이며 이러한 입자는 주로 입자에 의한 충격에 의하여 공기 중으로 날아오르고 공기 중에서는 풍력에 의하여 부유 상태로 이동된다.

32 작물에 대한 미생물의 유익작용이 아닌 것은?

① 미생물 간 길항작용   ② 탈질작용

③ 입단화작용   ④ 질소고정작용

✔ **토양미생물이 작물생육에 미치는 유리한 작용** ··

㉠ 암모니아화성작용 : 유기물을 분해하여 암모니아를 생성한다.

㉡ 유리질소 고정

• 근류균은 콩과식물에 공생하면서 유리질소를 고정한다.

• Azotobacter · Azotomonas 등은 호기성 상태에서 단독으로 질소를 고정한다.

• Clostridium 등은 혐기 상태에서 단독으로 유리질소를 고정한다.

㉢ 질산화작용 : 암모니아를 질산으로 변하게 하는 작용으로 밭작물에 이롭다.

㉣ 무기성분의 변화 : 무기성분을 변화시킨다. 인산의 용해도를 높이는 것은 한 예이다.

㉤ 가용성 무기성분의 동화 : 가용성 무기성분을 동화하여 유실을 적게 한다.

㉥ 미생물 간의 길항작용 : 유해 작용을 경감한다.

㉦ 입단의 생성 : 균사 등의 점질물질에 의해서 토양의 입단을 형성한다.

㉧ 생장촉진물질 : 호르몬성의 생장촉진물질을 분비한다.

정답 **30** ① **31** ① **32** ②

33 사질의 논토양을 객토할 경우 가장 알맞은 객토 재료는?

① 점토 함량이 많은 토양

② 부식 함량이 많은 토양

③ 규산 함량이 많은 토양

④ 산화철 함량이 많은 토양

사질 논토양 개량방법

점토질 재료를 객토하여 시비·수확력을 높이고 비료분을 분시하며 각종 특수성분을 공급하여 양이온치환용량(CEC)을 높여야 한다.

34 2 : 1형 격자 광물을 가장 잘 설명한 것은?

① 규산판 1개와 알루미나판 1개로 형성

② 규산판 2개와 알루미나판 1개로 형성

③ 규산판 1개와 알루미나판 2개로 형성

④ 규산판 2개와 알루미나판 2개로 형성

2 : 1 격자형 점토광물

규산판 2개 사이에 알루미늄판 1개가 삽입된 형태로 한 결정단위를 이루고 있다.

35 토성을 결정할 때 자갈과 모래로 구분되는 분류 기준(지름)은?

① 5mm

② 2mm

③ 1mm

④ 0.5mm

자갈(礫)

토양을 풍건한 후 2mm의 체로 쳐서 2mm 이상의 것을 자갈이라 한다.

36 정적토는 모재가 풍화된 자리에 퇴적된 것이다. 이와 같은 풍화산물에 의해 형성된 토양은?

① 삼각주, 하안단구

② 붕적토, 선상퇴토

③ 해성토, 로에스(loess)

④ 산지토양, 이탄토

정적토(定績土)

㉠ 잔적토(殘積土, 殘積層)

• 암석의 풍화산물 중 가용성 성분이 용탈되고 나머지 광물질이 풍화된 자리에 퇴적한 것을 잔적토라 한다.

• 공기와 접촉하는 지표면이 얇고 풍화가 진전되었으며, 하층으로 갈수록 불완전한 미풍화 물질인 암석 조각이 많으며 가장 밑부분에는 모암이 있다.

• 지표면 토양은 유기물을 함유하여 암흑색을 띠며, 계속하여 토양생성작용을 받아서 특징적인 토양 단면(토층의 분화)을 갖는 자연 토양이 된다.

• 잔적토는 우리나라 구릉이나 대지에서 볼 수 있다.

정답   33 ①   34 ②   35 ②   36 ④

ⓛ 이탄토 : 습지나 저지대에 유기물이 퇴적되어 암석의 풍화물과 섞여서 생성된 토양으로 퇴적 토라고도 한다. 혐기적인 환원상태하에서 유기물이 오랫동안 퇴적되어 이탄이 형성되는 곳을 이탄지(moor)라고 한다.

37 빗방울의 타격에 의한 침식형태는?

① 입단파괴침식　　　　　　　　　　　② 우곡침식
③ 평면침식　　　　　　　　　　　　　④ 계곡침식

✎ **입단파괴침식** ···
빗방울이 토양을 타격하면 입단이 파괴되고 토립이 분산되어 유수에 의해 흘러내리는 침식이다.

38 토양미생물 중 뿌리의 유효면적을 증가시킴으로서 수분과 양분 특히 인산의 흡수이용 증대에 관여하는 것은?

① 근류균　　　　② 균근균　　　　③ 황세균　　　　④ 남조류

✎ **균근균** ···
뿌리의 유효표면을 증대하여 물과 양분(특히 인산)의 흡수를 조장한다.

39 하천이나 호소의 부영양화로 조류가 많이 발생되는 현상과 관련이 깊은 토양 오염 물질은?

① 비소　　　　② 수은　　　　③ 인산　　　　④ 세슘

✎ **부영양화의 원인** ···
질소와 인산은 호소 내 부영양화의 원인물질인 영양염류다.

40 용탈층에서 이화학적으로 용탈 · 분리되어 내려오는 여러 가지 물질이 침전 · 집적되는 토양 층위는?

① 유기물층　　　② 모재층　　　③ 집적층　　　④ 암반

✎ **B층(집적층)** ···
A층에서 용탈된 물질이 집적되고 새로운 화합물이 만들어지기도 한다. B층은 구조가 어느 정도 뚜렷하며 빛깔이 비교적 진하다. B층은 세분하여 B1 · B2 · B3 및 B+A로 구분한다.
ⓐ B1층 : 용탈층에서 집적층으로 이동하는 층으로 용탈량보다 집적량이 많다.
ⓛ B2층 : 점토와 철 · 알루미늄의 집적이 많고 괴상 및 주상구조가 발달된 층이다.
ⓒ B3층 : 약간의 모재를 함유하나 집적량이 많은 층이다.
ⓔ B+A층 : A층의 특성을 가지고 있는 B층이며, B층의 특성을 50% 이상 갖는다.

41 포도 재배 시 화진현상(꽃떨이현상) 예방방법으로 거리가 먼 것은?

① 붕소를 시비한다.
② 질소질을 많이 준다.
③ 칼슘을 충분하게 준다.
④ 개화 5~7일 전에 생장점을 적심한다.

🌱 질소비료 시용을 억제하고 붕사를 시용

42 다수성 품종을 육종하기 위하여 집단육종법을 적용하고자 한다. 이때 집단육종법의 장점으로 옳은 것은?

① 잡종강세가 강하게 나타남
② 선발개체 후대에서 분리가 적음
③ 각 세대별 유지하는 개체수가 적은 편임
④ 우량형질의 자연도태가 거의 없음

🌱 **집단육종법(람쉬육종법)**
F5~F6 세대까지 교배조합으로 보통재배를 하여 집단선발을 계속하고, 그 후 계통선발로 바꾸는 방법, 양적 형질은 많은 유전자가 관여하고, 초기분리세대는 잡종강세를 나타내는 개체가 많으며 환경의 영향을 받기 쉽다. 벼·보리 등 자가수정작물에 이용한다.

43 친환경농업과 거리가 먼 것은?

① 저투입지속농업
② 관행농업
③ 자연농업
④ 생태농업

🌱 **친환경 관련 농업의 종류**
㉠ 자연농업(自然農業)
지력을 토대로 자연의 물질순환 원리에 따르는 농업이다.
㉡ 생태농업(生態農業)
지역 폐쇄 시스템에서 작물 양분과 병해충 종합관리기술을 이용하여 생태계 균형 유지에 중점을 두는 농업이다.
㉢ 유기농업(有機農業)
농약과 화학비료를 사용하지 않고 원래 흙을 중시하여 자연에서 안전한 농산물을 얻는 것을 바탕으로 한 농업이다.
㉣ 저투입·지속적 농업(低投入·持續的農業)
환경에 부담을 주지 않고 영원히 유지할 수 있는 농업으로 환경을 오염시키지 않는 농업이다.
㉤ 정밀농업(精密農業)
한 포장 내에서 위치에 따라 종자·비료·농약을 달리하여 효율을 높인 농업

정답 **41** ② **42** ② **43** ②

44 유기농업의 원예작물이 주로 이용하는 토양수분의 형태는?

① 모세관수   ② 결합수
③ 중력수   ④ 흡습수

✅ **모관수(毛管水)** ⋯⋯⋯⋯⋯⋯⋯⋯⋯⋯⋯⋯⋯⋯⋯⋯⋯⋯⋯⋯⋯⋯⋯⋯⋯⋯⋯⋯⋯
pF 2.7~4.5로서 작물이 주로 이용하는 수분이다.

45 유기농업의 기여에 대한 설명으로 거리가 먼 것은?

① 국민보건의 증진에 기여
② 생산증진에 기여
③ 경쟁력 강화에 기여
④ 환경보전에 기여

✅ **유기농업의 기본목표** ⋯⋯⋯⋯⋯⋯⋯⋯⋯⋯⋯⋯⋯⋯⋯⋯⋯⋯⋯⋯⋯⋯⋯⋯⋯⋯⋯
㉠ 국민보건증진에 기여
㉡ 생산의 안정화
㉢ 경쟁력 강화에 기여
㉣ 환경보전에 기여

46 유기배합사료 제조용 자재 중 보조사료가 아닌 것은?

① 활성탄   ② 올리고당
③ 요소   ④ 비타민 A

✅ ⋯⋯⋯⋯⋯⋯⋯⋯⋯⋯⋯⋯⋯⋯⋯⋯⋯⋯⋯⋯⋯⋯⋯⋯⋯⋯⋯⋯⋯⋯⋯⋯⋯⋯⋯⋯⋯⋯⋯
유기배합사료 제조용 자재 중 보조사료에 요소는 포함되지 않는다.

47 국제유기농업운동연맹을 바르게 표시한 것은?

① IFOAM   ② WHO
③ FAO   ④ WTO

✅ **세계유기농업운동연맹(IFOAM)** ⋯⋯⋯⋯⋯⋯⋯⋯⋯⋯⋯⋯⋯⋯⋯⋯⋯⋯⋯⋯⋯⋯⋯
- 세계유기농연맹은 전 세계 116개국의 850여 단체가 가입한 세계 최대 규모의 유기농업운동단체이다.
- 1972년 프랑스에 창립되었으며 독일 본에 본부를 두고 있다.
- 유기농업의 원리에 바탕을 둔 생태적 · 사회적 · 경제적 유기농업 실천을 지향하며 유기농업의 기준 설정, 정보 제공 및 기술 보급, 국제인증기준과 인증기관 지정 등의 역할을 하고 있다.
- 국제유기농운동 지원을 주로 하며, 3년에 한 번씩 개최한다.

정답   **44** ①   **45** ②   **46** ③   **47** ①

48 유기축산에 대한 설명으로 틀린 것은?

① 양질의 유기사료 공급
② 가축의 생리적 욕구 존중
③ 유전공학을 이용한 번식기법 사용
④ 환경과 가축 간의 조화로운 관계 발전

✔ 유기축산은 유전공학을 이용한 번식기법도 금지하고 있다.

49 세계에서 유기농업이 가장 발달한 유럽 유기농업의 특징에 대한 설명으로 틀린 것은?

① 농지면적당 가축사육규모의 자유
② 가급적 유기질 비료를 자급
③ 외국으로부터의 사료 의존 지양
④ 환경보전적인 기능 수행

✔ 토지 면적에 따라 키울 수 있는 소나 양의 마릿수가 법으로 정해져 있고 천연 목초지역에 방목하여 사육한다.

50 우렁이농법에 의한 유기벼 재배에서 우렁이 방사에 의해 주로 기대되는 효과는?

① 잡초방제   ② 유기물 대량공급
③ 해충방제   ④ 양분의 대량공급

✔ **우렁이농법**
농약이나 사람 대신 왕우렁이로 풀을 맨다.

51 이것을 녹인 물에 종자를 담가 볍씨를 선별하는 것으로 물에 녹이는 이 물질은?

① 당밀   ② 소금
③ 기름   ④ 식초

✔ **선종(씨 가리기)**
㉠ 튼튼하고 좋은 모를 기르기 위해서는 먼저 좋은 볍씨를 고르는 일이 중요하다.
㉡ 종자용 볍씨의 선종은 키나 풍구에 의한 풍선만으로는 충분하지 않으므로 소금에 의한 비중선, 즉 염수선이 쓰인다.

정답   48 ③   49 ①   50 ①   51 ②

52 교배 방법의 표현으로 틀린 것은?

① 단교배 : A×B
② 여교배 : (A×B)×A
③ 삼원교배 : (A×B)×C
④ 복교배 : A×B×C×D

복교배(double cross) : (A×B)×(C×D)

53 유기농업에서 병해충방제와 잡초방제 수단으로 이용되는 방법이 아닌 것은?

① 저항성 품종
② 윤작 체계
③ 제초제 사용
④ 기계적 방제

제초제 사용은 관행농업이다.

54 벼 직파재배의 장점이 아닌 것은?

① 노동력 절감
② 생육기간 단축
③ 입모 안정으로 도복 방지
④ 토양 가용 영양분의 조기 이용

✔ 벼 직파재배의 특징

㉠ 식상이 없어 저위분얼이 많고, 이삭수 확보가 쉬우나 과번무가 되기 쉽다.
㉡ 총분얼은 많으나 유효경 비율이 떨어진다.
㉢ 줄기가 가늘고 뿌리가 표층에 많이 분포하여 도복에 약하다.
㉣ 보통기재배의 경우, 이앙재배보다 출수기가 지연된다.
㉤ 이삭수는 많으나 수당 영화수가 적은 경향이 있다.
㉥ 잡초방제가 어렵다. 특히, 피와 알방동사니가 많이 발생한다.
㉦ 출아 및 입모가 불안정하다.

55 소의 제1종 가축전염병인 법정전염병은?

① 전염성 위장염
② 추백리
③ 광견병
④ 구제역

✔ 구제역

소, 돼지, 양, 염소, 사슴 등 발굽이 둘로 갈라진 동물이 감염되는 질병으로 전염성이 매우 강하며 입술, 혀, 잇몸, 코, 발굽 사이에 물집(수포)이 생기고 체온이 급격히 상승하며 식욕이 저하되어 심하게 앓거나 죽는 질병이다. 국제수역사무국(OIE)에서 A급으로 분류하며 우리나라 제1종 가축전염병으로 지정되었다.

정답 **52** ④ **53** ③ **54** ③ **55** ④

56 여교잡에 대한 기호 표시로서 옳은 것은?

① $(A \times A) \times C$

② $((A \times B) \times B) \times B$

③ $(A \times B) \times C$

④ $(A \times B) \times (C \times D)$

✔ **여교배육종(backcross breeding)** ┄┄┄┄┄┄┄┄┄┄┄┄┄┄┄┄┄┄┄┄┄┄┄┄

ㄱ 여교배육종은 우량 품종에 한두 가지 결점이 있을 때 이를 보완하는 데 효과적인 육종방법이다.

ㄴ 여교배(backcross)는 양친 A와 B를 교배한 F1을 양친 중 어느 하나와 다시 교배하는 것이다. 여교배를 한 잡종은 BC1F1, BC1F2 등으로 표시한다.

ㄷ 여교배를 여러 번 할 때 처음 한 번만 사용하는 교배친을 1회친(비실용친, 화분친, donor parent)이라 하고, 반복해서 사용하는 교배친을 반복친(실용친, 자방친, recurrent parent)이라고 한다.

57 생물적 방제와 가장 거리가 먼 것은?

① 자가 액비 제조 이용

② 천적 곤충의 이용

③ 천적 미생물의 이용

④ 식물의 타감작용 이용

✔ ┄┄

자가 액비 제조 이용은 경종적 방제법이다.

58 딸기의 우량 품종 특성을 유지하기 위한 가장 좋은 방법은?

① 자연적으로 교잡된 종자를 사용한다.

② 재배했던 식물의 종자를 사용한다.

③ 영양번식으로 증식한다.

④ 저온으로 저장된 종자는 퇴화되어 사용하지 않는다.

✔ **영양번식의 장점** ┄┄┄┄┄┄┄┄┄┄┄┄┄┄┄┄┄┄┄┄┄┄┄┄┄┄┄┄┄┄┄┄┄┄┄┄

우량한 상태의 유전질을 쉽게 영속적으로 유지시킬 수 있어 과수·딸기 등에 이용한다.

59 한 포장에서 연작을 하지 않고 몇 가지 작물을 특정한 순서로 규칙적으로 반복하여 재배하는 것은?

① 혼작

② 교호작

③ 간작

④ 돌려짓기

✔ **윤작(돌려짓기)의 뜻** ┄┄┄┄┄┄┄┄┄┄┄┄┄┄┄┄┄┄┄┄┄┄┄┄┄┄┄┄┄┄┄┄┄┄

한 포장에 같은 작물을 계속적으로 재배하지 않고 어떤 작부방식을 규칙적으로 반복하는 방법이다.

60 우리나라에서 유기농업이 필요하게 된 배경이 아닌 것은?

① 안전농산물에 대한 소비자의 요구
② 토양과 수질의 오염
③ 유기농산물의 국제교역 확대
④ 충분한 먹거리의 확보 요구

유기농업의 배경

ㄱ **농업생산 측면**
농업생산자의 농약 중독 빈발과 농약 및 화학비료에 의한 토양의 지력 감퇴 등의 현상이 나타나고 있다.

ㄴ **식품소비 측면**
농산물의 잔류농약에 의해 소비자 건강이 위협받고, 건강식품의 선호, 식품에 대한 불신 등의 분위기가 조성되고 있다.

ㄷ **국민 경제적인 측면**
농축산물의 수입 개방 추세에 따른 대응방안의 하나로서 품질 경쟁력을 갖춘 농산물 생산의 일환인 유기농업이 제기되고 있다. 즉, 농산물 수출 국가의 농업 생산 여건 및 농업수출정책, 국제 농산물 시장의 가격조건과 수입 농산물의 농약 오염 등으로 미루어 볼 때 우리나라 농업이 생존할 수 있는 하나의 방안으로서 맛과 영양, 안전성이 뛰어난 고품질의 유기농산물을 생산해야 한다는 것이다.

ㄹ **현행 농업 경영 방식의 측면**
농약 및 화학비료에 전적으로 의존하는 현행 농업 경영 방식은 수질오염 및 토양오염 등 환경오염의 한 원인이 되고 있을 뿐 아니라, 생태계를 파괴함으로써 국민생활의 질을 저하시키며, 장기적으로 국민경제의 발전에서 과도한 사회적 비용을 요구한다는 관점이다.

ㅁ **철학적인 측면**
생명순환 및 공생의 원리에 입각한 생산활동과 그 생산물을 매개로 생산자와 생산자, 생산자와 소비자, 소비자와 소비자 사이의 유기적인 관계를 회복시킴으로써 인간이 공존 공생하는 협동사회를 만들어 간다는 점이다.

정답 **60** ④

01 작물이 최초에 발생하였던 지역을 그 작물의 기원지라 한다. 다음 중 기원지가 우리나라인 것은?

① 벼
② 참깨
③ 수박
④ 인삼

✔ **주요 작물의 원산지**

작물	원산지	작물	원산지
벼	인도	옥수수	남미 안데스 산록
6줄 보리	양쯔강 상류, 티베트	콩	중국 북부
2줄 보리	소아시아	고구마	중앙아메리카 · 남아메리카 북부

우리나라가 원산지 : 왕골, 콩, 인삼

02 자연 환경의 3요소가 아닌 것은?

① 토양요소
② 기상요소
③ 기술요소
④ 생물요소

✔ **자연 환경의 3요소**

　㉠ 토양요소

　　토성 · 함유성분 · 토양반응 · 토양수분 · 토양공기 등

　㉡ 기상요소

　　• 수분 : 강수 · 토양수분 · 공기 · 습도 등

　　• 공기 : 대기 · 바람 · CO_2함량 등

　　• 온도 : 기온 · 수온 · 지온 등

　　• 광 : 일조 · 일장 등

　㉢ 생물요소

　　• 식물 : 잡초 · 기생식물 등

　　• 동물 : 곤충 · 새 · 짐승 등

　　• 미생물 : 병균 · 토양미생물 등

정답　**01** ④　**02** ③

03 토성(土性)에 관한 설명으로 틀린 것은?

① 토양입자의 성질(texture)에 따라 구분한 토양의 종류를 토성이라 한다.

② 식토는 토양 중 가장 미세한 입자로 물과 양분을 흡착하는 힘이 작다.

③ 식토는 투기와 투수가 불량하고 유기질 분해 속도가 늦다.

④ 부식토는 세토(세사)가 부족하고, 강한 산성을 나타내기 쉬우므로 점토를 객토해 주는 것이 좋다.

🍂 **식토** ··

ㄱ 다량의 양분이 있어 화학적 성질은 좋으나, 투기 · 투수가 불량하다.

ㄴ 유기질 분해가 더디며 습해나 유해물질에 의한 피해를 받기 쉽다.

ㄷ 접착력이 강하고 건조하면 굳어져서 경작이 불편하다.

ㄹ 미사나 부식질을 많이 주어서 토성을 개량해야 한다.

04 비료 3요소가 아닌 것은?

① 질소   ② 인산   ③ 칼륨   ④ 칼슘

🍂 ··

ㄱ 비료의 3요소 : 질소, 인, 칼륨

ㄴ 비료의 4요소 : 질소, 인, 칼륨, 칼슘

05 다음 중 연작의 피해가 심하여 휴작을 요하는 기간이 가장 긴 것은?

① 벼   ② 양파   ③ 인삼   ④ 감자

🍂 **작물의 종류와 기지** ··

ㄱ 연작의 해가 적은 것 : 벼 · 맥류 · 옥수수 · 고구마 · 담배 · 무 · 양파 · 양배추 · 딸기 등

ㄴ 1년 휴작 : 쪽파, 시금치, 콩, 파, 생강

ㄷ 2년 휴작 : 마, 감자, 잠두, 오이, 땅콩

ㄹ 3년 휴작 : 쑥갓, 토란, 참외, 강낭콩

ㅁ 5~7년 휴작 : 수박, 가지, 완두, 고추, 토마토, 레드클로버, 우엉

ㅂ 10년 이상 : 아마, 인삼

06 다음 중 작물의 동사점이 가장 낮은 작물은?

① 복숭아   ② 겨울철 평지

③ 감귤   ④ 겨울철 시금치

🍂 **동사점** ··

ㄱ 복숭아 만화기 : $-3.5℃$ ㄴ 감귤 수목 : $-7 \sim -8℃$(3~4시간)

ㄷ 겨울철의 평지(유채) · 잠두 : $-15℃$ ㄹ 겨울철의 보리 · 밀 · 시금치 : $-17℃$

🍂 **정답** **03** ②   **04** ②   **05** ③   **06** ④

07 토양의 떼알구조(입단)화를 위한 조치로서 틀린 것은?

① 완숙 유기물의 시용
② Na$^+$의 시용
③ 토양의 피복
④ 콩과작물의 재배

🌱 ....

ㄱ 입단의 형성
  • 유기물 시용
  • 콩과작물의 재배
  • 토양의 멀칭
  • Ca 시용
  • 토양 개량제의 시용 : 크릴륨(Krilium) 같은 토양개량제를 사용하면 토양입자를 결합시켜 입단을 형성하는 효과가 있다.
ㄴ 입단의 파괴
  • 경운
  • 입단의 팽창과 수축의 반복
  • 비와 바람
  • 나트륨이온(Na$^+$)의 작용 : 점토의 결합이 분산되기 쉬우므로 입단이 파괴되기 쉽다.

08 엽삽이 잘 되는 식물로만 이루어진 것은?

① 베고니아, 산세베리아
② 국화, 땅두릅
③ 자두나무, 앵두나무
④ 카네이션, 펠라고늄

🌱 **영양기관** ....

ㄱ 눈(芽) : 마, 포도나무, 꽃의 아삽 등
ㄴ 잎(葉) : 베고니아, 산세베리아등

09 수해(水害)의 요인과 작용에 관한 설명으로 틀린 것은?

① 벼에 있어 수잉기~출수개화기에 특히 피해가 크다.
② 수온이 높을수록 호흡기질의 소모가 많아 피해가 크다.
③ 흙탕물과 고인물이 흐르는 물보다 산소가 적고 온도가 높아 피해가 크다.
④ 벼, 수수, 기장, 옥수수 등 화본과 작물이 침수에 가장 약하다.

🌱 **수해에 관여하는 요인** ....

ㄱ 작물의 종류와 품종 : 화본과 목초, 피·수수·기장·옥수수 등이 침수에 강하다.
ㄴ 생육시기 : 벼의 분얼 초기에는 침수에 강하고 수잉기·출수개화기에는 침수에 극히 약하다.

🌱 정답   **07** ②   **08** ①   **09** ④

10 작물의 동상해 대책으로 칼륨 비료를 증시하는 이유로 가장 적합한 것은?

① 뿌리와 줄기 등 조직을 강화시키기 위해
② 작물체 내에 당 함량을 낮추기 위해
③ 세포액의 농도를 증가시키기 위해
④ 저온에서는 칼륨의 흡수율이 낮으므로 보완하기 위해

✔ **작물의 동상해 대책** ┄┄┄┄┄┄┄┄┄┄┄┄┄┄┄┄┄┄┄┄┄┄┄┄┄┄┄┄┄┄┄┄┄┄┄┄┄

월동작물인 맥류 재배 시 인산·칼리질 비료를 증시하여 작물체 내 당 함량을 증대시킴으로써 내동성을 크게 하고, 파종 후 퇴비구를 종자 위에 시용하여 생장점을 낮춘다.

11 산소가 부족한 깊은 물속에서 볍씨는 어떤 생장을 하는가?

① 어린뿌리가 초엽보다 먼저 나오고, 제1엽이 신장한다.
② 초엽만 길게 자라고 뿌리와 제1엽이 자라지 않는다.
③ 뿌리와 제1엽이 먼저 자란다.
④ 정상적으로 뿌리가 먼저 나오고, 제1엽이 나오며, 초엽이 나온다.

✔ **이상발아** ┄┄┄

㉠ 볍씨처럼 산소가 없을 경우에도 무기호흡에 의하여 발아에 필요한 에너지를 얻을 수 있다.
㉡ 벼 종자도 못자리의 물이 너무 깊어서 산소가 부족하면 유근의 생장이 불량하고, 유아가 도장해서 연약해지는, 이상발아가 유발된다.
㉢ 초엽만 길게 자라고 뿌리와 제1엽이 자라지 않는다.

12 휘묻이 방법의 종류가 아닌 것은?

① 당목취법   ② 선취법
③ 파상취목법   ④ 고취법

✔ ┄┄

㉠ 휘묻이법
• 가지를 휘어서 일부만을 흙 속에 묻는 방법이며 모양에 따라서 보통법, 선피법, 파상취법, 당목취법 등으로 구분된다.
• 양앵두·포도·자두 등에서 실시된다.
㉡ 고취법(高取法)
고무나무와 같은 관상수목에서 지조를 땅속에 휘어 묻을 수 없는 경우에 높은 곳에서 발근시켜 취목하는 방법이다.

13 점파에 대한 설명으로 옳은 것은?

① 포장 전면에 종자를 흩어 뿌리는 방식이다.

② 골타기를 하고 종자를 줄지어 뿌리는 방식이다.

③ 일정한 간격을 두고 종자를 1~수립씩 띄엄띄엄 파종하는 방식이다.

④ 노력이 적게 들고, 건실하고 균일한 생육을 하게 된다.

🌱 **점파(點播)** ┈┈┈

㉠ 일정한 간격을 두고 종자를 1~수립씩 띄엄띄엄 파종하는 방법이며, 종자량도 적게 들고, 작물의 생육 중에 통풍 및 통광이 좋고 관리작업도 편리하며 작물 개체 간의 간격이 조정되어 생육이 건실하고 균일하다.

㉡ 노력이 많이 든다는 단점이 있다.

㉢ 일반적으로 두과·감자 등과 같이 평면공간을 많이 차지하는 작물에 적용된다.
  • 포장 전면에 종자를 흩어 뿌리는 방식이다.(산파)
  • 골타기를 하고 종자를 줄지어 뿌리는 방식이다.(조파)

14 석회보르도액의 제조에 대한 설명으로 틀린 것은?

① 가급적 사용할 때마다 만들며, 만든 후 빨리 사용한다.

② 황산구리액과 석회유를 각각 비금속 용기에서 만든다.

③ 황산구리액에 석회유를 가한다.

④ 고순도의 황산구리와 생석회를 사용하는 것이 좋다.

🌱 ┈┈┈

석회유액에 황산구리를 가한다.

15 풍건상태일 때 토양의 pF 값은?

① 약 4 ② 약 5 ③ 약 6 ④ 약 7

🌱 **풍건상태와 건토상태** ┈┈┈

㉠ 풍건상태의 토양에서 pF 값은 약 6이다.

㉡ 건토상태의 토양은 105~110℃에서 건조시킨 토양으로 pF 값이 약 7인 상태의 토양을 말한다.

16 필수원소의 생리작용에 대한 설명으로 틀린 것은?

① 마그네슘은 엽록소의 구성원소이며, 광합성, 인산대사에 관여하는 효소의 활성을 높인다.

② 황은 단백질, 아미노산, 효소 등의 구성성분이며, 엽록소의 형성에 관여한다.

③ 망간은 세포벽 중층의 주성분이다.

④ 아연은 촉매 또는 반응조절물질로 작용하며, 단백질과 탄수화물의 대사에 관여한다.

정답 **13** ③ **14** ③ **15** ③ **16** ③

17 포장 군락의 단위 면적당 동화능력(광합성능력)을 포장동화능력이라 한다. 일정한 조사 광량에서 포장동화능력을 구하고자 할 때 관계하는 요인과 거리가 먼 것은?

① 수광능률　　　　　　　　　　　② 최적엽면적
③ 총엽면적　　　　　　　　　　　④ 평균동화능력

✔ **포장군락** ···
　　㉠ 포장군락의 단위 면적당의 동화능력을 포장동화능력이라고 하며 수량을 직접 지배한다.
　　㉡ 단위 면적당 포장군락의 실제의 광합성은 포장동화능력에 일사의 정도가 관여하는 것으로 볼 수 있다.

$$P = A \cdot f \cdot P_0$$

(P : 포장동화능력, f : 수광능률, A : 총엽면적, P_0 : 평균동화능력)

18 남부지방에서 가을에서 겨울 동안 들깨 재배시설에 야간 조명을 실시하는 이유는?

① 꽃을 피워 종자를 생산하기 위하여
② 관광객에게 볼거리를 제공하기 위하여
③ 개화를 억제하여 잎을 계속 따기 위하여
④ 광합성 시간을 늘려 종자 수량을 높이기 위하여

✔ **영양생장의 조절** ···
　　일장처리에 의해 영양생장을 조절할 수 있다. 들깨는 장일처리에 의해서 연중 어느 때나 잎을 계속 수확할 수 있다.

19 물에 잘 녹고 작물에 흡수가 잘 되어 밭작물의 추비로 적당하지만, 음이온 탈질 현상이 심한 질소질 비료의 형태는?

① 질산태질소　　　　　　　　　　② 암모니아태질소
③ 시안마이드태질소　　　　　　　④ 단백태질소

✔ **질산태질소(NO_3)** ···
　　㉠ 질산암모니아(NH_4NO_3)·칠레초석($NaNO_3$) 등이 이에 속하며, 질산태질소는 물에 잘 녹고, 속효성이며, 밭작물에 대한 추비에 가장 알맞다.
　　㉡ 질산은 음이온이므로 토양에 흡착되지 않고 유실되기 쉽다.
　　㉢ 논에서는 용탈과 탈질현상이 심하므로 질산태질소형 비료의 시용은 일반적으로 불리하다.

20 논토양에서 '토층의 분화'란?

① 산화층과 환원층의 생성　　　　② 산성과 알칼리성의 형성
③ 떼알구조와 홑알구조의 배열　　④ 유기물과 무기물의 작용

정답　**17** ②　**18** ③　**19** ①　**20** ①

- **토층분화** ....
  - ㉠ 토층의 분화과정
  - ㉡ 산화층과 환원층

21 산성토양을 개량하기 위한 물질과 가장 거리가 먼 것은?

① 탄산(H_2CO_3) ② 탄산마그네슘($MgCO_3$)

③ 산화칼슘(CaO) ④ 산화마그네슘(MgO)

토양 중에 CO_2 농도가 높아지면 토양이 산성화한다.

$$H_2O + CO_2 \leftrightarrow 탄산(H_2CO_3) \leftrightarrow H^+ + HCO_3^-$$

22 산성토양의 개량 및 재배대책 방법이 아닌 것은?

① 석회 사용 ② 유기물 사용

③ 내산성 작물 재배 ④ 적황색토 객토

적황색토(황토) 객토는 노후화답 개량방법이다.

23 배수 불량으로 토양환원작용이 심한 토양에서 유기산과 황화수소의 발생 및 양분 흡수 방해가 주요 원인이 되어 발생하는 벼의 영양장해 현상은?

① 노화현상 ② 적고현상

③ 누수현상 ④ 시듦현상

추락현상(秋落現象) ....
담수하의 작토 환원층에서는 황산염이 환원되어 황화수소(H_2S)가 생성되는데, 철분이 많으면 벼 뿌리가 적갈색 산화철의 두꺼운 피막을 입고 있어 황화수소가 철과 반응하여 황화철(FeS)이 되어 침전하므로 해를 끼치지 않는다.

24 토양의 입자밀도가 $2.65g/cm^3$, 용적밀도가 $1.45g/cm^3$인 토양의 공극률은?

① 약 30% ② 약 45%

③ 약 60% ④ 약 75%

$$공극률 = \left(1 - \frac{1.45}{2.65}\right) \times 100 = 45\%$$

정답 **21** ① **22** ④ **23** ② **24** ②

25 습답의 특징으로 볼 수 없는 것은?

① 지하수위가 표면으로부터 50cm 미만이다.

② 유기산이나 황화수소 등 유해물질이 생성된다.

③ Fe^{3+}, Mn^{4+}가 환원작용을 받아 Fe^{2+}, Mn^{2+}가 된다.

④ 칼륨 성분의 용해도가 높아 흡수가 잘 되나 질소 흡수는 저해된다.

✔ **습답의 특성** ··

㉠ 지하수위가 높고, 연중 건조하지 않으며, 수분침투가 적다.

㉡ 항상 담수하에 있으므로 유기물 분해가 저해되어 미숙 유기물이 다량 집적되어 있다.

㉢ 여름철 고온기에는 유기물 분해가 왕성하여 심한 환원상태를 이루고, 황화수소 등의 유해한 환원성 물질이 생성·집적되어 뿌리가 상한다.

㉣ 환원상태이므로 유기물이 혐기적으로 분해되어 유기산을 생성하나 투수가 적으므로, 작토 중에 유기산이 집적되어 뿌리의 생장과 흡수 작용에 장해를 준다.

㉤ 지온상승효과에 의해 질소가 공급되므로 벼의 생육 후기에는 질소가 과다하게 되어 병해·도복 등을 일으킨다.

26 일반적으로 표토에 부식이 많으면 토양의 색은?

① 암흑색 ② 회백색

③ 적색 ④ 황적색

✔ **토양색의 지배 인자** ··

㉠ 토양의 색은 주로 유기물과 철에 의해 결정된다.

㉡ 유기물은 부식화가 진행될수록 흑색을 띤다.

㉢ 철은 토양 상태에 따라 존재 형태를 달리하여 색이 변화한다.

27 논토양에서 탈질현상이 나타나는 층은?

① 산화층 ② 환원층 ③ A층 ④ B층

✔ **탈질작용** ··

질산태질소가 논토양의 환원층에 들어가면 점차 환원되어 산화질소(NO)·이산화질소(N_2O)·질소가스(N_2)를 생성하며, 이들이 작물에 이용되지 못하고 공중으로 날아가는 현상이다.

28 화성암을 산성, 중성, 염기성 암으로 분류할 때 기준이 되는 성분은?

① CaO ② Fe_2O_3 ③ SiO_2 ④ CO_2

✔ **규산의 함량에 따른 분류** ··

산성암, 중성암, 염기성암으로 나눈다.

정답 **25** ④ **26** ① **27** ② **28** ③

29 우리나라 논토양의 퇴적양식은 어떤 것이 많은가?

① 충적토
② 붕적토
③ 잔적토
④ 풍적토

✔ **충적토(沖積土)**
하천에 의해 이루어진 것으로 홍함평지, 선상충적토, 삼각주침적으로 나눈다.

30 토양 단면에서 비토양 부위에 해당되는 층으로 토양생성작용을 거의 받지 않는 층은?

① 성토층
② 집적층
③ 용탈층
④ 모재층

✔ **C층(모재층)**
토양생성작용을 받지 않는 모재의 층

31 우리나라 토양에서 가장 많이 분포한다고 알려진 점토광물은?

① 카올리나이트
② 일라이트
③ 버미큘라이트
④ 몬모릴로나이트

✔ **카올리나이트**
우리나라 점토광물이 대부분 이에 속하며 고령토라고 부르기도 한다.

32 간척지 토양의 일반적인 특성으로 볼 수 없는 것은?

① Na^+ 함량이 높다.
② 제염(除鹽) 과정에서 각종 무기염류의 용탈이 크다.
③ 토양교질이 분산되어 물 빠짐(배수)이 양호하다.
④ 유기물 함량이 낮다.

✔ **간척지 토양의 특성**
ㄱ 간척지의 논은 대개 염분농도가 높은 것이 특징이고, 토성은 지리적 조건에 따라 다르지만 일반적으로 토양입자가 미세하여 통기가 불량하며 환원되어 유해한 황화수소가 많이 발생한다.
ㄴ 간척 당시의 토양은 다량의 염분이 있어 벼의 생육을 저해한다.
ㄷ 토양의 염분농도가 염화나트륨(NaCl)으로서 0.3% 이하면 벼의 재배가 가능하지만 0.1% 이상이면 염해의 우려가 있다.
ㄹ 간척답(갯논)에서는 우선 제염과 관개수를 확보하는 것이 관건이다.
ㅁ 지하수위가 높아서 환원상태가 몹시 발달하여 유해한 황화수소(H_2S) 등이 생성된다.
ㅂ 점토가 과다하고 나트륨이온(Na^+)이 많아서 토양의 투수성·통기성이 불량하다.
ㅅ 황화물이 간척 후 산화되어서 황산이 되어 토양이 강산성으로 된다.

정답 **29** ① **30** ④ **31** ① **32** ③

33 2 : 1형 격자 광물을 가장 잘 설명한 것은?

① 규산판 1개와 알루미나판 1개로 형성 ② 규산판 2개와 알루미나판 1개로 형성
③ 규산판 1개와 알루미나판 2개로 형성 ④ 규산판 2개와 알루미나판 2개로 형성

✔ **2 : 1 격자형 점토광물** ....
규산판 2개 사이에 알루미늄판 1개가 삽입된 형태로 한 결정단위를 이루고 있다.

34 논토양의 환원층에서 진행되는 화학반응으로 옳은 것은?

① $Mn^{+4} \rightarrow Mn^{+2}$ ② $H_2S \rightarrow SO_4^{-2}$
③ $Fe^{+2} \rightarrow Fe^{+3}$ ④ $NH_4^+ \rightarrow NO_3^-$

✔ **산화상태와 환원상태에서의 원소형태** ....

구분	산화상태	환원상태
C	CO_2	CH_4, 유기물
N	NO_3^-	N_2, NH_4^+
Mn	Mn^{+4}, Mn^{+3}	Mn^{+2}
Fe	Fe^{+3}	Fe^{+2}
S	SO_4^{-2}	H_2S, S
인산	$FePO_4$, $AlPO_4$	$Fe(H_2PO_4)_2 \cdot Ca(H_2PO_4)_2$
Eh	높음	낮음

35 다음 중 유기물이 가장 많이 퇴적되어 생성된 토양은?

① 이탄토 ② 붕적토 ③ 산성퇴토 ④ 하성충적토

✔ **이탄토** ....
습지나 저지대에 유기물이 퇴적되어 암석의 풍화물과 섞여서 생성된 토양으로 퇴적토라고도 한다. 혐기적인 환원상태하에서 유기물이 오랫동안 퇴적되어 이탄이 형성되는 곳을 이탄지(moor)라고 한다.

36 질소를 고정할 뿐만 아니라 광합성도 할 수 있는 것은?

① 효모 ② 시상균 ③ 남조류 ④ 방사상균

✔ **남조류** ....
광합성 미생물로서 논이나 초지에서 단독적으로 공중 질소를 고정하는데, 건토 10g당 2~5mg의 질소를 고정한다고 한다.

✎ 정답 **33** ② **34** ① **35** ① **36** ③

37 보수력이 가장 큰 토양의 토성은?

① 사양토   ② 식토   ③ 양토   ④ 조사양토

38 용탈층에서 이화학적으로 용탈, 분리되어 내려오는 여러 가지 물질이 침전, 집적되는 토양 층위는?

① 유기물층   ② 모재층   ③ 집적층   ④ 암반

🌱 **B층(집적층)**
A층에서 용탈된 물질이 집적되고 새로운 화합물이 만들어지기도 한다.

39 우리나라 토양에 많이 분포한다고 알려진 점토광물은?

① 카올리나이트   ② 일라이트
③ 버미큘라이트   ④ 몬모릴로나이트

🌱 **Kaoline계**
㉠ 1：1형 광물이며 표면에 OH^- 가 노출되어 인산고정이 이루어진다.
㉡ 비팽창형 점토광물로서 단위 사이에 $O-H$ 결합에 의해 간격이 일정하다
㉢ 입자가 크므로 점착성 · 응집성 · 수축성이 적어 토양구조가 안정적으로 유지된다.
㉣ 고령토라고도 하며, 우리나라 점토광물의 대부분을 차지한다.
㉤ podzol 토양의 주요 점토광물로서 온난 · 습윤한 기후에서 염기물질이 신속히 용탈될 때 생성된다.
㉥ kaolinite, halloysite, metahalloysite 등이 있다.
㉦ 양이온치환용량(cation exchange capacity：CEC)은 3~15me/100g이다.

40 우리나라 토양이 대체로 산성인 이유로 틀린 것은?

① 화강암 모재   ② 여름의 많은 강우
③ 산성비   ④ 석회 사용

🌱
석회 사용으로 토양 반응을 교정한다.

41 다음 중 유기농법의 정의로 가장 적합한 것은?

① 관행농업의 30% 정도만 화학합성농약과 화학비료를 사용하는 농법이다.
② 화학비료, 유기합성농약, 가축사료 첨가제 등의 합성화학물질을 사용하지 않고, 장기간의 적절한 윤작계획에 따라 작물을 재배하며, 가급적 외부 투입 자재의 사용에 의존하지 않는 농업 방식이다.

🌱 정답   37 ②   38 ③   39 ①   40 ④   41 ②

③ 자연은 위대하므로 일체의 인위적인 투여를 하지 않고 경우도 하지 않으며 종자만 뿌리고 때에 따라 수확물만 거두는 농업 방식이다.

④ 화학합성농약과 화학비료를 사용하되 사용 권고량만을 사용하는 농업 방식이다.

✎ **유기농법의 정의** ···

농림수산부에 의해 다음과 같이 공식적으로 정의되었다.

유기농법이란 화학비료, 유기합성농약(농약. 생장조절제. 제초제). 가축사료첨가제 등 일체의 합성화학물질을 사용하지 않고 유기물과 자연광석. 미생물 등 자연적인 자재만을 사용하는 농법을 말한다.

42 다음 중 연작의 피해가 가장 큰 작물은?

① 수수 　　　　② 고구마 　　　　③ 양파 　　　　④ 사탕무

✎ **5~7년 휴작을 요하는 작물** ···

수박 · 가지 · 완두 · 우엉 · 고추 · 토마토 · 레드클로버 · 사탕무 등

43 유기축산에 대한 설명으로 틀린 것은?

① 양질의 유기사료 공급 　　　　② 가축의 생리적 욕구 존중

③ 유전공학을 이용한 번식기법 사용 　　　　④ 환경과 가축 간의 조화로운 관계 발전

✎ ···

유기축산은 유전공학을 이용한 번식기법도 금지하고 있다.

44 일반적인 퇴비의 기능과 가장 거리가 먼 것은?

① 작물에 영양분 공급

② 작물 생장 토양의 이화학성 개선

③ 토양 중의 생물상과 그 활성 유지 및 증진

④ 속성재배 시 특수효과 및 살충효과

✎ **유기물의 효과** ···

　　㉠ 암석의 분해 촉진

　　㉡ 토양의 입단화 형성 및 양분의 공급

　　㉢ 보수, 보비력의 증대

　　㉣ 대기 중의 CO_2 공급 및 완충능의 증대

　　㉤ 생장 촉진 물질의 생성 및 미생물의 번식 조장

　　㉥ 토양색의 변화와 지온의 상승

　　㉦ 토양 보호

✎ 정답　**42** ④　**43** ③　**44** ④

45 유기농업에서 벼의 병해충 방제법 중 경종적 방제법이 아닌 것은?

① 답전윤환
② 저항성 품종 이용
③ 적절한 윤작
④ 천적 이용

천적을 이용하는 방제법을 생물학적 방제법이라고 한다.

46 유기축산에서 올바른 동물관리방법과 거리가 먼 것은?

① 항생제에 의존한 치료
② 적절한 사육 밀도
③ 양질의 유기사료 급여
④ 스트레스 최소화

유기축산의 개념은 "축산물의 생산과정"에서 수정란 이식이나 유전자 조작을 거치지 않은 가축에 각종 화학비료, 농약을 사용하지 않고 또한 유전자 조작을 거치지 않은 사료를 근간으로 그 외 항생물질, 성장호르몬, 동물성부산물사료, 동물약품 등 인위적인 합성 첨가물을 사용하지 않은 사료를 급여하고 집약 공장형 사육이 아니라 운동이나 휴식공간, 방목초지가 겸비된 환경에서 자연적 방법으로 분뇨처리와 환경이 제어된 조건에서 사육, 가공, 유통, 평가, 표시된 가축의 사육체계와 그 축산물을 의미한다.

47 유기농업에서 토양비옥도를 유지, 증대시키는 방법이 아닌 것은?

① 작물 윤작 및 간작
② 녹비 및 피복작물 재배
③ 가축의 순환적 방목
④ 경운작업의 최대화

경운작업의 최대화가 아니라 최소화가 되어야 한다.

48 윤작의 효과가 아닌 것은?

① 지력의 유지, 증강
② 토양구조 개선
③ 병해충 경감
④ 잡초의 번성

🌿 윤작의 효과

㉠ 지력의 유지 및 증진
㉡ 기지현상의 회피
㉢ 병충해 경감
㉣ 잡초의 경감
㉤ 토지이용도의 향상
㉥ 노력분배의 합리화
㉦ 작물의 수량 증대
㉧ 농업경영의 안정성 증대
㉨ 토양보호

정답 **45** ④ **46** ① **47** ④ **48** ④

49 유기과수원의 토양관리 중 유기물 사용의 효과가 아닌 것은?

① 토양을 홑알구조로 한다.
② 토양의 보수력을 증가한다.
③ 토양의 물리성을 개선한다.
④ 토양미생물이나 작물의 생육에 필요한 영양분을 공급한다.

유기물 사용 시 입단구조를 형성한다.

50 토양 피복의 목적이 아닌 것은?

① 토양 내 수분 유지 ② 병해충 발생 방지
③ 미생물 활동 촉진 ④ 온도 유지

피복의 목적
㉠ 물과 바람으로부터 토양유실을 방지한다.
㉡ 토양수분을 유지하므로 적은 관수량으로 작물생육을 가능하게 한다.
㉢ 수광을 차단하여 잡초의 생장을 억제한다.
㉣ 지온의 상승을 방지한다.
㉤ 피복재료의 분해 산물은 작물에 지속적인 양분 공급원이 된다.
㉥ 피복재료의 부식으로 토양유기물의 함량을 증가시킨다.

51 식물과 공생관계를 가지는 것은?

① 사상균 ② 균근균
③ 효모 ④ 선충

균근균은 사상균의 일종으로 식물과 공생관계를 이룬다.

52 과수 유기재배의 토양표면 관리법으로 가장 거리가 먼 것은?

① 청경법 ② 초생법
③ 플라스틱 멀칭법 ④ 부초법

유기재배에서는 화학합성물질을 사용해서는 안 되므로 원칙적으로 화학합성물질을 사용하지 않는다.

정답 **49** ① **50** ② **51** ② **52** ③

53 토양 속 지렁이의 효과가 아닌 것은?

① 유기물을 분해한다.
② 통기성을 좋게 한다.
③ 뿌리의 발육을 저해한다.
④ 토양을 부드럽게 한다.

뿌리의 발육을 촉진한다.

54 소의 제1종 가축전염병으로 법정전염병은?

① 전염성 위장염
② 추백리
③ 광견병
④ 구제역

구제역

소, 돼지, 양, 염소, 사슴 등 발굽이 둘로 갈라진 동물이 감염되는 질병으로 전염성이 매우 강하며 입술, 혀, 잇몸, 코, 발굽 사이에 물집(수포)이 생기고 체온이 급격히 상승하며 식욕이 저하되어 심하게 앓거나 죽는 질병이다. 국제수역사무국(OIE)에서 A급으로 분류하며 우리나라 제1종 가축전염병으로 지정되었다.

55 다음 중 기지의 대책으로 틀린 것은?

① 객토
② 담수처리
③ 토양소독
④ 연작

기지대책(忌地對策)

㉠ 윤작(돌려짓기)
㉡ 담수
㉢ 토양소독
㉣ 유독물질의 제거
㉤ 객토 · 환토
㉥ 저항성 대목에 접목
㉦ 지력배양 및 결핍양분의 보충

56 과수재배에서 바람의 장점이 아닌 것은?

① 상엽을 흔들어 하엽도 햇볕을 쬐게 한다.
② 이산화탄소의 공급을 원활하게 하여 광합성을 왕성하게 한다.
③ 증산작용을 촉진시켜 양분과 수분의 흡수 상승을 돕는다.
④ 고온 다습한 시기에 병충해의 발생이 많아지게 한다.

고온 다습한 시기에 병충해의 발생이 적어지게 한다.

정답 **53** ③ **54** ④ **55** ④ **56** ④

57 시설 내 환경 특성에 대한 일반적인 설명으로 틀린 것은?

① 일교차가 크다.

② 광분포가 불균일하다.

③ 공중습도가 낮다.

④ 토양의 염류농도가 높다.

✔ **시설 내 환경 특성** ··

환경	특이성
온도	일교차가 크고, 위치별 분포가 다르며, 지온이 높음
광선	광질이 다르고, 광량이 감소하며, 광분포가 불균일함
공기	탄산가스가 부족하고, 유해가스가 집적되며, 바람이 없음
수분	토양이 건조해지기 쉽고 공중습도가 높으며, 인공관수를 함
토양	염류농도가 높고, 토양물리성이 나쁘며, 연작장해가 있음

58 다음 중 생물적 방제와 관계가 없는 것은?

① 천적의 이용

② 식물의 타감작용 이용

③ 천적 미생물의 이용

④ 녹비작물의 이용

✔ **생물학적 방제법(生物學的 防除法)** ··

천적의 종류

㉠ **기생성 곤충** : 침파리, 고추벌, 맵시벌, 꼬마벌 등은 나비목의 해충에 기생한다.

㉡ **포식성 곤충** : 풀잠자리, 꽃등에, 무당벌레 등은 진딧물을 잡아먹고 딱정벌레는 각종 해충을 잡아먹는 포식성 곤충이다.

㉢ **병원미생물**

59 엽록소를 형성하고 잎의 색이 녹색을 띠는 데 필요하며, 단백질 합성을 위한 아미노산의 구성 성분은?

① 질소 ② 인산

③ 칼륨 ④ 규산

✔ **질소(N)** ···

㉠ 원형질은 그 건물의 40~50%를 차지하는 무기성분이다.

㉡ 단백질의 중요한 구성성분이며 효소·엽록소도 질소화합물이다.

정답 **57** ③ **58** ④ **59** ①

60 다음의 조건에 맞는 육종법은?

- 현재 재배되고 있는 품종이 가지고 있는 소수 형질을 개량할 때 쓰인다.
- 우수한 특성이 있으나 내병성 등의 한두 가지 결점이 있을 때 육종하는 방법이다.
- 비교적 짧은 세대에 걸쳐 육종개량이 가능하다.

① 계통분리육종법
② 순계분리육종법
③ 여교배(잡)육종법
④ 도입육종법

✔ **여교배(잡)육종법** ··
우수한 특성이 있으나 내병성 등의 한두 가지 결점이 있을 때 육종하는 방법이다.

✏ 정답   **60** ③

부록

참고자료

유기농업생산 이론

01 토양

1. 토양일반에 관한 사항

토양을 구분할 수 있어야 한다.

(1) 토성감별법

┃ 토성의 분류와 판정방법 ┃

토성	점토 함량(%)	점토와 모래 비율의 느낌	점토로 토성 판정
사토	12.5 이하	까칠까칠하고 거의 모래라는 느낌	반죽이 되지 않고 흐트러짐
사양토	12.5~25.0	70~80%가 모래이고 약간의 점토가 있는 느낌	반죽은 되지만 막대가 되지 않음
양토	25.0~37.5	모래와 점토가 반반인 느낌	굵은 막대가 됨
식양토	37.5~50.0	대부분이 점토이고 일부가 모래인 느낌	가는 막대가 됨
식토	50.0	거의 모래가 없이 부드러운 점토의 느낌	종이로 가늘게 꼰 끈 모양의 막대가 됨

┃ 토성속(점질 함량) · 토성명(12종류의 토성명) ┃

토성	점질 함량	토성명
사토(砂土)	12% 이하	사토, 양질사토
사양토(砂壤土)	12~25%	사양토
양토(壤土)	25~40%	양토, 미사질양토, 미사토
식양토(埴壤土)	38~50%	식양토, 사질식양토, 미사질식양토
식토(埴土)	50% 이상	사질식토, 미사질식토, 식토

(2) 간이측정법

1) 촉감법

흙을 엄지와 검지 손가락 사이에 놓고 적습상태로 만든 후에 비벼서 손끝에서 느끼는 촉감과 봉이 만들어진 형상에 따라 결정하는 토성감별법이다.

① 모래(사토)

㉠ 모래는 까칠까칠하고 찔리며 깔끄럽다.

㉡ 모래는 손가락 사이로 술술 빠져나가 형태를 형성 못 하거나 형성이 이루어지더라도 무너져 버린다.

② 미사

㉠ 미사는 미끈미끈한 느낌을 주나 손에 달라붙지 않고 마르면 가루 상태로 쉽게 떨어져 나간다.

㉡ 미사는 흙덩어리가 형성되나 쉽게 허물어지고 손바닥으로 비벼서는 가락(봉)이 만들어지지 않는다.

③ 식(점)토

식(점)토는 차진 성질이 강해 손가락에 찐득찐득 들어붙는 점착성이 크며 유연한 긴 가락이 잘 만들어진다.

2) 현장에서의 토성감별법

① 사토

㉠ 사토는 대부분 거친 입자이며 입자 하나하나가 눈으로 식별 가능하다.

㉡ 손에 쥐었을 경우 건조하면 푸슬푸슬하며 습하면 어느 정도 모양을 갖추나 손을 펴면 곧 부스러진다.

② 사양토

㉠ 사양토는 사토보다 미사, 점토가 많고 어느 정도 응집력이 있으며, 모래는 눈으로 식별 가능하다. 손으로 쥐었을 경우 건조하면 모양을 갖추나 손을 펴면 곧 부스러진다.

㉡ 습할 때도 모양을 갖추며 조심히 손을 펴면 부스러지지 않는다.

③ 양토

㉠ 양토는 모래, 미사, 점토가 거의 같은 양이고 응집력도 있다.

㉡ 손에 쥐었을 때 건조하면 모양을 갖추며 손을 조심히 펴면 부스러지지 않는다. 습할 때도 모양을 갖추며 손을 펴도 부스러지지 않는다.

㉢ 쥐었다 펴면 지문이 희미하게 남는다.

④ 식양토

㉠ 식양토는 건조하면 굳은 흙덩이가 되고 손가락으로 만졌을 경우 고운 느낌이며 습할 때는 차진 기가 있다.

㉡ 양손으로 흙을 비비면 가는 막대기 모양으로 되나 자체 중량에 의하여 쉽게 꺾인다. 쥐었다 펴면 표면에 지문이 남는다.

⑤ 식토

ㄱ 식토는 건조하면 굳은 흙덩이가 된다.

ㄴ 양손으로 비비면 길고 가는 막대기 모양이 된다.

ㄷ 습할 때는 매우 찰지며 손에서 흙이 잘 떨어지지 않는다.

2. 유기재배지 토양분석

토양유기물의 함량을 추정할 수 있어야 한다.

※ 유기물 분석

① 준비된 체로 침(음건으로 건조시킨 토양)

② 체로 친 토양을 태움 → 태우기 전, 후 무게 측정

③ 태운 후 무게/처음 무게×100

3. 토양유기물의 유지

토양유기물의 기능을 이해하고 유기물 유지방법을 제시할 수 있어야 한다.

(1) 유기물의 기능

1) 토양의 화학적 성질

① 양이온치환용량 증대

② 완충능력 증대로 산도 개선에 도움

③ 중금속 유해 작용 감소

④ 작물의 양분공급

⑤ 인산을 유효화

⑥ 식물의 흡수·이용에 유리하도록 양분의 가급태를 촉진

⑦ 음전하 형성

⑧ 암석분해를 촉진

⑨ 탄산가스 공급

2) 토양의 물리적 성질

① 보수력, 보비력이 증대한다.

② 입단형성조장(세균, 방사선균 등 번식)으로 토양 물리성이 좋아진다.

③ 수분흡수량 증대 : 부식 자체 무게의 4~6배의 물을 흡수하고, 포화된 대기 중에서 80~90%의 물을 흡수한다.

④ 토양 유실을 적게 한다.

3) 토양의 미생물학적 성질

① 지온을 상승시켜 미생물 번식을 조장한다.

② 유용한 화학반응을 촉진한다.

③ 생장조정물질을 공급한다.

(2) 유기물 유지방법

① 토양 유실 방지

② 꾸준한 유기물 공급

③ 녹비작물 재배

④ 초생재배

⑤ 적정 토양관리

4. 유기물 사용 시 고려사항

유기물의 탄질비율(C/N)을 이해하고 토양성분에 따른 유기물 사용량을 산출할 수 있어야 한다.

(1) 유기물의 탄질률

① 미생물은 탄소(C)를 에너지원으로 활용, 질소(N)를 영양원으로 활용하는데 유기물의 분해작용이 일단 평형에 이르면 유기물의 탄질률(C/N율)은 10 : 1이 된다.

② 탄질률(C/N율) 30 이상일 경우 : 질소부족(질소기아) 현상

③ 탄질률(C/N율) 10~30일 경우 : 평형 유지

④ 탄질률(C/N율) 10 이하일 경우 : 질소가 남아 작물이 활용

(2) 재료별 C/N율

식물체 및 미생물의 탄소와 질소 함량 및 탄질률

구분	% C(탄소)	% N(질소)	C/N
가문비나무의 톱밥	50	0.05	600
활엽수의 톱밥	46	0.1	400
밀짚	38	0.5	80
제지공장의 슬러지	54	0.9	61
옥수수 찌꺼기	40	0.7	57
사탕수수 찌꺼기	40	0.8	50
호밀껍질(성숙기)	40	1.1	37
호밀껍질(생장기)	40	1.5	26

구분	% C(탄소)	% N(질소)	C/N
잔디(블루그래스)	37	1.2	31
가축의 분뇨	41	2.1	20
음식물 퇴비	30	2.0	2
알팔파	40	3.0	13
살갈퀴의 껍질	40	3.5	11
소화된 하수슬러지	31	4.5	7
박테리아	50	12.5	4
방사상균	50	8.5	6
곰팡이	50	5.0	10
인공 구비	56	2.6	20
인공 부식	58	5.0	11
부식산	58	1.0	58

기출문제

탄소 80, 질소 5일 때 탄질비는?

정답 16

5. 유기재배지 토양관리

논, 밭 토양을 진단하고 개량방법을 제시할 수 있어야 한다.

(1) 논토양의 개량목표

pH(산도)	유기물	유효인산	칼리	유효규산	작토심
6.5	3.0% 이상	80~120ppm	0.40 m.e/100g	130ppm	18cm

① **심경** : 18cm 정도까지 심경

② **토성에 맞는 객토** : 양분보존능력 상승

③ **유기물 시용 및 녹비 자원을 활용한다.**

   ㉠ 생볏짚을 최대한 활용, 생산 부산물을 모두 돌려준다.

   ㉡ 자운영, 호밀, 헤어리베치를 심어 꽃이 필 때 갈아엎으면 지력이 향상된다.

④ **석회물질의 시용** : 토양검정에 의한 규산과 석회고토 시용

⑤ **기타**

   ㉠ 결핍성분의 보급(토양검정에 의한 무기성분의 균형 유지)

   ㉡ 논두둑을 30cm 이상 높인다. 두둑을 높이는 것은 심수재배를 하기 위한 방법이기

도 하지만 미생물의 서식처를 제공하기 위한 방편이기도 하다.

ⓒ 건토효과(물떼기의 효과)

(2) 밭토양의 개량목표

pH(산도)	유기물	유효인산	칼리	작토심
6.5	3.0% 이상	300ppm 이하	0.6m.e/100g	25cm

① 윤작, 혼작, 간작, 교호작 등

② 생산된 부산물을 모두 돌려준다. - 퇴비화

③ 녹비 자원을 활용한다.

④ 경운의 최소화

참고정리

✔ 작부체계

① 간작＝보리＋콩, 보리＋목화, 보리＋고구마
- 이미 생육하고 있는 작물＝상작, 나중에 파종하는 작물＝하작
- 경영적 입장＝주작, 부작
- 작부순서로 볼 때＝전작, 후작

② 혼작＝콩＋옥수수, 콩＋고구마, 목화＋참깨
- 간작＝생육시기가 다르다. 전후작의 관계가 뚜렷하다.
- 혼작＝생육시기가 같거나 비슷하다. 전후작의 관계가 불분명하다.

③ 교호작＝옥수수＋콩＋고추

④ 주위작＝논두렁콩(포장 주위의 빈 공간에 재배)

⑤ 답전윤환재배＝1개 농지를 주기적으로 논과 밭으로 번갈아 재배하는 방식

⑥ 답리작＝논에서 휴한기 동안 녹비 재배

⑦ 자유작＝시장경기의 변동에 따라 적당한 작물을 재배하는 방법

✔ 파종방법

① 살파(撒播)＝산파(흩어뿌림)

② 조파(條播)＝골뿌림

③ 점파(點播)＝점뿌림(일정한 간격으로 파종)

④ 적파(摘播)＝점파의 일종이며 알맞게 뿌림

02 퇴비

1. 퇴비 일반에 관한 사항

퇴비의 종류와 특성을 파악하고 토양에 따른 사용 가능한 퇴비를 제시할 수 있어야 한다.

① 퇴비의 재료로는 나뭇잎, 잡초, 해초, 쓸모없는 건초나 짚, 부엌에서 나오는 야채 부스러기, 왕겨, 톱밥 등 손쉽게 구할 수 있는 식물은 무엇이나 다 좋다.

② 식물 재료는 도시에서도 쉽게 얻을 수 있는데, 가정에서 나오는 음식물 쓰레기가 이에 해당한다.

③ 청물류는 토양이 필요로 하는 질소, 인산, 칼리 이외에 칼슘, 철, 마그네슘, 붕소, 불소 등과 같은 많은 미량원소를 갖고 있다.

④ 식물질의 폐물은 잘 혼합시키고, 전체적으로 잘 적셔져야만 하며, 병에 걸려 있는 작물도 퇴비의 재료로 사용할 수 있다.

⑤ 병에 걸린 재료는 열에 의해 병균이 완전히 분해되도록 퇴적한 중앙부에 넣을 필요가 있다.

⑥ 퇴비의 재료로 쓰이는 식물의 종류가 많을수록 그 퇴비는 영양이 풍부하고 유용하다.

⑦ 퇴비의 재료를 자연스럽게 부숙시키기 위해서는 **볏짚 375kg에 대하여 질소 1.5kg, 보릿대 1.9kg** 정도를 첨가하여야 한다.

⑧ 부숙되기 쉬운 상태로 C/N율을 맞추어야 한다.

⑨ 고간류가 세균류에 의해서 분해되기 쉬운 **수분량은 75%**이므로 너무 말라 있는 상태의 재료에 대해서는 수분을 공급해 주어야 한다.

⑩ 재료 중의 **산화칼륨**(K_2O)은 대부분 수용성이므로 관수할 때에는 재료 위에 관수하여 가급적 K_2O의 유실을 방지하도록 한다.

⑪ 재료를 물에 침전시키거나 퇴적 후 비를 맞히는 일 따위는 K_2O의 유실이 염려되므로 주의해야 한다.

2. 퇴비 제조 · 분석 및 사용방법

퇴비제조 · 분석 및 사용방법을 이해하고 퇴비의 수분, 완숙정도 등의 품질관리를 할 수 있어야 한다.

(1) 퇴비의 제조

① 퇴적의 크기는 사용할 토지의 크고 작음에 따라서 결정하는데 가능한 한 크게 만드는 것이 좋다. 작으면 작을수록 발효를 저하시키기 때문이다.

② 크기에는 분명한 규정이 없지만 폭을 너무 좁게 만들면 건조하기 쉽고 너무 넓게 하면 공기가 속까지 미치지 못한다.

③ 처음에 청물류의 층을 쌓고, 그 위에 2~3인치의 두께로 분뇨, 생선, 부엌의 음식물 쓰레기에서 나오는 동물성의 물질을 쌓는다.

④ 양질의 비옥한 표토에서 얻은 토양에 분말석회 또는 목회를 가볍게 섞고 이 혼합물을 2~3cm 정도로 깐다. 석회는 질소가 공중에 비산하는 것을 방지한다.

⑤ 퇴적이 끝나면 공기가 어느 곳이나 미칠 수 있도록 퇴적 위에 일정한 간격으로 3~4개의 구멍을 뚫는다.

⑥ 퇴적한 후 3주일이 지나면 겉부분이 속으로 가도록 뒤채기를 실시한다.

⑦ 재료가 모두 가열, 발효, 분해된다. 퇴비의 재료가 완전히 부숙되기까지는 4~5개월 이상이 걸린다.

⑧ 퇴비가 완성된 때에는 가능하면 빨리 시비하는 것이 좋다.

(2) 퇴비의 사용방법

① 퇴비는 가능하면 흐린 날씨에 주는 것이 가장 유리하다. 맑은 날에는 태양이 퇴비를 건조시키고 물에 녹기 쉬운 암모니아와 같은 귀중한 성분을 공기 중으로 날려 보내기 때문이다.

② 퇴비의 살포가 끝나면 될 수 있는 대로 빨리 흙 속으로 묻어야 한다.

③ 금년 4~5월에 완숙된 퇴비를 얻고자 한다면 작년 8~9월에 퇴비를 만들기 시작했어야 한다.

④ 마른논의 경우에는 1년에 부식의 소모량이 10a당 약 80kg이기 때문에 이것을 보충하기 위해서는 약 800kg의 퇴비가 필요하다.

⑤ 물논의 경우에는 부식의 소모가 적으므로 퇴비를 사용하더라도 분해되지 않고 축적되어 오히려 불량한 결과를 초래할 수 있으므로 10a당 양질의 퇴비를 400~500kg 사용하는 것이 좋으며, 비효는 마른논에 비하여 떨어진다.

⑥ 밭작물은 벼에 비하여 퇴비의 시용효과가 높으며, 특히 강산성 토양이나 개간지 토양에 대해서는 그 시용효과가 현저하다.

⑦ 밭작물에 대한 시용법으로, 과수와 같은 영년작물에는 전체 면적에 살포하고 경운하는 것이 좋으며, 그 외의 작물에는 골뿌림하고 복토한 후 파종 또는 이식한다.

3. 퇴비의 부숙도 검사방법(3가지)

(1) 관능검사법

① 수분

㉠ 60%＝손에서 물기를 느낄 정도

ⓛ 65~70%＝손가락으로 물기가 스미는 정도

ⓒ 40~50%＝물기를 거의 느낄 수 없는 상태

② 형태 : 부숙이 잘 된 퇴비는 재료의 확인이 어렵다.

③ 색깔 : 검은색

④ 냄새 : 악취가 없는 퇴비 고유의 냄새

⑤ 촉감 : 부드럽고 곱다.

(2) 화학적 방법

탄질률에 의한 방법(20 이하가 완숙퇴비)

(3) 생물학적 방법

지렁이, 종자(오이, 배추) 발아시험

03 유기농 재배 관리방법

1. 친환경 유기농 자재

골분	대두박	면실박
면실피	백태	버미큘라이트(질석)

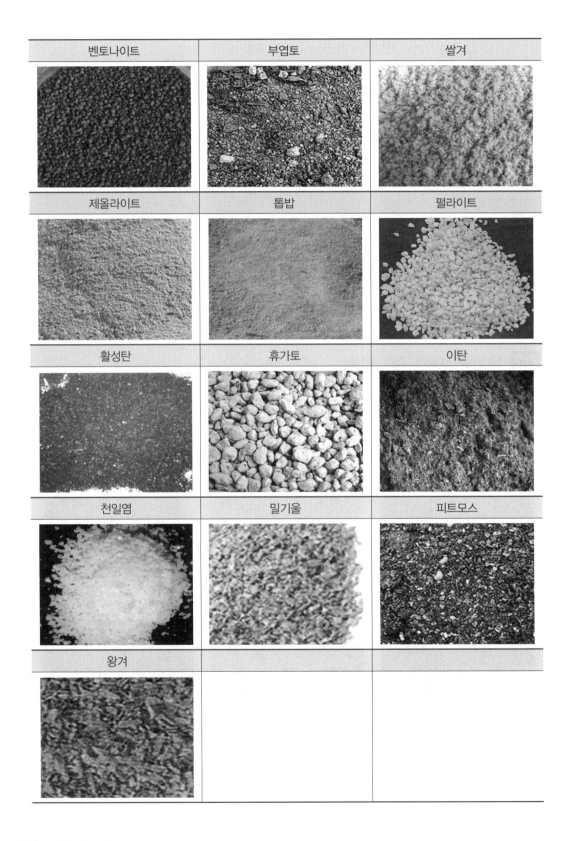

벤토나이트	부엽토	쌀겨
제올라이트	톱밥	펄라이트
활성탄	휴가토	이탄
천일염	밀기울	피트모스
왕겨		

2. 유기농 자재의 활용(개정 2016. 8. 26.)

(1) 토양개량과 작물생육을 위하여 사용이 가능한 물질

※ 시험에 자주 출제되는 것은 진하게 처리

사용 가능 물질	사용 가능 조건
• 농장 및 가금류의 퇴구비(堆廏肥) • 퇴비화된 가축배설물 • 건조된 농장 퇴구비 및 탈수한 가금 퇴구비	• 별표 3 제2호 다목 5)에 적합할 것
• 식물 또는 식물 잔류물로 만든 퇴비	• 충분히 부숙(腐熟 : 썩다)된 것이어야 함
• 버섯 재배 및 지렁이 양식에서 생긴 퇴비	• 버섯재배 및 지렁이 양식에 사용되는 자재는 이 목 1)에서 사용이 가능한 것으로 규정된 물질만 사용할 것
• 지렁이 또는 곤충으로부터 온 부식토	• 지렁이 및 곤충의 먹이는 이 목 1)에서 사용이 가능한 것으로 규정된 물질만을 사용할 것
• 식품 및 섬유공장의 유기적 부산물	• 합성첨가물이 포함되어 있지 않을 것
• 유기농장 부산물로 만든 비료	• 화학물질의 첨가나 화학적 제조공정을 거치지 않을 것
• 혈분 · 육분 · **골분** · 깃털분 등 도축장과 수산물 가공공장에서 나온 동물부산물	• 화학물질의 첨가나 화학적 제조공정을 거치지 않아야 하고, 항생물질이 검출되지 않을 것
• **대두박, 쌀겨 유박, 깻묵** 등 식물성 유박(油粕)류	• 유전자를 변형한 물질이 포함되지 않을 것 • 최종제품에 화학물질이 남지 않을 것
• 제당산업의 부산물[**당밀**, 비나스(Vinasse), 식품등급의 설탕, 포도당 포함]	• 유해 화학물질로 처리되지 않을 것
• 유기농업에서 유래한 재료를 가공하는 산업의 부산물	• 합성첨가물이 포함되어 있지 않을 것
• 오줌	• 충분한 발효와 희석을 거쳐 사용할 것
• 사람의 배설물	• 완전히 발효되어 부숙된 것 • 고온발효 : 50℃ 이상에서 7일 이상 발효된 것 • 저온발효 : 6개월 이상 발효된 것 • 엽채류 등 농산물 · 임산물의 사람이 직접 먹는 부위에는 사용 금지
• 벌레 등 자연적으로 생긴 유기체	
• 구아노(Guano : 바닷새, 박쥐 등의 배설물)	• 화학물질 첨가나 화학적 제조공정을 거치지 않을 것
• **짚, 왕겨, 쌀겨** 및 산야초	• 비료화하여 사용할 경우에는 화학물질 첨가나 화학적 제조공정을 거치지 않을 것
• **톱밥, 나무껍질** 및 목재 부스러기 • 나무 **숯** 및 나뭇재	• 「폐기물관리법 시행규칙」에 따라 환경부장관이 고시하는 「폐목재의 분류 및 재활용기준」의 1등급에 해당하는 목재 또는 그 목재의 부산물을 원료로 하여 생산한 것

사용 가능 물질	사용 가능 조건
• **황산칼륨, 랑베나이트**(해수의 증발로 생성된 암염) 또는 광물염 • 석회소다 염화물 • 석회질 마그네슘 암석 • 마그네슘 암석 • **사리염(황산마그네슘)** 및 **천연석(황산칼슘)**	• 천연에서 유래하고, 단순 물리적으로 가공한 것 • 사람의 건강 또는 농업환경에 위해(危害)요소로 작용하는 광물질(예 : 석면광, 수은광 등)은 사용할 수 없음
• 석회석 등 자연에서 유래한 탄산칼슘 • **점토광물(벤토나이트 · 펄라이트 및 제올라이트 · 일라이트 등)** • **질석**(Vermiculite : 풍화한 흑운모) • **붕소 · 철 · 망간 · 구리 · 몰리브덴 및 아연 등 미량원소**	
• 칼륨암석 및 채굴된 칼륨염	• 천연에서 유래하고 단순 물리적으로 가공한 것으로 염소함량이 60% 미만일 것
• 천연 인광석 및 인산알루미늄칼슘	• 천연에서 유래하고 단순 물리적 공정으로 제조된 것이어야 하며, 인을 오산화인(P_2O_5)으로 환산하여 1kg 중 카드뮴이 90mg/kg 이하일 것
• **자연암석분말** · 분쇄석 또는 그 용액	• 화학물질의 첨가나 화학적 제조공정을 거치지 않을 것 • 사람의 건강 또는 농업환경에 위해요소로 작용하는 광물질이 포함된 암석은 사용할 수 없음
• 광물을 제련하고 남은 찌꺼기[베이직 슬래그, 광재(鑛滓)]	• 광물의 제련과정에서 나온 것(예 : 비료 제조 시 화학물질이 포함되지 않은 규산질 비료)
• **염화나트륨(소금)** 및 해수	• 염화나트륨(소금)은 채굴한 암염 및 천일염(잔류농약이 검출되지 않아야 함)일 것 • 해수는 다음 조건에 따라 사용할 것 – 천연에서 유래할 것 – 엽면(葉面) 시비용으로 사용할 것 – 토양에 염류가 쌓이지 않도록 필요한 최소량만을 사용할 것
• **목초액**	• 「목재의 지속가능한 이용에 관한 법률」 제20조에 따라 국립산림과학원장이 고시한 규격 및 품질 등에 적합할 것
• **키토산**	• 국립농산물품질관리원장이 정하여 고시한 품질규격에 적합할 것
• 미생물 및 미생물추출물	• 미생물의 배양과정이 끝난 후에 화학물질의 첨가나 화학적 제조공정을 거치지 않을 것
• **이탄**(泥炭, Peat), **토탄**(土炭, peat moss), 토탄 추출물	
• **해조류**, 해조류 추출물, 해조류 퇴적물	
• **황**	
• **주정 찌꺼기**(stillage) 및 그 추출물(암모니아 주정 찌꺼기는 제외한다.)	
• **클로렐라**(담수녹조) 및 그 추출물	• 클로렐라 배양과정이 끝난 후에 화학물질의 첨가나 화학적 제조공정을 거치지 아니할 것

(2) 병해충 관리를 위하여 사용이 가능한 물질

※ 시험에 자주 출제되는 것은 진하게 처리

사용가능 물질	사용가능 조건
• 제충국 추출물	• 제충국(Chrysanthemum cinerariae folium)에서 추출된 천연물질일 것
• 데리스(Derris) 추출물	• 데리스(Derris spp., Lonchocarpus spp 및 Terphrosia spp.)에서 추출된 천연물질일 것
• 쿠아시아(Quassia) 추출물	• 쿠아시아(Quassia amara)에서 추출된 천연물질일 것
• 라이아니아(Ryania) 추출물	• 라이아니아(Ryania speciosa)에서 추출된 천연물질일 것
• 님(Neem) 추출물	• 님(Azadirachta indica)에서 추출된 천연물질일 것
• **해수 및 천일염**	• 잔류농약이 검출되지 않을 것
• **젤라틴(Gelatine)**	• 크롬(Cr)처리 등 화학적 공정을 거치지 않을 것
• 난황(卵黃, 계란노른자 포함)	• 화학물질이나 화학적 제조공정을 거치지 않을 것
• **식초 등 천연산**	• 화학물질의 첨가나 화학적 제조공정을 거치지 않을 것
• 누룩곰팡이(Aspergillus)의 발효 생산물	• 미생물의 배양과정이 끝난 후에 화학물질의 첨가나 화학적 제조공정을 거치지 않을 것
• **목초액**	• 「목재의 지속 가능한 이용에 관한 법률」 제20조에 따라 국립산림과학원장이 고시한 규격 및 품질 등에 적합할 것
• 담배잎차(순수 니코틴은 제외)	• 물로 추출할 것
• **키토산**	• 국립농산물품질관리원장이 정하여 고시한 품질규격에 적합할 것
• 밀납(Beeswax) 및 프로폴리스(Propolis)	
• 동 · 식물성 오일	• 천연유화제로 제조할 경우에 한하여 수산화칼륨은 동물성 · 식물성 오일 사용량 이하로 최소화하여 사용할 것. 다만, 인증품 생산계획서에 등록하고 사용할 것
• **해조류** · 해조류 가루 · 해조류 추출액	
• **인지질(Lecithin)**	
• **카제인(유단백질)**	
• 버섯 추출액	
• 클로렐라(담수녹조) 및 그 추출물	• 클로렐라 배양과정이 끝난 후에 화학물질의 첨가나 화학적 제조공정을 거치지 아니할 것
• 천연식물(약초 등)에서 추출한 제재(담배는 제외)	
• 식물성 퇴비발효 추출액	• 별표 1 제1호 가목 1)에서 정해진 허용물질 중 식물성 원료를 충분히 부숙(腐熟)시킨 퇴비로 제조할 것 • 물로만 추출할 것

사용가능 물질	사용가능 조건
• 구리염 • **보르도액** • 수산화동 • 산염화동 • 부르고뉴액	• 토양에 구리가 축적되지 않도록 필요한 최소량만을 사용할 것
• **생석회(산화칼슘) 및 소석회(수산화칼슘)**	• 토양에 직접 살포하지 않을 것
• **석회보르도액 및 석회유황합제**	
• 에틸렌	• 키위, 바나나와 감의 숙성을 위하여 사용할 것
• **규산염 및 벤토나이트**	• 천연에서 유래하거나 이를 단순 물리적으로 가공한 것만 사용할 것
• **규산나트륨**	• 천연규사와 탄산나트륨을 이용하여 제조한 것
• **규조토**	• 천연에서 유래하고 단순 물리적으로 가공한 것
• **맥반석 등 광물질 가루**	• 천연에서 유래하고 단순 물리적으로 가공한 것 • 사람의 건강 또는 농업환경에 위해요소로 작용하는 광물질(예 : 석면광 및 수은광 등)은 사용할 수 없음
• 인산철	• 달팽이 관리용으로 사용할 것만 해당함
• **파라핀 오일**	
• **중탄산나트륨 및 중탄산칼륨**	
• **과망간산칼륨**	• 과수의 병해관리용으로만 사용할 것
• **황**	• 액상화할 경우에 한하여 수산화나트륨은 황 사용량 이하로 최소화하여 사용할 것. 반드시 인증품 생산계획서에 등록하고 사용할 것
• 미생물 및 미생물 추출물	• 미생물의 배양과정이 끝난 후에 화학물질의 첨가나 화학적 제조공정을 거치지 않을 것
• 천적	• 생태계 교란종이 아닐 것
• 성 유인물질(페로몬)	• 작물에 직접 처리하지 않을 것(덫에만 사용할 것)
• 메타알데하이드	• 별도 용기에 담아서 사용하고, 토양이나 작물에 직접 처리하지 않을 것(덫에만 사용할 것)
• 이산화탄소 및 질소가스	• 과실 창고의 대기 농도 조정용으로만 사용할 것
• **비누**(Potassium Soaps)	
• **에틸알코올**	• 발효주정일 것
• 허브식물 및 기피식물	• 생태계 교란종이 아닐 것
• 기계유	• 과수농가의 월동 해충 구제용에만 허용 • 수확기 과실에 직접 사용하지 않을 것
• 웅성불임곤충	

(3) 유기배합 사료제조용 물질 중 단미사료

※ 시험에 자주 출제되는 것은 진하게 처리

구분	세분	사용가능 물질	사용가능 조건
식물성	곡물류	가) 옥수수 · **보리** · **밀** · 수수 · 호밀 · 귀리 · 조 · 피 · 트리트케일 · **메밀** · 루핀종실 및 두류 나) 가)항 곡물의 1차 가공품 및 전분(알파파 전분을 포함한다.)	• 유기농산물 인증을 받은 것
	곡물 부산물 (강피류)	곡쇄류 · **밀기울** · 말분 · 보릿겨 · **쌀겨** · 쌀겨탈지 · 옥수수피 · 수수겨 · 조겨 · 두류피 · 낙화생피 · **면실피** · 귀리겨 · 아몬드피 및 해바라기피	• 유기농산물 부산물로 만들어진 것(다른 제품과 섞이지 않았을 것)
	제약 부산물	농림축산식품부장관이 지정하는 제약 부산물	
	유지류	**옥수수유**, 대두유, 면실유, 채종유, 야자유, **해바라기유**, 팜유 및 쌀겨기름	
	박류 (단백질류)	대두박(전지대두를 포함) · 들깻묵 · **참깻묵** · 채종박 · **면실박** · 낙화생박 · 고추씨박 · 아마박 · 야자박 · 해바라기씨박 · 피마자박 · 옥수수배아박 · 소맥배아박 · 두부박 · 케이폭박 · 팜유박, 글루텐 및 주정박	
	근괴류	고구마, 감자, 돼지감자, 타피오카, 무 및 당근	• 곡물류와 같음
	식품가공 부산물	두류 가공 부산물, 당밀 및 과실류 가공부산물	• 곡물 부산물류와 같음
	해조류	해조분	• 천연에서 유래한 것일 것
	섬유질류	목초, 산야초, 나뭇잎, 곡류 정선 부산물, 임산 가공 부산물, 볏짚, 보릿짚, 그 밖의 농산물 고간류, 풋베기 사료작물, 옥수수 속대, 사탕수수박, 사탕무우박, 감귤박 및 발효사료	• 유기농산물 인증을 받은 것. 다만, 야생의 것은 잔류농약이 검출되지 않을 것
동물성	단백질류	어분 · 어즙흡착사료, 유 · 유제품 및 육분 · 육골분(반추가축에 사용하는 경우를 제외한다.)	• 양식하지 않은 것(어분 · 어즙 흡착사료에 한함)이거나 유기수산물일 것
	무기물류	골분 · 어골회 및 패분	• 순도 99% 이상인 것
	유지류	우지 및 돈지(반추가축에 사용하는 경우는 제외한다.)	• 순도 99.9% 이상인 것
광물성	식염류	**암염** 및 **천일염**	
	인산염류 및 칼슘염류	**인산1칼슘** · **인산2칼슘** · **인산3칼슘** 및 석회석분말	
	광물질 첨가물	나트륨 · 염소 · 마그네슘 · 유황 · 칼륨 · 망간 · 철 · 구리 · 요오드 · 아연 · 코발트 · 불소 · 셀레늄 · 몰리브덴 및 크롬의 화합염류(유기태화한 것을 포함한다.)	• 천연의 것
	혼합 광물질	2종 이상의 광물질을 혼합 또는 화합한 것으로서 사료에 첨가하는 형태로 제조한 것만 해당함	

(4) 유기배합 사료제조용 물질 중 보조사료

※ 시험에 자주 출제되는 것은 진하게 처리

구 분	사용가능 물질	사용가능 조건
산미제	젖산, 개미산 등 천연 산미제	
항응고제	**활성탄**	
결착제	천연 결착제	
유화제	천연 유화제	
항산화제	천연 항산화제	
항곰팡이제	천연 항곰팡이제	
향미제	천연 향미제	
규산염제	**제올라이트 · 벤토나이트** · 카오린 및 일라이트와 그 혼합물	
착색제	천연 착색제	• 천연의 것 및 천연에서 유래한 것으로서 다른 화학물질이 첨가되지 않은 것. 다만, 배합사료에 1% 미만 사용되는 보조사료 중 화학물질의 함유량이 해당 보조사료 내 10% 이내인 경우에는 사용 가능
추출제	유카추출물 · 타우마린 · 목초 추출물 · 해초 추출물 및 과실 추출물	
완충제	**중조 · 산화마그네슘** 및 산화마그네슘혼합물	
올리고당류	갈락토 올리고당, 플락토 올리고당, 이소말토 올리고당, 대두 올리고당, 만노스 올리고당 및 그 밖의 올리고당	
효소제	**아밀라제,** 알칼리성 프로테아제, 키시라나아제, 피타아제, 산성 프로테아제, 리파아제, 셀룰라아제, 중성 프로테아제, 프로테아제, 락타아제 및 그 밖의 효소제와 그 복합체	
생균제	엔테로콕카스페시엄, 바실러스코아글란스, 바실러스서브틸리스, 비피도박테리움슈도롱검, 락토바실러스아시도필루스, 효모제 및 그 밖의 생균제	
아미노산제	아민초산, DL－알라닌, 염산L－라이신, 황산L－라이신, L－글루타민산나트륨, 2－디아미노－2－하이드록시메치오닌, DL－트립토판, L－트립토판, DL메치오닌 및 L－트레오닌과 그 혼합물	
비타민제 (프로비타민제 포함)	비타민 A, 프로비타민 A, 비타민 B1, 비타민 B2, 비타민 B6, 비타민 B12, 비타민 C, 비타민 D, 비타민 D2, 비타민 D3, 비타민 E, 비타민 K, 판토텐산, 이노시톨, 콜린, 나이아신, 바이오틴, 엽산과 그 유사체 및 혼합물	

기출문제

다음 보기에서 문제에 알맞은 답을 골라 쓰시오.

> 톱밥, 황산마그네슘, 과망간산칼륨, 식초, 밀, 인산제1칼슘

1) 친환경 토양개량에 이용 : 톱밥, 황산마그네슘
2) 유기농 병해충 관리에 이용 : 과망간산칼륨
3) 유기농재배/유기배합사료에 이용 : 밀, 인산제1칼슘

다음 보기에서 문제에 알맞은 답을 골라 쓰시오.

> 파라핀유, 아연, 붕소, 인산제2칼슘, 카제인, 메밀

1) 친환경 토양개량에 이용 : 아연, 붕소
2) 유기농 병해충 관리에 이용 : 파라핀유, 카제인
3) 유기농재배/유기배합사료에 이용 : 인산제2칼슘, 메밀

다음 보기에서 문제에 알맞은 답을 골라 쓰시오.

> 보리, 철, 옥수수유, 비눗물, 제올라이트, 젤라틴

1) 친환경 토양개량에 이용 : 철, 제올라이트
2) 유기농 병해충 관리에 이용 : 비눗물, 젤라틴
3) 유기농재배/유기배합사료에 이용 : 보리, 옥수수유

3. 잡초 방제

멀치, 예취, 화염, 우렁이농법 등 유기농업 제초방법을 실행할 수 있어야 한다.

① 예방적 방법은 논두렁과 밭둑의 잡초를 방제하거나 퇴비에 잡초종자가 혼입되지 않도록 하는 것이다.

② 유기농가가 주로 하는 방법으로 호미나 레이크 등으로 매주는 방법이 있다.

③ 소각이나 비닐피복 등의 물리적 방법이 있다.

④ 생태적 방제법으로 윤작과 피복작물 재배 및 잡초와의 경합에서 이길 수 있는 초기 생육이 빠른 작물 재배를 통한 방제가 있다.

⑤ 생물학적 방제법으로 어떤 식물이 가진 화학물질이 다른 작물의 생육을 저해 또는 촉진하는 작용을 이용하여 잡초를 예방하는 방법이 있다.

4. 병해충 방제

미생물제제, 천적 등 유기농업의 병해충 방제방법을 실행할 수 있어야 한다.

(1) 병해충 방제법

① 재배기술적 방법의 이용 : 재배지의 선택에 있어서 서늘한 곳은 진딧물의 발생이 적어 감자바이러스 발병이 적기 때문에 감자재배가 권장된다. 또 육종에 의한 저항성 품종의 선택, 윤작을 통한 예방, 토양에 과다한 질소나 염류축적을 경계하는 것이 이에 속한다.

② 물리적 방법의 이용 : 유충을 직접 잡아 죽이는 방법과 빛이나 당밀로 해충을 유인하여 퇴치하는 방법, 또는 겨울철 나무줄기에 볏짚을 감아 여기에 모인 해충을 태워 죽이는 방법이 이에 속한다. 차단법은 과일에 봉지 씌우기가 이에 속하며, 깜부기병 예방을 위한 냉수온탕침법의 이용이 이에 속한다.

③ 생물학적 방법의 이용 : 곤충방제를 위한 거미 이용, 풀잠자리와 꽃등에를 이용한 진딧물, 고추벌과 맵시벌을 이용한 나비류 구제가 이에 속한다.

(2) 천적(적용해충에 대한 천적의 종류)

① 진딧물 천적 : 진디혹파리, 무당벌레, 콜레마니진디벌, 천적유지식물 등
② 잎굴파리 천적 : 굴파리좀벌, 잎굴파리고치벌 등
③ 응애 천적 : 칠레이리응애, 캘리포니쿠스응애, 꼬마무당벌레 등
④ 온실가루이 천적 : 온실가루이좀벌, 카탈리네무당벌레 등
⑤ 총채벌레 천적 : 오리이리응애, 애꽃노린재 등
⑥ 나방류 천적 : 알벌, 곤충병원성선충 등
⑦ 작은뿌리파리 천적 : 마일스응애 등

04 유기농작물의 재배

1. 재배방법

유기농산물 인증기준을 이해하고 작물별 재배방법을 실행할 수 있어야 한다.

(1) 유기농산물의 재배방법

① 화학비료와 유기합성농약을 일체 사용하지 아니하여야 한다.

② 장기간의 적절한 윤작계획에 의한 두과작물·녹비작물 또는 심근성 작물을 재배하여야 한다.

③ 토양에 투입하는 유기물은 유기농산물의 인증기준에 맞게 생산된 것이어야 한다.

④ 축산분뇨를 원료로 하는 유기질비료(이하 "축분비료"라 한다)를 사용하는 경우에는 완전히 부숙시켜서 사용하여야 하며, 축분비료의 과다한 사용, 유실 및 용탈 등으로 인하여 환경오염을 유발하지 아니하도록 하여야 한다.

⑤ 병해충 및 잡초는 다음과 같은 방법으로 방제·조절하여야 한다.

　㉠ 적합한 작물과 품종의 선택

　㉡ 적합한 윤작체계

　㉢ 기계적 경운

　㉣ 포장 내 혼작·간작 및 공생식물의 재배 등 작물체 주변의 천적활동을 조장하는 생태계의 조성

　㉤ 멀칭·예취 및 화염제초

　㉥ 포식자와 기생동물의 방사 등 천적의 활용

　㉦ 식물·농장퇴비 및 돌가루 등에 의한 생체 역학적 수단

　㉧ 동물의 방사

　㉨ 덫·울타리·빛 및 소리와 같은 기계적 통제

G 참고정리

✔ **친환경농산물 인증 표시방법**

① 유기농산물 : 녹색

② 무농약농산물 : 하늘색

③ 저농약농산물 : 주황색

✱ 축산물 : 유기축산물, 무항생제축산물

우리나라 친환경농산물 인증마크

2. 품질유지

유기농산물의 특성을 이해하고 작물별 품질을 유지할 수 있어야 한다.

✱ 기준 : 환경 호르몬이 검출되지 않아야 한다.

3. 선별, 포장

유기농산물의 특성을 이해하고 작물별 포장조건 및 포장방법을 실행할 수 있어야 한다.

(1) 유기농산물의 재배포장

① 재배포장의 토양은 토양환경보전법 시행규칙의 규정에 의한 토양오염 우려기준을 초과하지 아니하여야 한다.

② 재배포장의 토양은 염류 및 중금속 함량 등 그 물리적 · 화학적 특성을 나타내는 수치가 직전 토양검정 시보다 악화되지 아니하도록 노력하여야 한다.

③ 재배포장은 아래의 전환기간 이상 동안 재배방법을 준수한 포장이어야 한다. 다만, 국립

농산물품질관리원장 또는 인증기관은 인증신청인의 이전의 농장사용 경력을 감안하여 전환기간을 연장 또는 단축할 수 있으나 전환기간은 최소한 1년 이상이 되어야 한다.

⑴ 다년생 작물(목초를 제외한다) : **최초 수확하기 전 3년의 기간**

⑵ 그 외 작물 : 파종 또는 재식 전 2년의 기간

④ 산림 등 자연상태에서 자생하는 식용 식물의 포장은 허용자재 이외의 자재가 3년 이상 사용되지 아니한 지역이어야 한다.

05 유기농업생산

1. 유기경종

유기농업 재배원리를 이해하고 작물별 재배기술을 적용할 수 있어야 한다.

① **토양의 지력 유지 증진** : 두과, 녹비, 심근성 작물의 윤작

② **사용유기질비료 종류와 최적 시용량** : 환경오염 방지, 유기농업부산물 유기질비료 사용

③ **저항성 품종 및 비유전자변형 식물 재배** : 농약사용금지, GMO종자사용금지

④ **병충해 및 잡초방제** : 토양관리를 통한 건강한 식물체 재배로 예방, 윤작이나 파종 밀도·시기 조절 등

2. 유기축산

유기축산 기준을 이해하고 유기사료 선택 및 급여방법을 제시할 수 있어야 한다.

① **유기농사료** : 건물 기준 비반추 80%, 반추 85% 유기농사료로 사양

② **가축의 복리** : 질병예방과 건강증진을 위한 가축관리

③ **수의약품** : 수의약품 사용 금지

3. 유기 작부체계

윤작, 답전윤환 등의 효과 및 방식을 이해하고 유기 작부체계를 설계할 수 있어야 한다.

(1) 유기농업에서 윤작의 효과

① 지력의 유지 증강   ② 토양 보호

③ 기지의 회피와 수량 증대   ④ 병충해 및 잡초의 경감

⑤ 자급사료의 안정적 공급   ⑥ 토지이용도 향상

⑦ 노력분배의 합리화   ⑧ 농업경영의 안정성 증대

(2) 답전윤환의 효과

① 지력증진

② 기지현상의 회피 : 논 상태와 밭 상태로 돌려가면서 재배하면 병원균·선충 등이 경감되고 작물의 종류도 달라지므로 기지현상을 회피할 수 있다.

③ 잡초발생의 감소 : 담수상태와 배수상태가 서로 교체되므로 잡초의 발생량이 적다.

④ 벼의 수량 증가 : 클로버 등을 2~3년 재배하였다가 벼를 재배하면 벼의 수량이 초년도에 30%가량 늘고 질소의 시용량도 크게 절약된다. 답전윤환에서의 논 기간과 밭 기간을 각각 2~3년으로 하는 것이 가장 알맞다.

(3) 녹비식물 파종방법

요구사항에 적합한 파종용지를 선택하여 파종양식을 기록하고 요구사항에 따라 헤어리베치 종자를 용지에 파종하시오.

> 주어진 재료 : 종자(헤어리베치, 보리), 딱풀, 자, 파종용 시험지 3장

1) 헤어리베치 종자 100립을 알맞은 용지를 선택해 10cm 간격으로 2줄 조파하시오.

  ① 적합한 파종용지 : 2cm 간격이 10cm 사이를 두고 두 줄이 있는 답안지

  ② 파종양식 : 헤어리베치 종자 100립을 2cm 간격 사이에 줄을 맞출 필요 없이 50립씩 붙여주면 된다.

2) 헤어리베치 종자 150립을 알맞은 용지를 선택해 입모중 산파하시오.

  ① 적합한 파종용지 : 모가 심겨 있는 답안지

  ② 파종양식 : 150립의 헤어리베치 종자를 벼 사이사이에 골고루 풀로 붙여주면 된다.

3) 헤어리베치와 보리 종자 각각 100립씩을 알맞은 용지를 선택해 산파하시오.

① 적합한 파종용지 : 빈 공간만 있는 답안지에 파종

② 파종양식 : 보리와 헤어리베치 종자를 각각 100립씩 골고루 풀로 붙인다.

✱ 작업 완료 후 재료를 원래대로 정리하고 깨끗이 청소. 30cm 자와 딱풀은 반드시 반납한다.

4) 논에 헤어리베치를 재배할 경우 10a당 적정 파종량은 얼마인가 쓰시오.

6~9kg

01 친환경인증표시

01 다음은 친환경인증표시에 관한 문제이다. 다음 중 무농약인증표시가 바르지 못한 것을 1개 고르시오.

① 무농약사과 (NON PESTICIDE) 농림축산식품부 / 인증기관명 : ○○○인증원 / 인증번호 : ○-○-○

② 무농약 (NON PESTICIDE) 농림축산식품부 / 인증기관명 : ○○○인증원 / 인증번호 : ○-○-○

③ 무농약농산물 (NON PESTICIDE) 농림축산식품부 / 인증번호 : ○-○-○ / 생산자명 : ○○○

④ 무농약재배 사과 (NON PESTICIDE) 농림축산식품부 / 인증기관명 : ○○○인증원 / 인증번호 : ○-○-○

➡ 정답 ③
  ① ○
  ② ○
  ③ ×(인증마크 밑에는 인증기관명과 인증번호가 들어감. 생산자명은 별도의 표시란에 들어가야 한다.)
  ④ ○

02 다음 중 인증표시가 바른 것을 1개 고르시오.

① 유기농 부사 (ORGANIC) 농림축산식품부 / 인증기관명 : ○○○인증원 / 인증번호 : ○-○-○

② 유기농 한우 (ORGANIC) 농림축산식품부 / 인증기관명 : ○○○인증원 / 인증번호 : ○-○-○

③ 유기농 (ORGANIC) 농림축산식품부 / 인증번호 : ○-○-○ / 생산자명 : ○○○

④ 유기가공식품 (ORGANIC) 농림축산식품부 / 인증기관명 : ○○○인증원 / 인증번호 : ○-○-○

➡ 정답 ④
  ① ×(부사는 사과의 품종이름을 나타내는 것(고유명사)이므로 사용이 불가능하다. 유기농 사과라고 하는 것이 옳다.)

② ×(녹색을 기본으로 빨강, 파랑, 검정도 허용한다. 한우는 고유명사라서 사용이 불가능하므로 유기농 소고기로 하는 것이 옳다.)

③ ×(유통자명, 인증자명 등 이름은 허용되지 않는다. 생산자 이름은 별도의 표시란이 있다.)

④ ○("유기가공식품"은 맞는 답이다. 색깔은 녹색을 원칙으로 하며 청색, 적색, 검정색도 허용한다.)

03 다음 중 인증표시가 바른 것을 모두 고르시오.

①
인증기관명 : ○○○인증원
인증번호 : ○-○-○

②
인증기관명 : ○○○인증원
인증번호 : ○-○-○

③
인증번호 : ○-○-○
생산자명 : ○○○

④
인증기관명 : ○○○인증원
인증번호 : ○-○-○

▶ 정답 ①, ④
① ○
② ×(천연을 빼면 된다.)
③ ×(생산자명은 별도의 표시란이 있다.)
④ ○

▶ [별표5] 농림축산식품부 소관 친환경농어업 육성 및 유기식품 등의 관리·지원에 관한 법률 시행규칙

❚ 유기 표시문자 ❚

구 분	표시문자
가. 유기농축산물	• 유기농산물, 유기축산물, 유기식품, 유기재배농산물 또는 유기농 • 유기재배○○(○○은 농산물의 일반적 명칭으로 한다. 이하 이 표에서 같다), 유기축산○○, 유기○○ 또는 유기농○○
나. 유기가공식품	• 유기가공식품, 유기농 또는 유기식품 • 유기농○○ 또는 유기○○
다. 비식용유기가공품	• 유기사료 또는 유기농 사료 • 유기농○○ 또는 유기○○(○○은 사료의 일반적 명칭으로 한다). 다만, "식품"이 들어가는 단어는 사용할 수 없다.

02 토양 sample로 토성 판별

01 토양 구분하기

1. 사토 sample	2. 사양토 sample

▶ 현장에서의 토성감별법

① **사토** : 거의 모래만 있는 것 같은 느낌(진흙 12.5% 이하)를
　㉠ 사토는 대부분 거친 입자이며 입자 하나하나를 눈으로 식별 가능하다.
　㉡ 손에 쥐었을 경우 건조하면 푸슬푸슬하며, 습하면 어느 정도 모양을 갖추나 손을 펴면 곧 부스러진다.

② **사양토** : 대부분이 모래인 것 같은 느낌(진흙 12.5~25%)
　㉠ 사양토는 사토보다 미사, 점토가 많고 어느 정도 응집력이 있으며, 모래는 눈으로 식별 가능하다. 손으로 쥐었을 경우 건조하면 모양을 갖추나 손을 펴면 곧 부스러진다.
　㉡ 습할 때도 모양을 갖추며 조심스레 손을 펴면 부스러지지 않는다.

③ **양토** : 모래가 반 정도 있는 것 같은 느낌(진흙 25~37.5%)
　㉠ 양토는 모래, 미사, 점토가 거의 같은 양이고 응집력도 있다.
　㉡ 손에 쥐었을 때 건조하면 모양을 갖추며 손을 조심스레 펴면 부스러지지 않는다. 습할 때도 모양을 갖추며 손을 펴도 부스러지지 않는다.
　㉢ 쥐었다 펴면 지문이 희미하게 남는다.

④ **식양토** : 약간의 모래가 있는 것 같은 느낌(진흙 37.5~50%)
　㉠ 식양토는 건조하면 굳은 흙덩이가 되고 손가락으로 만졌을 경우 고운 느낌이며 습할 때는 차진 기가 있다.
　㉡ 양손으로 흙을 비비면 가는 막대기 모양으로 되나 자체 중량에 의하여 쉽게 꺾인다. 쥐었다 펴면 표면에 지문이 남는다.

⑤ **식토** : 진흙인 것 같은 느낌(진흙 50% 이상)
　㉠ 식토는 건조하면 굳은 흙덩이가 된다.
　㉡ 양손으로 비비면 길고 가는 막대기 모양이 된다.
　㉢ 습할 때는 매우 찰지며 손에서 흙이 잘 떨어지지 않는다.

03 친환경자재 구분하기

01 친환경자재 구분

1-1 sample, 1-2 sample, 1-3 sample, 1-4 sample, 1-5 sample

1 유기농자재 다섯 가지 알아맞히기
2 단미사료로 가능한 재료 알아맞히기

> **1** 1-1 제올라이트, 1-2 왕겨, 1-3 천일염, 1-4 이탄, 1-5 질석
> **2** 1-3 천일염

04 유기농산물 허용 자재(2016.8.26. 개정)

01 유기농산물 허용 자재를 이용방법이 알맞은 곳에 2개씩 분류하시오.

보기(sample) : 플라스틱 병 안에 8가지 자재
참깻묵, 쌀겨, 피자마박, 규조토, 에틸알코올, 벤토나이트, 천일염, 펄라이트

1 토양개량에 이용하는 것
2 병해충에 이용하는 것
3 유기배합사료에서 단미사료로 사용하는 것

> **1** 벤토나이트, 펄라이트
> **2** 규조토, 에틸알코올
> **3** 참깻묵, 쌀겨, 천일염, 피자마박
>
> ➡ 유기농산물 허용 자재
> ① 토양개량과 작물생육을 위하여 사용이 가능한 물질 : 벤토나이트, 펄라이트, 피트모스, 황산가리
> ② 병해충 관리를 위하여 사용이 가능한 물질 : 규조토, 에틸알코올, 보르도액, 탄산칼슘
> ③ 유기배합사료 제조용 물질 중 단미사료 : 참깻묵, 쌀겨, 천일염, 피자마박, 면실피, 비티쿠루스타키티
> ④ 유기배합사료 제조용 물질 중 보조사료 : 벤토나이트, 활성탄, 산화마그네슘

05 토양의 산도 측정하기

01 토양시료 2가지, 증류수, 리트머스 시험지, 유산지, 저울, 판별표 등으로 토양 산도를 측정하시오.

토양시료 : 1- 1 sample, 1- 2 sample

① 팔콘튜브 3개 중 2개에 1-1, 1-2로 번호를 기록하고, 주어진 2개의 토양 팩, 유산지, 리트머스지에도 똑같이 1-1, 1-2로 기록한다.

② 저울 수평을 확인 후 전원을 켠다.

③ 접어서 자국 낸 1-1 유산지를 저울 위에 올리고 0점을 맞춘 후 토양 1-1 5.00g을 계량하여 유산지에 측정값을 적는다.

④ 토양 1-2를 1-1과 같은 방법으로 계량한다.

⑤ 번호를 적지 않은 한 개의 팔콘튜브로 비커, 세척병을 이용하여 25.00ml의 증류수를 계량하여 1-1 팔콘튜브에 넣는다. 1-2 팔콘튜브에도 같은 방법으로 25.00ml의 증류수를 넣는다.

⑥ 계량한 토양의 무게와 증류수의 부피를 답안지에 소수 둘째 자리까지 단위와 함께 기록한다. 소수 둘째 자리까지 기록하는 것을 감독관이 많이 강조하며 안 적으면 0점 처리된다.
예) 5g(×)→5.00g(O), 25.0ml(×)→25.00ml(O)

⑦ 증류수가 들어있는 1-1, 1-2 팔콘튜브에 토양시료 1-1, 1-2를 각각 넣고 뚜껑을 닫는다.

⑧ 20분 정도 흔들고 팔콘 튜브 박스에 놔두면 토양이 가라앉는데, 이후 팔콘튜브에 번호에 맞는 리트머스지를 2~3초간 담가 컬러대조표와 비교하여 측정한 pH 값을 리트머스 시험지에 적어 놓는다.

⑨ 1-1과 1-2 중 산도가 낮은 것을 답안으로 기록한다. 감독관 지시에 따라 "산도(pH)가 낮은 것 또는 높은 것을 적으시오." 하면 반드시 1-1 또는 1-2로 표기한다.

⑩ 실험이 끝난 후 실험도구를 세척하고 정리정돈한다.

06 토양의 안정도 측정하기

01 토양안전도를 판별하여 안정도가 놓은 순서로 쓰시오.

> **실험도구** : 토양시료 3가지, 메스실린더 3개, 전자저울, 유산지, 스푼, 비커, 유리막대, 수건(휴지) 등
>
> **토양시료** : 1. sample   2. sample   3. sample

1(어두운색) > 2(중간색) > 3(밝은색)

침전이 느려 어두울수록 안정된 토양이다.

유기물과 점토가 많은 토양에 입단구조가 잘 구성된 토양이 안정된 토양이고 비옥한 토양이다.

▶ **실험 순서**

① 유산지를 접어 자국을 낸 후 토양시료 번호 1, 2, 3을 각각 써놓는다.

② 저울의 수평을 확인하고 전원을 켜고 유산지를 올린 후 0점을 맞추고 토양 1, 2, 3을 각각 20.00g씩 계량한다.

③ 계량해놓은 토양시료를 메스실린더 1, 2, 3에 각각 넣는다.

④ 각각의 메스실린더 눈금이 200ml가 될 때까지 물을 붓는다.(토양 20ml + 물 180ml)

⑤ 유리 막대로 젓는다. 메스실린더 1개를 저은 후 휴지로 유리 막대의 물기를 닦은 다음, 다른 메스실린더를 젓도록 한다.

⑥ 5분 후에 각각의 토양의 부유물과 가라앉는 상태를 확인하고 답안지에 기록한다.

07 작부체계

01 작부체계(파종방법)

> 실험재료 : 콩, 보리, 수수, 헤어리베치
> 실험도구 : 삽, 쇠스랑, 모종삽
> 요구사항 : 작부체계 및 파종방법에 따라 적합한 종자를 선택하여 포장을 3개로 구획하여
> 각 구획에 해당 파종방법을 적용하시오.(단, 각 구획면적은 200cm×100cm
> 정도로 하시오.)

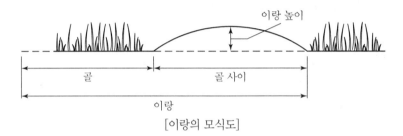

[이랑의 모식도]

1 맥간작에 알맞은 작물의 종자 2종을 선택하여 구획된 포장에 주작물은 이랑당 50립을 조파
하고, 간 작물은 주당 2립씩 점파하시오.(단, 이랑너비 60cm, 골너비 30cm 정도로 하시오.)

2 여름철 혼작에 알맞은 작물의 종자 2종을 선택하여 구획된 포장에 주작물과 혼작물을 주당
2립씩 점파하시오.(단, 이랑너비 60cm, 골너비 30cm 정도로 하시오.)

3 가을부터 봄까지 재배하여 가축의 조사료로 이용이 가능한 작물 2종을 선택하여 구획된 포
장에 각각 100립씩을 혼파하시오.(단, 평이랑으로 하시오.)

- -

1 맥간작 풀이
① 주작물 보리는 골에 조파한다.
먼저 보리부터 파종하고 흙을 덮는다.(쇠스랑을 이용하여 살짝 덮는다.)
② 부작물 콩은 골 사이에 점파한다.
콩은 골 사이에 2립씩 30cm 내외 간격으로 점파한다.(모종삽을 사용)
※ 가능한 한 주어진 도구를 사용할 것

2 혼작 풀이
① 혼작은 생육기간이 같은 작물끼리 같은 포장에 섞어서 재배하는 방식이다.
② 작물은 콩과 수수로 한다.
콩(주작물)을 2립씩 파종하고, 수수(혼작물)를 2립씩 점파한다.

③ 평이랑(평휴법) 파종

   ① 평이랑(평휴법) 파종은 이랑과 고랑의 높이를 같게 하는 방식이다.

   ② 평이랑(평휴법)으로 만든 후 헤어리베치와 보리를 섞어서 산파한다.

▶ 작부체계 정답

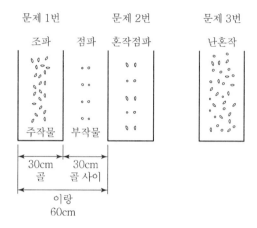

※ 작업 완료 후 재료를 원래대로 정리하며, 사용한 도구 등은 반드시 반납한다.

08 염수선으로 볍씨 고르기와 수분함량 계산

01 염수선으로 볍씨 고르기와 수분함량 계산

실험도구 : 볍씨(메벼), 전자저울, 달걀(비중계), 소금, 뜰채, 채반, 비커, 접시, 휴지 등
목표 비중 : 1.13

1 염수선으로 볍씨 고르기
2 수분함량계산(정답은 정수로 기입)

1 염수선으로 볍씨 고르기
① 먼저 빠진 재료나 도구가 있나 확인한다.(측정 시 모든 도구를 사용해야 한다.)
② 비커에 물 500mL(또는 1L, 비커 크기에 따라 결정)를 담는다. 세척병을 이용하여 비커 눈금에 눈높이를 맞추고 보면서 정확히 계량한다.
③ 저울의 수평 확인 후 전원을 켜고 접시를 올린 후 0점을 맞춘다.
④ 저울에 올린 접시에 소금 125.00g(물 1L일 때는 250.00g)을 시약스푼으로 넣어 계량한다.(비중 1.13일 때 소금과 물의 비율은 1 : 4)
⑤ 물이 담긴 비커에 계량한 소금을 넣고 유리막대로 저어 소금을 모두 녹인다.
⑥ 달걀을 넣어 500원짜리 동전만큼 뜨는지 보고(비중계일 경우 1.13 눈금에 뜨는지 확인) 비중 1.13을 확인하여 답안지에 비중 값을 기록한다. 달걀(비중계)은 빼놓는다.
⑦ 전자저울을 켜고 접시를 올려 0점을 맞춘 후 주어진 모든 볍씨 무게를 재고(소독 전 무게) 이후 볍씨를 비중을 맞추어 놓은 소금물에 넣고 유리막대로 저어 모든 볍씨가 젖도록 한다.
⑧ 저울에 접시를 올리고 0점을 맞춘다. 떠 있는 볍씨(B1)를 뜰채로 건져 뜰채 아랫부분 물기를 휴지로 가볍게 제거하고 볍씨를 접시에 올려 무게를 잰 후 단위와 함께 소수 둘째 자리까지 답안지에 기록한다.(염수선 시간은 대략 2~3분 정이다.)
⑨ 가라앉은 볍씨(B2)는 모두 채반에 쏟아 물을 빼고 채반 아래를 휴지로 가볍게 닦는다. 저울에 접시를 올리고 0점을 맞춘 후 볍씨를 담아 무게를 재고 단위와 함께 소수 둘째 자리까지 답안지에 기록한다.

2 수분함량계산
① 수분 흡수량 : B1(떠 있는 볍씨 무게)+B2(가라앉은 볍씨 무게)−소독 전 볍씨 무게
소독 전 50g, 뜬 볍씨 4g, 가라앉은 볍씨 53g
4g + 53g − 50g = 7g

② 수분 흡수율 : (수분 흡수량/소독 전 무게)×100
수분 흡수량 7g, 소독 전 무게 50g
(7g/50g)×100=14%

memo

최상민 교수 약력

■ 강의

- EBS 교육방송 농업직 담당(2006년)
- 전국 농업·농촌지도사 전문 강의
- 사무관 승진 농업·임업·농진청·농촌지도직 강의
- 농업자격증(종자, 유기농, 농산물품질관리사 및 기타) 강의
- 강원대학교 유기농업기능사, 종자기사 특강
- 충남대학교 종자기사 특강
- 前 (주)노량진 이그잼 고시학원 농업·농촌지도직 전임
- 前 대구 한국공무원고시학원 농업·농촌지도 전임
- 前 전주 행정고시학원
- 前 광주 서울고시학원
- 前 마산 중앙고시학원

■ 주요 저서

- 「종자기사산업기사 실기」 예문사, 2017
- 「종자기사산업기사 필기」 예문사, 2017
- 「종자기능사 필기·실기」 예문사, 2016
- 「토양학 이론서」 예문사, 2017
- 「유기농업기능사 필기·실기」 예문사, 2014
- 「EBS 식용작물학 이론서」 지식과미래, 2016
- 「EBS 재배학 이론서」 지식과미래, 2016
- 「재배학 핵심기출문제」 미래가치, 2015
- 「식용작물 핵심기출문제」 미래가치, 2015
- 「토양학 핵심기출문제」 미래가치, 2015
- 「작물생리학 핵심기출문제」 미래가치, 2015
- 「농촌지도론 핵심기출문제」 미래가치, 2016
- 「원예학, 원예작물학 이론서」 한국고시회, 2017
- 「작물생리학 이론서」 한국고시회, 2017

유기농업기능사 필기

발행일 | 2014. 3. 20 초판발행
2017. 9. 10 개정 1판1쇄
2021. 1. 15 개정 2판1쇄

저 자 | 최상민
발행인 | 정용수
발행처 |  예문사

주 소 | 경기도 파주시 직지길 460(출판도시) 도서출판 예문사
T E L | 031) 955 – 0550
F A X | 031) 955 – 0660
등록번호 | 11 – 76호

정가 : 27,000원

ISBN 978-89-274-3792-5 13520

이 도서의 국립중앙도서관 출판시도서목록(CIP)은 서지정보유통지
원시스템 홈페이지(http://seoji.nl.go.kr)와 국가자료공동목록시스템
(http://www.nl.go.kr/kolisnet)에서 이용하실 수 있습니다.
(CIP제어번호 : CIP2020052113)